建筑施工现场管理人员一本通系列丛书

监理员一本通

（第二版）

本书编委会　编

中国建材工业出版社

图书在版编目(CIP)数据

监理员一本通/《监理员一本通》编委会编 . —2
版 . —北京:中国建材工业出版社,2013.1(2023.10 重印)
(建筑施工现场管理人员一本通系列丛书)
ISBN 978-7-5160-0366-4

Ⅰ.①监… Ⅱ.①监… Ⅲ.①建筑工程-施工监理-
基本知识 Ⅳ.①TU712

中国版本图书馆 CIP 数据核字(2013)第 000657 号

监理员一本通(第二版)

本书编委会 编

出版发行:中国建材工业出版社

地　　址:北京市海淀区三里河路 11 号
邮　　编:100831
经　　销:全国各地新华书店
印　　刷:北京紫瑞利印刷有限公司
开　　本:850mm×1168mm 1/32
印　　张:27
字　　数:1057 千字
版　　次:2013 年 1 月第 2 版
印　　次:2023 年 10 月第 10 次
定　　价:70.00 元

本社网址:www.jccbs.com.cn
本书如出现印装质量问题,由我社市场营销部负责调换。电话:(010)57811387
对本书内容有任何疑问及建议,请与本书责编联系。邮箱:dayi51@sina.com

内 容 提 要

本书第二版依据《建设工程监理规范》(GB 50319)及最新建筑工程施工质量验收规范进行编写,共二十一章,主要介绍了建筑工程施工监理的方法及要求。其中,前六章介绍了建筑施工监理的基础知识;第七～十九章详细阐述了建筑施工监理员在监理巡视与检查、监理验收两大方面应履行的职责;第二十章则对智能建筑工程现场监理作了必要的补充;第二十一章对建筑施工监理员的日常资料与信息管理进行了经验性的总结介绍。

本书内容广泛、丰富、翔实、通俗实用,是建筑工程监理员进行工程质量检查、验收和监督时必备的参考用书,同时建筑施工企业的质检人员、技术管理人员在工作时也可参考使用。

监理员一本通

编 委 会

第二版出版说明

《建筑施工现场管理人员一本通系列丛书》自 2006 年陆续出版发行以来,受到广大读者的关注和喜爱,本系列丛书各分册已多次重印,累计已达数万册。在本系列丛书的使用过程中,丛书编者陆续收到了不少读者及专家学者对丛书内容、深浅程度及编排等方面的反馈意见,对此,丛书编者向广大读者及有关专家学者表示衷心的感谢。

随着近年来我国国民经济的快速发展和科学技术水平的不断提高,建筑工程施工技术也得到了迅速发展。在快速发展的科技时代,建筑工程建设标准、功能设备、施工技术等在理论与实践方面也有了长足的发展,并日趋全面、丰富,各种建筑工程新材料、新设备、新工艺、新技术也得到了广泛的运用。为使本系列丛书更好地符合时代发展的要求,更好地满足新的需要,能够跟上工程建设飞速发展的步伐,丛书编者在保持编写风格及特点不变的基础上对本系列丛书进行了修订。本系列丛书修订后的各分册书名为:

1.《施工员一本通》　　　8.《监理员一本通》(第二版)

2.《质量员一本通》　　　9.《测量员一本通》(第二版)

3.《机械员一本通》　　　10.《资料员一本通》(第二版)

4.《合同员一本通》　　　11.《安全员一本通》(第二版)

5.《现场电工一本通》　　12.《材料员一本通》(第二版)

6.《甲方代表一本通》　　13.《造价员一本通(建筑工程)》(第二版)

7.《项目经理一本通》　　14.《造价员一本通(安装工程)》(第二版)

本系列丛书的修订主要遵循以下原则进行:

(1)遵循最新标准规范对内容进行修订。本系列丛书出版发行期间,建筑工程领域颁布实施了众多标准规范,丛书修订工作严格依据最新标准规范进行。如:以《建设工程工程量清单计价规范》(GB 50500—2008)为依据,对《造价员一本通(建筑工程)》和《造价员一本通(安装工程)》进行了修订;以《工程测量规范》(GB 50026—2007)和《建筑变形测量规范》(JGJ 8—2007)为依据,对《测量员一本通》进行修订;以最新标准规范的依据对《资料员一本通》中相关表格填写进行了修订;以建筑工程最新材料标准规范为依据,对《材料员一本通》进行了修订;以《建筑地面工程施工质量验收规范》(GB 50209—2010)、《砌体结构工程施工质量验收规范》(GB 50203—2011)、《地下防水工程质量验收规范》(GB 50208—2011)、《屋面工程质量验收规范》(GB 50207—2012)、《木结构工程施工质量验收规范》(GB 50206—2012)等为依据,对《监理员一本通》进行了修订。

(2)使用更方便。本套丛书资料丰富、内容翔实,图文并茂,编撰体例新颖,注重对建筑工程施工现场管理人员管理能力和专业技术能力的培养,力求做到文字通俗易懂,叙述内容一目了然,特别适合现场管理人员随查随用。

(3)依据广大读者及相关专家学者在丛书使用过程中提出的意见或建议,对丛书中的错误及不当之处进行了修订。

本套丛书在修订过程中,尽管编者已尽最大努力,但限于编者的水平,丛书在修订过程中难免会存在错误及疏漏,敬请广大读者及业内专家批评指正。

编 者

第一版出版说明

目前,我国建筑业发展迅速,城镇建设规模日益扩大,建筑施工队伍不断增加,建筑工地(施工现场)到处都是。工地施工现场的施工员、质量员、安全员、造价员(过去称为预算员)、资料员等是建设工程施工必需的管理人员,肩负着重要的职责。他们既是工程项目经理进行工程项目管理的执行者,也是广大建筑施工工人的领导者。他们的管理能力、技术水平的高低,直接关系到千千万万个建设项目能否有序、高效率、高质量地完成,关系到建筑施工企业的信誉、前途和发展,甚至是整个建筑业的发展。

近些年来,为了适应建筑业的发展需要,国家对建筑设计、建筑结构、施工质量验收等一系列标准规范进行了大规模的修订。同时,各种建筑施工新技术、新材料、新设备、新工艺已得到广泛的应用。在这种形势下,如何提高施工现场管理人员的管理能力和技术水平,已经成为建筑施工企业持续发展的一个重要课题。同时,这些管理人员自己也十分渴望参加培训、学习,迫切需要一些可供工作时参考用的知识性、资料性读物。

为满足施工现场管理人员对技术和管理知识的需求,我们组织有关方面的专家,在深入调查的基础上,以建筑施工现场管理人员为对象,编写了这套《建筑施工现场管理人员一本通系列丛书》。

本套丛书主要包括以下分册:

1.《质量员一本通》 8.《监理员一本通》

2.《安全员一本通》 9.《测量员一本通》

3.《资料员一本通》 10.《合同员一本通》

4.《施工员一本通》 11.《甲方代表一本通》

5.《材料员一本通》 12.《项目经理一本通》

6.《机械员一本通》 13.《造价员一本通(建筑工程)》

7.《现场电工一本通》 14.《造价员一本通(安装工程)》

与市面上已经出版的同类图书相比,本套丛书具有如下特点:

1. 紧扣一本通。何谓"一本通",就是通过一本书能够解决施工现场管理人员所有的问题。本丛书将施工现场管理人员工作中涉及的的工作职责、专业技术知识、业务管理和质量管理实施细则以及有关的专业法规、标准和规范等知识全部融为一体,内容更加翔实,解决了管理人员工作时需要到处查阅资料的问题。

2. 应用新规范。本套丛书各分册均围绕现行《建筑工程施工质量验收统一标准》(GB 50300—2001)和与其配套使用的 14 项工程质量验收规范、《建设工程工程量清单计价规范》以及现行建筑安装工程预算定额、现行与安全生产有关的标准规范和最新的工程材料标准等进行编写,切实做到应用新规范,贯彻新规范。

3. 体现先进性。本套丛书充分吸收了在当前建筑业中广泛应用的新材料、新技术、新工艺,是一套拿来就能学、就能用的实用工具书。

4. 使用更方便。本套丛书资料丰富、内容翔实,图文并茂,编撰体例新颖,注重对建筑工程施工现场管理人员管理能力和专业技术能力的培养,力求做到文字通俗易懂,叙述内容一目了然,特别适合现场管理人员随查随用。

由于编写时间仓促,加之编者经验水平有限,丛书中错误及不当之处,敬请广大读者批评指正。

编　者

目　　录

第一章 工程监理工作概述

第一节 建设工程监理基本概念

一、建设工程监理的概念

建设工程监理,是指具有相应资质的监理单位受工程项目建设单位的委托,依据国家有关工程建设的法律、法规,经建设主管部门批准的工程项目建设文件、建设工程委托监理合同及其他建设工程合同,对工程建设实施的专业化监督管理。实行建设工程监理制,目的在于提高工程建设的投资效益和社会效益。这项制度已经纳入《中华人民共和国建筑法》(以下简称《建筑法》)的规定范畴。

监理单位对建设工程监理的活动是针对一个具体的工程项目展开的,是微观性质的建设工程监督管理;对建设工程参与者的行为进行监控、督导和评价,使建设行为符合国家法律、法规,制止建设行为的随意性和盲目性,使建设进度、造价、工程质量按计划实现,确保建设行为的合法性、科学性、合理性和经济性。

从事建设工程监理活动,应当遵循"守法、诚信、公正、科学"的准则。

1. 建设工程监理的行为主体

《建筑法》明确规定,实行监理的建设工程,由建设单位委托具有相应资质条件的工程监理企业实施监理。建设工程监理只能由具有相应资质的工程监理企业来开展,建设工程监理的行为主体是工程监理企业,这是我国建设工程监理制度的一项重要规定。

建设工程监理不同于建设行政主管部门的监督管理。后者的行为主体是政府部门,它具有明显的强制性,是行政性的监督管理,它的任务、职责、内容不同于建设工程监理。同样,总承包单位对分包单位的监督管理也不能视为建设工程监理。

2. 建设工程监理实施的前提

《建筑法》明确规定,建设单位与其委托的工程监理企业应当订立书面建设工程委托监理合同。也就是说,建设工程监理的实施需要建设单位的委托和授权。工程监理企业应根据委托监理合同和有关建设工程合同的规定实施监理。

建设工程监理只有在建设单位委托的情况下才能进行。只有与建设单位订立书面委托监理合同,明确了监理的范围、内容、权利、义务、责任等,工程监理企业才能在规定的范围内行使管理权,合法地开展建设工程监理。工程监理企业在委托监理的工程中拥有一定的管理权限,能够开展管理活动,是建设单位授权的结果。

承建单位根据法律、法规的规定和它与建设单位签订的有关建设工程合同的规定接受工程监理企业对其建设行为进行的监督管理,接受并配合监理是其履行合同的一种行为。工程监理企业对哪些单位的哪些建设行为实施监理要根据有关建设工程合同的规定。例如,仅委托施工阶段监理的工程,工程监理企业只能根据委托监理合同和施工合同对施工行为实行监理。而在委托全过程监理的工程中,工程监理企业则可以根据委托监理合同以及勘察合同、设计合同、施工合同对勘察单位、设计单位和施工单位的建设行为实行监理。

二、建设工程监理要求

建设工程监理的目的是"力求"实现工程建设项目目标。即全过程的建设工程监理要"力求"在计划的投资、进度和质量目标内全面实现建设项目的总目标;阶段性的建设工程监理要"力求"实现本阶段建设项目的目标。

1. 建设工程监理的依据

(1)工程建设文件。包括:批准的可行性研究报告、建设项目选址意见书、建设用地规划许可证、建设工程规划许可证、批准的施工图设计文件、施工许可证等。

(2)有关的法律、法规、规章和标准、规范。包括:《中华人民共和国建筑法》、《中华人民共和国合同法》、《中华人民共和国招标投标法》、《建设工程质量管理条例》等法律法规,《工程建设监理规定》等部门规章,以及地方性法规等,也包括《工程建设标准强制性条文》、《建设工程监理规范》以及有关的工程技术标准、规范、规程。

(3)建设工程委托监理合同和有关的建设工程合同。工程监理企业应当依据两类合同,即工程监理企业与建设单位签订的建设工程委托监理合同等。

2. 建设工程监理工作任务

建设工程监理的中心任务就是对工程建设项目的目标进行有效的协调控制,即对投资目标、进度目标和质量目标进行有效的协调控制。中心任务的完成是通过各阶段具体的监理工作任务的完成来实现的。监理工作任务的划分如图1-1所示。

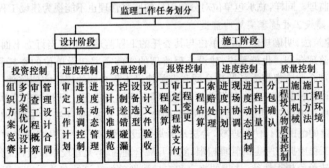

图1-1　监理工作任务划分

三、建设工程监理的性质

建设工程监理是一种特殊的工程建设活动,《建筑法》第三十二条规定:"建筑工程监理应当依据法律、行政法规及有关的技术标准、设计文件和建筑工程承包合同,对承包单位在施工质量、建设工期和建设资金使用等方面代表建设单位实施监督"。因此要充分理解我国建设工程监理制度,必须深刻认识建设监理的性质。

1. 服务性

工程建设监理是一种高智能、有偿技术服务活动。它是监理人员利用自己的工程建设知识、技能和经验为建设单位提供的管理服务。它既不同于承建商的直接生产活动,也不同于建设单位的直接投资活动,它不向建设单位承包工程造价,不参与承包单位的利益分成,它获得的是技术服务性的报酬。

工程建设监理的服务客体是建设单位的工程项目,服务对象是建设单位。这种服务性的活动是严格按照监理合同和其他有关工程建设合同来实施的,是受法律约束和保护的。

2. 科学性

工程建设监理应当遵循科学性准则。监理的科学性体现为其工作的内涵是为工程管理与工程技术提供知识的服务。监理的任务决定了它应当采用科学的思想、理论、方法和手段;监理的社会化、专业化特点要求监理单位按照高智能原则组建;监理的服务性质决定了它应当提供科技含量高的管理服务;工程建设监理维护社会公众利益和国家利益的使命决定了它必须提供科学性服务。

监理的科学性主要表现在:工程监理企业应当由组织管理能力强、工程建设经验丰富的人员担任领导;应当有足够数量的有丰富的管理经验和应变能力的监理工程师组成的骨干队伍;要有一套健全的管理制度;要有现代化的管理手段;要掌握先进的管理理论、方法和手段;要积累足够的技术、经济资料和数据;要有科学的工作态度和严谨的工作作风;要实事求是、创造性地开展工作。

3. 公正性

监理单位不仅是为建设单位提供技术服务的一方,还应当成为建设单位与承建商之间的公正的第三方。在任何时候,监理方都应依据国家法律、法规、技术标准、规范、规程和合同文件站在公正的立场上进行判断、证明并行使自己的处理权,要维护建设单位和被监理单位双方的合法权益。

4. 独立性

从事工程建设监理活动的监理单位是直接参与工程项目建设的"三方当事人"之一,它与项目建设单位、承建商之间的关系是一种平等主体关系。

《建筑法》明确指出,工程监理企业应当根据建设单位的委托,客观、公正地执行监理任务。《工程建设监理规定》和《建设工程监理规范》要求工程监理企业按照"公正、独立、自主"的原则开展监理工作。

按照独立性要求,工程监理单位应当严格地按照有关法律、法规、规章、工程建设文件、工程建设技术标准、建设工程委托监理合同、有关的建设工程合同等的规定实施监理;在委托监理的工程中,与承建单位不得有隶属关系和其他利益关系;在开展工程监理的过程中,必须建立自己的组织,按照自己的工作计划、程序、流程、方法、手段,根据自己的判断,独立地开展工作。

四、建设工程强制监理的范围

《建筑法》在明确规定国家推行建设工程监理制度时,还授权国务院可以规定实行强制监理的建设工程的范围。2001年1月7日建设部第86号令《建设工程监理范围和规模标准规定》中作了规定,必须实行监理的建设工程范围包括:

(1)国家重点建设工程:依据《国家重点建设项目管理办法》所确定的对国民经济和社会发展有重大影响的骨干项目。

(2)大中型公用事业项目:指项目总投资在3000万元以上的下列工程项目。

1)供水供电、供气、供热等市政工程项目;

2)科技、教育、文化等项目;

3)体育、旅游、商业等项目;

4)卫生、社会福利等项目;

5)其他公用事业项目。

(3)成片开发建设的住宅小区工程。建设面积在5万 m² 以上的住宅建设工程必须实行监理;5万 m² 以下的住宅建设工程可以实行监理,具体范围和规模标准由省、自治区、直辖市人民政府建设行政主管部门规定。

(4)利用外国政府或者国际组织贷款、援助资金的工程:

1)使用世界银行、亚洲开发银行等国际组织贷款资金的项目;

2)使用国外政府及其机构贷款资金的项目;

3)使用国际组织或者国外政府援助资金的项目。

(5)国家规定的必须实行监理的其他项目:

1)总投资在3000万元以上的关系公共利益和安全的基础设施项目:

①煤炭、石油、化工、电力、新能源项目;

②铁路、公路等交通运输业项目;

③邮政电信信息网等项目;

④防洪等水利项目;

⑤道路、轻轨、污水、垃圾、公共停车场等城市基础设施项目;

⑥生态保护项目;

⑦其他基础设施项目。

2)学校、影剧院、体育场项目。

第二节 建设工程监理的工作步骤

建设监理单位从接受监理任务到圆满完成监理工作，主要有如下几个步骤：

一、取得监理任务

建设监理单位获得监理任务主要有以下途径：

(1)业主点名委托。

(2)通过协商、议标委托。

(3)通过招标、投标、择优委托。

此时，监理单位应编写监理大纲等有关文件，参加投标。

二、签订监理委托合同

按照国家统一文本签订监理委托合同，明确委托内容及各自的权利、义务。

三、成立项目监理组织

建设监理单位在与业主签订监理委托合同后，根据工程项目的规模、性质及业主对监理的要求，委派称职的人员担任项目的总监理工程师，代表监理单位全面负责该项目的监理工作。总监理工程师对内向监理单位负责，对外向业主负责。

在总监理工程师的具体领导下，组建项目的监理班子，并根据签订的监理委托合同，制定监理规划和具体的实施计划（监理实施细则），开展监理工作。

一般情况下，监理单位在承接项目监理任务时，在参与项目监理的投标、拟订监理方案（大纲），以及与业主商签监理委托合同时，即应选派称职的人员主持该项工作。在监理任务确定并签订监理委托合同后，该主持人即可作为项目总监理工程师。这样，项目的总监理工程师在承接任务阶段即早已介入，从而更能了解业主的建设意图和对监理工作的要求，并与后续工作能更好地衔接。

四、资料收集

收集有关资料，以作为开展建设监理工作的依据。

1. 反映工程项目特征的有关资料

(1)工程项目的批文。

(2)规划部门关于规划红线范围和设计条件通知。

(3)土地管理部门关于准予用地的批文。

(4)批准的工程项目可行性研究报告或设计任务书。

(5)工程项目地形图。

(6)工程项目勘测、设计图纸及有关说明。

2. 反映当地工程建设政策、法规的有关资料

(1)关于工程建设报建程序的有关规定。

(2)当地关于拆迁工作的有关规定。

(3)当地关于工程建设应缴纳有关税、费的规定。

(4)当地关于工程项目建设管理机构资质管理的有关规定。

(5)当地关于工程项目建设实行建设监理的有关规定。

(6)当地关于工程建设招标投标制的有关规定。

(7)当地关于工程造价管理的有关规定等。

3. 反映工程项目所在地区技术经济状况等建设条件的资料

(1)气象资料。

(2)工程地质及水文地质资料。

(3)与交通运输(含铁路、公路、航运)有关的可提供的能力、时间及价格等资料。

(4)供水、供热、供电、供燃气、电信、有线电视等的有关情况:可提供的容量、价格等资料。

(5)勘察设计单位状况。

(6)土建、安装(含特殊行业安装,如电梯、消防、智能化等)施工单位情况。

(7)建筑材料、构配件及半成品的生产供应情况。

(8)进口设备及材料的有关到货口岸、运输方式的情况。

4. 类似工程项目建设情况的有关资料

(1)类似工程项目投资方面的有关资料。

(2)类似工程项目建设工期方面的有关资料。

(3)类似工程项目采用新结构、新材料、新技术、新工艺的有关资料。

(4)类似工程项目出现质量问题的具体情况。

(5)类似工程项目的其他技术经济指标等。

五、制定监理规划、工作计划或实施细则

工程项目的监理规划是开展项目监理活动的纲领性文件,由项目总监理工程师主持,专业监理工程师参加编制,建设监理单位技术负责人审核批准。

在监理规划的指导下,为了具体指导投资控制、进度控制、质量控制的进行,还需要结合工程项目的实际情况,制定相应的实施计划或细则(或方案)。

六、根据监理实施细则开展监理工作

作为一种科学的工程项目管理制度,监理工作的规范化体现在:

(1)工作的时序性。即监理的各项工作都是按一定的逻辑顺序先后展开的,从而使监理工作能有效地达到目标而不致造成工作状态的无序和混乱。

(2)职责分工的严密性。工程建设监理工作是由不同专业、不同层次的专家群体共同来完成的,他们之间严密的职责分工,是协调进行监理工作的前提和实现监理目标的重要保证。

(3)工作目标的确定性。在职责分工的基础上,每一项监理工作应达到的具体目标都应是确定的,完成的时间也应有时限规定,从而能通过报表资料对监理工作及其效果进行检查和考核。

(4)工作过程系统化。施工阶段的监理工作主要包括三控制(投资控制、进度控制、质量控制)、二管理(合同管理、信息管理)、一协调,共六个方面的工作。施工阶段的监理工作又可以分为三个阶段:事前控制、事中控制、事后控制。它形成了矩阵形的系统,因此,监理工作的开展必须实现工作过程系统化,如图1-2所示。

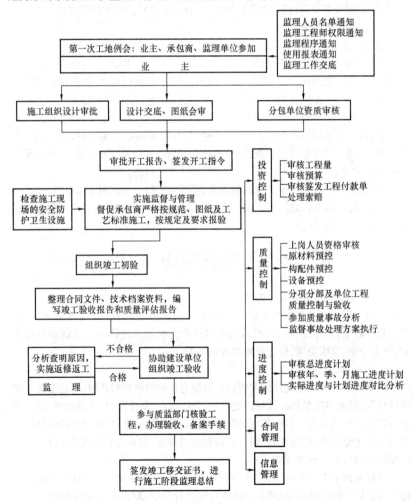

图1-2　施工监理的工作程序

七、参与项目竣工验收，签署建设监理意见

工程项目施工完成后，应由施工单位在正式验交前组织竣工预验收，监理单位应参与预验收工作，在预验收中发现的问题，应与施工单位沟通，提出要求，签署工程建设监理意见。

八、向业主提交工程建设监理档案资料

工程项目建设监理业务完成后，向业主提交的监理档案资料应包括：监理设计变更、工程变更资料；监理指令性文件；各种签证资料；其他档案资料。

九、监理工作总结

监理工作总结应包括以下主要内容：

第一部分，是向业主提交的监理工作总结。其内容主要包括：监理委托合同履行情况概述；监理任务或监理目标完成情况的评价；由业主提供的供监理活动使用的办公用房、车辆、试验设施等的清单；表明监理工作终结的说明等。

第二部分，是向监理单位提交的监理工作总结。其内容主要包括：监理工作的经验，可以是采用某种监理技术、方法的经验，也可以是采用某种经济措施、组织措施的经验，以及签订监理委托合同方面的经验，如何处理好与业主、承包单位关系的经验等。

第三部分，监理工作中存在的问题及改进的建议，也应及时加以总结，以指导今后的监理工作，并向政府有关部门提出政策建议，不断提高我国工程建设监理的水平。

第三节　建设工程监理的基本方法与责任

一、建设工程监理的基本方法

建设工程监理的基本方法是一个系统，它由不可分割的若干个子系统组成。它们相互联系，相互支持，共同运行，形成一个完整的方法体系。这就是目标规划、动态控制、组织协调、信息管理和合同管理。

1. 目标规划

这里所说的目标规划是以实现目标控制为目的的规划和计划，它是围绕工程项目投资、进度和质量目标进行研究确定、分解综合、安排计划、风险管理、制定措施等各项工作的集合。目标规划是目标控制的基础和前提，只有做好目标规划的各项工作才能有效实施目标控制。目标规划得越好，目标控制的基础就越牢，目标控制的前提条件也就越充分。

目标规划工作包括：正确地确定投资、进度、质量目标或对已经初步确定的目标进行论证；按照目标控制的需要将各目标进行分解，使每个目标都形成一个既能分解又能综合地满足控制要求的目标划分系统，以便实施控制；把工程项目实施的过程、目标和活动编制成计划，用动态的计划系统来协调和规范工程项目的

实施,为实现预期目标构筑一座桥梁,使项目协调有序地达到预期目标;对计划目标的实现进行风险分析和管理,以便采取针对性的有效措施,实施主动控制;制定各项目标的综合控制措施,力保项目目标的实现。

2. 动态控制

动态控制是开展工程建设监理活动时采用的基本方法。动态控制工作贯穿于工程项目的整个监理过程中。

所谓动态控制,就是在完成工程项目的过程当中,通过对过程、目标和活动的跟踪,全面、及时、准确地掌握工程建设信息,将实际目标值和工程建设状况与计划目标和状况进行对比,如果偏离了计划和标准的要求,就采取措施加以纠正,以便达到计划总目标的实现。这是一个不断循环的过程,直至项目建成交付使用。

这种控制是一个动态的过程。过程在不同的空间展开,控制就要针对不同的空间来实施。工程项目的实施分不同的阶段,控制也就分成不同阶段的控制。工程项目的实现总要受到外部环境和内部因素的各种干扰,因此,必须采取应变性的控制措施。计划的不变是相对的,计划总是在调整中运行,控制就要不断地适应计划的变化,从而达到有效的控制。监理工程师只有把握住工程项目运动的脉搏才能做好目标控制工作。动态控制是在目标规划的基础上针对各级分目标实施的控制。整个动态控制过程都是按事先安排的计划来进行的。

3. 组织协调

组织协调与目标控制是密不可分的。协调的目的就是为了实现项目目标。在监理过程中,当设计概算超过投资估算时,监理工程师要与设计单位进行协调,使设计与投资限额之间达成一致,既要满足建设单位对项目的功能和使用要求,又要力求使费用不超过限定的投资额度;当施工进度影响到项目动用时间时,监理工程师就要与施工单位进行协调,或改变投入,或修改计划,或调整目标,直到制定出一个较理想的解决问题的方案为止;当发现承包单位的管理人员不称职,给工程质量造成影响时,监理工程师要与承包单位进行协调,以便更换人员,确保工程质量。

组织协调包括项目监理组织内部人与人、机构与机构之间的协调。例如,项目总监理工程师与各专业监理工程师之间、各专业监理工程师之间的人际关系,以及纵向监理部门与横向监理部门之间关系的协调。组织协调还存在于项目监理组织与外部环境组织之间,其中主要是与项目建设单位、设计单位、施工单位、材料和设备供应单位,以及与政府有关部门、社会团体、咨询单位、科学研究、工程毗邻单位之间的协调。

为了开展好工程建设监理工作,要求项目监理组织内的所有监理人员都能主动地在自己负责的范围内进行协调,并采用科学有效的方法。为了搞好组织协调工作,需要对经常性事项的协调加以程序化,事先确定协调内容、协调方式和具体的协调流程;需要经常通过监理组织系统和项目组织系统,利用权责体系,采取指令等方式进行协调,需要设置专门机构或专人进行协调,需要召开各种类型的会议进行协调。只有这样,项目系统内各子系统、各专业、各工种、各项资源以及时间、空间等方面才能实现有机的配合,使工程项目成为一体化运行的整体。

4. 信息管理

工程建设监理离不开工程信息。在实施监理过程中,监理工程师要对所需要的信息进行收集、整理、处理、存储、传递、应用等一系列工作,这些工作总称为信息管理。

信息管理对工程建设监理是十分重要的。监理工程师在开展监理工作当中要不断预测或发现问题,要不断地进行规划、决策、执行和检查,而做好每项工作都离不开相应的信息。规划需要规划信息,决策需要决策信息,执行需要执行信息,检查需要检查信息。监理工程师在监理过程中主要的任务是进行目标控制,而控制的基础就是信息。任何控制只有在信息的支持下才能有效地进行。

项目监理组织的各部门为完成各项监理任务需要哪些信息,完全取决于这些部门实际工作的需要。因此,对信息的要求是与各部门监理任务和工作直接相联系的。不同的项目,由于情况不同,所需要的信息也就有所不同。

5. 合同管理

监理单位在工程建设监理过程中的合同管理主要是根据监理合同的要求对工程承包合同的签订、履行、变更和解除进行监督、检查,对合同双方的争议进行调解和处理,以保证合同的依法签订和全面履行。

合同管理对于监理单位完成监理任务是非常重要的。根据国外经验,合同管理产生的经济效益往往大于技术优化所产生的经济效益。一项工程合同,应当对参与建设项目的各方建设行为起到控制作用,同时具体指导这项工程如何操作完成。所以,从这个意义上讲,合同管理起着控制整个项目实施的作用。例如,按照FIDIC《土木工程施工合同条件》实施的工程,根据第72条、194项条款,详细地列出了在项目实施过程中所遇到的各方面的问题,并规定了合同各方在遇到这些问题时的权利和义务,同时还规定了监理工程师在处理各种问题时的权限和职责。在工程实施过程中经常发生的有关设备、材料、开工、停工、延误、变更、风险、索赔、支付、争议、违约等问题,以及财务管理、工程进度管理、工程质量管理诸方面工作,这个合同条件都涉及了。

监理工程师在合同管理中应当着重于以下几个方面的工作:

(1)合同分析。它是对合同各类条款进行分门别类的认真研究和解释,并找出合同的缺陷和弱点,以发现和提出需要解决的问题。同时,更为重要的是,对引起合同变化的事件进行分析研究,以便采取相应措施。合同分析对于促进合同各方履行义务和正确行使合同赋予的权力,对于监督工程的实施,对于解决合同争议,对于预防索赔和处理索赔等项工作都是必要的。

(2)建立合同目录、编码和档案。合同目录和编码是采用图表方式进行合同管理的很好工具,它为合同管理自动化提供了方便条件,使计算机辅助合同管理成为可能。合同档案的建立可以把合同条款分门别类地加以存放,为查询、检索合同条款,也为分解和综合合同条款提供了方便。合同资料的管理应当起到为合同管理提供整体性服务的作用。它不仅要起到存放和查找的简单作用,还应当进行高层次的服务。例如,采用科学的方式将有关的合同程序和数据指示出来。

(3)对合同履行的监督、检查。通过检查发现合同执行中存在的问题,并根据法律、法规和合同的规定加以解决,以提高合同的履约率,使工程项目能够顺利地建成。合同监督还包括经常性地对合同条款进行解释,常念"合同经",以促使承包方能够严格地按照合同要求实现工程进度、工程质量和费用要求。按合同的有关条款做出工作流程图、质量检查和协调关系图等,可以帮助有效地进行合同监督。合同监督需要经常检查合同双方往来的文件、信函、记录、业主指示等,以确认它们是否符合合同的要求和对合同的影响,以便采取相应对策。根据合同监督、检查所获得的信息进行统计分析,以发现费用金额、履约率、违约原因、纠纷数量、变更情况等问题,向有关监理部门提供情况,为目标控制和信息管理服务。

(4)索赔。索赔是合同管理中的重要工作,又是关系合同双方切身利益的问题,同时牵扯监理单位的目标控制工作,是参与项目建设的各方都关注的事情。监理单位应当首先协助业主制定并采取防止索赔的措施,以便最大限度地减少无理索赔的数量和索赔影响量。其次,要处理好索赔事件。对于索赔,监理工程师应当以公正的态度对待,同时按照事先规定的索赔程序做好处理索赔的工作。

合同管理直接关系着投资、进度、质量控制,是工程建设监理方法系统中不可分割的组成部分。

二、建设工程监理的责任

监理单位或监理人员在接受监理任务后应努力向项目业主或法人提供与之水平相适应的服务。相反,如果不能够按照监理委托合同及相应法律开展监理工作,按照有关法律和委托监理合同,委托单位可对监理单位进行违约金处罚,或起诉监理单位。如果违反法律政府主管部门或检察机关可对监理单位及负有责任的监理人员提起诉讼。法律法规规定的监理单位和监理人员的责任有:

1. 建设监理的普通责任

对于工程项目监理,不按照委托监理合同的约定履行义务,对应当监督检查的项目不检查或不按规定检查,给建设单位造成损失的,应承担相应的赔偿责任。这里所说的普通责任只是在建设单位与监理单位之间的责任。当建设单位不追究监理单位的责任时,这种责任也就不存在了。

2. 建设监理的违法责任

(1)与承包单位串通,为承包单位谋取非法利益,给建设单位造成损失的,应当与承包单位承担连带赔偿责任。

(2)与建设单位或建筑施工企业串通,弄虚作假,降低工程质量的,责令改正、处以罚款、降低资质等级、吊销资质证书;有违法所得的予以没收;造成损失的,承担连带赔偿责任。

(3)监理单位经营责任——转让监理业务等(擅自开业、超越范围、故意损害甲、乙方利益、造成重大事故),责令改正,没收违法所得,停业整顿,降低资质等级,吊销资质证书。

建设监理的违法责任在于违反了现行的法律,法律要运用其强制力对违法者进行处理。

第四节　建设工程监理工作的原则与作用

一、建设工程监理工作的原则

监理单位受业主委托对工程项目实施监理时,应遵守以下基本原则:

1. 公正、独立、自主的原则

在工程建设监理中,监理工程师必须尊重科学,尊重事实,组织各方协同配合,维护有关各方的合法权益,为使这一职能顺利实施,必须坚持公正、独立、自主的原则。业主与承包商虽然都是独立运行的经济主体,但他们追求的经济目标有差异,各自的行为也有差别,监理工程师应在按合同约定的权、责、利关系基础上,协调双方的一致性,即只有按合同的约定建成项目,业主才能实现投资的目的,承包商也才能实现自己生产的产品的价值,取得工程款和实现盈利。

2. 权责一致的原则

监理工程师为履行其职责而从事的监理活动,是根据建设监理法规和受业主的委托与授权而进行的。监理工程师承担的职责应与业主授予的权限相一致。也就是说,业主向监理工程师的授权,应以能保证其正常履行监理的职责为原则。

监理活动的客体是承包商的活动,但监理工程师与承包商之间并无经济合同关系。监理工程师之所以能行使监理职权,是依赖业主的授权。这种权力的授予,除体现在业主与监理单位之间签订的工程建设监理委托合同中外,还应作为业主与承包商之间工程承包合同的条件。因此,监理工程师在明确业主提出的监理目标和监理工作内容要求后,应与业主协商,明确相应的授权,达成共识后,反映在监理委托合同及承包合同中。据此,监理工程师才能开展监理活动。

总监理工程师代表监理单位全面履行工程建设监理委托合同,承担合同中确定的监理方向业主方所承担的义务和责任。因此,在监理合同实施过程中,监理单位应给予总监理工程师充分的授权,体现权责一致的原则。

3. 严格监理、热情服务的原则

监理工程师与承建商的关系,以及处理业主与承建商之间的利益关系,一方面应坚持严格按合同办事,严格监理的要求;另一方面又应立场公正,为业主提供热情服务。

4. 综合效益的原则

社会建设监理活动既要考虑业主的经济效益,也必须考虑与社会效益和环境效益的有机统一,符合"公众"的利益,个别业主为谋求自身狭隘的经济利益,不惜损害国家、社会的整体利益,如有些项目存在严重的环境污染问题。工程建设监理虽经业主的委托和授权才得以进行,但监理工程师应严格遵守国家的建设管理法规、法律、标准等,以高度负责的态度和责任感,既对业主负责,谋求最大的经济效益,又要对国家和社会负责,取得最佳的综合效益。只有在符合宏观经济效益、社会效益和环境效益的条件下,业主投资项目的微观经济效益才能得以实现。

5. 预防为主的原则

工程建设监理活动的产生与发展的前提条件,是拥有一批具有工程技术与管理知识和实践经验,精通法律和经济的专门高素质人才,形成专门化、社会化的高智能工程建设监理单位,为业主提供服务。由于工程项目具有"一次性"、"单件性"等特点,使工程项目建设过程存在很多风险,因此监理工程师必须具有预见性,并把重点放在"预控"上,"防患于未然"。在制定监理规划、编制监理细则和实施监理控制过程中,对工程项目投资控制、进度控制和质量控制中可能发生的失控问题要有预见性和超前的考虑,制定相应的对策和预控措施予以防范。此外还应考虑多个不同的措施与方案,做到"事前有预测,情况变了有对策",避免被动,并可收到事半功倍之效。

6. 实事求是的原则

监理工作中监理工程师应尊重事实,以理服人。监理工程师的任何指令、判断都应有事实依据,有证明、检验、试验资料,这是最具有说服力的。考虑到经济利益或认识上的关系,监理工程师不应以权压人,而应晓之以理,所谓"理",即具有说服力的事实依据,做到以"理"服人。

二、建设工程监理工作的作用

1. 有利于提高建设工程投资决策科学化水平

在建设单位委托工程监理企业实施全方位全过程监理的条件下,在建设单位有了初步的项目投资意向之后,工程监理企业可协助建设单位选择适当的工程咨询机构,管理工程咨询合同的实施,并对咨询结果(如项目建议书、可行性研究报告)进行评估,提出有价值的修改意见和建议;或者直接从事工程咨询工作,为建设单位提供建设方案。这样,不仅可使项目投资符合国家经济发展规划、产业政策、投资方向,而且可使项目投资更加符合市场需求。工程监理企业参与或承担项目决策阶段的监理工作,有利于提高项目投资决策的科学化水平,避免项目投资决策失误,也为实现建设工程投资综合效益最大化打下了良好的基础。

2. 有利于规范工程建设参与各方的建设行为

工程建设参与各方的建设行为都应当符合法律、法规、规章和市场准则。要做到这一点,仅仅依靠自律机制是远远不够的,还需要建立有效的约束机制。

在建设工程实施过程中,工程监理企业可依据委托监理合同和有关的建设工程合同对承建单位的建设行为进行监督管理。由于这种约束机制贯穿于工程建设的全过程,采用事前、事中和事后控制相结合的方式,因此可以有效地规范各承建单位的建设行为,最大限度地避免不当建设行为的发生。即使出现不当建设行为,也可以及时加以制止,最大限度地减少其不良后果。应当说,这是约束机制的根本目的。另一方面,由于建设单位不了解建设工程有关的法律、法规、规章、管理程序和市场行为准则,也可能发生不当建设行为。在这种情况下,工程监理单位可以向建设单位提出适当的建议,从而避免发生建设单位的不当建设行为,这对规范建设单位的建设行为也可起到一定的约束作用。

当然,要发挥上述约束作用,工程监理企业首先必须规范自身的行为,并接受政府的监督管理。

3. 有利于保证建设工程的质量和使用安全

工程监理企业对承建单位建设行为的监督管理,实际上是从产品需求者的角度对建设工程生产过程的管理,这与产品生产者自身的管理有很大的不同。而工程监理企业又不同于建设工程的实际需求者,其监理人员都是既懂工程技术又懂经济管理的专业人士,他们有能力及时发现建设工程实施过程中出现的问题,发现工程材料、设备以及阶段产品存在的问题,从而避免留下工程质量隐患。因此,实行建设工程监理制之后,在加强承建单位自身对工程质量管理的基础上,由工程监理企业介入建设工程生产过程的管理,对保证建设工程质量和使用安全有着重要作用。

4. 有利于实现建设工程投资效益最大化

建设工程投资效益最大化有以下三种不同表现:

(1)在满足建设工程预定功能和质量标准的前提下,建设投资额最少。

(2)在满足建设工程预定功能和质量标准的前提下,建设工程寿命周期费用(或全寿命费用)最少。

(3)建设工程本身的投资效益与环境、社会效益的综合效益最大化。

第二章 工程建设监理组织

第一节 组织的基本原理

一、组织与组织结构

1. 组织

所谓组织,就是为了使系统达到它特定的目标,使全体参加者经分工与协作以及设置不同层次的权力和责任制度而构成的一种人的组合体。

"组织"一词从不同的侧面包含两种不同的含义:其一,作为一个实体,组织是为了达到自身的目标而结合在一起的具有正式关系的一群人。对于正式组织,这种关系是反映人们正式的、有意形成的职务和职位结构。组织必须具有目标且为了达到自身的目标而产生和存在。在组织中工作的人们必须承担某种职务且承担的职务需要进行刻意的设计,规定所需各项活动有人去完成,并且确保各项活动协调一致,使人们在集体中工作得顺利、有效率,而且效率高;其二,组织是一个过程,主要指人们为了达到目标而创造组织结构,为适应环境的变化而维持和调整组织结构,并使组织发挥作用的过程。管理者要根据工作的需要,对组织结构进行精心设计,明确每个岗位的任务、权力、责任和相互关系以及信息沟通的渠道,使人们在实现目标的过程中,能够发挥比合作个人总和更大的能量。管理者还要根据环境变化对组织结构进行改革和创新或再构造。合理的组织结构只是为了达到某种目标提出了一个前提,要有效地完成组织的任务,还需要各层管理者能动地、合理地协调人力、物力、财力和信息,使组织结构得以高效地运行。

组织作为生产要素之一,与其他要素相比有明显特点:其他要素可以互相替代,如增加机器设备等劳动手段可以替代劳动力,而组织不能替代其他要素,也不能被其他要素所替代,它只是使其他要素合理配合要增值的要素,也就是说组织可以提高其他要素的使用效益。

2. 组织结构

组织内部构成和各部分间所确立的较为稳定的相互关系和联系方式,称为组织结构。以下几种提法反映了组织结构的基本内涵:

(1)确定正式关系与职责的形式。

(2)向组织各个部门或个人分派任务和各种活动的方式。

(3)协调各个分离活动和任务的方式。

(4)组织中权力、地位和等级关系。

二、组织设计

组织设计就是对组织活动和组织结构的设计过程,有效的组织设计在提高组织活动效能方面起着重大的作用。组织设计有以下要点:

(1)组织设计是管理者在系统中建立最有效相互关系的一种合理化的、有意识的过程。

(2)该过程既要考虑系统的外部要素,又要考虑系统的内部要素。

(3)组织设计的结果是形成组织结构。

1. 组织设计的依据

(1)组织战略。在影响组织结构的各种因素中,组织战略是一个重要的因素。组织要选择一个与自己条件相适应的战略,与此同时,需在组织结构上有所配合,才能令组织战略更有效的执行。

(2)组织环境。一切人所在的社会组织都是开放系统,它的生存和发展都直接受到其所处环境的影响。对于组织来说,环境中存在不确定因素是必然的,组织对于环境的变化只能去设法适应。因此,组织结构要随环境的变化来进行设计和调整。

(3)组织规模。组织规模对于组织结构复杂性程度产生影响。组织规模增长导致水平差异的增加,还可以使地区差异扩大;组织规模的扩大导致组织结构规范化程度的提高,而且使高层管理者难于直接控制其下属的一切活动,这样就造成分权。

(4)技术。企业的组织结构必须与采用的生产技术与方式相适应,才能令组织更有效率。常规技术易变性小,组织结构通常规范化程度高;工程型技术易变性较大,组织结构通常规范化程度较低,但集权化程度较高;工艺性技术适合组织结构具有适中的规范化程度和分权化管理;非常规技术应采取具有强制性的有机式组织结构,减低规范化程度。

2. 组织设计的原则

项目监理机构组织设计一般应考虑以下基本原则:

(1)集权与分权统一的原则。在任何组织中都不存在绝对的集权和分权。在项目监理机构设计中,所谓集权,就是总监理工程师掌握所有监理大权,各专业监理工程师只是其命令的执行者;所谓分权,是指在总监理工程师的授权下,各专业监理工程师在各自管理的范围内有足够的决策权,总监理工程师主要起协调作用。

项目监理机构是采取集权形式还是分权形式,要根据建设工程的特点、监理工作的重要性、总监理工程师的能力、精力及各专业监理工程师的工作经验、工作能力、工作态度等因素进行综合考虑。

(2)组织分工协调原则。组织分工协调原则是促进组织高效率运行的基本保证。组织分工协调原则是在进行建设监理组织机构设置时,应正确地处理好组织内部人与人、领导与被领导、部门之间的各种错综复杂的关系,减少或避免组织内部产生的行为矛盾与冲突,使组织内部各种组织要素能充分地协调统一。因此,在对建设监理组织机构设置时,一是应理顺组织内部存在的各种关系,包括领导与被领导关系,部门的隶属、从属、相互作用等关系;二是应正确规范组织的工作任务体系;三是要完善组织的工作制度,包括请示、汇报制度、工作会议制度、业务考核制度、职责及奖惩制度等;四是要建立各种协调机制,各级组织都必须建立协调功能团,而且组织的协调功能团应从组织任务执行功能团中分离出来,真正起到对内部纵向、横向协调作用。

(3)管理跨度和管理层次相统一的原则。管理跨度与管理层次是相互制约的。管理跨度扩大可以使管理层次减少,加快信息传递,减少信息失真,使信息反馈及时,减少管理人员,降低管理费用。但由于上级主管需要协调的工作量增大,容易导致组织失控。

管理跨度与管理层次统一,就要根据组织的内部条件和外部环境的不同来综合权衡,适当确定。

(4)责、权、利对等的原则。责、权、利对等的原则就是在监理组织中明确划分职责、权力、利益,且职责、权力、利益是对等的关系。承担某一岗位职务的管理者在承担该岗位规定的工作任务和责任时还必须规定相应的权力和利益。组织的责、权、利是相对于一定的岗位职务来说的,不同的岗位职务应有不同的责、权、利,但始终应该是对等的。责、权、利不对等就可能损伤组织的效能,权大于责容易导致滥用职权,危及整个组织系统的运行;责大于利容易影响管理人员的积极性、主动性、创造性,使组织缺乏活力。

(5)才职相称的原则。每项工作都应该确定为完成该工作所需要的知识和技能。可以通过考察一个人的学历与经历,进行测验及面谈等,了解其知识、经验、才能、兴趣等,并进行评审比较。职务设计和人员评审都可以采用科学的方法,使这个人现有的和可能有的才能与其职务上的要求相适应,做到才职相称,人尽其才,才得其用,用得其所。

(6)效益原则。任何组织的设计都是为了获得更高效益,现场监理组织设计必须坚持效益原则。组织结构中部门、人员都要围绕组织目标充分协调,组成最适宜的组织结构,用较少的人员、较少的层次、较少的时间达到管理的效果,做到精干高效,使人有事干、事有人管、保质保量、负荷饱满、效益更高。

(7)组织弹性原则。组织机构设置的弹性原则,简称组织弹性原则,是指组织部门设置、人员编制、任务体系及权力分配等方面,应充分考虑到建设监理市场的近期和长期发展变化,对机构设置和人员编制等都应留有一定的余地。

3. 组织设计的流程

组织设计的流程如图 2-1 所示。

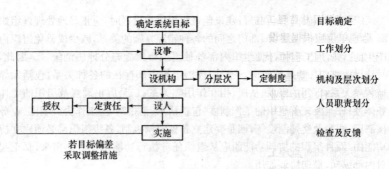

图 2-1　组织设计流程图

第二节　建设工程监理实施程序与原则

一、建设工程监理实施程序

建设监理单位接受业主委托,选派拟任总监理工程师提前介入工程项目,一旦签订监理合同,就意味着监理业务正式成立,进入工程项目建设监理实施阶段。工程项目建设监理一般按图 2-2 所示的程序实施。

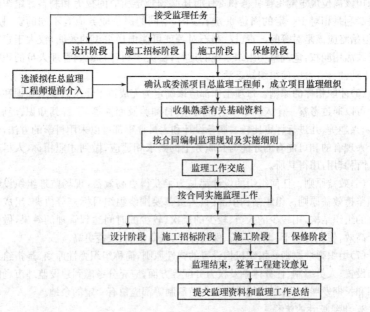

图 2-2　工程建设监理工作总程序图

1. 确定项目总监理工程师,成立项目监理机构

监理单位应根据建设工程的规模、性质、业主对监理的要求,委派称职的人员担任项目总监理工程师,代表监理单位全面负责该工程的监理工作。

一般情况下,监理单位在承接工程监理任务时,在参与工程监理的投标、拟定监理方案(大纲)以及与业主商签委托监理合同时,即应选派称职的人员主持该项工作。在监理任务确定并签订委托监理合同后,该主持人即可作为项目总监理工程师。这样,项目的总监理工程师在承接任务阶段即早已介入,从而更能了解业主的建设意图和对监理工作的要求,并与后续工作能更好地衔接。总监理工程师是一个建设工程监理工作的总负责人,他对内向监理单位负责,对外向业主负责。

监理机构的人员构成是监理投标书中的重要内容,是业主在评标过程中认可的。总监理工程师在组建项目监理机构时,应根据监理大纲内容和签订的委托监理合同内容组建,并在监理规划和具体实施计划执行中进行及时的调整。

2. 编制工程项目的监理规划和制定监理实施细则

工程项目的监理规划,是指导项目监理组织全面开展监理活动的纲领性文件,是监理人员有效地进行监理工作的依据和指导性文件。在监理规划的指导下,为具体指导工程项目投资控制、质量控制、进度控制,需要结合工程项目的实际情况,制定相应的实施细则。

3. 监理工作交底

在监理工作实施前,一般就监理工程项目管理工作的重点、难点以及监理工作应注意的问题,事先进行说明,增强监理工作针对性、预见性。

4. 规范化地开展监理工作

监理工作的规范化体现在以下几点:

(1)工作的时序性。监理的各项工作都应按一定的逻辑顺序先后展开,从而使监理工作能有效地达到目标而不致造成工作状态的无序和混乱。

(2)职责分工的严密性。建设工程监理工作是由不同专业、不同层次的专家群体共同来完成的,他们之间严密的职责分工是协调进行监理工作的前提和实现监理目标的重要保证。

(3)工作目标的确定性。在职责分工的基础上,每一项监理工作的具体目标都应是确定的,完成的时间也应有时限规定,从而能通过报表资料对监理工作及其效果进行检查和考核。

5. 参与验收,签署建设工程监理意见

建设工程施工完成以后,监理单位应在正式验交前组织竣工预验收。在预验收中发现的问题,应及时与施工单位沟通,提出整改要求。监理单位应参加业主组织的工程竣工验收,签署监理单位意见。

6. 提交工程建设监理资料和监理工作总结

项目建设监理业务完成后，监理单位要向业主提交监理档案资料，主要有监理设计变更、工程变更资料，监理指令性文件，各类签证资料和其他约定提交的档案资料。

监理工作总结主要有以下内容：

(1)向业主提交的监理工作总结，包括监理委托合同履行情况概述；监理任务或目标完成情况的评价；业主提供的监理活动使用的办公用房、交通设备、实验设施等的清单；表明监理工作终结的说明。

(2)向社会监理单位提交的工作总结，包括监理工作的经验，可采用的某种技术方法或经济组织措施的经验以及签订合同、协调关系的经验，监理工作中存在的问题及改进的建议等。

二、建设工程监理实施原则

监理单位受业主委托对建设工程实施监理时，一般应遵循以下原则：

(1)公正、独立、自由的原则。监理工程师应在按合同约定的权、责、利益的基础上，坚持公正、独立、自主的原则，维护各方的合法权益，协调双方的一致性。

(2)权责一致的原则。总监理工程师代表监理单位全面履行建设工程委托监理合同，承担合同中确定的监理单位向业主所承担的义务和责任。因此，在委托监理合同实施中，监理单位应给总监理工程师充分授权，他才能开展监理活动。

(3)总监理工程师负责制的原则。总监理工程师是工程监理的责任主体，是向业主和监理单位负责任的承担者。总监理工程师是工程监理的权力主体，全面领导建设工程的监理工作。总监理工程师是工程监理的利益主体，在监理活动中对国家的利益负责；对业主投资项目的效益负责；对监理单位的监理效益负责；对项目监理机构内所有监理人员的利益负责。

(4)严格监理、热情负责的原则。监理人员应严格按国家政策、规范、标准和合同控制建设工程的目标，依照既定的程序和制度运用合理的技能，谨慎而勤奋地工作，对承包单位进行严格监理，为业主提供热情服务。

(5)综合效益的原则。建设工程监理活动既要考虑业主的经济效益，也必须考虑与社会效益和环境效益的有机统一。建设工程监理活动虽经业主的委托和授权才得以进行，但监理工程师应首先严格遵守国家的建设管理法律、法规、标准等，以高度负责的态度和责任感，既对业主负责，谋求最大的经济效益，又要对国家和社会负责，取得最佳的综合效益。只有在符合宏观经济效益、社会效益和环境效益的条件下，业主投资项目的微观经济效益才能得以实现。

第三节 项目监理机构及其设施

一、项目监理机构

项目监理机构是监理单位派驻工程项目负责履行委托监理合同的组织机构。监理单位履行施工阶段的委托监理合同时，必须在施工现场建立项目监理机构。它是为实施工程项目的监理工作而按合同设立的临时组织机构，在完成委托监理合同约定的监理工作后可撤离施工现场，随着工程项目监理工作的结束而撤销。

二、项目监理机构组织形式

工程项目监理组织形式要根据工程项目的特点、承发包模式、业主委托的任务，依据建设监理行业特点和监理单位自身状况，科学、合理地进行确定。现行的建设监理组织形式主要有直线制监理组织、职能制监理组织、直线职能制监理组织和矩阵制监理组织等形式。

1. 直线制监理组织

直线制监理组织形式又可分为按子项分解的直线制监理组织形式(图 2-3)和按建设阶段分解的直线制监理组织形式(图 2-4)。对于小型建设工程，也可以采用按专业内容分解的直线制监理组织形式(图 2-5)。

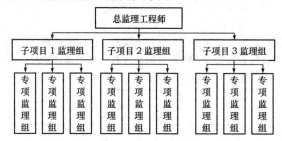

图 2-3 按子项目分解的直线制监理组织形式

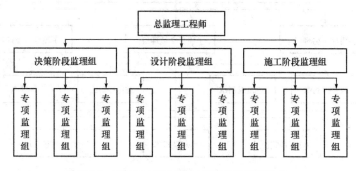

图 2-4 按建设阶段分解的直线制监理组织形式

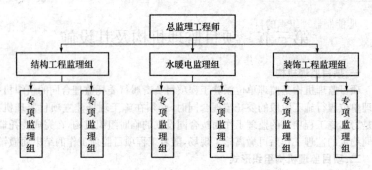

图 2-5　按专业内容分解的直线制监理组织形式

　　这种组织形式简单,组织中各种职位按垂直系统直线排列。总监理工程师负责整个项目的规划、组织、指导与协调,子项目监理组分别负责各子项目的目标控制,具体领导现场专业或专项组的工作。

　　直线制监理组织机构简单、权力集中、命令统一、职责分明、决策迅速、专属关系明确,但要求总监理工程师在业务和技能上是全能式人物,适用于监理项目可划分为若干个相对独立子项的大、中型建设项目。

　　2. 职能制监理组织

　　职能制监理组织是在总监理工程师下设置一些职能机构,分别从职能的角度对高层监理组进行业务管理。职能机构通过总监理工程师的授权,在授权范围内对主管的业务下达指令。其组织形式如图 2-6 所示。

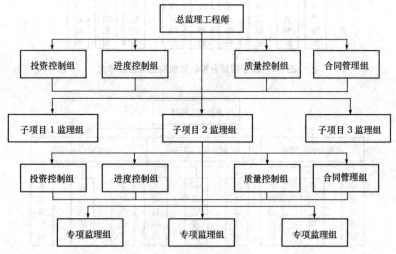

图 2-6　职能制监理组织形式

职能制监理组织的目标控制分工明确,各职能机构通过发挥专业管理提高管理效率。总监理工程师负担减少,但容易出现多头领导,职能协调麻烦,主要适用于工程项目地理位置相对集中的工程项目。

3. 直线职能制监理组织

直线职能制监理组织形式是吸收了直线制监理组织形式和职能制监理组织形式的优点而形成的一种组织形式。指挥部门拥有对下级实行指挥和发布命令的权力,并对该部门的工作全面负责;职能部门是直线指挥人员的参谋,他们只能对指挥部门进行业务指导,而不能对指挥部门直接进行指挥和发布命令。如图 2-7 所示。

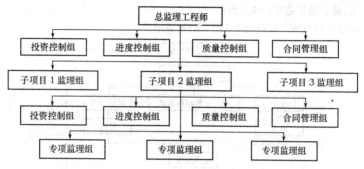

图 2-7 直线职能制监理组织形式

直线职能制监理组织集中领导、职责分明、管理效率高、适用较广泛,但职能部门与指挥部门易产生矛盾,不利于信息情报传递。

4. 矩阵制监理组织

矩阵制监理组织由纵向的职能系统与横向的子项目系统组成矩阵组织结构,各专业监理组同时受职能机构和子项目组直接领导,如图 2-8 所示。

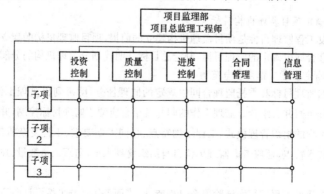

图 2-8 矩阵制监理组织形式

　　矩阵制组织形式加强了各职能部门的横向领导,具有较好的机动性和适应性,上下左右集权与分权达到最优结合,有利于复杂与疑难问题的解决,且有利于培养监理人员业务能力。但由于纵横向协调工作量较大,容易产生矛盾。

　　矩阵制监理组织形式适用于监理项目能划分为若干个相对独立子项的大、中型建设项目,有利于总监理工程师对整个项目实施规划、组织、协调和指导,有利于统一监理工作的要求和规范化,同时又能发挥子项工作班子的积极性,强化责任制。

　　但采用矩阵制监理组织形式时要注意,在具体工作中要确保指令的惟一性,明确规定当指令发生矛盾时,应执行哪一个指令。

三、建立项目监理机构的步骤

　　项目监理机构一般按图 2-9 所示的步骤组建。

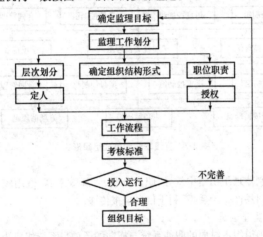

图 2-9　项目监理机构设置步骤

　　1. 确定项目监理机构目标

　　建设工程监理目标是项目监理机构建立的前提,项目监理机构的建立应根据委托监理合同中确定的监理目标,制定总目标并明确划分监理机构的分解目标。

　　2. 确定监理工作内容与范围

　　根据监理目标和委托监理合同中规定的监理任务,明确列出监理工作内容,并进行分类归并及组合。监理工作的归并及组合应便于监理目标控制,并综合考虑监理工程的组织管理模式、工程结构特点、合同工期要求、工程复杂程度、工程管理及技术特点,还应考虑监理单位自身组织管理水平、监理人员数量、技术业务特点等。

　　如果建设工程进行实施阶段全过程监理,监理工作划分可按设计阶段和施工阶段分别归并和组合,如图 2-10 所示。

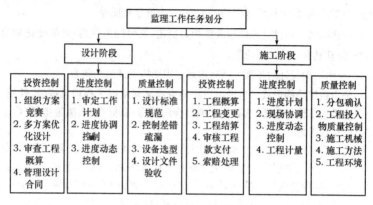

图 2-10　实施阶段监理工作划分

3. 组织结构设计

(1)组织结构设计原则。项目监理组织结构设计应当遵循以下原则:

1)集权与分权统一的原则。在项目监理机构中,集权是指总监理工程师掌握所有监理大权,各专业监理工程师只是其命令的执行者。分权是指专业工程师在各自管理的范围内,有足够的决策权,总监理工程师主要起协调作用;

2)专业分工与协作统一的原则。对项目监理机构来说,分工就是主要将三大控制监理目标分成各部门、各监理人员的目标、任务,明确干什么、怎么干。协作就是指明确组织机构内部各部门之间和各部门内部的协调关系与配合方法;

3)管理跨度与管理层次统一的原则。管理层次是指从组织的最高管理者到最基层的实际工作人员之间的层次等级的数量。管理层次分为:决策层、协调层、执行层、操作层。管理跨度是指一名上级管理人员所直接管理的下级人数。项目监理机构的设计过程中,应通盘考虑决定管理跨度的各种因素后,在实际运用中根据具体情况确定管理层次;

项目监理机构中:决策层由总监理工程师和其他助手组成;协调层和执行层由各专业监理工程师组成;操作层主要由监理员,检查员等组成;

4)权责一致的原则。在项目监理机构中明确划分职责、权力范围,不同的岗位职务应有不同的权责,同等的岗位职务赋予同等的权利,做到责任和权利相一致;

5)才职相称的原则。每项工作都应该确定为完成该工作所需要的知识和技能,根据每个人的经历、知识、能力,做到才职相称、人尽其才、才得其用、用得其所;

6)经济效率原则。项目监理机构设计,应组合成最适宜的结构形式,实行最有效的内部协调,使事情办得简洁而正确,减少重复和扯皮;

7)弹性原则。项目监理机构既要相对稳定,又要随组织内、外的变化做出相应调整,使其具有一定的适应性。

(2)组织结构设计的步骤。项目监理组织结构设计的步骤为:

1)确定组织结构形式。监理组织结构形式必须根据工程项目规模、性质、建设阶段等监理工作的需要,从有利于项目合同管理、目标控制、决策指挥、信息沟通等方面综合考虑;

2)确定合理的管理层次。监理组织结构一般由决策层、中间控制层、作业层三个层次组成。决策层由总监理工程师和其助理组成,负责项目监理活动的决策;中间控制层即协调层与执行层,由专业监理工程师和子项目监理工程师组成,具体负责监理规划落实、目标控制和合同管理;作业层即操作层,由监理员、检查员组成,负责现场监理工作的具体操作;

3)划分项目监理机构部门。项目监理机构中合理划分各职能部门,应依据监理机构目标、监理机构可利用的人力和物力资源以及合同结构情况,将投资控制、进度控制、质量控制、合同管理、组织协调等监理工作内容按不同的职能活动或按子项分解形成相应的管理部门;

4)制定岗位职责和考核标准。根据责、权、利对等原则,设置各组织岗位并制定岗位职责。岗位因事而设,进行适当的授权,承担相应的职责,获得相应的利益,避免因人设岗;

5)选派监理人员。根据组织各岗位的需要,考虑监理人员个人素质与组织整体合理配置、相互协调,有针对性地选择监理人员。

4. 制定工作流程

监理工作要求按照客观规律规范化地开展,必须制定科学、有序的工作流程,并且要根据工作流程对监理人员的工作进行定期考核。图2-11为施工阶段监理工作流程。

四、项目监理机构所需设施配置

建设单位应按建设工程监理合同约定,提供监理所需要的办公、交通、通信、生活等设施。

驻地监理工程师所需的监理设施,可分以下六个方面:

1. 办公室

如果监理办公设施由建设单位提供,应在招标文件中注明下述各项:空间大小、办公室在现场的位置、办公室所使用的建筑材料、办公室设施(如公用设施、暖/冷气设备、门窗面积、照明设备、家具、办公设备、照相机、安全设备、急救箱、茶几、厨房设备、通道、停车棚等)、维修与保安措施以及付款办法。

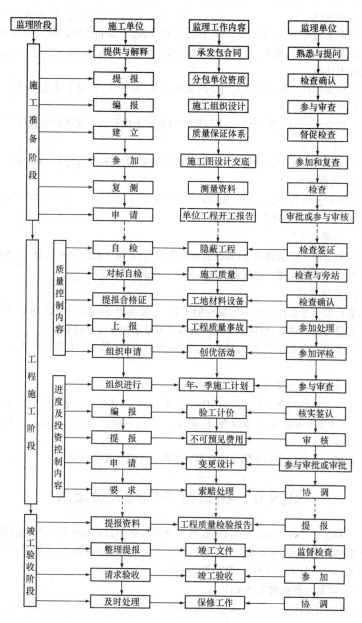

图 2-11 施工阶段监理工作流程

2. 试验室

注明下列各项:一般试验设备、材料试验设备、土壤和集料试验设备、试验室在工地所处的位置、面积、地面和装饰要求、试验室的冷/暖系统、通风条件、供水、供电和电话等。

承包商也可以按合同建立自己的试验设施,其测试、试验由驻地监理工程师派员监控。

在城市地区的工程项目,许多试验可以在工地以外的专业试验室进行。

3. 勘测设备

勘测设备主要包括计量、放线、检查等所需要的设备,如经纬仪、测距器、自动水准仪、直角转光器等。

如果勘测设备由建设单位提供,应注明设备的类别、数量、维护措施、付款办法等事项(勘测设备较适合于租用)。

4. 运输工具

如果运输工具由建设单位提供,通常要说明:运输工具的类别与数量、燃料与备件的供应、保险、司机的提供、维护、付款办法等。

5. 通信器材

通信器材是监理人员不可缺少的工具,主要有电话、传呼机、流动无线电话等。通信器材的供应,取决于工地所需的技术复杂程度与后勤服务。

如果由建设单位提供通信器材,应注明其类别、数量、性能和付款方式等事项。

6. 宿舍和生活设施

监理人员的宿舍是兴建还是租用,应视工程的具体情况和地理位置而定。同时,还应考虑烹调设施、洗衣设施、社交设施、水电供应、营地保安措施、访客的住宿设施等。

监理人员的宿舍和生活设施必须在工程动工之前准备就绪。

第四节　项目监理机构人员配置

工程监理单位实施监理时,应在施工现场派驻项目监理机构,项目监理机构的组织形式和规模,可根据建设工程监理合同约定的服务内容、服务期限,以及工程特点、规模、技术服务程度、环境等因素确定。

一、项目监理机构人员结构

(1)小型工程项目,在总监理工程师领导下可以设立投资控制监理员、进度控制监理员、质量控制监理员,如图 2-12 所示。

(2)中型项目施工阶段的监理组织,可以随施工阶段(如基础阶段、结构阶段、设备安装阶段、装修阶段)进行充实、调整,但基本框架不应变更,如图2-13所示。

图 2-12　小型项目监理组织

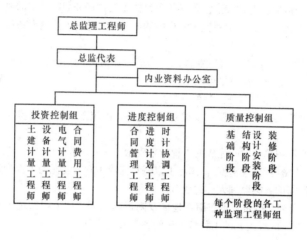

图 2-13　中型项目监理组织

(3)大型项目监理机构在上述组织机构基础上还应进一步充实,主要有:

1)测量检测工程师;

2)材料、设备及施工半成品检测试验室;

3)文书档案管理室。

二、项目监理机构监理人数的确定

1. 影响项目监理机构监理人数的因素

(1)工程建设强度。工程建设强度是指单位时间内投入的建设工程资金的数量,用下式表示:

$$工程建设强度 = 投资 / 工期$$

其中,投资和工期是指由监理单位所承担的那部分工程的建设投资和工期。一般投资费用可按工程估算、概算或合同价计算,工期是根据进度总目标及其分目标计算。

显然,工程建设强度越大,需投入的项目监理人数越多。

(2)建设工程复杂程度。工程复杂程度是根据设计活动多少、工程地点位置、气候条件、地形条件、工程性质、施工方法、工期要求、材料供应及工程分散程度等因素把各种情况的工程从简单到复杂划分为不同级别,简单的工程需配置的人员少,复杂的工程需配置的人员较多。

(3)监理单位业务水平。监理单位由于人员素质、专业能力、管理水平、工程经验、设备手段等方面的差异导致业务水平的不同。同样的工程项目,水平低的监理单位往往比水平高的监理单位投入的人力要多。

(4)项目监理机构的组织结构和任务职能分工。项目监理机构的组织结构情况关系到具体的监理人员配备,务必使项目监理机构任务职能分工的要求得到满足。必要时,还需要根据项目监理机构的职能分工对监理人员的配备作进一步的调整。

有时监理工作需要委托专业咨询机构或专业监测、检验机构进行。这时,项目监理机构的监理人员数量可适当减少。

2. 项目监理机构监理人数的确定方法

监理一个工程项目需要多少监理人员,主要由施工密度和工程复杂程度来决定。

施工密度用单位时间完成的工程量来表示。

(1)施工密度(工程密度)。国际上以每年完成100万美元的工程量为一个单位来确定所需的各类监理人员的数目。

表 2-1 所列数据是根据东南亚地区及附近国家的大型工程监理经验而确定的,每年完成100万美元的工程量所需的各类人员数目。

表 2-1　　　　　　　　　　　　大型工程施工密度表

工程复杂程度	工 程 师	监 理 员	行政及文秘人员
简　　单	0.20	0.75	0.10
一　　般	0.25	1.00	0.20
一般/复杂	0.35	1.10	0.25
复　　杂	0.50	1.50	0.35
很 复 杂	0.50^+	1.50^+	0.35^+

根据国内许多工程的监理实践经验得出一个中等复杂程度的中型项目工程,每年完成100万元人民币的工程量所需的监理人员为0.6～1人,各类监理人员的比例为:

监理工程师∶监理员∶行政文秘为0.2∶0.6∶0.2。

(2)工程复杂程度。工程复杂程度是一种等级尺度,由0(很简单)到10(很复杂)分五个等级来评定;见表2-2。

表 2-2　　　　　　　　　　　工程复杂程度等级表

分　值	工程复杂程度及等级	分　值	工程复杂程度及等级
0～3	简单工程	7～9	复杂工程
3～5	一般工程	9～10	很复杂工程
5～7	一般/复杂工程		

　　每一项工程又可列出 9 种工程特征(表 2-3),对这 9 种工程特征中的每一种,都可以用 0～9 的尺度来打分,求出 9 种工程特征的平均数,即为工程复杂程度的等级。例如,平均分数为 8,则可按表 2-2 确定为复杂工程。

表 2-3　　　　　　　　　　　工程复杂程度评定表

序号	工程特征名称	程　　度	序号	工程特征名称	程　　度
1	设计业务	简单到复杂	6	施工方法	简单到复杂
2	工地位置	方便到偏僻	7	工地后勤支援	有限或广泛
3	工地气候	温和或恶劣	8	施工工期	紧迫至从容
4	工地地形	平坦至崎岖	9	工程性质	一般到特殊(专业性)
5	工地地质	简单到复杂			

三、项目监理机构各类人员的基本职责

　　项目监理机构的监理人员应由总监理工程师、专业监理工程师和监理员组成,且专业配套、数量应满足建设工程监理工作需要,必要时可设总监理工程师代表。

　　一名注册监理工程师可担任一项建设工程监理合同的总监理工程师。当需要同时担任多项建设工程监理合同的总监理工程师时,应经建设单位同意,且最多不得超过三项。

　　1. 总监理工程师职责

　　(1)确定项目监理机构人员及其岗位职责。

　　(2)组织编制监理规划,审批监理实施细则。

　　(3)根据工程进展及监理工作情况调配监理人员,检查监理人员工作。

　　(4)组织召开监理例会。

　　(5)组织审核分包单位资质。

　　(6)组织审核施工组织设计、(专项)施工方案。

　　(7)审查工程开复工报审表,签发工程开工令、暂停令和复工令。

　　(8)组织检查施工单位现场质量、安全生产管理体系的建立及运行情况。

(9)组织审核施工单位的付款申请,签发工程款支付证书,组织审核竣工结算。

(10)组织审查和处理工程变更。

(11)调解建设单位与施工单位的合同争议,处理工程索赔。

(12)组织验收分部工程,组织审查单位工程质量检验资料。

(13)审查施工单位的竣工申请,组织工程竣工预验收,组织编写工程质量评估报告,参与工程竣工验收。

(14)参与或配合工程质量安全事故的调查和处理。

(15)组织编写监理月报、监理工作总结,组织整理监理文件资料。

2. 总监理工程师代表应履行的职责

(1)负责总监理工程师指定或交办的监理工作。

(2)按总监理工程师的授权,行使总监理工程师的部分职责和权利。

3. 总监理工程师不得将下列工作委托给总监理工程师代表

(1)组织编制监理规划,审批监理实施细则。

(2)根据工程进展及监理工作情况调配监理人员。

(3)组织审核施工组织设计、(专项)施工方案。

(4)签发工程开工令、暂停令和复工令。

(5)签发工程款支付证书,组织审核竣工结算。

(6)调解建设单位与施工单位的合同争议,处理工程索赔。

(7)审查施工单位的竣工申请,组织工程竣工预验收,组织编写工程质量评估报告,参与工程竣工验收。

(8)参与或配合工程质量安全事故的调查和处理。

4. 专业监理工程师的职责

(1)参与编制监理规划,负责编制监理实施细则。

(2)审查施工单位提交的涉及本专业的报审文件,并向总监理工程师报告。

(3)参与审核分包单位资格。

(4)指导、检查监理员工作,定期向总监理工程师报告本专业监理工作实施情况。

(5)检查进场的工程材料、构配件、设备的质量。

(6)验收检验批、隐蔽工程、分项工程,参与验收分部工程。

(7)处置发现的质量问题和安全事故隐患。

(8)进行工程计量。

(9)参与工程变更的审查和处理。

(10)组织编写监理日志,参与编写监理月报。

(11)收集、汇总、参与整理监理文件资料。

(12)参与工程竣工预验收和竣工验收。

5. 监理员的职责

(1)检查施工单位投入的人力、主要设备的使用及运行状况。

(2)进行见证取样。

(3)复核工程计量有关数据。

(4)检查工序施工结果。

(5)发现施工作业中的问题,及时指出并向专业监理工程师报告。

第三章 监理规划与监理实施细则

第一节 工程监理规划

监理规划是监理单位接受建设单位委托并签订委托监理合同之后，在项目总监理工程师的主持下，根据委托监理合同，在监理大纲的基础上，结合工程实际，广泛收集工程信息和资料的情况下制定，经监理单位技术负责人批准，用来指导项目监理机构全面开展监理工作的指导性文件。

一、监理规划的作用

1. 指导项目监理机构全面开展监理工作

监理规划需要对项目监理机构开展的各项监理工作做出全面的系统的组织和安排。它包括确定监理工作目标，制定监理工作程序，确定目标控制，合同管理，信息管理，组织协调等各项措施和确定各项工作的方法和手段。

2. 监理规划是建设监理主管机构对监理单位进行监督的依据

监理规划是建设监理主管机构监督、管理和指导监理单位开展监理活动的主要依据。

3. 监理规划是业主确认监理单位履行合同的主要依据

监理规划正是业主了解和确认监理单位是否履行监理合同的主要说明文件。监理规划应当能够全面、详细地为业主监督监理合同的履行提供依据。

4. 监理规划是监理单位内部考核依据和主要存档资料

监理规划的内容随着工程的进展应逐步调整、补充和完善，它在一定程度上真实地反映了一个工程项目监理的全貌，是最好的监理过程记录，是监理单位的重要的存档资料。

二、监理规划编制程序和原则

(1)监理规划可在签订建设工程监理合同及收到工程设计文件后由总监理工程师组织编制，并在召开第一次工地会议前报送建设单位。

(2)监理规划由总监理工程师组织专业监理工程师编制，总监理工程师签字后由工程监理单位技术负责人审批。

(3)在实施建设工程监理过程中，实际情况或条件发生变化而需要调整监理规划时，应由总监理工程师组织专业监理工程师修改，并应经工程监理单位负责人批准后报建设单位。

三、监理规划编制的依据

编制监理规划时，必须详细了解有关项目的下列资料。

1. 工程建设方面的法律、法规

工程建设方面的法律、法规具体包括以下三个方面：

(1)国家颁布的有关工程建设的法律、法规。这是工程建设相关法律、法规的最高层次。任何地区或任何部门进行工程建设,都必须遵守国家颁布的工程建设方面的法律、法规。

(2)工程所在地或所属部门颁布的与工程建设相关的法规、规定和政策。一项建设工程必然是在某一地区实施的,也必然是归属于某一部门的,这就要求工程建设必须遵守建设工程所在地颁布的与工程建设相关的法规、规定和政策,同时也必须遵守工程所属部门颁布的与工程建设相关规定和政策。

(3)工程建设的各种标准、规范。工程建设的各种标准、规范也具有法律地位,也必须遵守和执行。

2. 政府批准的工程建设文件

政府批准的工程建设文件包括以下两个方面：

(1)政府工程建设主管部门批准的可行性研究报告、立项批文。

(2)政府规划部门确定的规划条件、土地使用条件、环境保护要求、市政管理规定。

3. 建设工程监理合同

在编写监理规划时,必须依据建设工程监理合同的以下内容：

(1)监理单位和监理工程师的权利和义务。

(2)监理工作范围和内容。

(3)有关监理规划方面的要求。

4. 其他建设工程合同

在编写监理规划时,也要考虑其他建设工程合同关于业主和承建单位权利和义务的内容。

5. 项目业主的正当要求

根据监理单位应竭诚为客户服务的宗旨,在不超出合同职责范围的前提下,监理单位应最大限度地满足业主的正当要求。

6. 工程实施过程输出的有关工程信息

(1)方案设计、初步设计、施工图设计。

(2)工程实施状况。

(3)工程招标投标情况。

(4)重大工程变更。

(5)外部环境变化等。

7. 监理大纲

监理大纲中的监理组织计划,拟投入的主要监理人员,投资、进度、质量控制方案,合同管理方案,信息管理方案,定期提交给业主的监理工作阶段性成果等内容都是监理规划编写的依据。

四、监理规划的内容

监理规划应包括以下主要内容:

(1)工程概况。

(2)监理工作的范围、内容、目标。

(3)监理工作依据。

(4)建立组织形式、人员配备及进退场计划、监理人员岗位职责。

(5)监理工作制度。

(6)工程质量控制。

(7)工程造价控制。

(8)工程进度控制。

(9)安全生产管理的监理工作。

(10)合同与信息管理。

(11)组织协调。

(12)监理工作设施。

五、监理规划的编制

(1)监理规划的编制应针对项目的实际情况,明确项目监理机构的工作目标,确定具体的监理工作制度、程序、方法和措施,并应具有可操作性。

(2)监理规划编制的程序与依据应符合下列规定:

1)监理规划应在签订委托监理合同及收到设计文件后开始编制,完成后必须经监理单位技术负责人审核批准,并应在召开第一次工地会议前报送建设单位;

2)监理规划应由总监理工程师主持,专业监理工程师参加编制;

3)编制监理规划应依据:①建设工程的相关法律、法规及项目审批文件;②与建设工程项目有关的标准、设计文件、技术资料;③监理大纲、委托监理合同文件以及与建设工程项目相关的合同文件。

六、监理规划的审查

建设工程监理规划在编写完成后需要进行审核并经批准。监理单位的技术主管部门是内部审核单位,其负责人应当签认。监理规划审核的内容主要包括以下几个方面:

(1)监理范围、工作内容及监理目标的审核。

(2)项目监理机构结构审核。

(3)工作计划审核。

(4)投资、进度、质量控制方法与措施的审核。

(5)监理工作制度审核。

第二节　工程监理实施细则

监理实施细则又简称细则,其与监理规划的关系可以比作施工图设计与初步设计的关系。也就是说,监理实施细则是在监理规划的基础上,由项目监理机构的专业监理工程师针对建设工程中某一专业或某一方面的监理工作编写,并经总监理工程师批准实施的操作性文件。

一、监理实施细则编制要求

(1)对专业性较强、危险性较大的分部分项工程,项目监理机构应编制监理实施细则,监理实施细则应在工程施工开始前由专业监理工程师编制,并应报总监理工程师审批。

(2)监理实施细则的编制程序与依据应符合下列规定:

1)监理实施细则应在相应工程施工开始前编制完成,并必须经总监理工程师批准;

2)监理实施细则应由专业监理工程师编制;

3)编制监理实施细则的依据有监理规划;工程建设标准、工程设计文件、施工组织设计、(专项)施工方案。

(3)在实施建设工程监理过程中,监理实施细则可根据建设工程实际情况及项目监理机构工作需要增加其他内容。

二、监理实施细则的内容

监理实施细则是在监理规划的基础上,对各种监理工作如何具体实施和操作进一步细化和具体化。监理实施细则应包括的主要内容有:专业工程的特点;监理工作的流程;监理工作要点;监理工作的方法及措施。下面是分阶段详细阐述的监理实施细则内容。

(1)设计阶段。监理实施细则主要内容:

1)协助业主组织设计竞赛或设计招标,优选设计方案和设计单位;

2)协助设计单位开展限额设计和设计方案的技术经济比较,优化设计,保证项目使用功能安全、可靠、合理;

3)向设计单位提供满足功能和质量要求的设备、主要材料的有关价格、生产厂家的资料;

4)组织好各设计单位的协调。

(2)施工招标阶段。监理实施细则主要内容:

1)引进竞争机制,通过招投标,正确选择施工承包单位和材料设备的供应单位;

2)合理确定工程承包和材料、设备合同价;

3)正确拟定承包合同和订货合同条款等。

(3)施工阶段。

1)投资控制方面：

①在承包合同价款外，尽量减少所增加的工程费用；

②全面履约，减少对方提出索赔的机会；

③按合同支付工程款。

2)质量控制方面：

①要求承包单位推行全面质量管理，建立质量保证体系，做到开工有报告，施工有措施，技术有交底，定位有复查，材料、设备有试验报告，隐蔽工程有记录，质量有自检、专检，交工有资料；

②制定一套具体、细致的质量监督措施，特别是质量预控措施，如对工程上所用的主要材料、半成品、设备的质量，要审核产品技术合格证及质保证明，抽样试验、考察生产厂家等；对重要工程部位及容易出现质量问题的分部(项)工程制定质量预控措施。

第四章 建设工程监理投资控制

第一节 建设工程监理投资控制概述

一、建设工程投资的概念

建设工程总投资，一般是指进行某项工程建设花费的全部费用。生产性建设工程总投资包括建设投资和铺底流动资金两部分；非生产性建设工程总投资则只包括建设投资。

建设投资，由设备工器具购置费、建筑安装工程费、工程建设其他费用、预备费（包括基本预备费和涨价预备费）、建设期利息和固定资产投资方向调节税（目前暂不征）组成。

设备工器具购置投资是指按照建设项目设计文件要求，建设单位（或其委托单位）购置或自制达到固定资产标准的设备和新、扩建项目配置的首套工器具及生产家具所需的投资。它由设备工器具原价和包括设备成套公司服务费在内的运杂费组成。在生产性建设项目中，设备工器具投资可称为"积极投资"，它占项目投资费用比重的提高，标志着技术的进步和生产部门有机构成的提高。

建筑安装工程投资是指建设单位用于建筑和安装工程方面的投资，包括用于建筑物的建造及有关准备、清理等工程的投资，用于需要安装设备的安置、装配工程的投资，是以货币表现的建筑安装工程的价值，其特点是必须通过兴工动料、追加活劳动才能实现。在工程项目决策以后的施工阶段，设计施工图确定，此时的工程投资称为工程项目造价更符合实际情况。

工程建设其他投资是指未纳入以上两项的、由项目投资支付的、为保证工程建设顺利完成和交付使用后能够正常发挥效用而发生的各项费用总和。它可分为以下几类：

第一类是土地转让费，包括土地征用及迁移补偿费，土地使用权出让金；

第二类是与项目建设有关的费用，包括建设单位管理费、勘察设计费、研究试验费、财务费用（如建设期贷款利息）等费用；

第三类是与未来企业生产经营有关的费用，包括联合试运转费、生产准备费等费用。

建设投资可以分为静态投资部分和动态投资部分。静态投资部分由建筑安装工程费、设备工器具购置费、工程建设其他费和基本预备费组成。动态投资部分，是指在建设期内，因建设期利息、建设工程需缴纳的固定资产投资方向调节税和国家新批准的税费、汇率、利率变动以及建筑期价格变动引起的建设投资增加额，包括涨价预备费、建设期利息和固定资产投资方向调节税。

　　建设工程项目投资是作为该项目决策阶段的一个非常重要的方面来认识的。它应该是一个总的概念，是相对于投资部门或投资商而言的。一旦该项目已进入实施阶段，尤其是指建筑安装工程时，相对于工程项目而言往往称为工程项目的造价，特指建筑安装工程所需要的资金。因此，我们在讨论建设投资时，经常使用工程造价这个概念。需要指出的是，在实际应用中工程造价还有另一种含义，那就是指工程价格，即为建成一项工程，预计或实际在土地市场、设备市场、技术劳务市场以及承包市场等交易活动中所形成的建筑安装工程的价格和建设工程的总价格。

二、建设工程投资控制的目标设置

　　为了确保投资目标的实现，需要对投资进行控制；如果没有投资目标，也就不需要对投资进行控制。投资目标的设置应有充分的科学依据，是很严肃的，既要有先进性，又要有实现的可能性。如果控制目标的水平过高，也就意味着投资留有一定量的缺口，虽经努力也无法实现，无法达到，投资控制也就将失去指导工作、改进工作的意义，成为空谈。如果控制目标的水平过低，也就意味着项目高估冒算，建设者不需努力即可达到目的，不仅浪费了资金，而且对建设者也失去了激励的作用，投资控制也如同虚设。

　　由于工程项目的建设周期长，各种变化因素多，而且建设者对工程项目的认识过程也是一个由粗到细，由表及里，逐步深化的过程。因此，投资控制的目标是随设计的不同阶段而逐步深入、细化，其目标也是分阶段设置，使控制的目标愈来愈清晰，愈来愈准确。如投资估算是设计方案选择和初步设计时的投资控制目标，设计概算是进行技术设计和施工图设计时的投资控制目标，设计预算或建设工程施工合同的合同价是施工阶段投资控制的目标，它们共同组成项目投资控制的目标系统。

三、建设工程投资控制的手段与措施

　　1. 投资控制的手段

　　进行工程项目投资控制，还必须有明确的控制手段。常用的手段有如下几点：

　　(1)计划与决策。计划作为投资控制的手段，是指在充分掌握信息资料的基础上，把握未来的投资前景，正确决定投资活动目标，提出实施目标的最佳方案，合理安排投资资金，以争取最大的投资效益。决策这一管理手段与计划密不可分。决策是在调查研究基础上，对某方案的可行与否作出判断，或在多方案中作出某项选择。

　　(2)组织与指挥。组织可从两个方面来理解：一是控制的组织机构设置；二是控制的组织活动。组织手段包括如下内容：控制制度的确立；控制机构的设置；控制人员的选配；控制环节的确定；责权利的合理划分及管理活动的组织等。充分发挥投资控制的组织手段，能够使整个投资活动形成一个具有内在联系的有机整体。指挥与组织紧密相连。有组织就必须有相应的指挥，没有指挥的组织，其活动是不可想象的。指挥就是上级组织或领导对下属的活动所进行的布置安排、检查调度、指示引导，以使下属的活动沿着一定的轨道通向预定的目标。指挥是保证投资活动取得成效的重要条件。

（3）调节与控制。调节是指投资控制机构和控制人员对投资过程中所出现的新情况作出的适应性反应。控制是指控制机构和控制人员为了实现预期的目标，对投资过程进行的疏导和约束。调节和控制是控制过程的重要手段。

（4）监督与考核。监督是指投资控制人员对投资过程进行的监察和督促。考核是指投资控制人员对投资过程和投资结果的分析比较。通过投资过程的监督与考核，可以进一步提高投资的经济效益。

（5）激励与惩戒。激励是指用物质利益和精神鼓励去调动人的积极性和主动性的手段。惩戒则是对失职者或有不良行为的人进行的惩罚教育，其目的在于加强人们的责任心，从另一个侧面来确保计划目标的实际。激励和惩戒二者结合起来用于投资控制，对投资效益的提高有极大的促进作用。

上述各种控制手段是相互联系、相互制约的。在工程项目投资控制活动中，只有各种手段协调一致发挥作用，才能有效地管理投资活动。

2. 投资控制的措施

在工程项目的建设过程中，将投资控制目标值与实际值进行比较，以及当实际值偏离目标值时，分析偏离产生的原因，并采取纠偏的措施和对策。这仅仅是投资控制的一部分工作。要更有效地控制项目的投资，还必须从项目组织、技术、经济、合同与信息管理等多方面采取措施。从组织上采取措施，包括明确项目组织结构，明确项目投资控制者及其任务，以使项目投资控制有专人负责，明确管理职能分工；从技术上采取措施，包括重视设计多方案选择，严格审查监督初步设计、技术设计、施工图设计、施工组织设计，深入技术领域研究节约投资的可能性；从经济上采取措施，包括动态地比较项目投资的实际值和计划值，严格审核各项费用支出，采取节约投资的奖励措施等。

应该看到，技术与经济相结合是控制项目投资最有效的手段。在工程建设过程中要使技术与经济有机结合，通过技术比较、经济分析和效果评价，正确处理技术先进与经济合理两者之间的对立统一关系，力求做到技术先进条件下的经济合理，在经济合理基础上的技术先进，把控制工程项目投资观念渗透到工程建设的各阶段。

四、监理工程师在投资控制中的任务、职责和权限

1. 监理工程师的任务和职责

项目投资控制包括建设前期阶段的监理、工程设计阶段的监理、工程施工阶段的监理等。监理工程师在投资控制中的任务和职责包括以下几方面：

(1)在建设前期阶段进行工程项目的机会研究、初步可行性研究、编制项目建议书,进行可行性研究,对拟建项目进行市场调查和预测,编制投资估算,进行环境影响评价、财务评价、国民经济评价和社会评价。

(2)在设计阶段,协助业主提出设计要求,组织设计方案竞赛或设计招标,用技术经济方法组织评选设计方案。协助设计单位开展限额设计工作,编制本阶段资金使用计划,并进行付款控制。进行设计挖潜,用价值工程等方法对设计进行技术经济分析、比较、论证,在保证功能的前提下进一步寻找节约投资的可能性。审查设计概预算,尽量使概算不超估算,预算不超概算。

(3)在施工招标阶段,准备与发送招标文件,编制工程量清单和招标工程标底,协助评审投标书,提出评标建议,协助业主与承包单位签订承包合同。

(4)在施工阶段,审查承建单位提出的施工组织设计、施工技术方案和施工进度计划,提出改进意见,督促检查承建单位严格执行工程承包合同,调解建设单位与承建单位之间的争议,检查工程进度和施工质量,验收分部分项工程,签署工程付款凭证,审查工程结算,提出竣工验收报告等。

2. 监理工程师的权限

为保证监理工程师有效地控制项目投资,必须对监理工程师授予相应的权限,并且在建设工程施工合同中作出明确规定,正式通知施工企业。

监理工程师在施工阶段进行投资控制的权限包括:

(1)审定批准施工企业制定的工程进度计划,并督促按批准的进度计划执行。

(2)检验施工企业报送的材料样品,并按规定进行抽查、复试,根据检验、复试的情况批准或拒绝在本工程中使用。

(3)对隐蔽工程进行验收、签证,并且必须在验收、签证后才能进行下一道工序的施工。

(4)对已完工程(包括检验批、分项工程、子分部和分部工程)按有关规范标准进行施工质量检查、验收和评定;并在此基础上审核施工企业完成的检验批、分项工程、子分部和分部工程数量,审定施工企业的进度付款申请表,签发付款证明。

(5)审查施工企业的技术措施及其费用。

(6)审查施工企业的技术核定单及其费用。

(7)控制设计变更,并及时分析设计变更对项目投资的影响。

(8)做好工程施工和监理记录,注意收集各种施工原始技术经济资料、设计或施工变更图纸和资料,为处理可能发生的索赔提供依据。

(9)协助施工企业搞好成本管理和控制,尽量避免工程返工造成的损失和成本上升。

(10)定期向建设单位提供施工过程中的投资分析与预测、投资控制与存在问题的报告。

第二节　建设工程投资构成

一、建筑安装工程费用项目组成（按费用构成要素划分）

建筑安装工程费按照费用构成要素划分：由人工费、材料（包含工程设备，下同）费、施工机具使用费、企业管理费、利润、规费和税金组成。其中，人工费、材料费、施工机具使用费、企业管理费和利润包含分部分项工程费、措施项目费、其他项目费，如图 4-1 所示。

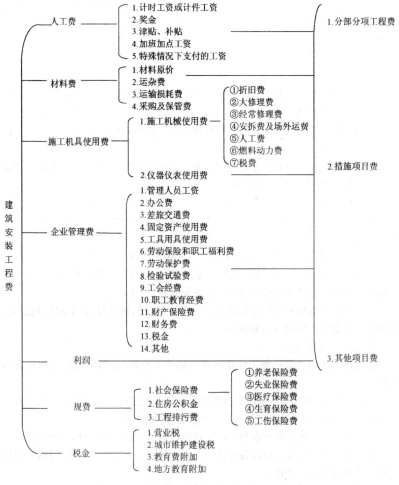

图 4-1　建筑安装工程费按照费用构成要素划分

1. 人工费

人工费是指按工资总额构成规定,支付给从事建筑安装工程施工的生产工人和附属生产单位工人的各项费用。其内容包括:

(1)计时工资或计件工资。指按计时工资标准和工作时间或对已做工作按计件单价支付给个人的劳动报酬。

(2)奖金。指对超额劳动和增收节支支付给个人的劳动报酬。如节约奖、劳动竞赛奖等。

(3)津贴补贴。指为了补偿职工特殊或额外的劳动消耗和因其他特殊原因支付给个人的津贴,以及为了保证职工工资水平不受物价影响支付给个人的物价补贴。如流动施工津贴、特殊地区施工津贴、高温(寒)作业临时津贴、高空津贴等。

(4)加班加点工资。指按规定支付的在法定节假日工作的加班工资和在法定日工作时间外延时工作的加点工资。

(5)特殊情况下支付的工资。指根据国家法律、法规和政策规定,因病、工伤、产假、计划生育假、婚丧假、事假、探亲假、定期休假、停工学习、执行国家或社会义务等原因按计时工资标准或计时工资标准的一定比例支付的工资。

2. 材料费

材料费是指施工过程中耗费的原材料、辅助材料、构配件、零件、半成品或成品、工程设备的费用。其内容包括:

(1)材料原价。指材料、工程设备的出厂价格或商家供应价格。

(2)运杂费。指材料、工程设备自来源地运至工地仓库或指定堆放地点所发生的全部费用。

(3)运输损耗费。指材料在运输装卸过程中不可避免的损耗。

(4)采购及保管费。指为组织采购、供应和保管材料、工程设备的过程中所需要的各项费用。包括采购费、仓储费、工地保管费、仓储损耗。

工程设备是指构成或计划构成永久工程一部分的机电设备、金属结构设备、仪器装置及其他类似的设备和装置。

3. 施工机具使用费

施工机具使用费是指施工作业所发生的施工机械、仪器仪表使用费或其租赁费。

(1)施工机械使用费。施工机械使用费以施工机械台班耗用量乘以施工机械台班单价表示,施工机械台班单价应由下列七项费用组成:

1)折旧费。指施工机械在规定的使用年限内,陆续收回其原值的费用;

2)大修理费。指施工机械按规定的大修理间隔台班进行必要的大修理,以恢复其正常功能所需的费用;

3)经常修理费。指施工机械除大修理以外的各级保养和临时故障排除所需的费用。包括为保障机械正常运转所需替换设备与随机配备工具附具的摊销和维护费用，机械运转中日常保养所需润滑与擦拭的材料费用及机械停滞期间的维护和保养费用等；

4)安拆费及场外运费。安拆费是指施工机械(大型机械除外)在现场进行安装与拆卸所需的人工、材料、机械和试运转费用以及机械辅助设施的折旧、搭设、拆除等费用；场外运费是指施工机械整体或分体自停放地点运至施工现场或由一施工地点运至另一施工地点的运输、装卸、辅助材料及架线等费用；

5)人工费。指机上司机(司炉)和其他操作人员的人工费；

6)燃料动力费。指施工机械在运转作业中所消耗的各种燃料及水、电等；

7)税费。指施工机械按照国家规定应缴纳的车船使用税、保险费及年检费等。

(2)仪器仪表使用费。仪器仪表使用费是指工程施工所需使用的仪器仪表的摊销及维修费用。

4. 企业管理费

企业管理费是指建筑安装企业组织施工生产和经营管理所需的费用。内容包括：

(1)管理人员工资。管理人员工资是指按规定支付给管理人员的计时工资、奖金、津贴补贴、加班加点工资及特殊情况下支付的工资等。

(2)办公费。指企业管理办公用的文具、纸张、账表、印刷、邮电、书报、办公软件、现场监控、会议、水电、烧水和集体取暖降温(包括现场临时宿舍取暖降温)等费用。

(3)差旅交通费。指职工因公出差、调动工作的差旅费、住勤补助费，市内交通费和误餐补助费，职工探亲路费，劳动力招募费，职工退休、退职一次性路费，工伤人员就医路费，工地转移费以及管理部门使用的交通工具的油料、燃料等费用。

(4)固定资产使用费。指管理和试验部门及附属生产单位使用的属于固定资产的房屋、设备、仪器等的折旧、大修、维修或租赁费。

(5)工具用具使用费。指企业施工生产和管理使用的不属于固定资产的工具、器具、家具、交通工具和检验、试验、测绘、消防用具等的购置、维修和摊销费。

(6)劳动保险和职工福利费。指由企业支付的职工退职金、按规定支付给离休干部的经费，集体福利费、夏季防暑降温、冬季取暖补贴、上下班交通补贴等。

(7)劳动保护费。企业按规定发放的劳动保护用品的支出。如工作服、手套、防暑降温饮料以及在有碍身体健康的环境中施工的保健费用等。

(8)检验试验费。指施工企业按照有关标准规定，对建筑以及材料、构件和建筑安装物进行一般鉴定、检查所发生的费用，包括自设试验室进行试验所耗用的材料等费用。不包括新结构、新材料的试验费，对构件做破坏性试验及其他特殊要求检验试验的费用和建设单位委托检测机构进行检测的费用,对此类检测发生的费用,由建设单位在工程建设其他费用中列支。但对施工企业提供的具有合格证明的材料进行检测不合格的,该检测费用由施工企业支付。

(9)工会经费。指企业按《工会法》规定的全部职工工资总额比例计提的工会经费。

(10)职工教育经费。指按职工工资总额的规定比例计提,企业为职工进行专业技术和职业技能培训,专业技术人员继续教育、职工职业技能鉴定、职业资格认定以及根据需要对职工进行各类文化教育所发生的费用。

(11)财产保险费。指施工管理用财产、车辆等的保险费用。

(12)财务费。指企业为施工生产筹集资金或提供预付款担保、履约担保、职工工资支付担保等所发生的各种费用。

(13)税金。指企业按规定缴纳的房产税、车船使用税、土地使用税、印花税等。

(14)其他。包括技术转让费、技术开发费、投标费、业务招待费、绿化费、广告费、公证费、法律顾问费、审计费、咨询费、保险费等。

5.利润

利润是指施工企业完成所承包工程获得的盈利。

6.规费

规费是指按国家法律、法规规定,由省级政府和省级有关权力部门规定必须缴纳或计取的费用。其内容包括:

(1)社会保险费

1)养老保险费。指企业按照规定标准为职工缴纳的基本养老保险费;

2)失业保险费。指企业按照规定标准为职工缴纳的失业保险费;

3)医疗保险费。指企业按照规定标准为职工缴纳的基本医疗保险费;

4)生育保险费。指企业按照规定标准为职工缴纳的生育保险费;

5)工伤保险费。指企业按照规定标准为职工缴纳的工伤保险费。

(2)住房公积金。指企业按规定标准为职工缴纳的住房公积金。

(3)工程排污费。指按规定缴纳的施工现场工程排污费。

其他应列而未列入的规费,按实际发生计取。

7.税金

税金是指国家税法规定的应计入建筑安装工程造价内的营业税、城市维护建设税、教育费附加以及地方教育附加。

二、建筑安装工程费用项目组成(按造价形成划分)

建筑安装工程费按照工程造价形成由分部分项工程费、措施项目费、其他项目费、规费、税金组成,分部分项工程费、措施项目费、其他项目费包含人工费、材料费、施工机具使用费、企业管理费和利润见图4-2。

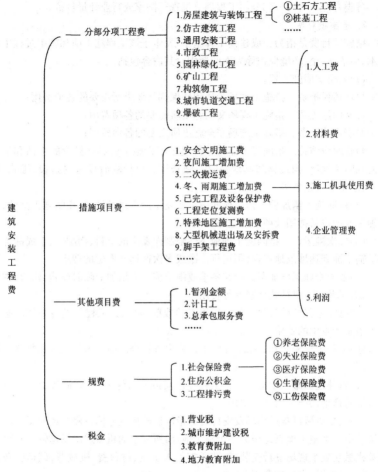

图 4-2 建筑安装工程费按照工程造价形成

1. 分部分项工程费

分部分项工程费是指各专业工程的分部分项工程应予列支的各项费用。

(1)专业工程。指按现行国家计量规范划分的房屋建筑与装饰工程、仿古建筑工程、通用安装工程、市政工程、园林绿化工程、矿山工程、构筑物工程、城市轨道交通工程、爆破工程等各类工程。

(2)分部分项工程。指按现行国家计量规范对各专业工程划分的项目。如房屋建筑与装饰工程划分的土石方工程、地基处理与边坡支护工程、桩基工程、砌筑工程、混凝土及钢筋混凝土工程等。

各类专业工程的分部分项工程划分见现行国家或行业计量规范。

2. 措施项目费

措施项目费是指为完成建设工程施工,发生于该工程施工前和施工过程中的技术、生活、安全、环境保护等方面的费用。其内容包括:

(1)安全文明施工费。

1)环境保护费。指施工现场为达到环保部门要求所需要的各项费用;

2)文明施工费。指施工现场文明施工所需要的各项费用;

3)安全施工费。指施工现场安全施工所需要的各项费用;

4)临时设施费。指施工企业为进行建设工程施工所必须搭设的生活和生产用的临时建筑物、构筑物和其他临时设施费用。包括临时设施的搭设、维修、拆除、清理费或摊销费等。

(2)夜间施工增加费。指因夜间施工所发生的夜班补助费、夜间施工降效、夜间施工照明设备摊销及照明用电等费用。

(3)二次搬运费。指因施工场地条件限制而发生的材料、构配件、半成品等一次运输不能到达堆放地点,必须进行二次或多次搬运所发生的费用。

(4)冬雨季施工增加费。指在冬季或雨季施工需增加的临时设施、防滑、排除雨雪,人工及施工机械效率降低等费用。

(5)已完工程及设备保护费。指竣工验收前,对已完工程及设备采取的必要保护措施所发生的费用。

(6)工程定位复测费。指工程施工过程中进行全部施工测量放线和复测工作的费用。

(7)特殊地区施工增加费。指工程在沙漠或其边缘地区、高海拔、高寒、原始森林等特殊地区施工增加的费用。

(8)大型机械设备进出场及安拆费。指机械整体或分体自停放场地运至施工现场或由一个施工地点运至另一个施工地点,所发生的机械进出场运输及转移费用及机械在施工现场进行安装、拆卸所需的人工费、材料费、机械费、试运转费和安装所需的辅助设施的费用。

(9)脚手架工程费。指施工需要的各种脚手架搭、拆、运输费用以及脚手架购置费的摊销(或租赁)费用。

措施项目及其包含的内容详见各类专业工程的现行国家或行业计量规范。

3. 其他项目费

(1)暂列金额。指建设单位在工程量清单中暂定并包括在工程合同价款中的一笔款项。用于施工合同签订时尚未确定或者不可预见的所需材料、工程设备、服务的采购,施工中可能发生的工程变更、合同约定调整因素出现时的工程价款调整以及发生的索赔、现场签证确认等的费用。

(2)计日工。指在施工过程中,施工企业完成建设单位提出的施工图纸以外的零星项目或工作所需的费用。

(3)总承包服务费。指总承包人为配合、协调建设单位进行的专业工程发包，对建设单位自行采购的材料、工程设备等进行保管以及施工现场管理、竣工资料汇总整理等服务所需的费用。

4. 规费

定义同本节"一、"。

5. 税金

定义同本节"一、"。

三、建筑安装工程费用计算方法

(一)各费用构成计算方法

1. 人工费

$$人工费 = \sum (工日消耗量 \times 日工资单价) \tag{1-1}$$

$$日工资单价 = \frac{生产工人平均月工资(计时计件)}{年平均每月法定工作日} +$$

$$\frac{平均月(奖金 + 津贴补贴 + 特殊情况下支付的工资)}{年平均每月法定工作日} \tag{1-2}$$

注：式(1-1)主要适用于施工企业投标报价时自主确定人工费，也是工程造价管理机构编制计价定额确定定额人工单价或发布人工成本信息的参考依据。

$$人工费 = \sum (工程工日消耗量 \times 日工资单价) \tag{1-3}$$

注：式(1-3)适用于工程造价管理机构编制计价定额时确定定额人工费，是施工企业投标报价的参考依据。

日工资单价是指施工企业平均技术熟练程度的生产工人在每工作日(国家法定工作时间内)按规定从事施工作业应得的日工资总额。

工程造价管理机构确定日工资单价应通过市场调查，根据工程项目的技术要求，参考实物工程量人工单价综合分析确定，最低日工资单价不得低于工程所在地人力资源和社会保障部门所发布的最低工资标准的：普工 1.3 倍、一般技工 2 倍、高级技工 3 倍。

工程计价定额不可只列一个综合工日单价，应根据工程项目技术要求和工种差别适当划分多种日人工单价，确保各分部工程人工费的合理构成。

2. 材料费

(1)材料费。材料费 $= \sum (材料消耗量 \times 材料单价)$ $\qquad$ (1-4)

材料单价 $= [(材料原价 + 运杂费) \times (1 + 运输损耗率(\%))] \times$

$$[1 + 采购保管费率(\%)] \tag{1-5}$$

(2)工程设备费。工程设备费 $= \sum (工程设备量 \times 工程设备单价)$ $\quad$ (1-6)

工程设备单价 $= (设备原价 + 运杂费) \times [1 + 采购保管费率(\%)]$ $\quad$ (1-7)

3. 施工机具使用费

(1)施工机械使用费。施工机械使用费$=\sum$(施工机械台班消耗量×机械台班单价)　　　　　(1-8)

机械台班单价=台班折旧费+台班大修费+台班经常修理费+台班安拆费及场外运费+台班人工费+台班燃料动力费+台班车船税费　　　　　(1-9)

注:工程造价管理机构在确定计价定额中的施工机械使用费时,应根据《建筑施工机械台班费用计算规则》结合市场调查编制施工机械台班单价。施工企业可以参考工程造价管理机构发布的台班单价,自主确定施工机械使用费的报价,如租赁施工机械,公式为:施工机械使用费$=\sum$(施工机械台班消耗量×机械台班租赁单价)

(2)仪器仪表使用费。仪器仪表使用费=工程使用的仪器仪表摊销费+维修费　　　　　(1-10)

4. 企业管理费费率

(1)以分部分项工程费为计算基础。

企业管理费费率(%)$=\dfrac{生产工人年平均管理费}{年有效施工天数×人工单价}×$人工费占分部分项工程费比例(%)　　　　　(1-11)

(2)以人工费和机械费合计为计算基础。

企业管理费费率(%)$=\dfrac{生产工人年平均管理费}{年有效施工天数×(人工单价+每一工日机械使用费)}×100\%$　　　　　(1-12)

(3)以人工费为计算基础。

企业管理费费率(%)$=\dfrac{生产工人年平均管理费}{年有效施工天数×人工单价}×100\%$　　　(1-13)

注:上述公式适用于施工企业投标报价时自主确定管理费,是工程造价管理机构编制计价定额确定企业管理费的参考依据。

工程造价管理机构在确定计价定额中企业管理费时,应以定额人工费或(定额人工费+定额机械费)作为计算基数,其费率根据历年工程造价积累的资料,辅以调查数据确定,列入分部分项工程和措施项目中。

5. 利润

(1)施工企业根据企业自身需求并结合建筑市场实际自主确定,列入报价中。

(2)工程造价管理机构在确定计价定额中利润时,应以定额人工费或(定额人工费+定额机械费)作为计算基数,其费率根据历年工程造价积累的资料,并结合建筑市场实际确定,以单位(单项)工程测算,利润在税前建筑安装工程费的比重可按不低于5%且不高于7%的费率计算。利润应列入分部分项工程和措施项目中。

6. 规费

(1)社会保险费和住房公积金。社会保险费和住房公积金应以定额人工费为计算基础,根据工程所在地省、自治区、直辖市或行业建设主管部门规定费率计算。

$$社会保险费和住房公积金＝\sum（工程定额人工费×$$
$$社会保险费和住房公积金费率）\qquad(1\text{-}14)$$

式(1-14)中,社会保险费和住房公积金费率可以每万元发承包价的生产工人人工费和管理人员工资含量与工程所在地规定的缴纳标准综合分析取定。

(2)工程排污费。工程排污费等其他应列而未列入的规费应按工程所在地环境保护等部门规定的标准缴纳,按实计取列入。

7. 税金

$$税金＝税前造价×综合税率（\%）\qquad(1\text{-}15)$$

其中,综合税率的计算方法如下:

(1)纳税地点在市区的企业:

$$综合税率（\%）＝\frac{1}{1-3\%-3\%×7\%-3\%×3\%-3\%×2\%}-1\qquad(1\text{-}16)$$

(2)纳税地点在县城、镇的企业:

$$综合税率（\%）＝\frac{1}{1-3\%-3\%×5\%-3\%×3\%-3\%×2\%}-1\qquad(1\text{-}17)$$

(3)纳税地点不在市区、县城、镇的企业:

$$综合税率（\%）＝\frac{1}{1-3\%-3\%×1\%-3\%×3\%-3\%×2\%}-1\qquad(1\text{-}18)$$

(4)实行营业税改增值税的,按纳税地点现行税率计算。

(二)建筑安装工程计价参考公式

建筑安装工程计价参考公式如下:

1. 分部分项工程费

$$分部分项工程费＝\sum（分部分项工程量×综合单价）\qquad(1\text{-}19)$$

式(1-19)中,综合单价包括人工费、材料费、施工机具使用费、企业管理费和利润以及一定范围的风险费用(下同)。

2. 措施项目费

(1)国家计量规范规定应予计量的措施项目,其计算公式如下:

$$措施项目费＝\sum（措施项目工程量×综合单价）\qquad(1\text{-}20)$$

(2)国家计量规范规定不宜计量的措施项目计算方法如下:

1)安全文明施工费。安全文明施工费＝计算基数×
$$安全文明施工费费率（\%）\qquad(1\text{-}21)$$

计算基数应为定额基价(定额分部分项工程费＋定额中可以计量的措施项目

费)、定额人工费或(定额人工费＋定额机械费),其费率由工程造价管理机构根据各专业工程的特点综合确定。

2)夜间施工增加费。夜间施工增加费＝计算基数×

$$\text{夜间施工增加费费率}(\%)\qquad(1\text{-}22)$$

3)二次搬运费。二次搬运费＝计算基数×二次搬运费费率(%)　　(1-23)

4)冬雨季施工增加费。冬雨季施工增加费＝计算基数×冬雨季施工增加费费率(%)　　(1-24)

5)已完工程及设备保护费。已完工程及设备保护费＝计算基数×已完工程及设备保护费费率(%)　　(1-25)

上述2)~5)项措施项目的计算基数应为定额人工费或(定额人工费＋定额机械费),其费率由工程造价管理机构根据各专业工程特点和调查资料综合分析后确定。

3. 其他项目费

(1)暂列金额由建设单位根据工程特点,按有关计价规定估算,施工过程中由建设单位掌握使用、扣除合同价款调整后如有余额,归建设单位。

(2)计日工由建设单位和施工企业按施工过程中的签证计价。

(3)总承包服务费由建设单位在招标控制价中根据总包服务范围和有关计价规定编制,施工企业投标时自主报价,施工过程中按签约合同价执行。

4. 规费和税金

建设单位和施工企业均应按照省、自治区、直辖市或行业建设主管部门发布标准计算规费和税金,不得作为竞争性费用。

四、工程计价程序

1. 建设单位工程招标控制价计价程序

建设单位工程招标控制价计价程序见表4-1。

表4-1　　　　　　　　　建设单位工程招标控制价计价程序

工程名称:　　　　　　　　　　　标段:

序号	内　容	计算方法	金额/元
1	分部分项工程费	按计价规定计算	
1.1			
1.2			
1.3			
1.4			
1.5			

序号	内　容	计算方法	金额/元
2	措施项目费	按计价规定计算	
2.1	其中:安全文明施工费	按规定标准计算	
3	其他项目费		
3.1	其中:暂列金额	按计价规定估算	
3.2	其中:专业工程暂估价	按计价规定估算	
3.3	其中:计日工	按计价规定估算	
3.4	其中:总承包服务费	按计价规定估算	
4	规费	按规定标准计算	
5	税金(扣除不列入计税范围的工程设备金额)	(1+2+3+4)×规定税率	

招标控制价合计＝1+2+3+4+5

2. 施工企业工程投标报价计价程序

施工企业工程投标报价计价程序见表4-2。

表 4-2　　　　　　　　施工企业工程投标报价计价程序

工程名称:　　　　　　　　　标段:

序号	内　容	计算方法	金额/元
1	分部分项工程费	自主报价	
1.1			
1.2			
1.3			
1.4			
1.5			
2	措施项目费	自主报价	
2.1	其中:安全文明施工费	按规定标准计算	
3	其他项目费		
3.1	其中:暂列金额	按招标文件提供金额计列	
3.2	其中:专业工程暂估价	按招标文件提供金额计列	

续表

序号	内 容	计算方法	金额/元
3.3	其中:计日工	自主报价	
3.4	其中:总承包服务费	自主报价	
4	规费	按规定标准计算	
5	税金(扣除不列入计税范围的工程设备金额)	(1+2+3+4)×规定税率	

投标报价合计＝1+2+3+4+5

3. 竣工结算计价程序

竣工结算计价程序见表 4-3。

表 4-3   竣工结算计价程序

工程名称: 标段:

序号	内 容	计算方法	金额/元
1	分部分项工程费	按合同约定计算	
1.1			
1.2			
1.3			
1.4			
1.5			
2	措施项目	按合同约定计算	
2.1	其中:安全文明施工费	按规定标准计算	
3	其他项目		
3.1	其中:专业工程结算价	按合同约定计算	
3.2	其中:计日工	按计日工签证计算	
3.3	其中:总承包服务费	按合同约定计算	
3.4	索赔与现场签证	按发承包双方确认数额计算	
4	规费	按规定标准计算	
5	税金(扣除不列入计税范围的工程设备金额)	(1+2+3+4)×规定税率	

竣工结算总价合计＝1+2+3+4+5

第三节 建设工程施工阶段投资控制

一、施工阶段投资控制的目标

决策阶段、设计阶段和招标阶段的投资控制工作,使工程建设规划在达到预先功能要求的前提下,其投资预算数也达到最优程度,这个最优程度的预算数的实现,取决于工程建设施工阶段投资控制工作。监理工程师在施工阶段进行投资控制的基本原理是把计划投资额作为投资控制的目标值,在工程施工过程中定期地进行投资实际值与目标值的比较,找出偏差及其产生的原因,采取有效措施加以控制,以保证投资控制目标的实现(图4-3)。其间日常的核心工作是工程计量与支付,同时工程变更和索赔对工程支付的影响较大,也需引起足够的重视。

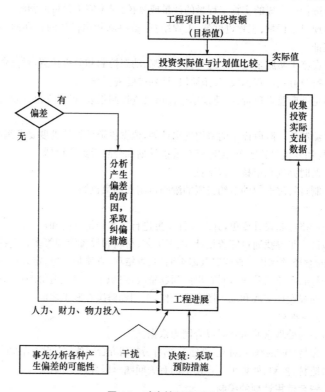

图 4-3 动态控制原理图

二、施工阶段投资控制的措施

施工阶段的投资控制工作周期长、内容多、潜力大,需要采取多方面的控制措

施,确保投资实际支出值小于计划目标值。项目监理在本阶段采取的投资控制措施如下:

1. 组织措施

(1)建立项目监理的组织保证体系,在项目监理班子中落实从投资控制方面进行投资跟踪、现场监督和控制的人员,明确任务及职责,如发布工程变更指令、对已完工程的计量、支付款复核、设计挖潜复查、处理索赔事宜,进行投资计划值和实际值比较,投资控制的分析与预测,报表的数据处理,资金筹措和编制资金使用计划等。

(2)编制本阶段投资控制详细工作流程图。

(3)每项任务需有人检查,规定确切完成日期和提出质量上的要求。

2. 经济措施

(1)进行已完成的实物工程量的计量或复核,对未完工程量的预测。

(2)预付工程款、工程进度款、工程结算、备料款和预付款的合理回扣时间的审核、签证。

(3)在施工实施全过程中进行投资跟踪、动态控制和分析预测,对投资目标计划值按费用构成、工程构成、实施阶段、计划进度进行分解。

(4)定期向监理负责人、建设单位提供投资控制报表、投资支出计划与实际分析对比。

(5)编制施工阶段详细的费用支出计划,依据投资计划的进度要求编制,并控制其执行和复核付款账单,编制资金筹措计划和分阶段到位计划。

(6)及时办理和审核工程结算。

(7)制订行之有效的节约投资的激励机制和约束机制。

3. 技术措施

(1)严格控制设计变更,并对设计变更进行技术经济分析和审查。

(2)进一步寻找通过完善设计、施工工艺、材料和设备管理等多方面挖潜以节约投资的途径,组织"三查四定"(即查漏项、查错项、查质量隐患、定人员、定措施、定完成时间、定质量验收),对查出的问题整改,组织审核降低造价的技术措施。

(3)加强设计交底和施工图会审工作,把问题解决在施工之前。

4. 合同措施

(1)参与处理索赔事宜时以合同为依据。

(2)参与合同的修改、补充、管理工作,并分析研究合同条款对投资控制的影响。

(3)监督、控制、处理工程建设中的有关问题时以合同为依据。

三、资金使用计划的编制

施工阶段编制资金使用计划的目的是为了控制施工阶段投资,合理地确定工程项目投资控制目标值,也就是根据工程概算或预算确定计划投资的总目标值、分目标值、细目标值。

1. 按项目分解编制资金使用计划

根据建设项目的组成,首先将总投资分解到各单项工程,再分解到单位工程,最后分解到分部分项工程。分部分项工程的支出预算既包括材料费、人工费、机械费,也包括承包企业的间接费、利润等,是分部分项工程的综合单价与工程量的乘积。按单价合同签订的招标项目,可根据签订合同时提供的工程量清单所定的单价确定。其他形式的承包合同,可利用招标编制标底时所计算的材料费、人工费、机械费及考虑分摊的间接费、利润等确定综合单价,同时核实工程量,准确确定支出预算。

编制资金使用计划时,既要在项目总的方面考虑总预备费,也要在主要的工程分项中安排适当的不可预见费。所核实的工程量与招标时的工程量估算值有较大出入时,应予以调整并作"预计超出子项"注明。

2. 按时间进度编制资金使用计划

建设项目的投资总是分阶段、分期支出的,资金应用是否合理与资金时间安排有密切关系。为了合理地制订资金筹措计划,尽可能减少资金占用和利息支付,编制按时间进度分解的资金使用计划是很有必要的。

通过对施工对象的分析和对施工现场的考察,结合当代施工技术特点,制定出科学合理的施工进度计划,在此基础上编制按时间进度划分的投资支出预算。其步骤如下:

(1)编制施工进度计划。

(2)根据单位时间内完成的工程量计算出这一时间内的预算支出、在时标网络图上按时间编制投资支出计划。

(3)计算工期内各时点的预算支出累计额,绘制时间—投资累计曲线(S形曲线),时间—投资累计曲线如图4-4所示。

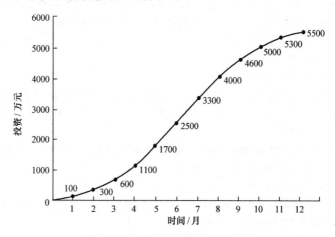

图4-4　时间—投资累计曲线(S形曲线)

　　对时间—投资累计曲线,根据施工进度计划的最早可能开始时间和最迟必须开始时间来绘制则可得两条时间投资累计曲线,俗称"香蕉"形曲线(图 4-5)。一般而言,按最迟必须开始时间安排施工,对建设资金贷款利息节约有利,但同时也降低了项目按期竣工的保证率,故监理工程师必须合理地确定投资支出预算,达到既节约投资支出,又能控制项目工期的目的。

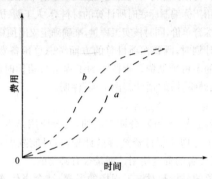

图 4-5　投资计划值的香蕉图
a—所有工作按最迟开始时间开始的曲线;
b—所有工作按最早开始时间开始的曲线

四、工程计量与工程款支付

　　工程计量是根据设计文件及承包合同中关于工程量计算的规定,项目监理机构对承包单位申报的已完成工程的工程量进行的核验。工程计量的范围仅限于承包单位完成的质量验收合格的工程量,未经监理人员质量验收合格的工程量,或不符合施工合同规定的工程量,监理人员应拒绝计量和该部分的工程款支付申请。

　　1. 工程计量

　　(1)工程计量的依据。

　　1)质量合格书。对于承包商已完工程,经过专业工程师检验,工程质量达到合同规定的标准后,有专业工程师签署报验申请表(质量合格证书),只有质量合格的工程才予以计量。

　　未经监理人员质量验收合格的工程量,或不符合施工合同规定的工程量,监理人员应拒绝该部分的工程款支付申请。

　　2)工程量清单前言和技术规定。工程量清单前言和技术规范的"计量支付"条款规定了清单中每一项工程的计量方法,同时还规定了按规定的计量方法确定的单价所包括的工作内容和范围。

　　3)设计图纸。工程师计量的工程数量,并不一定是承包商实际施工的数量,计量的几何尺寸要以设计图纸为依据,工程师对承包商超出设计图纸要求增加的工程量和自身原因造成返工的工程量,应不予计量。

(2)工程计量的方法。工程师一般只对以下三个方面的工程项目进行计量:工程量清单中的全部项目、合同文件中规定的项目、工程变更项目。

常用的几种计量方法是:

1)均摊法。对清单中某些项目的合同价款,按合同工期平均计量;

2)凭据法。按照承包商提供的凭据进行计量支付;

3)估价法。按合同文件的规定,根据工程师估算的已完成的工程价值支付;

4)断面法。主要用于土坑或填筑路堤土方的计算;

5)图纸法。按照设计图纸所示的尺寸进行计量;

6)分解计量法。将一个项目根据工序或部位分解为若干子项,对完成的各子项进行计量支付。

2. 工程款支付

(1)工程预付款。

1)承包单位填写"工程预付款报审表",报送项目监理部;

2)经项目总监理工程师审核,符合建设工程合同的规定,应及时签发"工程预付款支付证书";

3)监理工程师应按照建设工程施工合同的规定,及时抵扣工程预付款。

(2)月支付工程款。

1)按月支付工程款时,承包单位应按有关规定及监理签认的工程量,填写"(　　)月付款报审表"、"(　　)月支付汇总表"报送项目监理;

2)当月若发生设计变更、洽商或索赔时,承包单位还应填写"设计变更、洽商费用报审表"或"费用索赔报审表",并附上有关资料报送项目监理部;

3)监理工程师应根据国家或本地区(部)的有关规定及建设工程施工合同的规定进行审核,确认应支付的费用,由总监理工程师核定并签发工程款支付证书,报建设单位签认并支付工程进度款。

(3)竣工结算。

1)工程项目竣工,并由建设单位、监理单位签发竣工移交证书后,承包单位应在规定的时间内向项目监理部提交工程竣工结算资料;

2)监理工程师及时审核竣工资料,并与建设单位、承包单位协商和协调,提出审核意见,总监理工程师签发工程竣工结算款支付证书,报建设单位审核;

3)建设单位收到总监理工程师签发的支付证书后,应及时按合同约定,与承包单位办理竣工结算的有关事项。

五、工程变更的控制

工程变更是在工程项目实施过程中,按照合同约定的程序对部分或全部工程在材料、工艺、功能、构造、尺寸、技术指标、工程数量及施工方法等方面做出的改变。

1. 工程变更的原因

工程变更的主要原因包括以下几个方面:

(1)设计变更。在施工前或施工过程中,由于遇到不能预见的情况、环境,或为了降低成本,或原设计的各种原因引起的设计图纸、设计文件的修改、补充,而造成的工程修改、返工、报废等。

(2)工程量的变更。由于各种原因引起的工程量的变化,或建设单位指令要求增加或减少附加工程项目、部分工程,或提高工程质量标准、提高装饰标准等。监理工程师必须对这些变化进行认证。

(3)有关技术标准、规范、技术文件的变更。由于情况变化,或有关方面的要求,对合同文件中规定的有关技术标准、规范、技术文件需增加或减少,以及建设单位或监理工程师的特殊要求,指令施工单位进行合同规定以外的检查、试验而引起的变更。

(4)施工时间的变更。施工单位的进度计划,在监理工程师审核批准以后,由于建设单位的原因,包括没有按期交付设计图纸、资料,没有按期交付施工场地和水源、电源,以及建设单位供应的材料、设备、资金筹集等未能按工程进度及时交付,或提供的材料设备因规格不符、或有缺陷不宜使用,影响了原进度计划的实施,特别是这种影响使关键线路上的关键节点受到影响,而要求施工单位重新安排施工时间时引起的变更。

(5)施工工艺或施工次序的变更。施工组织设计经监理工程师确认以后,因为各种原因需要修改时,改变了原施工合同规定的工程活动的顺序及时间,打乱了施工部署而引起的变更。

(6)合同条件的变更。建设工程施工合同签订以后,甲乙双方根据工程实际情况,需要对合同条件的某些方面进行修改、补充,待双方对修改部分达成一致意见以后,引起的变更。

2. 项目监理机构处理工程变更的程序

(1)总监理工程师组织专业监理工程师审查施工单位提出的工程变更申请,提出审查意见。对涉及工程设计文件修改的工程变更,应由建设单位转交原设计单位修改的工程设计文件。必要时,项目监理机构应建议建设单位组织设计、施工等单位召开论证工程设计文件的修改方案的专题会议。

(2)总监理工程师组织专业监理工程师对工程变更费用及工期影响作出评估。

(3)总监理工程师组织建设单位、施工单位等共同协商确定工程变更费用及工期变化,会签工程变更单。

(4)项目监理机构根据批准的工程变更文件监督施工单位实施工程变更。

3. 项目监理机构处理工程变更的要求

(1)项目监理机构在工程变更的质量、费用和工期方面取得建设单位授权后,总监理工程师应按施工合同规定与承包单位进行协商，经协商达成一致后，总监理工程师应将协商结果向建设单位通报，并由建设单位与承包单位在变更文件上签字；

（2）在项目监理机构未能就工程变更的质量、费用和工期方面取得建设单位授权时，总监理工程师应协助建设单位和承包单位进行协商，并达成一致；

（3）在建设单位和承包单位未能就工程变更的费用等方面达成协议时，项目监理机构应提出一个暂定的价格，作为临时支付工程进度款的依据。该项工程款最终结算时，应以建设单位和承包单位达成的协议为依据。

此外，在总监理工程师签发工程变更单之前，承包单位不得实施工程变更；未经总监理工程师审查同意而实施的工程变更，项目监理机构不得予以计量。

4. 工程变更价款的确定

（1）《建设工程施工合同（示范文本）》约定的工程变更价款的确定方法。

1）合同已有适用于变更工程的价格，按合同已有的价格变更合同价款；

2）合同中只有类似于变更工程的价格，可以参照类似价格变更合同价款；

3）合同中没有适用或类似于变更工程的价格，由承包人提出适当的变更价格，经工程师确认后执行。

（2）工程变更价款确定的方法：

1）采用合同中工程量清单的单价和价格，具体有几种情况：

一是直接套用，即从工程量清单上直接拿来使用；

二是间接套用，即依据工程清单，通过换算后采用；

三是部分套用，即依据工程量清单，取其价格中的某一部分使用。

2）协商单价和价格。协商单价和价格是基于合同中没有，或者有些不合适的情况下采取的一种方法。

5. 工程变更的资料和文件

由于工程变更处理除涉及合同管理和执行外，还影响到工程的投资、进度计划和工程质量，因此对其处理过程应有书面签证，主要包括：

（1）提出工程变更要求的文件。提出工程变更要求的文件应包括工程变更的原因和依据，变更的内容和范围，对工程量变化和由此引起的价格变化、合同价款变化的估算，对有关单位或有关工作的要求和影响，以及对工程价格、进度计划、工程质量的要求或影响等。

（2）审核工程变更的文件。监理单位、建设单位、设计单位和施工单位对"提出工程变更要求"的文件的各项内容提出复核、计算、审查意见；对于设计变更还需要送原设计单位审查，取得相应的设计图纸和说明。

（3）同意工程变更的文件。一般由有关的施工单位、设计单位会签，建设单位批准，监理工程师签发。

第四节　建设工程竣工结算与决算

一、竣工结算

1. 竣工结算的依据

(1)工程竣工报告和工程竣工验收单。

(2)建设工程施工合同。

(3)施工图预算、施工图纸、设计变更和施工变更资料、索赔资料和文件等。

(4)现行建筑安装工程预算定额、基本建设预算价格、建筑安装工程管理费定额、其他取费标准及调价规定等。

(5)有关施工技术的资料等。

2. 竣工结算的程序

竣工结算基本程序,见图 4-6 所示。

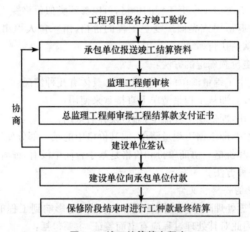

图 4-6　竣工结算基本程序

3. 工程结算书的审核

监理方收到经施工单位主管部门和领导审定的竣工结算书后,应及时与审计(或审价)部门审查确定,主要包括:

(1)以单位工程为基础,对施工图预算的主要内容,如定额编号、工程项目、工程量、单价及计算结果等进行检查与核对。

(2)核查工程开工前的施工准备及临时用水、电、道路和平整场地、清除障碍物的费用是否准确;土石方工程与地基基础处理有无漏项或多算;钢筋混凝土工程中的含钢量是否按规定进行了调整;加工订货的项目、规格、数量、单价与施工图预算及实际安装的规格数量、单价是否相符;特殊工程中使用的特殊材料的单价有无变化；工程施工变更记录与预算调整是否符合；索赔处理是否符合要求；分包工程费用支出与预算收入是否相符；施工图要求及实际施工有无不相符合的项目等。若发现不符合有关规定，有多算、漏算或计算误差等情况时，均应及时调整。

二、竣工决算

竣工决算由竣工决算报表、竣工决算报告说明书、竣工工程平面示意图、工程造价比较分析四部分组成。

1. 竣工决算报表结构

(1)大中型建设项目竣工财务决算报表一般包括：

1)建设项目竣工财务决算审核表；

2)大、中型建设项目概况表；

3)大、中型建设项目竣工财务决算表；

4)大、中型建设项目支付使用资产总表；

5)建设项目支付使用资产明细表。

(2)小型建设项目竣工财务决算报表一般包括：

1)建设项目竣工财务决算审核表；

2)小型建设项目竣工财务决算总表；

3)建设项目支付使用资产明细表。

2. 竣工决算报告情况说明书

综合反映竣工建设项目的成果和经验，是全面考核分析工程投资与造价的书面总结，是竣工决算报告的重要组成部分，其主要内容包括：

(1)对工程总的评价。从工程的进度、质量、安全和造价四方面进行分析说明。

(2)各项财务和技术经济指标的分析。

(3)工程建设的经验教训及有待解决的问题。

3. 工程造价比较分析

在竣工决算报告中必须对控制工程造价所采取的措施、效果以及其动态的变化进行认真的比较分析，总结经验教训。批准的概预算是考核建设工程造价的依据，在分析时，可将决算报表中所提供的实际数据和相关资料与批准的概算、预算指标进行对比，以确定竣工项目总造价是节约还是超支。在对比的基础上，总结先进经验，找出落后原因，提出改进措施。对于建安工程间接费的费率标准，根据各地区同类工程的相关数据确定。对突破概(预)算投资的各单位工程，必须要查清是否有超过规定的标准而重计、多取间接费的现象。

第五章　建设工程监理合同管理

第一节　建设工程监理合同管理概述

项目合同管理是工程建设管理中一项十分重要的内容。工程项目的建设过程中，其主体的行为必定会形成各个方面的社会关系，包括发包人、总承包人、施工人、勘察人、设计人和监理人等，他们之间的关系都是通过合同的契约关系形成的；工程建设过程中的一切活动也是按照合同的规定进行活动，均受到合同的保护、制约和调整。

一、建设工程合同的概念

合同是平等主体的自然人、法人、其他组织之间设立、变更、终止民事权利义务关系的协议。民法中的合同有广义和狭义之分。广义合同是指两个以上的民事主体之间，设立、变更、终止民事权利义务关系的协议；狭义的合同是指债权合同，即两个以上的民事主体之间设立、变更、终止债权债务关系的协议。

所谓建设工程合同，是指承包人进行工程的勘察、设计、施工等建设，由发包人支付相应价款的合同。

建设工程合同的双方当事人分别称为承包人和发包人。"承包人"，是指在建设工程合同中负责工程的勘察、设计、施工任务的一方当事人；"发包人"，是指在建设工程合同中委托承包人进行工程的勘察、设计、施工任务的建设单位。在合同中，承包人最主要的义务是进行工程建设，即进行工程的勘察、设计、施工等工作；发包人最主要的义务是向承包人支付相应的价款。这里的价款除了包括发包人对承包人因进行工程建设而支付的报酬外，还包括对承包人提供的建筑材料、设备支付的相应价款。

建设工程合同应当采用书面形式。合同条款、合同的内容和形式等不仅必须依据国家和地方的有关法律、法规；而且应把当事人的责任、权利、义务都纳入合同条款。合同条款应尽量细致严密，应考虑到各种可能发生的情况和一切可能引起纠纷的因素。

二、建设工程监理合同管理工作

监理工程师在合同管理方面的具体工作包括：项目工期管理、工程暂停及复工、工程延期及工程延误处理、项目质量管理、项目结算管理、合同争议的调解和合同的解除等。

1. 项目工期管理

建设工程工期一般是指一个工程项目从破土动工之日起到竣工验收、交付使用所需的时间。

（1）工期定额作用：

1）编制初步设计文件时，确定建设工期的依据；

2）确定投资效益和计算投资回收期的依据；

3）指导招标投标工作。

（2）工程合同工期。在建设项目实施阶段，工程工期应以建设工程施工合同规定的合同工期为准；而合同工期又应该在工期定额的基础上，根据本企业的管理水平、施工方法、机械设备和物资供应具体条件确定；经签约确认的合同工期，将是考核履约与违约、奖与罚的重要指标之一。

（3）工程项目施工总进度计划的编制。工程开工前，应督促施工单位编制包括分月、分段的施工总进度计划，并加以审核、批准；对其中应由建设单位执行部分（即在合同条款中已有明确规定的），如按时提供设计文件和图纸、甲方供设备和材料等，应提醒建设单位及时办理。

（4）分月、分段计划的控制。施工总进度计划批准之后，就应按总进度计划检查月、段计划的落实情况。

一般在月度生产计划会上，应全面分析月计划的完成情况，影响计划执行的原因；对属于施工单位的，应督促其迅速解决；对属于建设单位的，应及时、主动提请建设单位解决。

为了确保月计划的实施，也可实行周例会，将月度计划分解到周计划中。

（5）进度计划的修订。工程项目实施的过程中，由于各种原因，往往需要修订分月、分段或总进度计划。

2. 工程暂停及复工

（1）总监理工程师在签发工程暂停令时，可根据停工原因的影响范围和影响程度，确定停工范围，并按施工合同和建设工程监理合同的约定签发工程暂停令。

（2）项目监理机构发现下列情况之一的，总监理工程师应及时签发工程暂停令：

1）建设单位要求暂停施工且工程需要暂停施工的；

2）施工单位未经批准擅自施工或拒绝项目监理机构管理的；

3）施工单位未按审查通过的工程设计文件施工的；

4）施工单位违反工程建设强制性标准的；

5）施工存在重大质量、安全事故隐患或发生质量、安全事故的。

（3）总监理工程师签发工程暂停令应征得建设单位同意，在紧急情况下未能事先报告的，应在事后及时向建设单位作出书面报告。暂停施工事件发生后，项目监理机构应如实记录所发生的情况。

（4）总监理工程师应会同有关各方按施工合同约定，处理因工程暂停引起的与工程费用有关的问题。

(5)因施工单位原因暂停施工的,项目监理机构应检查、验收施工单位的停工整改过程、结果。

(6)当暂停施工原因消失、具备复工条件时,施工单位提出复工申请的,项目监理机构应审查施工单位报送的复工报审表及有关材料,符合要求后,总监理工程师应及时签署审查意见,并应报建设单位批准后签发工程复工令;施工单位未提出复工申请的,总监理工程师应根据工程实际情况指令施工单位恢复施工。

3. 工程延期及工期延误

(1)施工单位提出工程延期要求符合施工合同约定时,项目监理机构应予以处理。

(2)当影响工期事件具有持续性时,项目监理机构应对施工单位提交的阶段性工程临时延期报审表进行审查,并应签署工程临时延期审核意见后报建设单位。

当影响事件结束后,项目监理机构应对施工单位提交的工程最终延期报审表进行审查,并应签署工程最终延期审核意见后报建设单位。

(3)项目监理机构在批准工程临时延期、工程最终延期前,均应与建设单位和施工单位协商。

(4)项目监理机构批准工程延期应同时满足的条件:

1)施工单位在施工合同约定的期限内提出工程延期;

2)因非施工单位原因造成施工进度滞后;

3)施工进度滞后影响到施工合同约定的工期。

(5)施工单位因工程延期提出费用索赔时,项目监理机构可按施工合同约定进行处理。

(6)发生工期延误时,项目监理机构应按施工合同约定进行处理。

4. 项目质量管理

为了使建设工程项目的质量达到合同规定的质量要求,监理工程师应行使工程质量检验权。

(1)审查主要建筑材料和主要设备订货,并核定其性能是否满足规范和设计要求。

(2)检验工程使用的材料、设备质量。

(3)检验工程使用的半成品及构件质量。

(4)按合同规定的规范、规程,监督、检验工程施工质量和设备安装质量。

(5)按合同或规范规定的程序,检查和验收隐蔽工程和需要中间验收工程的质量。

(6)当设备安装工程具备单机无负荷试车条件时,参加安装单位组织的试车,并在试车记录上签署意见;当设备安装工程具备联动无负荷试车条件时,参加由建设单位组织的试车。

(7)对单位工程竣工质量和全部工程竣工质量进行初验和评价,参加工程验收和质量评定。

(8)组织工程质量事故分析及处理等。

监理工程师如何对项目质量进行控制,详见"项目质量控制"。

5．项目结算管理

对项目结算进行管理是监理工程师的职责,应严格结算管理;项目结算管理包括:

(1)工程计量与工程款支付。

(2)索赔管理。

(3)工程变更管理。

(4)工程竣工结算。

监理工程师如何对项目结算进行管理,详见"项目投资控制";其中,工程竣工结算是施工合同履行的重要步骤,又是施工合同管理的最后阶段。在工程办理完竣工结算手续后,建设单位应按有关部门规定的工程价款结算办法和施工合同内规定的程序,办理工程价款结算拨付手续。

6．合同争议的调解

(1)项目监理机构处理施工合同争议时应进行下列工作:

1)了解合同争议情况;

2)及时与合同争议双方进行磋商;

3)提出处理方案后,由总监理工程师进行协调;

4)当双方未能达成一致时,总监理工程师应提出处理合同争议的意见。

(2)在施工合同争议处理过程中,对未达到施工合同约定的暂停履行合同条件的,项目监理机构应要求施工合同双方继续履行合同。

(3)在施工合同争议的仲裁或诉讼过程中,项目监理机构应按仲裁机关或法院要求提供与争议有关的证据。

7．合同的解除

(1)因建设单位原因导致施工合同解除时,项目监理机构应按施工合同约定与建设单位和施工单位从下列款项协商确定施工单位应得款项,并签认工程款支付证书:

1)施工单位按施工合同约定已完成的工作应得款项;

2)施工单位按批准的采购计划订购工程材料、构配件、设备的款项;

3)施工单位撤离施工设备至原基地或其他目的地的合理费用;

4)施工单位人员的合理遣返费用;

5)施工单位合理的利润补偿;

6)施工合同约定的建设单位应支付的违约金。

(2)因施工单位原因导致施工合同解除时,项目监理机构应按施工合同约定,从下列款项中确定施工单位应得款项或偿还建设单位的款项,并应与建设单位和施工单位协商后,书面提交施工单位应得款项或偿还建设单位款项的证明:

1)施工单位已发施工合同约定实际完成的工作应得款项和已给付的款项;

2)施工单位已提供的材料、构配件、设备和临时工程等的价值;

3)对已完工程进行检查和验收、移交工程资料、修复已完工程质量缺陷等所需的费用;

4)施工合同约定的施工单位应支付的违约金。

(3)因非建设单位、施工单位原因导致施工合同解除时,项目监理机构应按施工合同约定处理合同解除后的有关事宜。

三、《中华人民共和国合同法》

《中华人民共和国合同法》(1999 年 10 月 1 日起执行)是规范我国社会主义市场交易的基本法律,是民商法的重要组成部分。合同法是调整平等主体的自然人、法人、其他组织之间设立、变更、终止民事权利义务关系的法律规范的总称。

《中华人民共和国合同法》规定合同的订立应符合以下基本原则:

(1)地位平等原则。合同当事人的法律地位平等,一方不得将自己的意志强加给另一方。

(2)自愿订立原则。当事人依法享有自愿订立合同的权利,任何单位和个人不得非法干预。

(3)公平原则。当事人应当遵循公平原则确定各方的权利和义务。

(4)诚实信用原则。当事人行使权利、履行义务应当遵循诚实信用原则。

(5)遵守法律、维护社会公共利益原则。当事人订立、履行合同,应当遵守法律、行政法规,尊重社会公德,不得扰乱社会经济秩序,损害社会公共利益。

(6)法律约束力原则。依法成立的合同,对当事人具有法律约束力。当事人应当按照约定履行自己的义务,不得擅自变更或者解除合同。依法成立的合同,受法律保护。

第二节　建设工程施工合同管理

建设工程施工合同是发包人与承包人就完成具体工程项目的建筑施工、设备安装、设备调试、工程保修等工作内容,确定双方权利和义务的协议。施工合同是建设工程合同的一种,它与其他建设工程合同一样是双方有偿合同,在订立时应遵守自愿、公平、诚实信用等原则。

建设工程施工合同是建设工程的主要合同之一,其标的是将设计图纸变为满足功能、质量、进度、投资等发包人投资预期目的的建筑产品。

作为施工合同的当事人,业主和承包商必须具备签订合同的资格和履行合同的能力。对业主而言,必须具备相应的组织协调能力,实施对合同范围内的工程项目建设的管理;对承包商而言,必须具备有关部门核定的资质等级,并持有营业执照等证明文件。

一、建设工程施工合同的内容

1. 施工合同的主要内容

由于建设工程本身的特殊性和施工生产的复杂性,决定了施工合同必须有很多条款。根据《建设工程施工合同管理办法》,施工合同主要应具备以下主要内容:

(1)工程名称、地点、范围、内容,工程价款及开竣工日期。

(2)双方的权利、义务和一般责任。

(3)施工组织设计的编制要求和工期调整的处置办法。

(4)工程质量要求、检验与验收方法。

(5)合同价款调整与支付方式。

(6)材料、设备的供应方式与质量标准。

(7)设计变更。

(8)竣工条件与结算方式。

(9)违约责任与处置办法。

(10)争议解决方式。

(11)安全生产防护措施。

此外关于索赔、专利技术使用、发现地下障碍和文物、工程分包、不可抗力、工程保险、工程停建或缓建、合同生效与终止等也是施工合同的重要内容。

2. "建设工程施工合同示范文本"的内容

"建设工程施工合同示范文本"由《协议书》、《通用条款》、《专用条款》三部分组成,并附有三个附件:

　　　　附件一是:《承包人承揽工程项目一览表》;

　　　　附件二是:《发包人供应材料设备一览表》;

　　　　附件三是:《工程质量保修书》。

(1)合同协议书。《示范文本》合同协议书共计13条,主要包括:工程概况、合同工期、质量标准、签约合同价和合同价格形式、项目经理、合同文件构成、承诺以及合同生效条件等重要内容,集中约定了合同当事人基本的合同权利义务。

(2)通用合同条款。通用合同条款是合同当事人根据《中华人民共和国建筑法》、《中华人民共和国合同法》等法律法规的规定,就工程建设的实施及相关事项,对合同当事人的权利义务作出的原则性约定。通用合同条款共计20条,具体条款分别为:一般约定、发包人、承包人、监理人、工程质量、安全文明施工与环境保护、工期和进度、材料与设备、试验与检验、变更、价格调整、合同价格、计量与支付、验收和工程试车、竣工结算、缺陷责任与保修、违约、不可抗力、保险、索赔和争议解决。前述条款既考虑了现行法律法规对工程建设的有关要求,也考虑了建设工程施工管理的特殊需要。

(3)专用合同条款。专用合同条款是对通用合同条款原则性约定的细化、完善、补充、修改或另外约定的条款。合同当事人可以根据不同建设工程的特点及具体情况,通过双方的谈判、协商对相应的专用合同条款进行修改补充。在使用专用合同条款时,应注意以下事项:

1)专用合同条款的编号应与相应的通用合同条款的编号一致;

2)合同当事人可以通过对专用合同条款的修改,满足具体建设工程的特殊要求,避免直接修改通用合同条款;

3)在专用合同条款中有横道线的地方,合同当事人可针对相应的通用合同条款进行细化、完善、补充、修改或另行约定;如无细化、完善、补充、修改或另行约定,则填写"无"或划"/"。

二、建设工程施工合同的订立

合同签订的过程,是当事人双方互相协商并最后就各方的权利、义务达成一致意见的过程。签约是双方意志统一的表现。

签订工程施工合同的时间很长,实际上它是从准备招标文件开始,继而招标、投标、评标、中标,直至合同谈判结束为止的一整段时间。

1. 施工合同签订的原则

施工合同签订的原则是指贯穿于订立施工合同的整个过程,对承发包双方签订合同起指导和规范作用、双方均应遵守的准则。主要有:依法签订原则、平等互利协商一致原则、等价有偿原则、严密完备原则和履行法律程序原则等。具体内容见表5-1。

表 5-1　　　　　　　　　　　　施工合同签订的原则

原　　则	说　　　明
依法签订的原则	(1)必须依据《中华人民共和国经济合同法》、《建筑安装工程承包合同条例》、《建设工程合同管理办法》等有关法律、法规。 (2)合同的内容、形式、签订的程序均不得违法。 (3)当事人应当遵守法律、行政法规和社会公德,不得扰乱社会经济秩序,不得损害社会公共利益。 (4)根据招标文件的要求,结合合同实施中可能发生的各种情况进行周密、充分的准备,按照"缔约过失责任原则"保护企业的合法权益
平等互利、协商一致的原则	(1)发包方、承包方作为合同的当事人,双方均平等地享有经济权利平等地承担经济义务,其经济法律地位是平等的,没有主从关系。 (2)合同的主要内容,须经双方经过协商、达成一致,不允许一方将自己的意志强加于对方、一方以行政手段干预对方,压服对方等现象发生

续表

原　则	说　　明
等价有偿的原则	(1)签约双方的经济关系要合理,当事人的权利义务是对等的。 (2)合同条款中亦应充分体现等价有偿原则,即: ①一方给付,另一方必须按价值相等原则作相应给付; ②不允许发生无偿占有、使用另一方财产现象; ③对工期提前、质量全优要予以奖励; ④延误工期、质量低劣应罚款; ⑤提前竣工的收益由双方分享
严密完备的原则	(1)充分考虑施工期内各个阶段,施工合同主体间可能发生的各种情况和一切容易引起争端的焦点问题,并预先约定解决问题的原则和方法。 (2)条款内容力求完备,避免疏漏,措辞力求严谨、准确、规范。 (3)对合同变更、纠纷协调、索赔处理等方面应有严格的合同条款作保证,以减少双方矛盾
履行法律 程序的原则	(1)签约双方都必须具备签约资格,手续健全、齐备。 (2)代理人超越代理人权限签订的工程合同无效。 (3)签约的程序符合法律规定。 (4)签订的合同必须经过合同管理的授权机关鉴证、公证和登记等手续,对合同的真实性、可靠性、合法性进行审查,并给予确认,方能生效

2. 施工合同签订的程序

作为承包商的建筑施工企业在签订施工合同时,应按照一定的工作程序进行。

(1)市场调查建立联系。

1)施工企业对建筑市场进行调查研究;

2)追踪获取拟建项目的情况和信息,以及发包人情况;

3)当对某项工程有承包意向时,可进一步详细调查,并与发包人取得联系。

(2)表明合作意愿投标报价。

1)接到招标单位邀请或公开招标通告后,企业领导做出投标决策;

2)向招标单位提出投标申请书、表明投标意向;

3)研究招标文件,着手具体投标报价工作。

(3)协商谈判。

1)接受中标通知书后,组成包括项目经理的谈判小组,依据招标文件和中标书草拟合同专用条款;

2)与发包人就工程项目具体问题进行实质性谈判;

3)通过协商、达成一致,确立双方具体权利与义务,形成合同条款;

4)参照施工合同示范文本和发包人拟定的合同条件与发包人订立施工合同。

(4)签署书面合同。

1)施工合同应采用书面形式的合同文本;

2)合同使用的文字要经双方确定,用两种以上语言的合同文本,须注明几种文本是否具有同等法律效力;

3)合同内容要详尽具体,责任义务要明确,条款应严密完整,文字表达应准确规范;

4)确认甲方,即发包人或委托代理人的法人资格或代理权限;

5)施工企业经理或委托代理人代表承包方与甲方共同签署施工合同。

(5)签证与公证。

1)合同签署后,必须在合同规定的时限内完成履约保函、预付款保函、有关保险等保证手续;

2)送交工商行政管理部门对合同进行鉴证并缴纳印花税;

3)送交公证处对合同进行公证;

4)经过鉴证、公证,确认了合同真实性、可靠性、合法性后,合同发生法律效力,并受法律保护。

3. 合同的审查

在工程实施过程中,常会出现如下合同问题:

(1)合同签订后才发现,合同中缺少某些重要的、必不可少的条款,但双方已签字盖章,难以或不可能再作修改或补充。

(2)在合同实施中发现,合同规定含混,难以分清双方的责任和权益;合同条款之间,不同的合同文件之间规定和要求不一致,甚至互相矛盾。

(3)合同条款本身缺陷和漏洞太多,对许多可能发生的情况未作估计和具体规定。有些合同条款都是原则性规定,可操作性不强。

(4)合同双方对同一合同条款的理解大相径庭,在合同实施过程中出现激烈的争执。双方在签约前未就合同条款的理解进行沟通。

(5)合同一方在合同实施中才发现,合同的某些条款对自己极为不利,隐藏着极大的风险,甚至中了对方有意设下的圈套。

(6)有些施工合同甚至合法性不足。例如合同签订不符合法定程序,合同中的有些条款与国家或地方的法律、法规相抵触,结果导致整个施工合同或合同中的部分条款无效。

为了有效地避免上述情况的发生,合同双方当事人在合同签订前要进行合同审查。所谓合同审查,是指在合同签订以前,将合同文本"解剖"开来,检查合同结构和内容的完整性以及条款之间的一致性,分析评价每一合同条款执行的法律后果及其中的隐含风险,为合同的谈判和签订提供决策依据。

通过合同审查,可以发现合同中存在的内容含糊、概念不清之处或自己未能完全理解的条款,并加以仔细研究,认真分析,采取相应的措施,以减少合同中的风险,减少合同谈判和签订中的失误,有利于合同双方合作愉快,促进工程项目施工的顺利进行。

对于一些重大的工程项目或合同关系和内容很复杂的工程,合同审查的结果应经律师或合同法律专家核对评价,或在他们的直接指导下进行审查后,才能正式签订双方间的施工合同。

三、建设工程施工合同的履行

1. 履行施工合同应遵守的规定

施工项目合同履行的主体是项目经理和项目经理部。项目经理部必须从施工项目的施工准备、施工、竣工至维修期结束的全过程中,认真履行施工合同,实行动态管理,跟踪收集、整理、分析合同履行中的信息,合理、及时地进行调整。还应对合同履行进行预测,及早提出和解决影响合同履行的问题,以避免或减少风险。

(1)项目经理部履行施工合同应遵守下列规定:

1)必须遵守《合同法》、《建筑法》规定的各项合同履行原则和规则;

2)在行使权力、履行义务时应当遵循诚实信用原则和坚持全面履行的原则。全面履行包括实际履行(标的的履行)和适当履行(按照合同约定的品种、数量、质量、价款或报酬等的履行);

3)项目经理由企业授权负责组织施工合同的履行,并依据《合同法》规定,与发包人或监理工程师打交道,进行合同的变更、索赔、转让和终止等工作;

4)如果发生不可抗力致使合同不能履行或不能完全履行时,应及时向企业报告,并在委托权限内依法及时进行处置;

5)遵守合同对约定不明条款、价格发生变化的履行规则,以及合同履行担保规则和抗辩权、代位权、撤销权的规则;

6)承包人按专用条款的约定分包所承担的部分工程,并与分包单位签订分包合同。非经发包人同意,承包人不得将承包工程的任何部分分包;

7)承包人不得将其承包的全部工程倒手转给他人承包,也不得将全部工程肢解后以分包的名义分别转包给他人,这是违法行为。工程转包是指:承包人不行使承包人的管理职能,不承担技术经济责任,将其承包的全部工程、或将其肢解以后以分包的名义分别转包给他人;或将工程的主要部分、或群体工程的半数以上的单位工程倒手转给其他施工单位;以及分包人将承包的工程再次分包给其他施工单位,从中提取回扣的行为。

(2)项目经理部履行施工合同应做的工作:

1)应在施工合同履行前,针对工程的承包范围、质量标准和工期要求,承包人的义务和权力,工程款的结算、支付方式与条件,合同变更、不可抗力影响、物价上涨、工程中止、第三方损害等问题产生时的处理原则和责任承担,争议的解决方法等重要问题进行合同分析,对合同内容、风险、重点或关键性问题做出特别说明和提示,向各职能部门人员交底,落实根据施工合同确定的目标,依据施工合同指导工程实施和项目管理工作;

2)组织施工力量,签订分包合同,研究熟悉设计图纸及有关文件资料,多方筹集足够的流动资金;编制施工组织设计,进度计划,工程结算付款计划等,作好施工准备,按时进入现场,按期开工;

3)制订科学的周密的材料、设备采购计划,采购符合质量标准的价格低廉的材料、设备,按施工进度计划,及时进入现场,搞好供应和管理工作,保证顺利施工;

4)按设计图纸、技术规范和规程组织施工;作好施工记录,按时报送各类报表;进行各种有关的现场或试验室抽检测试,保存好原始资料;制订各种有效措施,采取先进的管理方法,全面保证施工质量达到合同要求;

5)按期竣工,试运行,通过质量检验,交付发包人,收回工程价款;

6)按合同规定,作好责任期内的维修、保修和质量回访工作。对属于承包方责任的工程质量问题,应负责无偿修理;

7)履行合同中关于接受监理工程师监督的规定,如有关计划、建议须经监理工程师审核批准后方可实施;有些工序须监理工程师监督执行,所做记录或报表要得到其签字确认;根据监理工程师要求报送各类报表、办理各类手续;执行监理工程师的指令,接受一定范围内的工程变更要求等。承包商在履行合同中还要自觉地接受公证机关、银行的监督;

8)项目经理部在履行合同期间,应注意收集、记录对方当事人违约事实的证据,即对发包方或发包人履行合同进行监督,作为索赔的依据。

2. 施工合同履行中问题的处理

施工项目合同履行过程中经常遇到不可抗力问题、施工合同的变更、违约、索赔、争议、终止与评价等问题。

(1)发生不可抗力。合同一方当事人遇到不可抗力事件,使其履行合同义务受到阻碍时,应立即通知合同另一方当事人和监理人,书面说明不可抗力和受阻碍的详细情况,并提供必要的证明。

不可抗力持续发生的,合同一方当事人应及时向合同另一方当事人和监理人提交中间报告,说明不可抗力和履行合同受阻的情况,并于不可抗力事件结束后28天内提交最终报告及有关资料。

不可抗力引起的后果及造成的损失由合同当事人按照法律规定及合同约定各自承担。不可抗力发生前已完成的工程应当按照合同约定进行计量支付。

不可抗力导致的人员伤亡、财产损失、费用增加和(或)工期延误等后果,由合同当事人按以下原则承担：

1）永久工程、已运至施工现场的材料和工程设备的损坏，以及因工程损坏造成的第三方人员伤亡和财产损失由发包人承担；

2）承包人施工设备的损坏由承包人承担；

3）发包人和承包人承担各自人员伤亡和财产的损失；

4）因不可抗力影响承包人履行合同约定的义务，已经引起或将引起工期延误的，应当顺延工期，由此导致承包人停工的费用损失由发包人和承包人合理分担，停工期间必须支付的工人工资由发包人承担；

5）因不可抗力引起或将引起工期延误，发包人要求赶工的，由此增加的赶工费用由发包人承担；

6）承包人在停工期间按照发包人要求照管、清理和修复工程的费用由发包人承担。

不可抗力发生后，合同当事人均应采取措施尽量避免和减少损失的扩大，任何一方当事人没有采取有效措施导致损失扩大的，应对扩大的损失承担责任。

因合同一方迟延履行合同义务，在迟延履行期间遭遇不可抗力的，不免除其违约责任。

因不可抗力导致合同无法履行连续超过 84 天或累计超过 140 天的，发包人和承包人均有权解除合同。合同解除后，由双方当事人按照商定或确定发包人应支付的款项，该款项包括：

1）合同解除前承包人已完成工作的价款；

2）承包人为工程订购的并已交付给承包人，或承包人有责任接受交付的材料、工程设备和其他物品的价款；

3）发包人要求承包人退货或解除订货合同而产生的费用，或因不能退货或解除合同而产生的损失；

4）承包人撤离施工现场以及遣散承包人人员的费用；

5）按照合同约定在合同解除前应支付给承包人的其他款项；

6）扣减承包人按照合同约定应向发包人支付的款项；

7）双方商定或确定的其他款项。

除专用合同条款另有约定外，合同解除后，发包人应在商定或确定上述款项后 28 天内完成上述款项的支付。

（2）合同变更。发包人和监理人均可以提出变更。变更指示均通过监理人发出，监理人发出变更指示前应征得发包人同意。承包人收到经发包人签认的变更指示后，方可实施变更。未经许可，承包人不得擅自对工程的任何部分进行变更。

涉及设计变更的，应由设计人提供变更后的图纸和说明。如变更超过原设计标准或批准的建设规模时，发包人应及时办理规划、设计变更等审批手续。

1)合同变更的范围。除专用合同条款另有约定外，合同履行过程中发生以下情形的，应按照本条约定进行变更：

①增加或减少合同中任何工作，或追加额外的工作；

②取消合同中任何工作，但转由他人实施的工作除外；

③改变合同中任何工作的质量标准或其他特性；

④改变工程的基线、标高、位置和尺寸；

⑤改变工程的时间安排或实施顺序。

2)合同变更程序：

①发包人提出变更。发包人提出变更的，应通过监理人向承包人发出变更指示，变更指示应说明计划变更的工程范围和变更的内容；

②监理人提出变更建议。监理人提出变理建议的，需要向发包人以书面形式提出变更计划，说明计划变更工程范围和变更的内容、理由，以及实施该变更对合同价格和工期的影响。发包人同意变更的，由监理人向承包人发出变更指示。发包人不同意变更的，监理人无权擅自发出变更指示；

③变更执行。承包人收到监理人下达的变更指示后，认为不能执行，应立即提出不能执行该变更指示的理由。承包人认为可以执行变更的，应当书面说明实施该变更指示对合同价格和工期的影响，且合同当事人应当按照变更估价约定确定变更估价。

因变更引起工期变化的，合同当事人均可要求调整合同工期，由合同当事人按照商定或确定并参考工程所在地的工期定额标准确定增减工期天数。

3)工程变更。在合同变更中，量最大、最频繁的是工程变更。它在工程索赔中所占的份额也最大。工程变更的责任分析是工程变更起因与工程变更问题处理，即确定赔偿问题的桥梁。工程变更中有两大类变更：

①设计变更。设计变更会引起工程量的增加、减少，新增或删除工程分项，工程质量和进度的变化，实施方案的变化。一般工程施工合同赋予发包人（工程师）这方面的变更权力，可以直接通过下达指令，重新发布图纸或规范实现变更。

②施工方案变更。施工方案变更的责任分析有时比较复杂。

a. 在投标文件中，承包商就在施工组织设计中提出比较完备的施工方案，但施工组织设计不作为合同文件的一部分。

b. 重大的设计变更常常会导致施工方案的变更。如果设计变更由发包人承担责任，则相应的施工方案的变更也由发包人负责；反之，则由承包商负责。

c. 对不利的异常的地质条件所引起的施工方案的变更，一般作为发包人的责任。一方面这是一个有经验的承包商无法预料现场气候条件除外的障碍或条件，另一方面发包人负责地质勘察和提供地质报告，则其应对报告的正确性和完备性承担责任。

d. 施工进度的变更。施工进度的变更是十分频繁的：在招标文件中，发包人给出工程的总工期目标;承包商在投标书中有一个总进度计划(一般以横道图形式表示);中标后承包商还要提出详细的进度计划,由工程师批准(或同意);在工程开工后,每月都可能有进度的调整。通常只要工程师(或发包人)批准(或同意)承包商的进度计划(或调整后的进度计划),则新进度计划就是有约束力的。如果发包人不能按照新进度计划完成按合同应由发包人完成的责任,如及时提供图纸、施工场地、水电等,则属发包人违约,应承担责任。

(3)合同的解除。合同解除是在合同依法成立之后的合同规定的有效期内,合同当事人的一方有充足的理由,提出终止合同的要求,并同时出具包括终止合同理由和具体内容的申请,合同双方经过协商,就提前终止合同达成书面协议,宣布解除双方由合同确定的经济承包关系。

合同解除的理由主要有以下三种:

1)施工合同当事双方协商,一致同意解除合同关系;

2)因为不可抗力或者是非合同当事人的原因,造成工程停建或缓建,致使合同无法履行;

3)由于当事人一方违约致使合同无法履行。

当合同当事一方主张解除合同时,应向对方发出解除合同的书面通知,并在发出通知前7天告知对方。通知到达对方时合同解除。对解除合同有异议时,按照解决合同争议程序处理。

合同解除后的善后处理:

1)合同解除后,当事人双方约定的结算和清理条款仍然有效;

2)承包人应当按照发包人要求妥善做好已完工程和已购材料、设备的保护和移交工作,按照发包人要求将自有机械设备和人员撤出施工现场。发包人应为承包人撤出提供必要条件,支付以上所发生的费用,并按合同约定支付已完工程款;

3)已订货的材料、设备由订货方负责退货或解除订货合同,不能退还的货款和退货、解除订货合同发生的费用,由发包人承担。

(4)违背合同。违背合同又称违约,是指当事人在执行合同的过程中,没有履行合同所规定的义务的行为。项目经理在违约责任的管理方面,首先要管好己方的履约行为,避免承担违约责任。如果发包人违约,应当督促发包人按照约定履行合同,并与之协商违约责任的承担。特别应当注意收集和整理对方违约的证据,以在必要时以此作为依据、证据来维护自己的合法权益。

1)违约行为和责任。在履行施工合同过程中,主要的违约行为和责任是:

①发包人违约:

a.发包人不按合同约定支付各项价款,或工程师不能及时给出必要的指令、确认,致使合同无法履行,发包人承担违约责任,赔偿因其违约给承包人造成的直接损失,延误的工期相应顺延。

b. 未按合同规定的时间和要求提供材料、场地、设备、资金、技术资料等,除竣工日期得以顺延外,还应赔偿承包方因此而发生的实际损失。

c. 工程中途停建、缓建或由于设计变更或设计错误造成的返工,应采取措施弥补或减少损失。同时应赔偿承包方因停工、窝工、返工和倒运、人员、机械设备调迁、材料和构件积压等实际损失。

d. 工程未经竣工验收,发包单位提前使用或擅自动用,由此发生的质量问题或其他问题,由发包方自己负责。

e. 超过承包合同规定的日期验收,按合同的违约责任条款的规定,应偿付逾期违约金。

②承包人违约:

a. 承包工程质量不符合合同规定,负责无偿修理和返工。由于修理和返工造成逾期交付的,应偿付逾期违约金。

b. 承包工程的交工时间不符合合同规定的期限,应按合同中违约责任条款,偿付逾期违约金。

c. 由于承包方的责任,造成发包方提供的材料、设备等丢失或损坏,应承担赔偿责任。

2)违约责任处理原则:

①承担违约责任应按"严格责任原则"处理,无论合同当事人主观上是否有过错,只要合同当事人有违约事实,特别是有违约行为并造成损失的,就要承担违约责任;

②在订立合同时,双方应当在专用条款内约定发(承)包人赔偿承(发)包人损失的计算方法或者发(承)包人应当支付违约金的数额和计算方法;

③当事人一方违约后,另一方可按双方约定的担保条款,要求提供担保的第三方承担相应责任;

④当事人一方违约后,另一方要求违约方继续履行合同时,违约方承担继续履行合同、采取补救措施或者赔偿损失等责任;

⑤当事人一方违约后,对方应当采取适当措施防止损失的扩大,否则不得就扩大的损失要求赔偿;

⑥当事人一方因不可抗力不能履行合同时,应对不可抗力的影响部分(或者全部)免除责任,但法律另有规定的除外。当事人延迟履行后发生不可抗力的,不能免除责任。

第三节 建设工程监理合同管理

工程建设监理制是我国建筑业在市场经济条件下保证工程质量、规范市场主体行为、提高管理水平的一项重要措施。建设监理与发包人和承包商一起共同构成了建筑市场的主体,为了使建筑市场的管理规范化、法制化,大型工程建设项目不仅要实行建设监理制,而且要求发包人必须以合同形式委托监理任务。监理工作的委托与被委托实质上是一种商业行为,所以必须以书面合同形式来明确工程服务的内容,以便为发包人和监理单位的共同利益服务。监理合同不仅明确了双方的责任和合同履行期间应遵守的各项约定,成为当事人的行为准则,而且可以作为保护任何一合法权益的依据。

作为合同当事人一方的工程建设监理公司应具备相应的资格,不仅要求其是依法成立并已注册的法人组织,而且要求它所承担的监理任务应与其资质等级和营业执照中批准的业务范围相一致,既不允许低资质的监理公司承接高等级工程的监理业务,也不允许承接虽与资质级别相适应、但工作内容超越其监理能力范围的工作,以保证所监理工程的目标顺利圆满实现。

一、建设工程监理合同的形式与内容

1. 监理合同的形式

为了明确监理合同当事人双方的权利和义务关系,应当以书面形式签订监理合同,而不能采用口头形式。由于发包人委托监理任务有繁有简,具体工程监理工作的特点各异,因此监理合同的内容和形式也不尽相同。经常采用的合同形式有以下几种:

(1)双方协商签订的合同。这种监理合同依据法律和法规的要求作为基础,双方根据委托监理工作的内容和特点,通过友好协商订立有关条款,达成一致后签字盖章生效。合同的格式和内容不受任何限制,双方就权利和义务所关注的问题以条款形式具体约定即可。

(2)信件式合同。通常由监理单位编制有关内容,由发包人签署批准意见,并留一份备案后退给监理单位执行。这种合同形式适用于监理任务较小或简单的小型工程。也可能是在正规合同的履行过程中,依据实际工作进展情况,监理单位认为需要增加某些监理工作任务时,以信件的形式请示发包人,经发包人批准后作为正规合同的补充合同文件。

(3)委托通知单。正规合同履行过程中,发包人以通知单形式把监理单位在订立委托合同时建议增加而当时未接受的工作内容进一步委托给监理方。这种委托只是在原定工作范围之外增加少量工作任务,一般情况下原订合同中的权利义务不变。如果监理单位不表示异议,委托通知单就成为监理单位所接受的协议。

(4)标准化合同。为了使委托监理行为规范化,减少合同履行过程中的争议或纠纷,政府部门或行业组织制订出标准化的合同示范文本,供委托监理任务时作为合同文件采用。标准化合同通用性强,采用规范的合同格式,条款内容覆盖面广,双方只要就达成一致的内容写入相应的具体条款中即可。标准合同由于将履行过程中所涉及的法律、技术、经济等各方面问题都作出了相应的规定，合理地分担双方当事人的风险并约定了各种情况下的执行程序，不仅有利于双方在签约时讨论、交流和统一认识，而且有助于监理工作的规范化实施。

2.《建设工程监理合同示范文本》的内容

《建设工程监理合同示范文本》由"协议书"、"通用条件"、"专用条件"组成。

（1）协议书。协议书中包括了工程概况、词语限定、组成本合同的文件、总监理工程师、签约酬金、期限、双方承诺与合同订立。"协议书"是一份标准的格式文件，经当事人双方在有限的空格内填写具体规定的内容并签字盖章后，即发生法律效力。

（2）通用条件。通用条件其内容涵盖了合同中所用词语的定义与解释，监理人和委托人的义务，违约责任，支付，合同生效、变更、暂停、解除与终止，争议解决和其他内容。

（3）专用条件。由于通用条件适用于所有的建设工程监理，因此其中的某些条款规定的比较笼统，需要在签订工程项目的监理合同时，就地域特点、专业特点和委托监理项目的工程特点，对通用条件中的某些条款进行补充、修正，允许在专用条件中增加合同双方议定的条款内容。

二、建设工程监理合同的订立

1. 监理业务的范围

监理合同的范围包括监理工程师为委托人提供服务的范围和工作量。委托人委托监理业务的范围可以非常广泛。从工程建设各阶段来说，可以包括项目前期立项咨询、设计阶段、实施阶段、保修阶段的全部监理工作或某一阶段的监理工作。在每一阶段内，又可以进行投资、质量、工期的三大控制，及信息、合同两项管理。但就具体项目而言，要根据工程的特点，监理人的能力，建设不同阶段的监理任务等诸方面因素，将委托的监理任务详细地写入合同的专用条件之中。如进行工程技术咨询服务，工作范围可确定为进行可行性研究，各种方案的成本效益分析，建筑设计标准、技术规范准备，提出质量保证措施等等。施工阶段监理可包括以下三种：

（1）协助委托人选择承包人，组织设计、施工、设备采购等招标。

（2）技术监督和检查：检查工程设计，材料和设备质量；对操作或施工质量的监理和检查等。

（3）施工管理：包括质量控制、成本控制、计划和进度控制等。通常施工监理合同中"监理工作范围"条款，一般应与工程项目总概算、单位工程概算所涵盖的工程范围相一致，或与工程总承包合同、单项工程承包所涵盖的范围相一致。

2. 监理合同的订立

首先，签约双方应对对方的基本情况有所了解，包括：资质等级、营业资格、财务状况、工作业绩、社会信誉等。作为监理人还应根据自身状况和工程情况,考虑竞争该项目的可行性。其次,监理人在获得委托人的招标文件或与委托人草签协议之后,应立即对工程所需费用进行预算,提出报价,同时对招标文件中的合同文本进行分析、审查,为合同谈判和签约提供决策依据。无论何种方式招标中标,委托人和监理人都要就监理合同的主要条款进行谈判。谈判内容要具体,责任要明确,要有准确的文字记载。作为委托人,切忌以手中有工程的委托权,而不以平等的原则对待监理人。应当看到,监理工程师的良好服务,将为委托人带来巨大的利益。作为监理人,应利用法律赋予的平等权利进行对等谈判,对重大问题不能迁就和无原则让步。经过谈判,双方就监理合同的各项条款达成一致,即可正式签订合同文件。

三、建设工程监理合同的履行

1. 委托人的履行

(1)委托人应在委托人与承包人签订的合同中明确监理人、总监理工程师和授予项目监理机构的权限。如有变更,应及时通知承包人。

(2)委托人应按照约定,无偿向监理人提供工程有关的资料。在本合同履行过程中,委托人应及时向监理人提供最新的与工程有关的资料。

(3)委托人应为监理人完成监理与相关服务提供必要的条件。

1)委托人应按照约定,派遣相应的人员,提供房屋、设备,供监理人无偿使用;

2)委托人应负责协调工程建设中所有外部关系,为监理人履行本合同提供必要的外部条件。

(4)委托人应授权一名熟悉工程情况的代表,负责与监理人联系。委托人应在双方签订本合同后 7 天内,将委托人代表的姓名和职责书面告知监理人。当委托人更换委托人代表时,应提前 7 天通知监理人。

在本合同约定的监理与相关服务工作范围内,委托人对承包人的任何意见或要求应通知监理人,由监理人向承包人发出相应指令。

(5)委托人应在专用条件约定的时间内,对监理人以书面形式提交并要求作出决定的事宜,给予书面答复。逾期未答复的,视为委托人认可。

(6)委托人应按本合同约定,向监理人支付酬金。

2. 监理人的履行

(1)监理工作内容包括:

1)收到工程设计文件后编制监理规划,并在第一次工地会议 7 天前报委托人。根据有关规定和监理工作需要,编制监理实施细则;

2)熟悉工程设计文件,并参加由委托人主持的图纸会审和设计交底会议;

3)参加由委托人主持的第一次工地会议;主持监理例会并根据工程需要主持或参加专题会议;

4)审查施工承包人提交的施工组织设计,重点审查其中的质量安全技术措施、专项施工方案与工程建设强制性标准的符合性；

5)检查施工承包人工程质量、安全生产管理制度及组织机构和人员资格；

6)检查施工承包人专职安全生产管理人员的配备情况；

7)审查施工承包人提交的施工进度计划，核查承包人对施工进度计划的调整；

8)检查施工承包人的试验室；

9)审核施工分包人资质条件；

10)查验施工承包人的施工测量放线成果；

11)审查工程开工条件，对条件具备的签发开工令；

12)审查施工承包人报送的工程材料、构配件、设备质量证明文件的有效性和符合性，并按规定对用于工程的材料采取平行检验或见证取样方式进行抽检；

13)审核施工承包人提交的工程款支付申请，签发或出具工程款支付证书，并报委托人审核、批准；

14)在巡视、旁站和检验过程中，发现工程质量、施工安全存在事故隐患的，要求施工承包人整改并报委托人；

15)经委托人同意，签发工程暂停令和复工令；

16)审查施工承包人提交的采用新材料、新工艺、新技术、新设备的论证材料及相关验收标准；

17)验收隐蔽工程、分部分项工程；

18)审查施工承包人提交的工程变更申请，协调处理施工进度调整、费用索赔、合同争议等事项；

19)审查施工承包人提交的竣工验收申请，编写工程质量评估报告；

20)参加工程竣工验收，签署竣工验收意见；

21)审查施工承包人提交的竣工结算申请并报委托人；

22)编制、整理工程监理归档文件并报委托人。

(2)监理依据包括：

1)适用的法律、行政法规及部门规章；

2)与工程有关的标准；

3)工程设计及有关文件；

4)本合同及委托人与第三方签订的与实施工程有关的其他合同。

双方根据工程的行业和地域特点，在专用条件中具体约定监理依据。

(3)项目监理机构和人员。

1)监理人应组建满足工作需要的项目监理机构，配备必要的检测设备。项目监理机构的主要人员应具有相应的资格条件。

2)本合同履行过程中，总监理工程师及重要岗位监理人员应保持相对稳定，以保证监理工作正常进行。

3)监理人可根据工程进展和工作需要调整项目监理机构人员。监理人更换总监理工程师时,应提前7天向委托人书面报告,经委托人同意后方可更换;监理人更换项目监理机构其他监理人员,应以相当资格与能力的人员替换,并通知委托人。

(4)监理人应及时更换有下列情形之一的监理人员:

1)严重过失行为的;

2)有违法行为不能履行职责的;

3)涉嫌犯罪的;

4)不能胜任岗位职责的;

5)严重违反职业道德的;

6)专用条件约定的其他情形。

委托人可要求监理人更换不能胜任本职工作的项目监理机构人员。

(5)履行职责。

监理人应遵循职业道德准则和行为规范,严格按照法律法规、工程建设有关标准及本合同履行职责。

1)在监理与相关服务范围内,委托人和承包人提出的意见和要求,监理人应及时提出处置意见。当委托人与承包人之间发生合同争议时,监理人应协助委托人、承包人协商解决;

2)当委托人与承包人之间的合同争议提交仲裁机构仲裁或人民法院审理时,监理人应提供必要的证明资料;

3)监理人应在专用条件约定的授权范围内,处理委托人与承包人所签订合同的变更事宜。如果变更超过授权范围,应以书面形式报委托人批准;

在紧急情况下,为了保护财产和人身安全,监理人所发出的指令未能事先报委托人批准时,应在发出指令后的24小时内以书面形式报委托人;

4)除专用条件另有约定外,监理人发现承包人的人员不能胜任本职工作的,有权要求承包人予以调换。

(6)监理人应按专用条件约定的种类、时间和份数向委托人提交监理与相关服务的报告。

(7)在本合同履行期内,监理人应在现场保留工作所用的图纸、报告及记录监理工作的相关文件。工程竣工后,应当按照档案管理规定将监理有关文件归档。

(8)监理人无偿使用由委托人派遣的人员和提供的房屋、资料、设备。除专用条件另有约定外,委托人提供的房屋、设备属于委托人的财产,监理人应妥善使用和保管,在本合同终止时将这些房屋、设备的清单提交委托人,并按专用条件约定的时间和方式移交。

3. 合同的变更

监理合同内涉及合同变更的条款主要指合同责任期的变更和委托监理工作内容的变更两方面。

(1)合同责任期的变更。签约时注明的合同有效期并不一定就是监理人的全部合同责任期,如果在监理过程中因工程建设进度推迟或延误而超过约定的日期,监理合同并不能到期终止。当由于委托人和承包人的原因使监理工作受到阻碍或延误,则监理人应当将此情况与可能产生的影响及时通知委托人,完成监理业务的时间相应延长。

(2)委托监理工作内容的变更。监理合同内约定的正常监理服务工作,监理人应尽职尽责地完成。合同履行期间由于发生某些客观或人为事件而导致一方或双方不能正常履行其应尽职责时,委托人和监理人都有权提出变更合同的要求。合同变更的后果一般都会导致合同有效期的延长或提前终止,以及增加监理方的附加工作或额外工作。

4. 监理合同的违约责任与索赔

(1)违约责任。合同履行过程中,由于当事人一方的过错,造成合同不能履行或者不能完全履行,由有过错的一方承担违约责任;如属双方的过错,根据实际情况,由双方分别承担各自的违约责任。为保证监理合同规定的各项权利义务的顺利实现,在《监理合同示范文本》中,制定了约束双方行为的条款:"委托人责任","监理人责任"。这些规定归纳起来有如下几点:

1)在合同责任期内,如果监理人未按合同中要求的职责勤恳认真地服务,或委托人违背了其对监理人的责任时,均应向对方承担赔偿责任;

2)任何一方对另一方负有责任时的赔偿原则是:

①委托人违约应承担违约责任,赔偿监理人的经济损失;

②因监理人过失造成经济损失,应向委托人进行赔偿,累计赔偿额不应超出监理酬金总额(除去税金);

③当一方向另一方的索赔要求不成立时,提出索赔的一方应补偿由此所导致的对方各种费用支出。

(2)监理人的责任限度。由于建设工程监理,是以监理人向委托人提供技术服务为特性,在服务过程中,监理人主要凭借自身知识、技术和管理经验,向委托人提供咨询、服务,替委托人管理工程。同时,在工程项目的建设过程中,会受到多方面因素限制,鉴于上述情况,在责任方面作了如下规定:监理人在责任期内,如果因过失而造成经济损失,要负监理失职的责任;监理人不对责任期以外发生的任何事情所引起的损失或损害负责,也不对第三方违反合同规定的质量要求和完工(交图、交货)时限承担责任。

(3)对监理人违约处理的规定。当委托人发现从事监理工作的某个人员不能胜任工作或有严重失职行为时,有权要求监理人将该人员调离监理岗位。监理人接到通知后,应在合理的时间内调换该工作人员,而且不应让其在该项目上再承担任何监理工作。如果发现监理人或某些工作人员从被监理方获取任何贿赂或好处,将构成监理人严重违约。对于监理人的严重失职行为或有失职业道德的行为而使委托人受到损害的,委托人有权终止合同关系。

监理人在责任期内因其过失行为而造成委托人损失的,委托人有权要求给予赔偿。赔偿的计算方法是扣除与该部分监理酬金相适应的赔偿金,但赔偿总额不应超出扣除税金后的监理酬金总额。如果监理人员不按合同履行监理职责,或与承包人串通给委托人或工程造成损失的,委托人有权要求监理人更换监理人员,直到终止合同,并要求监理人承担相应的赔偿责任或连带赔偿责任。

(4)因违约终止合同。

1)委托人因自身应承担责任原因要求终止合同。合同履行过程中,由于发生严重的不可抗力事件、国家政策的调整或委托人无法筹措到后续工程的建设资金等情况,需要暂停或终止合同时,应至少提前56天向监理人发出通知,此后监理人应立即安排停止服务,并将开支减至最少。双方通过协商对监理人受到的实际损失给予合理补偿后,协议终止合同;

2)委托人因监理人的违约行为要求终止合同。当委托人认为监理人无正当理由而又未履行监理义务时,可向监理人发出指明其未履行义务的通知。若委托人在发出通知后21天内没有收到监理人的满意答复,可在第一个通知发出后35天内,进一步发出终止合同的通知。委托人的终止合同通知发出后,监理合同即行终止,但不影响合同内约定各方享有的权利和应承担的责任;

3)监理人因委托人的违约行为要求终止合同。如果委托人不履行监理合同中约定的义务,则应承担违约责任,赔偿监理人由此造成的经济损失。

(5)争议的解决。

双方应本着诚信原则协商解决彼此间的争议。如果双方不能在14天内或双方商定的其他时间内解决本合同争议,可以将其提交给专用条件约定的或事后达成协议的调解人进行调解。

双方均有权不经调解直接向专用条件约定的仲裁机构申请仲裁或向有管辖权的人民法院提起诉讼。

第四节　建设工程施工索赔

索赔是当事人在合同实施过程中,根据法律、合同规定及惯例,对不应由自己承担责任的情况造成的损失,向合同的另一方当事人提出给予赔偿或补偿要求的行为。

建设工程索赔通常是指在工程合同履行过程中,合同当事人一方因非自身因素或对方不履行或未能正确履行合同而受到经济损失或权利损害时,通过一定的合法程序向对方提出经济或时间补偿的要求。索赔是一种正当的权利要求,它是发包方、监理工程师和承包方之间一项正常的、大量发生而且普遍存在的合同管理业务,是一种以法律和合同为依据的、合情合理的行为。

建设工程索赔包括狭义的建设工程索赔和广义的建设工程索赔。

狭义的建设工程索赔,是指人们通常所说的工程索赔或施工索赔。工程索赔是指建设工程承包商在由于发包人的原因或发生承包商和发包人不可控制的因素而遭受损失时,向发包人提出的补偿要求。这种补偿包括补偿损失费用和延长工期。

广义的建设工程索赔,是指建设工程承包商由于合同对方的原因或合同双方不可控制的原因而遭受损失时,向对方提出的补偿要求。这种补偿可以是损失费用索赔,也可以是索赔实物。它不仅包括承包商向发包人提出的索赔,而且还包括承包商向保险公司、供货商、运输商、分包商等提出的索赔。

一、索赔的分类

索赔从不同的角度、按不同的方法和不同的标准,可以有多种分类的方法,见表 5-2。

表 5-2　　　　　　　　　　　索赔的分类

分类标准	索赔类别	说　　明
按索赔的目的分类	工期索赔	由于非承包人责任的原因而导致施工进程延误,要求批准顺延合同工期的索赔,称之为工期索赔。工期索赔形式上是对权利的要求,以避免在原定合同竣工日不能完工时,被发包人追究拖期违约责任。一旦获得批准合同工期顺延后,承包人不仅免除了承担拖期违约赔偿费的严重风险,而且可能提前工期得到奖励,最终仍反映在经济收益上
	费用索赔	费用索赔的目的是要求经济补偿。当施工的客观条件改变导致承包人增加开支,要求对超出计划成本的附加开支给予补偿,以挽回不应由其承担的经济损失
按索赔当事人分类	承包商与发包人间索赔	这类索赔大都是有关工程量计算、变更、工期、质量和价格方面的争议,也有中断或终止合同等其他违约行为的索赔
	承包商与分包商间索赔	其内容与前一种大致相似,但大多数是分包商向总包商索要付款和赔偿及承包商向分包商罚款或扣留支付款等
	承包商与供货商间索赔	其内容多系商贸方面的争议,如货品质量不符合技术要求、数量短缺、交货拖延、运输损坏等
按索赔的原因分类	工程延误索赔	因发包人未按合同要求提供施工条件,如未及时交付设计图纸、施工现场、道路等,或因发包人指令工程暂停或不可抗力事件等原因造成工期拖延的,承包商对此提出索赔

续表

分类标准	索赔类别	说　　明
按索赔的原因分类	工程范围变更索赔	工作范围的索赔是指发包人和承包商对合同中规定工作理解的不同而引起的索赔。其责任和损失不如延误索赔那么容易确定,如某分项工程所包含的详细工作内容和技术要求,施工要求很难在合同文件中用语言描述清楚,设计图纸也很难对每一个施工细节的要求都说得清清楚楚。另外设计的错误和遗漏,或发包人和设计者主观意志的改变都会向承包商发布变更设计的命令。 　　工作范围的索赔很少能独立于其他类型的索赔,例如,工作范围的索赔通常导致延期索赔。如设计变更引起的工作量和技术要求的变化都可能被认为是工作范围的变化,为完成此变更可能增加时间,并影响原计划工作的执行,从而可能导致随之而来的延期索赔
	施工加速索赔	施工加速索赔经常是延期或工作范围索赔的结果,有时也被称为"赶工索赔"。而加速施工索赔与劳动生产率的降低关系极大,因此又可称为劳动生产率损失索赔。 　　如果发包人要求承包商比合同规定的工期提前,或者因工程前段的承包商的工程拖期,要后一阶段工程的另一位承包商弥补已经损失的工期,使整个工程按期完工。这样,承包商可以因施工加速成本超过原计划的成本而提出索赔,其索赔的费用一般应考虑加班工资,雇用额外劳动力,采用额外设备,改变施工方法,提供额外监督管理人员和由于拥挤、干扰加班引起的疲劳造成的劳动生产率损失等所引起的费用的增加。在国外的许多索赔案例中对劳动生产率损失通常数量很大,但一般不易被发包人接受。这就要求承包商在提交施工加速索赔报告中提供施工加速对劳动生产率的消极影响的证据
	不利现场条件索赔	不利的现场条件是指合同的图纸和技术规范中所描述的条件与实际情况有实质性的不同或虽合同中未作描述,是一个有经验的承包商无法预料的。一般是地下的水文地质条件,但也包括某些隐藏着的不可知的地面条件。 　　不利现场条件索赔近似于工作范围索赔,然而又不大像大多数工作范围索赔。不利现场条件索赔应归咎于确实不易预知的某个事实。如现场的水文、地质条件在设计时全部弄得一清二楚几乎是不可能的,只能根据某些地质钻孔和土样试验资料来分析和判断。要对现场进行彻底全面的调查将会耗费大量的成本和时间,一般发包人不会这样做,承包商在很短的投标报价时间内更不可能做这种现场调查工作。这种不利现场条件的风险由发包人来承担是合理的

分类标准	索赔类别	说　　明
按索赔的合同依据分类	合同内索赔	此种索赔是以合同条款为依据,在合同中有明文规定的索赔,如工期延误、工程变更、工程师提供的放线数据有误、发包人不按合同规定支付进度款等等。这种索赔由于在合同中有明文规定,往往容易成功
	合同外索赔	此种索赔在合同文件中没有明确的叙述,但可以根据合同文件的某些内容合理推断出可以进行此类索赔,而且此索赔并不违反合同文件的其他任何内容。例如在国际工程承包中,当地货币贬值可能给承包商造成损失,对于合同工期较短的,合同条件中可能没有规定如何处理。当由于发包人原因使工期拖延,而又出现汇率大幅度下跌时,承包商可以提出这方面的补偿要求
	道义索赔(又称额外支付)	道义索赔是指承包商在合同内或合同外都找不到可以索赔的合同依据或法律根据,因而没有提出索赔的条件和理由,但承包商认为自己有要求补偿的道义基础,而对其遭受的损失提出具有优惠性质的补偿要求,即道义索赔。道义索赔的主动权在发包人手中,发包人在下面四种情况下,可能会同意并接受这种索赔:第一,若另找其他承包商,费用会更大;第二,为了树立自己的形象;第三,出于对承包商的同情和信任;第四,谋求与承包商更理解或更长久的合作
按索赔处理方式分类	单项索赔	单项索赔是针对某一干扰事件提出的,在影响原合同正常运行的干扰事件发生时或发生后,由合同管理人员立即处理,并在合同规定的索赔有效期内向发包人或监理工程师提交索赔要求和报告。单项索赔通常原因单一、责任单一,分析起来相对容易,由于涉及的金额一般较小,双方容易达成协议,处理起来也比较简单。因此合同双方应尽可能地用此种方式来处理索赔
	综合索赔	综合索赔又称一揽子索赔,一般在工程竣工前和工程移交前,承包商将工程实施过程中因各种原因未能及时解决的单项索赔集中起来进行综合考虑,提出一份综合索赔报告,由合同双方在工程交付前后进行最终谈判,以一揽子方案解决索赔问题。在合同实施过程中,有些单项索赔问题比较复杂,不能立即解决,为了不影响工程进度,经双方协商同意后留待以后解决。有的是发包人或监理工程师对索赔采用拖延办法,迟迟不作答复,使索赔谈判旷日持久。还有的是承包商因自身原因,未能及时采用单项索赔方式等,都有可能出现一揽子索赔。由于在一揽子索赔中许多干扰事件交织在一起,影响因素比较复杂而且相互交叉,责任分析和索赔值计算都很困难,索赔涉及的金额往往又很大,双方都不愿或不容易作出让步,使索赔的谈判和处理都很困难。因此综合索赔的成功率比单项索赔要低得多

二、通常可能提出索赔的干扰事件

在施工过程中，通常可能提出索赔的干扰事件主要有：

(1)发包人没有按合同规定的时间交付设计图纸数量和资料，未按时交付合格的施工现场等，造成工程拖延和损失；

(2)工程地质条件与合同规定、设计文件不一致；

(3)发包人或监理工程师变更原合同规定的施工顺序，扰乱了施工计划及施工方案，使工程数量有较大增加；

(4)发包人指令提高设计、施工、材料的质量标准；

(5)由于设计错误或发包人、工程师错误指令，造成工程修改、返工、窝工等损失；

(6)发包人和监理工程师指令增加额外工程，或指令工程加速；

(7)发包人未能及时支付工程款；

(8)物价上涨、汇率浮动，造成材料价格、工人工资上涨，承包商蒙受较大损失；

(9)国家政策、法令修改；

(10)不可抗力因素等。

三、索赔工作程序

索赔工作程序是指从索赔事件产生到最终处理全过程所包括的工作内容和工作步骤。由于索赔工作实质上是承包商和业主在分担工程风险方面的重新分配过程，涉及双方的众多经济利益，因而是一项烦琐、细致、耗费精力和时间的过程。因此，合同双方必须严格按照合同规定办事，按合同规定的索赔程序工作，才能获得成功的索赔。

1. 承包人的索赔与处理

根据合同约定，承包人认为有权得到追加付款和(或)延长工期的，应按以下程序向发包人提出索赔：

(1)承包人应在知道或应当知道索赔事件发生后 28 天内，向监理人递交索赔意向通知书，并说明发生索赔事件的事由；承包人未在前述 28 天内发出索赔意向通知书的，丧失要求追加付款和(或)延长工期的权利。

(2)承包人应在发出索赔意向通知书后 28 天内，向监理人正式递交索赔报告；索赔报告应详细说明索赔理由以及要求追加的付款金额和(或)延长的工期，并附必要的记录和证明材料。

(3)索赔事件具有持续影响的，承包人应按合理时间间隔继续递交延续索赔通知，说明持续影响的实际情况和记录，列出累计的追加付款金额和(或)工期延长天数。

(4)在索赔事件影响结束后 28 天内，承包人应向监理人递交最终索赔报告，说明最终要求索赔的追加付款金额和(或)延长的工期，并附必要的记录和证明材料。

对承包人索赔的处理如下：

(1)监理人应在收到索赔报告后 14 天内完成审查并报送发包人。监理人对索赔报告存在异议的,有权要求承包人提交全部原始记录副本。

(2)发包人应在监理人收到索赔报告或有关索赔的进一步证明材料后的 28 天内,由监理人向承包人出具经发包人签认的索赔处理结果。发包人逾期答复的,则视为认可承包人的索赔要求。

(3)承包人接受索赔处理结果的,索赔款项在当期进度款中进行支付;承包人不接受索赔处理结果的,按照争议解决的约定处理。

2. 发包人的索赔与处理

根据合同约定,发包人认为有权得到赔付金额和(或)延长缺陷责任期的,监理人应向承包人发出通知并附有详细的证明。

发包人应在知道或应当知道索赔事件发生后 28 天内通过监理人向承包人提出索赔意向通知书,发包人未在前述 28 天内发出索赔意向通知书的,丧失要求赔付金额和(或)延长缺陷责任期的权利。发包人应在发出索赔意向通知书后 28 天内,通过监理人向承包人正式递交索赔报告。

对发包人索赔的处理如下：

(1)承包人收到发包人提交的索赔报告后,应及时审查索赔报告的内容、查验发包人证明材料。

(2)承包人应在收到索赔报告或有关索赔的进一步证明材料后 28 天内,将索赔处理结果答复发包人。如果承包人未在上述期限内作出答复的,则视为对发包人索赔要求的认可。

(3)承包人接受索赔处理结果的,发包人可从应支付给承包人的合同价款中扣除赔付的金额或延长缺陷责任期;承包人不接受索赔处理结果的,按争议解决约定处理。

四、索赔计算

1. 工期索赔计算

(1)工期索赔的原则。

1)工期索赔的一般原则。工期延误的影响因素,可以归纳为两大类:第一类是合同双方均无过错的原因或因素而引起的延误,主要指不可抗力事件和恶劣气候条件等;第二类是由于发包人或工程师原因造成的延误。

一般地说,根据工程惯例对于第一类原因造成的工程延误,承包商只能要求延长工期,很难或不能要求发包人赔偿损失;而对于第二类原因,假如发包人的延误已影响了关键线路上的工作,承包商既可要求延长工期,又可要求相应的费用赔偿;如果发包人的延误仅影响非关键线路上的工作,且延误后的工作仍属非关键线路,而承包商能证明因此,如劳动窝工、机械停滞费用等引起的损失或额外开支,则承包商不能要求延长工期,但完全有可能要求费用赔偿。

2)交叉延误的处理原则。交叉延误的处理可能会出现以下几种情况:

①在初始延误是由承包商原因造成的情况下,随之产生的任何非承包商原因的延误都不会对最初的延误性质产生任何影响,直到承包商的延误缘由和影响已不复存在。因而在该延误时间内,发包人原因引起的延误和双方不可控制因素引起的延误均为不可索赔延误;

②如果在承包商的初始延误已解除后,发包人原因的延误或双方不可控制因素造成的延误依然在起作用,那么承包商可以对超出部分的时间进行索赔;

③反之,如果初始延误是由于发包人或工程师原因引起的,那么其后由承包商造成的延误将不会使发包人摆脱(尽管有时或许可以减轻)其责任。此时承包商将有权获得从发包人的延误开始到延误结束期间的工期延长及相应的合理费用补偿;

④如果初始延误是由双方不会控制因素引起的,那么在该延误时间内,承包商只可索赔工期,而不能索赔费用。

(2)工期索赔的计算方法。

1)网络分析法。网络分析方法通过分析延误发生前后网络计划,对比两种工期计算结果,计算索赔值。

分析的基本思路为:假设工程施工一直按原网络计划确定的施工顺序和工期进行。现发生了一个或多个延误,使网络中的某个或某些活动受到影响,如延长持续时间,或活动之间逻辑关系变化,或增加新的活动。将这些活动受影响后的持续时间代入网络中,重新进行网络分析,得到一新工期。则新工期与原工期之差即为延误对总工期的影响,即为工期索赔值。通常,如果延误在关键线路上,则该延误引起的持续时间的延长即为总工期的延长值。如果该延误在非关键线路上,受影响后仍在非关键线路上,则该延误对工期无影响,故不能提出工期索赔。

这种考虑延误影响后的网络计划又作为新的实施计划,如果有新的延误发生,则在此基础上可进行新一轮分析,提出新的工期索赔。

这样,工程实施过程中的进度计划是动态的,会不断地被调整。而延误引起的工期索赔也可以随之同步进行。

网络分析方法是一种科学的、合理的分析方法,适用于各种延误的索赔,但其以采用计算机网络分析技术进行工期计划和控制作为前提条件,因为稍微复杂的工程,网络活动可能有几百个,甚至几千个,个人分析和计算几乎是不可能的。

2)比例分析法。网络分析法虽然最科学,也是最合理的,但在实际工程中,干扰事件常常仅影响某些单项工程、单位工程或分部分项工程的工期,分析其对总工期的影响,可以采用更为简单的比例分析法,即以某个技术经济指标作为比较基础,计算出工期索赔值。

①合同价比例法。对于已知部分工程的延期的时间:

$$工期索赔值 = \frac{受干扰部分工程的合同价}{原整个工程合同总价} \times \frac{该部分工程受干扰}{工期拖延时间}$$

对于已知增加工程量或额外工程的价格:

$$工期索赔值 = \frac{增加的工程量或额外工程的价格}{原合同总价} \times 原合同总工期$$

②按单项工程拖期的平均值计算。如有若干单项工程 $A_1, A_2, \cdots, A_m$,分别拖期 $d_1, d_2, \cdots, d_m$ 天,求出平均每个单项工程拖期天数 $\overline{D} = \sum_{i=1}^{m} d_i / m$,则工期索赔值为 $T = \overline{D} + \Delta d$, Δd 为考虑各单项工程拖期对总工期的不均匀影响而增加的调整量($\Delta d > 0$)。

比例计算法简单方便,但有时不符合实际情况。比例计算法不适用于变更施工顺序、加速施工、删减工程量等事件的索赔。

2. 费用索赔的计算

(1)费用索赔的原则。费用索赔是整个施工阶段索赔的重点和最终目标,工期索赔在很大程度上也是为了费用索赔。因而费用索赔的计算就显得十分重要,必须按照如下原则进行:

1)赔偿实际损失的原则,实际损失包括直接损失(成本的增加和实际费用的超支等)和间接损失(可能获得的利益的减少,比如发包人拖欠工程款,使得承包商失去了利息收入等);

2)合同原则,通常是指要符合合同规定的索赔条件和范围、符合合同规定的计算方法、以合同报价为计算基础等;

3)符合通常的会计核算原则,通过计划成本或报价与实际工程成本或花费的对比得到索赔费用值;

4)符合工程惯例,费用索赔的计算必须采用符合人们习惯的、合理、科学的计算方法,能够让发包人、监理工程师、调解人、仲裁人接受。

(2)费用索赔的计算方法。

1)总费用法。

①基本思路。总费用法的基本思路是把固定总价合同转化为成本加酬金合同,以承包商的额外成本为基点加上管理费和利润等附加费作为索赔值;

②使用条件。这是一种最简单的计算方法,但通常用得较少,且不容易被对方、调解人和仲裁人认可,因其使用有几个条件:

a. 合同实施过程中的总费用核算是准确的;工程成本核算符合普遍认可的会计原则;成本分摊方法,分摊基础选择合理;实际总成本与报价总成本所包括的内容一致。

b. 承包商的报价是合理的,反映实际情况。如果报价计算不合理,则按这种方法计算的索赔值也不合理。

c. 费用损失的责任，或干扰事件的责任完全在于发包人或其他人，承包商在工程中无任何过失，而且没有发生承包商风险范围内的损失。

d. 合同争执的性质不适用其他计算方法。例如由于发包人原因造成工程性质发生根本变化，原合同报价已完全不适用。这种计算方法常用于对索赔值的估算。有时，发包人和承包商签订协议，或在合同中规定，对于一些特殊的干扰事件，例如特殊的附加工程、发包人要求加速施工、承包商向发包人提供特殊服务等，可采用成本加酬金的方法计算赔（补）偿值。

③注意点。在计算过程中要注意以下几个问题：

a. 索赔值计算中的管理费率一般采用承包商实际的管理费分摊率。这符合赔偿实际损失的原则。但实际管理费率的计算和核实是很困难的，所以通常都用合同报价中的管理费率，或双方商定的费率，这全在于双方商讨。

b. 在费用索赔的计算中，利润是一个复杂的问题，故一般不计利润，以保本为原则。

c. 由于工程成本增加使承包商支出增加，这会引起工程的负现金流量的增加。为此，在索赔中可以计算利息支出（作为资金成本）。利息支出可按实际索赔数额、拖延时间和承包商向银行贷款的利率（或合同中规定的利率）计算。

2）分项法。分项法是按每个（或每类）干扰事件，以及该事件所影响的各个费用项目分别计算索赔值的方法，其特点有：

①比总费用法复杂，处理起来困难；

②反映实际情况，比较合理、科学；

③为索赔报告的进一步分析评价、审核，双方责任的划分，双方谈判和最终解决提供方便；

④应用面广，人们在逻辑上容易接受。

所以，通常在实际工程中费用索赔计算都采用分项法。但对具体的干扰事件和具体费用项目，分项法的计算方法又是千差万别。分项法计算索赔值，通常分三步：

a. 分析每个或每类干扰事件所影响的费用项目。这些费用项目通常应与合同报价中的费用项目一致。

b. 确定各费用项目索赔值的计算基础和计算方法，计算每个费用项目受干扰事件影响后的实际成本或费用值，并与合同报价中的费用值对比，即可得到该项费用的索赔值。

c. 将各费用项目的计算值列表汇总，得到总费用索赔值。

用分项法计算，重要的是不能遗漏。在实际工程中，许多现场管理者提交索赔报告时常常仅考虑直接成本，即现场材料、人员、设备的损耗（这是由其直接负责的），而忽略计算一些附加的成本，例如工地管理费分摊；由于完成工程量不足而没有获得企业管理费;人员在现场延长停滞时间所产生的附加费,如假期、差旅费、工地住宿补贴、平均工资的上涨;由于推迟支付而造成的财务损失;保险费和保函费用增加等。

五、监理工程师对索赔的审查与反驳

1. 对索赔的审查

(1)审查索赔证据。工程师对索赔报告审查时,首先判断承包人的索赔要求是否有理、有据。所谓有理,是指索赔要求与合同条款或有关法规是否一致,受到的损失应属于非承包人责任原因所造成。有据,是指提供的证据证明索赔要求成立。

(2)审查工期顺延要求。对索赔报告中要求顺延的工期,在审核中应注意以下几点:

1)划清施工进度拖延的责任。因承包人的原因造成施工进度滞后,属于不可原谅的延期;只有承包人不应承担任何责任的延误,才是可原谅的延期。有时工期延期的原因中可能包含有双方责任,此时工程师应进行详细分析,分清责任比例,只有可原谅的延期部分才能批准顺延合同工期。可原谅延期,又可细分为可原谅并给予补偿费用的延期和可原谅但不给予补偿费用的延期;后者是指非承包人责任的影响并未导致施工成本的额外支出,大多属于发包人应承担风险责任事件的影响,如异常恶劣的气候条件造成的停工等;

2)被延误的工作应是处于施工进度计划关键线路上的施工内容。只有位于关键线路上工作的滞后,才会影响到竣工日期。但有时也应注意,既要看被延误的工作是否在批准进度计划的关键路线上,又要详细分析这一延误对后续工作的可能影响。因为若对非关键线路工作的影响时间较长,超过了该工作可用于自由支配的时间,也会导致进度计划中非关键线路转化为关键线路,其滞后将导致总工期的拖延。此时,应充分考虑该工作的自由时间,给予相应的工期顺延,并要求承包人修改施工进度计划;

3)无权要求承包人缩短合同工期。工程师有审核、批准承包人顺延工期的权利,但不可以扣减合同工期。也就是说,工程师有权指示承包人删减掉某些合同内规定的工作内容,但不能要求其相应缩短合同工期。如果要求提前竣工的话,这项工作属于合同的变更。

(3)审查费用索赔要求。费用索赔的原因,可能是与工期索赔相同的内容,即属于可原谅并应予以费用补偿的索赔,也可能是与工期索赔无关的理由。工程师在审核索赔的过程中,除了划清合同责任以外,还应注意索赔计算的取费合理性和计算的正确性。

1)审核索赔取费的合理性。费用索赔涉及的款项较多、内容庞杂。承包人都是从维护自身利益的角度解释合同条款,进而申请索赔额。工程师应公平地审核索赔报告申请,挑出不合理的取费项目或费率;

2)审核索赔计算的正确性。

①所采用的费率是否合理、适度。主要注意的问题包括以下几点：

a. 工程量表中的单价是综合单价，不仅含有直接费，还包括间接费、风险费、辅助施工机械费、公司管理费和利润等项目的摊销成本。在索赔计算中不应有重复取费。

b. 停工损失中，不应以计日工费计算。不应计算闲置人员在此期间的奖金、福利等报酬，通常采取人工单价乘以折算系数计算，停驶的机械费补偿，应按机械折旧费或设备租赁费计算，不应包括运转操作费用。

②正确区分停工损失与因工程师临时改变工作内容或作业方法的功效降低损失的区别。凡可改作其他工作的，不应按停工损失计算，但可以适当补偿降效损失。

2. 对索赔的反驳

首先要说明的是，这里所讲的反驳索赔仅仅指的是反驳承包人不合理索赔或者索赔中的不合理部分，而绝对不是把承包人当作对立面，偏袒发包人，设法不给予或尽量少给予承包人补偿。反驳索赔的措施是指工程师针对一些可能发生索赔的领域，为了今后有充分证据反驳承包人的不合理要求而采取的监督管理措施。反驳索赔措施实际上是包括在工程师的日常监理工作中的。能否有力地反驳索赔，是衡量工程师工作成效的重要尺度。

对承包人的施工活动进行日常现场检查是工程师执行监理工作的基础，监督现场施工按合同要求进行。检查人员应具有一定的实践经验、认真的工作态度和良好的合作精神。人员素质的高低很大程度上将决定工程师监理工作的成效。检查人员应该善于发现问题，随时独立保持有关情况记录，绝对不能简单照抄承包人的记录。必要时应对某些施工情况摄取工程照片；每天下班前还必须把一天的施工情况和自己的观察结果简明扼要地写成"工程监理日志"，其中特别要指出承包人在哪些方面没有达到合同或计划要求。这种日志应该逐级加以汇总分析，最后由工程师或其他授权代表把承包人施工中存在的问题连同处理建议书面通知承包人，为今后反驳索赔提供依据。

合同中通常都会规定承包人应该在多长时间内或什么时间以前向工程师提交什么资料供工程师批准、同意或参考。工程师最好是事先就编制一份"承包人应提交的资料清单"，其内容包括资料名称、合同依据、时间要求、格式要求及工程师处理时间要求等，以便随时核对。如果到时承包人没有提交或提交资料的格式等不符合要求，则应该及时记录在案，并通知承包人。承包人的这种问题，可能是今后用来说明某项索赔或索赔中的某部分应由承包人自己负责的重要依据。

工程师要了解承包人施工材料和设备到货情况，包括材料质量、数量和存储方式以及设备种类、型号和数量。如果承包人的到货情况不符合合同要求或双方同意的计划要求，工程师应该及时记录在案，并通知承包人，这些也可能是今后反驳索赔的重要依据。

与承包人一样,对工程师来说,做好资料档案管理工作也非常重要。如果自己的资料档案不全,索赔处理终究会处于被动,只能是人云亦云。即便是明知某些要求不合理,也无法予以反驳。工程师必须保存好与工程有关的全部文件资料,特别是应该有自己独立采集的工程监理资料。

六、反索赔

按《合同法》和《通用条款》的规定,索赔应是双方面的。在工程项目过程中,发包人与承包商之间,总承包商和分包商之间,合伙人之间,承包商与材料和设备供应商之间都可能有双向的索赔与反索赔。例如承包商向发包人提出索赔,则发包人反索赔;同时发包人又可能向承包商提出索赔;则承包商必须反索赔;而工程师一方面通过圆满的工作防止索赔事件的发生,另一方面又必须妥善地解决合同双方的各种索赔与反索赔问题。按照通常的习惯,把追回己方损失的手段称为索赔,把防止和减少向己方提出索赔的手段称为反索赔。

索赔和反索赔是进攻和防守的关系。在合同实施过程中,合同双方都在进行合同管理,都在寻找索赔机会,一经干扰事件发生,都在企图推卸自己的合同责任,都在企图进行索赔。不能进行有效的反索赔,同样要蒙受损失,所以反索赔和索赔具有同等重要的地位。

反索赔一般应按以下步骤进行:

1. 合同总体分析

反索赔同样是以合同作为法律,作为反驳的理由和根据。合同分析的目的是分析、评价对方索赔要求的理由和依据。在合同中找出对对方不利,对自方有利的合同条文,以构成对对方索赔要求否定的理由。合同总体分析的重点是,与对方索赔报告中提出的问题有关的合同条款,通常有:合同的法律基础;合同的组成及其合同变更情况;合同规定的工程范围和承包商责任;工程变更的补偿条件、范围和方法;合同价格;工期的调整条件、范围和方法,以及对方应承担的风险;违约责任;争执的解决方法等。

2. 事态调查

反索赔仍然基于事实基础之上,以事实为根据。这个事实必须有己方对合同实施过程跟踪和监督的结果,即各种实际工程资料作为证据,用以对照索赔报告所描述的事情经过和所附证据。通过调查可以确定干扰事件的起因,事件经过,持续时间,影响范围等真实的详细的情况。

在此应收集整理所有与反索赔相关的工程资料。

3. 三种状态分析

在事态调查和收集、整理工程资料的基础上进行合同状态、可能状态、实际状态分析。通过三种状态的分析可以达到:

(1)全面地评价合同、合同实际状况,评价双方合同责任的完成情况。

　　(2)对对方有理由提出索赔的部分进行总概括,分析出对方有理由提出索赔的干扰事件有哪些,索赔的大约值或最高值。

　　(3)对对方的失误和风险范围进行具体指认,这样在谈判中有攻击点。

　　(4)针对对方的失误作进一步分析,以准备向对方提出索赔。这样在反索赔中同时使用索赔手段。国外的承包商和发包人在进行反索赔时,特别注意寻找向对方索赔的机会。

　　4. 对索赔报告进行全面分析,对索赔要求、索赔理由进行逐条分析评价

　　分析评价索赔报告,可以通过索赔分析评价表进行。其中,分别列出对方索赔报告中的干扰事件、索赔理由、索赔要求、提出己方的反驳理由、证据、处理意见或对策等。

　　5. 起草并向对方递交反索赔报告

　　反索赔报告也是正规的法律文件。在调解或仲裁中,对方的索赔报告和己方的反索赔报告应一起递交调解人或仲裁人。反索赔报告的基本要求与索赔报告相似。

第六章 建设工程监理进度控制

第一节 建设工程监理进度控制概述

工程建设的进度控制是指在工程项目各建设阶段编制进度计划,并将该计划付诸实施,在实施的过程中经常检查实际进度是否按计划要求进行,如有偏差,则分析产生偏差的原因,采取补救措施或调整、修改原计划,直至工程竣工,交付使用。进度控制的最终目的是确保项目进度目标的实现,建设项目进度控制的总目标是建设工期。

工程项目的进度,受诸多因素的影响。这些因素包括人的因素、技术的因素、物质供应的因素、机具设备的因素、资金的因素、工程地质的因素、社会政治的因素、气候的因素以及其他潜在的、难以预料的因素等。建设者需事先对影响进度的各种因素进行调查,预测它们对进度可能产生的影响,在编制进度计划时予以充分反映,使建设项目按计划进行。然而计划毕竟是主观的东西,在执行过程中,必然会遇到各种客观情况,使计划难以执行。这就要求人们在执行计划的过程中,掌握动态控制原理,不断进行检查,将工作的实际执行情况与计划安排进行对比,判断是否偏离,并找出偏离计划的原因,特别是找出主要原因,然后采取相应的措施。

一、建设工程监理进度控制的措施

为了实施进度控制,监理工程师必须根据建设工程的具体情况,认真制定进度控制措施,以确保建设工程进度控制目标的实现。进度控制的措施应包括组织措施、技术措施、经济措施及合同措施。

(1)组织措施。进度控制的组织措施主要包括:

1)建立进度控制目标体系,明确建设工程现场监理组织机构中进度控制人员及其职责分工;

2)建立工程进度报告制度及进度信息沟通网络;

3)建立进度计划审核制度;

4)建立进度控制检查制度和分析制度;

5)建立进度协调会议制度;

6)建立图纸审查、工程变更和设计变更管理制度。

(2)技术措施。进度控制的技术措施主要包括:

1)审查承包商提交的进度计划,使承包商能在合理的状态下施工;

2)编制进度控制工作细则,指导监理人员实施进度控制;

3)采用网络计划技术及其他科学、适用的计划方法,并结合电子计算机,对建设工程进度实施动态控制。

(3)经济措施。进度控制的经济措施主要包括:

1)及时办理工程预付款及工程进度款支付手续;

2)对应急赶工给予优厚的赶工费用;

3)对工期提前给予奖励;

4)对工程延误收取误期损失赔偿金;

5)加强索赔管理,公正地处理索赔。

(4)合同措施。进度控制的合同措施主要包括:

1)推行 CM 承发包模式;

2)加强合同管理,保证合同中进度目标的实现;

3)严格控制合同变更;

4)加强风险管理。

二、建设工程监理进度控制的内容

进度控制的内容随参与建设的各主体单位不同而变化,这是因为设计、承包、监理等各自都有自己的进度控制目标。

1. 设计单位的进度控制内容

设计单位的进度控制内容根据设计合同的设计工期目标而确定。其主要内容如下所述:

(1)编制设计准备工作计划、设计总进度计划和各专业设计的出图计划,确定设计工作进度目标及其实施步骤。

(2)执行各类计划,在执行中进行检查,采取相应措施保证计划落实,包括必要时对计划进行调整或修改,保证计划的实现。

(3)为承包单位的进度控制提供设计保证,并协助承包单位实现进度控制目标。

(4)接受监理单位的设计进度监理。

2. 承包单位的进度控制内容

承包单位的进度控制内容根据施工合同的施工工期目标而确定,其主要内容见如下所述:

(1)根据合同的工期目标,编制施工准备工作计划、施工组织设计、施工方案、施工总进度计划和单位工程施工进度计划,以确定工作内容、工作顺序、起止时间和衔接关系,为实施进度控制提供依据。

(2)编制月(旬)作业计划和施工任务书,落实施工需要的资源,做好施工进度的跟踪以掌握施工实际情况,加强调度工作,达到进度的动态平衡,从而使进度计划的实施取得成效。

(3)对比实际进度与计划进度的偏差,采取措施纠正偏差,如调整资源投入方向等,保证实现总的工期目标。

(4)监督并协助分包单位实施其承包范围内的进度控制。

(5)总结分析项目及阶段进度控制目标的完成情况、进度控制中的经验和问题,积累进度控制信息,不断提高进度控制水平。

(6)接受监理单位的施工进度控制监理。

3. 监理单位的进度控制内容

监理单位的进度控制内容根据监理合同的工期控制目标而确定,其主要内容见如下所述:

(1)在准备阶段,向建设单位提供有关工期的信息和咨询,协助其进行工期目标和进度控制决策。

(2)进行环境和施工现场调查和分析,编制项目进度规划和总进度计划,编制准备工作详细计划,并控制其执行。

(3)签发开工通知书。

(4)审核总承包单位、设计单位、分承包单位及供应单位的进度控制计划,并在其实施过程中,通过履行监理职责,监督、检查、控制、协调各项进度计划的实施。

(5)通过审批设计单位和承包单位的进度付款,对其进度施行动态控制。妥善处理承包单位的进度索赔。

三、建设工程监理进度控制的方法

1. 审核、批准

监理工程师应及时审核有关的技术文件、报表、报告。根据监理的权限,其审核的具体内容有以下几个方面:

(1)下达开工令、审批"工程动工报审表"。

(2)审批施工总进度计划、年、季、月进度计划,进度修改调整计划。

(3)批准工程延期。审批复工报审表、工程延期申请表、工程延期审批表。

(4)审批承包单位报送的有关工程进度的报告。审批"(　　　)月完成工程量报审表",审阅"(　　　)月工、料、机动态表"等。

2. 检查、分析和报告

监理工程师应及时检查承包单位报送的进度报表和分析资料;跟踪检查实际形象进度;应经常分析进度偏差的程度、影响面及产生原因,并提出纠偏措施。应定期或不定期地向建设单位报告进度情况并提出防止因建设单位因素而导致工程延误和费用索赔的建议。

3. 组织协调

项目监理应定期或不定期地组织不同层次的协调会。在建设单位、承包单位及其他相关参建单位之间的不同层面解决相应的进度协调问题。

4. 积累资料

监理工程师应及时收集、整理有关工程进度方面的资料，为公正、合理地处理进度拖延、费用索赔及工期奖、罚问题，提供证据。

第二节　建设工程进度控制计划体系

为了确保建设工程进度控制目标的实现，参与工程项目建设的各有关单位都要编制进度计划，并且控制这些进度计划的实施。建设工程进度控制计划体系主要包括建设单位的计划系统、监理单位的计划系统、设计单位的计划系统和施工单位的计划系统。

一、建设单位的计划系统

建设单位编制（也可委托监理单位编制）的进度计划包括工程项目前期工作计划、工程项目建设总进度计划和工程项目年度计划。

1. 工程项目前期工作计划

工程项目前期工作计划是指对可行性研究、设计任务书及初步设计的工作进度进行安排，通过这个计划，把建设前期的各项工作相互衔接，使时间得到控制。前期工作计划由项目监理机构协助建设单位在预测的基础上进行编制，计划表格如表 6-1 所示。

表 6-1　　　　　　　　　　前期工作形象进度计划表

项目名称	建设性质	建设规模	可行性研究		设计任务书		初步设计	
			进度要求	负责单位负责人	进度要求	负责单位负责人	进度要求	负责单位负责人

注：1."建设性质"栏填写改建、扩建或新建。

　　2."建设规模"栏填写生产能力、使用规模或建筑面积等。

在项目的前期工作中，可行性研究无论在时间上，还是对工程后期的影响作用上都有极其重要的意义，所以首先对可行性研究的计划要合理安排。

2. 工程项目建设总进度计划

工程项目建设总进度计划，是指初步设计被批准后，编制上报年度计划以前，根据初步设计,对建设项目从开始建设(设计、施工准备)至竣工投产(动用)全过程的统一部署,以安排各单项工程和单位工程的建设进度,合理分配年度投资,组织各方面的协作,保证初步设计确定的各项建设任务的完成。它对于保证项目建设的连续性,增强建设工作的预见性,确保项目按期动用,具有重要作用。它也是编制上报年度计划的依据。

3. 工程项目年度计划

工程项目年度计划是依据工程建设项目总计划、国家年度计划和批准的设计文件,由建设单位进行编制。该计划既要满足工程建设项目总进度计划的要求,又要与当年国家分配和可能从银行或市场获得的资金、设备、材料、施工力量相适应,根据分批配套投产或交付使用的要求,合理安排年度建设的工程项目。

二、监理单位的计划系统

监理单位除对被监理单位的进度计划进行监控外,自己也应编制有关进度计划,以便更有效地控制建设工程实施进度。

1. 监理总进度计划

建设监理编制的总进度计划阐明工程项目前期准备、设计、施工、动用前准备及项目动用等几个阶段的控制进度。详见表6-2。

表6-2   总进度计划

阶段名称	阶 段 进 度															
	20××年				20××年				20××年				20××年			
	1	2	3	4	1	2	3	4	1	2	3	4	1	2	3	4
前 期 准 备																
设 计																
施 工																
动用前准备																
项 目 动 用																

2. 总进度分解计划

总进度分解计划包括:①年度进度计划;②季度进度计划;③月度进度计划;④设计准备阶段进度计划;⑤设计阶段进度计划;⑥施工阶段进度计划;⑦动用前准备阶段进度计划。

三、设计单位的计划系统

设计单位的计划系统主要包括:设计总进度计划、设计准备工作进度计划、初步设计(技术设计)工作进度计划、施工图设计工作进度计划、设计作业进度计划等。

1. 设计总进度计划

设计总进度计划主要用来安排自设计准备开始至施工图设计完成的总设计时间内所包含的各阶段工作的开始时间和完成时间,从而确保设计进度控制总目标的实现。该计划的表式见表6-3。

表6-3　　　　　　　　　　设计总进度计划

阶段名称	进　　　度(月)																	
	1	2	3	4	5	6	7	8	9	10	11	12	13	14	15	16	17	18
设计准备																		
方案设计																		
初步设计																		
技术设计																		
施工图设计																		

2. 设计准备工作进度计划

设计准备工作进度计划中一般要考虑规划设计条件的确定、设计基础资料的提供及委托设计等工作的时间安排,计划表式见表6-4。

表6-4　　　　　　　　　　设计准备工作进度计划

工作内容	进　　　度(周)														
	2	4	6	8	10	12	14	16	18	20	22	24	26	28	30
确定规划设计条件															
提供设计基础资料															
委托设计															

3. 初步设计(技术设计)工作进度计划

初步设计(技术设计)工作进度计划要考虑方案设计、初步设计、技术设计、设计的分析评审、概算的编制、修正概算的编制以及设计文件审批等工作的时间安排,一般按单位工程编制,其表式见表6-5。

表6-5　　　　　　××单位工程初步设计(技术设计)工作进度计划

工作内容	进　　　度(周)																	
	1	2	3	4	5	6	7	8	9	10	11	12	13	14	15	16	17	18
方案设计																		
初步设计																		

工作内容	进 度(周)																	
	1	2	3	4	5	6	7	8	9	10	11	12	13	14	15	16	17	18
编制概算																		
技术设计																		
编制修正概算																		
分析评审																		
审批设计																		

4. 施工图设计工作进度计划

施工图设计工作进度计划主要考虑各单位工程的设计进度及其搭接关系,其表式见表 6-6。

表 6-6 　　　　　　　　　××工程施工图设计工作进度计划

工程名称	建 筑规 模	设计工日定额/工日	设 计人 数	进 度(天)									
				1	2	3	4	5	6	7	8	9	10
××工程													
××工程													
××工程													
××工程													
××工程													

5. 设计作业进度计划

为了控制各专业的设计进度,并作为设计人员承包设计任务的依据,应编制设计作业进度计划。其表式见表 6-7。

表 6-7 　　　　　　　　　××工程设计作业进度计划

工作内容	工 日定 额	设 计人 数	进 度(天)												
			2	4	6	8	10	12	14	16	18	20	22	24	26	28
工 艺 设 计															
建 筑 设 计															
结 构 设 计															
给排水设计															
通 风 设 计															
电 气 设 计															
审 查 设 计															

四、施工单位的计划系统

施工单位的进度计划包括：施工准备工作计划、施工总进度计划、单位工程施工进度计划及分部分项工程进度计划。

1. 施工准备工作计划

施工准备工作的内容通常包括：建立工程管理组织、施工技术准备、劳动组织准备、施工物资准备、施工现场准备等。为落实各项施工准备工作，加强对施工准备工作的监督和检查，应编制施工准备工作计划。

2. 施工总进度计划

施工总进度计划是根据施工部署中施工方案和工程项目的开展程序，对全工地所有单位工程作出时间上的安排。其目的在于确定各单位工程及全工地性工程的施工期限及开竣工日期，进而确定施工现场劳动力、材料、成品、半成品、施工机械的需要数量和调配情况，以及现场临时设施的数量、水电供应量和能源、交通需求量。因此，科学、合理地编制施工总进度计划，是保证整个建设工程按期交付使用，充分发挥投资效益，降低建设工程成本的重要条件。

3. 单位工程施工进度计划

单位工程施工进度计划是在既定施工方案的基础上，根据规定的工期和各种资源供应条件，遵循各施工过程的合理施工顺序，对单位工程中的各施工过程作出时间和空间上的安排，并以此为依据，确定施工作业所必需的劳动力、施工机具和材料供应计划。因此，合理安排单位工程施工进度，是保证在规定工期内完成符合质量要求的工程任务的重要前提。同时，为编制各种资源需要量计划和施工准备工作计划提供依据。

4. 分部分项工程进度计划

分部分项工程进度计划是针对工程量较大或施工技术比较复杂的分部分项工程，在依据工程具体情况所制定的施工方案基础上，对其各施工过程所作出的时间安排。如：大型基础土方工程、复杂的基础加固工程、大体积混凝土工程、大型桩基工程、大面积预制构件吊装工程等，均应编制详细的进度计划，以保证单位工程施工进度计划的顺利实施。

第三节　建设工程进度计划实施中的检查与调整

一、实际进度的检查

为了能够经常掌握项目的进度情况，在进度计划执行一定时间后就要检查、监督实际进度是否按照计划进度顺利进行，收集有关信息，掌握进展的动向。对进度进行监督检查的目的，在于尽早预测影响后续工程作业的因素，控制进度能够如期完成。为此，及时根据出现的情况，协调各生产要素的有效组合。

在项目的实施过程中，为了进行进度控制，进度控制人员应经常地、定期地跟踪、检查实际进度情况,主要是收集项目进度材料,进行统计整理和对比分析,确定实际进度与计划进度之间的关系。主要有以下几方面工作:

1. 跟踪检查实际进度

跟踪检查的主要工作是定期收集反映实际工程进度的有关数据。收集的方式:一是以报表的方式;二是进行现场实地检查。收集的数据质量要高,不完整或不正确的进度数据将导致不全面或不正确的决策。

究竟多长时间进行一次进度检查,这是项目管理者常常关心的问题。一般的,进度控制的效果与收集信息资料的时间间隔有关,不经常地、定期地收集进度报表资料,就很难达到进度控制的效果。此外,进度检查的时间间隔还与工程项目的类型、规模、监理对象的范围大小、现场条件等多方面因素有关,可视工程进度的实际情况,每月、每半月或每周进行一次。在某些特殊情况下,甚至可能进行每日进度检查。

2. 整理统计检查数据

收集到的施工项目实际进度数据,要进行必要的整理、按计划控制的工作项目进行统计,形成与计划进度具有可比性的数据、相同的量纲和形象进度。一般可以按实物工程量、工作量和劳动消耗量以及累计百分比整理和统计实际检查的数据,以便与相应的计划完成量相对比。

3. 对比实际进度与计划进度

主要是将实际的数据与计划的数据进行比较,如将实际的完成量、实际完成的百分比与计划的完成量、计划完成的百分比进行比较。通常可利用表格形成各种进度比较报表或直接绘制比较图形来直观地反映实际与计划的差距。通过比较了解实际进度比计划进度拖后、超前还是与计划进度一致。

4. 进度检查结果的处理

施工项目进度检查的结果,按照检查报告制度的规定,形成进度控制报告向有关主管人员和部门汇报。进度控制报告是把检查比较的结果,有关施工进度现状和发展趋势,提供给项目经理及各级业务职能负责人的最简单的书面形式报告。

二、进度计划的调整

1. 进度偏差影响分析

在工程实施阶段,应经常对进度的实际情况与原进度计划进行比较和分析。当进度出现偏差时,需要对此偏差的大小、产生的原因、所处的位置是否处于关键线路上,是否会对下一步工作造成影响,是否会影响总工期等进行判断和分析。对于处在关键线路上的各项工作,不论偏差大小,都将会对下一步工作和项目的总工期造成影响,应采取赶上措施,以减少对进度计划的影响,或对进度计划进行调整。进度计划偏差分析的过程如图 6-1 所示。

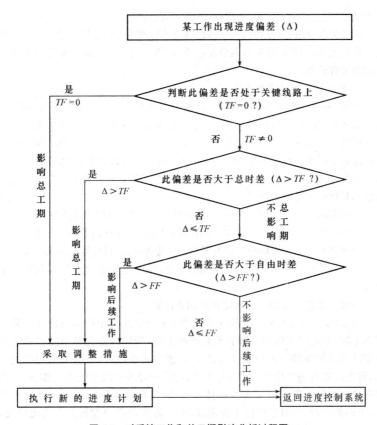

图 6-1 对后续工作和总工期影响分析过程图

(1)分析进度偏差的工作是否为关键工作。若出现偏差的工作为关键工作,则无论偏差大小,都对后续工作及总工期产生影响,必须采取相应的调整措施;若出现偏差的工作不为关键工作,需要根据偏差值与总时差和自由时差的大小关系,确定对后续工作和总工期的影响程度。

(2)分析进度偏差是否大于总时差。若工作的进度偏差大于该工作的总时差,说明此偏差必将影响后续工作和总工期,必须采取相应的调整措施;若工作的进度偏差小于或等于该工作的总时差,说明此偏差对总工期无影响,但它对后续工作的影响程度,需要根据比较偏差与自由时差的情况来确定。

(3)分析进度偏差是否大于自由时差。若工作的进度偏差大于该工作的自由时差,说明此偏差对后续工作会产生影响,应该如何调整,应根据后续工作允许影响的程度而定;若工作的进度偏差小于或等于该工作的自由时差,则说明此偏差对后续工作无影响，因此，原进度计划可以不做调整。

经过如此分析，进度控制人员可以确认应该调整产生进度偏差的工作和调整偏差值的大小，以便确定采取调整新措施，获得新的符合实际进度情况和计划目标的新进度计划。

2. 施工进度计划调整方法

（1）缩短某些工作的持续时间。这种方法不改变工作之间的逻辑关系，而是缩短某些工作的持续时间，使施工进度加快，并保证实现计划工期的方法。这些被压缩持续时间的工作是位于由于实际施工进度的拖延而引起总工期延长的关键线路和某些非关键线路上的工作。同时，这些工作又是可压缩持续时间的工作。这种方法实际上就是网络计划优化中的工期优化方法和工期与费用优化的方法。具体做法见如下所述：

1）研究后续各工作持续时间压缩的可能性，及其极限工作持续时间。

2）确定由于计划调整，采取必要措施而引起的各工作的费用变化率。

3）选择直接引起拖期的工作及紧后工作优先压缩，以免拖期影响扩大。

4）选择费用变化率最小的工作优先压缩，以求花费最小代价，满足既定工期要求。

5）综合考虑上述3）、4），确定新的调整计划。

（2）改变某些工作间的逻辑关系。当工程项目实施中产生的进度偏差影响到总工期，且有关工作的逻辑关系允许改变时，可以改变关键线路和超过计划工期的非关键线路上的有关工作之间的逻辑关系，达到缩短工期的目的。例如，将顺序进行的工作改为平行作业、搭接作业以及分段组织流水作业等，都可以有效地缩短工期。对于大型群体工程项目，单位工程间的相互制约相对较小，可调幅度较大；对于单位工程内部，由于施工顺序和逻辑关系约束较大，可调幅度较小。

（3）资源供应的调整。对于因资源供应发生异常而引起进度计划执行问题，应采用资源优化方法对计划进行调整，或采取应急措施，使其对工期影响最小。

（4）增减施工内容。增减施工内容应做到不打乱原计划的逻辑关系，只对局部逻辑关系进行调整。在增减施工内容以后，应重新计算时间参数，分析对原网络计划的影响。当对工期有影响时，应采取调整措施，保证计划工期不变。

（5）增减工程量。增减工程量主要是指改变施工方案、施工方法，从而导致工程量的增加或减少。

（6）起止时间的改变。起止时间的改变应在相应的工作时差范围内进行：如延长或缩短工作的持续时间，或将工作在最早开始时间和最迟完成时间范围内移动。每次调整必须重新计算时间参数，观察该项调整对整个施工计划的影响。

第四节　建设工程施工阶段进度控制

一、施工阶段进度控制概述

1. 施工阶段进度控制的任务

施工阶段进度控制的主要任务是编制施工总进度计划并控制其执行,按期完成整个施工项目任务;编制单位工程施工进度计划并控制其执行,按期完成单位工程的施工任务;编制分部分项工程施工进度计划,并控制其执行,按期完成分部分项工程的施工任务;编制季度、月(旬)作业计划,并控制其执行,完成规定的目标等。

施工进度控制与成本控制和质量控制一样,是项目施工中的重点控制之一。它是保证施工项目按期完成,合理安排资源供应、节约工程成本的重要措施。

2. 施工阶段进度控制的方法

施工阶段进度控制的方法主要是规划、控制和协调。规划是指确定施工总进度控制目标和分进度控制目标,并编制其进度计划;控制是指在工程项目实施的全过程中,进行施工实际进度与施工计划进度的比较,出现偏差及时采取措施调整;协调是指协调与施工进度有关的单位、部门和工作队组之间的进度关系。

3. 施工阶段进度控制的措施

施工阶段进度控制采取的主要措施有组织措施、技术措施、合同措施和经济措施。

组织措施主要是指落实各层次的进度控制的人员、具体任务和工作责任;建立进度控制的组织系统;按着工程项目的结构、进展阶段或合同结构等进行项目分解,确定其进度目标,建立控制目标体系;确定进度控制工作制度,如检查时间、方法、协调会议时间、参加人等;对影响进度的因素分析和预测。技术措施主要是采取加快施工进度的技术方法。合同措施是指对分包单位签订施工合同的合同工期与有关进度计划目标进行协调。经济措施是指实现进度计划的资金保证措施。

二、施工进度计划的编制

实现施工阶段进度控制的首要条件是有一个符合客观条件的合理的施工进度计划,以便根据这个进度计划确定实施方案,安排设计单位的出图进度,协调人力、物力,评价在施工过程中气候变化、工作失误、资源变化以及有关方面的人为因素而产生的影响,并且也是进行投资控制、成本分析的依据。

1. 编制依据

(1)经过规划设计等有关部门和有关市政配套审批、协调的文件。

(2)有关的设计文件和图纸。

(3)建设工程施工合同中规定的开竣工日期。

(4)有关的概算文件、劳动定额等。

(5)施工组织设计和主要分项分部工程的施工方案。

(6)工程施工现场的条件。

(7)材料、半成品的加工和供应能力。

(8)机械设备的性能、数量和运输能力。

(9)施工管理人员和施工工人的数量与能力水平等。

2. 编制方法

进度计划编制前,应对编制的依据和应考虑的因素进行综合研究。其编制方法如下:

(1)划分施工过程。编制进度计划时,应按照设计图纸、文件和施工顺序把拟建工程的各个施工过程列出,并结合具体的施工方法、施工条件、劳动组织等因素,加以适当整理。

(2)确定施工顺序。在确定施工顺序时,要考虑:

1)各种施工工艺的要求;

2)各种施工方法和施工机械的要求;

3)施工组织合理的要求;

4)确保工程质量的要求;

5)工程所在地区的气候特点和条件;

6)确保安全生产的要求。

(3)计算工程量。工程量计算应根据施工图纸和工程量计算规则进行。

(4)确定劳动力用量和机械台班数量。应根据各分项工程、分部工程的工程量、施工方法和相应的定额,并参考施工单位的实际情况和水平,计算各分项工程、分部工程所需的劳动力用量和机械台班数量。

(5)确定各分项工程、分部工程的施工天数,并安排进度。当有特殊要求时,可根据工期要求,倒排进度;同时在施工技术和施工组织上采取相应的措施,如在可能的情况下,组织立体交叉施工、水平流水施工,增加工作班次,提高混凝土早期强度等。

(6)施工进度图表。施工进度图表是施工项目在时间和空间上的组织形式。目前表达施工进度计划的常用方法有网络图和流水施工水平图(又称横道图)。

(7)进度计划的优化。进度计划初稿编制以后,需再次检查各分部(子分部)工程、分项工程的施工时间和施工顺序安排是否合理,总工期是否满足合同规定的要求,劳动力、材料、施工机械设备需用量是否出现不均衡的现象,主要施工机械设备是否充分利用。经过检查,对不符要求的部分予以改正和优化。

三、施工进度控制目标确定

为了提高进度计划的预见性和进度控制的主动性,在确定施工进度控制目标时,必须全面、细致地分析与建设工程进度有关的各种有利因素和不利因素。只有这样，才能定出一个科学、合理的进度控制目标。确定施工进度控制目标的主要依据有：建设工程总进度目标对施工工期的要求；工期定额、类似工程项目的实际进度；工程难易程度和工程条件的落实情况等。

在确定施工进度分解目标时，还要考虑以下各个方面：

(1)对于大型建设工程项目，应根据尽早提供可动用单元的原则。集中力量分期分批建设，以便尽早投入使用，尽快发挥投资效益。这时，为保证每一动用单元能形成完整的生产能力，就要考虑这些动用单元交付使用时所必需的全部配套项目。因此，要处理好前期动用和后期建设的关系、每期工程中主体工程与辅助及附属工程之间的关系等。

(2)合理安排土建与设备的综合施工。要按照它们各自的特点，合理安排土建施工与设备基础、设备安装的先后顺序及搭接、交叉或平行作业，明确设备工程对土建工程的要求和土建工程为设备工程提供施工条件的内容及时间。

(3)结合本工程的特点。参考同类建设工程的经验来确定施工进度目标。避免只按主观愿望盲目确定进度目标，从而在实施过程中造成进度失控。

(4)做好资金供应能力、施工力量配备、物资(材料、构配件、设备)供应能力与施工进度的平衡工作，确保工程进度目标的要求，不使其落空。

(5)考虑外部协作条件的配合情况。包括施工过程中及项目竣工动用所需的水、电、气、通讯、道路及其他社会服务项目的满足程序和满足时间。它们必须与有关项目的进度目标相协调。

(6)考虑工程项目所在地区地形、地质、水文、气象等方面的限制条件。

四、施工阶段进度控制的工作内容

监理工程师对工程项目的施工进度控制从审核承包单位提交的施工进度计划开始，直至工程项目保修期满为止。施工阶段进度控制的主要内容包括施工前、施工过程中和施工完成后的进度控制。

1. 施工前进度控制的内容

(1)编制施工阶段进度控制方案。

施工阶段进度控制方案是监理工作计划在内容上的进一步深化和补充，它是针对具体的施工项目编制的，是施工阶段监理人员实施进度控制的更详细的指导性技术文件，是以监理工作计划中有关进度控制的总部署为基础而编制的，应包括：

1)施工阶段进度控制目标分解图；

2)施工阶段进度控制的主要工作内容和深度；

3)监理人员对进度控制的职责分工；

4)进度控制工作流程；

5)有关各项工作的时间安排；

6)进度控制的方法(包括进度检查周期、数据收集方式、进度报表格式、统计

分析方法等);

　　7)实现施工进度控制目标的风险分析;

　　8)进度控制的具体措施(包括组织措施、技术措施、经济措施及合同措施等);

　　9)尚待解决的有关问题等。

　　(2)编制或审核施工进度计划。对于大型工程项目,由于单项工程较多、施工工期长,如果采取分期分批发包又没有一个负责全部工程的总承包单位时,监理工程师就要负责编制施工总进度计划;或者当工程项目由若干个承包单位平行承包时,监理工程师也有必要编制施工总进度计划。施工总进度计划应确定分期分批的项目组成;各批工程项目的开工、竣工顺序及时间安排;全场性准备工程,特别是首批准备工程的内容与进度安排等。

　　当工程项目有总承包单位时,监理工程师只需对总承包单位提交的施工总进度计划进行审核即可。而对于单位工程施工进度计划,监理工程师只负责审核而不管编制。

　　施工进度计划审核的内容主要有:

　　1)施工进度计划应符合施工合同中工期的约定;

　　2)施工进度计划中主要工程项目无遗漏,应满足分批投入试运、分批动用的需要,阶段性施工进度计划应满足总进度控制目标的要求;

　　3)施工顺序的安排应符合施工工艺要求;

　　4)施工人员、工程材料、施工机械等资源供应计划应满足施工进度计划的需要;

　　5)施工进度计划应符合建设单位提供的资金、施工图纸、施工场地、物资等施工条件。

　　项目监理机构应检查施工进度计划的实施情况,发现实际进度严重滞后于计划进度且影响合同工期时应签发监理通知单,要求施工单位采取调整措施加快施工进度。总监理工程师应向建设单位报告工期延误风险。

　　项目监理机构应比较分析工程施工实际进度与计划进度,预测实际进度对工程总工期的影响,并应在监理月报中向建设单位报告工程实际进展情况。

　　需进一步说明的是,施工进度计划的编制和实施,是施工单位的基本义务。将进度计划提交监理工程师审核、批准,并不解除施工单位对进度计划在合同中所承担的任何责任和义务。同样,监理工程师审查进度计划时,也不应过多地干预施工单位的安排,或支配施工中所需的材料、机械设备和劳动力等。

　　(3)按年、季、月编制工程综合计划。在按计划期编制的进度计划中,监理工程师应着重解决各承包单位施工进度计划之间、施工进度计划与资源保障计划之间及外部协作条件的延伸性计划之间的综合平衡与相互衔接问题。并根据上期计划的完成情况对本期计划作必要的调整,以作为承包单位近期执行的指令性计划。

(4)下达工程开工令。在FIDIC合同条件下,监理工程师应根据承包单位和业主双方关于工程开工的准备情况,选择合适的时机发布工程开工令。工程开工令的发布,要尽可能及时,因为从发布工程开工令之日算起,加上合同工期后即为工程竣工日期。如果开工令发布拖延就等于推迟了竣工时间,甚至可能引起承包单位的索赔。

为了检查双方的准备情况,在一般情况下应由监理工程师组织召开有业主和承包单位参加的第一次工地会议。业主应按照合同规定,做好征地拆迁工作,及时提供施工用地;同时还应当完成法律及财务方面的手续,以便能及时向承包单位支付工程预付款。承包单位应当将开工所需要的人力、材料及设备准备好,同时还要按合同规定为监理工程师提供各种条件。

2. 施工过程中进度控制的内容

监理工程师监督进度计划的实施,是一项经常性的工作。他以被确认的进度计划为依据,在项目施工过程中进行进度控制,是施工进度计划能否付诸实现的关键过程。一旦发现实际进度与目标偏离,即应采取措施,纠正这种偏差。

施工过程中进度控制的具体内容包括以下方面:

(1)经常深入现场、了解情况、协调有关方面的关系、解决工程中的各种冲突和矛盾,以保证进度计划的顺利实施。

(2)协助施工单位实施进度计划,随时注意进度计划的关键控制点,了解进度计划实施的动态,监理工程师要随时了解施工进度计划执行过程中所存在的问题,并帮助承包单位予以解决,特别是承包单位无力解决的内外关系协调问题。

(3)及时检查和审核施工单位提交的月度进度统计分析资料和报表。

(4)严格进行进度检查。要了解施工进度的实际状况,避免施工单位谎报工作量的情况,为进度分析提供可靠的数据资料。这是工程项目施工阶段进度控制的经常性工作。监理工程师不仅要及时检查承包单位报送的施工进度报表和分析资料,同时还要进行必要的现场实地检查,核实所报送的已完项目时间及工程量,杜绝虚报现象。

(5)做好监理进度记录。

(6)对收集的有关进度数据进行整理和统计,并将计划与实际进行比较,跟踪监理,从中发现进度是否出现或可能出现偏差。

(7)分析进度偏差给总进度带来的影响,并进行工程进度的预测,从而提出可行的修正措施。

(8)当计划严重拖后时,应要求施工单位及时修改原计划,并重新提交监理工程师确认。计划的重新确认,并不意味着工程延期的批准,而仅仅是要求施工单位在合理的状态下安排施工。监理工程师应监督按调整的计划实施。

(9)通过周报或月报,向建设单位汇报工程实际进展情况,并提供进度报告。

(10)定期开会。监理工程师应每月、每周定期组织召开不同层级的现场协调会议,以解决工程施工过程中的相互协调配合问题。在平行、交叉施工单位多,工序交接频繁且工期紧迫的情况下,现场协调会甚至需要每日召开。在会上通报和检查当天的工程进度,确定薄弱环节,部署当天的赶工任务,以便为次日正常施工创造条件。

(11)监理工程师应对承包单位申报的已完分项工程量进行核实,在其质量通过检查验收后签发工程进度款支付凭证。

3. 施工完成后进度控制的内容

(1)及时组织工程的初验和验收工作。

(2)按时处理工程索赔。

(3)及时整理工程进度资料,为建设单位提供信息,处理合同纠纷,积累原始资料。

(4)工程进度资料应归类、编目、存档,以便在工程竣工后,归入竣工档案备查。

(5)根据实际施工进度,及时修改和调整验收阶段进度计划和监理工作计划,以保证下一阶段工作的顺利开展。

五、施工进度计划的实施、检查与调整

1. 施工进度计划实施

施工进度计划的实施就是施工活动的进展,也就是用施工进度计划指导施工活动、落实和完成计划。施工进度计划逐步实施的进程就是项目建造的逐步完成过程。为了保证施工进度计划的实施、并且尽量按编制的计划时间逐步进行,保证各进度目标的实现,应做好如下工作:

(1)施工进度计划执行准备。要保证施工进度计划的落实,必须首先做好进度计划执行的准备工作,要对执行中可能出现的问题做出正确的估计和预测,要保证进度计划的准确性和可行性。因此,做好进度计划执行的准备工作是施工进度计划顺利执行的保证。

(2)签发施工任务书。编制好月(旬)作业计划以后,将每项具体任务通过签发施工"任务书"的方式使其进一步落实。"施工任务书"是向班组下达任务实行责任承包、全面管理和原始记录的综合性文件。施工班组必须保证指令任务的完成。它是计划和实施的纽带。"施工任务书"包括施工任务单、限额领料单、考勤表等。其中施工任务单包括分项工程施工任务、工程量、劳动量、开工及完工日期、工艺、质量和安全要求等内容。限额领料单根据施工任务单编制,是控制班组领用料的依据,其中列明材料名称、规格、型号、单位和数量、退领料记录等。

(3)做好施工进度记录,填好施工进度统计表。在计划任务完成的过程中,各级施工进度计划的执行者都要跟踪做好施工记录,记载计划中的每项工作开始日期、工作进度和完成日期。为施工项目进度检查分析提供信息,因此要求实事求是记载,并填好有关图表。

（4）做好施工中的调度工作。施工调度是指在施工过程中不断组织新的平衡,建立和维护正常的施工条件及施工程序所做的工作。他的主要任务是督促、检查工程项目计划和工程合同执行情况,调度物资、设备、劳力,解决施工现场出现的矛盾,协调内、外部的配合关系,促进和确保各项计划指标的落实。

施工项目经理部和各施工队应设有专职或兼职调度员,在项目经理或施工队长的直接领导下工作。

为保证完成作业计划和实现进度目标,有关施工调度应涉及多方面的工作,包括以下具体内容:

1）执行施工合同中对进度、开工及延期开工、暂停施工、工期延误、工程竣工的承诺;

2）落实控制进度措施应具体到执行人、目标、任务、检查方法和考核办法;

3）监督检查施工准备工作、作业计划的实施、协调各方面的进度关系;

4）督促资源供应单位按计划供应劳动力、施工机具、材料构配件、运输车辆等,并对临时出现问题采取解决的调配措施;

5）由于工程变更引起资源需求的数量变更和品种变化时,应及时调整供应计划;

6）按施工平面图管理施工现场,遇到问题做必要的调整,保证文明施工;

7）及时了解气候和水、电供应情况,采取相应的防范和调整保证措施;

8）及时发现和处理施工中各种事故和意外事件;

9）协助分包人解决项目进度控制中的相关问题;

10）定期、及时召开现场调度会议,贯彻项目主管人的决策,发布调度令;

11）当发包人提供的资源供应进度发生变化且不能满足施工进度要求时,应敦促发包人执行原计划,并对造成的工期延误及经济损失进行索赔。

2. 施工进度计划的检查

施工阶段进度计划不可能一成不变。实际上的管理是动态管理,控制也是动态控制。因此监理工程师应经常收集工程进度信息,不断将实际进度与计划进度进行比较,分析原因,并对下一阶段工作将会产生的影响作出判断,以便采取对策。

检查的方法如下:

（1）定期收集施工单位的报表（包括进度计划、资金、材料、劳动力、机械设备等）。

（2）定期计量或对分项工程、分部（子分部）工程的工程量进行复核。

（3）随时收集设计变更资料。

（4）定期召开现场协调会,监理工程师可以通过召集周例会或月度生产会的形式,详细了解工程进展情况、存在的和潜在的各种问题,寻求解决的办法和措施。

3. 施工进度计划的调整

通过检查分析,如果发现原有进度计划已不能适应实际情况时,为了确保进度控制目标的实现或需要确定新的计划目标,就必须对原有进度计划进行调整,以形成新的进度计划,作为进度控制的新依据。

施工进度计划的调整方法如本章第三节所述,主要有两种:一是通过压缩关键工作的持续时间来缩短工期;二是通过组织搭接作业或平行作业来缩短工期。在实际工作中应根据具体情况选用上述方法进行进度计划的调整。

第七章 建筑地基基础工程现场监理

第一节 地 基 处 理

一、灰土地基

1. 监理巡视与检查

(1)施工前应检查原材料,如灰土的土料、石灰以及配合比、灰土拌匀程度。

(2)施工过程中应检查分层铺设厚度,分段施工时上下两层的搭接长度,夯实时加水量、夯压遍数等。

(3)每层施工结束后检查灰土地基的压实系数。压实系数 λ_c 为土在施工时实际达到的干密度 ρ_d 与室内采用击实试验得到的最大干密度 ρ_{dmax} 之比,即:

$$\lambda_c = \frac{\rho_d}{\rho_{dmax}} \tag{7-1}$$

灰土应逐层用贯入仪检验,以达到控制(设计要求)压实系数所对应的贯入度为合格,或用环刀取样检测灰土的干密度,除以试验的最大干密度求得。施工结束后,应检验灰土地基的承载力。

2. 监理验收

(1)验收标准。灰土地基的质量验收标准应符合表 7-1 的规定。

表 7-1　　　　　　　　灰土地基质量检验标准

项	序	检查项目	允许偏差或允许值		检查方法	检查数量
			单 位	数 值		
主控项目	1	地基承载力	设计要求		按规定方法	每单位工程应不少于 3 点,1000m² 以上工程,每 100m² 至少应有 1 点,3000m² 以上工程,每 300m² 至少应有 1 点。每一独立基础下至少应有 1 点,基槽每 20 延米应有 1 点
	2	配合比	设计要求		按拌和时的体积比	柱坑按总数抽查 10%;但不少于 5 个;基坑、沟槽每 10m² 抽查 1 处,但不少于 5 处

项	序	检查项目	允许偏差或允许值		检查方法	检查数量
			单　位	数　值		
主控项目	3	压实系数	设计要求		现场实测	应分层抽样检验土的干密度,当采用贯入仪或钢筋检验垫层的质量时,检验点的间距应小于4m。当取土样检验垫层的质量时,对大基坑每50～100m² 应不少于1个检验点;对基槽每10～20m 应不少于1个点;每个单独柱基应不少于1个点
一般项目	1	石灰粒径	mm	≤5	筛分法	柱坑按总数抽查10%,但不少于5个;基坑、沟槽每10m² 抽查1处,但不少于5处
	2	土料有机质含量	%	≤5	试验室焙烧法	随机抽查,但土料产地变化时须重新检测
	3	土颗粒粒径	mm	≤15	筛分法	柱坑按总数抽查10%,但不少于5个;基坑、沟槽每10m² 抽查1处,但不少于5处
	4	含水量(与要求的最优含水量比较)	%	±2	烘干法	应分层抽样检验土的干密度,当采用贯入仪或钢筋检验垫层的质量时,检验点的间距应小于4m。当取土样检验垫层的质量时,对大基坑每50～100m² 应不少于1个检验点;对基槽每10～20m 应不少于1个点;每个单独柱基应不少于1个点
	5	分层厚度偏差(与设计要求比较)	mm	±50	水准仪	柱坑按总数抽查10%,但不少于5个;基坑、沟槽每10m² 抽查1处,但不少于5处

(2)验收资料。

1)地基验槽记录。

2)配合比试验记录。

3)环刀法与贯入度法检测报告。

4)最优含水量检测记录和施工含水量实测记录。

5)载荷试验报告。

6)每层现场实测压密系数的施工竣工图。

7)分段施工时上下两层搭接部位和搭接长度记录。

8)灰土地基分项质量检验记录(每一个验收批提供一份记录)。

二、砂和砂石地基

1. 监理巡视与检查

(1)施工前应检查砂、石等原材料质量及砂、石拌和均匀程度。

(2)分段施工时,接头处应做成斜坡,每层错开 0.5～1m,并应充分捣实。在铺砂及砂石时,如地基底面深度不同,应预先挖成阶梯形式或斜坡形式。以先深后浅的顺序进行施工。

(3)砂石地基应分层铺垫、分层夯实。

每铺好一层垫层,经干密度检验合格后方可进行上一层施工。

(4)施工过程中必须检查分层厚度、分段施工时搭接部分的压实情况、加水量、压实遍数、压实系数。

(5)施工结束后,应检验砂石地基的承载力。

2. 监理验收

(1)验收标准。砂和砂石地基的质量验收标准应符合表 7-2 的规定。

表 7-2　　　　　　　　　砂及砂石地基质量检验标准

项	序	检查项目	允许偏差或允许值		检查方法	检查数量
			单　位	数　值		
主控项目	1	地基承载力	设计要求		按规定方法	每单位工程应不少于 3 点,1000m² 以上工程,每 100m² 至少应有 1 点,3000m² 以上工程,每 300m² 至少应有 1 点。每一独立基础下至少有 1 点,基槽每 20 延米应有 1 点
	2	配合比	设计要求		检查拌和时的体积比或重量比	柱坑按总数抽查10%,但不少于 5 个;基坑、沟槽每 10m² 抽查 1 处,但不少于 5 处

项	序	检查项目	允许偏差或允许值		检查方法	检查数量
			单　位	数　值		
主控项目	3	压实系数	设计要求		现场实测	应分层抽样检验土的干密度,当采用贯入仪或钢筋检验垫层的质量时,检验点的间距应小于 4m。当取土样检验垫层的质量时,对大基坑每 50～100m² 应不少于 1 个检验点;对基槽每 10～20m 应不少于 1 个点;每个单独柱基应不少于 1 个点
一般项目	1	砂石料有机质含量	%	≤5	焙烧法	随机抽查,但砂石料产地变化时须重新检测
	2	砂石料含泥量	%	≤5	水洗法	(1)石子的取样、检测。用大型工具(如火车、货船或汽车)运输至现场的,以 400m³ 或 600t 为一验收批;用小型工具(如马车等)运输的,以 200m³ 或 300t 为一验收批。不足上述数量者以一验收批取样
	3	石料粒径	mm	≤100	筛分法	(2)砂的取样、检测。用大型的工具(如火车、货船或汽车)运输至现场的,以 400m³ 或 600t 为一验收批;用小型工具(如马车等)运输的,以 200m³ 或 300t 为一验收批。不足上述数量者以一验收批取样
	4	含水量(与最优含水量比较)	%	±2	烘干法	每 50～100m² 不少于 1 个检验点
	5	分层厚度(与设计要求比较)	mm	±50	水准仪	柱坑按总数抽查 10%,但不少于 5 个;基坑、沟槽每 10m² 抽查 1 处,但不少于 5 处

(2)验收资料。

1)地基验槽记录。

2)配合比试验记录。

3)环刀法与贯入度法检测报告。

4)最优含水量检测记录和施工含水量实测记录。

5)载荷试验报告。

6)每层现场实测压密系数的施工竣工图。

7)分段施工时上下两层搭接部位和搭接长度记录。

8)砂和砂石地基分项质量检验记录(每一个验收批提供一份记录)。

三、土工合成材料地基

1. 监理巡视与检查

(1)施工前应对土工合成材料的物理性能(单位面积的质量、厚度、密度)、强度、延伸率以及土、砂石料等做检验。土工合成材料以 100m² 为一批,每批应抽查 5%。

(2)施工过程中应检查清基、回填料铺设厚度及平整度、土工合成材料的铺设方向、接缝搭接长度或缝接状况、土工合成材料与结构的连接状况等。

(3)施工结束后,应进行承载力检验。

2. 监理验收

(1)验收标准。土工合成材料地基质量检验标准应符合表 7-3 的规定。

表 7-3　　　　　　　　土工合成材料地基质量检验标准

项	序	检查项目	允许偏差或允许值		检查方法	检查数量
			单 位	数 值		
主控项目	1	土工合成材料强度	%	≤5	置于夹具上做拉伸试验(结果与设计标准相比)	以 100m² 为一批,每批抽查 5%
	2	土工合成材料延伸率	%	≤3	置于夹具上做拉伸试验(结果与设计标准相比)	
	3	地基承载力	设计要求		按规定方法	每单位工程应不少于 3 点,1000m² 以上工程,每 100m² 至少应有 1 点,3000m² 以上工程,每 300m² 至少应有 1 点。每一独立基础下至少应有 1 点,基槽每 20 延米应有 1 点

项	序	检查项目	允许偏差或允许值		检查方法	检查数量
			单　位	数　值		
一般项目	1	土工合成材料搭接长度	mm	≥300	用钢尺量	抽搭接数量的10%且不少于3处
	2	土石料有机质含量	%	≤5	焙烧法	根据土石料供货质量及稳定情况随机抽查
	3	层面平整度	mm	≤20	用2m靠尺	柱坑按点数检查10%,但不少于5处;基坑、沟槽每10m²检查1处,但不少于5处
	4	每层铺设厚度	mm	±25	水准仪	

(2)验收资料。

1)设计图纸与说明;

2)各种材料试验报告;

3)关键工序施工方案确认手续;

4)隐蔽工程验收单;

5)铺设压实过程的施工记录;

6)载荷试验报告;

7)检验测试记录和报告。

四、粉煤灰地基

1. 监理巡视与检查

(1)施工前应检查粉煤灰材料,并对基槽清底状况、地质条件予以检验。

(2)施工过程中应检查铺筑厚度、碾压遍数、施工含水量控制、搭接区碾压程度、压实系数等。

(3)施工结束后,应对地基的压实系数进行检查,并做载荷试验。载荷试验(平板载荷试验或十字板剪切试验)数量,每单位工程不少于3点,3000m²以上工程,每300m²至少1点。

2. 监理验收

(1)验收标准。粉煤灰地基质量检验标准应符合表7-4的规定。

表 7-4　　　　　　　　　　　粉煤灰地基质量检验标准

项	序	检查项目	允许偏差或允许值		检查方法	检查数量
			单位	数　值		
主控项目	1	压实系数	设计要求		现场实测	每柱坑不少于 2 点；基坑每 20m² 查 1 点，但不少于 2 点；基槽、管沟、路面基层每 20m 查 1 点，但不少于 5 点；地面基层每 30～50m² 查 1 点，但不少于 5 点；场地铺垫每 100～400m² 查 1 点，但不得小于 10 点
	2	地基承载力	设计要求		按规定方法	每单位工程应不少于 3 点；1000m² 以上工程，每 100m² 至少应有 1 点；3000m² 以上工程，每 300m² 至少应有 1 点。每一独立基础下至少应有 1 点，基槽每 20 延米应有 1 点
一般项目	1	粉煤灰粒径	mm	0.001～2.000	过筛	同一厂家，同一批次为一批
	2	氧化铝及二氧化硅含量	%	≥70	试验室化学分析	
	3	烧失量	%	≤12	试验室烧结法	
	4	每层铺筑厚度	mm	±50	水准仪	柱坑总数检查 10%，但不少于 5 个；基坑、沟槽每 10m² 检查 1 处，但不少于 5 处
	5	含水量（与最优含水量比较）	%	±2	取样后试验室确定	对大基坑每 50～100m² 应不少于 1 点，对基槽每 10～20m 应不少于 1 个点，每个单独柱基应不少于 1 点

(2)验收资料。

1)地基验槽记录。

2)最优含水量试验报告和施工含水量实测记录。

3)载荷试验报告。

4)每层现场实测压实系数的施工竣工图。

5)每层施工记录(包括分层厚度和碾压遍数,搭接区碾压程度)。

6)粉煤灰地基工程分项质量验收记录。

五、强夯地基

1. 监理巡视与检查

(1)施工前应检查夯锤重量、尺寸、落锤控制手段、排水设施及被夯地基的土质。

(2)施工中应检查落距、夯击遍数、夯点位置、夯击范围。

(3)施工结束后,检查被夯地基的强度并进行承载力检验。检查点数,每一独立基础至少有一点,基槽每 20 延米有一点,整片地基 50～100m² 取一点。强夯后的土体强度随间歇时间的增加而增加,检验强夯效果的测试工作,宜在强夯之后 1～4 周进行,而不宜在强夯结束后立即进行测试工作,否则测得的强度偏低。

2. 监理验收

(1)验收标准。强夯地基质量检验标准应符合表 7-5 的规定。

表 7-5 强夯地基质量检验标准

项	序	检查项目	允许偏差或允许值		检查方法	检查数量
			单 位	数 值		
主控项目	1	地基强度	设计要求		按规定方法	对于简单场地上的一般建筑物,每个建筑物地基的检验点应不少于 3 处;对于复杂场地或重要建筑物地基应增加检验点数。检验深度应不小于设计处理的深度
	2	地基承载力	设计要求		按规定方法	每单位工程应不少于 3 点,1000m² 以上工程,每 100m² 至少应有 1 点,每 3000m² 以上工程,每 300m² 至少应有 1 点。每一独立基础下至少应有 1 点,基槽每 20 延米应有 1 点

续表

| 项 | 序 | 检查项目 | 允许偏差或允许值 | | 检查方法 | 检查数量 |
			单 位	数 值		
一般项目	1	夯锤落距	mm	±300	钢索设标志	每工作台班不少于3次
	2	锤重	kg	±100	称重	全数检查
	3	夯击遍数及顺序	设计要求		计数法	
	4	夯点间距	mm	±500	用钢尺量	可按夯击点数抽查5%
	5	夯击范围(超出基础范围距离)	设计要求		用钢尺量	
	6	前后两遍间歇时间	设计要求			全数检查

(2)验收资料。

1)地基验槽记录。

2)施工前地质勘察报告。

3)强夯地基或重锤夯实地基试验记录。

4)重锤夯实地基含水量检测记录和橡皮土处理方法、部位、层次记录。

5)标贯、触探、载荷试验报告。

6)每遍夯击的施工记录。

7)强夯地基分项质量检验记录。

六、注浆地基

1. 监理巡视要点与检查

(1)施工前应掌握有关技术文件(注浆点位置、浆液配比、注浆施工技术参数、检测要求等)。浆液组成材料的性能应符合设计要求,注浆设备应确保正常运转。

(2)施工中应经常抽查浆液的配比及主要性能指标,注浆的顺序、注浆过程中的压力控制等。

(3)施工结束后,应检查注浆体强度、承载力等。检查孔数为总量的2%~5%,不合格率大于或等于20%时应进行二次注浆。检验应在注浆后15d(砂土、黄土)或60d(黏性土)进行。

2. 监理验收

(1)验收标准。注浆地基的质量检验标准应符合表7-6的规定。

表 7-6   **注浆地基质量检验标准**

项	序	检查项目		允许偏差或允许值		检查方法	检查数量
				单 位	数 值		
主控项目	1	原材料检验	水泥	设计要求		查产品合格证书或抽样送检	按同一生产厂家、同一等级、同一品种、同一批号且连续进场的水泥,袋装不超过200t为一批,散装不超过500t为一批,每批抽样不少于一次
			注浆用砂:粒径 细度模数 含泥量及有机物含量	mm %	<2.5 <2.0 <3	试验室试验	用大型工具(如火车、货船或汽车)运输至现场的,以400m³或600t为一验收批;用小型工具(如马车等)运输的,以200m³或300t为一验收批,不足上述数量者以一验收批取样
			注浆用黏土:塑性指数 黏粒含量 含砂量 有机物含量	 % % %	>14 >25 <5 <3	试验室试验	根据土料供货质量和货源情况抽查
			粉煤灰:细度 烧失量	不粗于同时使用的水泥 %	 <3	试验室试验	同一厂家,同一批次为一批
			水玻璃:模数	2.5~3.3		抽样送检	同一厂家,同一品种为一批
			其他化学浆液	设计要求		查产品合格证书或抽样送检	
	2	注浆体强度		设计要求		取样检验	孔数总量的2%~5%,且不少于3个
	3	地基承载力		设计要求		按规定方法	
一般项目	1	各种注浆材料称量误差		%	<3	抽查	随机抽查,每一台班不少于3次
	2	注浆孔位		mm	±20	用钢尺量	抽孔位的10%,且不少于3个
	3	注浆孔深		mm	±100	量测注浆管长度	
	4	注浆压力(与设计参数比)		%	±10	检查压力表读数	随机抽查,每一台班不少于3次

(2)验收资料。

1)地质勘察资料。

2)设计注浆参数与施工方案。

3)原材料出厂质保书或抽样送检试验报告。

4)计量装置检查记录。

5)拌浆记录,每孔位注浆记录。

6)注浆体强度取样检验试验报告。

7)承载力检测报告。

8)注浆竣工图。

9)特殊情况处理记录与设计确认签证。

10)注浆地基每一验收批检验记录。

七、预压地基

1. 监理巡视与检查

(1)施工前应检查施工监测措施,沉降、孔隙水压力等原始数据,排水设施,砂井(包括袋装砂井)、塑料排水带等位置。塑料排水带的质量标准应符合《建筑地基基础工程施工质量验收规范》(GB 50202—2002)附录 B 的规定。

(2)堆载施工应检查堆载高度、沉降速率。真空预压施工应检查密封膜的密封性能、真空表读数等。

(3)施工结束后,应检查地基土的强度及要求达到的其他物理力学指标,重要建筑物地基应做承载力检验。

2. 监理验收

(1)验收标准。预压地基和塑料排水带质量检验标准应符合表 7-7 的规定。

表 7-7　　　　　　预压地基和塑料排水带质量检验标准

项	序	检查项目	允许偏差或允许值		检查方法	检查数量
			单　位	数　值		
主控项目	1	预压载荷	%	≤2	水准仪	全数检查
	2	固结度(与设计要求比)	%	≤2	根据设计要求采用不同的方法	根据设计要求
	3	承载力或其他性能指标	设计要求		按规定方法	每单位工程应不少于 3 点;1000m² 以上工程,每 100m² 至少应有 1 点;3000m² 以上工程,每 300m² 至少应有 1 点。每一独立基础下少应有 1 点,基槽每 20 延米应有 1 点

续表

项	序	检查项目	允许偏差或允许值		检查方法	检查数量
			单 位	数 值		
一般项目	1	沉降速率(与控制值比)	%	±10	水准仪	全数检查,每天进行
	2	砂井或塑料排水带位置	mm	±100	用钢尺量	抽10%且不少于3个
	3	砂井或塑料排水带插入深度	mm	±200	插入时用经纬仪检查	
	4	插入塑料排水带时的回带长度	mm	≤500	用钢尺量	
	5	塑料排水带或砂井高出砂垫层距离	mm	≥200	用钢尺量	
	6	插入塑料排水带的回带根数	%	<5	目测	

注:如真空预压,主控项目中预压载荷的检查为真空度降低值<2%。

(2)验收资料。

1)地质勘察报告。

2)设计说明与图纸,现场预压试验的数据,经确认或经修正确认的预压设计要求和施工方案。

3)每级加载的记录和加载后每天沉降、侧向位移、孔隙水压力和十字板抗剪强度等测试数据。

4)卸载标准的确认测试记录。

5)固结度、承载力或其他性能指标试验报告。

6)塑料排水带质量检验记录或合格证。

7)隔离补给水施工记录和隔离墙内外水位观察记录。

8)预压地基和塑料排水带施工验收批质量检验记录。

八、振冲地基

1. 监理巡视与检查

(1)施工前应检查振冲器的性能,电流表、电压表的准确度及填料的性能。

(2)施工中应检查密实电流、供水压力、供水量、填料量、孔底留振时间、振冲点位置、振冲器施工参数等(施工参数由振冲试验或设计确定)。

(3)施工结束后,应在有代表性的地段做地基强度或地基承载力检验。

2. 监理验收

(1)验收标准。振冲地基质量检验标准应符合表 7-8 的规定。

表 7-8 振冲地基质量检验标准

项	序	检查项目	允许偏差或允许值		检查方法	检查数量
			单位	数 值		
主控项目	1	填料粒径	设计要求		抽样检查	同一产地每 600t 一批
	2	密实电流(黏性土)	A	50~55	电流表读数	每工作台班不少于 3 次
		密实电流(砂性土或粉土) (以上为功率 30kW 振冲器)	A	40~50		
		密实电流(其他类型振冲器)	A$_0$	1.5~2.0	电流表读数,A$_0$ 为空振电流	
	3	地基承载力	设计要求		按规定方法	总孔数的 0.5%~1%,但 不得少于 3 处
一般项目	1	填料含泥量	%	<5	抽样检查	按进场的批次和产品的抽 样检验方案确定
	2	振冲器喷水中心与孔径 中心偏差	mm	≤50	用钢尺量	抽孔数的 20% 且不少于 5 根
	3	成孔中心与设计孔位中 心偏差	mm	≤100	用钢尺量	
	4	桩体直径	mm	<50	用钢尺量	
	5	孔深	mm	±200	量钻杆或重锤测	全数检查

(2)验收资料。

1)地质勘察报告。

2)振冲地基设计桩位图。

3)振冲地基现场试成桩记录和确认的施工参数。

4)振冲地基逐孔施工记录(包括密实电流、填料量、留振时间等数据)。

5)振冲地基填料质量试验报告。

6)振冲地基承载力试验报告。

7)振冲地基桩位竣工图。

8)振冲地基质量检验验收批记录。

九、高压喷射注浆地基

1. 监理巡视与检查

(1)施工前应检查水泥、外掺剂等的质量,桩位,压力表,流量表的精度和灵敏度,高压喷射设备的性能等。

(2)施工中应检查施工参数(压力、水泥浆量、提升速度、旋转速度等)及施工程序。

(3)施工结束后,应检验桩体强度、平均直径、桩身中心位置、桩体质量及承载力等。桩体质量及承载力检验应在施工结束后 28d 进行。

2. 监理验收

(1)验收标准。高压喷射注浆地基质量检验标准应符合表 7-9 的规定。

表 7-9　　　　　　　　　　**高压喷射注浆地基质量检验标准**

项	序	检查项目	允许偏差或允许值		检查方法	检查数量
			单位	数值		
主控项目	1	水泥及外掺剂质量	符合出厂要求		查产品合格证书或抽样送检	水泥:按同一生产厂家、同一等级、同一品种、同一批号且连续进场的水泥,袋装不超过 200t 为一批,散装不超过 500t 为一批,每批抽样不少于一次 外加剂:按进场的批次和产品的抽样检验方案确定
	2	水泥用量	设计要求		查看流量表及水泥浆水灰比	每工作台班不少于 3 次
	3	桩体强度或完整性检验	设计要求		按规定方法	按设计要求,设计无要求时可按施工注浆孔数的 2%～5%抽查,且不少于 2 个
	4	地基承载力	设计要求		按规定方法	总数的 0.5%～1%,但不得少于 3 处,有单桩强度检验要求时,数量为总数的 0.5%～1%,但应不少于 3 根
一般项目	1	钻孔位置	mm	≤50	用钢尺量	每台班不少于 3 次
	2	钻孔垂直度	%	≤1.5	经纬仪测钻杆或实测	抽 20%,不少于 5 个
	3	孔深	mm	±200	用钢尺量	
	4	注浆压力	按设定参数指标		查看压力表	

续表

项	序	检查项目	允许偏差或允许值		检查方法	检查数量
			单位	数值		
一般项目	5	桩体搭接	mm	＞200	用钢尺量	抽20％,不少于5个
	6	桩体直径	mm	≤50	开挖后用钢尺量	
	7	桩身中心允许偏差		≤0.2D	开挖后桩顶下500mm处用钢尺量,D为桩径	

（2）验收资料。

1）高压喷射注浆施工桩位图。

2）材料检验报告或复试试验报告。

3）试成桩确认的施工参数。

4）浆液配合比与拌浆记录。

5）施工竣工平面图（包括孔深、桩体直径、桩身中心偏差等）。

6）高压喷射注浆施工记录。

7）高压喷射注浆地基的测试报告。

8）高压喷射注浆验收批检验记录。

十、水泥土搅拌桩地基

1. 监理巡视与检查

（1）施工前应检查水泥及外掺剂的质量，桩位，搅拌机工作性能，各种计量设备（主要是水泥流量计及其他计量装置）完好程度。

（2）施工中应检查机头提升速度，水泥浆或水泥注入量，搅拌桩的长度及标高。

（3）施工结束后应检查桩体强度、桩体直径及地基承载力。

（4）进行强度检验时，对承重水泥土搅拌桩应取90d后的试件；对支护水泥土搅拌桩应取28d后的试件，试件可钻孔取芯，或其他规定方法取样。

（5）对不合格的桩应根据其位置和数量等具体情况，分别采取补桩或加强邻桩等措施。

2. 监理验收

（1）验收标准。水泥土搅拌桩地基质量检验标准应符合表7-10的规定。

表 7-10   水泥土搅拌桩地基质量检验标准

项目	序	检查项目	允许偏差或允许值		检查方法	检查数量
			单　位	数　值		
主控项目	1	水泥及外掺剂质量	设计要求		查产品合格证书或抽样送检	水泥：按同一生产厂家、同一等级、同一品种、同一批号且连续进场的水泥，袋装不超过200t为一批，散装不超过500t为一批，每批抽样不少于一次 外加剂：按进场的批次和产品的抽样检验方案确定
	2	水泥用量	参数指标		查看流量计	每工作台班不少于3次
	3	桩体强度	设计要求		按规定办法	不少于桩总数的20%
	4	地基承载力	设计要求		按规定办法	总数的0.5%～1%，但应不少于3处。在有单桩强度检验要求时，数量为总数的0.5%～1%，但应不少于3根
一般项目	1	机头提升速度	m/min	≤0.5	量机头上升距离及时间	每工作台班不少于3次
	2	桩底标高	mm	±200	测机头深度	
	3	桩顶标高	mm	+100 −50	水准仪（最上部500mm不计入）	
	4	桩位偏差	mm	<50	用钢尺量	抽20%且不少于3个
	5	桩径		<0.04D	用钢尺量，D为桩径	
	6	垂直度	%	≤1.5	经纬仪	
	7	搭接	mm	>200	用钢尺量	

(2)验收资料。

1)水泥土搅拌桩施工桩位图与设计说明。

2)建筑物范围内的地质勘察资料。

3)材料出厂质量证书或复试试验报告。

4)试成桩确认的施工参数。

5)施工竣工平面图(包括桩底标高、桩体直径、桩位偏差、桩顶标高等)。

6)水泥土搅拌桩施工记录[包括拌浆、输浆量、提升速度(喷浆和复搅)、桩底坐浆、桩端搅拌、桩顶搅拌、停浆处理情况等]。

7)水泥土搅拌桩桩体强度测试报告。

8)水泥土搅拌桩地基承载力测试报告。

9)开挖检验记录。

10)水泥土搅拌桩地基验收批检验记录。

十一、土和灰土挤密桩地基

1. 监理巡视与检查

(1)桩孔填料前应清底夯实,夯击次数一般不少于8次。

(2)土和灰土桩的桩数、直径、深度必须符合设计要求。

(3)施工前,应在现场进行试成孔、夯填工艺和挤密效果试验。并确定分层填料的厚度、最优含水量、夯击次数和夯实后的干密度等施工参数及质量标准。

(4)施工中应对桩孔直径、桩孔深度、夯击次数、填料的含水量等做检查。

(5)桩孔应按确定的分层回填厚度和夯击次数逐次填料夯实,填料的含水量如超出最佳值的±3%时,宜晾干或洒水润湿,每次回填厚度为350～400mm。填料按实际用量做好记录,并按施工图逐根对照检查,以免漏填。桩顶须高出设计标高约15cm,待挖土时将高出部分铲除,以保证桩顶的密实度。

(6)施工结束后应对成桩的质量及地基承载力进行检验。

2. 监理验收

(1)验收标准。土和灰土挤密桩地基质量检验标准应符合表7-11的规定。

表 7-11　　　　　土和灰土挤密桩地基质量检验标准

项	序	检查项目	允许偏差或允许值		检查方法	检查数量
			单位	数　值		
主控项目	1	桩体及桩间土干密度	设计要求		现场取样检查	每台班不少于1根或随机抽取不少于桩总数的2%
	2	桩长	mm	+500	测桩管长度或垂球测孔深	全数检查
	3	地基承载力	设计要求		按规定的方法	总数的0.5%～1.0%,但应不少于3处,有单桩强度检验要求时,数量为总数0.5%～1.0%,但不少于3根
	4	桩径	mm	－20	用钢尺量	全数检查

项	序	检查项目	允许偏差或允许值		检查方法	检查数量
			单位	数　值		
一般项目	1	土料有机质含量	%	≤5	试验室焙烧法	同一土场质量稳定的土料为一批
	2	石灰粒径	mm	≤5	筛分法	随机抽取
	3	桩位偏差	满堂布桩≤0.40D 条基布桩≤0.25D		用钢尺量，D为桩径	全数检查
	4	垂直度	%	≤1.5	用经纬仪测桩管	
	5	桩径	mm	-20	用钢尺量	

注:桩径允许偏差负值是指个别断面。

(2)验收资料。

1)岩土工程勘察资料。

2)临近建筑物和地下设施类型、分布及结构质量情况。

3)工程设计图纸,设计要求及需达到的标准、检验手段。

4)试成桩、夯填工艺和挤密效果试验确认的施工参数。

5)施工竣工平面图(包括桩长、桩径、垂直度、桩位偏差等数据)。

6)地基承载力测试报告。

7)干密度测试报告。

8)制桩记录。

9)土和灰土挤密桩地基验收批质量检验记录。

十二、水泥粉煤灰碎石桩复合地基

1. 监理巡视与检查

(1)施工前应对水泥、粉煤灰、砂及碎石等原材料进行检验。

(2)施工中应检查桩身混合料的配合比、坍落度、提拔杆速度(或提套管速度)、成孔深度、混合料灌入量等。

(3)施工结束后应对桩顶标高、桩位、桩体强度及完整性、复合地基承载力以及褥垫层的质量进行检查。

2. 监理验收

(1)验收标准。水泥粉煤灰碎石桩复合地基的质量检验标准应符合表7-12的规定。

表 7-12　　　　　　水泥粉煤灰碎石桩复合地基质量检验标准

项	序	检查项目	允许偏差或允许值		检查方法	检查数量
			单位	数　值		
主控项目	1	原材料	设计要求		查产品合格证书或抽样送检	设计要求
	2	桩径	mm	—20	用钢尺量或计算填料量	抽桩数 20%
	3	桩身强度	设计要求		查 28d 试块强度	一个台班一组试块
	4	地基承载力	设计要求		按规定的办法	总数的 0.5%～1%，但应不少于 3 处。有单桩强度检验要求时，数量为总数的 0.5%～1%，但应不少于 3 根
一般项目	1	桩身完整性	按桩基检测技术规范		按桩基检测技术规范	(1)柱下三桩或三桩以下的承台抽检桩数不得少于 1 根。(2)设计等级为甲级，或地质条件复杂，成桩质量可靠性较低的灌注桩，抽检数量应不少于总桩数的 30%，且不得少于 20 根；其他桩基工程的抽检数量应不少于总桩数的 20%，且不得少于 10 根
	2	桩位偏差	满堂布桩≤0.40D 条基布桩≤0.25D		用钢尺量，D 为桩径	抽总桩数 20%
	3	桩垂直度	%	≤1.5	用经纬仪测桩管	
	4	桩长	mm	＋100	测桩管长度或垂球测孔深	
	5	褥垫层夯填度		≤0.9	用钢尺量	柱坑按总数抽查 10%，但不少于 5 个；槽沟每 10m 抽查 1 处，且不少于 5 处；大基坑按 50～100m² 抽查 1 处

注：1. 夯填度指夯实后的褥垫层厚度与虚体厚度的比值。

　　2. 桩径允许偏差负值是指个别断面。

(2)验收资料。

1)岩土工程勘察资料。

2)临近建筑物和地下设施类型、分布及结构质量情况。

3)设计图纸及有关说明。

4)成桩工艺和成桩质量检验记录和工艺参数确认签证。

5)桩位竣工图(包括桩长、桩径、垂直度、桩位偏差等)。

6)地基承载力测试报告。

7)桩身完整性测试报告。

8)桩身强度测试报告。

9)制桩施工记录。

10)水泥粉煤灰碎石桩复合地基验收批质量检验记录。

十三、夯实水泥土复合地基

1. 监理巡视与检查

(1)水泥及夯实用土料的质量应符合设计要求。

(2)施工中应检查孔位、孔深、孔径、水泥和土的配比、混合料含水量等。

(3)施工结束后,应对桩体质量及复合地基承载力做检验,褥垫层应检查其夯填度。

2. 监理验收

(1)验收标准。夯实水泥土桩的质量检验标准应符合表7-13的规定。

表7-13　　　　夯实水泥土桩复合地基质量检验标准

项目	序	检查项目	允许偏差或允许值		检查方法	检查数量
			单位	数值		
主控项目	1	桩径	mm	-20	用钢尺量	抽总桩数20%
	2	桩长	mm	+500	测桩孔深度	
	3	桩体干密度	设计要求		现场取样检查	随机抽取不少于桩孔总数的2%,桩总数的0.5%~1%,且不少于3处
	4	地基承载力	设计要求		按规定的方法	
一般项目	1	土料有机质含量	%	≤5	焙烧法	随机抽查,但土料产地变化时须重新检测
	2	含水量(与最优含水量比)	%	±2	烘干法	对大基坑每50~100m²应不少于1个检验点;对基槽每10~20m应不少于1个点;每个单独柱基应不少于1个点

续表

项	序	检查项目	允许偏差或允许值		检查方法	检查数量
			单位	数　值		
一般项目	3	土料粒径	mm	≤20	筛分法	柱坑按总数抽查10%，但不少于5个；基坑、沟槽每10m²抽查1处，但不少于5处
	4	水泥质量	设计要求		查产品质量合格证书或抽样送检	按同一生产厂家、同一等级、同一品种、同一批号且连续进场的水泥，袋装不超过200t为一批，散装不超过500t为一批，每批抽样不少于一次
	5	桩位偏差	满堂布桩≤0.40D 条基布桩≤0.25D		用钢尺量，D为桩径	抽总桩数20%
	6	桩孔垂直度	%	≤1.5	用经纬仪测桩管	
	7	褥垫层夯填度	≤0.9		用钢尺量	柱坑按总数抽查10%，但不少于5个；沟槽按10m长抽查1处，且不少于5处；大基坑按50～100m²抽查1处

注：1. 夯填度指夯实后的褥垫层厚度与虚体厚度的比值。

　　2. 桩径允许偏差负值是指个别断面。

(2)验收资料。

1)岩土工程勘察资料。

2)临近建筑物和地下设施类型、分布及结构质量情况。

3)工程设计图纸，设计要求及需达到的标准、检验手段。

4)试成桩、夯填工艺和挤密效果试验确认的施工参数。

5)施工竣工平面图(包括桩长、桩径、垂直度、桩位偏差等数据)。

6)地基承载力测试报告。

7)干密度测试报告。

8)制桩记录。

9)土和灰土挤密桩地基验收批质量检验记录。

十四、砂桩地基

1. 监理巡视与检查

(1)施工前应检查砂、砂石料的含泥量及有机质含量、样桩的位置等。

(2)砂桩成孔宜采用振动沉管施工,其振动力以 30～70kV 为宜,不要太大,以免过分扰动软土。拔管速度应控制在 1～1.5m/min 范围内。拔管过程中要不断以振动棒捣实管中砂子,使其密实。

(3)砂桩施工应从外围或两侧向中间进行。灌砂量应按桩孔的体积和砂在中密状态时的干密度计算(一般取 2 倍桩管入土体积),其实际灌砂量(不包括水重)不得少于计算的 95%。如发现砂量不足或砂桩中断等情况,可在原位进行复打灌砂。

(4)施工中检查每根砂桩、砂石桩的桩位、灌砂、砂石量、标高、垂直度等。

(5)施工结束后检查被加固地基的强度(挤密效果)和承载力。桩身及桩与桩之间土的挤密质量,可用标准贯入、静力触探或动力触探等方法检测,以不小于设计要求的数值为合格。桩间土质量的检测位置应在等边三角形或正方形的中心。

(6)施工后应间隔一定时间方可进行质量检验。对饱和黏性土应待超孔隙水压基本消散后进行,间隔时间宜为 1～2 周;对其他土可在施工后 2～3d 进行。

2. 监理验收

(1)验收标准。砂桩地基的质量检验标准应符合表 7-14 的规定。

表 7-14　　　　　　　　　　　砂桩地基的质量检验标准

项	序	检查项目	允许偏差或允许值		检查方法	检查数量
			单　位	数　值		
主控项目	1	灌砂量	%	≥95	实际用砂量与计算体积比	不少于桩总数的 20%
	2	地基强度	设计要求		按规定方法	不少于桩总数的 2%
	3	地基承载力	设计要求		按规定方法	总数的 0.5%～1%,且不少于 3 处,有单桩强度检验要求时,数量为总数的 0.5%～1%,但应不少于 3 根
一般项目	1	砂料的含泥量	%	≤3	试验室测定	同产地同规格 600t 为一批
	2	砂料的有机质含量	%	≤5	焙烧法	
	3	桩位	mm	≤50	用钢尺量	抽桩数 20%

续表

项	序	检查项目	允许偏差或允许值		检查方法	检查数量
			单　位	数　值		
一般项目	4	砂桩标高	mm	±150	水准仪	抽桩数20％
	5	垂直度	％	≤1.5	经纬仪检查桩管垂直度	全数检查

(2)验收资料。

1)砂料质量检验记录。

2)地基强度或地基承载力测试报告。

3)工艺试桩施工参数的确认签证。

4)施工桩位竣工图(包括桩位偏差、桩顶标高等)。

5)施工记录(包括灌砂量、桩管垂直度、夯实记录等)。

第二节　桩　基　础

一、静力压桩

1. 监理巡视与检查

(1)质量预控。施工前应对成品桩(锚杆静压成品桩一般均由工厂制造,运至现场堆放)做外观及强度检验,接桩用焊条或半成品硫磺胶泥应有产品合格证书,或送有关部门检验,压桩用压力表,锚杆规格及质量也应进行检查。

(2)施工监理要点。

1)桩定位控制。压桩前对已放线定位的桩位按施工图进行系统的轴线复核,并检查定位桩一旦受外力影响时,第二套控制桩是否安全可靠,并可立即投入使用。桩位的放样,群桩控制在20mm偏差之内;单排桩控制在10mm偏差内。做好定位放线复核记录,压桩过程应对每根桩位复核,防止因压桩后引起桩位的位移。

2)桩位过程检验。当桩顶设计标高低于施工场地标高,送桩后无法对桩位进行检查时,对压入桩可在每根桩桩顶沉至场地标高时,在送桩前对每根桩顶的轴线位置进行中间验收,符合允许偏差范围,方可送桩到位。

3)接桩的节点要求。

①焊接接桩。钢材宜用低碳钢。接桩处如有间歇应用铁片填实焊牢,对称焊接,焊缝连续饱满,并注意焊接变形。焊温冷却>1min后方可施压。

②硫磺胶泥接桩:

a. 选用半成品硫磺胶泥;

b. 浇注硫磺胶泥的温度,控制在 140～150℃范围内;

c. 浇注时间不得超过 2min;

d. 上下节桩连接的中心偏差不得大于 10mm,节点弯曲矢高不得大于1/1000 l(l 为两节桩长);

e. 硫磺胶泥灌注后需停歇的时间应大于 7min;

f. 硫磺胶泥半成品应每 100kg 做一组试件(一组 3 件)。

4)压桩过程中应检查压力、桩垂直度、接桩间歇时间、桩的连接质量及压入深度。重要工程应对电焊接桩的接头做 10% 的探伤检查。对承受反力的结构应加强观测。施工结束后,应做桩的承载力及桩体质量检验。

2. 监理验收

(1)验收标准。锚杆静压桩质量检验标准应符合表 7-15 的规定。

表 7-15   静力压桩质量检验标准

项	序	检查项目		允许偏差或允许值		检查方法	检查数量
				单位	数 值		
主控项目	1	桩体质量检验		按基桩检测技术规范		按基桩检测技术规范	按设计要求
	2	桩位偏差	盖有基础梁的桩 (1)垂直基础梁的中心线 (2)沿基础梁的中心线	mm	100+0.01H 150+0.01H	用钢尺测量	全数检查
			桩数为 1～3 根桩基中的桩	mm	100		
			桩数为 4～16 根桩基中的桩	mm	1/2 桩径或边长		
			桩数大于 16 根桩基中的桩 (1)最外边的桩 (2)中间桩	mm	1/3 桩径或边长 1/2 桩径或边长		
	3	承载力		按基桩检测技术规范		按基桩检测技术规范	按设计要求
一般项目	1	成品桩质量	外观	表面平整、颜色均匀,掉角深度<10mm,蜂窝面积小于总面积 0.5%		直观	抽 20%
			外形尺寸 横截面边长	mm	±5	用钢尺量	
			桩顶对角线差	mm	<10	用钢尺量	
			桩尖中心线	mm	<10	用钢尺量	
			桩身弯曲矢高		<1/1000l	用钢尺量,l 为桩长	
			桩顶平整度	mm	<2	用水平尺量	
			强度	满足设计要求		查产品合格证书或钻芯试压	按设计要求

续表

项	序	检查项目		允许偏差或允许值		检查方法	检查数量
				单位	数 值		
一般项目	2	硫磺胶泥质量(半成品)			设计要求	查产品合格证书或抽样送检	每100kg做一组试件(3件)。且一台班不少于1组
	3	电焊接桩	电焊接桩焊缝				
			(1)上下节端部错口				抽20%接头
			(外径≥700mm)	mm	≤3	用钢尺量	
			(外径<700mm)	mm	≤2	用钢尺量	
			(2)焊缝咬边深度	mm	≤0.5	焊缝检查仪	
			(3)焊缝加强层高度	mm	2	焊缝检查仪	
			(4)焊缝加强层宽度	mm	2	焊缝检查仪	
			(5)焊缝电焊质量外观	无气孔,无焊瘤,无裂缝		直观	
			(6)焊缝探伤检验	满足设计要求		按设计要求	抽10%接头
			电焊结束后停歇时间	min	>1.0	秒表测定	抽20%接头
		硫磺胶泥接桩	胶泥浇筑时间	min	<2	秒表测定	全数检查
			浇筑后停歇时间	min	>7	秒表测定	
	4	电焊条质量			设计要求	查产品合格证书	全数检查
	5	压桩压力(设计有要求时)		%	±5	查压力表读数	一台班不少于3次
	6	接桩时上下节平面偏差		mm	<10	用钢尺量	抽桩总数20%
		接桩时节点弯曲矢高			<1/1000l	用钢尺量,l为两节桩长	
	7	桩顶标高		mm	±50	水准仪	

(2)验收资料。

1)桩的结构图及设计变更通知单。

2)材料的出场合格证和试、化验报告。

3)焊件和焊接记录及焊件试验报告。

4)桩体质量检验记录。

5)混凝土试件强度试验报告。

6)压桩施工记录。

7)桩位平面图。

二、先张法预应力管桩

1. 监理巡视与检查

(1)桩的标高或贯入度控制。

1)桩尖位于软土层时,以桩尖达到设计标高即为符合要求。且桩顶的允许偏差必须符合±50mm的要求。

2)贯入度已达到设计要求,而桩尖标高未达到设计标高,应继续击3阵。其每阵10击的平均贯入度不大于规定的数值即可。

3)打桩时,如主要控制指标已符合要求,而其他的指标与要求相应较大时,如贯入度已满足设计规定,标高还差较多时,应同建设、设计、勘察、监理、施工总包方等有关部门研究处理。

4)遇到下列情况时,应暂停打桩:

①贯入度突变。

②桩身突然发生倾斜、移位、下沉或严重回弹。

③桩顶和桩身出现严重裂缝或破碎。

(2)施工巡视检查。

1)施工前应检查进入现场的成品桩、接桩用电焊条等产品质量。

2)施工过程中应检查桩的贯入情况、桩顶完整状况、电焊接桩质量、桩体垂直度、电焊后的停歇时间。重要工程应对电焊接头做10%的焊缝探伤检查。

3)施工结束后,应做承载力检验及桩体质量检验。

2. 监理验收

(1)验收标准。先张法预应力管桩的质量检验应符合表7-16的规定。

表 7-16　　　　　　　　先张法预应力管桩质量检验标准

项	序	检查项目		允许偏差或允许值		检查方法	检查数量
				单位	数 值		
主控项目	1	桩体质量检验		按基桩检测技术规范		按基桩检测技术规范	按设计要求
	2	桩位偏差	盖有基础梁的桩 (1)垂直基础梁的中心线 (2)沿基础梁的中心线	mm	100+0.01H 150+0.01H	用钢尺量	全数检查
			桩数为1~3根桩基中的桩	mm	100		
			桩数为4~16根桩基中的桩	mm	1/2桩径或边长		
			桩数大于16根桩基中的桩 (1)最外边的桩 (2)中间桩	mm	1/3桩径或边长 1/2桩径或边长		
	3	承载力		按基桩检测技术规范		按基桩检测技术规范	按设计要求

续表

项	序	检查项目		允许偏差或允许值		检查方法	检查数量
				单位	数　值		
一般项目	1	成品桩质量	外观		无蜂窝、露筋、裂缝、色感均匀、桩顶处无孔隙		抽桩数20%
			桩径	mm	±5	用钢尺量	
			管壁厚度	mm	±5	用钢尺量	
			桩尖中心线	mm	<2	用钢尺量	
			顶面平整度	mm	10	用水平尺量	
			桩体弯曲		<1/1000l	用钢尺量,l为桩长	
	2	接桩	电焊接桩焊缝				
			(1)上下节端部错口				
			（外径≥700mm）	mm	<3	用钢尺量	抽20%桩接头
			（外径<700mm）	mm	<2	用钢尺量	
			(2)焊缝咬边深度	mm	<0.5	焊缝检查仪	
			(3)焊缝加强层高度	mm	2	焊缝检查仪	
			(4)焊缝加强层宽度	mm	2	焊缝检查仪	
			(5)焊缝电焊质量外观		无气孔,无焊瘤,无裂缝	直观	
			(6)焊缝探伤检验		满足设计要求	按设计要求	抽10%接头
			电焊结束后停歇时间	min	>1.0	秒表测定	抽20%桩接头
			上下节平面偏差	mm	<10	用钢尺量	
			节点弯曲矢高		<1/1000l	用钢尺量,l为两节桩长	
	3	停锤标准			设计要求	现场实测或查沉桩记录	抽检20%
	4	桩顶标高		mm	±50	水准仪	抽桩总数20%

(2)验收资料。

1)预应力管桩的出厂合格证。

2)电焊条的出厂合格证。

3)试打桩记录及标准。

4)预应力管桩的施工记录及汇总表。

5)预应力管桩接头隐蔽验收记录。

6)桩位测量放线图,标高引测记录。

7)桩基设计图纸,图纸会审记录及设计变更通知书。

8)打桩平面桩位图,桩基竣工图。

三、混凝土预制桩

1. 监理巡视与检查

(1)质量预控。桩在现场预制时,应对原材料、钢筋骨架、混凝土强度进行检查;采用工厂生产的成品桩时,桩进场后应进行外观及尺寸检查。

(2)吊桩定位。

打桩前,按设计要求进行桩定位放线,确定桩位,每根桩中心钉一小桩,并设置油漆标志;桩的吊立定位,一般利用桩架附设的起重钩借桩机上卷扬机吊桩就位,或配一台履带式起重机送桩就位,并用桩架上夹具或落下桩锤借桩帽固定位置。

(3)打(沉)桩监理要点。

1)桩端(指桩的全截面)位于一般土层时,以控制桩端设计标高为主,贯入度可作参考。

2)桩端达到坚硬、硬塑的黏性土,中密以上粉土、砂土、碎石类土、风化岩时,以贯入度控制为主,桩端标高可作参考。

3)当贯入度已达到,而桩端标高未达到时,应继续锤击3阵,按每阵10击的贯入度不大于设计规定的数值加以确认。

4)振动法沉桩是以振动箱代替桩锤,其质量控制是以最后3次振动(加压),每次10min或5min,测出每分钟的平均贯入度,以不大于设计规定的数值为合格,而摩擦桩则以沉到设计要求的深度为合格。

2. 监理验收

(1)验收标准。

1)预制桩钢筋骨架质量检验标准应符合表7-17的规定。

表7-17　　　　　　　　预制桩钢筋骨架质量检验标准　　　　　　　　　(mm)

项	序	检查项目	允许偏差或允许值	检查方法	检查数量
主控项目	1	主筋距桩顶距离	±5	用钢尺量	抽查20%
	2	多节桩锚固钢筋位置	5	用钢尺量	
	3	多节桩预埋铁件	±3	用钢尺量	
	4	主筋保护层厚度	±5	用钢尺量	
一般项目	1	主筋间距	±5	用钢尺量	
	2	桩尖中心线	10	用钢尺量	
	3	箍筋间距	±20	用钢尺量	
	4	桩顶钢筋网片	±10	用钢尺量	
	5	多节桩锚固钢筋长度	±10	用钢尺量	

2)钢筋混凝土预制桩的质量检验标准应符合表 7-18 的规定。

表 7-18　　　　　　　　　钢筋混凝土预制桩的质量检验标准

项	序	检查项目	允许偏差或允许值		检查方法	检查数量
			单 位	数 值		
主控项目	1	桩体质量检验	按基桩检测技术规范		按基桩检测技术规范	按设计要求
	2	桩位偏差	《建筑地基基础工程施工质量验收规范》(GB 50202—2002)表 5.1.3		用钢尺量	全数检查
	3	承载力	按基桩检测技术规范		按基桩检测技术规范	按设计要求
一般项目	1	砂、石、水泥、钢材等原材料(现场预制时)	符合设计要求		查出厂质保文件或抽样送检	按设计要求
	2	混凝土配合比及强度(现场预制时)	符合设计要求		检查称量及查试块记录	
	3	成品桩外形	表面平整、颜色均匀,掉角深度＜10mm,蜂窝面积小于总面积0.5%		直观	抽总桩数20%
	4	成品桩裂缝(收缩裂缝或起吊、装运、堆放引起的裂缝)	深度＜20mm 宽度＜0.25mm,横向裂缝不超过边长的一半		裂缝测定仪,该项在地下水有侵蚀地区及锤击数超过 500 击的长桩不适用	全数检查
	5	成品桩尺寸:横截面边长	mm	±5	用钢尺量	抽总桩数20%
		桩顶对角线差	mm	＜10	用钢尺量	
		桩尖中心线	mm	＜10	用钢尺量	
		桩身弯曲矢高		＜1/1000l	用钢尺量,l 为桩长	
		桩顶平整度	mm	＜2	用水平尺量	
	6	电焊接桩焊缝 (1)上下节端部错口 (外径≥700mm)	mm	≤3	用钢尺量	抽20%接头
		(外径＜700mm)	mm	≤2	用钢尺量	
		(2)焊缝咬边深度	mm	≤0.5	焊缝检查仪	
		(3)焊缝加强层高度	mm	2	焊缝检查仪	
		(4)焊缝加强层宽度	mm	2	焊缝检查仪	
		(5)焊缝电焊质量外观	无气孔,无焊瘤,无裂缝		直观	抽10%接头
		(6)焊缝探伤检验	满足设计要求		按设计要求	抽20%接头
		电焊结束后停歇时间	min	＞1.0	秒表测定	全数检查
		上下节平面偏差	mm	＜10	用钢尺量	
		节点弯曲矢高		＜1/1000l	用钢尺量,l 为两节长桩	

项	序	检查项目	允许偏差或允许值		检查方法	检查数量
			单　位	数　值		
一般项目	7	硫磺胶泥接桩:胶泥浇筑时间	min	<2	秒表测定	全数检查
		浇筑后停歇时间	min	>7	秒表测定	
	8	桩顶标高	mm	±50	水准仪	抽20%
	9	停锤标准	设计要求		现场实测或查沉桩记录	

(2)验收资料。

1)钢筋混凝土预制桩的出厂合格证。

2)现场预制桩的检验记录(包括材料合格证、材料试验报告、混凝土配合比、现场混凝土计量和坍落度检验记录、钢筋骨架隐蔽工程验收、每批浇捣混凝土强度试验报告、每批浇筑验收批检验记录等)。

3)补桩平面示意图。

4)试桩或试验记录。

5)打(压)桩施工记录。

6)桩位竣工平面图(包括桩位偏差、桩顶标高、桩身垂直度)。

7)周围环境监测的记录。

8)打(压)桩每一验收批记录。

四、钢桩

1. 监理巡视与检查

(1)质量预控。

1)施工前应检查进入现场的成品钢桩,成品桩的质量标准应符合表7-19的规定。

2)钢桩要按规格、材质分别堆放。对于钢管桩,φ900 直径堆置三层;φ600 放置四层;φ400 放置五层;钢管桩的两侧要用木楔塞住,防止滚动。对于 H 型钢桩最多堆六层。桩的支点设置要合理,防止支点不妥而使钢管桩变形。

(2)钢桩、沉桩监理要点。

1)混凝土预制桩的沉桩过程各条质量要求均适用于钢桩施工。

2)锤击沉桩时,应控制:

①钢管桩沉桩有困难,可采用管内取土法沉桩。

②沉 H 型钢桩时:

a. 持力层较硬时,H 型钢桩不宜送桩。

b. 在施工现场地表如有大块石、混凝土块等回填物,在插桩前用触探法了解桩位上的障碍物,清除障碍物后再插入 H 型钢桩,能保证沉桩顺利和桩垂直度正确。

③H 型钢桩断面刚度较小,锤重不宜大于 4.5t 级(柴油锤),且在锤击过程中桩架前应有横向约束装置,防止横向失稳。

(3)钢桩焊接监理要点。

1)桩端部的浮锈、油污等脏物必须清除,保持干燥;下节桩桩顶经锤击后的变形部分应割除。

2)上、下节桩焊接时应校正垂直度,用两台经纬仪呈 90°方向,对口的间隙留 2～3mm。

3)焊接应对称进行,应用多层焊,钢管桩各层焊缝接头应错开,焊渣应每层清除。

4)焊丝(自动焊)或焊条应烘干。

5)气温低于 0℃或雨雪天,无可靠措施确保焊接质量时,不得施焊。

6)每个接头焊毕,应冷却 1min 后方可锤击。

2. 监理验收

(1)验收标准。

钢桩施工质量检验标准应符合表 7-19 及表 7-20 的规定。

表 7-19　　　　　　　　成品钢桩质量检验标准

项	序	检查项目	允许偏差或允许值		检查方法	检查数量
			单位	数　值		
主控项目	1	钢桩外径或断面尺寸:桩端 桩身		$\pm0.5\%D$ $\pm1D$	用钢尺量,D 为外径或边长	全数检查
	2	矢高		$<1/1000l$	用钢尺量,l 为桩长	
一般项目	1	长度	mm	±10	用钢尺量	抽总桩数 20%
	2	端部平整度	mm	$\leqslant2$	用水平尺量	
	3	H 钢桩的方正度　$h>300$ 　　　　　　　　　$h<300$ 	mm mm	$T+T'\leqslant8$ $T+T'\leqslant6$	用钢尺量,h、T、T' 见图示	
	4	端部平面与桩中心线的倾斜值	mm	$\leqslant2$	用水平尺量	

表 7-20　　　　　　　　　　　　钢桩施工质量检验标准

项	序	检查项目	允许偏差或允许值		检查方法	检查数量
			单 位	数 值		
主控项目	1	桩位偏差	见《建筑地基基础工程施工质量验收规范》(GB 50202—2002)表 5.1.3		用钢尺量	按设计要求
	2	承载力	按基桩检测技术规范		按基桩检测技术规范	
一般项目	1	电焊接桩焊缝 (1)上下节端部错口 (外径≥700mm) (外径<700mm) (2)焊缝咬边深度 (3)焊缝加强层高度 (4)焊缝加强层宽度 (5)焊缝电焊质量外观 (6)焊缝探伤检验	mm mm mm mm mm 无气孔,无焊瘤,无裂缝 满足设计要求	≤3 ≤2 ≤0.5 2 2	用钢尺量 用钢尺量 焊缝检查仪 焊缝检查仪 焊缝检查仪 直观 按设计要求	抽 20%接头
	2	电焊结束后停歇时间	min	>1.0	秒表测定	
	3	节点弯曲矢高		<1/1000l	用钢尺量,l 为两节桩长	抽 20%总桩数
	4	桩顶标高	mm	±50	水准仪	
	5	停锤标准	设计要求		用钢尺量或沉桩记录	抽检 20%

(2)验收资料。

1)桩基设计文件和施工图,包括图纸会审纪要、设计变更等。

2)桩位测量放线成果和验线表。

3)工程地质和水文地质勘察报告。

4)经审定的施工组织设计或施工方案,包括实施中的变更文件和资料。

5)钢桩出厂合格证及钢桩技术性能资料。

6)打桩施工记录,包括桩位编号图。

7)桩基竣工图。

8)成桩质量检验报告和承载力检验报告。

9)质量事故处理资料。

五、混凝土灌注桩

1. 监理巡视与检查

1)施工前应对水泥、砂、石子(如现场搅拌)、钢材等原材料进行检查,对施工组织设计中制定的施工顺序、监测手段(包括仪器、方法)也应检查。

2)施工中应对成孔、清渣、放置钢筋笼、灌注混凝土等进行全过程检查,人工挖孔桩尚应复验孔底持力层土(岩)性。嵌岩桩必须有桩端持力层的岩性报告。

3)施工结束后,应检查混凝土强度,并应做桩体质量及承载力的检验。

2. 监理验收

(1)验收标准。灌注桩的桩位偏差必须符合《建筑地基基础工程施工质量验收规范》(GB 50202—2002)表 5.1.4 的规定,桩顶标高至少要比设计标高高出 0.5m,桩底清孔质量按不同的成桩工艺有不同的要求,应按本章的各节要求执行。每浇注 50m³ 必须有 1 组试件,小于 50m³ 的桩,每根桩必须有 1 组试件。

表 7-21　　　　　　　混凝土灌注桩钢筋笼质量检验标准　　　　　　　　(mm)

项	序	检查项目	允许偏差或允许值	检查方法	检查数量
主控项目	1	主筋间距	±10	用钢尺量	全数检查
	2	长度	±100	用钢尺量	全数检查
一般项目	1	钢筋材质检验	设计要求	抽样送检	按进场的批次和产品的抽样检验方案确定
	2	箍筋间距	±20	用钢尺量	抽 20% 桩数
	3	直径	±10	用钢尺量	

表 7-22　　　　　　　　混凝土灌注桩质量检验标准

项	序	检查项目	允许偏差或允许值		检查方法	检查数量
			单位	数值		
主控项目	1	桩位	见《建筑地基基础工程施工质量验收规范》(GB 50202—2002)表 5.1.4		基坑开挖前量护筒,开挖后量桩中心	全数检查
	2	孔深	mm	+300	只深不浅,用重锤测,或测钻杆、套管长度,嵌岩桩应确保进入设计要求的嵌岩深度	
	3	桩体质量检验	按基桩检测技术规范。如钻芯取样,大直径嵌岩桩应钻至桩尖下 50cm		按基桩检测技术规范	按设计要求

项	序	检查项目	允许偏差或允许值		检查方法	检查数量
			单位	数值		
主控项目	4	混凝土强度	设计要求		试件报告或钻芯取样送检	每浇筑 50m³ 必须有 1 组试件,小于 50m³ 的桩,每根或每台班必须有 1 组试件
	5	承载力	按基桩检测技术规范		按基桩检测技术规范	按设计要求
一般项目	1	垂直度	见《建筑地基基础工程施工质量验收规范》(GB 50202—2002)表 5.1.4		测套管或钻杆,或用超声波探测,干施工时吊垂球	全数检查
	2	桩径	见《建筑地基基础工程施工质量验收规范》(GB 50202—2002)表 5.1.4		井径仪或超声波检测,干施工时用钢尺量,人工挖孔桩不包括内衬厚度	
	3	泥浆比重(黏土或砂性土中)	1.15~1.20		用比重计测,清孔后在距孔底 50cm 处取样	
	4	泥浆面标高(高于地下水位)	m	0.5~1.0	目测	
	5	沉渣厚度:端承桩 摩擦桩	mm mm	≤50 ≤150	用沉渣仪或重锤测量	
	6	混凝土坍落度:水下灌注 干施工	mm mm	160~220 70~100	坍落度仪	每 50m³ 或一根桩或一台班不少于 1 次
	7	钢筋笼安装深度	mm	±100	用钢尺量	
	8	混凝土充盈系数	>1		检查每根桩的实际灌注量	全数检查
	9	桩顶标高	mm	+30 -50	水准仪,需扣除桩顶浮浆层及劣质桩体	

(2)验收资料。

1)桩设计图纸、施工说明和地质资料。

2)当地无成熟经验时必须提供试成孔资料。

3)材料合格证和到施工现场后复试试验报告。

4)灌注桩从开孔至混凝土灌注的各工序施工记录。

5)隐蔽工程验收记录。

6)单桩混凝土试件试压报告。

7)桩体完整性测试报告。

8)桩承载力测试报告。

9)混凝土灌注桩钢筋笼质量检验记录。

10)灌注桩平面位置和垂直度检验记录。

11)混凝土灌注桩质量检验记录。

12)混凝灌注桩竣工桩位平面图。

第三节　土 方 工 程

一、土方开挖

1.监理巡视与检查

(1)检查基底的土质情况,特别是土质与承载力是否与设计相符。

(2)通过施工变形监测,检查基底围护结构是否基本稳定。

(3)当基底为砂或软黏土时,应督促施工单位按设计要求,及时铺碎石、卵石,其厚度不小于20cm,对下沉尚未稳定的沉井,其刃脚下还应密垫块石。

(4)如遇有局部超挖时,不能允许施工单位用素土回填,一般应用封底的混凝土加厚填平。

(5)如发现基底土体仍有松土或有水井、古河、古湖、橡皮土或局部硬土(硬物)等,应与施工单位、设计单位共同协商,根据具体情况,采用相应的处理措施。

2.监理验收

(1)验收标准。

土方开挖工程的质量检验标准应符合表7-23的规定。

表7-23　　　　　　　　土方开挖工程质量检验标准　　　　　　　　(mm)

项	序	项　目	允许偏差或允许值					检验方法	检查数量
			柱基基坑基槽	挖方场地平整		管沟	地(路)面基层		
				人工	机械				
主控项目	1	标高	−50	±30	±50	−50	−50	水准仪	柱基按总数抽查10%,但不少于5个,每个不少于2点;基坑每20m² 取1点,每坑不少于2点;基槽、管沟、排水沟、路面基层每20m取1点,但不少于5点;挖方每30~50m² 取1点,但不少于5点

续表

项	序	项　目	允许偏差或允许值					检验方法	检查数量
			柱基基坑基槽	挖方场地平整		管沟	地(路)面基层		
				人工	机械				
主控项目	2	长度、宽度 (由设计中心线 向两边量)	+200 -50	+300 -100	+500 -150	+100	—	经纬仪,用钢尺量	每20m取1点,每边不少于1点
	3	边坡	设计要求					用坡度尺检查	
一般项目	1	表面平整度	20	20	50	20	20	用2m靠尺和楔形塞尺检查	每30～50m² 取1点
	2	基底土性	设计要求					观察或土样分析	全数观察检查

注:地(路)面基层的偏差只适用于直接在挖、填方上做地(路)面的基层。

(2)验收资料。

1)工程地质勘察报告或施工前补充的地质详勘报告。

2)地基验槽记录:应有建设单位(或监理单位)、施工单位、设计单位、勘察单位签署的检验意见。

3)规划红线放测签证单或建筑物(构筑物)平面和标高放线测量记录和复核单。

4)地基处理设计变更单或技术核定单。

5)土方工程施工方案(包括排水措施、周围环境监测记录等)。

6)挖土边坡坡度选定的依据。

7)施工过程排水监测记录。

8)土方开挖工程质量检验单。

二、土方回填

1. 监理巡视与检查

(1)填方边坡。

1)填方的边坡坡度应根据填方高度、土的种类和其重要性在设计中加以规定,当设计无规定时,可按表7-24和表7-25采用。

2)对使用时间较长的临时性填方边坡坡度,当填方高度小于10m时,可采用1∶1.5;超过10m,可做成折线形,上部采用1∶1.5,下部采用1∶1.75。

表 7-24　　　　　　　　　　填土的边坡控制

项次	土的种类	填方高度(m)	边坡坡度
1	黏土类土、黄土、类黄土	6	1∶1.50
2	粉质黏土、泥灰岩土	6～7	1∶1.50

续表

项次	土的种类	填方高度(m)	边坡坡度
3	中砂和粗砂	10	1∶1.50
4	砾石和碎石土	10～12	1∶1.50
5	易风化的岩土	12	1∶1.50
6	轻微风化、尺寸在25cm内的石料	6以内	1∶1.33
		6～12	1∶1.50
7	轻微风化、尺寸大于25cm的石料,边坡用最大石块、分排整齐铺砌	12以内	1∶1.50～1∶0.75
8	轻微风化、尺寸大于40cm的石料,其边坡分排整齐	5以内	1∶0.50
		5～10	1∶0.65
		>10	1∶1.00

注:1. 当填方高度超过本表规定限值时,其边坡可做成折线形,填方下部的边坡坡度应为1∶1.75～1∶2.00。

2. 凡永久性填方,土的种类未列入本表者,其边坡坡度不得大于 $\varphi+45°/2$,φ 为土的自然倾斜角。

表 7-25　　　　　　　　压实填土的边坡允许值

填料类别	压实系数 λ_c	边坡允许值(高宽比)			
		填料厚度 H(m)			
		$H\leqslant5$	$5<H\leqslant10$	$10<H\leqslant15$	$15<H\leqslant20$
碎石、卵石	0.94～0.97	1∶1.25	1∶1.50	1∶1.75	1∶2.00
砂夹石(其中碎石、卵石占全重30%～50%)		1∶1.25	1∶1.50	1∶1.75	1∶2.00
土夹石(其中碎石、卵石占全重30%～50%)	0.94～0.97	1∶1.25	1∶1.50	1∶1.75	1∶2.00
粉质黏土、黏粒含量 ρ_c ≥10%的粉土		1∶1.50	1∶1.75	1∶2.00	1∶2.25

注:当压实填土厚度大于20m时,可设计成台阶进行压实填土的施工。

(2)密实度要求。填方的密实度要求和质量指标通常以压实系数 λ_c 表示。压实系数为土的控制(实际)干土密度 ρ_d 与最大干土密度 ρ_{dmax} 的比值。最大干土密度 ρ_{dmax} 是当最优含水量时,通过标准的击实方法确定的。密实度要求一般由设计根据工程结构性质、使用要求以及土的性质确定,如未作规定,可参考表7-26数值。

表 7-26　　　　　　　　　　　　压实填土的质量控制

结构类型	填土部位	压实系数 λ_c	控制含水量(%)
砌体承重结构和框架结构	在地基主要受力层范围内	≥0.97	$w_{op} \pm 2$
	在地基主要受力层范围以下	≥0.95	
排架结构	在地基主要受力层范围内	≥0.96	$w_{op} \pm 2$
	在地基主要受力层范围以下	≥0.94	

注:1. 压实系数 λ_c 为压实填土的控制干密度 ρ_d 与最大干密度 ρ_{dmax} 的比值, w_{op} 为最优含水量。

　　2. 地坪垫层以下及基础底面标高以上的压实填土,压实系数不应小于0.94。

(3)压实排水要求。

1)填土层如有地下水或滞水时,应在四周设置排水沟和集水井,将水位降低。

2)已填好的土如遭水浸,应把稀泥铲除后,方能进行下一道工序。

3)填土区应保持一定横坡,或中间稍高两边稍低,以利排水。当天填土,应在当天压实。

2. 监理验收

(1)验收标准。填土工程质量检验标准应符合表 7-27 的规定。

表 7-27　　　　　　　　　填土工程质量检验标准　　　　　　　　(mm)

项序	项　目	允许偏差或允许值					检验方法	检验数量
		柱基基坑基槽	场地平整		管沟	地(路)面基层		
			人工	机械				
主控项目	1 标高	−50	±30	±50	−50	−50	水准仪	柱基按总数抽查10%,但不少于5个,每个不少于2点;基坑每20m²取1点,每坑不少于2点;基槽、管沟、排水沟、路面基每20m取1点,但不少于5点;场地平整每100～400m²取1点,但不少于10点。用水准仪检查
	2 分层压实系数	设计要求					按规定方法	密实度控制,基坑和室内填土,每层按100～500m²取样一组;场地平整填方,每层按400～900m²取样一组;基坑和管沟回填每20～50m²取样一组,但每层均不得少于一组,取样部位在每层压实后的下半部

续表

项序	项 目	允许偏差或允许值					检验方法	检验数量
		柱基基坑基槽	场地平整		管沟	地(路)面基层		
			人工	机械				
一般项目	1 回填土料	设计要求					取样检查或直观鉴别	同一土场不少于1组
	2 分层厚度及含水量	设计要求					水准仪及抽样检查	分层铺土厚度检查每10～20mm或100～200m² 设置一处。回填料实测含水量与最佳含水量之差，黏性土控制在−4%～+2% 范围内，每层填料均应抽样检查一次，由于气候因素使含水量发生较大变化时应再抽样检查
	3 表面平整度	20	20	30	20	20	用靠尺或水准仪	每30～50m² 取1点

(2)验收资料。

1)地基验槽记录:应有建设单位(或监理单位)、施工单位、设计单位、勘察单位签署的检验意见。

2)填方工程基底处理记录。

3)规划红线放测签证单或建筑物(构筑物)平面和标高放线测量记录和复核单。

4)地基处理设计变更单或技术核定单。

5)隐蔽工程验收记录。

6)回填土料取样检查或工地直观鉴别记录。

7)填筑厚度及压实遍数取值的根据或试验报告。

8)最优含水量选定根据或试验报告。

9)填土边坡坡度选定的依据。

10)每层填土分层压实系数测试报告和取样分布图。

11)土方回填工程质量检验单。

第四节　基坑工程

一、排桩墙支护工程

1. 监理巡视与检查

(1)钢筋混凝土灌注桩排桩墙支护工程。

1)用于排桩墙的灌注桩,成排施工顺序应根据土质情况制订排桩施工间隔距离,防止后续施工桩机具破坏已完成桩的桩身混凝土。

2)在成孔机械的选择上,尽量选用有导向装置的机具,减少钻头晃动造成的扩径而影响邻桩钻进施工。

3)施工前做试成孔,决定不同土层孔径和转速的关系参数,按试成孔获得的参数钻进,防止扩孔(以上测试打桩单位自检完成,不需另外检测)。

4)当用水泥土搅拌桩作隔水帷幕时,应先施工水泥土搅拌桩。

5)混凝土灌注桩质量检查要点同桩基础——混凝土灌注桩。

(2)钢板桩排桩墙支护工程。

1)钢板桩检验。钢板桩材质检验和外观检验,对焊接钢板桩,尚需进行焊接部位的检验。对用于基坑临时支护结构的钢板桩,主要进行外观检验,并对不符合形状要求的钢板桩进行矫正,以减少打桩过程中的困难。

2)钢板桩的打设。先用吊车将钢板桩吊至插桩点处进行插桩,插桩时锁口要对准,每插入一块即套上桩帽轻轻加以锤击。在打桩过程中,为保证钢板桩的垂直度,用两台经纬仪在两个方向加以控制。为防止锁口中心线平面位移,可在打桩进行方向的钢板桩锁口处设卡板,阻止板桩位移。同时在围檩上预先算出每块板块的位置,以便随时检查校正。

钢板桩分几次打入,如第一次由 20m 高打至 15m,第二次则打至 10m,第三次打至导梁高度,待导架拆除后第四次才打至设计标高。

打桩时,开始打设的第一、二块钢板桩的打入位置和方向要确保精度,它可以起样板导向作用,一般每打入 1m 应测量一次。

3)钢板桩拔除。在进行基坑回填土时,要拔除钢板桩,以便修整后重复使用。拔除前要研究钢板桩拔除顺序、拔除时间及桩孔处理方法。

钢板桩的拔出,从克服板桩的阻力着眼,根据所用拔桩机械,拔桩方法有静力拔桩、振动拔桩和冲击拔桩。

2. 监理验收

(1)验收标准。出厂钢板桩质量标准、重复使用钢板桩检验标准、混凝土板桩制作标准,分别应符合表 7-28～表 7-30 的规定。

表 7-28　　　　　　　　　出厂钢板桩质量标准

桩型	有效宽度 $b(\%)$	端头矩形比 (mm)	厚度比(mm)				平直度(% · L)				重量 (%)	长度 L	表面缺陷 (% · δ)	锁口 (mm)
							垂直向		平行向					
			<8m	8~12m	12~18m	>18m	<10m	>10m	<10m	>10m				
U 型	±2	<2	±0.5	±0.6	±0.8	±1.2	<0.1	<0.12	<0.15	<0.12	±4	≤±200mm	<4	±2
Z 型	-1~+3	<2	±0.5	±0.6	±0.8	±1.2	<0.15	<0.12	<0.15	<0.12	±4	≤±200mm	<4	±2
箱型	±2	<2	±0.5	±0.6	±0.8	±1.2	<0.1	<0.12	<0.15	<0.12	±4	≤±4%	<4	±2
直线型	±2	<2	±0.5	±0.5	±0.5	±0.5	<0.15	<0.12	<0.15	<0.12	±4	≤±200mm	<4	±2

表 7-29　　　　　　　　　重复使用的钢板桩检验标准

序	检查项目		允许偏差或允许值		检查方法	检验数量
			单 位	数 值		
1	桩垂直度	%		<1	用钢尺量	全数检查
2	桩身弯曲度			<2%L	用钢尺量, L 为桩长	全数检查
3	齿槽平直度及光滑度			无电焊渣或毛刺	用1m长的桩段做通过试验	全数检查
4	桩 长 度			不小于设计长度	用钢尺量	全数检查

表 7-30　　　　　　　　　混凝土板桩制作标准

项	序	检查项目	允许偏差或允许值		检查方法	检查数量
			单 位	数 值		
主控项目	1	桩长度	mm	+10 0	用钢尺量	全数检查
	2	桩身弯曲度		<0.1%L	用钢尺量, L 为桩长	全数检查
一般项目	1	保护层厚度	mm	±5	用钢尺量	抽10%桩
	2	横截面相对两面之差	mm	5	用钢尺量	抽10%桩
	3	桩尖对桩轴线的位移	mm	10	用钢尺量	抽10%桩
	4	桩厚度	mm	+10 0	用钢尺量	抽10%桩
	5	凹凸槽尺寸	mm	±3	用钢尺量	抽10%桩

(2)验收资料。

1)经审批支护结构方案,施工图。

2)有资质单位出具的监测方案和监测记录。

3)不拔除桩墙的竣工图。

4)施工过程突发事故处理措施和实施记录。

二、水泥土桩墙支护工程

1. 监理巡视与检查

加筋水泥土搅拌桩的检查:

(1)测量放线分三个层次做,先放出工程轴线;根据工程轴线放出加筋水泥土搅拌桩墙的轴线,请有关方确认工程轴线与加筋水泥土轴线的间隔距离;根据已确认的加筋水泥土搅拌桩墙轴线,放出加筋水泥土搅拌桩墙施工沟槽的位置,应考虑施工垂直度偏差值和确保内衬结构施工达到规范标准。

(2)对加筋水泥搅拌桩墙位置要求严格的工程,施工沟槽开挖后应放好定位型钢,施工每一根插入型钢时予以对比调整。

(3)水泥土搅拌桩事先做工艺试桩,确定搅拌机钻孔下沉、提升速度,严格控制喷浆速度与下沉、提升速度匹配,并做到原状土充分破碎、水泥浆与原状土拌和均匀。

(4)当发生输浆管堵塞时,在恢复喷浆时立即把搅拌钻具上提或下沉 1.0m 后再继续注浆,重新注浆时应停止下沉或提升 10~20s 喷浆,以保证接桩强度和均匀性。

(5)严格跳孔复搅工序施工。

(6)插入型钢应均匀地涂刷减摩剂。

(7)水泥土搅拌结束后,型钢起吊,用经纬仪调整型钢的垂直度,达到垂直度要求后下插型钢,利用水准仪控制型钢的顶标高,保证型钢的插入深度,型钢的对接接头应放在土方开挖标高以下。

2. 监理验收

(1)加筋水泥土桩质量检验标准。加筋水泥土桩应符合表 7-31 的规定。

表 7-31   加筋水泥土桩质量检验标准

序	检查项目	允许偏差或允许值		检查方法	检验数量
		单 位	数 值		
1	型钢长度	mm	±10	用钢尺量	全数检查
2	型钢垂直度	%	<1	用经纬仪	
3	型钢插入标高	mm	±30	水准仪	
4	型钢插入平面位置	mm	10	用钢尺量	

(2)验收资料。

1)水泥土搅拌桩或高压喷射注浆与型钢插入记录。

2)原材料检验记录。

3)土方开挖后加筋水泥土墙竣工平面图。

4)插入型钢拔除记录。

5)对于非二墙合一加筋水泥土桩仅需加筋水泥土墙竣工平面图。

三、锚杆及土钉墙支护工程

1. 监理巡视与检查

(1)锚杆及土钉墙支护工程施工前应熟悉地质资料、设计图纸及周围环境,降水系统应确保正常工作,必需的施工设备如挖掘机、钻机、压浆泵、搅拌机等应能正常运转。

(2)一般情况下,应遵循分段开挖、分段支护的原则,不宜按一次挖就再行支护的方式施工。

(3)施工中应对锚杆或土钉位置,钻孔直径、深度及角度,锚杆或土钉插入长度,注浆配比、压力及注浆量,喷锚墙面厚度及强度、锚杆或土钉应力等进行检查。

(4)每段支护体施工完后,应检查坡顶或坡面位移,坡顶沉降及周围环境变化,如有异常情况应采取措施,恢复正常后方可继续施工。

2. 监理验收

(1)验收标准。锚杆及土钉墙支护工程质量检验标准见表7-32。

表 7-32　　　　　　锚杆及土钉墙支护工程质量检验标准

项	序	检查项目	允许偏差或允许值		检查方法	检验数量
			单　位	数　值		
主控项目	1	锚杆土钉长度	mm	±30	用钢尺量	全数检查
	2	锚杆锁定力	设计要求		现场实测	全数检查
一般项目	1	锚杆或土钉位置	mm	±100	用钢尺量	抽10%
	2	钻孔倾斜度	°	±1	测钻机倾角	抽10%孔位
	3	浆体强度	设计要求		试样送检	每30根锚杆或土钉不少于一组,每组试块数量为6块。同时锚杆尚应根据施工需要留置一定数量的同条件养护试块
	4	注　浆　量	大于理论计算浆量		检查计量数据	查10%
	5	土钉墙面厚度	mm	±10	用钢尺量	每100m² 为一组,每组不少于3点
	6	墙体强度	设计要求		试样送检	每天喷锚墙体时,留一组试块检查试块28d试验报告

(2)验收资料。

1)锚杆和土钉墙竣工图。

2)锚杆或土钉锁定力测试报告。

3)锚杆或土钉注浆浆体强度试验报告。

4)墙面喷射混凝土强度试验报告。

5)锚杆或土钉墙施工记录(锚杆或土钉位置、钻孔直径、深度和角度、锚杆或土钉插入长度、注浆配比、压力及注浆量、喷锚墙面厚度等)。

四、钢及混凝土支撑系统

1. 监理巡视与检查

(1)施工前应熟悉支撑系统的图纸及各种计算工况,掌握开挖及支撑设置的方式、预顶力及周围环境保护的要求。

(2)施工过程中应严格控制开挖和支撑的程序及时间,对支撑的位置(包括立柱及立柱桩的位置)、每层开挖深度、预加顶力(如需要时)、钢围图与围护体或支撑与围图的密贴度应做周密检查。

(3)全部支撑安装结束后,仍应维持整个系统的正常运转直至支撑全部拆除。

(4)作为永久性结构的支撑系统尚应符合现行国家标准《混凝土结构工程施工质量验收规范》(GB 50204)的要求。

2. 监理验收

(1)验收标准。钢及混凝土支撑系统工程质量检验标准应符合表7-33的规定。

表7-33　　　　　　钢及混凝土支撑系统工程质量检验标准

项	序	检查项目	允许偏差或允许值		检查方法	检查数量
			单 位	数 量		
主控项目	1	支撑位置:标高 平面	mm mm	30 100	水准仪 用钢尺量	全数检查(每道支撑不少于3点)
	2	预加顶力	kN	±50	油泵读数或传感器	全数检查
一般项目	1	围图标高	mm	30	水准仪	直线段每10m测1点,每边不少于2点;曲线段拐点全部测,圆弧至少测4点,一圈围图至少测4点
	2	立柱桩	按设计要求		设计要求	按设计要求
	3	立柱位置:标高 平面	mm mm	30 50	水准仪 用钢尺量	全数检查
	4	开挖超深(开槽放支撑不在此范围)	mm	<200	水准仪	每30～50m³不少于1点,开槽放支撑可不遵守此规定
	5	支撑安装时间	设计要求		用钟表估测	全数检查

(2)验收资料。

1)第一排支撑系统(包括围图、支撑、立柱、立柱桩平面中钢格构柱位置)竣工平面图。

2)混凝土支撑抗压强度试验报告。

3)每皮挖土对支撑系统变位的测量。

4)每排支撑系统完成后按钢及混凝土支撑系统质量检验标准的检验记录。

五、地下连续墙

1. 监理巡视与检查

(1)地下墙施工前宜先试成槽,以检验泥浆的配比、成槽机的选型并可复核地质资料。

(2)作为永久结构的地下连续墙,其抗渗质量标准可按现行国家标准《地下防水工程质量验收规范》(GB 50208)执行。

(3)地下墙槽段间的连接接头形式,应根据地下墙的使用要求选用,且应考虑施工单位的经验,无论选用何种接头,在浇注混凝土前,接头处必须刷洗干净,不留任何泥砂或污物。

(4)地下墙与地下室结构顶板、楼板、底板及梁之间连接可预埋钢筋或接驳器(锥螺纹或直螺纹),对接驳器也应按原材料检验要求,抽样复验。数量每 500 套为一个检验批,每批应抽查 3 件,复验内容为外观、尺寸、抗拉试验等。

(5)施工前应检验进场的钢材、电焊条。已完工的导墙应检查其净空尺寸、墙面平整度与垂直度。检查泥浆用的仪器、泥浆循环系统应完好。地下连续墙应用商品混凝土。

(6)施工中应检查成槽的垂直度、槽底的淤积物厚度、泥浆密度、钢筋笼尺寸、浇注导管位置、混凝土上升速度、浇注面标高、地下墙连接面的清洗程度、商品混凝土的坍落度、锁口管或接头箱的拔出时间及速度等。

(7)成槽结束后应对成槽的宽度、深度及倾斜度进行检验,重要结构每段槽段都应检查,一般结构可抽查总槽段数的 20%,每槽段应抽查 1 个段面。

(8)永久性结构的地下墙,在钢筋笼沉放后,应做二次清孔,沉渣厚度应符合要求。

(9)每 50m³ 地下墙应做 1 组试件,每幅槽段不得少于 1 组,在强度满足设计要求后方可开挖土方。

(10)作为永久性结构的地下连续墙,土方开挖后应进行逐段检查,钢筋混凝土底板也应符合现行国家标准《混凝土结构工程施工质量验收规范》(GB 50204)的规定。

2. 监理验收

(1)验收标准。地下墙的钢筋笼检验标准、地下墙质量检验标准应符合表 7-34 和表 7-35 的规定。

表 7-34　　　　　　　地下墙钢筋笼质量检验标准　　　　　　(mm)

项	序	检查项目	允许偏差或允许值	检查方法	检查数量
主控项目	1	主筋间距	±10	用钢尺量	每桩必检
	2	长度	±100	用钢尺量	每桩必检
一般项目	1	钢筋材质检验	设计要求	抽样送检	按进场的批次和产品的抽样检验方案确定
	2	箍筋间距	±20	用钢尺量	抽20%桩数
	3	直径	±10	用钢尺量	抽20%桩数

表 7-35　　　　　　　地下墙质量检验标准

项	序	检查项目		允许偏差或允许值		检查方法	检查数量
				单位	数值		
主控项目	1	墙体强度		设计要求		查试件记录或取芯试压	50m³或每幅槽段不少于1组试块
	2	垂直度:永久结构 临时结构			1/300 1/150	测声波测槽仪或成槽机上的监测系统	抽查总槽段数的20%以上;重要结构(永久性)应全数检查,每个槽段抽查一个段面
一般项目	1	导墙尺寸	宽　度	mm	W+40	用钢尺量,W为地下墙设计厚度	全数检查,且每段不少于5点
			墙面平整度 导墙平面位置	mm mm	<5 ±10	用钢尺量 用钢尺量	
	2	沉渣厚度:永久结构 临时结构		mm mm	≤100 ≤200	重锤测或沉积物测定仪测	抽查总槽段数的20%以上;重要结构(永久性)应全数检查,每个槽段抽查一个段面
	3	槽深		mm	+100	重锤测	抽查总槽段数的20%以上;重要结构(永久性)应全数检查,每个槽段抽查一个段面
	4	混凝土坍落度		mm	180~220	坍落度测定器	50m³或每幅槽段不少于1组试块
	5	钢筋笼尺寸		见表7-34		见表7-34	见表7-34
	6	地下墙表面平整度	永久结构 临时结构 插入式结构	mm mm mm	<100 <150 <20	此为均匀黏土层,松散及易塌土层由设计决定	抽查总槽段数的20%以上;重要结构(永久性)应全数检查,每个槽段抽查一个段面
	7	永久结构时的预埋件位置	水　平　向 垂　直　向	mm mm	≤10 ≤20	用钢尺量 水准仪	全数检查

(2)验收资料。

1)工程竣工图(包括开挖后墙面实际位置和形状图)。

2)导墙施工验收记录。

3)钢筋、钢材合格证和复试报告。

4)地下墙与地下室结构顶板、楼板、底板及梁之间连接预埋钢筋或接驳器(锥螺纹或直螺纹)抽样复验,每 500 套为一个检验批,每批抽查 3 件,复验内容为外观、尺寸、抗拉试验报告和记录。

5)电焊条合格证和电焊条使用前烘焙记录。

6)钢筋焊接接头试验报告(抽检数量按钢筋混凝土规范执行)。

7)地下连续墙成槽施工记录。

8)泥浆组合比及测试资料。

六、沉井与沉箱

1. 监理巡视与检查

(1)沉井是下沉结构,必须掌握确凿的地质资料,钻孔可按下述要求进行:

1)面积在 200m² 以下(包括 200m²)的沉井(箱),应有一个钻孔(可布置在中心位置)。

2)面积在 200m² 以上的沉井(箱),在四角(圆形为相互垂直的两直径端点)应各布置一个钻孔。

3)特大沉井(箱)可根据具体情况增加钻孔。

4)钻孔底标高应深于沉井的终沉标高。

5)每座沉井(箱)应有一个钻孔提供土的各项物理力学指标、地下水位和地下水含量资料。

(2)沉井(箱)的施工应由具有专业施工经验的单位承担。

(3)沉井制作时,承垫木或砂垫层的采用,与沉井的结构情况、地质条件、制作高度等有关。无论采用何种型式,均应有沉井制作时的稳定计算及措施。

(4)多次制作和下沉的沉井(箱),在每次制作接高时,应对下卧层作稳定复核计算,并确定确保沉井接高的稳定措施。

(5)沉井采用排水封底,应确保终沉时,井内不发生管涌、涌土及沉井止沉稳定。如不能保证时,应采用水下封底。

(6)沉井施工除应符合《建筑地基基础工程施工质量验收规范》(GB 50202)规定外,尚应符合现行国家标准《混凝土结构工程施工质量验收规范》(GB 50204)及《地下防水工程施工质量验收规范》(GB 50208)的规定。

(7)沉井(箱)在施工前应对钢筋、电焊条及焊接成形的钢筋半成品进行检验。如不用商品混凝土,则应对现场的水泥、骨料做检验。

(8)混凝土浇注前,应对模板尺寸、预埋件位置、模板的密封性进行检验。拆模后应检查浇注质量(外观及强度),符合要求后方可下沉。浮运沉井尚需做起浮可能性检查。下沉过程中应对下沉偏差做过程控制检查。下沉后的接高应对地基强度、沉井的稳定做检查。封底结束后,应对底板的结构(有无裂缝)及渗漏做检查。有关渗漏验收标准应符合现行国家标准《地下防水工程质量验收规范》(GB 50208)的规定。

　　(9)沉井(箱)竣工后的验收应包括沉井(箱)的平面位置、终端标高、结构完整性、渗水等进行综合检查。

　　2. 监理验收

　　(1)验收标准。沉井(箱)的质量检验标准应符合表 7-36 和表 7-37 的要求。

表 7-36　　　　　　　　　　　　沉井(箱)的质量检验标准

项	序	检 查 项 目	允许偏差或允许值		检 查 方 法	检 查 数 量
			单 位	数值		
主控项目	1	混凝土强度	满足设计要求(下沉前必须达到70%设计强度)		查试件记录或抽样送检	每 50m³ 或每节沉井(箱)不少于一组试块。与沉井(箱)同条件养护
	2	封底前,沉井(箱)的下沉稳定	mm/8h	<10	水准仪	全数检查
	3	封底结束后的位置:刃脚平均标高(与设计标高比)	mm	<100	水准仪	全数检查
		刃脚平面中心线位移		<1%H	经纬仪,H 为下沉总深度,H<10m 时,控制在 100mm 之内	
		四角中任何两角的底面高差		<1%l	水准仪,l 为两角的距离,但不超过 300mm,l<10m 时,控制在 100mm之内	
一般项目	1	钢材、对接钢筋、水泥、骨料等原材料检查	符合设计要求		查出厂质保书或抽样送检	按 GB 50204—2002 的规定 钢材、对接钢筋检查数量:按进场批次和产品的抽样检验方案确定 水泥检查数量:按同一生产厂家、同一等级、同一品种、同一批号且连续进场的水泥,袋装不超过 200t 为一批,散装不超过 500t 为一批,每批抽样不少于一次 骨料、外加剂检查数量:按进场批次和产品的抽样检验方案确定

续表

项序		检查项目	允许偏差或允许值		检查方法	检查数量
			单位	数值		
一般项目	2	结构体外观	无裂缝、无蜂窝、空洞、不露筋		直观	内外壁全数检查
	3	平面尺寸 长与宽	%	±0.5	用钢尺量,最大控制在100mm之内	全数检查
		曲线部分半径	%	±0.5	用钢尺量,最大控制在50mm之内	
		两对角线差	%	1.0	用钢尺量	
		预埋件	mm	20	用钢尺量	
	4	下沉过程中的偏差　高差	%	1.5~2.0	水准仪,但最大不超过1m	全数检查
		平面轴线		<1.5%H	经纬仪,H为下沉深度,最大应控制在300mm之内,此数值不包括高差引起的中线位移	
	5	封底混凝土坍落度	cm	18~22	坍落度测定器	每50m³或每节沉井(箱)不少于一组试块,与沉井(箱)同条件养护

注:主控项目3的三项偏差可同时存在,下沉总深度系指下沉前后刃脚之高差。

(2)验收资料。

1)工程竣工图。

2)工程测量记录;中间验收报告;沉井下沉记录;沉箱工程施工记录与下沉记录。

3)各种原材料检验记录。

4)混凝土试验报告。

5)钢筋焊接接头试验报告。

6)沉井制作、封底施工记录。

7)沉井(箱)的质量检验记录。

七、降水与排水

1. 监理巡视与检查

(1)轻型井点。

1)井管布置应考虑挖土机和运土车辆出入方便。

2)井管距离基坑壁一般可取0.7~1m,以防局部发生漏气。

3)集水总管标高宜尽量接近地下水位线,并沿抽水水流方向有0.25%~

0.5%的上仰坡度。

4)井点管在转角部位宜适当加密。

(2)喷射井点。

1)打设前应对喷射井管逐根冲洗,开泵时压力要小一些,正常后逐步开足,防止喷射器损坏。

2)井点全面抽水两天后,应更换清水,以后要视水质浑浊程度定期更换清水。

3)工作水压力能满足降水要求即可,以减轻喷嘴的磨耗程度。

(3)电渗井点。

1)电渗井点的阳极外露地面为 20~40cm,入土深度应比井点管深 50cm,以保证水位能降到所要求的深度。

2)为避免大量电流从土表面通过,降低电渗效果,通电前应清除阴阳极之间地面上无关的金属和其他导电物,并使地面保持干燥,有条件可涂一层沥青,绝缘效果会更好。

(4)管井井点。

1)滤水管井埋设宜采用泥浆护壁套管钻孔法。

2)管井下沉前应进行清孔,并保持滤网畅通,然后将滤水管井居中插入,用圆木堵住管口,地面以下 0.5m 以内用黏土填充夯实。

3)管井井点埋设孔应比管井的外径大 200mm 以上,以便在管井外侧与土壁之间用 3~15mm 砾石填充作过滤层。

(5)排水施工。

1)监理员控制排水沟的位置,应在基础轮廓线以外,不小于 0.3m 处(沟边缘离坡脚)的位置。

2)集水井深一般低于排水沟 1m 左右,监理人员与施工单位有关人员根据排水沟的来水量和水泵的排水量共同决定其容量大小。应保证泵停抽后 10~15min 内基坑底不被地下水淹没。

3)集水井底应铺上一层粗砂,监理员控制其厚度为 10~15cm,或分为两层:上层为砾石层 10cm 厚,下层为粗砂层 10cm 厚。

4)监理人员可建议施工单位在集水井四面用木板桩围起,板桩深入挖掘底部0.5~0.75m。

5)当发现集水井井壁容易坍塌时,监理员应要求施工人员用挡土板或用砖干砌围护,井底铺 30cm 厚的碎石、卵石作反滤层。

2. 监理验收

(1)验收标准。降水与排水施工的质量检验标准应符合表 7-37 的规定。

表 7-37　　　　　　　　降水与排水施工质量检验标准

序	检 查 项 目	允许值或允许偏差		检 查 方 法	检查数量
		单 位	数 值		
1	排水沟坡度	‰	1~2	目测:坑内不积水,沟内排水畅通	全数检查
2	井管(点)垂直度	%	1	插管时目测	
3	井管(点)间距(与设计相比)	%	≤150	用钢尺量	
4	井管(点)插入深度(与设计相比)	mm	≤200	水准仪	
5	过滤砂砾料填灌(与计算值相比)	mm	≤5	检查回填料用量	
6	井点真空度:轻型井点	kPa	>60	真空度表	
	喷射井点	kPa	>93	真空度表	
7	电渗井点阴阳极距离:				
	轻型井点	mm	80~100	用钢尺量	
	喷射井点	mm	120~150	用钢尺量	

(2)验收资料。

1)降水设备埋设记录(井管、点埋设深度、标高、间距、填砂砾石量、抽水设备设置位置与标高)。

2)降水系统完成后试运转记录;如发现井管(点)失效,采取措施恢复正常再试运转记录。

3)每台井点设备每台班运行记录。

4)降水系统运转过程中每天检查井内外观测孔水位记录,当坑外环境受到影响的处理记录。

5)降排水设计文件。

6)如坑外采用井点回灌技术处理时,回灌前后水位升降记录等。

7)降排水停止与拆除及地下建(构)筑物标高变化的测量记录。

第八章 地下防水工程现场监理

第一节 地下建筑防水工程

一、防水混凝土

1. 监理巡视要点

(1)防水混凝土的配合比应符合下列规定：

1)试配要求的抗渗水压值应比设计值提高 0.2MPa；

2)混凝土胶凝材料量不宜小于 320kg/m³，其中水泥用量不宜少于 260kg/m³；粉煤灰掺量宜为胶凝材料总量的 20%～30%，硅粉的掺量宜为胶凝材料总量的 2% ～5%；

3)水胶比不得大于 0.50，有侵蚀性介质时水胶比不宜大于 0.45；

4)砂率宜为 35%～40%，泵送时可增加到 45%；

5)灰砂比宜为 1：1.5～1：2.5；

6)混凝土拌合物的氯离子含量不应超过胶凝材料总量的 0.1%；混凝土中各类材料的总碱量即 Na_2O 当量不得大于 3kg/m³。

(2)混凝土拌制和浇筑过程控制应符合下列规定：

1)拌制混凝土所用材料的品种、规格和用量，每工作班检查不应少于两次。每盘混凝土各组成材料计量结果的偏差应符合规定。

2)混凝土在浇筑地点的坍落度，每工作班至少检查两次。混凝土的坍落度试验应符合现行《普通混凝土拌合物性能试验方法标准》(GB/T 50080)的有关规定。

(3)防水混凝土的振捣。防水混凝土必须采用机械振捣，振捣时间宜为 10～30s，以开始泛浆、不冒泡为准，应避免漏振、欠振和超振。

(4)防水混凝土的养护。

1)防水混凝土终凝后立即进行养护，养护时间不少于 14d，始终保持混凝土表面湿润，顶板、底板尽可能蓄水养护，侧墙应淋水养护，并应遮盖湿土工布，夏季谨防太阳直晒。

2)冬期施工时混凝土入模温度不低于 5℃；如达不到要求应采用外加剂或用蓄热法、暖棚法等保温。

3)大体积混凝土应采取措施，防止干缩、温差等产生裂缝。

2. 监理验收

(1)验收标准。

1)主控项目检验标准应符合表 8-1 的规定。

表 8-1　　　　　　　　　　　　　　　主控项目检验

序号	项　目	合格质量标准	检验方法	检验数量
1	原材料、配合比、坍落度	防水混凝土的原材料、配合比及坍落度必须符合设计要求	检查产品合格证、产品性能检测报告、计量措施和材料现场检验报告	全数检查
2	抗压强度、抗渗性能	防水混凝土的抗压强度和抗渗压力必须符合设计要求	检查混凝土抗压强度、抗渗性能检验报告	
3	细部做法	防水混凝土的变形缝、施工缝、后浇带、穿墙管、埋设件等设置和构造，均须符合设计要求	观察检查和检查隐蔽工程验收记录	

2)一般项目检验标准应符合表 8-2 的规定。

表 8-2　　　　　　　　　　　　　　　一般项目检验

序号	项　目	合格质量标准	检验方法	检验数量
1	表面质量	防水混凝土结构表面应坚实、平整，不得有露筋、蜂窝等缺陷；埋设件位置应正确	观察检查	按混凝土外露面积每 100m² 抽查 1 处，每处 10m²，且不得少于 3 处
2	裂缝宽度	防水混凝土结构表面的裂缝宽度不应大于 0.2mm，并不得贯通	用刻度放大镜检查	
3	防水混凝土结构厚度及迎水面钢筋保护层厚度	防水混凝土结构厚度不应小于 250mm，其允许偏差为 +8mm、−5mm；主体结构迎水面钢筋保护层厚度不应小于 50mm，其允许偏差为 ±5mm	尺量检查和检查隐蔽工程验收记录	

(2)验收资料。

1)水泥、砂、石、外加剂、掺合料合格证及抽样试验报告。

2)预拌混凝土的出厂合格证。

3)防水混凝土的配合比单及因原材料情况变化的调整配合比单。

4)材料计量检验记录及计量器具合格检定证明。

5)坍落度检验记录。

6)隐蔽工程验收记录。

7)技术复核记录。

8)抗压强度和抗渗压力试验报告。

9)施工记录(包括技术交底记录及"三检"记录)。

二、水泥砂浆防水层

1. 监理巡视与检查

(1)水泥砂浆防水层所用的材料应符合下列规定：

1)水泥应使用普通硅酸盐水泥、硅酸盐水泥或特种水泥,不得使用过期或受潮结块的水泥;

2)砂宜采用中砂,含泥量不应大于 1.0%,硫化物及硫酸盐含量不应大于 1.0%;

3)用于拌制水泥砂浆的水,应采用不含有害物质的洁净水;

4)聚合物乳液的外观为均匀液体,无杂质、无沉淀、不分层;

5)外加剂的技术性能应符合现行国家或行业有关标准的质量要求。

(2)水泥砂浆防水层的基层质量应符合下列要求：

1)水泥砂浆铺抹前,基层的混凝土和砌筑砂浆强度应不低于设计值的80%。

2)基层表面应坚实、平整、洁净,并充分湿润,无积水。

3)基层表面的孔洞、缝隙应用与防水层相同的砂浆填塞抹平。

(3)水泥砂浆防水层施工应符合下列要求：

1)分层铺抹或喷涂,铺抹时应压实、抹平和表面压光;

2)防水层各层应紧密贴合,每层宜连续施工,必须留施工缝时应采用阶梯坡形槎,但离开阴阳角处不得小于 200mm;

3)防水层的阴阳角处应做成圆弧形。

4)水泥砂浆终凝后应及时进行养护,养护温度不宜低于 5℃并保持湿润,养护时间不得少于 14d。

(4)水泥砂浆防水层的接槎应符合下列要求：

1)水泥砂浆防水层宜连续施工,如必须留槎时,应采用阶梯坡形槎,依照层次顺序层层搭接紧密。留槎位置须离开阴阳角处 200mm 以上。

2)水泥砂浆防水层的阴阳角应做成弧形或钝角,圆弧半径一般为阳角 10mm;阴角 50mm。

(5)水泥砂浆防水层的养护应符合下列要求：

1)水泥砂浆防水层施工时气温不应低于 5℃,终凝后应及时养护,养护温度也不宜低于 5℃,并保持湿润,养护时间不得少于 14d。

2）聚合物水泥砂浆未达硬化状态时，不得浇水养护或直接受雨水冲刷，硬化后应采用干湿交替的养护方法。在潮湿环境中，可自然养护。

3）使用特种水泥、外加剂、掺合料的防水砂浆，养护应按产品有关规定执行。

2. 监理验收

（1）验收标准。

1）主控项目检验标准应符合表 8-3 的规定。

表 8-3　　　　　　　　　　　　主控项目检验

序号	项　目	合格质量标准	检验方法	检验数量
1	原材料及配合比	防水砂浆的原材料及配合比必须符合设计规定	检查产品合格证、产品性能检测报告、计量措施和材料进场检验报告	全数检查
2	防水层与基层	水泥砂浆防水层与基层之间必须结合牢固，无空鼓现象	观察和用小锤轻击检查	按施工面积每100m²抽查1处，每处 10m²，且不得少于 3 处
3	粘结强度、抗渗性能	防水砂浆的粘结强度和抗渗性能必须符合设计规定	检查砂浆粘结强度、抗渗性能检验报告	全数检查

2）一般项目检验标准应符合表 8-4 的规定。

表 8-4　　　　　　　　　　　　一般项目检验

序号	项　目	合格质量标准	检验方法	检验数量
1	表面质量	水泥砂浆防水层表面应密实、平整，不得有裂纹、起砂、麻面等缺陷	观察检查	按施工面积每100m²抽查 1 处，每处 10m²，且不得少于 3 处
2	留槎和接槎	水泥砂浆防水层施工缝留槎位置应正确，接槎应按层次顺序操作，层层搭接紧密	观察检查和检查隐蔽工程验收记录	
3	平均厚度与最小厚度	水泥砂浆防水层的平均厚度应符合设计要求，最小厚度不得小于设计厚度的85%	用针测法检查	
4	平整度	水泥砂浆防水层表面平整度允许偏差应为5mm	用 2m 靠尺和楔形塞尺检查	

(2)验收资料。

1)水泥、砂、外加剂（包括聚合物）、掺加料的合格证及现场抽样试验报告。

2)水泥砂浆的配合比单。

3)材料的计量检验记录及计量器具合格检定证明。

4)隐蔽工程验收记录。

5)施工记录（包括技术交底及"三检"记录）。

三、卷材防水层

1. 监理巡视与检查

(1)铺贴防水卷材前，应将找平层清扫干净，在基面上涂刷基层处理剂；当基面较潮湿时，应涂刷湿固化型胶粘剂或潮湿界面隔离剂。

(2)冷黏法铺贴卷材应符合下列规定：

1)胶粘剂涂刷应均匀、不露底、不堆积。

2)铺贴卷材时应控制胶粘剂涂刷与卷材铺贴的间隔时间，排除卷材下面的空气，并辊压粘结牢固，不得有空鼓。

3)铺贴卷材应平整、顺直，搭接尺寸正确，不得有扭曲、皱折。

4)接缝口应用密封材料封严，其宽度不应小于10mm。

(3)热熔法铺贴卷材应符合下列规定：

1)火焰加热器加热卷材应均匀，不得过分加热或烧穿卷材；厚度小于3mm的高聚物改性沥青防水卷材，严禁采用热熔法施工；

2)卷材表面热熔后应立即滚铺卷材，排除卷材下面的空气，并辊压粘结牢固，不得有空鼓；

3)滚铺卷材时接缝部位必须溢出沥青热熔胶，并应随即刮封接口使接缝粘结严密；

4)铺贴后的卷材应平整、顺直，搭接尺寸正确，不得有扭曲、皱折。

(4)两幅卷材短边和长边的搭接宽度均不应小于100mm。采用多层卷材时，上下两层和相邻两幅卷材的接缝应错开1/3幅宽，且两层卷材不得相互垂直铺贴。

(5)卷材防水层完工并经验收合格后应及时做保护层。保护层应符合下列规定：

1)顶板的细石混凝土保护层与防水层之间宜设置隔离层；

2)底板的细石混凝土保护层厚度应大于50mm；

3)侧墙宜采用聚苯乙烯泡沫塑料保护层，或砌砖保护墙（边砌边填实）和铺抹30mm厚水泥砂浆。

2. 监理验收

(1)验收标准。

1)主控项目验收标准应符合表8-5的规定。

表 8-5 主控项目检验

序号	项目	合格质量标准	检验方法	检验数量
1	材料要求	卷材防水层所用卷材及其配套材料必须符合设计要求	检查产品合格证、产品性能检测报告和材料进场检验报告	全数检查
2	细部做法	卷材防水层在转角处、变形缝、穿墙管等部位做法必须符合设计要求	观察检查和检查隐蔽工程验收记录	

2)一般项目检验标准应符合表 8-6 的规定。

表 8-6 一般项目检验

序号	项目	合格质量标准	检验方法	检验数量
1	搭接缝	卷材防水层的搭接缝应粘贴或焊接牢固,密封严密,不得有扭曲、折皱、翘边和起泡等缺陷	观察检查	按铺设面积,每 100m² 抽查 1 处,每处 10m²,且不得少于 3 处
2	搭接宽度	采用外防外贴法铺贴卷材防水层时,立面卷材接槎的搭接宽度,高聚物改性沥青类卷材应为 150mm,合成高分子类卷材应为 100mm,且上层卷材应盖过下层卷材	观察和尺量检查	
3	保护层	侧墙卷材防水层的保护层与防水层应结合紧密,保护层厚度应符合设计要求		
4	卷材搭接宽度的允许偏差	卷材搭接宽度的允许偏差为 $-10mm$		

(2)验收资料。

1)防水涂料及密封、胎体材料的合格证、产品性能检测报告和材料进场检验报告。

2)专业防水施工资质证明及防水工的上岗证明。

3)隐蔽工程验收记录。

4)施工记录、技术交底及"三检"记录。

四、涂料防水层

1. 监理巡视与检查

(1)涂料涂刷前应先在基面上涂一层与涂料相容的基层处理剂。

(2)涂膜应多遍完成,涂刷应待前遍涂层干燥成膜后进行。

(3)每遍涂刷时应交替改变涂层的涂刷方向,同层涂膜的先后搭压宽度宜为30~50mm。

(4)涂料防水层的施工缝(甩槎)应注意保护,搭接缝宽度应大于100mm,接涂前应将其甩槎表面处理干净。

(5)涂刷程序应先做转角处、穿墙管道、变形缝等部位的涂料加强层,后进行大面积涂刷。

(6)涂料防水层中铺贴的胎体增强材料,同层相邻的搭接宽度应大于100mm,上下层接缝应错开1/3幅宽。

(7)防水涂料的保护层应符合下列规定:

1)顶板的细石混凝土保护层与防水层之间宜设置隔离层。

2)底板的细石混凝土保护层厚度应大于50mm。

3)侧墙宜采用聚苯乙烯泡沫塑料保护层,或砌砖保护墙(边砌边填实)和铺抹30mm 厚水泥砂浆。

2. 监理验收

(1)验收标准。

1)主控项目检验标准应符合表 8-7 的规定。

表 8-7　　　　　　　　　　　　　主控项目检验

序号	项目	合格质量标准	检验方法	检验数量
1	材料及配合比	涂料防水层所用材料及配合比必须符合设计要求	检查产品合格证、产品性能检测报告、计量措施和材料进场检验报告	全数检查
2	平均厚度	涂料防水层的平均厚度应符合设计要求,最小厚度不得小于设计厚度的90%	用针测法检查	按涂层面积每100m^2 抽查 1 处,每处 10m^2,且不得少于 3 处
3	细部做法	涂料防水层在转角处、变形缝、穿墙管等部位做法必须符合设计要求	观察检查和检查隐蔽工程验收记录	全数检查

2)一般项目检验标准应符合表 8-8 的规定。

表 8-8　　　　　　　　　一般项目检验

序号	项目	合格质量标准	检验方法	检验数量
1	基层质量	涂料防水层应与基层粘结牢固,涂刷均匀,不得流淌、鼓泡、露槎	观察检查	按涂层面积每100m² 抽查 1 处,每处检查 10m²,且不得少于 3 处
2	涂层间材料	涂层间夹铺胎体增强材料时,应使防水涂料浸透胎体覆盖完全,不得有胎体外露现象		
3	保护层与防水层粘结	侧墙涂料防水层的保护层与防水层应结合紧密,保护层厚度应符合设计要求		

(2)验收资料。

1)防水涂料及密封、胎体材料的合格证、产品性能检测报告和材料进场检验报告。

2)专业防水施工资质证明及防水工的上岗证明。

3)隐蔽工程验收记录。

4)施工记录、技术交底及"三检"记录。

五、塑料防水板防水层

1. 监理巡视与检查

(1)塑料防水板的铺设应符合下列规定:

1)铺设塑料防水板前应先铺缓冲层,缓冲层应用暗钉圈固定在基面上;缓冲层搭接宽度不应小于50mm;铺设塑料防水板时,应边铺边用压焊机将塑料防水板与暗钉圈焊接;

2)两幅塑料防水板的搭接宽度不应小于100mm,下部塑料防水板应压住上部塑料防水板。接缝焊接时,塑料防水板的搭接层数不得超过3层;

3)塑料防水板的搭接缝应采用双焊缝,每条焊缝的有效宽度不应小于10mm;

4)塑料防水板铺设时宜设置分区预埋注浆系统;

5)分段设置塑料防水板防水层时,两端应采取封闭措施。

(2)塑料防水板的铺设应超前二次衬砌混凝土施工,超前距离宜为5~20m。

(3)铺设质量检查及处理。铺设后应采用放大镜观察,当两层经焊接在一起的防水板呈透明状,无气泡,即熔为一体,表明焊接严密。要确保无纺布和防水板的搭接宽度,并着重检测焊缝质量。

2. 监理验收

(1)验收标准。

1)主控项目的检验标准应符合表 8-9 的规定。

表 8-9　　　　　　　　　　　　　　　　主控项目检验

序号	项　目	合格质量标准	检验方法	检验数量
1	材料要求	塑料防水板及其配套材料必须符合设计要求	检查产品合格证、产品性能检测报告和材料进场检验报告	全数检查
2	搭接缝焊接	塑料防水板的搭接缝必须采用双缝热熔焊接,每条焊缝的有效宽度不应小于 10mm	双焊缝间空腔内充气检查和尺量检查	按焊缝条数抽查5%,每条焊缝为1处,且不得少于3处

2)一般项目检验标准应符合表 8-10 的规定。

表 8-10　　　　　　　　　　　　　　　一般项目检验

序号	项　　目	合格质量标准	检验方法	检验数量
1	固定点间距	塑料防水板应采用无钉孔铺设,固定点间距应根据基面平整情况确定,拱部宜为0.5～0.8m,边墙宜为1.0～1.5m,底部宜为1.5～2.0m;局部凹凸较大时,应在凹处加密固定点	观察和尺量检查	按铺设面积每 100m² 抽查1处,每处 10m²,且不得少于3处
2	塑料板与暗钉圈焊接	塑料防水板与暗钉圈应焊接牢靠,不得漏焊、假焊和焊穿	观　察检　查	焊缝检验应按焊缝条数抽查 5%,每条焊缝为1处,但不得少于3处
3	塑料板铺设	塑料防水板的铺设应平顺,不得有下垂、绷紧和破损现象		按铺设面积每 100m² 抽查1处,每处 10m²,但不得少于3处
4	搭接宽度	塑料防水板搭接宽度的允许偏差应为—10mm	尺　量检　查	

(2)验收资料。

1)产品合格证、产品性能检测报告与材料进场检验报告。

2)隐蔽工程验收记录。

六、金属板防水层

1. 监理巡视与检查

(1)先装法施工应符合下列规定：

1)先焊成整体箱套,厚 4mm 以下钢板接缝可用拼接焊,4mm 及其以上钢板用对接焊,垂直接缝应互相错开。箱套内侧用临时支撑加固,以防吊装及浇筑混凝土时变形。

2)在结构底板钢筋及四壁外模板安装完后,将箱套整体吊入基坑内预设的混凝土墩或型钢支架上准确就位,箱套作为内模板使用。

3)箱套在安装前,应用超声波、X 射线或气泡法、煤油渗漏法、真空法等检查焊缝的严密性,如发现渗漏,应立即予以修整或补焊。

4)为便于浇筑混凝土,在箱套底板上可开适当孔洞,待混凝土达到70％强度后,用比孔稍大钢板将孔洞补焊严密。

(2)后装法施工应符合下列规定：

1)根据钢板尺寸及结构造型,在防水结构内壁和底板上预埋带锚爪的钢板或型钢埋件,与结构钢筋或安装的钢固定架焊牢,并保证位置正确。

2)浇筑结构混凝土,并待混凝土强度达到设计强度要求,紧贴内壁在埋设件上焊钢板防水层内套,要求焊缝饱满,无气孔、夹渣、咬肉、变形等疵病。

(3)金属板的拼接及金属板与建筑结构的锚固件连接应焊接。金属板的拼接焊缝应进行外观检查和无损检验。

(4)当金属板表面有锈蚀、麻点或划痕等缺陷时,其深度不得大于该板材厚度的负偏差值。

2. 监理验收

(1)验收标准。

1)主控项目检验标准应符合表 8-11 的规定。

表 8-11　　　　　　　　　　主控项目检验

序号	项　目	合格质量标准	检验方法	检验数量
1	金属板及焊接材料质量	金属板和焊接材料必须符合设计要求	检查产品合格证、产品性能检测报告和材料进场检验报告	全数检查
2	焊工合格证	焊工应持有有效的执业资格证书	检查焊工执业资格证书和考核日期	

2)一般项目检验标准应符合表 8-12 规定。

表 8-12　　　　　　　　　　　　　一般项目检验

序号	项　目	合格质量标准	检验方法	检验数量
1	表　面质量	金属板表面不得有明显凹面和损伤	观察检查	按铺设面积每 $10m^2$ 抽查 1 处,每处 $1m^2$,且不得少于 3 处
2	焊　缝质量	焊缝不得有裂纹、未熔合、夹渣、焊瘤、咬边、烧穿、弧坑、针状气孔等缺陷	观察检查和使用放大镜、焊缝量规及钢尺检查,必要时采用渗透或磁粉探伤检查	按焊缝条数抽查 5%,且不得少于 1 条焊缝;每条焊缝检查 1 处,总抽查数不得少于 10 处
3	焊缝外观及保护涂层	焊缝的焊波应均匀,焊渣和飞溅物应清除干净;保护涂层不得有漏涂、脱皮和反锈现象	观察检查	

(2)验收资料。

1)材料出厂合格证、质量检验报告与现场抽样试验报告。

2)焊工执业资格证书。

3)隐蔽工程验收记录。

4)金属板防水层施工完后的渗漏检验记录。

5)金属板防雷节点的安装测试记录。

6)金属板防水层验收记录。

七、膨润土防水材料防水层

1. 监理巡视要点

(1)膨润土防水材料中的膨润土颗粒应采用钠基膨润土,不应采用钙基膨润土。

(2)膨润土防水材料防水层基面应坚实、清洁,不得有明水,基面平整度 D/L 不应大于 1/6。基层阴阳角应做成圆弧或坡角。

　注:D 为初期支护基面相邻两凸面间凹进去的深度;

　　　L 为初期支护基面相邻两凸面间的距离。

(3)膨润土防水毯的织布面和膨润土防水板的膨润土面,均应与结构外表面密贴。

(4)膨润土防水材料应采用水泥钉和垫片固定;立面和斜面上的固定间距宜为 400~500mm,平面上应在搭接缝处固定。

(5)膨润土防水材料的搭接宽度应大于 100mm;搭接部位的固定间距宜为 200~300mm,固定点与搭接边缘的距离宜为 25~30mm,搭接处应涂抹膨润土密封膏。平面搭接缝处可干撒膨润土颗粒,其用量宜为 0.3~0.5kg/m。

(6)膨润土防水材料的收口部位应采用金属压条和水泥钉固定,并用膨润土密封膏覆盖。

(7)转角处和变形缝、施工缝、后浇带等部位均应设置宽度不小于500mm加强层,加强层应设置在防水层与结构外表面之间。穿墙管件部位宜采用膨润土橡胶止水条、膨润土密封膏进行加强处理。

(8)膨润土防水材料分段铺设时,应采取临时遮挡防护措施。

2. 监理验收

(1)验收标准。

1)主控项目检验标准应符合表8-13的规定。

表 8-13　　　　　　　　　主控项目检验

序号	项　　目	合格质量标准	检验方法	检查数量
1	材料要求	膨润土防水材料必须符合设计要求	检查产品合格证、产品性能检测报告和材料进场检验报告	全数检查
2	细部做法	膨润土防水材料防水层在转角处和变形缝、施工缝、后浇带、穿墙管等部位做法必须符合设计要求	观察检查和检查隐蔽工程验收记录	按铺设面积每100m²抽查1处,每处10m²,且不得少于3处

2)一般项目检验标准应符合表8-14的规定。

表 8-14　　　　　　　　　一般项目检验

序号	项　　目	合格质量标准	检验方法	检查数量
1	膨润土面	膨润土防水毯的织布面或防水板的膨润土面,应朝向工程主体结构的迎水面	观察检查	按铺设面积每100m²抽查1处,每处10m²,且不得少于3处
2	防水层与基层	立面或斜面铺设的膨润土防水材料应上层压住下层,防水层与基层、防水层与防水层之间应密贴,并应平整无折皱	观察检查	
3	搭接与收口部位	膨润土防水材料的搭接和收口部位应符合"1. 监理巡视要点"中"(4)、(5)、(6)"的规定	观察和尺量检查	
4	搭接宽度允许偏差	膨润土防水材料搭接宽度的允许偏差应为-10mm	观察和尺量检查	

(2)验收资料。

1)产品合格证、产品性能检测报告和材料进场检验报告。

2)隐蔽工程验收记录。

第二节　细部构造防水工程

1. 监理巡视要点

(1)变形缝。变形缝的防水施工应符合下列规定：

1)止水带宽度和材质的物理性能均应符合设计要求，且无裂缝和气泡；接头应采用热接，不得叠接，接缝平整、牢固，不得有裂口和脱胶现象；

2)中埋式止水带中心线应和变形缝中心线重合，止水带不得穿孔或用铁钉固定；

3)变形缝设置中埋式止水带时，混凝土浇筑前应校正止水带位置，表面清理干净，止水带损坏处应修补；顶、底板止水带的下侧混凝土应振捣密实，边墙止水带内外侧混凝土应均匀，保持止水带位置正确、平直，无卷曲现象；

4)变形缝处增设的卷材或涂料防水层，应按设计要求施工。

(2)施工缝。施工缝的防水施工应符合下列规定：

1)水平施工缝浇筑混凝土前，应将其表面浮浆和杂物清除，铺水泥砂浆或涂刷混凝土界面处理剂并及时浇筑混凝土；

2)垂直施工缝浇筑混凝土前，应将其表面清理干净，涂刷混凝土界面处理剂并及时浇筑混凝土；

3)施工缝采用遇水膨胀橡胶腻子止水条时，应将止水条牢固地安装在缝表面预留槽内；

4)施工缝采用中埋止水带时，应确保止水带位置准确、固定牢靠。

(3)后浇带。后浇带的防水施工应符合下列规定：

1)后浇带应在其两侧混凝土龄期达到42d后再施工；

2)后浇带的接缝处理应符合上述(2)的规定；

3)后浇带应采用补偿收缩混凝土，其强度等级不得低于两侧混凝土；

4)后浇带混凝土养护时间不得少于28d。

(4)穿墙管道。穿墙管道的防水施工应符合下列规定：

1)穿墙管止水环与主管或翼环与套管应连续满焊，并做好防腐处理；

2)穿墙管处防水层施工前，应将套管内表面清理干净；

3)套管内的管道安装完毕后，应在两管间嵌入内衬填料，端部用密封材料填缝。柔性穿墙时，穿墙内侧应用法兰压紧；

4)穿墙管外侧防水层应铺设严密，不留接槎；增铺附加层时，应按设计要求施工。

2. 监理验收

(1)变形缝。

1)主控项目检验标准应符合表 8-15 的规定。

表 8-15　　主控项目检验

序号	项　目	合格质量标准	检验方法	检验数量
1	变形缝质量	变形缝用止水带、填缝材料和密封材料必须符合设计要求	检查产品合格证、产品性能检测报告和材料进场检验报告	全数检查
2	变形缝构造	变形缝防水构造必须符合设计要求	观察检查和检查隐蔽工程验收记录	
3	中埋式止水带埋设位置	中埋式止水带埋设位置应准确,其中间空心圆环与变形缝的中心线应重合		

2)一般项目检验标准应符合表 8-16 的规定。

表 8-16　　一般项目检验

序号	项　目	合格质量标准	检验方法	检验数量
1	中埋式止水带的接缝处置	中埋式止水带的接缝应设在边墙较高位置上,不得设在结构转角处;接头宜采用热压焊接,接缝应平整、牢固,不得有裂口和脱胶现象	观察检查和检查隐蔽工程验收记录	全数检查
2	中埋式止水带埋设	中埋式止水带在转角处应做成圆弧形;顶板、底板内止水带应安装成盆状,并宜采用专用钢筋套或扁钢固定		
3	外贴式止水带埋设	外贴式止水带在变形缝与施工缝相交部位宜采用十字配件;外贴式止水带在变形缝转角部位宜采用直角配件。止水带埋设位置应准确,固定应牢靠,并与固定止水带的基层密贴,不得出现空鼓、翘边等现象		
4	可卸式止水带埋设	安设于结构内侧的可卸式止水带所需配件应一次备齐,转角处应做成 45°坡角,并增加紧固件的数量		
5	嵌填密封材料	嵌填密封材料的缝内两侧基面应平整、洁净、干燥,并应涂刷基层处理剂;嵌缝底部应设置背衬材料;密封材料嵌填应严密、连续、饱满,粘结牢固		
6	变形缝外表面	变形缝处表面粘贴卷材或涂刷涂料前,应在缝上设置隔离层和加强层		

(2)施工缝。

1)主控项目检验标准应符合表 8-17 的规定。

表 8-17　　　　　　　　　　　　　主控项目检验

序号	项　目	合格质量标准	检验方法	检验数量
1	材　料要求	施工缝用止水带、遇水膨胀止水条或止水胶、水泥基渗透结晶型防水涂料和预埋注浆管必须符合设计要求	检查产品合格证、产品性能检测报告和材料进场检验报告	全数检查
2	防　水构造	施工缝防水构造必须符合设计要求	观察检查和检查隐蔽工程验收记录	

2)一般项目检验标准应符合表 8-18 的规定。

表 8-18　　　　　　　　　　　　　一般项目检验

序号	项　目	合格质量标准	检验方法	检验数量
1	水平施工缝	墙体水平施工缝应留设在高出底板表面不小于 300mm 的墙体上。拱、板与墙结合的水平施工缝,宜留在拱、板与墙交接处以下 150～300mm 处;垂直施工缝应避开地下水和裂隙水较多的地段,并宜与变形缝相结合	观察检查和检查隐蔽工程验收记录	全数检查
2	抗压强度	在施工缝处继续浇筑混凝土时,已浇筑的混凝土抗压强度不应小于 1.2MPa		
3	表面处理	水平施工缝浇筑混凝土前,应将其表面浮浆和杂物清除,然后铺设净浆、涂刷混凝土界面处理剂或水泥基渗透结晶型防水涂料,再铺 30～50mm 厚的 1:1 水泥砂浆,并及时浇筑混凝土		
4	垂直施工缝处理	垂直施工缝浇筑混凝土前,应将其表面清理干净,再涂刷混凝土界面处理剂或水泥基渗透结晶型防水涂料,并及时浇筑混凝土		
5	止水带埋设	中埋式止水带外贴止水带埋设位置应准确,固定应牢靠		
6	止水条安装	遇水膨胀止水条应具有缓膨胀性能;止水条与施工缝基面应密贴,中间不得有空鼓、脱离等现象;止水条应牢固地安装在缝表面或预留凹槽内;止水条采用搭接连接时,搭接宽度不得小于 30mm		

（续表）

序号	项 目	合格质量标准	检验方法	检验数量
7	止水胶使用	遇水膨胀止水胶应采用专用注胶器挤出粘结在施工缝表面，并做到连续、均匀、饱满，无气泡和孔洞，挤出宽度及厚度应符合设计要求；止水胶挤出成形后，固化期内应采取临时保护措施；止水胶固化前不得浇筑混凝土	观察检查和检查隐蔽工程验收记录	全数检查
8	注浆管处理	预埋注浆管应设置在施工缝断面中部，注浆管与施工缝基面应密贴并固定牢靠，固定间距宜为 200～300mm；注浆导管与注浆管的连接应牢固、严密，导管埋入混凝土内的部分应与结构钢筋绑扎牢固，导管的末端应临时封堵严密		

（3）后浇带。

1）主控项目检验标准应符合表 8-19 的规定。

表 8-19　　　　　　　　　　　　　主控项目检验

序号	项 目	合格质量标准	检验方法	检验数量
1	材 料要 求	后浇带用遇水膨胀止水条或止水胶、预埋注浆管、外贴式止水带必须符合设计要求	检查产品合格证、产品性能检测报告和材料进场检验报告	全数检查
2	原材料及配合比	补偿收缩混凝土的原材料及配合比必须符合设计要求	检查产品合格证、产品性能检测报告、计量措施和材料进场检验报告	
3	防 水构 造	后浇带防水构造必须符合设计要求	观察检查和检查隐蔽工程验收记录	
4	抗压强度、抗渗性等	采用掺膨胀剂的补偿收缩混凝土，其抗压强度、抗渗性能和限制膨胀率必须符合设计要求	检查混凝土抗压强度、抗渗性能和水中养护 14d 后的限制膨胀率检验报告	

2）一般项目检验标准应符合表 8-20 的规定。

表 8-20 　　　　　　　　　　　　一般项目检验

序号	项　目	合格质量标准	检验方法	检验数量
1	后浇带与外贴式止水带	补偿收缩混凝土浇筑前,后浇带部位和外贴式止水带应采取保护措施	观察检查	全数检查
2	表　面处理	后浇带两侧的接缝表面应先清理干净,再涂刷混凝土界面处理剂或水泥基渗透结晶型防水涂料;后浇混凝土的浇筑时间应符合设计要求		
3	止水条、止水胶、止水带	遇水膨胀止水条的施工应符合"表8-18中序号6"的规定;遇水膨胀止水胶的施工应符合"表8-18中序号7"的规定;预埋注浆管的施工应符合"表8-18中序号8"的规定;外贴式止水带的施工应符合"表8-16中序号3"的规定	观察检查和检查隐蔽工程验收记录	
4	养　护时间	后浇带混凝土应一次浇筑,不得留设施工缝;混凝土浇筑后应及时养护,养护时间不得少于28d		

(4)穿墙管。

1)主控项目检验标准应符合表 8-21 的规定。

表 8-21 　　　　　　　　　　　　主控项目检验

序号	项　目	合格质量标准	检验方法	检验数量
1	材料要求	穿墙管用遇水膨胀止水条和密封材料必须符合设计要求	检查产品合格证、产品性能检测报告和材料进场检验报告	全数检查
2	防水构造	穿墙管防水构造必须符合设计要求	观察检查和检查隐蔽工程验收记录	

2)一般项目检验标准应符合表 8-22 的规定。

表 8-22 　　　　　　　　　　　　一般项目检验

序号	项　目	合格质量标准	检验方法	检验数量
1	固定式穿墙管	固定式穿墙管应加焊止水环或环绕遇水膨胀止水圈,并作好防腐处理;穿墙管应在主体结构迎水面预留凹槽,槽内应用密封材料嵌填密实	观察检查和检查隐蔽工程验收记录	全数检查

（续表）

序号	项　目	合格质量标准	检验方法	检验数量
2	套管式穿墙管	套管式穿墙管的套管与止水环及翼环应连续满焊，并作好防腐处理；套管内表面应清理干净，穿墙管与套管之间应用密封材料和橡胶密封圈进行密封处理，并采用法兰盘及螺栓进行固定	观察检查和检查隐蔽工程验收记录	全数检查
3	焊接质量	穿墙盒的封口钢板与混凝土结构墙上预埋的角钢应焊严，并从钢板上的预留浇注孔注入改性沥青密封材料或细石混凝土，封填后将浇注孔口用钢板焊接封闭		
4	加强层	当主体结构迎水面有柔性防水层时，防水层与穿墙管连接处应增设加强层		
5	密封材料	密封材料嵌填应密实、连续、饱满，粘结牢固		

（5）埋设件。

1）主控项目检验标准应符合表 8-23 的规定。

表 8-23　　　　　　主控项目检验

序号	项　目	合格质量标准	检验方法	检验数量
1	材料要求	埋设件用密封材料必须符合设计要求	检查产品合格证、产品性能检测报告、材料进场检验报告	全数检查
2	防水构造	埋设件防水构造必须符合设计要求	观察检查和检查隐蔽工程验收记录	

2）一般项目检验标准应符合表 8-24 的规定。

表 8-24　　　　　　一般项目检验

序号	项　目	合格质量标准	检验方法	检验数量
1	防腐处理	埋设件应位置准确，固定牢靠；埋设件应进行防腐处理	观察、尺量和手扳检查	全数检查

序号	项目	合格质量标准	检验方法	检验数量
2	混凝土厚度	埋设件端部或预留孔、槽底部的混凝土厚度不得小于250mm；当混凝土厚度小于250mm时，应局部加厚或采取其他防水措施	尺量检查和检查隐蔽工程验收记录	
3	预留凹槽	结构迎水面的埋设件周围应预留凹槽，凹槽内应用密封材料填实		
4	螺栓与凹槽处理	用于固定模板的螺栓必须穿过混凝土结构时，可采用工具式螺栓或螺栓加堵头，螺栓上应加焊止水环。拆模后留下的凹槽应用密封材料封堵密实，并用聚合物水泥砂浆抹平	观察检查和检查隐蔽工程验收记录	全数检查
5	防水层之间处理	预留孔、槽内的防水层应与主体防水层保持连续		
6	密封材料	密封材料嵌填应密实、连续、饱满，粘结牢固		

(6)预留通道接头。

1)主控项目检验标准应符合表8-25的规定。

表8-25　　　　　　　　　　主控项目检验

序号	项目	合格质量标准	检验方法	检验数量
1	材料要求	预留通道接头用中埋式止水带、遇水膨胀止水条或止水胶、预埋注浆管、密封材料和可卸式止水带必须符合设计要求	检查产品合格证、产品性能检测报告、材料进场检验报告	
2	防水构造	预留通道接头防水构造必须符合设计要求	观察检查和检查隐蔽工程验收记录	全数检查
3	中埋式止水带埋设位置	中埋式止水带埋设位置应准确，其中间空心圆环与通道接头中心线应重合		

2)一般项目检验标准应符合表8-26的规定。

表 8-26　　　　　　　　　　　一般项目检验

序号	项　目	合格质量标准	检验方法	检验数量
1	防　锈 处理	预留通道先浇混凝土结构、中埋式止水带和预埋件应及时保护,预埋件应进行防锈处理	观察检查	全数检查
2	止水条、止水胶预埋注浆管	遇水膨胀止水条的施工应符合"表 8-18 中序号 6"的规定;遇水膨胀止水胶的施工应符合"表 8-18 中序号 7"的规定;预埋注浆管的施工应符合"表 8-18 中序号 8"的规定	观察检查和检查隐蔽工程验收记录	
3	密封材料	密封材料嵌填应密实、连续、饱满,粘结牢固		
4	螺栓处理	用膨胀螺栓固定可卸式止水带时,止水带与紧固件压块以及止水带与基面之间应结合紧密。采用金属膨胀螺栓时,应选用不锈钢材料或进行防锈处理		
5	保护墙	预留通道接头外部应设保护墙		

(7)桩头。

1)主控项目检验标准应符合表 8-27 的规定。

表 8-27　　　　　　　　　　　主控项目检验

序号	项　目	合格质量标准	检验方法	检验数量
1	材　料 要求	桩头用聚合物水泥防水砂浆、水泥基渗透结晶型防水涂料、遇水膨胀止水条或止水胶和密封材料必须符合设计要求	检查产品合格证、产品性能检测报告和材料进场检验报告	全数检查
2	防　水 构造	桩头防水构造必须符合设计要求	观察检查和检查隐蔽工程验收记录	
3	密　封 处理	桩头混凝土应密实,如发现渗漏水应及时采取封堵措施		

2)一般项目检验标准应符合表 8-28 的规定。

表 8-28　　　　　　　　　　　　　　一般项目检验

序号	项　　目	合格质量标准	检验方法	检验数量
1	裸露处和桩头处理	桩头顶面和侧面裸露处应涂刷水泥基渗透结晶型防水涂料,并延伸到结构底板垫层 150mm 处;桩头四周 300mm 范围内应抹聚合物水泥防水砂浆过渡层	观察检查和检查隐蔽工程验收记录	全数检查
2	接缝处理	结构底板防水层应做在聚合物水泥防水砂浆过渡层上并延伸至桩头侧壁,其与桩头侧壁接缝处应采用密封材料嵌填		
3	受力钢筋根部处理	桩头的受力钢筋根部应采用遇水膨胀止水条或止水胶,并应采取保护措施		
4	止水条、止水胶	遇水膨胀止水条的施工应符合"表 8-18中序号 6"的规定;遇水膨胀止水胶的施工应符合"表 8-18 中序号 7"的规定		
5	密封材料	密封材料嵌填应密实、连续、饱满,粘结牢固		

(8)孔口。

1)主控项目检验标准应符合表 8-29 的规定。

表 8-29　　　　　　　　　　　　　　主控项目检验

序号	项　　目	合格质量标准	检验方法	检验数量
1	材料要求	孔口用防水卷材、防水涂料和密封材料必须符合设计要求	检查产品合格证、产品性能检测报告、材料进场检验报告	全数检查
2	防水构造	孔口防水构造必须符合设计要求	观察检查和检查隐蔽工程验收记录	

2)一般项目检验标准应符合表 8-30 的规定。

表 8-30　　　　　　　　　　　　　　一般项目检验

序号	项　　目	合格质量标准	检验方法	检验数量
1	防雨措施	人员出入口高出地面不应小于500mm;汽车出入口设置明沟排水时,其高出地面宜为 150mm,并应采取防雨措施	观察和尺量检查	全数检查

(续表)

序号	项 目	合格质量标准	检验方法	检验数量
2	防 水 处理	窗井的底部在最高地下水位以上时,窗井的墙体和底板应作防水处理,并宜与主体结构断开。窗台下部的墙体和底板应做防水层	观察检查和检查隐蔽工程验收记录	全数检查
3	窗 井 设置	窗井或窗井的一部分在最高地下水位以下时,窗井应与主体结构连成整体,其防水层也应连成整体,并应在窗井内设置集水井。窗台下部的墙体和底板应做防水层		
4	散 水 设置	窗井内的底板应低于窗下缘300mm。窗井墙高出室外地面不得小于500mm;窗井外地面应做散水,散水与墙面间应采用密封材料嵌填	观察检查和尺量检查	
5	密 封 材料	密封材料嵌填应密实、连续、饱满,粘结牢固	观察检查和检查隐蔽工程验收记录	

(9)坑、池。

1)主控项目检验标准应符合表 8-31 的规定。

表 8-31　　　　　　　　　　　　主控项目检验

序号	项 目	合格质量标准	检验方法	检验数量
1	原材料、配合比、坍落度	坑、池防水混凝土的原材料、配合比及坍落度必须符合设计要求	检查产品合格证、产品性能检测报告、计量措施和材料进场检验报告	全数检查
2	防 水 构造	坑、池防水构造必须符合设计要求	观察检查和检查隐蔽工程验收记录	
3	蓄 水 试验	坑、池、储水库内部防水层完成后,应进行蓄水试验	观察检查和检查蓄水试验记录	

2)一般项目检验标准应符合表 8-32 的规定。

表 8-32   一般项目检验

序号	项 目	合格质量标准	检验方法	检验数量
1	表 面处理	坑、池、储水库宜采用防水混凝土整体浇筑,混凝土表面应坚实、平整,不得有露筋、蜂窝和裂缝等缺陷	观察检查和检查隐蔽工程验收记录	全数检查
2	混凝土的厚度	坑、池底板的混凝土厚度不应小于250mm;当底板的厚度小于250mm时,应采取局部加厚措施,并应使防水层保持连续		
3	养 护处理	坑、池施工完后,应及时遮盖和防止杂物堵塞	观察检查	

3. 验收资料

(1)产品合格证、产品性能检测报告和材料进场检验报告。

(2)隐蔽工程验收记录。

第三节 特殊施工法防水工程

一、锚喷支护

1. 监理巡视与检查

(1)喷射混凝土拌制。喷射混凝土混合料应搅拌均匀并符合下列规定:

1)配合比:水泥与砂石质量比宜为 1:(4～4.5),砂率宜为 45%～55%,水灰比不得大于 0.45,速凝剂掺量应通过试验确定。

2)原材料称量允许偏差:水泥和速凝剂±2%,砂石±3%;

3)运输和存放中严防受潮,混合料应随拌随用,存放时间不应超过 120min。

(2)喷射混凝土施工。在有水的岩面上喷射混凝土时应采取下列措施:

1)潮湿岩面增加速凝剂掺量。

2)表面渗、滴水采用导水盲管或盲沟排水。

3)集中漏水采用注浆堵水。

喷射表面有涌水时,不仅会使喷射混凝土的黏着性变坏,还会在混凝土的背后产生水压给混凝土带来不利影响。因此,表面有涌水时事先应尽可能做好排水处理或采取有效措施。

(3)喷射混凝土的养护。

1)喷射混凝土应注意养护,养护时间不得少于 14d。

2)由于喷射混凝土的含砂率高,水泥用量也相对较多并掺有速凝剂,其收缩变形必然要比灌注混凝土大。为保证质量应在喷射混凝土终凝 2h 后即进行喷水养护,并保持较长时间的养护,一般不应少于 14d。当气温低于 5℃时,不得喷水养护。

(4)试件制作和检验。喷射混凝土试件制作组数应符合下列规定:

1)抗压强度试件:区间或小于区间断面的结构,每 20 延米拱和墙各取一组;车站各取两组。

2)抗渗试件:区间结构每 40 延米取一组;车站每 20 延米取一组。

(5)抗拔试验。

1)锚杆应进行抗拔试验。同一批锚杆每 100 根应取一组试件,每组 3 根,不足 100 根也取 3 根。

2)同一批试件抗拔力的平均值不得小于设计锚固力,且同一批试件抗拔力的最低值不应小于设计锚固力的 90%。

2. 监理验收

(1)验收标准。

1)主控项目检验标准应符合表 8-33 的规定。

表 8-33　　　　　　　　　　　　主控项目检验

序号	项　　目	合格质量标准	检验方法	检验数量
1	原材料质量	喷射混凝土所用原材料混合料配合比及钢筋网、锚杆、钢拱架等必须符合设计要求	检查产品合格证、产品性能检测报告、计量措施和材料进场检验报告	全数检查
2	混凝土抗压、抗渗、抗拔	喷射混凝土抗压强度、抗渗性能及锚杆抗拔力必须符合设计要求	检查混凝土抗压强度、抗渗性能检验报告和锚杆抗拔力检验报告	
3	渗漏水量	锚杆支护的渗漏水量必须符合设计要求	观察检查和检查渗漏水检测记录	

2)一般项目检验标准应符合表 8-34 的规定。

表 8-34　　　　　　　　　　　　一般项目检验

序号	项　　目	合格质量标准	检验方法	检验数量
1	喷层与围岩粘结	喷层与围岩及喷层之间应粘结紧密,不得有空鼓现象	用小锤轻击法检查	按区间或小于区间断面的结构,每 20 延米检查 1 处,车站每 10 延米检查 1 处,每处 10m²,且不得少于 3 处

续表

序号	项 目	合格质量标准	检验方法	检验数量
2	喷层厚度	喷层厚度有 60% 不应小于设计厚度,最小厚度不得小于设计厚度的 50%,且平均厚度不得小于设计厚度	用针探法或凿孔法检查	每个独立工程的检查数量不得少于 1 个断面,每个断面的检查点应从拱部中线起,每 2～3m 设 1 个,但 1 个断面上拱部不少于 3 个点,总计应不少于 5 个点
3	表面质量	喷射混凝土应密实、平整,无裂缝、脱落、漏喷、露筋	观察检查	按区间或小于区间断面的结构,每 20 延米检查 1 处,车站每 10 延米检查 1 处,每处 10m²,且不得少于 3 处
4	表面平整度	喷射混凝土表面平整度的 D/L 不得大于 1/6	尺量检查	

(2)验收资料。

1)原材料产品合格证、材料进场检验报告、产品性能检测报告。

2)按质量记录第一作业段施工记录。

3)喷射混凝土强度、厚度、外观尺寸及锚杆抗拔力等检查和试验报告。

4)设计变更报告。

5)工程重大问题处理文件。

6)竣工图。

二、地下连续墙

1. 监理巡视要点

(1)地下连续墙施工时,混凝土应按每一个单元槽段留置一组抗压强度试件,每五个单元槽段留置一组抗渗试件。

(2)单元槽段接头不宜设在拐角处;采用复合式衬砌时,墙体与内衬接缝宜相互错开。

(3)地下连续墙与内衬结构连接处,应凿毛并清理干净,必要时应做特殊防水处理。

(4)地下连续墙用作结构主体墙体时,应符合下列规定:

1)不宜用作防水等级为一级的地下工程墙体。

2)墙的厚度宜大于 600mm。

3)选择合适的泥浆配合比或降低地下水位等措施,以防止塌方。挖槽期间,泥浆面必须高于地下水位 500mm 以上,遇有地下水含盐或受化学污染时应采取措施不得影响泥浆性能指标。

4)墙面垂直度的允许偏差应小于墙深的 1/250;墙面局部突出不应大于 100mm。

5)浇筑混凝土前必须清槽、置换泥浆和清除沉渣,沉渣厚度不应大于100mm。

6)钢筋笼浸泡泥浆时间不应超过10h。钢筋保护层厚度不应小于70mm。

7)混凝土浇筑导管入混凝土深度宜为1.5~6m,在槽段端部的浇筑导管与端部的距离宜为1~1.5m,混凝土浇筑必须连续进行。冬季施工时应采用保温措施,墙顶混凝土未达到设计强度50%时,不得受冻。

8)支撑的预埋件应设置止水片或遇水膨胀腻子条,支撑部位及墙体的裂缝、孔洞等缺陷应采用防水砂浆及时修补,墙体幅间接缝如有渗漏,应采用注浆、嵌填弹性密封材料等进行防水处理,并做引排措施。

9)自基坑开挖直至底板混凝土达到设计强度后方可停止降水,并应将降水井封堵密实。

10)墙体与工程顶板、底板、中楼板的连接处均应凿毛,清洗干净,并宜设置1~2道遇水膨胀止水条,其接驳器处宜喷涂水泥基渗透结晶型防水涂料或涂抹聚合物水泥防水砂浆。

2. 监理验收

(1)验收标准。

1)主控项目检验标准应符合表8-35的规定。

表8-35　　　　　　　　　　主控项目检验

序号	项　　目	合格质量标准	检验方法	检验数量
1	原材料质量及配合比要求	防水混凝土所用原材料、配合比以及坍落度必须符合设计要求	检查产品合格证、产品性能检测报告、计量措施和材料进场检验报告	全数检查
2	混凝土抗压、防渗试件	防水混凝土抗压强度和抗渗性能必须符合设计要求	检查混凝土抗压强度、抗渗性能检验报告	
3	渗漏水量	地下连续墙渗漏水量符合设计要求	观察检查和检查渗漏水检测记录	

2)一般项目检验标准应符合表8-36的规定。

表8-36　　　　　　　　　　一般项目检验

序号	项　　目	合格质量标准	检验方法	检验数量
1	接缝处理	地下连续墙的槽段接缝构造应符合设计要求	观察检查和检查隐蔽工程验收记录	按每连续5个槽段抽查1个槽段,且不得少于3个槽段

序号	项　目	合格质量标准	检验方法	检验数量
2	墙面露筋	地下连续墙墙面不得有露筋、露石和夹泥现象	观察检查	按每连续5个槽段抽查1个槽段,且不得少于3个槽段
3	表面平整度允许偏差	地下连续墙墙体表面平整度,临时支护墙体允许偏差为50mm,单一或复合墙体允许偏差为30mm	尺量检查	

(2)验收资料。

1)防水设计。设计图及会审记录、设计变更通知单和材料代用核定单。

2)施工方案。施工方法、技术措施、质量保证措施。

3)技术交底。施工操作要求及注意事项。

4)材料质量证明文件。出厂合格证、产品质量检验报告、试验报告。

5)中间检查文件。分项工程质量验收记录、隐蔽工程检查验收记录、施工检验记录。

6)施工日志。逐日施工情况。

7)混凝土、砂浆。试配及施工配合比,混凝土抗压、抗渗试验报告。

8)施工单位资质证明。资质复印证件。

9)工程检验记录。抽样质量检验及观察检查。

10)其他技术资料。事故处理报告、技术报告。

三、盾构法隧道

1. 监理巡视要点

(1)钢筋混凝土管片拼装应符合下列规定:

1)管片验收合格后方可运至工地,拼装前应编号并进行防水处理;

2)管片拼装顺序应先就位底部管片,然后自下而上左右交叉安装,每环相邻管片应均布摆匀并控制环面平整度和封口尺寸,最后插入封顶管片成环;

3)管片拼装后螺栓应拧紧,环向及纵向螺栓应全部穿进。

(2)钢筋混凝土管片接缝防水应符合下列规定:

1)管片至少应设置一道密封垫沟槽,粘贴密封垫前应将槽内清理干净;

2)密封垫应粘贴牢固、平整、严密,位置正确,不得有起鼓、超长和缺口现象;

3)管片拼装前应逐块对粘贴的密封垫进行检查,拼装时不得损坏密封垫。有嵌缝防水要求的,应在隧道基本稳定后进行;

4)管片拼装接缝连接螺栓孔之间应按设计加设螺孔密封圈。必要时,螺栓孔与螺栓间应采取封堵措施。

2. 监理验收

(1)验收标准。

1)主控项目检验标准应符合表 8-37 的规定。

表 8-37　　　　　　　　　　　　主控项目检验

序号	项　　目	合格质量标准	检验方法	检验数量
1	防水材料质量	盾构隧道衬砌所采用防水材料必须符合设计要求	检查产品合格证、产品性能检测报告和材料进场检验报告	全数检查
2	管片抗压、抗渗	钢筋混凝土管片的抗压强度和抗渗性能必须符合设计要求	检查混凝土抗压强度、抗渗性能报告和管片单块检漏测试报告	
3	渗漏水量	盾构隧道衬砌的渗漏水量必须符合设计要求	观察检查和检查渗漏水检测记录	

2)一般项目检验标准应符合表 8-38 的规定。

表 8-38　　　　　　　　　　　　一般项目检验

序号	项　　目	合格质量标准	检验方法	检验数量
1	管片接缝密封垫及其沟槽的断面尺寸	管片接缝密封垫及其沟槽的断面尺寸应符合设计要求	观察检查和检查隐蔽工程验收记录	按每连续 5 环检查 1 环,且不得少于 3 环
2	密封垫连接	密封垫在沟槽内应套箍和粘结牢固,不得歪斜、扭曲	观察检查	
3	管片嵌缝槽的深度和断面构造形式、尺寸	管片嵌缝槽的深度以及断面构造形式、尺寸应符合设计要求	观察检查和检查隐蔽工程验收记录	
4	嵌缝材料	嵌缝材料嵌填应密实、连续、饱满、表面平整,密贴牢固	观察检查	
5	螺栓安装及防腐	管片的环向及纵向螺栓应全部穿进并拧紧;衬砌内表面的外露铁件防腐处理应符合设计要求	观察检查	

(2)验收资料。

1)地表沉降及隆起量记录。

2)隧道轴线平面高层偏差允许值记录。

3)隧道管片内径水平与垂直度直径差记录。

4)管片相邻环高差记录。

5)质量保证体系及管理制度。

6)原材料、半成品出厂报告和复试报告(包括钢筋、水泥、外加剂)。

7)混凝土配合比报告单。

8)钢筋混凝土管片单片抗渗试验报告。

9)施工每推进 100m 作一次质量认定表。

四、沉井

1. 监理巡视要点

(1)沉井干封底施工应符合下列规定：

1)沉井基底土面应全部挖至设计标高，待其下沉稳定后再将井内积水排干；

2)清除浮土杂物，底板与井壁连接部位应凿毛、清洗干净或涂刷混凝土界面处理剂，及时浇筑防水混凝土封底；

3)在软土中封底时，宜分格逐段对称进行；

4)封底混凝土施工过程中，应从底板上的集水井中不间断地抽水；

5)封底混凝土达到设计强度后，方可停止抽水；集水井的封堵应采用微膨胀混凝土填充捣实，并用法兰、焊接钢板等方法封平。

(2)沉井水下封底施工应符合下列规定：

1)井底应将浮泥清除干净，并铺碎石垫层；

2)底板与井壁连接部位应冲刷干净；

3)封底宜采用水下不分散混凝土，其坍落度宜为 180～220mm；

4)封底混凝土应在沉井全部底面积上连续均匀浇筑；

5)封底混凝土达到设计强度后，方可从井内抽水，并应检查封底质量。

(3)防水混凝土底板应连续浇筑，不得留设施工缝；底板与井壁接缝处的防水处理应符合有关规定。

2. 监理验收

(1)验收标准。

1)主控项目检验标准应符合表 8-39 的规定。

表 8-39　　　　　　　　　　　　　　主控项目检验

序号	项　　目	合格质量标准	检验方法	检验数量
1	材料要求	沉井混凝土的原材料、配合比及坍落度必须符合设计要求	检查产品合格证、产品性能检测报告、计量措施和材料进场检验报告	全数检查
2	抗压强度、抗渗性能	沉井混凝土的抗压强度和抗渗性能必须符合设计要求	检查混凝土抗压强度、抗渗性能检验报告	
3	渗漏水量	沉井的渗漏水量必须符合设计要求	观察检查和检查渗漏水检测记录	

2)一般项目检验标准应符合表 8-40 的规定。

表 8-40　　　　　　　　　　　　　一般项目检验

序号	项目	合格质量标准	检验方法	检验数量
1	施工要求	沉井干封底和水下封底的施工应符合上述"监理巡视要点"中"(1)、(2)"的规定	观察检查和检查隐蔽工程验收记录	按混凝土外露面积每 100m² 抽查 1 处,每处 10m²,且不得少于 3 处
2	防水处理	沉井底板与井壁接缝处的防水处理应符合设计要求		

(2)验收资料。

1)产品合格证、产品性能检测报告与材料进场检验报告。

2)混凝土抗压强度、抗渗性能检验报告。

3)渗漏水检测记录。

4)隐蔽工程验收记录。

五、逆筑结构

1. 监理巡视要点

(1)地下连续墙为主体结构逆筑法施工应符合下列规定:

1)地下连续墙墙面应凿毛、清洗干净,并宜做水泥砂浆防水层;

2)地下连续墙与顶板、中楼板、底板接缝部位应凿毛处理,施工缝的施工应符合本章第二节的有关规定;

3)钢筋接驳器处宜涂刷水泥基渗透结晶型防水涂料。

(2)地下连续墙与内衬构成复合式衬砌逆筑法施工除应符合上述"(1)"的规定外,尚应符合下列规定:

1)顶板及中楼板下部 500mm 内衬墙应同时浇筑,内衬墙下部应做成斜坡形;斜坡形下部应预留 300～500mm 空间,并应待下部先浇混凝土施工 14d 后再行浇筑;

2)浇筑混凝土前,内衬墙的接缝面应凿毛、清洗干净,并应设置遇水膨胀止水条或止水胶和预理注浆管;

3)内衬墙的后浇筑混凝土应采用补偿收缩混凝土,浇筑口宜高于斜坡顶端 200mm 以上。

(3)内衬墙垂直施工缝应与地下连续墙的槽段接缝相互错开 2.0～3.0m。

(4)底板混凝土应连续浇筑,不宜留设施工缝;底板与桩头接缝部位的防水处理应符合有关规定。

(5)底板混凝土达到设计强度后方可停止降水,并应将降水井封堵密实。

2. 监理验收

(1)验收标准。

1)主控项目检验标准应符合表 8-41 的规定。

表 8-41 主控项目检验

序号	项　目	合格质量标准	检验方法	检验数量
1	原材料、配合比、坍落度	补偿收缩混凝土的原材料、配合比及坍落度必须符合设计要求	检查产品合格证、产品性能检测报告、计量措施和材料进场检验报告	全数检查
2	止水条、止水胶与预埋注浆管	内衬墙接缝用遇水膨胀止水条或止水胶和预埋注浆管必须符合设计要求	检查产品合格证、产品性能检测报告和材料进场检验报告	
3	渗漏水量	逆筑结构的渗漏水量必须符合设计要求	观察检查和检查渗漏水检测记录	

2)一般项目检验标准应符合表 8-42 的规定。

表 8-42 一般项目检验

序号	项　目	合格质量标准	检验方法	检验数量
1	施工要求	逆筑结构的施工应符合上述"1. 监理巡视要点"中(2)、(3)的规定		按混凝土外露面积每 100m² 抽查 1 处,每处 10m²,且不得少于 3 处
2	止水条、止水胶、预埋注浆管	遇水膨胀止水条的施工应符合"表 8-18 中序号 6"的规定;遇水膨胀止水胶的施工应符合"表 8-18 中序号 7"的规定;预埋注浆管的施工应符合"表 8-18 中序号 8"的规定	观察检查和检查隐蔽工程验收记录	

(2)验收资料。

1)产品合格证、产品性能检测报告与材料进场检验报告。

2)渗漏水检测记录。

3)隐蔽工程验收记录。

第四节　排　水　工　程

一、渗排水、盲沟排水

1. 监理巡视要点

(1)渗排水、盲沟排水应在地基工程验收合格后进行施工。

(2)集水管应采用无砂混凝土管、普通硬塑料管和加筋软管式透水盲管。

(3)渗排水应符合下列规定：

1)渗排水层用砂、石应洁净，不得有杂质；

2)粗砂过滤层总厚度宜为 300mm，如较厚时应分层铺填；过滤层与基坑土层接触处应用厚度为 100～150mm、粒径为 5～10mm 的石子铺填；

3)集水管应设置在粗砂过滤层下部，坡度不宜小于 1%，且不得有倒坡现象；集水管之间的距离宜为 5～10m，并与集水井相通；

4)工程底板与渗排水层之间应做隔浆层，建筑周围的渗排水层顶面应做散水坡。

(4)盲沟排水应符合下列规定：

1)盲沟成型尺寸和坡度应符合设计要求；

2)盲沟用砂、石应洁净，不得有杂质；

3)反滤层的砂、石粒径组成和层次应符合设计要求；

4)盲沟在转弯处和高低处应设置检查井，出水口处应设置滤水箅子。

2. 监理验收

(1)验收标准。

1)主控项目检验标准应符合表 8-43 的规定。

表 8-43　　　　　　　　　　　主控项目检验

序号	项　　目	合格质量标准	检验方法	检验数量
1	反滤层质量	盲沟反滤层的层次和粒径组成必须符合设计要求	检查砂、石试验报告和隐蔽工程验收记录	全数抽查
2	集水管埋深及坡度	集水管的埋置深度和坡度必须符合设计要求	观察和尺量检查	按 10%抽查，其中按两轴线间或 10 延米为 1 处，且不得少于 3 处

2)一般项目检验标准应符合表 8-44 的规定。

表 8-44   一般项目检验

序号	项　目	合格质量标准	检验方法	检验数量
1	渗排水层构造	渗排水层的构造应符合设计要求	观察检查和检查隐蔽工程验收记录	按10%抽查,其中按两轴线间或10延米为1处,且不得少于3处
2	渗排水层铺设	渗排水层的铺设应分层、铺平、拍实		
3	盲沟排水构造	盲沟排水构造应符合设计要求		
4	集水管	集水管采用平接式或承插式接口连接牢固,不得扭曲变形和错位	观察检查	

(2)验收资料。

1)技术交底记录及安全交底记录。

2)测量放线及复测记录。

3)各类原材料出厂合格证、检验报告、复验报告。

4)验槽记录及隐蔽工程检查验收记录。

二、隧道排水、坑道排水

1. 监理巡视要点

(1)隧道或坑道内的排水泵站(房)设置,主排水泵站和辅助排水泵站、集水池的有效容积应符合设计规定。

(2)主排水泵站、辅助排水泵站和污水泵房的废水及污水,应分别排入城市雨水和污水管道系统。污水的排放尚应符合国家现行有关标准的规定。

(3)排水盲管应采用无砂混凝土集水管;导水盲管应采用外包土工布与螺旋钢丝构成的软式透水管。

(4)复合式衬砌的缓冲排水层铺设应符合下列规定:

1)土工织物的搭接应在水平铺设的场合采用缝合法或胶结法,搭接宽度不应小于300mm;

2)初期支护基面清理后即用暗钉圈将土工织物固定在初期支护上;

3)采用土工复合材料时,土工织物面应为迎水面,涂膜面应与后浇混凝土相接触。

2. 监理验收

(1)验收标准。

1)主控项目检验标准应符合表 8-45 的规定。

表 8-45　　　　　　　　　　　　主控项目检验

序号	项　目	合格质量标准	检验方法	检验数量
1	盲沟反滤层	盲沟反滤层的层次和粒径组成必须符合设计要求	检查砂、石试验报告	
2	无砂混凝土管、硬质塑料管或软式透水管	无砂混凝土管、硬质塑料管或软式透水管必须符合设计要求	检查产品合格证和产品性能检测报告	全数检查
3	隧道、坑道排水系统	隧道、坑道排水系统必须通畅	观察检查	

2）一般项目检验标准应符合表 8-46 的规定。

表 8-46　　　　　　　　　　　　一般项目检验

序号	项　目	合格质量标准	检验方法	检验数量
1	盲沟、盲管及横向导水管的管径、间距、坡度	盲沟、盲管及横向导水管的管径、间距、坡度均应符合设计要求	观察和尺量检查	
2	隧道或坑道内排水明沟及离壁式衬砌外排水沟,其断面尺寸及坡度	隧道或坑道内排水明沟及离壁式衬砌外排水沟,其断面尺寸及坡度应符合设计要求	观察和尺量检查	按 10% 抽查,其中按两轴线间或 10 延米为 1 处,且不得少于 3 处
3	盲管连接	盲管应与岩壁或初期支护密贴,并应固定牢固;环向、纵向盲管接头宜与盲管相配套	观察检查	
4	盲沟与混凝土衬砌接触部位	贴壁式、复合式衬壁的盲沟与混凝土衬砌接触部位应做隔浆层	观察检查和检查隐蔽工程验收记录	

（2）验收资料。

1）图纸会审纪要、变更设计报告单及图纸、设计变更通知单和材料代用核定单。

2)隧道、坑道排水施工组织设计(施工方法、技术措施、质量保证措施)。

3)技术交底记录。

4)材料出厂合格证、产品质量检验报告、试验报告。

5)中间检查记录:分项工程开工申请单,分项工程质量验收记录、隐蔽工程验收记录。

6)排水施工记录、工程抽样质量检验及观察检查记录。

7)混凝土、砂浆试配及施工配合比,强度试验报告。

8)复合衬砌监控量测记录、图表及分析报告。

9)地质条件复杂地段的地质素描资料,排、渗水观察记录。

三、塑料排水板排水

1. 监理巡视要点

(1)塑料排水板排水构造应符合设计要求,并宜符合以下工艺流程:

1)室内底板排水按混凝土底板→铺设塑料排水板(支点向下)→混凝土垫层→配筋混凝土面层等顺序进行;

2)室内侧墙排水按混凝土侧墙→粘贴塑料排水板(支点向墙面)→钢丝网固定→水泥砂浆面层等顺序进行;

3)种植顶板排水按混凝土顶板→找坡层→防水层→混凝土保护层→铺设塑料排水板(支点向上)→铺设土工布→覆土等顺序进行;

4)隧道或坑道排水按初期支护→铺设土工布→铺设塑料排水板(支点向初期支护)→二次衬砌结构等顺序进行。

(2)铺设塑料排水板应采用搭接法施工,长短边搭接宽度均不应小于100mm。塑料排水板的接缝处宜采用配套胶粘剂粘结或热熔焊接。

(3)地下工程种植顶板种植土若低于周边土体,塑料排水板排水层必须结合排水沟或盲沟分区设置,并保证排水畅通。

2. 监理验收

(1)验收标准。

1)主控项目检验标准应符合表 8-47 的规定。

表 8-47　　　　　　　　　　　主控项目检验

序号	项　目	合格质量标准	检验方法	检验数量
1	材料要求	塑料排水板和土工布必须符合设计要求	检查产品合格证、产品性能检测报告	全数检查
2	排水要求	塑料排水板排水层必须与排水系统连通,不得有堵塞现象	观察检查	

2)一般项目检验标准应符合表 8-48 的规定。

表 8-48 一般项目检验

序号	项 目	合格质量标准	检验方法	检验数量
1	排水层构造	塑料排水板排水层构造做法应符合上述"1.监理巡视要点"中"(1)"的规定	观察检查和检查隐蔽工程验收记录	应按铺设面积每 100m² 抽查 1 处,每处 10m²,且不得少于 3 处
2	搭接宽度和方法	塑料排水板的搭接宽度和搭接方法应符合上述"1.监理巡视要点"中"(2)"的规定	观察和尺量检查	
3	土工布的铺设	塑料排水板应与土工布复合使用。土工布宜采用 200～400g/m² 的聚酯无纺布。土工布应铺设在塑料排水板的凸面上,相邻土工布搭接宽度不应小于 200mm,搭接部位应采用粘合或缝合。土工布铺设应平整、无折皱	观察和尺量检查	

(2)验收资料。

1)土工布产品合格证、产品性能检测报告。

2)隐蔽工程验收记录。

第五节 注 浆 工 程

一、预注浆、后注浆

1. 监理巡视与检查

(1)注浆浆液应符合下列规定:

1)预注浆和高压喷射注浆宜采用水泥浆液、黏土水泥浆液或化学浆液;

2)壁后回填注浆宜采用水泥浆液、水泥砂浆或掺有石灰、黏土、粉煤灰等水泥浆液;

3)注浆浆液配合比应经现场试验确定。

(2)注浆过程控制应符合下列规定:

1)根据工程地质、注浆目的等控制注浆压力;

2)回填注浆应在衬砌混凝土达到设计强度的 70% 后进行,衬砌后围岩注浆应在充填注浆固结体达到设计强度的 70% 后进行;

3)浆液不得溢出地面和超出有效注浆范围,地面注浆结束后注浆孔应封填密实;

4)注浆范围和建筑物的水平距离很近时,应加强对临近建筑物和地下埋设物的现场监控；

5)注浆点距离饮用水源或公共水域较近时，注浆施工如有污染应及时采取相应措施。

(3)注浆压力。注浆压力能克服浆液在注浆管内的阻力，把浆液压入隧道周边地层中。如有地下水时，其注浆压力尚应高于地层中的水压，但压力不宜过高，由于注浆浆液溢出地表或其有效范围之外，会给周边结构带来不良影响，所以应严格控制注浆压力。

(4)回填注浆。回填注浆时间的确定，是以衬砌能否承受回填注浆压力作用为依据，避免结构过早受力而产生裂缝。回填注浆压力一般都小于 0.8MPa，因此规定回填注浆应在衬砌混凝土达到设计强度 70% 后进行。

为避免衬砌后围岩注浆影响回填注浆浆液固结体，因此规定衬砌后围岩注浆应在回填注浆浆液固结体达到设计强度 70% 后进行。

2. 监理验收

(1)验收标准。

1)主控项目检验标准应符合表 8-49 的规定。

表 8-49   主控项目检验

序号	项　　目	合格质量标准	检验方法	检验数量
1	原材料及配合比	配制浆液的原材料及配合比必须符合设计要求	检查产品合格证、产品性能检测报告、计量措施和材料进场检验报告	全数检查
2	注浆效果	预注浆及后注浆的注浆效果必须符合设计要求	采用钻孔取芯法检查；必要时采取压水或抽水试验方法检查	

2)一般项目检验标准应符合表 8-50 的规定。

表 8-50   一般项目检验

序号	项　　目	合格质量标准	检验方法	检验数量
1	注浆孔	注浆孔的数量、布置间距、钻孔深度及角度应符合设计要求	尺量检查和检查隐蔽工程验收记录	按加固或堵漏面积每 100m² 抽查 1 处，每处 10m²，且不得少于 3 处
2	压力和进浆量控制	注浆各阶段的控制压力和注浆量应符合设计要求	观察检查和检查隐蔽工程验收记录	

（续表）

序号	项　目	合格质量标准	检验方法	检验数量
3	注浆范围	注浆时浆液不得溢出地面和超出有效注浆范围	观察检查	按加固或堵漏面积每 $100m^2$ 抽查 1 处,每处 $10m^2$,且不得少于 3 处
4	注浆对地面产生的沉降量及隆起	注浆对地面产生的沉降量不得超过 30mm,地面的隆起不得超过 20mm	用水准仪测量	

（2）验收资料。

1）配制浆液的原材料出厂合格证、质量检验报告。

2）浆液配合比及试验报告。

3）隐蔽工程检查验收记录。

二、结构裂缝注浆

1. 监理巡视与检查

（1）结构裂缝注浆适用于混凝土结构宽度大于 0.2mm 的静止裂缝、贯穿性裂缝等堵水注浆。

（2）裂缝注浆应待结构基本稳定和混凝土达到设计强度后进行。

（3）结构裂缝堵水注浆宜选用聚氨酯、丙烯酸盐等化学浆液;补强加固的结构裂缝注浆宜选用改性环氧树脂、超细水泥等浆液。

（4）结构裂缝注浆应符合下列规定:

1）施工前,应沿缝清除基面上的油污杂质;

2）浅裂缝应骑缝粘埋注浆嘴,必要时沿缝开凿 U 形槽并用速凝水泥砂浆封缝;

3）深裂缝应骑缝钻孔或斜向钻孔至裂缝深部,孔内安放注浆管或注浆嘴,间距应根据裂缝宽度而定,但每条裂缝至少有一个进浆孔和一个排气孔;

4）注浆嘴及注浆管应设在裂缝的交叉处、较宽处及贯穿处等部位;对封缝的密封效果应进行检查;

5）注浆后待缝内浆液固化后,方可拆下注浆嘴并进行封口抹平。

2. 监理验收

（1）验收标准。

1）主控项目检验标准应符合表 8-51 的规定。

表 8-51   **主控项目检验**

序号	项　　目	合格质量标准	检验方法	检验数量
1	材料及配合比	注浆材料及其配合比必须符合设计要求	检查产品合格证、产品性能检测报告、计量措施和材料进场检验报告	全数检查
2	注浆效果	结构裂缝注浆的注浆效果必须符合设计要求	观察检查和压水或压气检查,必要时钻取芯样采取劈裂抗拉强度试验方法检查	

2)一般项目检验标准应符合表 8-52 的规定。

表 8-52   **一般项目检验**

序号	项　　目	合格质量标准	检验方法	检验数量
1	注浆孔	注浆孔的数量、布置间距、钻孔深度及角度应符合设计要求	尺量检查和检查隐蔽工程验收记录	全数检查
2	控制压力和注浆量	注浆各阶段的控制压力和注浆量应符合设计要求	观察检查和检查隐蔽工程验收记录	

(2)验收资料。

1)配制浆液的原材料产品合格证、产品性能检测报告。

2)浆液配合比及试验报告。

3)隐蔽工程检查验收记录。

第九章　混凝土结构工程现场监理

第一节　模板分项工程

一、模板安装

1. 监理巡视与检查

(1)模板及其支架应根据工程结构形式、荷载大小、地基土类别、施工设备和材料供应等条件进行设计。模板及其支架应具有足够的承载能力、刚度和稳定性,能可靠地承受浇筑混凝土的重量、侧压力以及施工荷载。

(2)在浇筑混凝土之前,应对模板工程进行验收。模板安装和浇筑混凝土时,应对模板及其支架进行观察和维护。发生异常情况时,应按施工技术方案及时进行处理。

2. 监理验收

(1)验收标准。

1)主控项目检验标准应符合表9-1的规定。

表 9-1 　　　　　　　　　　　**主控项目检验**

序号	项　目	合格质量标准	检验方法	检查数量
1	模板支撑、立柱位置和垫板	安装现浇结构的上层模板及其支架时,下层楼板应具有承受上层荷载的承载能力,或加设支架;上、下层支架的立柱应对准,并铺设垫板	对照模板设计文件和施工技术方案观察	全数检查
2	避免隔离剂沾污	在涂刷模板隔离剂时,不得沾污钢筋和混凝土接槎处	观察	

2)一般项目检验标准应符合表9-2的规定。

表 9-2 　　　　　　　　　　　**一般项目检验**

序号	项　目	合格质量标准	检验方法	检查数量
1	模板安装要求	模板安装应满足下列要求: (1)模板的接缝不应漏浆;在浇筑混凝土前,木模板应浇水湿润,但模板内不应有积水	观察	全数检查

续表

序号	项　目	合格质量标准	检验方法	检查数量
1	模板安装要求	(2)模板与混凝土的接触面应清理干净并涂刷隔离剂,但不得采用影响结构性能或妨碍装饰工程施工的隔离剂。 (3)浇筑混凝土前,模板内的杂物应清理干净。 (4)对清水混凝土工程及装饰混凝土工程,应使用能达到设计效果的模板	观察	全数检查
2	用作模板的地坪、胎模质量	用作模板的地坪、胎模等应平整光洁,不得产生影响构件质量的下沉、裂缝、起砂或起鼓	观察	全数检查
3	模板起拱高度	对跨度不小于 4m 的现浇钢筋混凝土梁、板,其模板应按设计要求起拱;当设计无具体要求时,起拱高度宜为跨度的 $1/1000 \sim 3/1000$	水准仪或拉线、钢尺检查	在同一检验批内,对梁、柱和独立基础,应抽查构件数量的 10%,且不少于 3 件;对墙和板,应按有代表性的自然间抽查 10%,且不少于 3 间;对大空间结构,墙可按相邻轴线间高度 5m 左右划分检查面,板可按纵、横轴线划分检查面,抽查 10%,且均不少于 3 面
4	预埋件、预留孔和预留洞允许偏差	固定在模板上的预埋件、预留孔和预留洞均不得遗漏,且应安装牢固,其偏差应符合《混凝土结构工程施工质量验收规范》(GB 50204—2002,2011 年版)表 4.2.6 的规定	钢尺检查	
5	模板安装允许偏差	现浇结构模板安装的偏差应符合《混凝土结构工程施工质量验收规范》(GB 50204—2002,2011 年版)表 4.2.7 的规定	见《混凝土结构工程施工质量验收规范》(GB 50204—2002,2011 年版)表 4.2.7	
6	预制构件模板安装允许偏差	预制构件模板安装允许偏差应符合《混凝土结构工程施工质量验收规范》(GB 50204—2002,2011 年版)表 4.2.8 的规定	见(GB 50204—2002,2011 年版)表 4.2.8	首次使用及大修后的模板应全数检查;使用中的模板应定期检查,并根据使用情况不定期抽查

(2)验收资料。

1)模板设计及施工技术方案。

2)技术复核单。

3)检验批质量验收记录。

4)模板分项工程质量验收记录。

二、模板拆除

1. 监理巡视与检查

(1)底模及其支架拆除时的混凝土强度应符合设计要求。

(2)对后张法预应力混凝土结构构件,侧模宜在预应力张拉前拆除;底模支架的拆除应按施工技术方案执行,当无具体要求时,不应在结构构件建立预应力前拆除。

(3)后浇带模板的拆除和支顶应按施工技术方案执行。

(4)侧模拆除时的混凝土强度应能保证其表面及棱角不受损伤。

(5)模板拆除时,不应对楼层形成冲击荷载。拆除的模板和支架宜分散堆放并及时清运。

2. 监理验收

(1)验收标准。

1)主控项目检验应符合表 9-3 的规定。

表 9-3　　　　　　　　　　　　　　　　　主控项目检验

序号	项　目	合格质量标准	检验方法	检查数量
1	底模及其支架拆除时的混凝土强度	底模及其支架拆除时的混凝土强度应符合设计要求;当设计无具体要求时,混凝土强度应符合《混凝土结构工程施工质量验收规范》(GB 50204—2002,2011 年版)表 4.3.1 的规定	检查同条件养护试件强度试验报告	全数检查
2	后张法预应力构件侧模和底模的拆除时间	对后张法预应力混凝土结构构件,侧模宜在预应力张拉前拆除;底模支架的拆除应按施工技术方案执行,当无具体要求时,不应在结构构件建立预应力前拆除	观察	
3	后浇带拆模和支顶	后浇带模板的拆除和支顶应按施工技术方案执行	观察	

2)一般项目检验标准应符合表 9-4 的规定。

表 9-4　　　　　　　　　　　　　一般项目检验

序号	项目	合格质量标准	检验方法	检查数量
1	避免拆模损伤	侧模拆除时的混凝土强度应能保证其表面及棱角不受损伤	观察	全　数检查
2	模板拆除、堆放和清运	模板拆除时,不应对楼层形成冲击荷载。拆除的模板和支架宜分散堆放并及时清运		

(2)验收资料。

1)模板设计及施工技术方案。

2)技术复核单。

3)检验批质量验收记录。

4)模板分项工程质量验收记录。

第二节　钢筋分项工程

一、原材料

1. 监理巡视与检查

(1)当钢筋的品种、级别或规格需作变更时,应办理设计变更文件。

(2)在浇筑混凝土之前,应进行钢筋隐蔽工程验收,其内容包括:

1)纵向受力钢筋的品种、规格、数量、位置等;

2)钢筋的连接方式、接头位置、接头数量、接头面积百分率等;

3)箍筋、横向钢筋的品种、规格、数量、间距等;

4)预埋件的规格、数量、位置等。

2. 监理验收

(1)验收标准。

1)主控项目检验标准应符合表 9-5 的规定。

表 9-5　　　　　　　　　　　　　主控项目检验

序号	项目	合格质量标准及说明	检验方法	检查数量
1	力学性能检验	钢筋进场时,应按国家现行相关标准的规定抽取试件作力学性能和重量偏差检验,检验结果必须符合有关标准的规定	检查产品合格证、出厂检验报告和进场复验报告	按进场的批次和产品

续表

序号	项　目	合格质量标准及说明	检验方法	检查数量
2	抗震用钢筋强度实测值	对有抗震设防要求的结构,其纵向受力钢筋的性能应满足设计要求;当设计无具体要求时,对按一、二、三级抗震等级设计的框架和斜撑构件(含梯段)中的纵向受力钢筋应采用HRB335E、HRB400E、HRB500E、HRBF335E、HRBF400E 或 HRBF500E 钢筋,其强度和最大力下总伸长率的实测值应符合下列规定: (1)钢筋的抗拉强度实测值与屈服强度实测值的比值不应小于1.25。 (2)钢筋的屈服强度实测值与强度标准值的比值不应大于1.3。 (3)钢筋的最大力下总伸长率不应小于9%	检查进场复验报告	按进场的批次和产品的抽样检验方案确定
3	化学成分等专项检验	当发现钢筋脆断、焊接性能不良或力学性能显著不正常等现象时,应对该批钢筋进行化学成分检验或其他专项检验	检查化学成分等专项检验报告	按产品的抽样检验方案确定

2)一般项目检验标准应符合表 9-6 的规定。

表 9-6　　　　　　　　　　　　　　一般项目检验

序号	项　目	合格质量标准及说明	检验方法	检查数量
1	外观质量	钢筋应平直、无损伤,表面不得有裂纹、油污、颗粒状或片状老锈	观察	进场时和使用前全数检查

(2)验收资料。

1)钢筋产品合格证、出厂检验报告。

2)钢筋进场复验报告。

3)钢筋冷拉记录。

4)钢筋焊接接头力学性能试验报告。

5)钢筋机械连接接头力学性能试验报告。

二、钢筋加工

1. 监理巡视与检查

(1)受力钢筋的弯钩和弯折应符合下列规定:

1)HPB235级钢筋末端应作180°弯钩,其弯弧内直径不应小于钢筋直径的2.5倍,弯钩的弯后平直部分长度不应小于钢筋直径的3倍;

2)当设计要求钢筋末端需作135°弯钩时,HRB335级、HRB400级钢筋的弯弧内直径不应小于钢筋直径的4倍,弯钩的弯后平直部分长度应符合设计要求;

3)钢筋作不大于90°的弯折时,弯折处的弯弧内直径不应小于钢筋直径的5倍。

(2)除焊接封闭环式箍筋外,箍筋的末端应作弯钩,弯钩形式应符合设计要求;当设计无具体要求时,应符合下列规定:

1)箍筋弯钩的弯弧内直径除应满足《混凝土结构工程施工质量验收规范》(GB 50204—2002,2011年版)第5.3.1条的规定外,尚应不小于受力钢筋直径;

2)箍筋弯钩的弯折角度:对一般结构,不应小于90°;对有抗震等要求的结构,应为135°;

3)箍筋弯后平直部分长度:对一般结构,不宜小于箍筋直径的5倍;对有抗震等要求的结构,不应小于箍筋直径的10倍。

(3)钢筋调直宜采用机械方法,也可采用冷拉方法。当采用冷拉方法调直钢筋时,HPB235级、HPB300钢筋的冷拉率不宜大于4%,HRB335级、HRB400级、HRB500级、HRBF335级、HRBF400级、HRBF500级和RRB400级钢筋的冷拉率不宜大于1%。

(4)钢筋加工的形状、尺寸应符合设计要求。

2. 监理验收

(1)验收标准。

1)主控项目检验标准应符合表9-7的规定。

表 9-7　　　　　　　　　　　　　　主控项目检验

序号	项　目	合格质量标准及说明	检验方法	检查数量
1	受力钢筋的弯钩和弯折	受力钢筋的弯钩和弯折应符合下列规定: (1)HPB235级钢筋末端应作180°弯钩,其弯弧内直径不应小于钢筋直径的2.5倍,弯钩的弯后平直部分长度不应小于钢筋直径的3倍。 (2)当设计要求钢筋末端需作135°弯钩时,HRB335级、HRB400级钢筋的弯弧内直径不应小于钢筋直径的4倍,弯钩的弯后平直部分长度应符合设计要求。 (3)钢筋作不大于90°的弯折时,弯折处的弯弧内直径不应小于钢筋直径的5倍	钢尺检查	按每工作班同一类型钢筋、同一加工设备抽查不应少于3件

序号	项 目	合格质量标准及说明	检验方法	检查数量
2	箍筋弯钩形式	除焊接封闭环式箍筋外,箍筋的末端应作弯钩,弯钩形式应符合设计要求;当设计无具体要求时,应符合下列规定: (1)箍筋弯钩的弯弧内直径除应满足上述表项 1 的规定外,尚应不小于受力钢筋直径。 (2)箍筋弯钩的弯折角度:对一般结构,应不小于 90°;对有抗震等要求的结构,应为 135°。 (3)箍筋弯后平直部分长度:对一般结构,不宜小于箍筋直径的 5 倍;对有抗震等要求的结构,不应小于箍筋直径的 10 倍	钢尺检查	按每工作班同一类型钢筋、同一加工设备抽查不应少于 3 件
3	钢筋调直	钢筋调直后应进行力学性能和重量偏差的检验,其强度应符合有关标准的规定。盘卷钢筋和直条钢筋调直后的断后伸长率、重量负偏差应符合表 9-8 的规定。采用无延伸功能的机械设备调直的钢筋,可不进行本条规定的检验	3 个试件先进行重量偏差检验,再取其中 2 个试件经时效处理后进行力学性能检验。检验重量偏差时,试件切口应平滑且与长度方向垂直,且长度不应小于 500mm;长度和重量的量测精度分别不应低于 1mm 和 1g	同一厂家、同一牌号、同一规格调直钢筋,重量不大于 30t 为一批;每批见证取 3 件试件

表 9-8　盘卷钢筋和直条钢筋调直后的断后伸长率、重量负偏差要求

钢筋牌号	断后伸长率 A(%)	重量负偏差(%)		
		直径 6 ～12mm	直径 14 ～20mm	直径 22 ～50mm
HPB235、HPB300	≥21	≤10	—	—
HRB335、HRBF335	≥16	≤8	≤6	≤5
HRB400、HRBF400	≥15			
RRB400	≥13			
HRB500、HRBF500	≥14			

注:1. 断后伸长率 A 的量测标距为 5 倍钢筋公称直径;
　　2. 重量负偏差(%)按公式[$(W_0-W_d)/W_0$]×100 计算,其中 W_0 为钢筋理论重量

(kg/m),W_d 为调直后钢筋的实际重量(kg/m);

　　3. 对直径为 28~40mm 的带肋钢筋,表中断后伸长率可降低 1%;对直径大于 40mm 的带肋钢筋,表中断后伸长率可降低 2%。

　　2)一般项目检验标准应符合表 9-9 的规定。

表 9-9　　　　　　　　　　　　　　一般项目检验

序号	项　目	合格质量标准及说明	检验方法	检查数量
1	钢　筋调直	钢筋宜采用无延伸功能的机械设备进行调直,也可采用冷拉方法调直。当采用冷拉方法调直时,HPB235、HPB300 光圆钢筋的冷拉率不宜大于 4%,HRB335、HRB400、HRB500、HRBF335、HRBF400、HRBF500 及 RRB400 带肋钢筋的冷拉率不宜大于 1%	观察、钢尺检查	按每工作班同一类型钢筋、同一加工设备抽查不应少于 3 件
2	钢筋加工的形状、尺寸	钢筋加工的形状、尺寸应符合设计要求,其偏差应符合《混凝土结构工程施工质量验收规范》(GB 50204—2002,2011 年版)表 5.3.4 的规定	钢　尺检查	

　　(2)验收资料。

　　1)钢筋产品合格证、出厂检验报告。

　　2)钢筋进场复验报告。

　　3)钢筋冷拉记录。

　　4)钢筋焊接接头力学性能试验报告。

　　5)钢筋机械连接接头力学性能试验报告。

　　6)焊条(剂)试验报告。

　　7)钢筋隐蔽工程验收记录。

　　8)钢筋锥螺纹加工检验记录及连接套产品合格证。

　　9)钢筋锥螺纹接头质量检查记录。

　　10)施工现场挤压接头质量检查记录。

　　11)设计变更和钢材代用证明。

　　12)见证检测报告。

　　13)检验批质量验收记录。

　　14)钢筋分项工程质量验收记录。

三、钢筋连接

　　1. 监理巡视与检查

　　钢筋绑扎搭接接头连接区段及接头面积百分率,如图 9-1 所示。

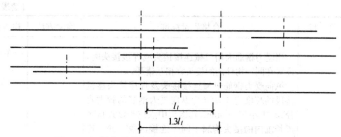

图 9-1 钢筋绑扎搭接接头连接区段及接头面积百分率

注:图中所示搭接接头同一连接区段内的搭接钢筋为两根,
当各钢筋直径相同时,接头面积百分率为 50%。

2. 监理验收

(1)验收标准。

1)主控项目检验标准应符合表 9-10 的规定。

表 9-10 主控项目检验

序号	项 目	合格质量标准	检验方法	检查数量
1	纵向受力钢筋的连接方式	纵向受力钢筋的连接方式应符合设计要求	观察	全数检查
2	钢筋机械连接和焊接接头的力学性能	在施工现场,应按国家现行标准《钢筋机械连接技术规程》(JGJ 107)、《钢筋焊接及验收规程》(JGJ 18)的规定抽取钢筋机械连接接头、焊接接头试件作力学性能检验	检查产品合格证、接头力学性能试验报告	按有关规程确定

2)一般项目检验标准应符合表 9-11 的规定。

表 9-11 一般项目检验

序号	项 目	合格质量标准	检验方法	检查数量
1	接头位置和数量	钢筋的接头宜设置在受力较小处。同一纵向受力钢筋不宜设置两个或两个以上接头。接头末端至钢筋弯起点的距离不应小于钢筋直径的 10 倍	观察、钢尺检查	全 数 检查
2	钢筋机械连接焊接的外观质量	在施工现场,应按国家现行标准《钢筋机械连接技术规程》(JGJ 107)、《钢筋焊接及验收规程》(JGJ 18)的规定对钢筋机械连接接头、焊接接头的外观进行检查,其质量应符合有关规程的规定	观察	

序号	项 目	合格质量标准	检验方法	检查数量
3	纵向受力钢筋机械连接、焊接的接头面积百分率	当受力钢筋采用机械连接接头或焊接接头时，设置在同一构件内的接头宜相互错开。 纵向受力钢筋机械连接接头及焊接接头连接区段的长度为 $35d$（d 为纵向受力钢筋的较大直径）且不小于 500mm，凡接头中点位于该连接区段长度内的接头均属于同一连接区段。同一连接区段内，纵向受力钢筋机械连接及焊接的接头面积百分率为该区段内有接头的纵向受力钢筋截面面积与全部纵向受力钢筋截面面积的比值。 同一连接区段内，纵向受力钢筋的接头面积百分率应符合设计要求；当设计无具体要求时，应符合下列规定： (1)在受拉区不宜大于 50%。 (2)接头不宜设置在有抗震设防要求的框架梁端、柱端的箍筋加密区；当无法避免时，对等强度高质量机械连接接头，不应大于 50%。 (3)直接承受动力荷载的结构构件中，不宜采用焊接接头；当采用机械连接接头时，不应大于 50%	观察、钢尺检查	在同一检验批内，对梁、柱和独立基础，应抽查构件数量的 10%，且不少于 3 件；对墙和板，应按有代表性的自然间抽查 10%，且不少于 3 间；对大空间结构，墙可按相邻轴线间高度 5m 左右划分检查面，板可按纵横轴线划分检查面，抽查 10%，且均不少于 3 面
4	纵向受拉钢筋搭接接头面积百分率和最小搭接长度	同一构件中相邻纵向受力钢筋的绑扎搭接接头宜相互错开。绑扎搭接接头中钢筋的横向净距不应小于钢筋直径，且不应小于 25mm。 钢筋绑扎搭接接头连接区段的长度为 $1.3l_l$（l_l 为搭接长度），凡搭接接头中点位于该连接区段长度内的搭接接头均属于同一连接区段。同一连接区段内，纵向钢筋搭接接头面积百分率为该区段内有搭接接头的纵向受力钢筋截面面积与全部纵向受力钢筋截面面积的比值。 同一连接区段内，纵向受拉钢筋搭接接头面积百分率应符合设计要求；当设计无具体要求时，应符合下列规定。 (1)对梁类、板类及墙类构件，不宜大于 25%。 (2)对柱类构件，不宜大于 50%。 (3)当工程中确有必要增大接头面积百分率时，对梁类构件，不应大于 50%；对其他构件，可根据实际情况放宽。 纵向受力钢筋绑扎搭接接头的最小搭接长度应符合《混凝土结构工程施工质量验收规范》(GB 50204—2002,2011 年版)附录 B 的规定		

（续表）

序号	项目	合格质量标准	检验方法	检查数量
5	梁、柱类构件纵向受力钢筋搭接长度	在梁、柱类构件的纵向受力钢筋搭接长度范围内，应按设计要求配置箍筋。当设计无具体要求时，应符合下列规定： （1）箍筋直径不应小于搭接钢筋较大直径的0.25倍； （2）受拉搭接区段的箍筋间距不应大于搭接钢筋较小直径的5倍，且不应大于100mm； （3）受压搭接区段的箍筋间距不应大于搭接钢筋较小直径的10倍，且不应大于200mm； （4）当柱中纵向受力钢筋直径大于25mm时，应在搭接接头两个端面外100mm范围内各设置两个箍筋，其间距宜为50mm	钢尺检查	同上

（2）验收资料。

1）钢筋产品合格证、出厂检验报告。

2）钢筋进场复验报告。

3）钢筋冷拉记录。

4）钢筋焊接接头力学性能试验报告。

5）钢筋机械连接接头力学性能试验报告。

6）焊条（剂）试验报告。

7）钢筋隐蔽工程验收记录。

8）钢筋锥螺纹加工检验记录及连接套产品合格证。

9）钢筋锥螺纹接头质量检查记录。

10）施工现场挤压接头质量检查记录。

11）设计变更和钢材代用证明。

12）见证检测报告。

13）检验批质量验收记录。

14）钢筋分项工程质量验收记录。

四、钢筋安装

1. 监理巡视与检查

（1）钢筋骨架绑扎时，宜将多根钢筋端部对齐，防止绑扎时，钢筋偏离规定位置及骨架扭曲变形。

（2）保护层垫块厚度应准确，垫块间距应适宜，否则导致平板悬臂板面出现裂缝，梁底柱侧露筋。

（3）钢筋骨架入模时，应力求平稳。骨架各钢筋交点要绑扎牢固，必要时焊接牢固。

(4)钢筋骨架绑扎完成后,会出现斜向一方,绑扎时铁丝应绑成八字形,左右口绑扎发现箍筋遗漏、间距不对要及时调整好。

(5)箍筋接头应错开放置,绑扎前要先检查;绑扎完成后再检查,若有错误应立即纠正。

(6)浇筑混凝土时,受到侧压钢筋位置出现位移时,应及时调整。

(7)同截面钢筋接头数量超过规范规定:骨架未绑扎前要检查钢筋接头数量,如超出规范要求,要作调整才可绑扎成型。

2. 监理验收

(1)验收标准。

1)主控项目检验标准应符合表 9-12 的规定。

表 9-12　　　　　　　　　　　　主控项目检验

序号	项　目	合格质量标准及说明	检验方法	检查数量
1	钢筋要求	钢筋安装时,受力钢筋的品种、级别、规格和数量必须符合设计要求	观察,钢尺检查	全数检查

2)一般项目检验标准应符合表 9-13 的规定。

表 9-13　　　　　　　　　　　　一般项目检验

序号	项　目	合格质量标准	检验方法	检查数量
1	允许偏差	钢筋安装位置的偏差应符合表 9-14 的规定	见表9-14	在同一检验批内,对梁、柱和独立基础,应抽查构件数量的 10%,且不少于 3 件;对墙和板,应按有代表性的自然间抽查 10%,且不少于 3 间;对大空间结构,墙可按相邻轴线间高度 5m 左右划分检查面,板可按纵、横轴线划分检查面,抽查 10%,且均不少于 3 面

表 9-14　　　　　　　　钢筋安装位置的允许偏差和检验方法

项　　目		允许偏差(mm)	检　验　方　法
绑扎钢筋网	长、宽	±10	钢尺检查
	网眼尺寸	±20	钢尺量连续三档,取最大值
绑扎钢筋骨架	长	±10	钢尺检查
	宽、高	±5	钢尺检查

续表

项　　目			允许偏差(mm)	检　验　方　法
受力钢筋	间距		±10	钢尺量两端、中间各一点,取最大值
	排距		±5	
	保护层厚度	基础	±10	钢尺检查
		柱、梁	±5	钢尺检查
		板、墙、壳	±3	钢尺检查
绑扎箍筋、横向钢筋间距			±20	钢尺量连续三档,取最大值
钢筋弯起点位置			20	钢尺检查
预埋件	中心线位置		5	钢尺检查
	水平高差		+3,0	钢尺和塞尺检查

注:1. 检查预埋件中心线位置时,应沿纵、横两个方向量测,并取其中的较大值;
　　2. 表中梁类、板类构件上部纵向受力钢筋保护层厚度的合格点率应达到90%及以上,且不得有超过表中数值1.5倍的尺寸偏差。

(2)验收资料。

1)钢筋产品合格证、出厂检验报告。

2)钢筋进场复验报告。

3)钢筋力学性能试验报告。

4)焊条(剂)试验报告。

5)隐蔽工程验收记录。

6)设计变更和钢材代用证明。

7)钢筋分项工程质量验收记录。

第三节　预应力分项工程

一、原材料

1. 监理巡视与检查

(1)预应力筋的品种、规格、数量、位置等;

(2)预应力筋锚具和连接器的品种、规格、数量、位置等;

(3)预留孔道的规格、数量、位置、形状及灌浆孔、排气兼泌水管等;

(4)锚固区局部加强构造等。

2. 监理验收

(1)验收标准。

1)主控项目检验应符合表 9-15 的规定。

表 9-15　　　　　　　　　　　　　　　　主控项目检验

序号	项 目	合格质量标准	检验方法	检查数量
1	进 场 质 量	预应力筋进场时,应按现行国家标准《预应力混凝土用钢绞线》(GB/T 5224)等的规定抽取试件作力学性能检验,其质量必须符合有关标准的规定	检查产品合格证、出厂检验报告和进场复验报告	按进场的批次和产品的抽样检验方案确定
2	无 粘 结 预应力筋	无粘结预应力筋的涂包质量应符合无粘结预应力钢绞线标准的规定。 注:当有工程经验,并经观察认为质量有保证时,可不作油脂用量和护套厚度的进场复验	观察,检查产品合格证、出厂检验报告和进场复验报告	每 60t 为一批,每批抽取一组试件
3	锚具、夹具 和 连 接器	预应力筋用锚具、夹具和连接器应按设计要求采用,其性能应符合现行国家标准《预应力筋用锚具、夹具和连接器》(GB/T 14370)等的规定。 注:对锚具用量较少的一般工程,如供货方提供有效的试验报告,可不作静载锚固性能试验	观察,检查产品合格证、出厂检验报告和进场复验报告	按进场批次和产品的抽样检验方案确定
4	孔道灌浆用水泥质量	孔道灌浆用水泥应采用普通硅酸盐水泥,其质量应符合相关规定。孔道灌浆用外加剂的质量应符合相关规定。 注:对孔道灌浆用水泥和外加剂用量较少的一般工程,当有可靠依据时,可不作材料性能的进场复验		

2)一般项目检验应符合表 9-16 的规定。

表 9-16　　　　　　　　　　　　一般项目检验

序号	项　目	合格质量标准	检验方法	检查数量
1	外观检查	预应力筋使用前应进行外观检查,其质量应符合下列要求: (1)有粘结预应力筋展开后应平顺,不得有弯折,表面不应有裂纹、小刺、机械损伤、氧化铁皮和油污等; (2)无粘结预应力筋护套应光滑、无裂缝,无明显褶皱。 注:无粘结预应力筋护套轻微破损者应外包防水塑料胶带修补,严重破损者不得使用	观察	全数检查
2	表面质量	预应力筋用锚具、夹具和连接器使用前应进行外观检查,其表面应无污物、锈蚀、机械损伤和裂纹	观察	全数检查
3	金属螺旋管尺寸和性能	预应力混凝土用金属螺旋管的尺寸和性能应符合国家现行标准《预应力混凝土用金属螺旋管》(JG/T 3013)的规定。 注:对金属螺旋管用量较少的一般工程,当有可靠依据时,可不作径向刚度、抗渗漏性能的进场复验	检查产品合格证、出厂检验报告和进场复验报告	按进场批次和产品的抽样检验方案确定
4	金属螺旋管表面质量	预应力混凝土用金属螺旋管在使用前应进行外观检查,其内外表面应清洁,无锈蚀,不应有油污、孔洞和不规则的褶皱,咬口不应有开裂或脱扣	观察	全数检查

(2)验收资料。

1)预应力筋产品合格证明、出厂检验报告、进场复验报告。

2)预应力筋用锚具、夹具和连接器产品合格证、出厂检验报告、进场复验报告。

3)预应力隐蔽工程验收记录。

4)张拉机具设备及仪表的配套标定报告单。

5)孔道灌浆用水泥浆性能试验报告。

6)检验批质量验收记录。

7)预应力分项工程质量验收记录。

二、制作与安装

1. 监理巡视与检查

预应力筋张拉机具设备及仪表,应定期维护和校验。张拉设备应配套标定,并配套使用。张拉设备的标定期限不应超过半年。当在使用过程中出现反常现象时或在千斤顶检修后,应重新标定。

注:1. 张拉设备标定时,千斤顶活塞的运行方向应与实际张拉工作状态一致;

　　2. 压力表的精度不应低于1.5级,标定张拉设备用的试验机或测力计精度不应低于±2%。

2. 监理验收

(1)验收标准。

1)主控项目检验标准应符合表9-17的规定。

表 9-17　　　　　　　　　　　　　主控项目检验

序号	项目	合格质量标准	检验方法	检查数量
1	预应力筋品种、级别、规格和数量	预应力筋安装时,其品种、级别、规格、数量必须符合设计要求	观察,钢尺检查	
2	避免隔离剂沾污	先张法预应力施工时应选用非油质类模板隔离剂,并应避免沾污预应力筋	观察	全数检查
3	避免电火花损伤预应力筋	施工过程中应避免电火花损伤预应力筋;受损伤的预应力筋应予以更换		

2)一般项目检验标准应符合表9-18的规定。

表 9-18　　　　　　　　　　　　　一般项目检验

序号	项目	合格质量标准	检验方法	检查数量
1	预应力筋下料	预应力筋下料应符合下列要求: (1)预应力筋应采用砂轮锯或切断机切断,不得采用电弧切割。 (2)当钢丝束两端采用镦头锚具时,同一束中各根钢丝长度的极差应不大于钢丝长度的1/5000,且不应大于5mm。当成组张拉长度不大于10m的钢丝时,同组钢丝长度的极差不得大于2mm	观察,钢尺检查	每工作班抽查预应力筋总数的3%,且不少于3束

序号	项目	合格质量标准	检验方法	检查数量
2	锚具制作质量要求	预应力筋端部锚具的制作质量应符合下列要求： (1)挤压锚具制作时压力表油压应符合操作说明书的规定，挤压后预应力筋外端应露出挤压套筒1~5mm。 (2)钢绞线压花锚成形时，表面应清洁、无油污，梨形头尺寸和直线段长度应符合设计要求。 (3)钢丝镦头的强度不得低于钢丝强度标准值的98%	观察，钢尺检查，检查镦头强度试验报告	对挤压锚，每工作班抽查5%，且不应少于5件；对压花锚，每工作班抽查3件；对钢丝镦头强度，每批钢丝检查6个镦头试件
3	预留孔道质量	后张法有粘结预应力筋预留孔道的规格、数量、位置和形状除应符合设计要求外，尚应符合下列规定： (1)预留孔道的定位应牢固，浇筑混凝土时不应出现移位和变形。 (2)孔道应平顺，端部的预埋锚垫板应垂直于孔道中心线。 (3)成孔用管道应密封良好，接头应严密且不得漏浆。 (4)灌浆孔的间距：对预埋金属螺旋管不宜大于30m；对抽芯成形孔道不宜大于12m。 (5)在曲线孔道的曲线波峰部位应设置排气兼泌水管，必要时可在最低点设置排水孔。 (6)灌浆孔及泌水管的孔径应能保证浆液畅通	观察，钢尺检查	全数检查
4	预应力筋束形控制	预应力筋束形控制点的竖向位置偏差应符合表9-19的规定 注：束形控制点的竖向位置偏差合格点率应达到90%及以上，且不得有超过表中数值1.5倍的尺寸偏差	钢尺检查	在同一检验批内，抽查各类型构件中预应力筋总数的5%，且对各类型构件均不少于5束，每束应不少于5处

续表

序号	项目	合格质量标准	检验方法	检查数量
5	无粘结预应力筋铺设	无粘结预应力筋的铺设除应符合"上述序号4"的规定外,尚应符合下列要求: (1)无粘结预应力筋的定位应牢固,浇筑混凝土时不应出现移位和变形。 (2)端部的预埋锚垫板应垂直于预应力筋。 (3)内埋式固定端垫板不应重叠,锚具与垫板应贴紧。 (4)无粘结预应力筋成束布置时应能保证混凝土密实并能裹住预应力筋。 (5)无粘结预应力筋的护套应完整,局部破损处应采用防水胶带缠绕紧密	观察	全数检查
6	预应力筋防锈措施	浇筑混凝土前穿入孔道的后张法有粘结预应力筋,宜采取防止锈蚀的措施		

表 9-19 束形控制点的竖向位置允许偏差

截面高(厚)度(mm)	$h \leqslant 300$	$300 < h \leqslant 1500$	$h > 1500$
允许偏差(mm)	±5	±10	±15

(2)验收资料。

1)预应力筋产品合格证、出厂检验报告、进场复验报告。

2)预应力筋用锚具、夹具和连接器产品合格证、出厂检验报告、进场复验报告。

3)孔道灌浆用水泥、外加剂产品合格证、出厂检验报告、进场复验报告。

4)预应力混凝土用金属螺旋管产品合格证、出厂检验报告、进场复验报告。

5)镦头强度试验报告。

6)同条件养护混凝土试件试验报告。

7)预应力张拉记录。

8)预应力筋应力检测记录、见证张拉记录。

9)孔道灌浆记录。

10)孔道灌浆用水泥浆性能试验报告。

11)孔道灌浆用水泥浆试件强度试验报告。

12)预应力隐蔽工程验收记录。

13)张拉机具设备及仪表的配套标定报告单。

14)检验批质量验收记录。

15)预应力分项工程质量验收记录。

三、张拉、放张

1. 监理巡视与检查

(1)后张拉预应力工程的施工应由具有相应资质等级的预应力专业施工单位承担。

(2)预应力筋张拉及放张时,混凝土强度,应根据现行国家标准《混凝土结构设计规范》(GB 50010)的规定确定。

(3)预应力筋张拉应使各根预应力筋的预加力均匀一致。

(4)对先张法构件,施工时应采取措施减小张拉后预应力筋位置与设计位置的偏差。

2. 监理验收

(1)验收标准。

1)主控项目检验标准应符合表 9-20 的规定。

表 9-20　　　　　　　　　　主控项目检验

序号	项　目	合格质量标准	检验方法	检查数量
1	张拉和放张时混凝土强度	预应力筋张拉或放张时,混凝土强度应符合设计要求;当设计无具体要求时,不应低于设计的混凝土立方体抗压强度标准值的 75%	检查同条件养护试件试验报告	全数检查
2	张拉力、张拉或放张顺序及张拉工艺	预应力筋的张拉力、张拉或放张顺序及张拉工艺应符合设计及施工技术方案的要求,并应符合下列规定: (1)当施工需要超张拉时,最大张拉应力应不大于国家现行标准《混凝土结构设计规范》(GB 50010)的规定。 (2)张拉工艺应能保证同一束中各根预应力筋的应力均匀一致。 (3)后张法施工中,当预应力筋是逐根或逐束张拉时,应保证各阶段不出现对结构不利的应力状态;同时宜考虑后批张拉预应力筋所产生的结构构件的弹性压缩对先批张拉预应力筋的影响,确定张拉力。 (4)先张法预应力筋放张时,宜缓慢放松锚固装置,使各根预应力筋同时缓慢放松。 (5)当采用应力控制方法张拉时,应校核预应力筋的伸长值。实际伸长值与设计计算理论伸长值的相对允许偏差为 ±6%	检查张拉记录	

序号	项 目	合格质量标准	检验方法	检查数量
3	实际预应力值控制	预应力筋张拉锚固后实际建立的预应力值与工程设计规定检验值的相对允许偏差为±5%	对先张法施工,检查预应力筋应力检测记录;对后张法施工,检查见证张拉记录	对先张法施工,每工作班抽查预应力筋总数的1%,且不少于3根;对后张法施工,在同一检验批内,抽查预应力筋总数的3%,且不少于5束
4	预应力筋断裂或滑脱	张拉过程中应避免预应力筋断裂或滑脱;当发生断裂或滑脱时,必须符合下列规定: (1)对后张法预应力结构构件,断裂或滑脱的数量严禁超过同一截面预应力筋总根数的3%,且每束钢丝不得超过一根;对多跨双向连续板,其同一截面应按每跨计算。 (2)对先张法预应力构件,在浇筑混凝土前发生断裂或滑脱的预应力筋必须予以更换	观察,检查张拉记录	全数检查

2)一般项目检验标准应符合表 9-21 的规定。

表 9-21   一般项目检验

序号	项 目	合格质量标准	检验方法	检查数量
1	预应力筋内缩量	锚固阶段张拉端预应力筋的内缩量应符合设计要求;当设计无具体要求时,应符合《混凝土结构工程施工质量验收规范》(GB 50204 — 2002,2011 年版)表 6.4.5 的规定	钢 尺检查	每工作班抽查预应力筋总数的3%,且不少于3束
2	先张法预应力筋张拉后位置	先张法预应力筋张拉后与设计位置的偏差不得大于 5mm,且不得大于构件截面短边边长的 4%		

续表

序号	项　目	合格质量标准	检验方法	检查数量
3	外露预应力筋切断	后张法预应力筋锚固后的外露部分宜采用机械方法切割,其外露长度不宜小于预应力筋直径的 1.5 倍,且不宜小于 30mm	观察,钢尺检查	在同一检验批内,抽查预应力筋总数的3%,且不少于5束

(2)验收资料。

1)预应力筋产品合格证、出厂检验报告、进场复验报告。

2)预应力筋用锚具、夹具和连接器产品合格证、出厂检验报告、进场复验报告。

3)孔道灌浆用水泥、外加剂产品合格证、出厂检验报告、进场复验报告。

4)预应力混凝土用金属螺旋管产品合格证、出厂检验报告、进场复验报告。

5)镦头强度试验报告。

6)同条件养护混凝土试件试验报告。

7)预应力张拉记录。

8)预应力筋应力检测记录、见证张拉记录。

四、灌浆及封锚

1. 监理巡视与检查

(1)在浇筑混凝土之前,应进行预应力隐蔽工程验收。

(2)预应力筋张拉后处于高应力状态,对腐蚀非常敏感,应尽早进行孔道灌浆。

(3)锚具外多余预应力筋应采用无齿锯或机械切断机切断。

(4)灌浆时,注意水泥浆的密实性。

2. 监理验收

(1)验收标准。

1)主控项目检验标准应符合表 9-22 的规定。

表 9-22　　　　　　　　　　　主控项目检验

序号	项　目	合格质量标准	检验方法	检查数量
1	孔道灌浆	后张法有粘结预应力筋张拉后应尽早进行孔道灌浆,孔道内水泥浆应饱满、密实	观察,检查灌浆记录	全数检查

续表

序号	项 目	合格质量标准	检验方法	检查数量
2	锚具的封闭保护	锚具的封闭保护应符合设计要求;当设计无具体要求时,应符合下列规定: (1)应采取防止锚具腐蚀和遭受机械损伤的有效措施。 (2)凸出式锚固端锚具的保护层厚度不应小于 50mm。 (3)外露预应力筋的保护层厚度:处于正常环境时,不应小于 20mm;处于易受腐蚀的环境时,不应小于 50mm	观察,钢尺检查	在同一检验批内,抽查预应力筋总数的 5%,且不少于 5 处

2)一般项目检验标准应符合表 9-23 的规定。

表 9-23 　　　　　　　　　**一般项目检验**

序号	项 目	合格质量标准	检验方法	检查数量
1	灌浆用水泥浆的水灰比和泌水率	灌浆用水泥浆的水灰比应不大于 0.45,搅拌后 3h 泌水率不宜大于 2%,且应不大于 3%。泌水应能在 24h 内全部重新被水泥浆吸收	检查水泥浆性能试验报告	同一配合比检查一次
2	灌浆用水泥浆的抗压强度	灌浆用水泥浆的抗压强度应不小于 30N/mm²。 注:1. 一组试件由 6 个试件组成,试件应标准养护 28d; 2. 抗压强度为一组试件的平均值,当一组试件中抗压强度最大值或最小值与平均值相差超过 20%时,应取中间 4 个试件强度的平均值	检查水泥浆试件强度试验报告	每工作班留置一组边长为 70.7mm 的立方体试件

(2)验收资料。

1)孔道灌浆记录。

2)孔道灌浆用水泥浆性能试验报告。

3)孔道灌浆用水泥浆试件强度试验报告。

4)预应力隐蔽工程验收记录。

5)张拉机具设备及仪表的配套标定报告单。

6)检验批质量验收记录。

7)预应力分项工程质量验收记录。

第四节 混凝土分项工程

一、原材料

1. 监理巡视与检查

混凝土所用水泥、外加剂、氯化物及碱含量与水等原材料应符合国家现行相关标准的规定。

2. 监理验收

(1)验收标准。

1)主控项目检验标准应符合表 9-24 的规定。

表 9-24   主控项目检验

序号	项目	合格质量标准	检验方法	检查数量
1	水泥进场检验	水泥进场时应对其品种、级别、包装或散装仓号、出厂日期等进行检查,并应对其强度、安定性及其他必要的性能指标进行复验,其质量必须符合现行国家标准《通用硅酸盐水泥》(GB 175)等的规定。 当在使用中对水泥质量有怀疑或水泥出厂超过三个月(快硬硅酸盐水泥超过一个月)时,应进行复验,并按复验结果使用。 钢筋混凝土结构、预应力混凝土结构中,严禁使用含氯化物的水泥	检查产品合格证、出厂检验报告和进场复验报告	按同一生产厂家、同一等级、同一品种、同一批号且连续进场的水泥,袋装不超过200t 为一批,散装不超过 500t 为一批,每批抽样不少于一次
2	外加剂质量及应用	混凝土中掺用外加剂的质量及应用技术应符合现行国家标准《混凝土外加剂》(GB 8076)、《混凝土外加剂应用技术规范》(GB 50119)等和有关环境保护的规定。 预应力混凝土结构中,严禁使用含氯化物的外加剂。钢筋混凝土结构中,当使用含氯化物的外加剂时,混凝土中氯化物的总含量应符合现行国家标准《混凝土质量控制标准》(GB 50164)的规定	检查产品合格证、出厂检验报告和进场复验报告	按进场的批次和产品的抽样检验方案确定

序号	项 目	合格质量标准	检验方法	检查数量
3	混凝土中氯化物、碱的总含量控制	混凝土中氯化物和碱的总含量应符合现行国家标准《混凝土结构设计规范》(GB 50010)和设计的要求	检查原材料试验报告和氯化物、碱的总含量计算书	全数检查

2)一般项目检验标准应符合表 9-25 的规定。

表 9-25　　　　　　　　　一般项目检验

序号	项 目	合格质量标准	检验方法	检查数量
1	矿物掺合料质量及掺量	混凝土中掺用矿物掺合料的质量应符合现行国家标准《用于水泥和混凝土中的粉煤灰》(GB 1596)等的规定。矿物掺合料的掺量应通过试验确定	检查出厂合格证和进场复验报告	按进场的批次和产品的抽样检验方案确定
2	粗细骨料的质量	普通混凝土所用的粗、细骨料的质量应符合国家现行标准《普通混凝土用砂、石质量及检验方法标准》(JGJ 52)的规定 注:1. 混凝土用的粗骨料,其最大颗粒粒径不得超过构件截面最小尺寸的 1/4,且不得超过钢筋最小净间距的 3/4; 2. 对混凝土实心板,骨料的最大粒径不宜超过板厚的 1/3,且不得超过 40mm	检查进场复验报告	
3	拌制混凝土用水	拌制混凝土宜采用饮用水;当采用其他水源时,水质应符合国家现行标准《混凝土用水标准》(JGJ 63)的规定	检查水质试验报告	同一水源检查应不少于一次

(2)验收资料。

1)水泥产品合格证、出厂检验报告、进场复验报告。

2)外加剂产品合格证、出厂检验报告、进场复验报告。

3)混凝土中氯化物、碱的总含量计算书。

4)掺合料出厂合格证、进场复试报告。

5)粗、细骨料进场复验报告。

6)水质试验报告。

7)砂、石含水率测试结果记录。

二、混凝土配合比设计

1. 监理巡视与检查

(1)混凝土应根据实际采用的原材料进行配合比设计并按普通混凝土拌合物性能试验方法等标准进行试验、试配,以满足混凝土强度、耐久性和工作性(坍落度等)的要求,不得采用经验配合比。同时,应符合经济、合理的原则。

(2)实际生产时,对首次使用的混凝土配合比应进行开盘鉴定,并至少留置一组 28d 标准养护试件,以验证混凝土的实际质量与设计要求的一致性。施工单位应注意积累相关资料,以利于提高配合比设计水平。

(3)混凝土生产时,砂、石的实际含水率可能与配合比设计时存在差异,故规定应测定实际含水率并相应地调整材料用量。

2. 监理验收

(1)验收标准。

1)主控项目检验标准应符合表 9-26 的规定。

表 9-26　　　　　　　　　主控项目检验

序号	项　目	合格质量标准	检验方法	检查数量
1	配合比设计	混凝土应按国家现行标准《普通混凝土配合比设计规程》(JGJ 55)的有关规定,根据混凝土强度等级、耐久性和工作性等要求进行配合比设计。 对有特殊要求的混凝土,其配合比设计尚应符合国家现行有关标准的专门规定	检查配合比设计资料	全　数检查

2)一般项目检验标准应符合表 9-27 的规定。

表 9-27　　　　　　　　　一般项目检验

序号	项　目	合格质量标准	检验方法	检查数量
1	配合比开盘鉴定	首次使用的混凝土配合比应进行开盘鉴定,其工作性应满足设计配合比的要求。开始生产时应至少留置一组标准养护试件,作为验证配合比的依据	检查开盘鉴定资料和试件强度试验报告	按配合比设计要求确定
2	配合比调整	混凝土拌制前,应测定砂、石含水率并根据测试结果调整材料用量,提出施工配合比	检查含水率测试结果和施工配合比通知单	每工作班检查一次

(2)验收资料。

1)混凝土配合比设计资料。

2)混凝土配合比通知单。

3)混凝土试件强度试验报告。

4)混凝土试件抗渗试验报告。

5)施工记录。

6)检验批质量验收记录。

7)混凝土分项工程质量验收记录。

三、混凝土施工

1. 监理巡视与检查

(1)检验评定混凝土强度用的混凝土试件的尺寸及强度的尺寸换算系数应按表 9-28 取用;其标准成型方法、标准养护条件及强度试验方法应符合普通混凝土力学性能试验方法标准的规定。

表 9-28　　　　　　　　混凝土试件尺寸及强度尺寸换算系数

骨料最大粒径(mm)	试件尺寸(mm)	强度的尺寸换算系数
≤31.5	100×100×100	0.95
≤40	150×150×150	1.00
≤63	200×200×200	1.05

注:对强度等级为 C60 及以上的混凝土试件,其强度的尺寸换算系数可通过试验确定。

(2)结构构件拆模、出池、出厂、吊装、张拉、放张及施工期间临时负荷时的混凝土强度,应根据同条件养护的标准尺寸试件的混凝土强度确定。

(3)当混凝土试件强度评定不合格时,可采用非破损或局部破损的检测方法,按国家现行有关标准的规定对结构构件中的混凝土强度进行推定,并作为处理的依据。

(4)混凝土的冬期施工应符合国家现行标准《建筑工程冬期施工规程》(JGJ/T 104)和施工技术方案的规定。

2. 监理验收

(1)验收标准。

1)主控项目检验标准应符合表 9-29 的规定。

表 9-29　　　　　　　　　　　　　主控项目检验

序号	项　目	合格质量标准	检验方法	检查数量
1	混凝土强度等级试件的取样和留置	结构混凝土的强度等级必须符合设计要求。用于检查结构构件混凝土强度的试件,应在混凝土的浇筑地点随机抽取。取样与试件留置应符合下列规定:	检查施工记录及试件强度试验报告	全数检查

序号	项　目	合格质量标准	检验方法	检查数量
1	混凝土强度等级试件的取样和留置	(1)每拌制 100 盘且不超过 100m³ 的同配合比的混凝土,取样不得少于一次。 (2)每工作班拌制的同一配合比的混凝土不足 100 盘时,取样不得少于一次。 (3)当一次连续浇筑超过 1000m³ 时,同一配合比的混凝土每 200m³ 取样不得少于一次。 (4)每一楼层、同一配合比的混凝土,取样不得少于一次。 (5)每次取样应至少留置一组标准养护试件,同条件养护试件的留置组数应根据实际需要确定	检查施工记录及试件强度试验报告	全数检查
2	混凝土抗渗试件取样和留置	对有抗渗要求的混凝土结构,其混凝土试件应在浇筑地点随机取样	检查试件抗渗试验报告	同一工程、同一配合比的混凝土,取样不应少于一次,留置组数可根据实际需要确定
3	原材料每盘称量的允许偏差	混凝土原材料每盘称量的偏差应符合表 9-30 的规定	复称	每工作班抽查不应少于一次
4	混凝土运输、浇筑及间歇时间控制	混凝土运输、浇筑及间歇的全部时间不应超过混凝土的初凝时间。同一施工段的混凝土应连续浇筑,并应在底层混凝土初凝之前将上一层混凝土浇筑完毕。 当底层混凝土初凝后浇筑上一层混凝土时,应按施工技术方案中对施工缝的要求进行处理	观察,检查施工记录	全数检查

表 9-30　　　　　　　　　原材料每盘称量的允许偏差

材料名称	允许偏差
水泥、掺合料	±2%
粗、细骨料	±3%
水、外加剂	±2%

注:1. 各种衡器应定期校验,每次使用前应进行零点校核,保持计量准确;

　　2. 当遇雨天或含水率有显著变化时,应增加含水率检测次数,并及时调整水和骨料的用量。

2)一般项目检验标准应符合表 9-31 的规定。

表 9-31　　　　　　　　　　　一般项目检验

序号	项目	合格质量标准	检验方法	检查数量
1	施工缝的位置及处理	施工缝的位置应在混凝土浇筑前按设计要求和施工技术方案确定。施工缝的处理应按施工技术方案执行		
2	后浇带的位置及处理	后浇带的留置位置应按设计要求和施工技术方案确定。后浇带混凝土浇筑应按施工技术方案进行		
3	混凝土养护	混凝土浇筑完毕后,应按施工技术方案及时采取有效的养护措施,并应符合下列规定: (1)应在浇筑完毕后的 12h 以内对混凝土加以覆盖并保湿养护。 (2)混凝土浇水养护的时间:对采用硅酸盐水泥、普通硅酸盐水泥或矿渣硅酸盐水泥拌制的混凝土,不得少于 7d;对掺用缓凝型外加剂或有抗渗要求的混凝土,不得少于 14d。 (3)浇水次数应能保持混凝土处于湿润状态;混凝土养护用水应与拌制用水相同。 (4)采用塑料布覆盖养护的混凝土,其敞露的全部表面应覆盖严密,并应保持塑料布内有凝结水。 (5)混凝土强度达到 1.2N/mm² 前,不得在其上踩踏或安装模板及支架 注:1. 当日平均气温低于 5℃时,不得浇水 　　2. 当采用其他品种水泥时,混凝土的养护时间应根据所采用水泥的技术性能确定 　　3. 混凝土表面不便浇水或使用塑料布时,宜涂刷养护剂 　　4. 对大体积混凝土的养护,应根据气候条件按施工技术方案采取控温措施	观察,检查施工记录	全数检查

(2)验收资料。

1)水泥产品合格证、出厂检验报告、进场复验报告。

2)外加剂产品合格证、出厂检验报告、进场复验报告。

3)混凝土中氯化物、碱的总含量计算书。

4)掺合料出厂合格证、进场复试报告。

5)粗、细骨料进场复验报告。

6)水质试验报告。

7)混凝土配合比设计资料。

8)砂、石含水率测试结果记录。

9)混凝土配合比通知单。

10)混凝土试件强度试验报告。

11)混凝土试件抗渗试验报告。

12)施工记录。

13)检验批质量验收记录。

14)混凝土分项工程质量验收记录。

第五节　现浇结构分项工程

一、外观质量

1. 监理巡视与检查

(1)现浇结构的外观质量缺陷,应由监理(建设)单位、施工单位等各方根据其对结构性能和使用功能影响的严重程度,按表 9-32 确定。

表 9-32　　　　　　　　　　现浇结构外观质量缺陷

名称	现象	严重缺陷	一般缺陷
露筋	构件内钢筋未被混凝土包裹而外露	纵向受力钢筋有露筋	其他钢筋有少量露筋
蜂窝	混凝土表面缺少水泥砂浆而形成石子外露	构件主要受力部位有蜂窝	其他部位有少量蜂窝
孔洞	混凝土中孔穴深度和长度均超过保护层厚度	构件主要受力部位有孔洞	其他部位有少量孔洞
夹渣	混凝土中夹有杂物且深度超过保护层厚度	构件主要受力部位有夹渣	其他部位有少量夹渣
疏松	混凝土中局部不密实	构件主要受力部位有疏松	其他部位有少量疏松

续表

名称	现象	严重缺陷	一般缺陷
裂缝	缝隙从混凝土表面延伸至混凝土内部	构件主要受力部位有影响结构性能或使用功能的裂缝	其他部位有少量不影响结构性能或使用功能的裂缝
连接部位缺陷	构件连接处混凝土缺陷及连接钢筋、连接件松动	连接部位有影响结构传力性能的缺陷	连接部位有基本不影响结构传力性能的缺陷
外形缺陷	缺棱掉角、棱角不直、翘曲不平、飞边凸肋等	清水混凝土构件有影响使用功能或装饰效果的外形缺陷	其他混凝土构件有不影响使用功能的外形缺陷
外表缺陷	构件表面麻面、掉皮、起砂、沾污等	具有重要装饰效果的清水混凝土构件有外表缺陷	其他混凝土构件有不影响使用功能的外表缺陷

(2)现浇结构拆模后,应由监理(建设)单位、施工单位对外观质量和尺寸偏差进行检查,作出记录,并应及时按施工技术方案对缺陷进行处理。

2. 监理验收

(1)验收标准。

1)主控项目检验标准应符合表 9-33 的规定。

表 9-33　　　　　　　　　　　　　　主控项目检验

序号	项　目	合格质量标准	检验方法	检查数量
1	外观质量	现浇结构的外观质量不应有严重缺陷。 对已经出现的严重缺陷,应由施工单位提出技术处理方案,并经监理(建设)单位认可后进行处理。对经处理的部位,应重新检查验收	观察,检查技术处理方案	全数检查

2)一般项目检验标准应符合表 9-34 的规定。

表 9-34　　　　　　　　　　　　　　一般项目检验

序号	项　目	合格质量标准	检验方法	检查数量
1	外观质量一般缺陷	现浇结构的外观质量不宜有一般缺陷。 对已经出现的一般缺陷,应由施工单位按技术处理方案进行处理,并重新检查验收	观察,检查技术处理方案	全数检查

(2)验收资料。

1)现浇结构外观质量检查验收记录。

2)现浇结构质量缺陷修整记录。

3)现浇结构及混凝土设备基础尺寸偏差检查记录。

4)技术处理方案。

5)检验批质量验收记录。

6)现浇结构分项工程质量验收记录。

二、现浇结构尺寸偏差

1. 监理巡视与检查

现浇结构不应有影响结构性能和使用功能的尺寸偏差。混凝土设备基础不应有影响结构性能和设备安装的尺寸偏差。

对超过尺寸允许偏差且影响结构性能和安装、使用功能的部位,应由施工单位提出技术处理方案,并经监理(建设)单位认可后进行处理。对经处理的部位,应重新检查验收。

2. 监理验收

(1)验收标准。

1)主控项目检验标准应符合表 9-35 的规定。

表 9-35　　　　　　　　　　　**主控项目检验**

序号	项　目	合格质量标准	检验方法	检查数量
1	尺寸偏差	现浇结构不应有影响结构性能和使用功能的尺寸偏差。混凝土设备基础不应有影响结构性能和设备安装的尺寸偏差。 对超过尺寸允许偏差且影响结构性能和安装、使用功能的部位,应由施工单位提出技术处理方案,并经监理(建设)单位认可后进行处理。对经处理的部位,应重新检查验收	量测,检查技术处理方案	全数检查

2)一般项目检测标准应符合表 9-36 的规定。

表 9-36　　　　　　　　　　　**一般项目检验**

序号	项　目	合格质量标准	检验方法	检查数量
1	尺寸的允许偏差及检验方法	尺寸偏差应符合表9-37、表9-38的规定	见表9-37、表9-38	按楼层、结构缝或施工段划分检验批。在同一检验批内,对梁、柱和独立基础,应抽查构件数量的10%,且不少于 3 件;对墙和板,应按有代表性的自然间抽查 10%,且不少于 3 间;对大空间结构,墙可按相邻轴线间高度 5m 左右划分检查面,板可按纵、横轴线划分检查面,抽查 10%,且均不少于 3 面;对电梯井,应全数检查。对设备基础,应全数检查

表 9-37　　　　　　　　现浇结构尺寸允许偏差和检验方法

项　目		允许偏差(mm)	检验方法
轴线位置	基础	15	钢尺检查
	独立基础	10	
	墙、柱、梁	8	
	剪力墙	5	
垂直度	层高　≤5m	8	经纬仪或吊线、钢尺检查
	层高　>5m	10	
	全高(H)	$H/1000$ 且≤30	经纬仪、钢尺检查
标高	层高	±10	水准仪或拉线、钢尺检查
	全高	±30	
截面尺寸		+8，-5	钢尺检查
电梯井	井筒长、宽对定位中心线	+25,0	
	井筒全高(H)垂直度	$H/1000$ 且≤30	经纬仪、钢尺检查
表面平整度		8	2m靠尺和塞尺检查
预埋设施中心线位置	预埋件	10	钢尺检查
	预埋螺栓	5	
	预埋管	5	
预留洞中心线位置		15	钢尺检查

注：检查轴线、中心线位置时，应沿纵、横两个方向量测，并取其中的较大值。

表 9-38　　　　　　　　混凝土设备基础尺寸允许偏差和检验方法

项　目		允许偏差(mm)	检验方法
坐标位置		20	钢尺检查
不同平面的标高		0，-20	水准仪或拉线、钢尺检查
平面外形尺寸		±20	钢尺检查
凸台上平面外形尺寸		0，-20	钢尺检查
凹穴尺寸		+20,0	钢尺检查
平面水平度	每米	5	水平尺、塞尺检查
	全长	10	水准仪或拉线、钢尺检查

项　目		允许偏差 （mm）	检验方法
垂直度	每米	5	经纬仪或吊线、钢尺检查
	全高	10	
预埋地脚螺栓	标高（顶部）	+20,0	水准仪或拉线、钢尺检查
	中心距	±2	钢尺检查
预埋地脚螺栓孔	中心线位置	10	钢尺检查
	深度	+20,0	钢尺检查
	孔垂直度	10	吊线、钢尺检查
预埋活动地脚 螺栓锚板	标高	+20,0	水准仪或拉线、钢尺检查
	中心线位置	5	钢尺检查
	带槽锚板平整度	5	钢尺、塞尺检查
	带螺纹孔锚板平整度	2	钢尺、塞尺检查

注：检查坐标、中心线位置时，应沿纵、横两个方向量测，并取其中的较大值。

（2）验收资料。

1）现浇结构外观质量检查验收记录。

2）现浇结构质量缺陷修整记录。

3）现浇结构及混凝土设备基础尺寸偏差检查记录。

4）技术处理方案。

5）检验批质量验收记录。

6）现浇结构分项工程质量验收记录。

第六节　装配式结构分项工程

一、预制构件

1. 监理巡视与检查

（1）预制构件应在明显部位标明生产单位、构件型号、生产日期和质量验收标志。构件上的预埋件、插筋和预留孔洞的规格、位置和数量应符合标准图或设计的要求。

（2）预制构件的外观质量不应有严重缺陷。对已经出现的严重缺陷，应按技术处理方案进行处理，并重新检查验收。

（3）预制构件不应有影响结构性能和安装、使用功能的尺寸偏差。对超过尺寸允许偏差且影响结构性能和安装、使用功能的部位,应按技术处理方案进行处理,并重新检查验收。

2. 监理验收

(1)验收标准。

1)主控项目检验标准应符合表 9-39 的规定。

表 9-39　　　　　　　　　　　　　　　　主控项目检验

序号	项　目	合格质量标准	检验方法	检查数量
1	构件标志及预埋件等	预制构件应在明显部位标明生产单位、构件型号、生产日期和质量验收标志。构件上的预埋件、插筋和预留孔洞的规格、位置和数量应符合标准图或设计的要求	观察	全数检查
2	外观质量严重缺陷处理	预制构件的外观质量不应有严重缺陷。对已经出现的严重缺陷,应按技术处理方案进行处理,并重新检查验收	观察,检查技术处理方案	
3	过大尺寸偏差处理	预制构件不应有影响结构性能和安装、使用功能的尺寸偏差。对超过尺寸允许偏差且影响结构性能和安装、使用功能的部位,应按技术处理方案进行处理,并重新检查验收	量测,检查技术处理方案	

2)一般项目检验标准应符合表 9-40 的规定。

表 9-40　　　　　　　　　　　　　　　　一般项目检验

序号	项　目	合格质量标准	检验方法	检查数量
1	外观质量一般缺陷处理	预制构件的外观质量不宜有一般缺陷。对已经出现的一般缺陷,应按技术处理方案进行处理,并重新检查验收	观察,检查技术处理方案	全数检查
2	预制构件的尺寸偏差	预制构件的尺寸偏差应符合表 9-41 的规定	见表 9-41	同一工作班生产的同类型构件,抽查 5%且不少于 3 件

表 9-41 预制构件尺寸的允许偏差及检验方法

项 目		允许偏差(mm)	检验方法
长度	板、梁	+10,-5	钢尺检查
	柱	+5,-10	
	墙板	±5	
	薄腹梁、桁架	+15,-10	
宽度、高(厚)度	板、梁、柱、墙板、薄腹梁、桁架	±5	钢尺量一端及中部,取其中较大值
侧向弯曲	梁、柱、板	$l/750$ 且 ≤20	拉线、钢尺量最大侧向弯曲处
	墙板、薄腹梁、桁架	$l/1000$ 且 ≤20	
预埋件	中心线位置	10	钢尺检查
	螺栓位置	5	
	螺栓外露长度	+10,-5	
预留孔	中心线位置	5	钢尺检查
预留洞	中心线位置	15	钢尺检查
主筋保护层厚度	板	+5,-3	钢尺或保护层厚度测定仪量测
	梁、柱、墙板、薄腹梁、桁架	+10,-5	
对角线差	板、墙板	10	钢尺量两个对角线
表面平整度	板、墙板、柱、梁	5	2m 靠尺和塞尺检查
预应力构件预留孔道位置	梁、墙板、薄腹梁、桁架	3	钢尺检查
翘曲	板	$l/750$	调平尺在两端量测
	墙板	$l/1000$	

注:1. l 为构件长度(mm);

2. 检查中心线、螺栓和孔道位置时,应沿纵、横两个方向量测,并取其中的较大值;

3. 对形状复杂或有特殊要求的构件,其尺寸偏差应符合标准图或设计的要求。

(2)验收资料。

1)构件合格证。

2)技术处理方案。

3)施工记录。

4)预制构件外观质量、尺寸偏差和结构性能验收合格记录。

5)装配式结构的外观质量和尺寸偏差验收合格记录。

6)接头和拼缝的混凝土或砂浆试件强度试验报告。

7)检验批质量验收记录。

8)装配式结构分项工程质量验收记录。

二、结构性能检验

1. 预制构件检验依据

预制构件应按标准图或设计要求的试验参数及检验指标进行结构性能检验。

检验内容:钢筋混凝土构件和允许出现裂缝的预应力混凝土构件进行承载力、挠度和裂缝宽度检验;不允许出现裂缝的预应力混凝土构件进行承载力、挠度和抗裂检验;预应力混凝土构件中的非预应力杆件按钢筋混凝土构件的要求进行检验。对设计成熟、生产数量较少的大型构件,当采取加强材料和制作质量检验的措施时,可仅作挠度、抗裂或裂缝宽度检验;当采取上述措施并有可靠的实践经验时,可不作结构性能检验。

检验数量:对成批生产的构件,应按同一工艺正常生产的不超过 1000 件且不超过 3 个月的同类型产品为一批。当连续检验 10 批且每批的结构性能检验结果均符合规定的要求时,对同一工艺正常生产的构件,可改为不超过 2000 件且不超过 3 个月的同类型产品为一批。在每批中应随机抽取一个构件作为试件进行检验。

检验方法:按《混凝土结构工程施工质量验收规范》(GB 50204—2002,2011年版)附录 C 规定的方法采用短期静力加载检验。

注:1."加强材料和制作质量检验的措施"包括下列内容:

1)钢筋进场检验合格后,在使用前再对用作构件受力主筋的同批钢筋按不超过 5t 抽取一组试件,并经检验合格;对经逐盘检验的预应力钢丝,可不再抽样检查;

2)受力主筋焊接接头的力学性能,应按国家现行标准《钢筋焊接及验收规程》(JGJ 18)检验合格后,再抽取一组试件,并经检验合格;

3)混凝土按 5m^3 且不超过半个工作班生产的相同配合比的混凝土,留置一组试件,并经检验合格;

4)受力主筋焊接接头的外观质量、入模后的主筋保护层厚度、张拉预应力总值和构件的截面尺寸等,应逐件检验合格。

2."同类型产品"是指同一钢种、同一混凝土强度等级、同一生产工艺和同一结构形式的构件。对同类型产品进行抽样检验时,试件宜从设计荷载最大、受力最不利或生产数量最多的构件中抽取。对同类型的其他产品,也应定期进行抽样检验。

2. 预制构件承载力检验

预制构件承载力应按下列规定进行检验:

(1)当按现行国家标准《混凝土结构设计规范》(GB 50010)的规定进行检验时,应符合下列公式的要求:

$$\gamma_u \geqslant \gamma_0[\gamma_u] \tag{9-1}$$

式中 γ_u^0——构件的承载力检验系数实测值,即试件的荷载实测值与荷载设计值
(均包括自重)的比值;

γ_0——结构重要性系数,按设计要求确定,当无专门要求时取 1.0;

$[\gamma_u]$——构件的承载力检验系数允许值,按表 9-42 取用。

(2)当按构件实配钢筋进行承载力检验时,应符合下列公式的要求:

$$\gamma_u^0 \geqslant \gamma_0 \eta [\gamma_u] \qquad (9-2)$$

式中 η——构件承载力检验修正系数,根据现行国家标准《混凝土结构设计规
范》(GB 50010)按实配钢筋的承载力计算确定。

承载力检验的荷载设计值是指承载能力极限状态下,根据构件设计控制截面
上的内力设计值与构件检验的加载方式,经换算后确定的荷载值(包括自重)。

表 9-42 构件的承载力检验系数允许值

受力情况	达到承载能力极限状态的检验标志		$[\gamma_u]$
轴心受拉、偏心受拉、受弯、大偏心受压	受拉主筋处的最大裂缝宽度达到 1.5mm,或挠度达到跨度的 1/50	热轧钢筋	1.20
		钢丝、钢绞线、热处理钢筋	1.35
	受压区混凝土破坏	热轧钢筋	1.30
		钢丝、钢绞线、热处理钢筋	1.45
	受拉主筋拉断		1.50
受弯构件的受剪	腹部斜裂缝达到 1.5mm,或斜裂缝末端受压混凝土剪压破坏		1.40
	沿斜截面混凝土斜压破坏,受拉主筋在端部滑脱或其他锚固破坏		1.55
轴心受压、小偏心受压	混凝土受压破坏		1.50

3. 预制构件挠度检验

预制构件的挠度应按下列规定进行检验:

(1)当按现行国家标准《混凝土结构设计规范》(GB 50010)规定的挠度允许值
进行检验时,应符合下列公式的要求:

$$a_s^0 \leqslant [a_s] \qquad (9-3)$$

$$[a_s] = \frac{M_k}{M_q(\theta-1)+M_k}[a_l] \qquad (9-4)$$

式中　a_s^0——在荷载标准值下的构件挠度实测值;

　　　　$[a_s]$——挠度检验允许值;

　　　　$[a_f]$——受弯构件的挠度限值,按现行国家标准《混凝土结构设计规范》
　　　　　　　　(GB 50010)确定;

　　　　M_k——按荷载标准组合计算的弯矩值;

　　　　M_q——按荷载准永久组合计算的弯矩值;

　　　　θ——考虑荷载长期作用对挠度增大的影响系数,按现行国家标准《混凝土
　　　　　　　结构设计规范》(GB 50010)确定。

(2)当按构件实配钢筋进行挠度检验或仅检验构件的挠度、抗裂或裂缝宽度
时,应符合下列公式的要求:

$$a_s^0 \leqslant 1.2 a_s^c \tag{9-5}$$

同时,还应符合公式(9-3)的要求。

式中　a_s^c——在荷载标准值下按实配钢筋确定的构件挠度计算值,按现行国家标
　　　　　　　准《混凝土结构设计规范》(GB 50010)确定。

正常使用极限状态检验的荷载标准值是指正常使用极限状态下,根据构件设
计控制截面上的荷载标准组合效应与构件检验的加载方式,经换算后确定的荷
载值。

注:直接承受重复荷载的混凝土受弯构件,当进行短期静力加荷试验时,a_s^c值应按正常
　　使用极限状态下静力荷载标准组合相应的刚度值确定。

4. 预制构件抗裂检验

预制构件的抗裂检验应符合下列公式的要求:

$$\gamma_{cr}^0 \geqslant [\gamma_{cr}] \tag{9-6}$$

$$[\gamma_{cr}] = 0.95 \frac{\sigma_{pc} + \gamma f_{tk}}{\sigma_{ck}} \tag{9-7}$$

式中　γ_{cr}^0——构件的抗裂检验系数实测值,即试件的开裂荷载实测值与荷载标
　　　　　　　准值(均包括自重)的比值;

　　　　$[\gamma_{cr}]$——构件的抗裂检验系数允许值;

　　　　σ_{pc}——由预加力产生的构件抗拉边缘混凝土法向应力值,按现行国家标
　　　　　　　准《混凝土结构设计规范》(GB 50010)确定;

　　　　γ——混凝土构件截面抵抗矩塑性影响系数,按现行国家标准《混凝土结构
　　　　　　设计规范》(GB 50010)计算确定;

　　　　f_{tk}——混凝土抗拉强度标准值;

　　　　σ_{ck}——由荷载标准值产生的构件抗拉边缘混凝土法向应力值,按现行国
　　　　　　　家标准《混凝土结构设计规范》(GB 50010)确定。

5. 预制构件裂缝宽度检验

预制构件的裂缝宽度检验应符合下列公式的要求:

$$w^0_{s,\max} \leqslant [w_{\max}] \tag{9-8}$$

式中　$w^0_{s,\max}$——在荷载标准值下,受拉主筋处的最大裂缝宽度实测值(mm);

　　　$[w_{\max}]$——构件检验的最大裂缝宽度允许值,按表 9-43 取用。

表 9-43　　　　　　　　**构件检验的最大裂缝宽度允许值**　　　　　（mm）

设计要求的最大裂缝宽度限值	0.2	0.3	0.4
$[w_{\max}]$	0.15	0.20	0.25

6. 检验结果的验收

预制构件结构性能的检验结果应按下列规定验收:

(1)当试件结构性能的全部检验结果均符合上述"2. 预制构件承载力检验"至"5. 预制构件裂缝宽度检验"的检验要求时,该批构件的结构性能应通过验收。

(2)当第一个试件的检验结果不能全部符合上述要求,但又能符合第二次检验的要求时,可再抽两个试件进行检验。第二次检验的指标,对承载力及抗裂检验系数的允许值应取"2. 预制构件承载力检验"和"4. 预制构件抗裂检验"规定的允许值减 0.05;对挠度的允许值应取上述"3. 预制构件挠度检验"规定允许值的 1.10 倍。当第二次抽取的两个试件的全部检验结果均符合第二次检验的要求时,该批构件的结构性能可通过验收。

(3)当第二次抽取的第一个试件的全部检验结果均已符合上述的要求时,该批构件的结构性能可通过验收。

三、装配式结构施工

1. 监理巡视与检查

(1)预制构件应进行结构性能检验。结构性能检验不合格的预制构件不得用于混凝土结构施工中。

(2)叠合结构中预制构件的叠合面应符合设计要求。

(3)装配式结构施工应符合下述"2.(1)验收标准"的规定。

2. 监理验收

(1)验收标准。

1)主控项目检验标准应符合表 9-44 的规定。

表 9-44　　　　　　　　　　　　　**主控项目检验**

序号	项　目	合格质量标准	检验方法	检查数量
1	外观质量	进入现场的预制构件,其外观质量、尺寸偏差及结构性能应符合标准图或设计的要求	检查构件合格证	按　批检查

序号	项　目	合格质量标准	检验方法	检查数量
2	连接要求	预制构件与结构之间的连接应符合设计要求。连接处钢筋或埋件采用焊接或机械连接时,接头质量应符合国家现行标准《钢筋焊接及验收规程》(JGJ 18)、《钢筋机械连接技术规程》(JGJ 107)的要求	观察,检查施工记录	全　数检查
3	接头与拼缝	承受内力的接头和拼缝,当其混凝土强度未达到设计要求时,不得吊装上一层结构构件;当设计无具体要求时,应在混凝土强度不小于 10N/mm² 或具有足够的支承时方可吊装上一层结构构件。 已安装完毕的装配式结构,应在混凝土强度到达设计要求后,方可承受全部设计荷载	检查施工记录及试件强度试验报告	全　数检查

2)一般项目检验标准应符合表 9-45 的规定。

表 9-45　　　　　　　　　　　　一般项目检验

序号	项　目	合格质量标准	检验方法	检查数量
1	预制构件码放与运输	预制构件码放和运输时的支承位置和方法应符合标准图或设计的要求	观察检查	全数检查
2	预制构件吊装	预制构件吊装前,应按设计要求在构件和相应的支承结构上标志中心线、标高等控制尺寸,按标准图或设计文件校核预埋件及连接钢筋等,并作出标志	观察,钢尺检查	全数检查
3	吊装要求	预制构件应按标准图或设计的要求吊装。起吊时绳索与构件水平面的夹角不宜小于45°,否则应采用吊架或经验算确定	观察检查	
4	安装要求	预制构件安装就位后,应采取保证构件稳定的临时固定措施,并应根据水准点和轴线校正位置	观察,钢尺检查	全数检查

序号	项目	合格质量标准	检验方法	检查数量
5	接头与拼缝具体要求	装配式结构中的接头和拼缝应符合设计要求；当设计无具体要求时，应符合下列规定： 1）对承受内力的接头和拼缝应采用混凝土浇筑，其强度等级应比构件混凝土强度等级提高一级； 2）对不承受内力的接头和拼缝应采用混凝土或砂浆浇筑，其强度等级不应低于 C15 或 M15； 3）用于接头和拼缝的混凝土或砂浆，宜采取微膨胀措施和快硬措施，在浇筑过程中应振捣密实，并应采取必要的养护措施	检查施工记录及试件	全数检查

（2）验收资料。

1）构件合格证。

2）技术处理方案。

3）施工记录。

4）预制构件外观质量、尺寸偏差和结构性能验收合格记录。

5）装配式结构的外观质量和尺寸偏差验收合格记录。

6）接头和拼缝的混凝土或砂浆试件强度试验报告。

7）检验批质量验收记录。

8）装配式结构分项工程质量验收记录。

第十章 砌体工程现场监理

第一节 砌筑砂浆

一、监理巡视与检查

(1)砌筑砂浆应采用机械搅拌,搅拌时间自投料完起算,应符合下列规定:

1)水泥砂浆和水泥混合砂浆不得少于 120s;

2)水泥粉煤灰砂浆和掺用外加剂的砂浆不得少于 180s;

3)掺增塑剂的砂浆,其搅拌方式、搅拌时间应符合现行行业标准《砌筑砂浆增塑剂》(JG/T 164)的有关规定;

4)干混砂浆及加气混凝土砌块专用砂浆宜按掺用外加剂的砂浆确定搅拌时间或按产品说明书采用。

(2)砂浆现场拌制时,各组分材料应采用重量计量。

(3)拌制水泥砂浆,应先将砂与水泥干拌均匀,再加水拌合均匀。

(4)拌制水泥混合砂浆,应先将砂与水泥干拌均匀,再加掺加料(石灰膏、黏土膏)和水拌合均匀。

(5)拌制水泥粉煤灰砂浆,应先将水泥、粉煤灰、砂干拌均匀,再加水拌合均匀。

(6)掺用外加剂时,应先将外加剂按规定浓度溶于水中,在拌合水投入时投入外加剂溶液,外加剂不得直接投入拌制的砂浆中。

(7)砂浆拌成后和使用时,均应盛入贮灰器中。如砂浆出现泌水现象,应在砌筑前再次拌合。

(8)现场拌制的砂浆应随拌随用,水泥砂浆和水泥混合砂浆应分别在 3h 和 4h 内使用完毕;当施工期间最高气温超过 30℃时,应分别在拌成后 2h 和 3h 内使用完毕。对掺用缓凝剂的砂浆,其使用时间可根据具体情况延长。

二、监理验收

1. 验收标准

(1)砌筑砂浆试块强度验收时其强度合格标准必须符合以下规定:

同一验收批砂浆试块强度平均值应大于或等于设计强度等级值的 1.10 倍;同一验收批砂浆试块抗压强度的最小一组平均值必须大于或等于设计强度等级值的 85%。

抽检数量:每一检验批且不超过 250m³ 砌体的各类、各强度等级的普通砌筑砂浆,每台搅拌机应至少抽检一次。验收批的预拌砂浆、蒸压加气混凝土砌块专用砂浆,抽检可为 3 组。

检验方法:在砂浆搅拌机出料口或在湿拌砂浆的储存容器出料口随机取样制

作砂浆试块(现场拌制的砂浆,同盘砂浆只应作 1 组试块),试块标养 28d 后作强度试验。预拌砂浆中的湿拌砂浆稠度应在进场时取样检验。

(2)当施工中或验收时出现下列情况,可采用现场检验方法对砂浆和砌体强度进行实体检测,并判定其强度:

1)砂浆试块缺乏代表性或试块数量不足。

2)对砂浆试块的试验结果有怀疑或有争议。

3)砂浆试块的试验结果,不能满足设计要求。

4)发生工程事故,需要进一步分析事故原因。

2. 验收资料

(1)水泥的出厂合格证及复试报告。

(2)砂的检验报告。

(3)砂浆配合比通知单。

(4)砂浆试块 28d 标养抗压强度试验报告。

(5)原材料计量记录。

第二节　砖砌体工程

一、监理巡视与检查

1. 留槎、拉结筋

(1)砖砌体的转角处和交接处应同时砌筑,严禁无可靠措施的内外墙分砌施工。对不能同时砌筑而又必须留置的临时间断处应砌成斜槎,斜槎水平投影长度不应小于高度的 2/3。

接槎时必须将接槎处的表面清理干净,浇水湿润,填实砂浆并保持灰缝平直。

(2)非抗震设防及抗震设防烈度为 6 度、7 度地区的临时间断处,当不能留斜槎时,除转角处外,可留直槎,但直槎必须做成凸槎。留直槎处应加设拉结钢筋,拉结钢筋的数量为每 120mm 墙厚放置 1ϕ6 拉结钢筋(120mm 厚墙放置 2ϕ6 拉结钢筋),间距沿墙高不应超过 500mm;埋入长度从留槎处算起每边均不应小于 500mm,对抗震设防烈度 6 度、7 度的地区,不应小于 1000mm;末端应有 90°弯钩。

(3)多层砌体结构中,后砌的非承重砌体隔墙,应沿墙高每隔 500mm 配置 2ϕ6 的钢筋与承重墙或柱拉结,每边伸入墙内不应小于 500mm。抗震设防烈度为 8 度和 9 度地区,长度大于 5m 的后砌隔墙的墙顶,尚应与楼板或梁拉结。隔墙砌至梁板底时,应留一定空隙,间隔一周后再补砌挤紧。

2. 灰缝

(1)砖砌体的灰缝应横平竖直,厚薄均匀。水平灰缝厚度和竖向灰缝宽度宜为 10mm,但不应小于 8mm,也不应大于 12mm。砌筑方法宜采用"三一"砌砖法,即"一铲灰、一块砖、一揉挤"的操作方法。竖向灰缝宜采用挤浆法或加浆法,使其砂浆饱满,严禁用水冲浆灌缝。如采用铺浆法砌筑,铺浆长度不得超过 750mm。施工期间气温超过 30℃时,铺浆长度不得超过 500mm。

水平灰缝的砂浆饱满度不得低于80%;竖向灰缝不得出现透明缝、瞎缝和假缝。

(2)清水墙面不应有上下两皮砖搭接长度小于25mm的通缝,不得有三分头砖,不得在上部随意变活乱缝。

(3)空斗墙的水平灰缝厚度和竖向灰缝宽度一般为10mm,但不应小于7mm,也不应大于13mm。

(4)筒拱拱体灰缝应全部用砂浆填满,拱底灰缝宽度宜为5~8mm,筒拱的纵向缝应与拱的横断面垂直。筒拱的纵向两端不宜砌入墙内。

(5)为保持清水墙面立缝垂直一致,当砌至一步架子高时,水平间距每隔2m,在丁砖竖缝位置弹两道垂直立线,控制游丁走缝。

(6)清水墙勾缝应采用加浆勾缝,勾缝砂浆宜采用细砂拌制的1:1.5水泥砂浆。勾凹缝时深度为4~5mm,多雨地区或多孔砖可采用稍浅的凹缝或平缝。

(7)砖砌平拱过梁的灰缝应砌成楔形缝。灰缝宽度,在过梁底面不应小于5mm;在过梁的顶面不应大于15mm。

拱脚下面应伸入墙内不小于20mm,拱底应有1%起拱。

(8)砌体的伸缩缝、沉降缝、防震缝中,不得夹有砂浆、碎砖和杂物等。

3. 构造柱

构造柱施工应按"第五节配筋砌体工程"的有关要求进行控制。

二、监理验收

1. 验收标准

(1)主控项目检验标准应符合表10-1的规定。

表 10-1   主控项目检验

序号	项目	合格质量标准	检验方法	检查数量
1	砖和砂浆强度等级	砖和砂浆的强度等级必须符合设计要求	查砖和砂浆试块试验报告	每一生产厂家,按烧结普通砖、混凝土实心砖每15万块,烧结多孔砖、混凝土多孔砖、蒸压灰砂砖及蒸压粉煤灰砖每10万块各为一验收批,不足上述数量时按1批计,抽检数量为1组。 砂浆试块:每一检验批且不超过250m³砌体的各类、各强度等级的普通砌筑砂浆,每台搅拌机应至少抽检一次。验收批的预拌砂浆、蒸压加气混凝土砌块专用砂浆,抽检可为3组

序号	项目	合格质量标准	检验方法	检查数量
2	水平灰缝砂浆饱满度	砌体灰缝砂浆应密实饱满,砖墙水平灰缝的砂浆饱满度不得低于80%;砖柱水平灰缝和竖向灰缝饱满度不得低于90%	用百格网检查砖底面与砂浆的粘结痕迹面积。每处检测3块砖,取其平均值	
3	斜槎留置	砖砌体的转角处和交接处应同时砌筑,严禁无可靠措施的内外墙分砌施工。在抗震设防烈度为8度及8度以上地区,对不能同时砌筑而又必须留置的临时间断处应砌成斜槎,普通砖砌体斜槎水平投影长度不应小于高度的2/3,多孔砖砌体的斜槎长高比不应小于1/2。斜槎高度不得超过一步脚手架的高度	观察检查	每检验批抽查不应少于5处
4	直槎拉结筋及接槎处理	非抗震设防及抗震设防烈度为6度、7度地区的临时间断处,当不能留斜槎时,除转角处外,可留直槎,但直槎必须做成凸槎,且应加设拉结钢筋,拉结钢筋的数量为每120mm墙厚放置1φ6拉结钢筋(120mm厚墙放置2φ6拉结钢筋);间距沿墙高不应超过500mm,且竖向间距偏差不应超过100mm;埋入长度从留槎处算起每边均不应小于500mm,对抗震设防烈度6度、7度的地区,不应小于1000mm;末端应有90°弯钩	观察和尺量检查	

(2)一般项目检验标准应符合表10-2的规定。

表 10-2　　　　　　　　　　　　　　　一般项目检验

序号	项　目	合格质量标准	检验方法	检查数量
1	组砌方法	砖砌体组砌方法应正确,内外搭砌,上、下错缝。清水墙、窗间墙无通缝;混水墙中不得有长度大于 300mm 的通缝,长度 200~300mm 的通缝每间不超过 3 处,且不得位于同一面墙体上。砖柱不得采用包心砌法	观察检查,砌体组砌方法抽检每处应 3~5mm	每检验批抽查不应少于 5 处
2	灰缝质量要求	砖砌体的灰缝应横平竖直,厚薄均匀。水平灰缝厚度及竖向灰缝宽度宜为 10mm,但不应小于 8mm,也不应大于 12mm	水平灰缝厚度用尺量 10 皮砖砌体高度折算;竖向灰缝宽度用尺量 2m 砌体长度折算	每检验批抽查不应少于 5 处
3	砖砌体尺寸、位置允许偏差	砖砌体尺寸、位置允许偏差应符合表 10-3 的规定	见表 10-3	见表 10-3

表 10-3　　　　　　　　　　砖砌体尺寸、位置的允许偏差及检验

项次	项　　目			允许偏差(mm)	检　验　方　法	检查数量
1	轴线位移			10	用经纬仪和尺或用其他测量仪器检查	承重墙、柱全数检查
2	基础、墙、柱顶面标高			±15	用水准仪和尺检查	不应少于 5 处
3	墙面垂直度	每层		5	用 2m 托线板检查	不应少于 5 处
		全高	≤10mm	10	用经纬仪、吊线和尺或用其他测量仪器检查	外墙全部阳角
			>10mm	20		
4	表面平整度	清水墙、柱		5	用 2m 靠尺和楔形塞尺检查	不应少于 5 处
		混水墙、柱		8		
5	水平灰缝平直度	清水墙		7	拉 5m 线和尺检查	不应少于 5 处
		混水墙		10		

项次	项　目	允许偏差 （mm）	检　验　方　法	检查数量
6	门窗洞口高、宽(后塞口)	±10	用尺检查	不应少于5处
7	外墙上下窗口偏移	20	以底层窗口为准,用经纬仪或吊线检查	不应少于5处
8	清水墙游丁走缝	20	以每层第一皮砖为准,用吊线和尺检查	不应少于5处

2. 验收资料

(1)砂浆配合比设计检验报告单。

(2)砂浆立方体试件抗压强度检验报告单。

(3)水泥检验报告单。

(4)各类型砖检验报告单。

(5)砂检验报告单。

(6)砖砌体工程检验批质量验收记录。

第三节　混凝土小型空心砌块砌体工程

一、监理巡视与检查

1. 组砌与灰缝

(1)普通小砌块砌筑时,可为自然含水率;当天气干燥炎热时,可提前洒水湿润。轻骨料小砌块,因吸水率大,宜提前一天浇水湿润。当小砌块表面有浮水时,为避免游砖,不应进行砌筑。

(2)小砌块砌筑前应预先绘制砌块排列图,并应确定皮数。不够主规格尺寸的部位,应采用辅助规格小砌块。

(3)小砌块砌体的水平灰缝厚度和竖向灰缝宽度宜为10mm,但不应小于8mm,也不应大于12mm。铺灰长度不宜超过两块主规格块体的长度。

(4)需要移动砌体中的小砌块或砌体被撞动后,应重新铺砌。

(5)厕浴间和有防水要求的楼面,墙底部应浇筑高度不小于120mm的混凝土坎。

(6)小砌块清水墙的勾缝应采用加浆勾缝,当设计无具体要求时宜采用平缝形式。

(7)雨天砌筑应有防雨措施,砌筑完毕应对砌体进行遮盖。

2. 留槎、拉结筋

(1)墙体转角处和纵横墙交接处应同时砌筑。临时间断处应砌成斜槎,斜槎水平投影长度不应小于高度的2/3。

(2)砌块墙与后砌隔墙交接处,应沿墙高每 400mm 在水平灰缝内设置不少于 2φ4、横筋间距不大于 200mm 的焊接钢筋网片。

3. 预留洞、预埋件

除按砖砌体工程控制外,当墙上设置脚手眼时,可用辅助规格砌块侧砌,利用其孔洞作脚手眼(注意脚手眼下部砌块的承载能力);补眼时可用不低于小砌块强度的混凝土填实。

4. 混凝土芯柱

(1)砌筑芯柱(构造柱)部位的墙体,应采用不封底的通孔小砌块,砌筑时要保证上下孔通畅且不错孔,确保混凝土浇筑时不侧向流窜。

(2)在芯柱部位,每层楼的第一皮块体,应采用开口小砌块或 U 形小砌块砌出操作孔,操作孔侧面宜预留连通孔,砌筑开口小砌块或 U 形小砌块时,应随时刮去灰缝内凸出的砂浆,直至一个楼层高度。

(3)浇灌芯柱的混凝土,宜选用专用的小砌块灌孔混凝土,当采用普通混凝土时,其坍落度不应小于 90mm。

(4)浇灌芯柱混凝土,应遵守下列规定:

1)清除孔洞内的砂浆等杂物,并用水冲洗;

2)砌筑砂浆强度大于 1MPa 时,方可浇灌芯柱混凝土;

3)在浇灌芯柱混凝土前应先注入适量与芯柱混凝土相同的去石水泥砂浆,再浇灌混凝土。

二、监理验收

1. 验收标准

(1)主控项目检验标准应符合表 10-4 的规定。

表 10-4   主控项目检验

序号	项　目	合格质量标准	检验方法	检查数量
1	小砌块和芯柱混凝土砌筑砂浆的强度等级	小砌块和芯柱混凝土、砌筑砂浆的强度等级必须符合设计要求	检查小砌块和芯柱混凝土、砌筑砂浆试块试验报告	每一生产厂家,每 1 万块小砌块为一验收批,不足 1 万块按一批计,抽检数量为 1 组;用于多层以上建筑的基础和底层的小砌块抽检数量不应少于 2 组。砂浆试块的抽检数量应按每一检验批且不超过 250m³ 砌体的各类、各强度等级的普通砌筑砂浆,每台搅拌机应至少抽检一次。验收批的预拌砂浆、蒸压加气混凝土砌块专用砂浆,抽检可为 3 组

续表

序号	项目	合格质量标准	检验方法	检查数量
2	砌体灰缝	砌体水平灰缝和竖向灰缝的砂浆饱满度,应按净面积计算不得低于90%	用专用百格网检测小砌块与砂浆粘结痕迹,每处检测3块小砌块,取其平均值	
3	砌筑留槎	墙体转角处和纵横交接处应同时砌筑。临时间断处应砌成斜槎,斜槎水平投影长度不应小于斜槎高度。施工洞口可预留直槎,但在洞口砌筑和补砌时,应在直槎上下搭砌的小砌块孔洞内用强度等级不低于C20(或Cb20)的混凝土灌实	观察检查	每检验批抽查不应少于5处
4	小砌块砌体的芯柱	小砌块砌体的芯柱在楼盖处应贯通,不得削弱芯柱截面尺寸;芯柱混凝土不得漏灌		

(2)一般项目检验标准应符合表10-5的规定。

表10-5　　　　　　　　　　　　　　一般项目检验

序号	项目	合格质量标准	检验方法	检查数量
1	砌体灰缝尺寸	砌体的水平灰缝厚度和竖向灰缝宽度宜为10mm,但不应小于8mm,不应大于12mm	水平灰缝厚度用尺量5皮小砌块的高度折算;竖向灰缝宽度用尺量2m砌体长度折算	每检验批抽查不应少于5处
2	砌体尺寸、位置允许偏差	小砌块砌体尺寸、位置允许偏差应符合表10-3的规定	见表10-3	见表10-3

2. 验收资料

(1)砂浆配合比设计检验报告单。

(2)砂浆抗压强度检验报告单。

(3)水泥检验报告单。

(4)混凝土小型空心砌块检验报告单。

(5)砂检验报告单。

(6)混凝土小型空心砌块砌体工程检验批质量验收记录。

第四节　石砌体工程

一、监理巡视与检查

1. 接槎

(1)石砌体的转角处和交接处应同时砌筑。对不能同时砌筑而必须留置的临时间断处,应砌成踏步槎。

(2)在毛石和实心砖的组合墙中,毛石砌体与砖砌体应同时砌筑,并每隔4~6皮砖用2~3皮丁砖与毛石砌体拉结砌合。两种砌体间的空隙应用砂浆填满。

(3)毛石墙和砖墙相接的转角处和交接处应同时砌筑。转角处应自纵墙(或横墙)每隔4~6皮砖高度引出不小于120mm与横墙(或纵墙)相接;交接处应自纵墙每隔4~6皮砖高度引出不小于120mm与横墙相接。

(4)在料石和毛石或砖的组合墙中,料石砌体和毛石砌体或砖砌体应同时砌筑,并每隔2~3皮料石层用丁砌层与毛石砌体或砖砌体拉结砌合。丁砌料石的长度宜与组合墙厚度相同。

2. 错缝

(1)毛石砌体宜分皮卧砌,各皮石块间应利用自然形状经敲打修整,使能与先砌石块基本吻合,搭砌紧密;并应上下错缝、内外搭砌,不得采用外面侧立石块中间填心的砌筑方法;中间不得有铲口石(尖石倾斜向外的石块)、斧刃石和过桥石(仅在两端搭砌的石块)。

(2)料石砌体应上下错缝搭砌。砌体厚度等于或大于两块料石宽度时,如同皮内全部采用顺砌,每砌两皮后,应砌一皮丁砌层;如同皮内采用丁顺组砌,丁砌石应交错设置,其中心间距不应大于2m。

3. 灰缝

(1)毛石砌体的灰缝厚度宜为20~30mm,砂浆应饱满,石块间不得有相互接触现象。石块间较大的空隙应先填砂浆后用碎石块嵌实,不得采用先摆碎石块后塞砂浆或干填碎石块的方法。

(2)料石砌体的灰缝厚度:细料石不宜大于 5mm;粗、毛料石不宜大于 20mm。砌筑时,砂浆铺设厚度应略高于规定灰缝厚度。

(3)当设计未作规定时,石墙勾缝应采用凸缝或平缝,毛石墙尚应保持砌合的自然缝。

4.基础砌筑

(1)砌筑毛石基础的第一皮石块应坐浆,并将大面向下。毛石基础如做成阶梯形,上级阶梯的石块应至少压砌下级阶梯的 1/2,相邻阶梯的毛石应相互错缝搭砌。

(2)砌筑料石基础的第一皮应用丁砌层坐浆砌筑。阶梯形料石基础,上级阶梯的料石应至少压砌下级阶梯的 1/3。

5.拉结石设置

毛石墙必须设置拉结石。拉结石应均匀分布,相互错开,毛石基础同皮内每隔 2m 左右设置一块;毛石墙一般每 0.7m² 墙面至少应设置一块,且同皮内的中心间距不应大于 2m。

6.每日砌筑高度

毛石砌体每日砌筑高度不应超过 1.2m。

二、监理验收

1.验收标准

(1)主控项目检验标准应符合表 10-6 的规定。

表 10-6　　　　　　　　　　　　主控项目检验

序号	项　目	合格质量标准	检验方法	检查数量
1	石材和砂浆强度等级	石材及砂浆强度等级必须符合设计要求	料石检查产品质量证明书,石材、砂浆检查试块试验报告	同一产地的同类石材抽检不应少于 1 组。 砂浆试块的抽检数量每一检验批且不超过 250m³ 砌体的各类、各强度等级的普通砌筑砂浆,每台搅拌机应至少抽检一次。验收批的预拌砂浆、蒸压加气混凝土砌块专用砂浆,抽检可为 3 组
2	砂浆饱满度	砌体灰缝的砂浆饱满度不应小于 80%	观察检查	每检验批抽查不应少于 5 处

(2)一般项目检验标准应符合表 10-7 的规定。

表 10-7　　　　　　　　　　　　　　　一般项目检验

序号	项 目	合格质量标准	检验方法	检查数量
1	石砌体一般尺寸允许偏差	石砌体的一般尺寸允许偏差应符合表 10-8 的规定	见表 10-8	每检验批抽查不应少于 5 处
2	石砌体组砌	石砌体的组砌形式应符合下列规定: (1)内外搭砌,上下错缝,拉结石、丁砌石交错设置; (2)毛石墙拉结石每 0.7m² 墙面不应少于 1 块	观察检查	

表 10-8　　　　　　　　　　　石砌体尺寸、位置的允许偏差及检验方法

项次	项　目		允许偏差/mm							检验方法
			毛石砌体		料石砌体					
			基础	墙	毛料石		粗料石		细料石	
					基础	墙	基础	墙	墙、柱	
1	轴线位置		20	15	20	15	15	10	10	用经纬仪和尺检查,或用其他测量仪器检查
2	基础和墙砌体顶面标高		±25	±15	±25	±15	±15	±15	±10	用水准仪和尺检查
3	砌体厚度		+30	+20 −10	+30	+20 −10	+15	+10 −2	+10 −5	用尺检查
4	墙面垂直度	每层	—	20	—	20	—	10	7	用经纬仪、吊线和尺检查或用其他测量仪器检查
		全高	—	30	—	30	—	25	10	
5	表面平整度	清水墙、柱	—	—	—	20	—	10	5	细料石用 2m 靠尺和楔形塞尺检查,其他用两直尺垂直于灰缝拉 2m 线和尺检查
		混水墙、柱	—	—	—	20	—	15	—	
6	清水墙水平灰缝平直度		—	—	—	—	—	10	5	拉 10m 线和尺检查

2. 验收资料

(1)砂浆配合比设计检验报告单。

(2)砂浆立方体试件抗压强度检验报告单。

(3)毛(料)石检验报告单。

(4)水泥检验报告单。

(5)砂检验报告单。

(6)石砌体分项工程检验批质量验收记录表。

第五节　配筋砌体工程

一、监理巡视与检查

1. 组合砖砌体

(1)砌筑砖砌体,同时按照箍筋或拉结钢筋的竖向间距,在水平灰缝中铺置箍筋或拉结钢筋;

(2)绑扎钢筋:将纵向受力钢筋与箍筋绑牢,在组合砖墙中,将纵向受力钢筋与拉结钢筋绑牢,将水平分布钢筋与纵向受力钢筋绑牢;

(3)在面层部分的外围分段支设模板,每段支模高度宜在 500mm 以内,浇水润湿模板及砖砌体面,分层浇灌混凝土或砂浆,并用捣棒捣实;

(4)待面层混凝土或砂浆的强度达到其设计强度的 30% 以上,方可拆除模板。如有缺陷应及时修整。

2. 网状配筋砖砌体

(1)钢筋网应按设计规定制作成型。

(2)砖砌体部分与常规方法砌筑。在配置钢筋网的水平灰缝中,应先铺一半厚的砂浆层,放入钢筋网后再铺一半厚砂浆层,使钢筋网居于砂浆层厚度中间。钢筋网四周应有砂浆保护层。

(3)配置钢筋网的水平灰缝厚度:当用方格网时,水平灰缝厚度为 2 倍钢筋直径加 4mm;当用连弯网时,水平灰缝厚度为钢筋直径加 4mm。确保钢筋上下各有 2mm 厚的砂浆保护层。

(4)网状配筋砖砌体外表面宜用 1:1 水泥砂浆勾缝或进行抹灰。

3. 配筋砌块砌体

(1)配筋砌块砌体施工前,应按设计要求,将所配置钢筋加工成型,堆置于配筋部位的近旁。

(2)砌块的砌筑应与钢筋设置互相配合。

(3)砌块的砌筑应采用专用的小砌块砌筑砂浆和专用的小砌块灌孔混凝土。

二、监理验收

1. 验收标准

(1)主控项目检验标准应符合表 10-9 的规定。

表 10-9 主控项目检验

序号	项目	合格质量标准	检验方法	检查数量
1	钢筋品种、规格和数量	钢筋的品种、规格、数量和设置部位应符合设计要求	检查钢筋的合格证书、钢筋性能复试试验报告、隐蔽工程记录	全数检查
2	混凝土、砂浆强度	构造柱、芯柱、组合砌体构件、配筋砌体剪力墙构件的混凝土或砂浆的强度等级应符合设计要求	检查混凝土或砂浆试块试验报告	每检验批砌体,试块不应少于1组,验收批砌体试块不得少于3组。
3	构造柱与墙体的连接	构造柱与墙体的连接应符合下列规定: (1)墙体应砌成马牙槎,马牙槎凹凸尺寸不宜小于 60mm,高度不应超过 300mm,马牙槎应先退后进,对称砌筑;马牙槎尺寸偏差每一构造柱不应超过 2 处; (2)预留拉结钢筋的规格、尺寸、数量及位置应正确,拉结钢筋应沿墙高每隔 500mm 设 2φ6,伸入墙内不宜小于 600mm,钢筋的竖向移位不应超过 100mm,且竖向移位每一构造柱不得超过 2 处; (3)施工中不得任意弯折拉结钢筋。	观察检查和尺量检查	每检验批抽查不应少于 5 处
4	配筋砌体中受力钢筋	配筋砌体中受力钢筋的连接方式及锚固长度、搭接长度应符合设计要求	观察检查	每检验批抽查不应少于 5 处

(2)一般项目检验标准应符合表 10-10 的规定。

表 10-10　　　　　　　　　　　一般项目检验

序号	项目	合格质量标准	检验方法	检查数量
1	构造柱一般尺寸允许偏差	见表 10-11	见表 10-11	每检验批抽查不应少于 5 处
2	钢筋防腐	设置在砌体灰缝中钢筋的防腐保护应符合设计的规定,且钢筋防护层完好,不应有肉眼可见裂纹、剥落和擦痕等缺陷	观察检查	
3	网状配筋规格及放置间距	网状配筋砌体中,钢筋网及放置间距应符合设计规定;每一构件钢筋网沿砌体高度位置超过设计规定一皮砖厚不得多于 1 处	通过钢筋网成品,检查钢筋规格,钢筋网放置间距采用局部剔缝观察,或用探针刺入灰缝内检查,或用钢筋位置测定仪测定	
4	钢筋安装位置允许偏差	见表 10-12	见表 10-12	

表 10-11　　　　　构造柱一般尺寸允许偏差及检验方法

项次	项目		允许偏差(mm)	检验方法
1	中心线位置		10	用经纬仪和尺检查或用其他测量仪器检查
2	层间错位		8	用经纬仪和尺检查或用其他测量仪器检查
3	垂直度	每层	10	用 2m 托线板检查
		全高 ≤10m	15	用经纬仪、吊线和尺检查或用其他测量仪器检查
		全高 >10m	20	

表 10-12　　　　　　钢筋安装位置的允许偏差和检验方法

项目		允许偏差 (mm)	检验方法
受力钢筋 保护层厚度	网状配筋砌体	±10	检查钢筋网成品,钢筋网放置位置局部 剔缝观察,或用探针刺入灰缝内检查,或 用钢筋位置测定仪测定
	组合砖砌体	±5	支模前观察与尺量检查
	配筋小砌块砌体	±10	浇筑灌孔混凝土前观察与尺量检查
配筋小砌块砌体墙凹 槽中水平钢筋间距		±10	钢尺量连续三档,取最大值

2. 验收资料

(1)砂浆配合比设计检验报告单。

(2)砂浆立方体试件抗压强度检验报告单。

(3)混凝土配合比设计检验报告单。

(4)混凝土抗压强度检验报告单。

(5)水泥检验报告单。

(6)烧结普通砖检验报告单。

(7)砂检验报告单。

(8)碎石或卵石检验报告单。

(9)钢筋力学性能检验报告单。

(10)配筋砌体工程检验批质量验收记录。

第六节　填充墙砌体工程

一、监理巡视与检查

1. 组砌与灰缝

(1)砌块、空心砖应提前 2d 浇水湿润;加气砌块砌筑时,应向砌筑面适量洒水;当采用粘结剂砌筑时不得浇水湿润。用砂浆砌筑时的含水率:轻骨料小砌块宜为 5%～8%,空心砖宜为 10%～15%,加气砌块宜小于 15%,对于粉煤灰加气混凝土制品宜小于 20%。

(2)轻骨料小砌块、加气砌块砌筑时应按砌块排列图进行。

(3)烧结空心砖、轻骨料混凝土小型空心砌块砌体的灰缝应为 8～12mm。

(4)轻骨料小砌块和加气砌块砌体,由于干缩值大(是烧结黏土砖的数倍),不应与其他块材混砌。但对于因构造需要的墙底部、顶部、门窗固定部位等,可局部适量镶嵌其他块材。不同砌体交接处可采用构造柱连接。

（5）填充墙的水平灰缝砂浆饱满度均应不小于 80％；小砌块、加气砌块砌体的竖向灰缝也不应小于 80％，其他砖砌体的竖向灰缝应填满砂浆，并不得有透明缝、瞎缝、假缝。

（6）填充墙砌至梁、板底部时，应留一定空隙，至少间隔 7d 后再砌筑、挤紧；或用坍落度较小的混凝土或水泥砂浆填嵌密实。在封砌施工洞口及外墙井架洞口时，尤其应严格控制，千万不能一次到顶。

（7）小砌块、加气砌块砌筑时应防止雨淋。

2. 拉结筋、抗震拉结措施

抗震设防地区还应采取如下抗震拉结措施：

（1）墙长大于 5m 时，墙顶与梁宜有拉结；

（2）墙长超过层高 2 倍时，宜设置钢筋混凝土构造柱；

（3）墙高超过 4m 时，墙体半高处宜设置与柱连接且沿墙全长贯通的钢筋混凝土水平系梁。

单层钢筋混凝土柱厂房等其他砌体围护墙应按设计要求。

3. 预留孔洞、预埋件

同"第二节砖砌体工程"。

二、监理验收

1. 验收标准

（1）主控项目检验标准应符合表 10-13 的规定。

表 10-13　　　　　　　　　　主控项目检验

序号	项　目	合格质量标准	检验方法	检查数量
1	烧结空心砖、小砌块和砌筑砂浆的强度等级	烧结空心砖、小砌块和砌筑砂浆的强度等级应符合设计要求	检查砖或小砌块进场复验报告和砂浆试块试验报告	烧结空心砖每 10 万块为一验收批，小砌块每 1 万块为一验收批，不足上述数量时按一批计，抽检数量为 1 组。砂浆试块的抽检数量每一检验批且不超过 250m³ 砌体的各类、各强度等级的普通砌筑砂浆，每台搅拌机应至少抽检一次。验收批的预拌砂浆、蒸压加气混凝土砌块专用砂浆，抽检可为 3 组

续表

序号	项　目	合格质量标准	检验方法	检查数量
2	填充墙砌体与主体结构连接	填充墙砌体应与主体结构可靠连接,其连接构造应符合设计要求,未经设计同意,不得随意改变连接构造方法。每一填充墙与柱的拉结筋的位置超过一皮块体高度的数量不得多于一处	观察检查	每检验批抽查不应少于5处
3	填充墙与承重墙、柱、梁的连接钢筋	填充墙与承重墙、柱、梁的连接钢筋,当采用化学植筋的连接方式时,应进行实体检测。锚固钢筋拉拔试验的轴向受拉非破坏承载检验值应为6.0kN。抽检钢筋在检验值作用下应基材无裂缝、钢筋无滑移宏观裂损现象;持荷2min期间荷载值降低不大于5%	原位试验检查	见表10-14

表 10-14　　　　　检验批抽检锚固钢筋样本最小容量

检验批的容量	样本最小容量	检验批的容量	样本最小容量
≤90	5	281~500	20
91~150	8	501~1200	32
151~280	13	1201~3200	50

(2)一般项目检验标准应符合表10-15 的规定。

表 10-15　　　　　　　　一般项目检验

序号	项　目	合格质量标准	检验方法	检查数量
1	填充墙砌体尺寸、位置允许偏差	填充墙砌体尺寸、位置的允许偏差应符合表10-16 的规定	见表10-16	每检验批抽查不应少于5处
2	砂浆饱满度	填充墙砌体的砂浆饱满度及检验方法应符合表10-17 的规定	见表10-17	

序号	项　目	合格质量标准	检验方法	检查数量
3	拉结钢筋网片位置	填充墙砌体留置的拉结钢筋或网片的位置应与块体皮数相符合。拉结钢筋或网片应置于灰缝中,埋置长度应符合设计要求,竖向位置偏差不应超过一皮高度	观察和用尺量检查	每检验批抽查不应少于5处
4	错缝搭砌	填充墙砌筑时应错缝搭砌,蒸压加气混凝土砌块搭砌长度不应小于砌块长度的1/3;轻骨料混凝土小型空心砌块搭砌长度不应小于90mm;竖向通缝不应大于2皮	观察检查	
5	填充墙灰缝	填充墙的水平灰缝厚度和竖向灰缝宽度应正确,烧结空心砖、轻骨料混凝土小型空心砌块砌体的灰缝应为8～12mm;蒸压加气混凝土砌体当采用水泥砂浆、水泥混合砂浆或蒸压加气混凝土砌块砌筑砂浆时,水平灰缝厚度和竖向灰缝宽度不应超过15mm;当蒸压加气混凝土砌块砌体采用蒸压加气混凝土砌块粘结砂浆时,水平灰缝厚度和竖向灰缝宽度宜为3～4mm	水平灰缝厚度用尺量5皮小砌块的高度折算;竖向灰缝宽度用尺量2m砌体长度折算	

表 10-16　　　　　填充墙砌体尺寸、位置的允许偏差及检验方法

项次	项目		允许偏差 (mm)	检验方法
1	轴线位移		10	用尺检查
2	垂直度 (每层)	≤3m	5	用2m托线板或吊线、尺检查
		>3m	10	
3	表面平整度		8	用2m靠尺和楔形尺检查
4	门窗洞口高、宽(后塞口)		±10	用尺检查
5	外墙上、下窗口偏移		20	用经纬仪或吊线检查

表 10-17   填充墙砌体的砂浆饱满度及检验方法

砌体分类	灰缝	饱满度及要求	检验方法
空心砖砌体	水平	≥80%	采用百格网检查块体底面或侧面砂浆的粘结痕迹面积
空心砖砌体	垂直	填满砂浆,不得有透明缝、瞎缝、假缝	采用百格网检查块体底面或侧面砂浆的粘结痕迹面积
蒸压加气混凝土砌块、轻骨料混凝土小型空心砌块砌体	水平	≥80%	采用百格网检查块体底面或侧面砂浆的粘结痕迹面积
蒸压加气混凝土砌块、轻骨料混凝土小型空心砌块砌体	垂直	≥80%	采用百格网检查块体底面或侧面砂浆的粘结痕迹面积

2. 验收资料

(1)砂浆配合比设计检验报告单。

(2)砂浆强度检验报告单。

(3)水泥检验报告单。

(4)砖(砌块)检验报告单。

(5)砂检验报告单。

(6)填充砌体工程检验批质量验收记录。

第十一章 木结构工程现场监理

第一节 方木和原木结构

一、监理检验批划分

材料、构配件的质量控制应以一幢方木、原木结构房屋为一个检验批;构件制作安装质量控制应以整幢房屋的一楼层或变形缝间的一楼层为一个检验批。

二、监理验收

1. 验收标准

(1)主控项目检验标准应符合表 11-1 的规定。

表 11-1 主控项目检验

序号	项 目	合格质量标准	检验方法	检查数量
1	形式、结构布置与构件尺寸	方木、原木结构的形式、结构布置和构件尺寸,应符合设计文件的规定	实物与施工设计图对照、丈量	检验批全数
2	材 料要求	结构用木材应符合设计文件的规定,并应具有产品质量合格证书	实物与设计文件对照,检查质量合格证书、标识	
3	弦向静曲强度	进场木材均应作弦向静曲强度见证检验,其强度最低值应符合表 11-2 的要求	按《木材抗弯强度试验方法》(GB/T 1936.1)有关规定进行	每一检验批每一树种的木材随机抽取 3 株(根)
4	目测材质等级	方木、原木及板材的目测材质等级不应低于表 11-3 的规定,不得采用普通商品材的等级标准替代。方木、原木及板材的目测材质等级应按表 11-4~表 11-6 评定	见表 11-4~表11-6	检验批全数

续一

序号	项 目	合格质量标准	检验方法	检查数量
5	平均含水率	各类构件制作时及构件进场时木材的平均含水率,应符合下列规定: 1)原木或方木不应大于 25%。 2)板材及规格材不应大于 20%。 3)受拉构件的连接板不应大于 18%。 4)处于通风条件不畅环境下的木构件的木材,不应大于 20%	按《木材含水率测定方法》(GB/T 1931)的有关规定进行	每一检验批每一树种每一规格木材随机抽取 5 根
6	钢材质量	承重钢构件和连接所用钢材应有产品质量合格证书和化学成分的合格证书。进场钢材应见证检验其抗拉屈服强度、极限强度和延伸率,其值应满足设计文件规定的相应等级钢材的材质标准指标,且不应低于现行国家标准《碳素结构钢》(GB 700)有关 Q235 及以上等级钢材的规定。-30℃以下使用的钢材不宜低于 Q235D 或相应屈服强度钢材 D 等级的冲击韧性规定。钢木屋架下弦所用圆钢,除应作抗拉屈服强度、极限强度和延伸率性能检验外,尚应作冷弯检验,并应满足设计文件规定的圆钢材质标准	取样方法、试样制备及拉伸试验方法应分别符合现行国家标准《钢及钢产品 力学性能试验取样位置及试验制备》(GB/T 2975)、《金属材料 拉伸试验第 1 部分:室温试验方法》(GB/T 228.1)的有关规定	每检验批每一钢种随机抽取两件
7	焊条质量	焊条应符合现行国家标准《碳钢焊条》(GB 5117)和《低合金钢焊条》(GB 5118)的有关规定,型号应与所用钢材匹配,并应有产品质量合格证书	实物与产品质量合格证书对照检查	检验批全数
8	螺栓、螺帽	螺栓、螺帽应有产品质量合格证书,其性能应符合现行国家标准《六角头螺栓》(GB 5782)和《六角头螺栓-C 级》(GB 5780)的有关规定	实物与产品质量合格证书对照检查	检验批全数
9	圆钉	圆钉应有产品质量合格证书,其性能应符合现行行业标准《一般用途圆钢钉》(YB/T 5002)的有关规定。设计文件规定钉子的抗弯屈服强度时,应作钉子抗弯强度见证检验	检查产品质量合格证书,检测报告见证检验方法符合《木结构工程施工质量验收规范》(GB 50206-2012)附录 D 的规定	每检验批每一规格圆钉随机抽取10 枚

续二

序号	项 目	合格质量标准	检验方法	检查数量
10	圆钢拉杆	圆钢拉杆应符合下列要求： 　（1）圆钢拉杆应平直，接头应采用双面绑条焊。绑条直径不应小于拉杆直径的75％，在接头一侧的长度不应小于拉杆直径的4倍。焊脚高度和焊缝长度应符合设计文件的规定。 　（2）螺帽下垫板应符合设计文件的规定，且不应低于"表11-7中序号3"的要求。 　（3）钢木屋架下弦圆钢拉杆、桁架主要受拉腹杆、蹬式节点拉杆及螺栓直径大于20mm时，均应采用双螺帽自锁。受拉螺杆伸出螺帽的长度，不应小于螺杆直径的80％	丈量、检查交接检验报告	检验批全数
11	节点焊缝质量	承重钢构件中，节点焊缝焊脚高度不得小于设计文件的规定，除设计文件另有规定外，焊缝质量不得低于三级，－30℃以下工作的受拉构件焊缝质量不得低于二级	按现行行业标准《建筑钢结构焊接技术规范》（JGJ 81）的有关规定检查，并检查交接检验报告	检验批全部受力焊缝
12	连接件	钉连接、螺栓连接节点的连接件（钉、螺栓）的规格、数量，应符合设计文件的规定	目测、丈量	检验批全数
13	连接质量	木桁架支座节点的齿连接，端部木材不应有腐朽、开裂和斜纹等缺陷，剪切面不应位于木材髓心侧；螺栓连接的受拉接头，连接区段木材及连接板均应采用I。等材，并应符合表11-4～表11-6的有关规定；其他螺栓连接接头也应避开木材腐朽、裂缝、斜纹和松节等缺陷部位	目测	检验批全数

续三

序号	项 目	合格质量标准	检验方法	检查数量
14	抗 震 质量	在抗震设防区的抗震措施应符合设计文件的规定。当抗震设防烈度为8度及以上时,应符合下列要求: 1)屋架支座处应有直径不小于20mm的螺栓锚固在墙或混凝土圈梁上。当支承在木柱上时,柱与屋架间应有木夹板式的斜撑,斜撑上段应伸至屋架上弦节点处,并应用螺栓连接(图11-1)。柱与屋架下弦应有暗榫,并应用U形铁连接。桁架木腹杆与上弦杆连接处的扒钉应改用螺栓压紧压面,与下弦连接处则应采用双面扒钉。 2)屋面两侧应对称斜向放檩条,檐口瓦应与挂瓦条扎牢。 3)檩条与屋架上弦应用螺栓连接,双脊檩应互相拉结。 4)柱与基础间应有预埋的角钢连接,并应用螺栓固定。 5)木屋盖房屋,节点处檩条应固定在山墙及内横墙的卧梁埋件上,支承长度不应小于120mm,并应有螺栓可靠锚固	目测、丈量	检验批全数

表 11-2　　　　　　　　　　木材静曲强度检验标准

木材种类	针叶材				阔叶材				
强度等级	TC11	TC13	TC15	TC17	TB11	TB13	TB15	TB17	TB20
最低强度/(N/mm²)	44	51	58	72	58	68	78	88	98

表 11-3　　　　　　　　方木、原木结构构件木材的材质等级

项次	构 件 名 称	材质等级
1	受拉或拉弯构件	I_a
2	受拉或压弯构件	II_a
3	受压构件及次要受弯构件(如吊顶小龙骨)	III_a

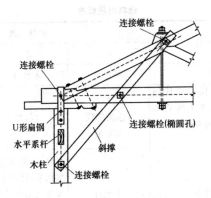

图 11-1　屋架与木柱的连接

表 11-4　　　　　　　　　　　　方木材质标准

项次	缺陷名称		木材等级		
			I_a	II_a	III_a
1	腐朽		不允许	不允许	不允许
2	木节	在构件任一面任何150mm 长度上所有木节尺寸的总和与所在面宽的比值	≤1/3（连接部位≤1/4）	≤2/5	≤1/2
		死节	不允许	允许,但不包括腐朽节,直径不应大于 20mm,且每延米中不得多于1个	允许,但不包括腐朽节,直径不应大于50mm,且每延米中不得多于2个
3	斜纹	斜率	≤5%	≤8%	≤12%
4	裂缝	在连接的受剪面上	不允许	不允许	不允许
		在连接部位的受剪面附近,其裂缝深度(有对面裂缝时,用两者之和)不得大于材宽的	≤1/4	≤1/3	不限
5	髓心		不在受剪面上	不限	不限
6	虫眼		不允许	允许表层虫眼	允许表层虫眼

表 11-5　　　　　　　　　　　　　　　**板材材质标准**

项次	缺陷名称		木材等级		
			Ⅰa	Ⅱa	Ⅲa
1	腐朽		不允许	不允许	不允许
2	木节	在构件任一面任何 150mm 长度上所有木节尺寸的总和与所在面宽的比值	≤1/4 (连接部位 ≤1/5)	≤1/3	≤2/5
		死节	不允许	允许,但不包括腐朽节,直径不应大于 20mm,且每延米中不得多于 1 个	允许,但不包括腐朽节,直径不应大于 50mm,且每延米中不得多于 2 个
3	斜纹	斜率	≤5%	≤8%	≤12%
4	裂缝	连接部位的受剪面及其附近	不允许	不允许	不允许
5	髓心		不允许	不允许	不允许

表 11-6　　　　　　　　　　　　　　　**原木材质标准**

项次	缺陷名称		木材等级		
			Ⅰa	Ⅱa	Ⅲa
1	腐朽		不允许	不允许	不允许
2	木节	在构件任何 150mm 长度上沿周长所有木节尺寸的总和,与所测部位原木周长的比值	≤1/4	≤1/3	≤2/5
		每个木节的最大尺寸与所测部位原木周长的比值	≤1/10 (普通部位); ≤1/12 (连接部位)	≤1/6	≤1/6
		死节	不允许	不允许	允许,但直径不大于原木直径的 1/5,每 2m 长度内不多于 1 个

续表

项次	缺陷名称		木材等级		
			Ⅰa	Ⅱa	Ⅲa
3	扭纹	斜率	≤8%	≤12%	≤15%
4	裂缝	在连接部位的受剪面上	不允许	不允许	不允许
		在连接部位的受剪面附近，其裂缝深度(有对面裂缝时，两者之和)与原木直径的比值	≤1/4	≤1/3	不限
5	髓心	位置	不在受剪面上	不限	不限
6	虫眼		不允许	允许表层虫眼	允许表层虫眼

注：木节尺寸按垂直于构件长度方向测量。直径小于10mm的木节不计。

（2）一般项目检验标准应符合表11-7的规定。

表11-7　　　　　　　　　　　一般项目检验

序号	项 目	合格质量标准	检验方法	检查数量
1	允许偏差	各种原木、方木构件制作的允许偏差不应超出表11-8的规定	见表11-8	检验批全数
2	齿连接要求	齿连接应符合下列要求： 1)除应符合设计文件的规定外，承压面应与压杆的轴线垂直。单齿连接压杆轴线应通过承压面中心；双齿连接，第一齿顶点应位于上、下弦杆上边缘的交点处，第二齿顶点应位于上弦杆轴线与下弦杆上边缘的交点处，第二齿承压面应比第一齿承压面至少深20mm。 2)承压面应平整，局部缝隙不应超过1mm，非承压面应留外口约5mm的楔形缝隙。 3)桁架支座处齿连接的保险螺栓应垂直于上弦杆轴线，木腹杆与上、下弦杆间应有扒钉扣紧。 4)桁架端支座垫木的中心线，方木桁架应通过上、下弦杆净截面中心线的交点；原木桁架则应通过上、下弦杆毛截面中心线的交点	目测、丈量，检查交接检验报告	检验批全数

序号	项 目	合格质量标准	检验方法	检查数量
3	螺栓连接要求	螺栓连接(含受拉接头)的螺栓数目、排列方式、间距、边距和端距,除应符合设计文件的规定外,尚应符合下列要求: 1)螺栓孔径不应大于螺栓杆直径 1mm,也不应小于或等于螺栓杆直径。 2)螺帽下应设钢垫板,其规格除应符合设计文件的规定外,厚度不应小于螺杆直径的30%,方形垫板的边长不应小于螺杆直径的3.5倍,圆形垫板的直径不应小于螺杆直径的4倍,螺帽拧紧后螺栓外露长度不应小于螺杆直径的80%。螺纹段剩留在木构件内的长度不应大于螺杆直径的1.0倍。 3)连接件与被连接件间的接触面应平整,拧紧螺帽后局部可允许有缝隙,但缝宽不应超过 1mm	目测、丈量	检验批全数
4	钉连接	钉连接应符合下列规定: 1)圆钉的排列位置应符合设计文件的规定。 2)被连接件间的接触面应平整,钉紧后局部缝隙宽度不应超过 1mn,钉帽应与被连接件外表面齐平。 3)钉孔周围不应有木材被胀裂等现象	目测、丈量	检验批全数
5	木构件受压接头位置及高度	木构件受压接头的位置应符合设计文件的规定,应采用承压面垂直于构件轴线的双盖板连接(平接头),两侧盖板厚度均不应小于对接构件宽度的50%,高度应与对接构件高度一致。承压面应锯平并彼此顶紧,局部缝隙不应超过 1mm。螺栓直径、数量、排列应符合设计文件的规定	目测、丈量,检查交接检验报告	检验批全数
6	木桁架、梁及柱安装	木桁架、梁及柱的安装允许偏差不应超出表11-9的规定	目测、丈量	检验批全数
7	屋面木构架安装	屋面木构架安装的允许偏差不应超出表11-10的规定		检验批全数
8	支撑系统完整性	屋盖结构支撑系统的完整性应符合设计文件规定	对照设计文件、丈量实物,检查交接检验报告	检验批全数

表 11-8　　方木、原木结构和胶合木结构桁架、梁和柱制作允许偏差

项次	项　目			允许偏差 （mm）	检验方法
1	构件截面尺寸	方木和胶合木构件截面的高度、宽度		-3	钢尺量
		板材厚度、宽度		-2	
		原木构件梢径		-5	
2	构件长度	长度不大于 15 m		±10	钢尺量桁架支座节点中心间距，梁、柱全长
		长度大于 15 m		±15	
3	桁架高度	长度不大于 15 m		±10	钢尺量脊节点中心与下弦中心距离
		长度大于 15 m		±15	
4	受压或压弯构件纵向弯曲	方木、胶合木构件		$L/500$	拉线钢尺量
		原木构件		$L/200$	
5	弦杆节点间距			±5	钢尺量
6	齿连接刻槽深度			±2	
7	支座节点受剪面	长度		-10	钢尺量
		宽度	方木、胶合木	-3	
			原木	-4	
8	螺栓中心间距	进孔处		$\pm0.2d$	
		出孔处	垂直木纹方向	$\pm0.5d$ 且不大于 4B/100	
			顺木纹方向	$\pm1d$	
9	钉进孔处的中心间距			$\pm1d$	—
10	桁架起拱			±20	以两支座节点下弦中心线为准，拉一水平线，用钢尺量
				-10	两跨中下弦中心线与拉线之间距离

注：d 为螺栓或钉的直径；L 为构件长度；B 为板的总厚度。

表 11-9   方木、原木结构和胶合木结构桁架、梁和柱安装允许偏差

项次	项 目	允许偏差 (mm)	检验方法
1	结构中心线的间距	±20	钢尺量
2	垂直度	$H/200$ 且 不大于 15	吊线钢尺量
3	受压或压弯构件纵向弯曲	$L/300$	吊(拉)线钢尺量
4	支座轴线对支承面中心位移	10	钢尺量
5	支座标高	±5	用水准仪

注:H 为桁架或柱的高度;L 为构件长度。

表 11-10   方木、原木结构和胶合木结构屋面木构架的安装允许偏差

项次	项 目		允许偏差 (mm)	检验方法
1	檩条、椽条	方木、胶合木截面	−2	钢尺量
		原木梢径	−5	钢尺量,椭圆时取大小径的平均值
		间距	−10	钢尺量
		方木、胶合木上表面平直	4	沿坡拉线钢尺量
		原木上表面平直	7	
2	油毡搭接宽度		−10	钢尺量
3	挂瓦条间距		±5	
4	封山、封檐板平直	下边缘	5	拉 10m 线,不足 10m 拉通线,钢尺量
		表面	8	

2. 验收资料

(1)木材(承重木结构方材质量标准、承重木结构板材材质标准、承重木结构原木材质标准)按等级检验材质缺陷记录。

(2)木材含水率记录。

(3)木材强度试验记录。

1)取样方法应从每批木材的总数中随机抽取三根为试材,在每根试材髓心以外部

分切取三个试件为一组。根据各组平均值中最低的一个值确定该批材的强度等级。

2)若检验结果高于同种树时,按同种树的强度等级使用。

3)对于树名不详的树种应按检验结果确定等级,可采用该等级的 B 组设计指标,可与设计协商处理。

(4)木屋架、柱和梁制作质量验收记录。

1)木材防护处理记录。

2)木桁架、梁、柱制作的允许偏差记录。

(5)吊装记录。

1)木桁架、梁、柱安装允许偏差记录。

2)屋面木骨架的安装允许偏差记录。

3)木屋盖上弦平面横向支撑设置的完整性记录(按规定逐个无遗漏检查)。

(6)施工日记。

(7)技术复核。

第二节　胶合木结构

一、监理检验批划分

层板胶合木构件应由经资质认证的专业加工企业加工生产。

材料、构配件的质量控制应以一幢胶合木结构房屋为一个检验批;构件制作安装质量控制应以整幢房屋的一楼层或变形缝间的一楼层为一个检验批。

二、监理验收

1. 验收标准

(1)主控项目检验标准应符合表 11-11 的规定。

表 11-11　　　　　　　　　　　主控项目检验

序号	项　目	合格质量标准	检验方法	检查数量
1	结构形式、布置	胶合木结构的结构形式、结构布置和构件截面尺寸,应符合设计文件的规定	实物与设计文件对照、丈量	检验批全数
2	质量要求	结构用层板胶合木的类别、强度等级和组坯方式,应符合设计文件的规定,并应有产品质量合格证书和产品标识,同时应满足产品标准规定的胶缝完整性检验和层板指接强度检验合格证书	实物与证明文件对照	检验批全数

序号	项　目	合格质量标准	检验方法	检查数量
3	荷载效应标准	胶合木受弯构件应作荷载效应标准组合作用下的抗弯性能见证检验。在检验荷载作用下胶缝不应开裂,原有漏胶胶缝不应发展,跨中挠度的平均值不应大于理论计算值的 1.13 倍,最大挠度不应大于表 11-12 的规定	按《木结构工程施工质量验收规范》附录 F 规定	每一检验批同一胶合工艺、同一层板类别、树种组合、构件截面组坯的同类型构件随机抽取 3 根
4	曲率半径及允许偏差	弧形构件的曲率半径及其偏差应符合设计文件的规定,层板厚度不应大于 $R/125$ (R 为曲率半径)	钢尺丈量	检验批全数
5	平均含水率	层板胶合木构件平均含水率不应大于 15%,同一构件各层板间含水率差别不应大于 5%	按《木结构工程施工质量验收规范》附录 C 规定	每一检验批每一规格胶合木构件随机抽取 5 根
6	五金质量	钢材、焊条、螺栓、螺帽的质量应分别符合表 11-1 中序号 6、7、8 的规定	见表 11-1 中序号 6、7、8 相关规定	同左
7	连接件质量	各连接节点的连接件类别、规格和数量应符合设计文件的规定。桁架端节点齿连接胶合木端部的受剪面及螺栓连接中的螺栓位置,不应与漏胶胶缝重合	目测、丈量	检验批全数

表 11-12　　　　荷载效应标准组合作用下受弯木构件的挠度限值

项次	构件类别		挠度限值(m)
1	檩条	$L \leqslant 3.3$m	$L/200$
		$L > 3.3$m	$L/250$
2	主梁		$L/250$

注:L 为受弯构件的跨度。

（2）一般项目检验标准应符合表 11-13 的规定。

表 11-13 一般项目检验

序号	项　目	合格质量标准	检验方法	检查数量
1	胶合木构造及外观要求	层板胶合木构造及外观应符合下列要求： 1）层板胶合木的各层木板木纹应平行于构件长度方向。各层木板在长度方向应为指接。受拉构件和受弯构件受拉区截面高度的 1/10 范围内同一层板上的指接间距，不应小于 1.5m，上、下层板间指接头位置应错开不小于木板厚的 10 倍。层板宽度方向可用平接头，但上、下层板间接头错开的距离不应小于 40mm。 2）层板胶合木胶缝应均匀，厚度应为 0.1～0.3mm。厚度超过 0.3mm 的胶缝的连续长度不应大于 300mm，且厚度不得超过 1mm。在构件承受平行于胶缝平面剪力的部位，漏胶长度不应大于 75mm，其他部位不应大于 150mm。在第 3 类使用环境条件下，层板宽度方向的平接头和板底开槽的槽内均应用胶填满。 3）胶合木结构的外观质量应符合表 11-14 的规定，对于外观要求为 C 级的构件截面，可允许层板有错位（图 11-2），截面尺寸允许偏差和层板错位应符合表 11-15 的要求	厚薄规（塞尺）、量器、目测	检验批全数
2	制作偏差	胶合木构件的制作偏差不应超出表 11-8 的规定	角尺、钢尺丈量，检查交接检验报告	检验批全数
3	连接要求	齿连接、螺栓连接、圆钢拉杆及焊缝质量，应符合表 11-7 中序号 2、3、表 11-1 中序号 10、11 的规定	见表 11-7 中序号 2、3，表 11-1 中序号 10、11 相关内容	同左

序号	项　目	合格质量标准	检验方法	检查数量
4	金　属节点	金属节点构造、用料规格及焊缝质量应符合设计文件的规定。除设计文件另有规定外,与其相连的各构件轴线应相交于金属节点的合力作用点,与各构件相连的连接类型应符合设计文件的规定,并应符合表11-7中序号3、4、5	目测、丈量	检验批全数
5	安　装偏差	胶合木结构安装偏差不应超出表11-9的规定	过程控制检验批全数,分项验收抽取总数10%	见表11-9

表 11-14　　　　　　　　　　　外观质量

等级	内　　　容
A 级	结构构件外露,外观要求很高而需油漆,构件表面洞孔需用木材修补,木材表面应用砂纸打磨
B 级	结构构件外露,外表要求用机具刨光油漆,表面允许有偶尔的漏刨、细小的缺陷和空隙,但不允许有松软节的孔洞
C 级	结构构件不外露,构件表面无需加工刨光

表 11-15　　　　外观 C 级时的胶合木构件截面的允许偏差(mm)

截面的高度或宽度	截面高度或宽度的允许偏差	错位的最大值
(h 或 b)<100	±2	4
100≤(h 或 b)<300	±3	5
300≤(h 或 b)	±6	6

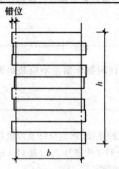

图 11-2　外观 C 级层板错位示意

b—截面宽度;h—截面高度

2. 验收资料

(1)层板目测质量等级记录。

(2)胶型记录——出厂证明书。

(3)胶缝完整性试验,胶缝脱胶率记录。

(4)胶缝抗剪强度记录及与抗剪强度相对应的最小木材破坏率记录。

(5)胶合木生产日记。

(6)胶合木外观检查记录,并定 A,B,C 三个级别。

(7)胶合木上应打上标签,其上注明生产日期、批号、等级、检验人及生产厂名品牌等。

第三节　轻型木结构

一、监理检验批划分

本节适用于由规格材及木基结构板材为主要材料制作与安装的木结构工程施工质量验收。

轻型木结构材料、构配件的质量控制应以同一建设项目同期施工的每幢建筑面积不超过 300m² 、总建筑面积不超过 3000m² 的轻型木结构建筑为一检验批,不足 3000m² 者应视为一检验批,单体建筑面积超过 300m² 时,应单独视为一检验批;轻型木结构制作安装质量控制应以一幢房屋的一层为一检验批。

二、监理验收

1. 验收标准

(1)主控项目检验标准应符合表 11-16 的规定。

表 11-16　　　　　　　　　　　　　主控项目检验

序号	项　目	合格质量标准	检验方法	检查数量
1	防护措施	轻型木结构的承重墙(包括剪力墙)、柱、楼盖、屋盖布置、抗倾覆措施及屋盖抗掀起措施等,应符合设计文件的规定	实物与设计文件对照	检验批全数
2	进场要求	进场规格材应有产品质量合格证书和产品标识	实物与证书对照	
3	强度检验	每批次进场目测分等规格材应由有资质的专业分等人员做目测等级见证检验或做抗弯强度见证检验;每批次进场机械分等规格材应作抗弯强度见证检验,并应符合《木结构工程质量验收规范》(GB 50206－2012)附录 G 的规定	检验批中随机取样,数量应符合《木结构工程施工质量验收规范》(GB 50206－2012)附录 G 的规定	符合《木结构工程施工质量验收规范》(GB 50206－2012)附录 G

序号	项 目	合格质量标准	检验方法	检查数量
4	种类与规格	轻型木结构各类构件所用规格材的树种、材质等级和规格,以及覆面板的种类和规格,应符合设计文件的规定	实物与设计文件对照,检查交接报告	全数检查
5	平均含水率	规格材的平均含水率不应大于20%	符合《木结构工程施工质量验收规范》(GB 50206－2012)附录C的规定	每一检验批每一树种每一规格等级规格材随机抽取5根
6	板材质量要求	木基结构板材应有产品质量合格证书和产品标识,用作楼面板、屋面板的木基结构板材应有该批次干、湿态集中荷载、均布荷载及冲击荷载试验的报告,其性能不应低于《木结构工程施工质量验收规范》(GB 50206－2012)附录H的规定。 进场木基结构板材应作静曲强度和静曲弹性模量见证检验,所测得的平均值应不低于产品说明书的规定	按现行国家标准《木结构覆板用胶合板》(GB/T 22349)的有关规定进行见证试验,检查产品质量合格证书,该批次干、湿态集中力、均布荷载及冲击荷载下的检验合格证书。检查静曲强度和弹性模量检验报告	检验批每一树种每一规格等级随机抽取3张板材
7	木搁栅质量要求	进场结构复合木材和工字形木搁栅应有产品质量合格证书,并应有符合设计文件规定的平弯或侧立抗弯性能检验报告。 进场工字形木搁栅和结构复合木材受弯构件,应作荷载效应标准组合作用下的结构性能检验,在检验荷载作用下,构件不应发生开裂等损伤现象,最大挠度不应大于表11-12的规定,跨中挠度的平均值不应大于理论计算值的1.13倍	按《木结构工程施工质量验收规范》(GB 50206－2012)附录F的规定进行,检查产品质量合格证书、结构复合木材材料强度和弹性模量检验报告及构件性能检验报告	每一检验批每一规格随机抽取3根
8	齿板桁架	齿板桁架应由专业加工厂加工制作,并应有产品质量合格证书	实物与产品质量合格证书对照检查	检验批全数

续二

序号	项目	合格质量标准	检验方法	检查数量
9	五金质量	钢材、焊条、螺栓和圆钉应符合"表11-1中序号6～9"的规定	见表11-1中序号6～9相关内容	同左
10	金属连接件质量	金属连接件应冲压成型,并应具有产品质量合格证书和材质合格保证。镀锌防锈层厚度不应小于275g/m²	实物与产品质量合格证书对照检查	检验批全数
11	连接件规格与数量	轻型木结构各类构件间连接的金属连接件的规格、钉连接的用钉规格与数量,应符合设计文件的规定	目测、丈量	检验批全数
12	钉连接要求	当采用构造设计时,各类构件间的钉连接不应低于《木结构工程施工质量验收规范》(GB 50206－2012)附录 J 的规定		

（2）一般项目检验标准应符合表11-17的规定。

表 11-17　　　　　　　　　　一般项目检验

序号	项目	合格质量标准	检验方法	检查数量
1	承重墙构造要求	承重墙(含剪力墙)的下列各项应符合设计文件的规定,且不应低于现行国家标准《木结构设计规范》(GB 50005)有关构造的规定: (1)墙骨间距。 (2)墙体端部、洞口两侧及墙体转角和交接处,墙骨的布置和数量。 (3)墙骨开槽或开孔的尺寸和位置。 (4)地梁板的防腐、防潮及与基础的锚固措施。 (5)墙体顶梁板规格材的层数、接头处理及在墙体转角和交接处的两层顶梁板的布置。 (6)墙体覆面板的等级、厚度及铺钉布置方式。 (7)墙体覆面板与墙骨钉连接用钉的间距。 (8)墙体与楼盖或基础间连接件的规格尺寸和布置	对照实物目测检查	检验批全数

序号	项　目	合格质量标准	检验方法	检查数量
2	楼盖构造要求	楼盖下列各项应符合设计文件的规定,且不应低于现行国家标准《木结构设计规范》(GB 50005)有关构造的规定: (1)拼合梁钉或螺栓的排列、连续拼合梁规格材接头的形式和位置。 (2)搁栅或拼合梁的定位、间距和支承长度。 (3)搁栅开槽或开孔的尺寸和位置。 (4)楼盖洞口周围搁栅的布置和数量;洞口周围搁栅间的连接、连接件的规格尺寸及布置。 (5)楼盖横撑、剪刀撑或木底撑的材质等级、规格尺寸和布置	目测、丈量	检验批全数
3	齿板桁架进场验收	齿板桁架的进场验收,应符合下列规定: (1)规格材的树种、等级和规格应符合设计文件的规定。 (2)齿板的规格、类型应符合设计文件的规定。 (3)桁架的几何尺寸偏差不应超过表11-18的规定。 (4)齿板的安装位置偏差不应超过图11-3所示的规定。 (5)齿板连接的缺陷面积,当连接处的构件宽度大于50mm时,不应超过齿板与该构件接触面积的20%;当构件宽度小于50mm时,不应超过齿板与该构件接触面积的10%。缺陷面积应为齿板与构件接触面范围内的木材表面缺陷面积与板齿倒伏面积之和。 (6)齿板连接处木构件的缝隙不应超过图11-4所示的规定。除设计文件有特殊规定外,宽度超过允许值的缝隙,均应有宽度不小于19mm、厚度与缝隙宽度相当的金属片填实,并应有螺纹钉固定在被填塞的构件上	目测、量器测量	检验批全数的20%
4	屋盖构造要求	屋盖下列各项应符合设计文件的规定,且不应低于现行国家标准《木结构设计规范》(GB 50005)有关构造的规定: (1)椽条、顶棚搁栅或齿板屋架的定位、间距和支承长度; (2)屋盖洞口周围椽条与顶棚搁栅的布置和数量;洞口周围椽条与顶棚搁栅间的连接、连接件的规格尺寸及布置; (3)屋面板铺钉方式及与搁栅连接用钉的间距	钢尺或卡尺量、目测	检验批全数

续二

序号	项　目	合格质量标准	检验方法	检查数量
5	制作与安装偏差	轻型木结构各种构件的制作与安装偏差,不应大于表 11-19 的规定	见表 11-19	检验批全数
6	保温措施	轻型木结构的保温措施和隔气层的设置等,应符合设计文件的规定	对照设计文件检查	检验批全数

表 11-18　　　　　　　　　　　桁架制作允许误差(mm)

项　目	相同桁架间尺寸差	与设计尺寸间的误差
桁架长度	12.5	18.5
桁架高度	6.5	12.5

注:1. 桁架长度指不包括悬挑或外伸部分的桁架总长,用于限定制作误差;

2. 桁架高度指不包括悬挑或外伸等上、下弦杆突出部分的全榀桁架最高部位处的高度,为上弦顶面到下弦底面的总厚度,用于限定制作误差。

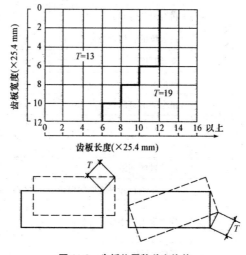

图 11-3　齿板位置偏差允许值

图 11-4   齿板桁架木构件允许缝隙限制

表 11-19   轻型木结构的制作安装允许偏差

项次	项 目		允许偏差 （mm）	检验方法
1	楼盖主梁、柱子及连接件	楼盖主梁		
		截面宽度/高度	±6	钢板尺量
		水平度	±1/200	水平尺量
		垂直度	±3	直角尺和钢板尺量
		间距	±6	钢尺量
		拼合梁的钉间距	＋30	钢尺量
		拼合梁的各构件的截面高度	±3	钢尺量
		支承长度	－6	钢尺量
2		柱子		
		截面尺寸	±3	钢尺量
		拼合梁的钉间距	＋30	钢尺量
		柱子长度	±3	钢尺量
		垂直度	±1/200	靠尺量
3		连接件		
		连接件的间距	±6	钢尺量
		同一排列连接件之间的错位	±6	钢尺量
		构件上安装连接件开槽尺寸	连接件尺寸±3	卡尺量
		端距/边距	±6	钢尺量
		连接钢板的构件开槽尺寸	±6	卡尺量

续表

项次	项 目			允许偏差（mm）	检验方法
4	楼（屋）盖施工	楼（屋）盖	搁栅间距	±40	钢尺量
			楼盖整体水平度	±1/250	水平尺量
			楼盖局部水平度	±1/150	水平尺量
			搁栅截面高度	±3	钢尺量
			搁栅支承长度	−6	钢尺量
5			规定的钉间距	+30	钢尺量
			钉头嵌入楼、屋面板表面的最大深度	+3	卡尺量
6		楼（屋）盖齿板连接桁架	桁架间距	±40	钢尺量
			桁架垂直度	±1/200	直角尺和钢尺量
			齿板安装位置	±6	钢尺量
			弦杆、腹杆、支撑	19	钢尺量
			桁架高度	13	钢尺量
7	墙体施工	墙骨柱	墙骨间距	±40	钢尺量
			墙体垂直度	±1/200	直角尺和钢尺量
			墙体水平度	±1/150	水平尺量
			墙体角度偏差	±1/270	直角尺和钢尺量
			墙骨长度	±3	钢尺量
			单根墙骨柱的出平面偏差	±3	钢尺量
8		顶梁板、底梁板	顶梁板、底梁板的平直度	+1/150	水平尺量
			顶梁板作为弦杆传递荷载时的搭接长度	±12	钢尺量
9		墙面板	规定的钉间距	+30	钢尺量
			钉头嵌入墙面板表面的最大深度	+3	卡尺量
			木框架上墙面板之间的最大缝隙	+3	卡尺量

2. 验收资料

(1)板材冲击抗弯与静载抗弯强度试验报告。

(2)含水率试验报告。

(3)目测轻型木结构规格材质等级报告。

(4)普通圆钉抗弯试验记录。

(5)规格木材应力等级报告(抗弯强度)。

(6)技术复核及隐蔽检查报告。

(7)施工日记。

第四节　木结构防护

一、监理巡视与检查

设计文件规定需要作阻燃处理的木构件应按现行国家标准《建筑设计防火规范》(GB 50016)的有关规定和不同构件类别的耐火极限、截面尺寸选择阻燃剂和防护工艺,并应由具有专业资质的企业施工。对于长期暴露在潮湿环境下的木构件,尚应采取防止阻燃剂流失的措施。

木材防腐处理应根据设计文件规定的各木构件用途和防腐要求,按规定确定其使用环境类别并选择合适的防腐剂。防腐处理宜采用加压法施工,并应由具有专业资质的企业施工。经防腐药剂处理后的木构件不宜再进行锯解、刨削等加工处理。确需作局部加工处理导致局部未被浸渍药剂的木材外露时,该部位的木材应进行防腐修补。

阻燃剂、防火涂料以及防腐、防虫等药剂,不得危及人畜安全,不得污染环境。

木结构防护工程的检验批可分别对应的方木与原木结构、胶合木结构或轻型木结构的检验批划分。

二、监理验收

1. 验收标准

(1)主控项目检验标准应符合表 11-20 的规定。

表 11-20　　　　　　　　　　　　主控项目检验

序号	项　目	合格质量标准	检验方法	检查数量
1	防腐、防虫、防火处理	所使用的防腐、防虫及防火和阻燃药剂应符合设计文件表明的木构件(包括胶合木构件等)使用环境类别和耐火等级,且应有质量合格证书的证明文件。经化学药剂防腐处理后的每批次木构件(包括成品防腐木材),应有符合《木结构工程施工质量验收规范》(GB 50206—2012)附录 K 规定的药物有效性成分的载药量和透入度检验合格报告	实物对照、检查检验报告	检验批全数

续一

序号	项　目	合格质量标准	检验方法	检查数量
2	透入度检验	经化学药剂防腐处理后进场的每批次木构件应进行透入度见证检验,透入度应符合《木结构工程施工质量验收规范》(GB 50206－2012)附录 K 的规定	现行国家标准《木结构试验方法标准》(GB/T 50329)	每检验批随机抽取 5～10 根构件,均匀地钻取 20 个(油性药剂)或 48 个(水性药剂)芯样
3	防腐构造措施	木结构构件的各项防腐构造措施应符合设计文件的规定,并应符合下列要求: (1)首层木楼盖应设置架空层,方木、原木结构楼盖底面距室内地面不应小于400mm,轻型木结构不应小于 150mm。支承楼盖的基础或墙上应设通风口,通风口总面积不应小于楼盖面积的 1/50,架空空间应保持良好通风。 (2)非经防腐处理的梁、檩条和桁架等支承在混凝土构件或砌体上时,宜设防腐垫木,支承面间应有卷材防潮层。梁、檩条和桁架等支座不应封闭在混凝土或墙体中,除支承面外,该部位构件的两侧面、顶面及端面均应与支承构件间留 30mm以上能与大气相通的缝隙。 (3)非经防腐处理的柱应支承在柱墩上,支承面间应有卷材防潮层。柱与土壤严禁接触,柱墩顶面距土地面的高度不应小于 300mm。当采用金属连接件固定并受雨淋时,连接件不应存水。 (4)木屋盖设吊顶时,屋盖系统应有老虎窗、山墙百叶窗等通风装置。寒冷地区保温层设在吊顶内时,保温层顶距桁架下弦的距离不应小于 100mm。 (5)屋面系统的内排水天沟不应直接支承在桁架、屋面梁等承重构件上	对照实物、逐项检查	检验批全数

序号	项 目	合格质量标准	检验方法	检查数量
4	防火阻燃处理	木构件需作防火阻燃处理时,应由专业工厂完成,所使用的阻燃药剂应具有有效性检验报告和合格证书,阻燃剂应采用加压浸渍法施工。经浸渍阻燃处理的木构件,应有符合设计文件规定的药物吸收干量的检验报告。采用喷涂法施工的防火涂层厚度应均匀,见证检验的平均厚度不应小于该药物说明书的规定值	卡尺测量、检查合格证书	每检验批随机抽取20处测量涂层厚度
5	防火性能	凡木构件外部需用防火石膏板等包覆时,包覆材料的防火性能应有合格证书,厚度应符合设计文件的规定	卡尺测量、检查产品合格证书	检验批全数
6	密封处理	炊事、采暖等所用烟道、烟囱应用不燃材料制作且密封,砖砌烟囱的壁厚不应小于240mm,并应有砂浆抹面,金属烟囱应外包厚度不小于70mm的矿棉保护层和耐火极限不低于1.00h的防火板,其外边缘距木构件的距离不应小于120mm,并应有良好通风。烟囱出屋面处的空隙应用不燃材料封堵	对照实物	检验批全数
7	保温隔热处理	墙体、楼盖、屋盖空腔内现场填充的保温、隔热、吸声等材料,应符合设计文件的规定,且防火性能不应低于难燃性 B_1 级	实物与设计文件对照	检验批全数
8	电源线敷设	电源线敷设应符合下列要求: (1)敷设在墙体或楼盖中的电源线应用穿金属管线或检验合格的阻燃型塑料管。 (2)电源线明敷时,可用金属线槽或穿金属管线。 (3)矿物绝缘电缆可采用支架或沿墙明敷	对照实物、查验交接检验报告	检验批全数
9	埋设或穿越木结构各类管道敷设	埋设或穿越木结构的各类管道敷设应符合下列要求: (1)管道外壁温度达到120℃及以上时管道和管道的包覆材料及施工时的胶粘剂等,均应采用检验合格的不燃材料。 (2)管道外壁温度在120℃以下时,管道和管道的包覆材料等应采用检验合格的难燃性不低于 B_1 的材料		

续三

序号	项 目	合格质量标准	检验方法	检查数量
10	防锈处理	木结构中外露钢构件及未作镀锌处理的金属连接件,应按设计文件的规定采取防锈蚀措施	实物与设计文件对照	检验批全数

(2)一般项目检验标准应符合表 11-21 的规定。

表 11-21　　　　　　　　一般项目检验

序号	项 目	合格质量标准	检验方法	检查数量
1	防护层修补	经防护处理的木构件,其防护层有损伤或因局部加工而造成防护层缺损时,应进行修补	根据设计文件与实物对照检查,检查交接报告	检验批全数
2	紧固件贯入深度	墙体和顶棚采用石膏板(防火或普通石膏板)作覆面板并兼作防火材料时,紧固件(钉子或木螺钉)贯入构件的深度不应小于表 11-22 的规定	实物与设计文件对照,检查交接报告	
3	防护构造措施	木结构外墙的防护构造措施应符合设计文件的规定	根据设计文件与实物对照检查,检查交接报告	
4	防火隔断设置及材料要求	楼盖、楼梯、顶棚以及墙体内最小边长超过 25mm 的空腔,其贯通的竖向高度超过 3m,水平长度超过 20m 时,均应设置防火隔断。天花板、屋顶空间,以及未占用的阁楼空间所形成的隐蔽空间面积超过 300m²,或长边长度超过 20m 时,均应设防火隔断,并应分隔成隐蔽空间。防火隔断应采用下列材料: (1)厚度不小于 40mm 的规格材。 (2)厚度不小于 20mm 且由钉交错钉合的双层木板。 (3)厚度不小于 12mm 的石膏板、结构胶合板或定向木片板。 (4)厚度不小于 0.4mm 的薄钢板。 (5)厚度不小于 6mm 的钢筋混凝土板	根据设计文件与实物对照检查,检查交接报告	

表 11-22　　　　　　　　　石膏板紧固件贯入木构件的深度　　　　　　　mm

耐火极限	墙体		顶棚	
	钉	木螺钉	钉	木螺钉
0.75h	20	20	30	30
1.00h	20	20	45	45
1.50h	20	20	60	60

2. 验收资料

(1)木材防火浸渍剂报告。

(2)木材防腐、防虫浸渍报告。

(3)局部涂刷(防腐、防潮)隐蔽验收报告。

(4)药剂出厂证明书并附有说明书。

(5)药剂处理前木材含水率及刻痕检验记录。

(6)施工日记。

第十二章 钢结构工程现场监理

第一节 钢结构连接工程

一、钢构件焊接工程

1. 监理巡视与检查

(1)焊条、焊丝、焊剂、电渣焊熔嘴等焊接材料与母材的匹配应符合设计要求及国家现行行业标准《建筑钢结构焊接技术规程》(JGJ 81)的规定。焊条、焊剂、药芯焊丝、熔嘴等在使用前,应按其产品说明书及焊接工艺文件的规定进行烘焙和存放。

(2)焊工必须经考试合格并取得合格证书。持证焊工必须在其考试合格项目及其认可范围内施焊。

(3)施工单位对其首次采用的钢材、焊接材料、焊接方法、焊后热处理等,应进行焊接工艺评定,并应根据评定报告确定焊接工艺。

(4)设计要求全焊透的一、二级焊缝应采用超声波探伤进行内部缺陷的检验,超声波探伤不能对缺陷作出判断时,应采用射线探伤,其内部缺陷分级及探伤方法应符合现行国家标准《钢焊缝手工超声波探伤方法和探伤结果分级法》(GB/T 11345)或《金属熔化焊焊接接头射线照相》(GB/T 3323)的规定。

焊接球节点网架焊缝、螺栓球节点网架焊缝及圆管 T、K、Y 形节点相关线焊缝,其内部缺陷分级及探伤方法应分别符合国家现行标准《钢结构超声波探伤及质量分级法》(JG/T 203)、《建筑钢结构焊接技术规程》(JGJ 81)的规定。

(5)焊缝表面不得有裂纹、焊瘤等缺陷。一级、二级焊缝不得有表面气孔、夹渣、弧坑裂纹、电弧擦伤等缺陷。且一级焊缝不得有咬边、未焊满、根部收缩等缺陷。

(6)对于需要进行焊前预热或焊后热处理的焊缝,其预热温度或后热温度应符合国家现行有关标准的规定或通过工艺试验确定。预热区在焊道两侧,每侧宽度均应大于焊件厚度的 1.5 倍以上,且不应小于 100mm;后热处理应在焊后立即进行,保温时间应根据板厚按每 25mm 板厚 1h 确定。

(7)焊成凹形的角焊缝,焊缝金属与母材间应平缓过渡;加工成凹形的角焊缝,不得在其表面留下切痕。

(8)焊缝感观应达到:外形均匀、成型较好,焊道与焊道、焊道与基本金属间过渡较平滑,焊渣和飞溅物基本清除干净。

2. 监理验收

(1)验收标准。

1)主控项目检验标准应符合表 12-1 和表 12-2 的规定。

表 12-1 主控项目检验

序号	项 目	合格质量标准	检验方法	检查数量
1	焊接材料品种、规格	焊接材料的品种、规格、性能等应符合现行国家产品标准和设计要求	检查焊接材料的质量合格证明文件、中文标志及检验报告等	全数检查
2	焊接材料复验	重要钢结构采用的焊接材料应进行抽样复验,复验结果应符合现行国家产品标准和设计要求	检查复验报告	全数检查
3	材料匹配	焊条、焊丝、焊剂、电渣焊熔嘴等焊接材料与母材的匹配应符合设计要求及国家现行行业标准《建筑钢结构焊接技术规程》(JGJ 81)的规定。焊条、焊剂、药芯焊丝、熔嘴等在使用前,应按其产品说明书及焊接工艺文件的规定进行烘焙和存放	检查质量证明书和烘焙记录	全数检查
4	焊工证书	焊工必须经考试合格并取得合格证书。持证焊工必须在其考试合格项目及其认可范围内施焊	检查焊工合格证及其认可范围、有效期	全数检查
5	焊接工艺评定	施工单位对其首次采用的钢材、焊接材料、焊接方法、焊后热处理等,应进行焊接工艺评定,并应根据评定报告确定焊接工艺	检查焊接工艺评定报告	全数检查

序号	项 目	合格质量标准	检验方法	检查数量
6	内部缺陷	设计要求全焊透的一、二级焊缝应采用超声波探伤进行内部缺陷的检验,超声波探伤不能对缺陷作出判断时,应采用射线探伤,其内部缺陷分级及探伤方法应符合现行国家标准《钢焊缝手工超声波探伤方法和探伤结果分级法》(GB/T 11345)或《金属熔化焊对接接头射线照相和质量分级》(GB/T 3323)的规定。 焊接球节点网架焊缝、螺栓球节点网架焊缝及圆管 T、K、Y 形节点相关线焊缝,其内部缺陷分级及探伤方法应分别符合国家现行标准《钢结构超声波探伤及质量分级法》(JG/T 203)、《建筑钢结构焊接技术规程》(JGJ 81)的规定。 一级、二级焊缝的质量等级及缺陷分级应符合表 12-2 的规定	检查超声波或射线探伤记录	全数检查
7	组合焊缝尺寸	T 形接头、十字接头、角形接头等要求熔透的对接和角对接组合焊缝,其焊脚尺寸应不小于 $t/4$[图 12-1(a)、(b)、(c)];设计有疲劳验算要求的吊车梁或类似构件的腹板与上翼缘连接焊缝的焊脚尺寸为 $t/2$[图 12-1(d)],且应不大于 10mm。焊脚尺寸的允许偏差为 0~4mm	观察检查,用焊缝量规抽查测量	资料全数检查;同类焊缝抽查 10%,且应不少于 3 条

续表

序号	项　目	合格质量标准	检验方法	检查数量
8	焊缝表面缺陷	焊缝表面不得有裂纹、焊瘤等缺陷。一级、二级焊缝不得有表面气孔、夹渣、弧坑裂纹、电弧擦伤等缺陷。且一级焊缝不得有咬边、未焊满、根部收缩等缺陷	观察检查或使用放大镜焊缝量规和钢尺检查,当存在疑义时,采用渗透或磁粉探伤检查	每批同类构件抽查10%,且应不少于3件;被抽查构件中,每一类型焊缝按条数抽查5%,且应不少于1条;每条检查1处,总抽查数应不少于10处

表 12-2　　　　　　　　一、二级焊缝质量等级及缺陷分级

焊缝质量等级		一级	二级
内部缺陷超声波探伤	评定等级	Ⅱ	Ⅲ
	检验等级	B 级	B 级
	探伤比例	100%	20%
内部缺陷射线探伤	评定等级	Ⅱ	Ⅲ
	检验等级	AB 级	AB 级
	探伤比例	100%	20%

注:1. 探伤比例的计数方法应按以下原则确定:
　　(1)对工厂制作焊缝,应按每条焊缝计算百分比,且探伤长度应不小于 200mm,当焊缝长度不足 200mm 时,应对整条焊缝进行探伤;
　　(2)对现场安装焊缝,应按同一类型、同一施焊条件的焊缝条数计算百分比,探伤长度应不小于 200mm,并应不少于 1 条焊缝。
　2. 本表摘自《钢结构工程施工质量验收规范》(GB 50205—2001)。

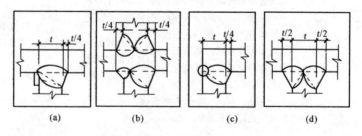

图 12-1　焊脚尺寸

2)一般项目检验标准应符合表 12-3 的规定。

表 12-3   一般项目检验

序号	项 目	合格质量标准	检验方法	检查数量
1	焊接材料外观质量	焊条外观不应有药皮脱落、焊芯生锈等缺陷;焊剂不应受潮结块	观察检查	按量抽查 1%,且应不少于 10 包
2	预热和后热处理	对于需要进行焊前预热或焊后热处理的焊缝,其预热温度或后热温度应符合国家现行有关标准的规定或通过工艺试验确定。预热区在焊道两侧,每侧宽度均应大于焊件厚度的 1.5 倍以上,且应不小于 100mm;后热处理应在焊后立即进行,保温时间应根据板厚按每 25mm 板厚 1h 确定	检查预、后热施工记录和工艺试验报告	全数检查
3	焊缝外观质量	二级、三级焊缝外观质量标准应符合表 12-4 的规定。三级对接焊缝应按二级焊缝标准进行外观质量检验	观察检查或使用放大镜、焊缝量规和钢尺检查	每批同类构件抽查 10%,且应不少于 3 件;被抽查构件中,每种焊缝按条数各抽查 5%,但应不少于 1 条;每条检查 1 处,总抽查数应不少于 10 处
4	焊缝尺寸偏差	焊缝尺寸允许偏差应符合表 12-5 的规定	用焊缝量规检查	每批同类构件抽查 10%,且应不少于 3 件;被抽查构件中,每种焊缝按条数各抽查 5%,但应不少于 1 条;每条检查 1 处,总抽查数应不少于 10 处
5	凹 形 角焊缝	焊成凹形的角焊缝,焊缝金属与母材间应平缓过渡;加工成凹形的角焊缝,不得在其表面留下切痕	观察检查	每批同类构件抽查 10%,且应不少于 3 件

序号	项　目	合格质量标准	检验方法	检查数量
6	焊缝感观	焊缝感观应达到：外形均匀、成型较好，焊道与焊道、焊道与基本金属间过渡较平滑，焊渣和飞溅物基本清除干净	观察检查	每批同类构件抽查10%，且应不少于3件；被抽查构件中，每种焊缝按数量各抽查5%，总抽查处应不少于5处

3)焊缝外观质量标准及尺寸允许偏差应符合表12-4～表12-6的规定。

表 12-4　　　　　　　二、三级焊缝外观质量标准　　　　　　　(mm)

项　目	允　许　偏　差	
缺陷类型	二级	三级
未焊满(指不足设计要求)	≤0.2+0.02t,且≤1.0	≤0.2+0.04t,且≤2.0
	每100.0焊缝内缺陷总长≤25.0	
根部收缩	≤0.2+0.02t,且≤1.0	≤0.2+0.04t,且≤2.0
	长度不限	
咬边	≤0.05t,且≤0.5;连续长度≤100.0,且焊缝两侧咬边总长≤10%焊缝全长	≤0.1t且≤1.0,长度不限
弧坑裂纹	—	允许存在个别长度≤5.0的弧坑裂纹
电弧擦伤		允许存在个别电弧擦伤
接头不良	缺口深度0.05t,且≤0.5	缺口深度0.1t,且≤1.0
	每1000.0焊缝不应超过1处	
表面夹渣	—	深≤0.2t　长≤0.5t,且≤20.0
表面气孔	—	每50.0焊缝长度内允许直径≤0.4t,且≤3.0的气孔2个,孔距≥6倍孔径

注:表内 t 为连接处较薄的板厚。

表 12-5　　　　　对接焊缝及完全熔透组合焊缝尺寸允许偏差　　　　　（mm）

序号	项　目	图　例	允许偏差	
			一、二级	三级
1	对接焊缝余高 C		$B<20:0\sim3.0$ $B\geqslant20:0\sim4.0$	$B<20:0\sim4.0$ $B\geqslant20:0\sim5.0$
2	对接焊缝错边 d		$d<0.15t$, 且$\leqslant2.0$	$d<0.15t$, 且$\leqslant3.0$

表 12-6　　　　部分焊透组合焊缝和角焊缝外形尺寸允许偏差　　　　（mm）

序号	项　目	图　例	允许偏差
1	焊脚尺寸 h_f		$h_f\leqslant6:0\sim1.5$ $h_f>6:0\sim3.0$
2	角焊缝余高 C		$h_f\leqslant6:0\sim1.5$ $h_f>6:0\sim3.0$

注：1. $h_f>8.0$mm 的角焊缝其局部焊脚尺寸允许低于设计要求值 1.0mm,但总长度不得超过焊缝长度 10%。

2. 焊接 H 形梁腹板与翼缘板的焊缝两端在其两倍翼缘板宽度范围内,焊缝的焊脚尺寸不得低于设计值。

（2）验收资料。

1）焊条、焊丝、焊剂、电渣熔嘴等焊接材料出厂合格证明文件及检验报告。

2）焊条、焊剂等烘焙记录。

3）重要钢结构采用的焊接材料复验报告。

4）焊工合格证书及其认可范围、有效期。

5）施工单位首次采用的钢材和焊接材料的焊接工艺评定报告。

6）无损检测报告和 X 射线底片。

7）焊接工程有关竣工图及相关设计文件。

8）技术复核记录。

9)隐蔽工程检查验收记录。

10)焊接分项工程检验批质量验收记录。

11)不合格项的处理记录及验收记录。

12)其他有关文件的记录。

二、焊钉(栓钉)焊接工程

1. 监理巡视要点

(1)施工单位对其采用的焊钉和钢材焊接应进行焊接工艺评定,其结果应符合设计要求和国家现行有关标准的规定。瓷环应按其产品说明书进行烘焙。

(2)焊钉焊接后应进行弯曲试验检查,其焊缝和热影响区不应有肉眼可见的裂纹。

(3)焊钉根部焊脚应均匀,焊脚立面的局部未熔合或不足360°的焊脚应进行修补。

2. 监理验收

(1)验收标准。

1)主控项目检验标准应符合表12-7的规定。

表 12-7   主控项目检验

序号	项目	合格质量标准	检验方法	检查数量
1	焊接材料品种、规格	焊接材料的品种、规格、性能等应符合现行国家产品标准和设计要求	检查焊接材料的质量合格证明文件、中文标志及检验报告等	全数检查
2	焊接材料复验	重要钢结构采用的焊接材料应进行抽样复验,复验结果应符合现行国家产品标准和设计要求	检查复验报告	全数检查
3	焊接工艺评定	施工单位对其采用的焊钉和钢材焊接应进行焊接工艺评定,其结果应符合设计要求和国家现行有关标准的规定。瓷环应按其产品说明书进行烘焙	检查焊接工艺评定报告和烘焙记录	全数检查
4	焊后弯曲试验	焊钉焊接后应进行弯曲试验检查,其焊缝和热影响区不应有肉眼可见的裂纹	焊钉弯曲30°后用角尺检查和观察检查	每批同类构件抽查10%,且应不少于10件;被抽查构件中,每件检查焊钉数量的1%,但应不少于1个

2)一般项目检验标准应符合表 12-8 的规定。

表 12-8　　　　　　　　　　　　　一般项目检验

序号	项 目	合格质量标准	检验方法	检查数量
1	焊钉和瓷环尺寸	焊钉及焊接瓷环的规格、尺寸及偏差应符合现行国家标准《电弧螺柱焊用圆柱头焊钉》（GB/T 10433）中的规定	用钢尺和游标深度尺量测	按量抽查 1%，且应不少于 10 套
2	焊缝外观质量	焊钉根部焊脚应均匀，焊脚立面的局部未熔合或不足 360°的焊脚应进行修补	观察检查	按总焊钉数量抽查 1%，且应不少于 10 个

（2）验收资料。

1)焊钉、焊接瓷环等焊接材料出厂合格证明文件及检验报告。

2)瓷环等烘焙记录。

3)重要钢结构采用的焊钉复验报告。

4)焊钉焊工合格证及其认可范围、有效期。

5)施工单位首次采用的钢材和焊钉的焊接工艺评定报告。

6)技术复核记录。

7)隐蔽验收记录。

8)钢结构焊钉焊接分项工程检验批质量验收记录。

9)其他有关文件的记录。

第二节　紧固件连接工程

一、普通紧固件连接

1. 监理巡视与检查

（1）普通螺栓作为永久性连接螺栓时，当设计有要求或对其质量有疑义时，应进行螺栓实物最小拉力载荷复验，其结果应符合现行国家标准《紧固件机械性能　螺栓、螺钉和螺柱》（GB/T 3098.1）的规定。

（2）连接薄钢板采用的自攻钉、拉铆钉、射钉等，其规格尺寸应与被连接钢板相匹配，其间距、边距等应符合设计要求。

（3）永久性普通螺栓紧固应牢固、可靠，外露丝扣不应少于 2 扣。

（4）自攻螺钉、钢拉铆钉、射钉等与连接钢板应紧固密贴，外观排列整齐。

2. 监理验收

（1）验收标准。

1)主控项目检验标准应符合表 12-9 的规定。

表 12-9 主控项目检验

序号	项 目	合格质量标准	检验方法	检查数量
1	成品进场	钢结构连接用高强度大六角头螺栓连接副、扭剪型高强度螺栓连接副、钢网架用高强度螺栓、普通螺栓、铆钉、自攻钉、拉铆钉、射钉、锚栓(机械型和化学试剂型)、地脚锚栓等紧固标准件及螺母、垫圈等标准配件,其品种、规格、性能等应符合现行国家产品标准和设计要求。高强度大六角头螺栓连接副和扭剪型高强度螺栓连接副出厂时应分别随箱带有扭矩系数和紧固轴力(预拉力)的检验报告	全数检查	检查产品的质量合格证明文件、中文标志及检验报告等
2	螺栓实物复验	普通螺栓作为永久性连接螺栓时,当设计有要求或对其质量有疑义时,应进行螺栓实物最小拉力载荷复验,其结果应符合现行国家标准《紧固件机械性能 螺栓、螺钉和螺柱》(GB/T 3098.1)的规定	检查螺栓实物复验报告	每一规格螺栓抽查 8 个
3	匹 配 及间距	连接薄钢板采用的自攻钉、拉铆钉、射钉等其规格尺寸应与被连接钢板相匹配,其间距、边距等应符合设计要求	观察和尺量检查	按连接节点数抽查 1%,且应不少于 3 个

2)一般项目检验标准应符合表 12-10 的规定。

表 12-10 一般项目检验

序号	项 目	合格质量标准	检验方法	检查数量
1	螺栓紧固	永久性普通螺栓紧固应牢固、可靠,外露螺纹应不少于 2 个螺距	观察和用小锤敲击检查	按连接节点数抽查 10%,且 应 不 少于3个

续表

序号	项　目	合格质量标准	检验方法	检查数量
2	外观质量	自攻螺钉、钢拉铆钉、射钉等与连接钢板应紧固密贴,外观排列整齐	观察或用小锤敲击检查	按连接节点数抽查 10%,且 应 不 少 于3 个

(2)验收资料。

1)普通紧固件的产品质量合格证明文件、复验报告。

2)施工记录。

3)技术复核。

4)钢结构普通紧固件连接分项工程检验批质量验收记录。

二、高强度螺栓连接

1. 监理巡视与检查

(1)钢结构制作和安装单位应按《钢结构工程施工质量验收规范》(GB 50205—2001)附录 B 的规定分别进行高强度螺栓连接摩擦面的抗滑移系数试验和复验,现场处理的构件摩擦面应单独进行摩擦面抗滑移系数试验,其结果应符合设计要求。

(2)高强度大六角头螺栓连接副终拧完成 1h 后、48h 内应进行终拧扭矩检查,检查结果应符合《钢结构工程施工质量验收规范》(GB 50205—2001)附录 B 的规定。

(3)扭剪型高强度螺栓连接副终拧后,除因构造原因无法使用专用扳手终拧掉梅花头者外,未在终拧中拧掉梅花头的螺栓数不应大于该节点螺栓数的 5%。对所有梅花头未拧掉的扭剪型高强度螺栓连接副应采用扭矩法或转角法进行终拧并作标记,且按上述(2)的规定进行终拧扭矩检查。

(4)高强度螺栓连接副的施拧顺序和初拧、复拧扭矩应符合设计要求和国家现行行业标准《钢结构高强度螺栓连接技术规程》(JGJ 82)的规定。

(5)高强度螺栓连接副终拧后,螺栓丝扣外露应为 2~3 扣,其中允许有 10% 的螺栓丝扣外露 1 扣或 4 扣。

(6)高强度螺栓连接摩擦面应保持干燥、整洁,不应有飞边、毛刺、焊接飞溅物、焊疤、氧化铁皮、污垢等,除设计要求外摩擦面不应涂漆。

(7)高强度螺栓应自由穿入螺栓孔。高强度螺栓孔不应采用气割扩孔,扩孔数量应征得设计同意,扩孔后的孔径不应超过 $1.2d$(d 为螺栓直径)。

(8)螺栓球节点网架总拼完成后,高强度螺栓与球节点应紧固连接,高强度螺栓拧入螺栓球内的螺纹长度不应小于 $1.0d$(d 为螺栓直径),连接处不应出现有间隙、松动等未拧紧情况。

2. 监理验收

(1)验收标准。

1)主控项目检验标准应符合表 12-11 的规定。

表 12-11　　　　　　　　　　　　　　　　主控项目检验

序号	项目	合格质量标准	检验方法	检查数量
1	成品进场	钢结构连接用高强度大六角头螺栓连接副、扭剪型高强度螺栓连接副、钢网架用高强度螺栓、普通螺栓、铆钉、自攻钉、拉铆钉、射钉、锚栓(机械型和化学试剂型)、地脚锚栓等紧固标准件及螺母、垫圈等标准配件,其品种、规格、性能等应符合现行国家产品标准和设计要求。高强度大六角头螺栓连接副和扭剪型高强度螺栓连接副出厂时应分别随箱带有扭矩系数和紧固轴力(预拉力)的检验报告 高强度大六角头螺栓连接副的扭矩系数和扭剪型高强度螺栓连接副的紧固轴力(预拉力)是影响高强度螺栓连接质量最主要的因素,也是施工的重要依据,因此要求生产厂家在出厂前要进行检验,且出具检验报告,施工单位应在使用前及产品质量保证期内及时复验,该复验应为见证取样、送样检验项目。本条为强制性条文	检查产品的质量合格证明文件、中文标志及检验报告等	全数检查
2	扭矩系数	高强度大六角头螺栓连接副应按《钢结构工程施工质量验收规范》(GB 50205—2001)的规定检验其扭矩系数,其检验结果应符合《钢结构工程施工质量验收规范》(GB 50205—2001)的规定	检查复验报告	
	预拉力复验	扭剪型高强度螺栓连接副应按《钢结构工程施工质量验收规范》(GB 50205—2001)的规定检验预拉力,其检验结果应符合《钢结构工程施工质量验收规范》(GB 50205—2001)的规定		
3	抗滑移系数试验	钢结构制作和安装单位应按《钢结构工程施工质量验收规范》(GB 50205—2001)的规定分别进行高强度螺栓连接摩擦面的抗滑移系数试验和复验,现场处理的构件摩擦面应单独进行摩擦面抗滑移系数试验,其结果应符合设计要求	检查摩擦面抗滑移系数试验报告和复验报告	

续表

序号	项　目	合格质量标准	检验方法	检查数量
4	高强度大六角头螺栓连接副终拧扭矩	高强度大六角头螺栓连接副终拧完成1h后、48h内应进行终拧扭矩检查,检查结果应符合上述2的规定		按节点数抽查10%,且应不少于10个;每个被抽查节点按螺栓数抽查10%,且应不少于2个
	扭剪型高强度螺栓连接副终拧扭矩	扭剪型高强度螺栓连接副终拧后,除因构造原因无法使用专用扳手终拧掉梅花头者外,未在终拧中拧掉梅花头的螺栓数应不大于该节点螺栓数的5%。对所有梅花头未拧掉的扭剪型高强度螺栓连接副应采用扭矩法或转角法进行终拧并作标记,且按上条标准的规定进行终拧扭矩检查	观察检查	按节点数抽查10%,但应不少于10个节点,被抽查节点中梅花头未拧掉的扭剪型高强度螺栓连接副全数进行终拧扭矩检查

2)一般项目检验标准应符合表12-12的规定。

表 12-12　　　　　　　　　　一般项目检验

序号	项　　目	合格质量标准	检验方法	检查数量
1	成品进场检验	高强度螺栓连接副,应按包装箱配套供货,包装箱上应标明批号、规格、数量及生产日期。螺栓、螺母、垫圈外观表面应涂油保护,不应出现生锈和沾染赃物,螺纹不应损伤	观察检查	按包装箱数抽查5%,且应不少于3箱
2	表面硬度试验	对建筑结构安全等级为一级,跨度40m及以上的螺栓球节点钢网架结构,其连接高强度螺栓应进行表面硬度试验,对8.8的高强度螺栓其硬度应为 HRC21～29;10.9级高强度螺栓其硬度应为HRC32～36,且不得有裂纹或损伤	硬度计、10 倍放大镜或磁粉探伤	按规格抽查8只

序号	项　目	合格质量标准	检验方法	检查数量
3	初拧、复拧扭矩	高强度螺栓连接副的施拧顺序和初拧、复拧扭矩应符合设计要求和国家现行行业标准《钢结构高强度螺栓连接技术规程》(JGJ 82)的规定	检查扭矩扳手标定记录和螺栓施工记录	全数检查资料
4	连接外观质量	高强度螺栓连接副终拧后,螺栓螺纹外露应为2～3个螺距,其中允许有10%的螺栓螺纹外露1个螺距或4个螺距	观察检查	按节点数抽查5%,且应不少于10个
5	摩擦面外观	高强度螺栓连接摩擦面应保持干燥、整洁,不应有飞边、毛刺、焊接飞溅物、焊疤、氧化铁皮、污垢等,除设计要求外摩擦面不应涂漆	观察检查	全数检查
6	扩孔	高强度螺栓应自由穿入螺栓孔。高强度螺栓孔不应采用气割扩孔,扩孔数量应征得设计同意,扩孔后的孔径不应超过 $1.2d$(d 为螺栓直径)	观察检查及用卡尺检查	被扩螺栓孔全数检查

(2)验收资料。

1)高强度螺栓连接副的出厂合格证、检验报告和复验报告、检查记录。

2)摩擦面抗滑移系数试验报告、复验报告和检查记录。

3)施工记录。

4)技术复核。

5)钢结构(高强度螺栓连接)分项工程检验批质量验收记录。

第三节　钢零件及钢部件加工工程

一、监理巡视与检查

1. 切割

钢材切割面或剪切面应无裂纹、夹渣、分层和大于1mm的缺棱。

2. 矫正和成型

(1)碳素结构钢在环境温度低于－16℃、低合金结构钢在环境温度低于

－12℃时,不应进行冷矫正和冷弯曲。碳素结构钢和低合金结构钢在加热矫正时,加热温度不应超过 900℃。低合金结构钢在加热矫正后应自然冷却。

(2)当零件采用热加工成型时,加热温度应控制在 900～1000℃;碳素结构钢和低合金结构钢在温度分别下降到 700℃和 800℃之前,应结束加工;低合金结构钢应自然冷却。

(3)矫正后的钢材表面,不应有明显的凹面或损伤,划痕深度不得大于0.5mm,且不应大于该钢材厚度负允许偏差的1/2。

3. 边缘加工

气割或机械剪切的零件,需要进行边缘加工时,其刨削量不应小于 2.0mm。

4. 管、球加工

(1)螺栓球成型后,不应有裂纹、褶皱、过烧。

(2)钢板压成半圆球后,表面不应有裂纹、褶皱;焊接球其对接坡口应采用机械加工,对接焊缝表面应打磨平整。

二、监理验收

1. 验收标准

(1)主控项目检验标准应符合表 12-13 的标准。

表 12-13　　　　　　　　　　　　　　主控项目检验

序号	项　　目	合格质量标准	检验方法	检查数量
1	材料品种、规格	钢材、钢铸件的品种、规格、性能等应符合现行国家产品标准和设计要求。进口钢材产品的质量应符合设计和合同规定标准的要求	检查质量合格证明文件、中文标志及检验报告	全数检查
2	钢材复验	对属于下列情况之一的钢材,应进行抽样复验,其复验结果应符合现行国家产品标准和设计要求。 (1)国外进口钢材。 (2)钢材混批。 (3)板厚等于或大于 40mm,且设计有 Z 向性能要求的厚板。 (4)建筑结构安全等级为一级,大跨度钢结构中主要受力构件所采用的钢材。 (5)设计有复验要求的钢材。 (6)对质量有疑义的钢材	检查复验报告	全数检查

续表

序号	项 目	合格质量标准	检验方法	检查数量
3	切面质量	钢材切割面或剪切面应无裂纹、夹渣、分层和大于1mm的缺棱	观察或用放大镜及百分尺检查,有疑义时作渗透、磁粉或超声波探伤检查	全数检查
4	矫正	碳素结构钢在环境温度低于−16℃、低合金结构钢在环境温度低于−12℃时,不应进行冷矫正和冷弯曲。碳素结构钢和低合金结构钢在加热矫正时,加热温度不应超过900℃。低合金结构钢在加热矫正后应自然冷却	检查制作工艺报告和施工记录	全数检查
5	边缘加工	气割或机械剪切的零件,需要进行边缘加工时,其刨削量应不小于2.0mm	检查工艺报告和施工记录	全数检查
6	制孔	A、B级螺栓孔(Ⅰ类孔)应具有H12的精度,孔壁表面粗糙度 R_a 应不大于12.5μm。其孔径的允许偏差应符合《钢结构工程施工质量验收规范》(GB 50205—2001)中表7.6.1-1的规定 C级螺栓孔(Ⅱ类孔),孔壁表面粗糙度 R_a 应不大于25μm,其允许偏差应符合《钢结构工程施工质量验收规范》(GB 50205—2001)表7.6.1-2的规定	同上	同上

(2)一般项目检验标准应符合表12-14的规定。

表 12-14   一般项目检验

序号	项 目	合格质量标准	检验方法	检查数量
1	材料规格尺寸	钢板厚度及允许偏差应符合其产品标准的要求。 型钢的规格尺寸及允许偏差符合其产品标准的要求	用游标卡尺量测 用钢尺和游标卡尺量测	每一品种、规格的钢板抽查5处

序号	项　目	合格质量标准	检验方法	检查数量
2	钢材表面质量	钢材的表面外观质量除应符合国家现行有关标准的规定外,尚应符合下列规定: (1)当钢材的表面有锈蚀、麻点或划痕等缺陷时,其深度不得大于该钢材厚度负允许偏差值的1/2。 (2)钢材表面的锈蚀等级应符合现行国家标准《涂覆涂料前钢材表面处理 表面清洁度的目视评定 第1部分:未涂覆过的钢材表面和全面清除原有涂层后的钢材表面的锈蚀等级和处理等级》(GB/T 8923.1)规定的C级及C级以上。 (3)钢材端边或断口处不应有分层、夹渣等缺陷	观察检查	全数检查
3	气割精度	气割的允许偏差应符合表12-17的规定	观察检查或用钢尺、塞尺检查	按切割面数抽查10%,且应不少于3个
	机械剪切精度	机械剪切的允许偏差应符合表12-18的规定	观察检查或用钢尺、塞尺检查	按切割面数抽查10%,且应不少于3个
4	矫正质量	矫正后的钢材表面,不应有明显的凹面或损伤,划痕深度不得大于0.5mm,且应不大于该钢材厚度负允许偏差的1/2。 冷矫正和冷弯曲的最小曲率半径和最大弯曲矢高应符合表12-19的规定。 钢材矫正后的允许偏差,应符合表12-20的规定	观察检查和实测检查	按冷矫正和冷弯曲的件数抽查10%,且应不少于3个 按矫正件数抽查10%,且应不少于3件
5	边缘加工精度	边缘加工允许偏差应符合表12-21的规定	观察检查和实测检查	按加工面数抽查10%,且应不少于3件
6	制孔精度	螺栓孔孔距的允许偏差应符合表12-22的规定	尺量检查	全数检查

(3)允许偏差应符合表 12-15～表 12-22 的规定。

表 12-15　　　　　　　　A、B 级螺栓孔径的允许偏差　　　　　　(mm)

序　号	螺栓公称直径、螺栓孔直径	螺栓公称直径允许偏差	螺栓孔直径允许偏差
1	10～18	0.00 −0.21	+0.18 0.00
2	18～30	0.00 −0.21	+0.21 0.00
3	30～50	0.00 −0.25	+0.25 0.00

注:本表摘自《钢结构工程施工质量验收规范》(GB 50205—2001)。

表 12-16　　　　　　　　　C 级螺栓孔的允许偏差　　　　　　　(mm)

项　目	允许偏差
直　径	+0.1 0.0
圆　度	2.0
垂直度	$0.03t$,且应不大于 2.0

注:本表摘自《钢结构工程施工质量验收规范》(GB 50205—2001)。

表 12-17　　　　　　　　　　气割的允许偏差　　　　　　　　(mm)

项　目	允　许　偏　差
零件宽度、长度	±3.0
切割面平面度	$0.05t$,且应不大于 2.0
割纹深度	0.3
局部缺口深度	1.0

注:1. t 为切割面厚度。

　　2. 本表摘自《钢结构工程施工质量验收规范》(GB 50205—2001)。

表 12-18　　　　　　　　　机械剪切的允许偏差　　　　　　　(mm)

项　目	允　许　偏　差
零件宽度、长度	±3.0
边缘缺棱	1.0
型钢端部垂直度	2.0

注:本表摘自《钢结构工程施工质量验收规范》(GB 50205—2001)。

表 12-19　　　　冷矫正和冷弯曲的最小曲率半径和最大弯曲矢高　　　　（mm）

钢材类别	图　例	对应轴	矫正		弯曲	
			r	f	r	f
钢板扁钢		$x-x$	$50t$	$\dfrac{l^2}{400t}$	$25t$	$\dfrac{l^2}{200t}$
		$y-y$（仅对扁钢轴线）	$100b$	$\dfrac{l^2}{800b}$	$50b$	$\dfrac{l^2}{400b}$
角钢		$x-x$	$90b$	$\dfrac{l^2}{720b}$	$45b$	$\dfrac{l^2}{360b}$
槽钢		$x-x$	$50h$	$\dfrac{l^2}{400h}$	$25h$	$\dfrac{l^2}{200h}$
		$y-y$	$90b$	$\dfrac{l^2}{720b}$	$45b$	$\dfrac{l^2}{360b}$
工字钢		$x-x$	$50h$	$\dfrac{l^2}{400h}$	$25h$	$\dfrac{l^2}{200h}$
		$y-y$	$50b$	$\dfrac{l^2}{400b}$	$25b$	$\dfrac{l^2}{200b}$

注：1. r 为曲率半径；f 为弯曲矢高；l 为弯曲弦长；t 为钢板厚度。

　　2. 本表摘自《钢结构工程施工质量验收规范》（GB 50205—2001）。

表 12-20　　　　　　　　　钢材矫正后的允许偏差　　　　　　　　（mm）

项　目		允许偏差	图　例
钢板的局部平面度	$t \leqslant 14$	1.5	
	$t > 14$	1.0	
型钢弯曲矢高		$l/1000$ 且应不大于 5.0	
角钢肢的垂直度		$b/100$ 双肢栓接角钢的角度不得大于 90°	

项　目	允许偏差	图　例
槽钢翼缘对腹板的垂直度	$b/80$	
工字钢、H型钢翼缘对腹板的垂直度	$b/100$ 且不大于 2.0	

注:本表摘自《钢结构工程施工质量验收规范》(GB 50205—2001)。

表 12-21　　　　　　　　　**边缘加工的允许偏差**　　　　　　　　　(mm)

项　目	允许偏差
零件宽度、长度	± 1.0
加工边直线度	$l/3000$,且应不大于 2.0
相邻两边夹角	$\pm 6'$
加工面垂直度	$0.025t$,且应不大于 0.5
加工面表面粗糙度	$\overset{50}{\bigtriangledown}$

注:本表摘自《钢结构工程施工质量验收规范》(GB 50205—2001)。

表 12-22　　　　　　　　　**螺栓孔孔距允许偏差**　　　　　　　　　(mm)

螺栓孔孔距范围	≤500	501~1200	1201~3000	>3000
同一组内任意两孔间距离	± 1.0	± 1.5	—	—
相邻两组的端孔间距离	± 1.5	± 2.0	± 2.5	± 3.0

注:1. 在节点中连接板与一根杆件相连的所有螺栓孔为一组。

　　2. 对接接头在拼接板一侧的螺栓孔为一组。

　　3. 在两相邻节点或接头间的螺栓孔为一组,但不包括上述两款所规定的螺栓孔。

　　4. 受弯构件翼缘上的连接螺栓孔,每米长度范围内的螺栓孔为一组。

　　5. 本表摘自《钢结构工程施工质量验收规范》(GB 50205—2001)。

2. 验收资料

(1)材料出厂合格证或复验报告。

(2)无损检测报告。

(3)技术复核记录。

(4)隐蔽工程验收记录。

(5)钢结构(零件及部件加工)分项工程检验批质量验收记录。

第四节　钢构件组装工程

一、监理巡视与检查

1. 焊接 H 型钢

焊接 H 型钢的翼缘板拼接缝和腹板拼接缝的间距不应小于 200mm。翼缘板拼接长度不应小于 2 倍板宽;腹板拼接宽度不应小于 300mm,长度不应小于 600mm。

2. 组装

(1)吊车梁和吊车桁架不应下挠。

(2)顶紧接触面应有 75% 以上的面积紧贴。

(3)桁架结构杆件轴线交点错位的允许偏差不得大于 3.0mm,允许偏差不得大于 4.0mm。

3. 端部铣平及安装焊缝坡口

外露铣平面应防锈保护。

二、监理验收

1. 验收标准

(1)主控项目检验标准应符合表 12-23 的规定。

表 12-23　　　　　　　　　主控项目检验

序号	项　目	合格质量标准	检验方法	检查数量
1	吊车梁(桁架)	吊车梁和吊车桁架不应下挠	构件直立,在两端支承后,用水准仪和钢尺检查	全数检查
2	端部铣平精度	端部铣平的允许偏差应符合表 12-25 的规定	按铣平面数量抽查 10%,且应不少于 3 个	用钢尺、角尺、塞尺等检查
3	钢构件外形尺寸	钢构件外形尺寸主控项目的允许偏差应符合表 12-26 的规定	用钢尺检查	全数检查

(2)一般项目检验标准应符合表12-24的规定。

表 12-24　　　　　　　　　　　　一般项目检验

序号	项　目	合格质量标准	检验方法	检查数量
1	焊接 H 型钢接缝	焊接 H 型钢的翼缘板拼接缝和腹板拼接缝的间距应不小于200mm。翼缘板拼接长度应不小于 2 倍板宽;腹板拼接宽度应不小于 300mm,长度应不小于 600mm	观察和用钢尺检查	全数检查
2	焊接 H 型钢精度	焊接 H 型钢的允许偏差应符合表 12-27 的规定	用钢尺、角尺、塞尺等检查	按钢构件数抽查 10%,且应不少于 3 件
3	焊接	焊接连接组装的允许偏差应符合《钢结构工程施工质量验收规范》(GB 50205—2001)附录 C 中表 C.0.2 的规定	用钢尺检验	按构件数抽查 10%,且应不少于 3 个
4	顶紧接触面	顶紧接触面应有 75% 以上的面积紧贴	用 0.3mm 塞尺检查,其塞入面积应小于 25%,边缘间隙应不大于 0.8mm	按接触面的数量抽查 10%,且应不少于 10 个
5	轴线交点错位	桁架结构杆件轴线交点错位的允许偏差不得大于 3.0mm,允许偏差不得大于 4.0mm	尺量检查	按构件数抽查10%,且应不少于 3 个,每个抽查构件按节点数抽查 10%,且应不少于 3 个节点
6	焊缝坡口精度	安装焊缝坡口的允许偏差应符合表 12-28 的规定	用焊缝量规检查	按坡口数量抽查 10%,且应不少于 3 条
7	铣平面保护	外露铣平面应防锈保护	观察检查	全数检查

（3）允许偏差应符合表 12-25～表 12-28 的规定。

表 12-25　　　　　　　端部铣平的允许偏差　　　　　　　　　（mm）

项　目	允许偏差
两端铣平时构件长度	±2.0
两端铣平时零件长度	±0.5
铣平面的平面度	0.3
铣平面对轴线的垂直度	$l/1500$

注：本表摘自《钢结构工程施工质量验收规范》(GB 50205—2001)。

表 12-26　　　　　钢构件外形尺寸主控项目的允许偏差　　　　　（mm）

项　目	允许偏差
单层柱、梁、桁架受力支托(支承面)表面至第一个安装孔距离	±1.0
多节柱铣平面至第一个安装孔距离	±1.0
实腹梁两端最外侧安装孔距离	±3.0
构件连接处的截面几何尺寸	±3.0
柱、梁连接处的腹板中心线偏移	2.0
受压构件(杆件)弯曲矢高	$l/1000$，且应不大于 10.0

注：本表摘自《钢结构工程施工质量验收规范》(GB 50205—2001)。

表 12-27　　　　　　　焊接 H 型钢的允许偏差　　　　　　　（mm）

项　目		允许偏差	图　例
截面高度 h	$h<500$	±2.0	
	$500<h<1000$	±3.0	
	$h>1000$	±4.0	
截面宽度 b		±3.0	
腹板中心偏移		2.0	
翼缘板垂直度 Δ		$b/100$，且应不大于 3.0	

续表

项　目		允许偏差	图　例
弯曲矢高(受压构件除外)		$l/1000$,且应不大于10.0	
扭曲		$h/250$,且应不大于5.0	
腹板局部平面度 f	$t<14$	3.0	
	$t\geqslant14$	2.0	

注:本表摘自《钢结构工程施工质量验收规范》(GB 50205—2001)。

表 12-28　　　　　　　　　安装焊缝坡口的允许偏差

项　目	允许偏差
坡口角度	±5°
钝边	±1.0mm

注:本表摘自《钢结构工程施工质量验收规范》(GB 50205—2001)。

2. 验收资料

(1)产品质量合格证明文件。

(2)钢结构工程竣工图及相关设计文件。

(3)原材料质量合格证明文件及复验、检测报告。

(4)隐蔽工程检验项目验收记录。

(5)有关安全功能的检验和见证检测项目检查记录。

(6)有关观感质量检验项目检查记录。

(7)不合格项的处理记录及验收记录。

(8)钢结构(构件组装)分项工程检验批质量验收记录。

(9)其他有关文件和记录。

第五节　钢构件预拼装工程

一、监理巡视与检查

高强度螺栓和普通螺栓连接的多层板叠,应采用试孔器进行检查,并应符合下列规定:

(1)当采用比孔公称直径小 1.0mm 的试孔器检查时,每组孔的通过率不应小于 85%;

(2)当采用比螺栓公称直径大 0.3mm 的试孔器检查时,通过率应为 100%。

二、监理验收

1. 验收标准

(1)主控项目检验标准应符合表 12-29 的规定。

表 12-29　　　　　　　　　　　主控项目检验

序号	项目	合格质量标准	检验方法	检查数量
1	多层板叠螺栓孔	高强度螺栓和普通螺栓连接的多层板叠,应采用试孔器进行检查,并应符合下列规定: (1)当采用比孔公称直径小 1.0mm 的试孔器检查时,每组孔的通过率应不小于 85%。 (2)当采用比螺栓公称直径大 0.3mm 的试孔器检查时,通过率应为 100%	采用试孔器检查	按预拼装单元全数检查

(2)一般项目检验标准应符合表 12-30 的规定。

表 12-30　　　　　　　　　　　一般项目检验

序号	项目	合格质量标准	检验方法	检查数量
1	预拼装精度	预拼装的允许偏差应符合表 12-31的规定	见表 12-31	按预拼装单元全数检查

(3)允许偏差应符合表 12-31 的规定。

表 12-31　　　　　　　　　　钢构件预拼装的允许偏差　　　　　　　　　　(mm)

构件类型	项目		允许偏差	检验方法
多节柱	预拼装单元总长		±5.0	用钢尺检查
	预拼装单元弯曲矢高		$l/1500$,且应不大于 10.0	用拉线和钢尺检查
	接口错边		2.0	用焊缝量规检查
	预拼装单元柱身扭曲		$h/200$,且应不大于 5.0	用拉线、吊线和钢尺检查
	顶紧面至任一牛腿距离		±2.0	
梁、桁架	跨度最外两端安装孔或两端支承面最外侧距离		+5.0 −10.0	用钢尺检查
	接口截面错位		2.0	用焊缝量规检查
	拱度	设计要求起拱	±$l/5000$	用拉线和钢尺检查
		设计未要求起拱	$l/2000$ 0	
	节点处杆件轴线错位		4.0	划线后用钢尺检查

构件类型	项　目	允许偏差	检验方法
管构件	预拼装单元总长	±5.0	用钢尺检查
	预拼装单元弯曲矢高	$l/1500$,且应不大于10.0	用拉线和钢尺检查
	对口错边	$t/10$,且应不大于3.0	用焊缝量规检查
	坡口间隙	$+2.0$ -1.0	
构件平面总体预拼装	各楼层柱距	±4.0	用钢尺检查
	相邻楼层梁与梁之间距离	±3.0	
	各层间框架两对角线之差	$H/2000$,且应不大于5.0	
	任意两对角线之差	$\sum H/2000$,且应不大于8.0	

注:本表摘自《钢结构工程施工质量验收规范》(GB 50205—2001)。

2. 验收资料

(1)构件尺寸检查记录。

(2)技术复核记录。

(3)隐蔽工程验收记录。

(4)钢构件(预拼装)分项工程检验批质量验收记录。

第六节　单层钢结构安装工程

一、监理巡视与检查

1. 基础和支承面

建筑物的定位轴线、基础轴线和标高、地脚螺栓的规格及其紧固应符合设计要求。

2. 安装和校正

(1)钢构件应符合设计要求和《钢结构工程施工质量验收规范》(GB 50205—2001)的规定。运输、堆放和吊装等造成的钢构件变形及涂层脱落,应进行矫正和修补。

(2)设计要求顶紧的节点,接触面紧贴不应少于70%,且边缘最大间隙不应大于0.8mm。

(3)钢柱等主要构件的中心线及标高基准点等标记应齐全。

(4)当钢桁架(或梁)安装在混凝土柱上时,其支座中心对定位轴线的偏差不应大于10mm;当采用大型混凝土屋面板时,钢桁架(或梁)间距的偏差不应大于10mm。

(5)钢平台、钢梯、栏杆安装应符合现行国家标准《固定式钢梯及平台安全要求 第1

部分:钢直梯》(GB 4053.1)、《固定式钢梯及平台安全要求 第 2 部分:钢斜梯》(GB 4053.2)、《固定式钢梯及平台安全要求 第 3 部分:工业防护栏杆及钢平台》(GB 4053.3)的规定。钢平台、钢梯和防护栏杆安装的允许偏差应符合表 12-43 的规定。

(6)钢结构表面应干净,结构主要表面不应有疤痕、泥沙等污垢。

二、监理验收

1. 验收标准

(1)主控项目检验标准应符合表 12-32 的规定。

表 12-32　　　　　　　　　　　　　　　主控项目检验

序号	项　目	合格质量标准	检验方法	检查数量
1	基础验收	建筑物的定位轴线、基础轴线和标高、地脚螺栓的规格及其紧固应符合设计要求。	用经纬仪、水准仪、全站仪和钢尺现场实测。	按柱基数抽查10%,且应不少于3个
		基础顶面直接作为柱的支承面和基础顶面预埋钢板或支座作为柱的支承面时,其支承面、地脚螺栓(锚栓)位置的允许偏差应符合表 12-34 的规定。	用经纬仪、水准仪、全站仪、水平尺和钢尺实测。	
		采用坐浆垫板时,坐浆垫板的允许偏差应符合表 12-35 的规定。	用水准仪、全站仪、水平尺和钢尺现场实测。	资料全数检查。按柱基数抽查10%,且应不少于3个
		采用杯口基础时,杯口尺寸的允许偏差应符合表 12-36 的规定	观察及尺量检查	按基础数抽查10%,且应不少于4处
2	构件验收	钢构件应符合设计要求和《钢结构工程施工质量验收规范》(GB 50205—2001)的规定。运输、堆放和吊装等造成的钢构件变形及涂层脱落,应进行矫正和修补	用拉线、钢尺现场实测或观察	按构件数抽查10%,且应不少于3个
3	顶紧接触面	设计要求顶紧的节点,接触面应不少于70%紧贴,且边缘最大间隙应不大于0.8mm	用钢尺及0.3mm 和 0.8mm 厚的塞尺现场实测	按节点数抽查10%,且应不少于3个
4	钢构件垂直度和侧弯矢高	钢屋(托)架、桁架、梁及受压杆件的垂直度和侧向弯曲矢高的允许偏差应符合表 12-38 的规定	用吊线、拉线、经纬仪和钢尺现场实测	按同类构件数抽查10%,且应不少于3个
5	主体结构尺寸	单层钢结构主体结构的整体垂直度和整体平面弯曲的允许偏差应符合表 12-39 的规定	采用经纬仪、全站仪等测量	对主要立面全部检查。对每个所检查的立面,除两列角柱外,尚需至少选取一列中间柱

(2)一般项目检验标准应符合表 12-33 的规定。

表 12-33　　　　　　　　　　　一般项目检验

序号	项　目	合格质量标准	检验方法	检验数量
1	地脚螺栓精度	地脚螺栓(锚栓)尺寸的偏差应符合表 12-37 的规定。地脚螺栓(锚栓)的螺纹应受到保护	用钢尺现场实测	按栓基数抽查 10%,且应不少于 3 个
2	标　记	钢柱等主要构件的中心线及标高基准点等标记应齐全	观察检查	按同类构件数抽查 10%,且应不少于 3 件
3	桁架(梁)安装精度	当钢桁架(或梁)安装在混凝土柱上时,其支座中心对定位轴线的偏差应不大于 10mm;当采用大型混凝土屋面板时,钢桁架(或梁)间距的偏差应不大于 10mm	用拉线和钢尺现场实测	按同类构件数抽查 10%,且应不少于 3 榀
4	钢柱安装精度	钢柱安装的允许偏差应符合表 12-40 的规定	见表 12-40	按钢柱数抽查 10%,且应不少于 3 件
5	吊车梁安装精度	钢吊车梁或直接承受动力荷载的类似构件,其安装的允许偏差应符合表 12-41 的规定	见表 12-41	按钢吊车梁数抽查 10%,且应不少于 3 榀
6	檩条、墙架等构件安装精度	檩条、墙架等次要构件安装的允许偏差应符合表 12-42 的规定	见表 12-42	按同类构件数抽查 10%,且应不少于 3 件
7	平台、钢梯等安装精度	钢平台、钢梯、栏杆安装应符合现行国家标准《固定式钢梯及平台安全要求 第 1 部分:钢直梯》(GB 4053.1)、《固定式钢梯及平台安全要求 第 2 部分:钢斜梯》(GB 4053.2)、《固定式钢梯及平台安全要求 第 3 部分:工业防护栏杆及钢平台》(GB 4053.3)的规定。钢平台、钢梯和防护栏杆安装的允许偏差应符合表 12-43 的规定	见表 12-43	按钢平台总数抽查 10%,栏杆、钢梯按总长度各抽查 10%,但钢平台应不少于 1 个,栏杆应不少于 5m,钢梯应不少于 1 跑
8	现场组对精度	现场焊缝组对间隙的允许偏差应符合表 12-44 的规定	尺量检查	按同类节点数抽查 10%,且应不少于 3 个
9	结构表面	钢结构表面应干净,结构主要表面不应有疤痕、泥砂等污垢	观察	按同类构件数抽查 10%,且应不少于 3 件

（3）允许偏差应符合表 12-34～表 12-39 的规定。

表 12-34　　　　支承面、地脚螺栓（锚栓）位置的允许偏差　　　　（mm）

项　目		允许偏差
支承面	标高	±3.0
	水平度	*l*/1000
地脚螺栓（锚栓）	螺栓中心偏移	5.0
预留孔中心偏移		10.0

注：本表摘自《钢结构工程施工质量验收规范》(GB 50205—2001)。

表 12-35　　　　　　　坐浆垫板的允许偏差　　　　　　（mm）

项　目	允许偏差
顶面标高	0.0 −3.0
水平度	*l*/1000
位置	20.0

注：本表摘自《钢结构工程施工质量验收规范》(GB 50205—2001)。

表 12-36　　　　　　　　杯口尺寸的允许偏差　　　　　　（mm）

项　目	允许偏差
底面标高	0.0 −5.0
杯口深度 H	±5.0
杯口垂直度	$H/100$，且应不大于 10.0
位置	10.0

注：本表摘自《钢结构工程施工质量验收规范》(GB 50205—2001)。

表 12-37　　　　　　地脚螺栓（锚栓）尺寸的允许偏差　　　　（mm）

项　目	允许偏差
螺栓（锚栓）露出长度	+30.0 0.0
螺纹长度	+30.0 0.0

注：本表摘自《钢结构工程施工质量验收规范》(GB 50205—2001)。

表 12-38 钢屋(托)架、桁架、梁及受压杆件垂直度和侧向弯曲矢高的允许偏差 (mm)

项 目		允许偏差	图 例
跨中的垂直度		$h/250$,且应不大于 15.0	1-1
侧向弯曲矢高 f	$l \leqslant 30\text{m}$	$l/1000$,且应不大于 10.0	
	$30\text{m} < l \leqslant 60\text{m}$	$l/1000$,且应不大于 30.0	
	$l > 60\text{m}$	$l/1000$,且应不大于 50.0	

注:本表摘自《钢结构工程施工质量验收规范》(GB 50205—2001)。

表 12-39 整体垂直度和整体平面弯曲的允许偏差 (mm)

项 目	允许偏差	图 例
主体结构的整体垂直度	$H/1000$,且应不大于 25.0	
主体结构的整体平面弯曲	$L/1500$,且应不大于 25.0	

注:本表摘自《钢结构工程施工质量验收规范》(GB 50205—2001)。

表 12-40 　　　　单层钢结构中柱子安装的允许偏差 　　　　（mm）

项　目		允许偏差	图　例	检验方法
柱脚底座中心线对定位轴线的偏移		5.0		用吊线和钢尺检查
柱基准点标高	有吊车梁的柱	+3.0 −5.0		用水准仪检查
	无吊车梁的柱	+5.0 −8.0		
弯曲矢高		$H/1200$，且应不大于 15.0		用经纬仪或拉线和钢尺检查
柱轴线垂直度	单层柱 $H{\leqslant}10\mathrm{m}$	$H/1000$		用经纬仪或吊线和钢尺检查
	单层柱 $H{>}10\mathrm{m}$	$H/1000$，且应不大于 25.0		
	多节柱 单节柱	$H/1000$，且应不大于 10.0		
	多节柱 柱全高	35.0		

注：本表摘自《钢结构工程施工质量验收规范》(GB 50205—2001)。

表 12-41 　　　　钢吊车梁安装的允许偏差 　　　　（mm）

项　目	允许偏差	图　例	检验方法
梁的跨中垂直度 Δ	$h/500$		用吊线和钢尺检查

项 目		允许偏差	图 例	检验方法
侧向弯曲矢高		l/1500,且应不大于10.0		用拉线和钢尺检查
垂直上拱矢高		10.0		
两端支座中心位移 △	安装在钢柱上时,对牛腿中心的偏移	5.0		用拉线和钢尺检查
	安装在混凝土柱上时,对定位轴线的偏移	5.0		
吊车梁支座加劲板中心与柱子承压加劲板中心的偏移 △l		t/2		用吊线和钢尺检查
同跨间同一横截面吊车梁顶面高差△	支座处	10.0		用经纬仪、水准仪和钢尺检查
	其他处	15.0		
同跨间同一横截面下挂式吊车梁底面高差△		10.0		
同列相邻两柱间吊车梁顶面高差 △		l/1500,且应不大于10.0		用水准仪和钢尺检查
相邻两吊车梁接头部位 △	中心错位	3.0		用钢尺检查
	上承式顶面高差	1.0		
	下承式底面高差	1.0		

续表

项　目	允许偏差	图　例	检验方法
同跨间任一截面的吊车梁中心跨距 △	±10.0		用经纬仪和光电测距仪检查;跨度小时,可用钢尺检查
轨道中心对吊车梁腹板轴线的偏移 △	$t/2$		用吊线和钢尺检查

注:本表摘自《钢结构工程施工质量验收规范》(GB 50205—2001)。

表 12-42　　　　墙架、檩条等次要构件安装的允许偏差　　　　　　(mm)

项　目		允许偏差	检验方法
墙架立柱	中心线对定位轴线的偏移	10.0	用钢尺检查
	垂直度	$H/1000$,且应不大于 10.0	用经纬仪或吊线和钢尺检查
	弯曲矢高	$H/1000$,且应不大于 15.0	用经纬仪或吊线和钢尺检查
抗风桁架的垂直度		$h/250$,且应不大于 15.0	用吊线和钢尺检查
檩条、墙梁的间距		±5.0	用钢尺检查
檩条的弯曲矢高		$L/750$,且应不大于 12.0	用拉线和钢尺检查
墙梁的弯曲矢高		$L/750$,且应不大于 10.0	用拉线和钢尺检查

注:1. H 为墙架立柱的高度。

　　2. h 为抗风桁架的高度。

　　3. L 为檩条或墙梁的长度。

　　4. 本表摘自《钢结构工程施工质量验收规范》(GB 50205—2001)。

表 12-43　　　　钢平台、钢梯和防护栏杆安装的允许偏差　　　　　　(mm)

项　目	允许偏差	检验方法
平台高度	±15.0	用水准仪检查
平台梁水平度	$l/1000$,且应不大于 20.0	用水准仪检查

续表

项　目	允许偏差	检验方法
平台支柱垂直度	$H/1000$,且应不大于15.0	用经纬仪或吊线和钢尺检查
承重平台梁侧向弯曲	$l/1000$,且应不大于10.0	用拉线和钢尺检查
承重平台梁垂直度	$h/250$,且应不大于15.0	用吊线和钢尺检查
直梯垂直度	$l/1000$,且应不大于15.0	用吊线和钢尺检查
栏杆高度	±15.0	用钢尺检查
栏杆立柱间距	±15.0	用钢尺检查

注:本表摘自《钢结构工程施工质量验收规范》(GB 50205—2001)。

表 12-44　　　　　　　现场焊缝组对间隙的允许偏差　　　　　　　(mm)

项　目	允许偏差
无垫板间隙	+3.0 0.0
有垫板间隙	+3.0 −2.0

注:本表摘自《钢结构工程施工质量验收规范》(GB 50205—2001)。

2. 验收资料

(1)构件出厂合格证。

(2)钢结构工程竣工图及相关文件。

(3)砂浆试块强度试验报告。

(4)有关安全功能的检验和见证检测项目检查记录。

(5)有关观感质量检验项目检查记录。

(6)隐蔽验收记录。

(7)钢结构单项结构安装分项工程检验批质量验收记录。

(8)不合格项的处理记录及验收记录。

(9)重大质量、技术问题实施方案及验收记录。

(10)其他有关文件和记录。

第七节　多层及高层钢结构安装工程

一、监理巡视与检查

1. 基础和支承面

(1)建筑物的定位轴线、基础上柱的定位轴线和标高、地脚螺栓(锚栓)的规格和位置、地脚螺栓(锚栓)紧固应符合设计要求。

(2)设计要求顶紧的节点,接触面不应少于70%紧贴,且边缘最大间隙不应大于 0.8mm。

2. 安装和校正

(1)钢构件应符合设计要求和《钢结构工程施工质量验收规范》(GB 50205)的规定。运输、堆放和吊装等造成的钢构件变形及涂层脱落,应进行矫正和修补。

(2)钢结构表面应干净,结构主要表面不应有疤痕、泥沙等污垢。

(3)钢柱等主要构件的中心线及标高基准点等标记应齐全。

(4)当钢构件安装在混凝土柱上时,其支座中心对定位轴线的偏差不应大于 10mm;当采用大型混凝土屋面板时,钢梁(或桁架)间距的偏差不应大于 10mm。

(5)多层及高层钢结构中檩条、墙架等次要构件安装的允许偏差应符合表 12-42 的规定。

(6)多层及高层钢结构中钢平台、钢梯、栏杆安装应符合现行国家标准《固定式钢梯及平台安全要求 第 1 部分:钢直梯》(GB 4053.1)、《固定式钢梯及平台安全要求 第 2 部分:钢斜梯》(GB 4053.2)、《固定式钢梯及平台安全要求 第 3 部分:工业防护栏杆及钢平台》(GB 4053.3)的规定。

二、监理验收

1. 验收标准

(1)主控项目检验标准应符合表 12-45 的规定。

表 12-45　　　　　　　　　　　　主控项目检验

序号	项　目	合格质量标准	检验方法	检查数量
1	基　础验收	建筑物的定位轴线、基础上柱的定位轴线和标高、地脚螺栓(锚栓)的规格和位置、地脚螺栓(锚栓)紧固应符合设计要求。	采用经纬仪、水准仪、全站仪和钢尺实测。	按柱基数抽查10%,且应不少于3个
		多层建筑以基础顶面直接作为柱的支承面,或以基础顶面预埋钢板或支座作为柱的支承面时,其支承面、地脚螺栓(锚栓)位置的允许偏差应符合表 12-34 的规定。	用经纬仪、水准仪、全站仪、水平尺和钢尺实测。	资料全数检查。
		多层建筑采用坐浆垫板时,坐浆垫板的允许偏差应符合表 12-35 的规定。	用水准仪、全站仪、水平尺和钢尺实测。	按柱基数抽查10%,且应不少于3个
		当采用杯口基础时,杯口尺寸的允许偏差应符合表 12-36 的规定	用水准仪、全站仪、水平尺和钢尺实测	按基础数抽查10%,且应不少于4处
2	构　件验收	钢构件应符合设计要求和《钢结构工程施工质量验收规范》(GB 50205—2001)的规定。运输、堆放和吊装等造成的钢构件变形及涂层脱落,应进行矫正和修补	用拉线、钢尺现场实测或观察	按构件数抽查10%,且应不少于3个

续表

序号	项　目	合格质量标准	检验方法	检查数量
3	钢柱安装精度	柱子安装的允许偏差应符合12-40的规定	用全站仪或激光经纬仪和钢尺实测	标准柱全部检查;非标准柱抽查10%,且应不少于3根
4	顶紧柱触面	设计要求顶紧的节点,接触面应不小于70%紧贴,且边缘最大间隙应不大于0.8mm	用钢尺及0.3mm和0.8mm厚的塞尺现场实测	按节点数抽查10%,且应不少于3个
5	垂直度和侧弯矢高	钢主梁、次梁及受压杆件的垂直度和侧向弯曲矢高的允许偏差符合表12-38中有关钢屋(托)架允许偏差的规定	用吊线、拉线、经纬仪和钢尺现场实测	按同类构件数抽查10%,且应不少于3个
6	主体结构尺寸	多层及高层钢结构主体结构的整体垂直度和整体平面弯曲的允许偏差应符合12-39的规定	对主要立面全部检查。对每个所检查的立面,除两列角柱外,尚应至少选取一列中间柱	对于整体垂直度,可采用激光经纬仪、全站仪测量,也可根据各节柱的垂直度允许偏差累计(代数和)计算。对于整体平面弯曲,可按产生的允许偏差累计(代数和)计算

(2)一般项目检验标准应符合表 12-46 的规定。

表 12-46　　　　　　　　　　　　　**一般项目检验**

序号	项　目	合格质量标准	检验方法	检查数量
1	地脚螺栓精度	地脚螺栓(锚栓)尺寸的允许偏差符合表12-37的规定。地脚螺栓(锚栓)的螺纹应受到保护	用钢尺现场实测	按柱基数抽查10%,且应不少于3个
2	标记	钢柱等主要构件的中心线及标高基准点等标记应齐全	观察检查	按同类构件数抽查10%,且应不少于3件

续表

序号	项 目	合格质量标准	检验方法	检查数量
3	构件安装精度	当钢构件安装在混凝土柱上时，其支座中心对定位轴线的偏差应不大于10mm；当采用大型混凝土屋面板时，钢梁(或桁架)间距的偏差应不大于10mm	见表12-50	按同类构件或节点数抽查10%。其中柱和梁各应不少于3件，主梁与次梁连接节点应不少于3个，支承压型金属板的钢梁长度应不少于5m 按同类构件数抽查10%，且应不少于3榀
4	主体结构高度	主体结构总高度的允许偏差应符合表12-51的规定	采用全站仪、水准仪和钢尺实测	按标准柱列数抽查10%，且应不少于4列
5	吊车梁安装精度	多层及高层钢结构中钢吊车梁或直接承受动力荷载的类似构件，其安装的允许偏差应符合表12-41的规定	见表12-41	按钢吊车梁数抽查10%，且应不少于3榀
6	檩条、墙架安装精度	多层及高层钢结构中檩条、墙架等次要构件安装的允许偏差应符合表12-42的规定	见表12-42	按同类构件数抽查10%，且应不少于3件
7	平台、钢梯安装精度	多层及高层钢结构中钢平台、钢梯、栏杆安装应符合现行国家标准《固定式钢梯及平台安全要求 第1部分：钢直梯》(GB 4053.1)、《固定式钢梯及平台安全要求 第2部分：钢斜梯》(GB 4053.2)、《固定式钢梯及平台安全要求 第3部分：工业防护栏杆及钢平台》(GB 4053.3)的规定。钢平台、钢梯和防护栏杆安装的允许偏差应符合表12-43的规定	见表12-43	按钢平台总数抽查10%，栏杆、钢梯按总长度各抽查10%，但钢平台应不少于1个，栏杆应不少于5m，钢梯应不少于1跑

续表

序号	项 目	合格质量标准	检验方法	检查数量
8	现场组对精度	多层及高层钢结构中现场焊缝组对间隙的允许偏差应符合表 12-44 的规定	尺量检查	按同类节点数抽查 10%,且应不少于 3 个
9	结构表面	钢结构表面应干净,结构主要表面不应有疤痕、泥沙等污垢	观察检查	按同类构件数抽查 10%,且应不少于 3 件

(3)允许偏差应符合表 12-47～表 12-51 的规定。

表 12-47　　　　建筑物定位轴线、基础上柱的定位轴线和
标高、地脚螺栓(锚栓)的允许偏差　　　　　　(mm)

项 目	允许偏差	图 例
建筑物定位轴线	$L/20000$,且应不大于 3.0	
基础上柱的定位轴线	1.0	
基础上柱底标高	±2.0	基准点
地脚螺栓(锚栓)位移	2.0	

注:本表摘自《钢结构工程施工质量验收规范》(GB 50205—2001)。

表 12-48 柱子安装的允许偏差 (mm)

项 目	允许偏差	图 例
底层柱柱底轴线对定位轴线偏移	3.0	
柱子定位轴线	1.0	
单节柱的垂直度	$h/1000$,且应不大于 10.0	

注:本表摘自《钢结构工程施工质量验收规范》(GB 50205—2001)。

表 12-49 整体垂直度和整体平面弯曲的允许偏差 (mm)

项 目	允许偏差	图 例
主体结构的整体垂直度	$(H/2500+10.0)$,且应不大于 50.0	
主体结构的整体平面弯曲	$L/1500$,且应不大于 25.0	

注:本表摘自《钢结构工程施工质量验收规范》(GB 50205—2001)。

表 12-50　　　　　　　多层及高层钢结构中构件安装的允许偏差　　　　　　（mm）

项　目	允许偏差	图　例	检验方法
上、下柱连接处的错口 △	3.0		用钢尺检查
同一层柱的各柱顶高度差 △	5.0		用水准仪检查
同一根梁两端顶面的高差 △	$l/1000$，且应不大于 10.0		用水准仪检查
主梁与次梁表面的高差 △	±2.0		用直尺和钢尺检查
压型金属板在钢梁上相邻列的错位 △	15.0		用直尺和钢尺检查

注:本表摘自《钢结构工程施工质量验收规范》(GB 50205—2001)。

表 12-51 　　　　多层及高层钢结构主体结构总高度的允许偏差 　　　　(mm)

项　目	允许偏差	图　例
用相对标高控制安装	$\pm\sum(\Delta_h+\Delta_z+\Delta_w)$	
用设计标高控制安装	$H/1000$,且应不大于 30.0 $-H/1000$,且应不小于 -30.0	

注:1.Δ_h 为每节柱子长度的制造允许偏差。

　　2.Δ_z 为每节柱子长度受荷载后的压缩值。

　　3.Δ_w 为每节柱子接头焊缝的收缩值。

　　4. 本表摘自《钢结构工程施工质量验收规范》(GB 50205—2001)。

2. 验收资料

(1)构件出厂合格证。

(2)钢结构工程竣工图及相关文件。

(3)砂浆试块强度试验报告。

(4)有关安全功能的检验和见证检测项目检查记录。

(5)有关观感质量检验项目检查记录。

(6)隐蔽验收记录。

(7)钢结构多层及高层结构安装分项工程检验批质量验收记录。

(8)不合格项的处理记录及验收记录。

(9)重大质量、技术问题实施方案及验收记录。

(10)其他有关文件和记录。

第八节　钢网架结构安装工程

一、监理巡视与检查

1. 支承面顶板和支承垫块

(1)钢网架结构支座定位轴线的位置、支座锚栓的规格应符合设计要求。

(2)支承垫块的种类、规格、摆放位置和朝向,必须符合设计要求和国家现行有关标准的规定。橡胶垫块与刚性垫块之间或不同类型刚性垫块之间不得互换使用。

(3)网架支座锚栓的紧固应符合设计要求。

2. 总拼与安装

(1)对建筑结构安全等级为一级,跨度 40m 及以上的公共建筑钢网架结构,且设计有要求时,应按下列项目进行节点承载力试验,其结果应符合以下规定:

1)焊接球节点应按设计指定规格的球及其匹配的钢管焊接成试件,进行轴心拉、压承载力试验,其试验破坏荷载值大于或等于 1.6 倍设计承载力为合格。

2)螺栓球节点应按设计指定规格的球最大螺栓孔螺纹进行抗拉强度保证荷载试验,当达到螺栓的设计承载力时,螺孔、螺纹及封板仍完好无损为合格。

(2)钢网架结构总拼完成后及屋面工程完成后应分别测量其挠度值,且所测的挠度值不应超过相应设计值的 1.15 倍。

(3)钢网架结构安装完成后,其节点及杆件表面应干净,不应有明显的疤痕、泥沙和污垢。螺栓球节点应将所有接缝用油腻子填嵌严密,并应将多余螺孔封口。

二、监理验收

1. 验收标准

(1)主控项目检验标准应符合表 12-52 的规定。

表 12-52　　　　　　　　　　　　　　主控项目检验

序号	项　目	质量检验标准	检验方法	检验数量
1	基础验收	钢网架结构支座定位轴线的位置、支座锚栓的规格应符合设计要求。	用经纬仪和钢尺实测	按支座数抽查10%,且应不少于4处
		支承面顶板的位置、标高、水平度以及支座锚栓位置的允许偏差应符合12-54的规定	用经纬仪、水准仪、水平尺和钢尺实测	
2	支座	支承垫块的种类、规格、摆放位置和朝向,必须符合设计要求和国家现行有关标准的规定。橡胶垫块与刚性垫块之间或不同类型刚性垫块之间不得互换使用。	观察和用钢尺实测。	按支座数抽查10%,且应不少于4处
		网架支座锚栓的紧固应符合设计要求	观察检查	
3	橡胶垫	钢结构用橡胶垫的品种、规格、性能等应符合现行国家产品标准和设计要求	检查产品的质量合格证明文件、中文标志及检验报告等	全数检查
4	拼装精度	小拼单元的允许偏差应符合12-55的规定。	用钢尺和拉线等辅助量具实测。	按单元数抽查5%,且应不少于5个
		中拼单元的允许偏差应符合12-56的规定	用钢尺和辅助量具实测	全数检查

序号	项　目	质量检验标准	检验方法	检验数量
5	节点承载力试验	对建筑结构安全等级为一级、跨度 40m 及以上的公共建筑钢网架结构,且设计有要求时,应按下列项目进行节点承载力试验,其结果应符合以下规定: (1)焊接球节点应按设计指定规格的球及其匹配的钢管焊接成试件,进行轴心拉、压承载力试验,其试验破坏荷载值大于或等于 1.6 倍设计承载力为合格。 (2)螺栓球节点应按设计指定规格的球最大螺栓孔螺纹进行抗拉强度保证荷载试验,当达到螺栓的设计承载力时,螺孔、螺纹及封板仍完好无损为合格	在万能试验机上进行检验,检查试验报告	每项试验做 3 个试件
6	结构挠度	钢网架结构总拼完成后及屋面工程完成后应分别测量其挠度值,且所测的挠度值不应超过相应设计值的 1.15 倍	用钢尺和水准仪实测	跨度 24m 及以下钢网架结构测量下弦中央一点;跨度 24m 以上钢网架结构测量下弦中央一点及各向下弦跨度的四等分点

(2)一般项目检验标准应符合表 12-53 的规定。

表 12-53　　　　　　　　　　　　　　　一般项目检验

序号	项　目	合格质量标准	检验方法	检查数量
1	锚栓精度	支座锚栓尺寸的允许偏差应符合表 12-37 的规定。支座锚栓的螺纹应受到保护	用钢尺实测	按支座数抽查 10%,且应不少于 4 处
2	结构表面	钢网架结构安装完成后,其节点及杆件表面应干净,不应有明显的疤痕、泥沙和污垢。螺栓球节点应将所有接缝用油腻子填嵌严密,并应将多余螺孔封口	观察检查	按节点及杆件数抽查 5%,且应不少于 10 个节点
3	安装精度	钢网架结构安装完成后,其安装的允许偏差应符合表 12-57 的规定	见表 12-57	除杆件弯曲矢高按杆件数抽查 5%外,其余全数检查

序号	项　目	合格质量标准	检验方法	检查数量
4	高强度螺栓紧固	螺栓球节点网架总拼完成后,高强度螺栓与球节点应紧固连接,高强度螺栓拧入螺栓球内的螺纹长度应不小于 1.0d(d 为螺栓直径),连接处不应出现有间隙、松动等未拧紧情况	普通扳手及尺量检查	按节点数抽查 5%,且应不少于 10 个

(3)允许偏差标准应符合表 12-54 的规定。

表 12-54　　　　　　　支承面顶板、支座锚栓位置的允许偏差　　　　　　(mm)

项　目		允许偏差
支承面顶板	位置	15.0
	顶面标高	-3.0
	顶面水平度	$l/1000$
支座锚栓	中心偏移	±5.0

注:本表摘自《钢结构工程施工质量验收规范》(GB 50205—2001)。

表 12-55　　　　　　　　　　小拼单元的允许偏差　　　　　　　　　(mm)

项　目			允许偏差
节点中心偏移			2.0
焊接球节点与钢管中心的偏移			1.0
杆件轴线的弯曲矢高			$L_1/1000$,且应不大于 5.0
锥体型小拼单元	弦杆长度		±2.0
	锥体高度		±2.0
	上弦杆对角线长度		±3.0
平面桁架型小拼单元	跨长	$\leqslant24$m	$+3.0$ -7.0
		>24m	$+5.0$ -10.0
	跨中高度		±3.0
	跨中拱度	设计要求起拱	$\pm L/5000$
		设计未要求起拱	$+10.0$

注:1. L_1 为杆件长度。

　　2. L 为跨长。

　　3. 本表摘自《钢结构工程施工质量验收规范》(GB 50205—2001)。

表 12-56 　　　　　　　中拼单元的允许偏差　　　　　　　（mm）

项　目		允许偏差
单元长度≤20m,拼接长度	单跨	±10.0
	多跨连续	±5.0
单元长度>20m,拼接长度	单跨	±20.0
	多跨连续	±10.0

注:本表摘自《钢结构工程施工质量验收规范》(GB 50205—2001)。

表 12-57 　　　　　　钢网架结构安装的允许偏差　　　　　　（mm）

项　目	允许偏差	检验方法
纵向、横向长度	$L/2000$,且应不大于 30.0 $-L/2000$,且应不小于-30.0	用钢尺实测
支座中心偏移	$L/3000$,且应不大于 30.0	用钢尺和经纬仪实测
周边支承网架相邻支座高差	$L/400$,且应不大于 15.0	用钢尺和水准仪实测
支座最大高差	30.0	
多点支承网架相邻支座高差	$L_1/800$,且应不大于 30.0	

注:1. L 为纵向、横向长度。

　　2. L_1 为相邻支座间距。

　　3. 本表摘自《钢结构工程施工质量验收规范》(GB 50205—2001)。

2. 验收资料

(1)构件出厂合格证。

(2)钢结构工程竣工图及相关文件。

(3)砂浆试块强度试验报告。

(4)有关安全功能的检验和见证检测项目检查记录。

(5)有关观感质量检验项目检查记录。

(6)隐蔽验收记录。

(7)钢结构单项结构安装分项工程检验批质量验收记录。

(8)不合格项的处理记录及验收记录。

(9)重大质量、技术问题实施方案及验收记录。

(10)其他有关文件和记录。

第九节　压型金属板工程

一、监理巡视与检查

1. 压型金属板制作

(1)压型金属板成型后,其基板不应有裂纹。

(2)有涂层、镀层压型金属板成型后,涂、镀层不应有肉眼可见的裂纹、剥落和擦痕等缺陷。

(3)压型金属板成型后,表面应干净,不应有明显凹凸和皱褶。

2. 压型金属板安装

(1)压型金属板、泛水板和包角板等应固定可靠、牢固,防腐涂料涂刷和密封材料敷设应完好,连接件数量、间距应符合设计要求和国家现行有关标准规定。

(2)压型金属板应在支承构件上可靠搭接,搭接长度应符合设计要求。

(3)组合楼板中压型钢板与主体结构(梁)的锚固支承长度应符合设计要求,且不应小于50mm,端部锚固件连接应可靠,设置位置应符合设计要求。

(4)压型金属板安装应平整、顺直,板面不应有施工残留物和污物。檐口和墙面下端应呈直线,不应有未经处理的错钻孔洞。

二、监理验收

1. 验收标准

(1)主控项目检验标准应符合表 12-58 的规定。

表 12-58　　　　　　　　　　主控项目检验

序号	项　目	合格质量标准	检验方法	检查数量
1	压型金属板及其原材料	金属压型板及制造金属压型板所采用的原材料,其品种、规格、性能等应符合现行国家产品标准和设计要求。 压型金属泛水板、包角板和零配件的品种、规格以及防水密封材料的性能应符合现行国家产品标准和设计要求	检查产品的质量合格证明文件、中文标志及检验报告等	全数检查
2	基板裂纹、涂层缺陷	压型金属板成形后,其基板不应有裂纹。 有涂层、镀层压型金属板成形后,涂、镀层不应有肉眼可见的裂纹、剥落和擦痕等缺陷	观察和用 10 倍放大镜检查 观察检查	按件数抽查5%,且应不少于10 件
3	现场安装	压型金属板、泛水板和包角板等应固定可靠、牢固,防腐涂料涂刷和密封材料敷设应完好,连接件数量、间距应符合设计要求和国家现行有关标准规定	观察检查及尺量	全数检查

续表

序号	项目	合格质量标准	检验方法	检查数量
4	搭接	压型金属板应在支承构件上可靠搭接,搭接长度应符合设计要求,且应不小于《钢结构工程施工质量验收规范》(GB 50205—2001)表13.3.2所规定的数值	观察和用钢尺检查	按搭接部位总长度抽查10%,且应不少于10m
5	端部锚固	组合楼板中压型钢板与主体结构(梁)的锚固支承长度应符合设计要求,且应不小于50mm,端部锚固件连接应可靠,设置位置应符合设计要求	观察和用钢尺检查	沿连接纵向长度抽查10%,且应不少于10m

(2)一般项目检验标准应符合表12-59的规定。

表12-59　　　　　　　　一般项目检验

序号	项目	合格质量标准	检验方法	检查数量
1	压型金属板精度	压型金属板的规格尺寸及允许偏差、表面质量、涂层质量等应符合设计要求和《钢结构工程施工质量验收规范》(GB 50205)的规定	观察和用10倍放大镜检查及尺量	每种规格抽查5%,且应不少于3件
2	轧制精度	压型金属板的尺寸允许偏差应符合表12-60的规定。压型金属板施工现场制作的允许偏差应符合表12-61的规定	用拉线和钢尺检查 用钢尺、角尺检查	按计件数抽查5%,且应不少于10件
4	安装质量	压型金属板安装应平整、顺直,板面不应有施工残留物和污物。檐口和墙面下端应呈直线,不应有未经处理的错钻孔洞	观察检查	按面积抽查10%,且应不少于10m²
5	安装精度	压型金属板安装的允许偏差应符合表12-62的规定	用拉线、吊线和钢尺检查	檐口与屋脊的平行度:按长度抽查10%,且应不少于10m。其他项目:每20m长度应抽查1处,应不少于2处

(3)允许偏差应符合表 12-60 的规定。

表 12-60　　　　　　　压型金属板的尺寸允许偏差　　　　　　　(mm)

项　目			允许偏差
波距			±2.0
波高	压型钢板	截面高度≤70	±1.5
		截面高度>70	±2.0
侧向弯曲		在测量长度 l_1 的范围内	20.0

注:1. 为测量长度,指板长扣除两端各 0.5m 后的实际长度(小于 10m)或扣除后任选的 10m 长度。

　2. 本表摘自《钢结构工程施工质量验收规范》(GB 50205—2001)。

表 12-61　　　　　压型金属板施工现场制作的允许偏差　　　　　(mm)

项　目		允许偏差
压型金属板的覆盖宽度	截面高度≤70	+10.0,-2.0
	截面高度>70	+6.0,-2.0
板长		±9.0
横向剪切偏差		6.0
泛水板、包角板尺寸	板长	±6.0
	折弯面宽度	±3.0
	折弯面夹角	2°

注:本表摘自《钢结构工程施工质量验收规范》(GB 50205—2001)。

表 12-62　　　　　　压型金属板安装的允许偏差　　　　　　(mm)

项　目		允许偏差
屋面	檐口与屋脊的平行度	12.0
	压型金属板波纹线对屋脊的垂直度	$L/800$,且应不大于 25.0
	檐口相邻两块压型金属板端部错位	6.0
	压型金属板卷边板件最大波浪高	4.0
墙面	墙板波纹线的垂直度	$H/800$,且应不大于 25.0
	墙板包角板的垂直度	$H/800$,且应不大于 25.0
	相邻两块压型金属板的下端错位	6.0

注:1. L 为屋面半坡或单坡长度。

　2. H 为墙面高度。

　3. 本表摘自《钢结构工程施工质量验收规范》(GB 50205—2001)。

2. 验收资料

(1)材料出厂合格证和检验报告。

(2)技术复核记录。

(3)有关观感质量检查记录。

(4)钢结构(压型金属板)分项工程检验批质量验收记录。

第十节　钢结构涂装工程

一、钢构件防腐涂料涂装

1. 监理巡视与检查

(1)涂装前钢材表面除锈应符合设计要求和国家现行有关标准的规定。处理后的钢材表面不应有焊渣、焊疤、灰尘、油污、水和毛刺等。

(2)涂料、涂装遍数、涂层厚度均应符合设计要求。当设计对涂层厚度无要求时,涂层干漆膜总厚度:室外应为 $150\mu m$,室内应为 $125\mu m$,其允许偏差为 $-25\mu m$。每遍涂层干漆膜厚度的允许偏差为 $-5\mu m$。

(3)构件表面不应误涂、漏涂,涂层不应脱皮和返锈等。涂层应均匀、无明显皱皮、流坠、针眼和气泡等。

(4)当钢结构处在有腐蚀介质环境或外露且设计有要求时,应进行涂层附着力测试,在检测处范围内,当涂层完整程度达到 70% 以上时,涂层附着力达到合格质量标准的要求。

(5)涂装完成后,构件的标志、标记和编号应清晰完整。

2. 监理验收

(1)验收标准。

1)主控项目检验标准应符合表 12-63 和表 12-64 的规定。

表 12-63　　　　　　　　　　　主控项目检验

序号	项　目	合格质量标准	检验方法	检查数量
1	涂料性能	钢结构防腐涂料、稀释剂和固化剂等材料的品种、规格、性能等应符合现行国家产品标准和设计要求	检查产品的质量合格证明文件、中文标志及检验报告等	全数检查
2	涂装基层验收	涂装前钢材表面除锈应符合设计要求和国家现行有关标准的规定。处理后的钢材表面不应有焊渣、焊疤、灰尘、油污、水和毛刺等。当设计无要求时,钢材表面除锈等级应符合表 12-64 的规定	用铲刀检查和用现行国家标准《涂覆涂料前钢材表面处理表面清洁度的目视评定 第 1 部分:未涂覆过的钢材表面和全面清除原有涂层后的钢材表面的锈蚀等级和处理等级》(GB/T 8923.1)规定的图片对照观察检查	按构件数抽查 10%,且同类构件应不少于 3 件

续表

序号	项目	合格质量标准	检验方法	检查数量
3	涂层厚度	涂料、涂装遍数、涂层厚度均应符合设计要求。当设计对涂层厚度无要求时，涂层干漆膜总厚度：室外应为150μm，室内应为125μm，其允许偏差为−25μm。每遍涂层干漆膜厚度的允许偏差为−5μm	用干漆膜测厚仪检查。每个构件检测5处，每处的数值为3个相距50mm测点涂层干漆膜厚度的平均值	按构件数抽查10%，且同类构件应不少于3件

表 12-64　　　　　　　　各种底漆或防锈漆要求最低的除锈等级

涂料品种	除锈等级
油性酚醛、醇酸等底漆或防锈漆	Sa 2
高氯化聚乙烯、氯化橡胶、氯磺化聚乙烯、环氧树脂、聚氨酯等底漆或防锈漆	Sa 2
无机富锌、有机硅、过氯乙烯等底漆	Sa $2\frac{1}{2}$

注：本表摘自《钢结构工程施工质量验收规范》(GB 50205—2001)。

　2)一般项目检验标准应符合表 12-65 的规定。

表 12-65　　　　　　　　　　　一般项目检验

序号	项目	合格质量标准	检验方法	检查数量
1	涂料质量	防腐涂料和防火涂料的型号、名称、颜色及有效期应与其质量证明文件相符。开启后，不应存在结皮、结块、凝胶等现象	观察检查	按桶数抽查5%，且应不少于3桶
2	表面质量	构件表面不应误涂、漏涂，涂层不应脱皮和返锈等。涂层应均匀、无明显皱皮、流坠、针眼和气泡等	观察检查	全数检查
3	附着力测试	当钢结构处在有腐蚀介质环境或外露且设计有要求时，应进行涂层附着力测试，在检测处范围内，当涂层完整程度达到70%以上时，涂层附着力达到合格质量标准的要求	按照现行国家标准《漆膜附着力测定法》(GB 1720)或《色漆和清漆 漆膜的划格试验》(GB 9286)执行	按构件数抽查1%，且应不少于3件，每件测3处
4	标志	涂装完成后，构件的标志、标记和编号应清晰、完整	观察检查	全数检查

(2)验收资料。

1)防腐涂料出厂合格证或复验报告。

2)涂装施工检查记录。

3)有关观感质量检验项目检查记录。

4)钢结构防腐涂装分项工程检验批质量验收记录。

二、钢结构防火涂料涂装

1. 监理巡视与检查

(1)防火涂料涂装前钢材表面除锈及防锈底漆涂装应符合设计要求和国家现行有关标准的规定。

(2)钢结构防火涂料的粘结强度、抗压强度应符合国家现行标准《钢结构防火涂料应用技术规程》(CECS 24：90)的规定。检验方法应符合现行国家标准《建筑构件防火喷涂材料性能试验方法》(GA 110)的规定。

(3)薄涂型防火涂料的涂层厚度应符合有关耐火极限的设计要求。厚涂型防火涂料涂层的厚度,80％及以上面积应符合有关耐火极限的设计要求,且最薄处厚度不应低于设计要求的85％。

(4)薄涂型防火涂料涂层表面裂纹宽度不应大于 0.5mm;厚涂型防火涂料涂层表面裂纹宽度不应大于 1mm。

(5)防火涂料涂装基层不应有油污、灰尘和泥砂等污垢。

(6)防火涂料不应有误涂、漏涂,涂层应闭合无脱层、空鼓、明显凹陷、粉化松散和浮浆等外观缺陷,乳突已剔除。

2. 监理验收

(1)验收标准。

1)主控项目检验标准应符合表 12-66 的规定。

表 12-66　　　　　　　　　　　　　主控项目检验

序号	项　目	合格质量标准	检验方法	检查数量
1	涂料性能	钢结构防火涂料的品种和技术性能应符合设计要求,并应经过具有资质的检测机构检测,符合国家现行有关标准的规定	检查产品的质量合格证明文件、中文标志及检验报告等	全数检查
2	涂装基层验收	防火涂料涂装前钢材表面除锈及防锈底漆涂装应符合设计要求和国家现行有关标准的规定	**表面除锈用铲刀检查和用现行国家标准《涂覆涂料前钢材表面处理　表面清洁度的目视评定　第 1 部分:未涂覆的钢材表面和全面清除原有涂层后的钢材表面的锈蚀等级和处理等级》(GB/T 8923.1)** 规定的图片对照观察检查。底漆涂装用干漆膜测厚仪检查,每个构件检测 5 处,每处的数值为 3 个相距 50mm 测点涂层干漆膜厚度的平均值	按构件数抽查 10％,且同类构件应不少于 3 件

续表

序号	项　目	合格质量标准	检验方法	检查数量
3	强度试验	钢结构防火涂料的粘结强度、抗压强度应符合国家现行标准《钢结构防火涂料应用技术规程》(CECS 24：90)的规定。检验方法应符合现行国家标准《建筑构件防火喷涂材料性能试验方法》(GA 110)的规定	检查复检报告	每使用 100t 或不足 100t 薄涂型防火涂料应抽检一次粘结强度；每使用 500t 或不足 500t 厚涂型防火涂料应抽检一次粘结强度和抗压强度
4	涂层厚度	薄涂型防火涂料的涂层厚度应符合有关耐火极限的设计要求。厚涂型防火涂料涂层的厚度，80%及以上面积应符合有关耐火极限的设计要求，且最薄处厚度不应低于设计要求的85%	用涂层厚度测量仪、测针和钢尺检查。测量方法应符合国家现行标准《钢结构防火涂料应用技术规程》(CECS 24：90)的规定	按同类构件数抽查 10%，且均应不少于 3 件
5	表面裂纹	薄涂型防火涂料涂层表面裂纹宽度应不大于 0.5mm；厚涂型防火涂料涂层表面裂纹宽度应不大于 1mm	观察和用尺量检查	按同类构件数抽查 10%，且均应不少于 3 件

2)一般项目检验标准应符合表 12-67 的规定。

表 12-67　　　　　　　　　　一般项目检验

序号	项　目	合格质量标准	检验方法	检查数量
1	产品质量	防腐涂料和防火涂料的型号、名称、颜色及有效期应与其质量证明文件相符。开启后，不应存在结皮、结块、凝胶等现象	观察检查	按桶数抽查5%，且应不少于3桶
2	基层表面	防火涂料涂装基层不应有油污、灰尘和泥砂等污垢	观察检查	全数检查
3	涂层表面质量	防火涂料不应有误涂、漏涂，涂层应闭合无脱层、空鼓、明显凹陷、粉化松散和浮浆等外观缺陷，乳突已剔除	观察检查	全数检查

（2）验收资料。

1）材料出厂合格证或复验报告。

2）防火涂料产品生产许可证。

3）防火涂料施工检查记录。

4）观感检验项目检查记录。

5）钢结构防火涂料涂装分项工程检验批质量验收记录。

第十三章　屋面工程现场监理

第一节　基层与保护工程

一、找平层和找坡层

1. 监理巡视与检查

(1)装配式钢筋混凝土板的板缝嵌填施工,应符合下列要求:

1)嵌填混凝土时板缝内应清理干净,并应保持湿润;

2)当板缝宽度大于40mm或上窄下宽时,板缝内应按设计要求配置钢筋;

3)嵌填细石混凝土的强度等级不应低于C20,嵌填深度宜低于板面10～20mm,且应振捣密实和浇水养护;

4)板端缝应按设计要求增加防裂的构造措施。

(2)找坡层宜采用轻骨料混凝土;找坡材料应分层铺设和适当压实,表面应平整。

(3)找平层宜采用水泥砂浆或细石混凝土;找平层的抹平工序应在初凝前完成,压光工序应在终凝前完成,终凝后应进行养护。

(4)找平层分格缝纵横间距不宜大于6m,分格缝的宽度宜为5～20mm。

2. 监理验收

(1)验收标准。

1)主控项目检验标准应符合表13-1的规定。

表 13-1　　　　　　　　　　　主控项目检验

序号	项　目	合格质量标准	检验方法	检查数量
1	配合比要求	找坡层和找平层所用材料的质量及配合比,应符合设计要求	检查出厂合格证、质量检验报告和计量措施	按屋面面积每500～1000m²划分为一个检验批,不足500m²应按一个检验批;每个检验批的抽检数量,应按屋面面积每100m²抽查一处,每处应为10m²,且不得少于3处
2	排水坡度	找坡层和找平层的排水坡度,应符合设计要求	坡度尺检查	

2)一般项目检验标准应符合表13-2的规定。

表 13-2 　一般项目检验

序号	项　目	合格质量标准	检验方法	检查数量
1	表面质量	找平层应抹平、压光,不得有酥松、起砂、起皮现象	观察检查	按屋面面积每500～1000m² 划分为一个检验批,不足 500m² 应按一个检验批;每个检验批的抽检数量,应按屋面面积每100m² 抽查一处,每处应为 10m²,且不得少于 3 处
2	交接处与转角处	卷材防水层的基层与突出屋面结构的交接处,以及基层的转角处,找平层应做成圆弧形,且应整齐平顺		
3	分格缝	找平层分格缝的宽度和间距,均应符合设计要求	观察和尺量检查	
4	表面平整度	找坡层表面平整度的允许偏差为 7mm,找平层表面平整度的允许偏差为 5mm	2m 靠尺和塞尺检查	

(2)验收资料。

1)材料质量证明文件(包括出厂合格证、质量检验报告和试验报告)。

2)材料代用核定文件。

3)隐蔽工程检查验收记录。

4)施工记录(包括施工检验记录、淋水或蓄水记录)。

5)技术交底记录。

6)工程质量验收记录。

二、隔汽层

1. 监理巡视与检查

(1)隔汽层的基层应平整、干净、干燥。

(2)隔汽层应设置在结构层与保温层之间;隔汽层应选用气密性、水密性好的材料。

(3)在屋面与墙的连接处,隔汽层应沿墙面向上连续铺设,高出保温层上表面不得小于 150mm。

(4)隔汽层采用卷材时宜空铺,卷材搭接缝应满粘,其搭接宽度不应小于80mm;隔汽层采用涂料时,应涂刷均匀。

(5)穿过隔汽层的管线周围应封严,转角处应无折损;隔汽层凡有缺陷或破损的部位,均应进行返修。

2. 监理验收

(1)验收标准。

1)主控项目检验标准应符合表 13-3 的规定。

表 13-3　　　　　　　　　　　　主控项目检验

序号	项　目	合格质量标准	检验方法	检查数量
1	材料质量	隔汽层所用材料的质量,应符合设计要求	检查出厂合格证、质量检验报告和进场检验报告	按屋面面积每 500~1000m² 划分为一个检验批,不足 500m² 应按一个检验批;每个检验批的抽检数量,应按屋面面积每 100m² 抽查一处,每处应为 10m²,且不得少于 3 处
2	破损现象	隔汽层不得有破损现象	观察检查	

2)一般项目检验标准应符合表 13-4 的规定。

表 13-4　　　　　　　　　　　　一般项目检验

序号	项　目	合格质量标准	检验方法	检查数量
1	卷材表面质量	卷材隔汽层应铺设平整,卷材搭接缝应粘结牢固,密封应严密,不得有扭曲、皱折和起泡等缺陷	观察检查	按屋面面积每 500~1000m² 划分为一个检验批,不足 500m² 应按一个检验批;每个检验批的抽检数量,应按屋面面积每 100m² 抽查一处,每处应为 10m²,且不得少于 3 处
2	涂膜表面质量	涂膜隔汽层应粘结牢固,表面平整,涂布均匀,不得有堆积、起泡和露底等缺陷		

(2)验收资料。

1)材料质量证明文件(包括出厂合格证、质量检验报告和试验报告)。

2)材料代用核定文件。

3)隐蔽工程检查验收记录。

4)施工记录(包括施工检验记录、淋水或蓄水记录)。

5)技术交底记录。

6)工程质量验收记录。

三、隔离层

1. 监理巡视与检查

(1)块体材料、水泥砂浆或细石混凝土保护层与卷材、涂膜防水层之间,应设置隔离层。

(2)隔离层可采用干铺塑料膜、土工布、卷材或铺抹低强度等级砂浆。

2. 监理验收

(1)验收标准。

1)主控项目检验标准应符合表 13-5 的规定。

表 13-5　　　　　　　　　　　　　主控项目检验

序号	项目	合格质量标准	检验方法	检查数量
1	材料质量及配合比	隔离层所用材料的质量及配合比,应符合设计要求	检查出厂合格证和计量措施	按屋面面积每 500～1000m²划分为一个检验批,不足 500m²应按一个检验批;每个检验批的抽检数量,应按屋面面积每 100m²抽查一处,每处应为 10m²,且不得少于 3 处
2	破损与漏铺	隔离层不得有破损和漏铺现象	观察检查	

2)一般项目检验标准应符合表 13-6 的规定。

表 13-6　　　　　　　　　　　　　一般项目检验

序号	项目	合格质量标准	检验方法	检查数量
1	铺设要求	塑料膜、土工布、卷材应铺设平整,其搭接宽度不应小于 50mm,不得有皱折	观察和尺量检查	按屋面面积每 500～1000m²划分为一个检验批,不足 500m²应按一个检验批;每个检验批的抽检数量,应按屋面面积每 100m²抽查一处,每处应为 10m²,且不得少于 3 处
2	表面质量	低强度等级砂浆表面应压实、平整,不得有起壳、起砂现象	观察检查	

(2)验收资料。

1)材料质量证明文件(包括出厂合格证、质量检验报告和试验报告)。

2)材料代用核定文件。

3)隐蔽工程检查验收记录。

4)施工记录(包括施工检验记录、淋水或蓄水记录)。

5)技术交底记录。

6)工程质量验收记录。

四、保护层

1. 监理巡视与检查

(1)防水层上的保护层施工,应待卷材铺贴完成或涂料固化成膜,并经检验合格后进行。

(2)用块体材料做保护层时,宜设置分格缝,分格缝纵横间距不应大于 10m,分格缝宽度宜为 20mm。

(3)用水泥砂浆做保护层时,表面应抹平压光,并应设表面分格缝,分格面积宜为 1m²。

(4)用细石混凝土做保护层时,混凝土应振捣密实,表面应抹平压光,分格缝纵横间距不应大于 6m。分格缝的宽度宜为 10~20mm。

(5)块体材料、水泥砂浆或细石混凝土保护层与女儿墙和山墙之间,应预留宽度为 30mm 的缝隙,缝内宜填塞聚苯乙烯泡沫塑料,并应用密封材料嵌填密实。

2. 监理验收

(1)验收标准。

1)主控项目检验标准应符合表 13-7 的规定。

表 13-7　　　　　　　　　　　　　　　主控项目检验

序号	项　目	合格质量标准	检验方法	检查数量
1	材料及配合比	保护层所用材料的质量及配合比,应符合设计要求	检查出厂合格证、质量检验报告和计量措施	按屋面面积每 500~1000m² 划分为一个检验批,不足 500m² 应按一个检验批;每个检验批的抽检数量,应按屋面面积每 100m² 抽查一处,每处应为 10m²,且不得少于 3 处
2	强度等级	块体材料、水泥砂浆或细石混凝土保护层的强度等级,应符合设计要求	检查块体材料、水泥砂浆或混凝土抗压强度试验报告	
3	排水坡度	保护层的排水坡度,应符合设计要求	坡度尺检查	

2)一般项目检验标准应符合表 13-8 的规定。

表 13-8　　　　　　　　　　　　　　　一般项目检验

序号	项　目	合格质量标准	检验方法	检查数量
1	表面质量	块体材料保护层表面应干净,接缝应平整,周边应顺直,镶嵌应正确,应无空鼓现象	小锤轻击和观察检查	按屋面面积每 500~1000m² 划分为一个检验批,不足 500m² 应按一个检验批;每个检验批的抽检数量,应按屋面面积每 100m² 抽查一处,每处应为 10m²,且不得少于 3 处
2	施工质量	水泥砂浆、细石混凝土保护层不得有裂纹、脱皮、麻面和起砂等现象	观察检查	
3	涂料施工要求	浅色涂料应与防水层粘结牢固,厚薄应均匀,不得漏涂	观察检查	
4	保护层允许偏差	保护层的允许偏差和检验方法应符合表 13-9	见表 13-9	见表 13-9

表 13-9   保护层的允许偏差和检验方法

项 目	允许偏差(mm)			检验方法
	块体材料	水泥砂浆	细石混凝土	
表面平整度	4.0	4.0	5.0	2m靠尺和塞尺检查
缝格平直	3.0	3.0	3.0	拉线和尺量检查
接缝高低差	1.5	—	—	直尺和塞尺检查
板块间隙宽度	2.0	—	—	尺量检查
保护层厚度	设计厚度的10%,且不得大于5mm			钢针插入和尺量检查

(2)验收资料。

1)材料质量证明文件(包括出厂合格证、质量检验报告和试验报告)。

2)材料代用核定文件。

3)隐蔽工程检查验收记录。

4)施工记录(包括施工检验记录、淋水或蓄水记录)。

5)技术交底记录。

6)工程质量验收记录。

第二节　保温与隔热工程

一、板状材料保温层

1. 监理巡视与检查

(1)板状材料保温层采用干铺法施工时,板状保温材料应紧靠在基层表面上,应铺平垫稳;分层铺设的板块上下层接缝应相互错开,板间缝隙应采用同类材料的碎屑嵌填密实。

(2)板状材料保温层采用粘贴法施工时,胶粘剂应与保温材料的材性相容,并应贴严、粘牢;板状材料保温层的平面接缝应挤紧拼严,不得在板块侧面涂抹胶粘剂,超过2mm的缝隙应采用相同材料板条或片填塞严实。

(3)板状保温材料采用机械固定法施工时,应选择专用螺钉和垫片;固定件与结构层之间应连接牢固。

2. 监理验收

(1)验收标准。

1)主控项目检验标准应符合表13-10的规定。

表 13-10   主控项目检验

序号	项目	合格质量标准	检验方法	检查数量
1	材质要求	板状保温材料的质量,应符合设计要求	检查出厂合格证、质量检验报告和进场检验报告	按屋面面积每500～1000m² 划分为一个检验批,不足 500m² 应按一个检验批;每个检验批的抽检数量,应按屋面面积每100m² 抽查一处,每处应为 10m²,且不得少于3 处
2	厚度偏差	板状材料保温层的厚度应符合设计要求,其正偏差应不限,负偏差应为 5%,且不得大于 4mm	钢针插入和尺量检查	
3	"热桥"处理	屋面热桥部位处理应符合设计要求	观察检查	

2)一般项目检验标准应符合表 13-11 的规定。

表 13-11   一般项目检验

序号	项目	合格质量标准	检验方法	检查数量
1	铺设要求	板状保温材料铺设应紧贴基层,应铺平垫稳,拼缝应严密,粘贴应牢固	观察检查	按屋面面积每500～1000m² 划分为一个检验批,不足 500m² 应按一个检验批;每个检验批的抽检数量,应按屋面面积每100m² 抽查一处,每处应为 10m²,且不得少于3 处
2	固定件要求	固定件的规格、数量和位置均应符合设计要求;垫片应与保温层表面齐平	观察检查	
3	表面平整度	板状材料保温层表面平整度的允许偏差为 5mm	2m 靠尺和塞尺检查	
4	接缝高低差	板状材料保温层接缝高低差的允许偏差为 2mm	直尺和塞尺检查	

(2)验收资料。

1)材料质量证明文件(包括出厂合格证、质量检验报告和试验报告)。

2)材料代用核定文件。

3)隐蔽工程检查验收记录。

4)施工记录(包括施工检验记录、淋水或蓄水记录)。

5)技术交底记录。

6)工程质量验收记录。

二、纤维材料保温层

1. 监理巡视与检查

(1)纤维材料保温层施工应符合下列规定:

1)纤维保温材料应紧靠在基层表面上,平面燃缝应挤紧拼严,上下层接缝应相互错开;

2)屋面坡度较大时,宜采用金属或塑料专用固定件将纤维保温材料与基层固定;

3)纤维材料填充后,不得上人踩踏。

(2)装配式骨架纤维保温材料施工时,应先在基层上铺设保温龙骨或金属龙骨,龙骨之间应填充纤维保温材料,再在龙骨上铺钉水泥纤维板。金属龙骨和固定件应经防锈处理,金属龙骨与基层之间应采取隔热断桥措施。

2. 监理验收

(1)验收标准。

1)主控项目检验标准应符合表 13-12 的规定。

表 13-12 主控项目检验

序号	项 目	合格质量标准	检验方法	检查数量
1	材质要求	纤维保温材料的质量,应符合设计要求	检查出厂合格证、质量检验报告和进场检验报告	按屋面面积每 500~1000m² 划分为一个检验批,不足 500m² 应按一个检验批;每个检验批的抽检数量,应按屋面面积每 100m² 抽查一处,每处应为 10m²,且不得少于 3 处
2	正负偏差	纤维材料保温层的厚度应符合设计要求,其正偏差应不限,毡不得有负偏差,板负偏差应为 4%,且不得大于 3mm	钢针插入和尺量检查	
3	热桥部位处理	屋面热桥部位处理应符合设计要求	观察检查	

2)一般项目检验标准应符合表 13-13 的规定。

表 13-13　　　　　　　　　　　　　一般项目检验

序号	项 目	合格质量标准	检验方法	检查数量
1	铺设要求	纤维保温材料铺设应紧贴基层,拼缝应严密,表面应平整	观察检查	按屋面面积每 500～1000m² 划分为一个检验批,不足 500m² 应按一个检验批;每个检验批的抽检数量,应按屋面面积每 100m² 抽查一处,每处应为 10m²,且不得少于 3 处
2	固定件与垫片	固定件的规格、数量和位置应符合设计要求;垫片应与保温层表面齐平		
3	骨架与纤维板	装配式骨架和水泥纤维板应铺钉牢固,表面应平整;龙骨间距和板材厚度应符合设计要求	观察和尺量检查	
4	密封	具有抗水蒸气渗透外覆面的玻璃棉制品,其外覆面应朝向室内,拼缝应用防水密封胶带封严	观察检查	

(2)验收资料。

1)材料质量证明文件(包括出厂合格证、质量检验报告和试验报告)。

2)材料代用核定文件。

3)隐蔽工程检查验收记录。

4)施工记录(包括施工检验记录、淋水或蓄水记录)。

5)技术交底记录。

6)工程质量验收记录。

三、喷涂硬泡聚氨酯保温层

1. 监理巡视与检查

(1)保温层施工前应对喷涂设备进行调试,并应制备试样进行硬泡聚氨酯的性能检测。

(2)喷涂硬泡聚氨酯的配比应准确计量,发泡厚度应均匀一致。

(3)喷涂时喷嘴与施工基面的间距应由试验确定。

(4)一个作业面应分遍喷涂完成,每遍厚度不宜大于 15mm;当日的作业面应当日连续地喷涂施工完毕。

(5)硬泡聚氨酯喷涂后 20min 内严禁上人;喷涂硬泡聚氨酯保温层完成后,应及时做保护层。

2. 监理验收

(1)验收标准。

1)主控项目检验标准应符合表 13-14 的规定。

表 13-14　　　　　　　　　　主控项目检验

序号	项目	合格质量标准	检验方法	检查数量
1	材质与配合比	喷涂硬泡聚氨酯所用原材料的质量及配合比,应符合设计要求	检查原材料出厂合格证、质量检验报告和计量措施	按屋面面积每 500～1000m² 划分为一个检验批,不足 500m² 应按一个检验批;每个检验批的抽检数量,应按屋面面积每 100m² 抽查一处,每处应为 10m²,且不得少于 3 处
2	正、负偏差	喷涂硬泡聚氨酯保温层的厚度应符合设计要求,其正偏差不限,不得有负偏差	钢针插入和尺量检查	
3	热桥处理	屋面热桥部位处理应符合设计要求	观察检查	

2)一般项目检验标准应符合表 13-15 的规定。

表 13-15　　　　　　　　　　一般项目检验

序号	项目	合格质量标准	检验方法	检查数量
1	喷涂质量要求	喷涂硬泡聚氨酯应分遍喷涂,粘结应牢固,表面应平整,找坡应正确	观察检查	按屋面面积每 500～1000m² 划分为一个检验批,不足 500m² 应按一个检验批;每个检验批的抽检数量,应按屋面面积每 100m² 抽查一处,每处应为 10m²,且不得少于 3 处
2	表面平整度	喷涂硬泡聚氨酯保温层表面平整度的允许偏差为 5mm	2m 靠尺和塞尺检查	

(2)验收资料。

1)材料质量证明文件(包括出厂合格证、质量检验报告和试验报告)。

2)材料代用核定文件。

3)隐蔽工程检查验收记录。

4)施工记录(包括施工检验记录、淋水或蓄水记录)。

5)技术交底记录。

6)工程质量验收记录。

四、现浇泡沫混凝土保温层

1. 监理巡视与检查

(1)在浇筑泡沫混凝土前,应将基层上的杂物和油污清理干净;基层应浇水湿润,但不得有积水。

(2)保温层施工前应对设备进行调试,并应制备试样进行泡沫混凝土的性能检测。

(3)泡沫混凝土的配合比应准确计量,制备好的泡沫加入水泥料浆中应搅拌均匀。

(4)浇筑过程中,应随时检查泡沫混凝土的湿密度。

2. 监理验收

(1)验收标准。

1)主控项目检验标准应符合表 13-16 的规定。

表 13-16   主控项目检验

序号	项 目	合格质量标准	检验方法	检查数量
1	材质及配合比	现浇泡沫混凝土所用原材料的质量及配合比,应符合设计要求	检查原材料出厂合格证、质量检验报告和计量措施	按屋面面积每 500~1000m² 划分为一个检验批,不足 500m² 应按一个检验批;每个检验批的抽检数量,应按屋面面积每 100m² 抽查一处,每处应为 10m²,且不得少于 3 处
2	正、负偏差	现浇泡沫混凝土保温层的厚度应符合设计要求,其正负偏差应为 5%,且不得大于 5mm	钢针插入和尺量检查	
3	热桥处理	屋面热桥部位处理应符合设计要求	观察检查	

2)一般项目检验标准应符合表 13-17 的规定。

表 13-17　　　　　　　　　　一般项目检验

序号	项目	合格质量标准	检验方法	检查数量
1	铺设要求	现浇泡沫混凝土应分层施工,粘结应牢固,表面应平整,找坡应正确	观察检查	按屋面面积每 500～1000m² 划分为一个检验批,不足 500m² 应按一个检验批;每个检验批的抽检数量,应按屋面面积每 100m² 抽查一处,每处应为 10m²,且不得少于 3 处
2	表面质量	现浇泡沫混凝土不得有贯通性裂缝,以及疏松、起砂、起皮现象	观察检查	
3	表面平整度	现浇泡沫混凝土保温层表面平整度的允许偏差为 5mm	2m 靠尺和塞尺检查	

(2)验收资料。

1)材料质量证明文件(包括出厂合格证、质量检验报告和试验报告)。

2)材料代用核定文件。

3)隐蔽工程检查验收记录。

4)施工记录(包括施工检验记录、淋水或蓄水记录)。

5)技术交底记录。

6)工程质量验收记录。

五、种植隔热层

1. 监理巡视与检查

(1)种植隔热层与防水层之间宜设细石混凝土保护层。

(2)种植隔热层的屋面坡度大于 20％时,其排水层、种植土层应采取防滑措施。

(3)排水层施工应符合下列要求:

1)陶粒的粒径不应小于 25mm,大粒径应在下,小粒径应在上。

2)凹凸形排水板宜采用搭接法施工,网状交织排水板宜采用对接法施工。

3)排水层上应铺设过滤层土工布。

4)挡墙或挡板的下部应设泄水孔,孔周围应放置疏水粗细骨料。

(4)过滤层土工布应沿种植土周边向上铺设至种植土高度,并应与挡墙或挡板粘牢;土工布的搭接宽度不应小于 100mm,接缝宜采用粘合或缝合。

(5)种植土的厚度及自重应符合设计要求。种植土表面应低于挡墙高度 100mm。

2. 监理验收

(1)验收标准。

1)主控项目检验标准应符合表13-18的规定。

表13-18　　　　　　　　　　主控项目检验

序号	项　目	合格质量标准	检验方法	检查数量
1	材质要求	种植隔热层所用材料的质量,应符合设计要求	检查出厂合格证和质量检验报告	按屋面面积每 500～1000m² 划分为一个检验批,不足 500m² 应按一个检验批;每个检验批的抽检数量,应按屋面面积每 100m² 抽查一处,每处应为 10m²,且不得少于 3 处
2	排水层与排水系统	排水层应与排水系统连通	观察检查	
3	挡板或泄水孔	挡墙或挡板泄水孔的留设应符合设计要求,并不得堵塞	观察和尺量检查	

2)一般项目检验标准应符合表13-19的规定。

表13-19　　　　　　　　　　一般项目检验

序号	项　目	合格质量标准	检验方法	检查数量
1	陶粒要求	陶粒应铺设平整、均匀,厚度应符合设计要求	观察和尺量检查	按屋面面积每 500～1000m² 划分为一个检验批,不足 500m² 应按一个检验批;每个检验批的抽检数量,应按屋面面积每 100m² 抽查一处,每处应为 10m²,且不得少于 3 处
2	排水板铺设	排水板应铺设平整,接缝方法应符合国家现行有关标准的规定	观察和尺量检查	
3	土工布铺设	过滤层土工布应铺设平整、接缝严密,其搭接宽度的允许偏差为-10mm	观察和尺量检查	
4	种植土厚度	种植土应铺设平整、均匀,其厚度的允许偏差为±5%,且不得大于30mm	尺量检查	

(2)验收资料。

1)材料质量证明文件(包括出厂合格证、质量检验报告和试验报告)。

2)材料代用核定文件。

3)隐蔽工程检查验收记录。

4)施工记录(包括施工检验记录、淋水或蓄水记录)。

5)技术交底记录。

6)工程质量验收记录。

六、架空隔热层

1. 监理巡视与检查

(1)架空隔热层的高度应按屋面宽度或坡度大小确定。设计无要求时,架空隔热层的高度宜为 180~300mm。

(2)当屋面宽度大于 10m 时,应在屋面中部设置通风屋脊,通风口处应设置通风算子。

(3)架空隔热制品支座底面的卷材、涂膜防水层,应采取加强措施。

(4)架空隔热制品的质量应符合下列要求:

1)非上人屋面的砌块强度等级不应低于 MU7.5;上人屋面的砌块强度等级不应低于 MU10。

2)混凝土板的强度等级不应低于 C20,板厚及配筋应符合设计要求。

2. 监理验收

(1)验收标准。

1)主控项目检验标准应符合表 13-20 的规定。

表 13-20　　　　　　　　　　　主控项目检验

序号	项　目	合格质量标准	检验方法	检查数量
1	制品质量	架空隔热制品的质量,应符合设计要求	检查材料或构件合格证和质量检验报告	按屋面面积每 500~1000m² 划分为一个检验批,不足 500m² 应按一个检验批;每个检验批的抽检数量,应按屋面面积每 100m² 抽查一处,每处应为 10m²,且不得少于 3 处
2	铺设要求	架空隔热制品的铺设应平整、稳固,缝隙勾填应密实	观察检查	

2)一般项目检验标准应符合表 13-21 的规定。

表 13-21　　　　　　　　　　　一般项目检验

序号	项　目	合格质量标准	检验方法	检查数量
1	间距要求	架空隔热制品距山墙或女儿墙不得小于 250mm	观察和尺量检查	按屋面面积每 500~1000m² 划分为一个检验批,不足 500m² 应按一个检验批;每个检验批的抽检数量,应按屋面面积每 100m² 抽查一处,每处应为 10m²,且不得少于 3 处
2	施工要求	架空隔热层的高度及通风屋脊、变形缝做法,应符合设计要求	观察和尺量检查	
3	接缝高低差	架空隔热制品接缝高低差的允许偏差为 3mm	直尺和塞尺检查	

(2)验收资料。

1)材料质量证明文件(包括出厂合格证、质量检验报告和试验报告)。

2)材料代用核定文件。

3)隐蔽工程检查验收记录。

4)施工记录(包括施工检验记录、淋水或蓄水记录)。

5)技术交底记录。

6)工程质量验收记录。

七、蓄水隔热层

1. 监理巡视与检查

(1)蓄水隔热层与屋面防水层之间应设隔离层。

(2)蓄水池的所有孔洞应预留,不得后凿;所设置的给水管、排水管和溢水管等,均应在蓄水池混凝土施工前安装完毕。

(3)每个蓄水区的防水混凝土应一次浇筑完毕,不得留施工缝。

(4)防水混凝土应用机械振捣密实,表面应抹平和压光,初凝后应覆盖养护,终凝后浇水养护不得少于 14d;蓄水后不得断水。

2. 监理验收

(1)验收标准。

1)主控项目检验标准应符合表 13-22 的规定。

表 13-22　　　　　　　　　　　　主控项目检验

序号	项　目	合格质量标准	检验方法	检查数量
1	材质及配合比	防水混凝土所用材料的质量及配合比,应符合设计要求	检查出厂合格证、质量检验报告进场检验报告和计量措施	按屋面面积每 500～1000m² 划分为一个检验批,不足 500m² 应按一个检验批;每个检验批的抽检数量,应按屋面面积每 100m² 抽查一处,每处应为 10m²,且不得少于 3 处
2	抗压强度、抗渗性能	防水混凝土的抗压强度和抗渗性能,应符合设计要求	检查混凝土抗压和抗渗试验报告	
3	蓄水池	蓄水池不得有渗漏现象	蓄水至规定高度观察检查	

2)一般项目检验标准应符合表 13-23 的规定。

表 13-23　　　　　　　　　　　　一般项目检验

序号	项　目	合格质量标准	检验方法	检查数量
1	表面质量	防水混凝土表面应密实、平整,不得有蜂窝、麻面、露筋等缺陷	观察检查	按屋面面积每 500～1000m² 划分为一个检验批,不足 500m² 应按一个检验批;每个检验批的抽检数量,应按屋面面积每 100m² 抽查一处,每处应为 10m²,且不得少于 3 处
2	裂缝宽度	防水混凝土表面的裂缝宽度不应大于 0.2mm,并不得贯通	刻度放大镜检查	
3	留设口的布置	蓄水池上所留设的溢水口、过水孔、排水管、溢水管等,其位置、标高和尺寸均应符合设计要求	观察和尺量检查	
4	允许偏差	蓄水池结构的允许偏差和检验方法应符合表 13-24 的规定	见表 13-24	见表 13-24

表 13-24　　　　　　蓄水池结构的允许偏差和检验方法

项　目	允许偏差(mm)	检验方法
长度、宽度	+15,−10	尺量检查
厚度	±5	
表面平整度	5	2m 靠尺和塞尺检查
排水坡度	符合设计要求	坡度尺检查

(2)验收资料。

1)材料质量证明文件(包括出厂合格证、质量检验报告和试验报告)。

2)材料代用核定文件。

3)隐蔽工程检查验收记录。

4)施工记录(包括施工检验记录、淋水或蓄水记录)。

5)技术交底记录。

6)工程质量验收记录。

第三节　防水与密封工程

一、卷材防水层

1. 监理巡视与检查

(1)屋面坡度大于 25％时,卷材应采取满粘和钉压固定措施。

(2)卷材铺贴方向应符合下列规定:

1)卷材宜平行屋脊铺贴;

2)上下层卷材不得相互垂直铺贴。

(3)卷材搭接缝应符合下列规定:

1)平行屋脊的卷材搭接缝应顺流水方向,卷材搭接宽度应符合表 13-25 的规定;

2)相邻两幅卷材短边搭接缝应错开,且不得小于 500mm;

3)上下层卷材长边搭接缝应错开,且不得小于幅宽的 1/3。

表 13-25　　　　　　　　　　卷材搭接宽度　　　　　　　　　　mm

卷　材　类　别		搭　接　宽　度
合成高分子防水卷材	胶粘剂	80
	胶粘带	50
	单缝焊	60,有效焊接宽度不小于 25
	双缝焊	80,有效焊接宽度 10×2＋空腔宽
高聚物改性沥青防水卷材	胶粘剂	100
	自粘	80

(4)冷粘法铺贴卷材应符合下列规定:

1)胶粘剂涂刷应均匀,不应露底,不应堆积;

2)应控制胶粘剂涂刷与卷材铺贴的间隔时间;

3)卷材下面的空气应排尽,并应辊压粘牢固;

4)卷材铺贴应平整顺直,搭接尺寸应准确,不得扭曲、皱折;

5)接缝口应用密封材料封严,宽度不应小于 10mm。

(5)热粘法铺贴卷材应符合下列规定:

1)熔化热熔型改性沥青胶结料时,宜采用专用导热油炉加热,加热温度不应高于 200℃,使用温度不宜低于 180℃;

2)粘贴卷材的热熔型改性沥青胶结料厚度宜为 1.0～1.5mm;

3)采用热熔型改性沥青胶结料粘贴卷材时,应随刮随铺,并应展平压实。

(6)热熔法铺贴卷材应符合下列规定:

1)火焰加热器加热卷材应均匀,不得加热不足或烧穿卷材;

2)卷材表面热熔后应立即滚铺,卷材下面的空气应排尽,并应辊压粘贴牢固;

3)卷材接缝部位应溢出热熔的改性沥青胶,溢出的改性沥青胶宽度宜为 8mm;

4)铺贴的卷材应平整顺直,搭接尺寸应准确,不得扭曲、皱折;

5)厚度小于 3mm 的高聚物改性沥青防水卷材,严禁采用热熔法施工。

(7)自粘法铺贴卷材应符合下列规定:

1)铺贴卷材时,应将自粘胶底面的隔离纸全部撕净;

2)卷材下面的空气应排尽,并应辊压粘贴牢固;

3)铺贴的卷材应平整顺直,搭接尺寸应准确,不得扭曲、皱折;

4)接缝口应用密封材料封严,宽度不应小于 10mm;

5)低温施工时,接缝部位宜采用热风加热,并应随即粘贴牢固。

(8)焊接法铺贴卷材应符合下列规定:

1)焊接前卷材应铺设平整、顺直,搭接尺寸应准确,不得扭曲、皱折;

2)卷材焊接缝的结合面应干净、干燥,不得有水滴、油污及附着物;

3)焊接时应先焊长边搭接缝,后焊短边搭接缝;

4)控制加热温度和时间,焊接缝不得有漏焊、跳焊、焊焦或焊接不牢现象;

5)焊接时不得损害非焊接部位的卷材。

(9)机械固定法铺贴卷材应符合下列规定:

1)卷材应采用专用固定件进行机械固定;

2)固定件应设置在卷材搭接缝内,外露固定件应用卷材封严;

3)固定件应垂直钉入结构层有效固定,固定件数量和位置应符合设计要求;

4)卷材搭接缝应粘结或焊接牢固,密封应严密;

5)卷材周边 800mm 范围内应满粘。

2. 监理验收

(1)验收标准。

1)主控项目检验标准应符合表 13-26 的规定。

表 13-26　　　　　　　　　　主控项目检验

序号	项　目	合格质量标准	检验方法	检查数量
1	材　质要求	防水卷材及其配套材料的质量,应符合设计要求	检查出厂合格证、质量检验报告和进场检验报告	按屋面面积每 500～1000m² 划分为一个检验批,不足 500m² 应按一个检验批;每个检验批的抽检数量,应按屋面面积每 100m² 抽查一处,每处应为 10m²,且不得少于 3 处
2	渗水与积水	卷材防水层不得有渗漏和积水现象	雨后观察或淋水、蓄水试验	
3	防水构造	卷材防水层在檐口、檐沟、天沟、水落口、泛水、变形缝和伸出屋面管道的防水构造,应符合设计要求	观察检查	

2)一般项目检验标准应符合表 13-27 的规定。

表 13-27   一般项目检验

序号	项　目	合格质量标准	检验方法	检查数量
1	搭接缝	卷材的搭接缝应粘结或焊接牢固,密封应严密,不得扭曲、皱折和翘边	观察检查	按屋面面积每500～1000m² 划分为一个检验批,不足 500m² 应按一个检验批;每个检验批的抽检数量,应按屋面面积每 100m² 抽查一处,每处应为 10m²,且不得少于 3 处
2	收头、密封	卷材防水层的收头应与基层粘结,钉压应牢固,密封应严密	观察检查	
3	排汽道	屋面排汽构造的排汽道应纵横贯通,不得堵塞;排汽管应安装牢固,位置应正确,封闭应严密	观察和尺量检查	
4	允许偏差	卷材防水层的铺贴方向应正确,卷材搭接宽度的允许偏差为一10mm	观察检查	

(2)验收资料。

1)材料质量证明文件(包括出厂合格证、质量检验报告和试验报告)。

2)材料代用核定文件。

3)隐蔽工程检查验收记录。

4)施工记录(包括施工检验记录、淋水或蓄水记录)。

5)技术交底记录。

6)工程质量验收记录。

二、涂膜防水层

1. 监理巡视与检查

(1)防水涂料应多遍涂布,并应待前一遍涂布的涂料干燥成膜后,再涂布后一遍涂料,且前后两遍涂料的涂布方向应相互垂直。

(2)铺设胎体增强材料应符合下列规定:

1)胎体增强材料宜采用聚酯无纺布或化纤无纺布;

2)胎体增强材料长边搭接宽度不应小于 50mm,短边搭接宽度不应小于 70mm;

3)上下层胎体增强材料的长边搭接缝应错开,且不得小于幅宽的 1/3;

4)上下层胎体增强材料不得相互垂直铺设。

（3）多组分防水涂料应按配合比准确计量，搅拌应均匀，并应根据有效时间确定每次配制的数量。

2．监理验收

（1）验收标准。

1）主控项目检验标准应符合表 13-28 的规定。

表 13-28　　　　　　　　主控项目检验

序号	项　目	合格质量标准	检验方法	检查数量
1	材质要求	防水涂料和胎体增强材料的质量，应符合设计要求	检查出厂合格证、质量检验报告和进场检验报告	按屋面面积每 500～1000m² 划分为一个检验批，不足 500m² 应按一个检验批；每个检验批的抽检数量，应按屋面面积每 100m² 抽查一处，每处应为 10m²，且不得少于 3 处
2	防水层	涂膜防水层不得有渗漏和积水现象	雨后观察或淋水、蓄水试验	
3	防水构造	涂膜防水层在檐口、檐沟、天沟、水落口、泛水、变形缝和伸出屋面管道的防水构造，应符合设计要求	观察检查	
4	平均厚度	涂膜防水层的平均厚度应符合设计要求，且最小厚度不得小于设计厚度的 80%	针测法或取样量测	

2）一般项目检验标准应符合表 13-29 的规定。

表 13-29　　　　　　　　一般项目检验

序号	项　目	合格质量标准	检验方法	检查数量
1	表面质量	涂膜防水层与基层应粘结牢固，表面应平整，涂布应均匀，不得有流淌、皱折、起泡和露胎体等缺陷	观察检查	按屋面面积每 500～1000m² 划分为一个检验批，不足 500m² 应按一个检验批；每个检验批的抽检数量，应按屋面面积每 100m² 抽查一处，每处应为 10m²，且不得少于 3 处
2	收头	涂膜防水层的收头应用防水涂料多遍涂刷	观察检查	
3	搭接宽度	铺贴胎体增强材料应平整顺直，搭接尺寸应准确，应排除气泡，并应与涂料粘结牢固；胎体增强材料搭接宽度的允许偏差为 —10mm	观察和尺量检查	

(2)验收资料。

1)材料质量证明文件(包括出厂合格证、质量检验报告和试验报告)。

2)材料代用核定文件。

3)隐蔽工程检查验收记录。

4)施工记录(包括施工检验记录、淋水或蓄水记录)。

5)技术交底记录。

6)工程质量验收记录。

三、复合防水层

1. 监理巡视与检查

(1)卷材与涂料复合使用时,涂膜防水层宜设置在卷材防水层的下面。

(2)卷材与涂料复合使用时,防水卷材的粘结质量应符合表 13-30 的规定。

表 13-30   **防水卷材的粘结质量**

项　目	自粘聚合物改性沥青防水卷材和带自粘层防水卷材	高聚物改性沥青防水卷材胶粘剂	合成高分子防水卷材胶粘剂
粘结剥离强度(N/10mm)	≥10 或卷材断裂	≥8 或卷材断裂	≥15 或卷材断裂
剪切状态下的粘合强度(N/10mm)	≥20 或卷材断裂	≥20 或卷材断裂	≥20 或卷材断裂
浸水 168h 后粘结剥离强度保持率(%)	—	—	≥70

注:防水涂料作为防水卷材粘结材料复合使用时,应符合相应的防水卷材胶粘剂规定。

(3)复合防水层施工质量应符合卷材防水层和涂膜防水层的有关规定。

2. 监理验收

(1)验收标准。

1)主控项目检验标准应符合表 13-31 的规定。

表 13-31   **主控项目检验**

序号	项　目	合格质量标准	检验方法	检查数量
1	材质要求	复合防水层所用防水材料及其配套材料的质量,应符合设计要求	检查出厂合格证、质量检验报告和进场检验报告	按屋面面积每 500～1000m² 划分为一个检验批,不足 500m² 应按一个检验批;每个检验批的抽检数量,应按屋面面积每 100m² 抽查一处,每处应为 10m²,且不得少于 3 处
2	防水层	复合防水层不得有渗漏和积水现象	雨后观察或淋水、蓄水试验	
3	防水构造	复合防水层在天沟、檐沟、檐口、水落口、泛水、变形缝和伸出屋面管道的防水构造,应符合设计要求	观察检查	

2)一般项目检验标准应符合表 13-32 的规定。

表 13-32　　　　　　　　　　　　一般项目检验

序号	项 目	合格质量标准	检验方法	检查数量
1	卷材与涂膜粘贴	卷材与涂膜应粘贴牢固，不得有空鼓和分层现象	观察检查	按屋面面积每 500～1000m² 划分为一个检验批，不足 500m² 应按一个检验批；每个检验批的抽检数量，应按屋面面积每 100m² 抽查一处，每处应为 10m²，且不得少于 3 处
2	防水层总厚度	复合防水层的总厚度应符合设计要求	针测法或取样量测	

(2)验收资料。

1)材料质量证明文件(包括出厂合格证、质量检验报告和试验报告)。

2)材料代用核定文件。

3)隐蔽工程检查验收记录。

4)施工记录(包括施工检验记录、淋水或蓄水记录)。

5)技术交底记录。

6)工程质量验收记录。

四、接缝密封防水

1. 监理巡视与检查

(1)密封防水部位的基层应符合下列要求：

1)基层应牢固，表面应平整、密实，不得有裂缝、蜂窝、麻面、起皮和起砂现象；

2)基层应清洁、干燥，并应无油污、无灰尘；

3)嵌入的背衬材料与接缝壁间不得留有空隙；

4)密封防水部位的基层宜涂刷基层处理剂，涂刷应均匀，不得漏涂。

(2)多组分密封材料应按配合比准确计量，拌合应均匀，并应根据有效时间确定每次配制的数量。

(3)密封材料嵌填完成后，在固化前应避免灰尘、破损及污染，且不得踩踏。

2. 监理验收

(1)验收标准。

1)主控项目检验标准应符合表 13-33 的规定。

表 13-33   主控项目检验

序号	项 目	合格质量标准	检验方法	检查数量
1	材质要求	密封材料及其配套材料的质量,应符合设计要求	检查出厂合格证、质量检验报告和进场检验报告	按屋面面积每 500～1000m^2 划分为一个检验批,不足 500m^2 应按一个检验批;每个检验批的抽检数量,应按屋面面积每 100m^2 抽查一处,每处应为 10m^2,且不得少于 3 处
2	密封质量	密封材料嵌填应密实、连续、饱满,粘结牢固,不得有气泡、开裂、脱落等缺陷	观察检查	

2)一般项目检验标准应符合表 13-34 的规定。

表 13-34   一般项目检验

序号	项 目	合格质量标准	检验方法	检查数量
1	基层要求	密封防水部位的基层应符合"1. 监理巡视与检查"中第(1)项的规定	观察检查	按屋面面积每 500～1000m^2 划分为一个检验批,不足 500m^2 应按一个检验批;每个检验批的抽检数量,应按屋面面积每 100m^2 抽查一处,每处应为 10m^2,且不得少于 3 处
2	嵌填深度	接缝宽度和密封材料的嵌填深度应符合设计要求,接缝宽度的允许偏差为±10%	尺量检查	
3	表面质量	嵌填的密封材料表面应平滑,缝边应顺直,应无明显不平和周边污染现象	观察检查	

(2)验收资料。

1)材料质量证明文件(包括出厂合格证、质量检验报告和试验报告)。

2)材料代用核定文件。

3)隐蔽工程检查验收记录。

4)施工记录(包括施工检验记录、淋水或蓄水记录)。

5)技术交底记录。

6)工程质量验收记录。

第四节　瓦面与板面工程

一、烧结瓦和混凝土瓦铺装

1. 监理巡视与检查

(1)平瓦和脊瓦应边缘整齐,表面光洁,不得有分层、裂纹和露砂等缺陷;平瓦的瓦爪与瓦槽的尺寸应配合。

(2)基层、顺水条、挂瓦条的铺设应符合下列规定:

1)基层应平整、干净、干燥;持钉层厚度应符合设计要求;

2)顺水条应垂直正脊方向铺钉在基层上,顺水条表面应平整,其间距不宜大于500mm;

3)挂瓦条的间距应根据瓦片尺寸和屋面坡长经计算确定;

4)挂瓦条应铺钉平整、牢固,上棱应成一直线。

(3)挂瓦应符合下列规定:

1)挂瓦应从两坡的檐口同时对称进行。瓦后爪应与挂瓦条挂牢,并应与邻边、下面两瓦落槽密合;

2)檐口瓦、斜天沟瓦应用镀锌铁丝拴牢在挂瓦条上,每片瓦均应与挂瓦条固定牢固;

3)整坡瓦面应平整,行列应横平竖直,不得有翘角和张口现象;

4)正脊和斜脊应铺平挂直,脊瓦搭盖应顺主导风向和流水方向。

(4)烧结瓦和混凝土瓦铺装的有关尺寸,应符合下列规定:

1)瓦屋面檐口挑出墙面的长度不宜小于300mm;

2)脊瓦在两坡面瓦上的搭盖宽度,每边不应小于40mm;

3)脊瓦下端距坡面瓦的高度不宜大于80mm;

4)瓦头伸入檐沟、天沟内的长度宜为50～70mm;

5)金属檐沟、天沟伸入瓦内的宽度不应小于150mm;

6)瓦头挑出檐口的长度宜为50～70mm;

7)突出屋面结构的侧面瓦伸入泛水的宽度不应小于50mm。

2. 监理验收

(1)验收标准。

1)主控项目检验标准应符合表13-35的规定。

表 13-35　　　　　　　　　　　　　　主控项目检验

序号	项 目	合格质量标准	检验方法	检查数量
1	材质要求	瓦材及防水垫层的质量,应符合设计要求	检查出厂合格证、质量检验报告和进场检验报告	按屋面面积每 500～1000m² 划分为一个检验批,不足 500m² 应按一个检验批;每个检验批的抽检数量,应按屋面面积每 100m² 抽查一处,每处应为 10m²,且不得少于 3 处
2	屋面要求	烧结瓦、混凝土瓦屋面不得有渗漏现象	雨后观察或淋水试验	
3	加固措施	瓦片必须铺置牢固。在大风及地震设防地区或屋面坡度大于 100% 时,应按设计要求采取固定加强措施	观察或手扳检查	

2)一般项目检验标准应符合表 13-36 的规定。

表 13-36　　　　　　　　　　　　　　一般项目检验

序号	项 目	合格质量标准	检验方法	检查数量
1	铺、接质量	挂瓦条应分档均匀,铺钉应平整、牢固;瓦面应平整,行列应整齐,搭接应紧密,檐口应平直	观察检查	按屋面面积每 500～1000m² 划分为一个检验批,不足 500m² 应按一个检验批;每个检验批的抽检数量,应按屋面面积每 100m² 抽查一处,每处应为 10m²,且不得少于 3 处
2	脊瓦施工质量	脊瓦应搭盖正确,间距应均匀,封固应严密;正脊和斜脊应顺直,应无起伏现象	观察检查	
3	泛水做法	泛水做法应符合设计要求,并应顺直整齐,结合严密	观察检查	
4	铺装尺寸	烧结瓦和混凝土瓦铺装的有关尺寸,应符合设计要求	尺量检查	

(2)验收资料。

1)材料质量证明文件(包括出厂合格证、质量检验报告和试验报告)。

2)材料代用核定文件。

3)隐蔽工程检查验收记录。

4)施工记录(包括施工检验记录、淋水或蓄水记录)。

5)技术交底记录。

6)工程质量验收记录。

二、沥青瓦铺装

1. 监理巡视与检查

(1)沥青瓦应边缘整齐,切槽应清晰,厚薄应均匀,表面应无孔洞、楞伤、裂纹、皱折和起泡等缺陷。

(2)沥青瓦应自檐口向上铺设,起始层瓦应由瓦片经切除垂片部分后制得,且起始层瓦沿檐口平行铺设并伸出檐口 10mm,并应用沥青基胶粘材料与基层粘结;第一层瓦应与起始层瓦叠合,但瓦切口应向下指向檐口;第二层瓦应压在第一层瓦上且露出瓦切口,但不得超过切口长度。相邻两层沥青瓦的拼缝及切口应均匀错开。

(3)铺设脊瓦时,宜将沥青瓦沿切口剪开分成三块作为脊瓦,并应用 2 个固定钉固定,同时应用沥青基胶粘材料密封;脊瓦搭盖应顺主导风向。

(4)沥青瓦的固定应符合下列规定:

1)沥青瓦铺设时,每张瓦片不得少于 4 个固定钉,在大风地区或屋面坡度大于 100%时,每张瓦片不得少于 6 个固定钉;

2)固定钉应垂直钉入沥青瓦压盖面,钉帽应与瓦片表面齐平;

3)固定钉钉入持钉层深度应符合设计要求;

4)屋面边缘部位沥青瓦之间以及起始瓦与基层之间,均应采用沥青基胶粘材料满粘。

(5)沥青瓦铺装的有关尺寸应符合下列规定:

1)脊瓦在两坡面瓦上的搭盖宽度,每边不应小于 150mm;

2)脊瓦与脊瓦的压盖面不应小于脊瓦面积的 1/2;

3)沥青瓦挑出檐口的长度宜为 10~20mm;

4)金属泛水板与沥青瓦的搭盖宽度不应小于 100mm;

5)金属泛水板与突出屋面墙体的搭接高度不应小于 250mm;

6)金属滴水板伸入沥青瓦下的宽度不应小于 80mm。

2. 监理验收

(1)验收标准。

1)主控项目检验标准应符合表 13-37 的规定。

表 13-37　　　　　　　　　　　　　　　　主控项目检验

序号	项 目	合格质量标准	检验方法	检查数量
1	材质要求	沥青瓦及防水垫层的质量,应符合设计要求	检查出厂合格证、质量检验报告和进场检验报告	按屋面面积每 500～1000m² 划分为一个检验批,不足 500m² 应按一个检验批;每个检验批的抽检数量,应按屋面面积每 100m² 抽查一处,每处应为 10m²,且不得少于 3 处
2	屋面质量	沥青瓦屋面不得有渗漏现象	雨后观察或淋水试验	
3	铺设要求	沥青瓦铺设应搭接正确,瓦片外露部分不得超过切口长度	观察检查	

2)一般项目检验标准应符合表 13-38 的规定。

表 13-38　　　　　　　　　　　　　　　　一般项目检验

序号	项 目	合格质量标准	检验方法	检查数量
1	固定钉	沥青瓦所用固定钉应垂直钉入持钉层,钉帽不得外露	观察检查	按屋面面积每 500～1000m² 划分为一个检验批,不足 500m² 应按一个检验批;每个检验批的抽检数量,应按屋面面积每 100m² 抽查一处,每处应为 10m²,且不得少于 3 处
2	粘钉质量	沥青瓦应与基层粘钉牢固,瓦面应平整,檐口应平直		
3	泛水做法	泛水做法应符合设计要求,并应顺直整齐、结合紧密		
4	铺装尺寸	沥青瓦铺装的有关尺寸,应符合设计要求	尺量检查	

(2)验收资料。

1)材料质量证明文件(包括出厂合格证、质量检验报告和试验报告)。

2)材料代用核定文件。

3)隐蔽工程检查验收记录。

4)施工记录(包括施工检验记录、淋水或蓄水记录)。

5)技术交底记录。

6)工程质量验收记录。

三、金属板铺装

1. 监理巡视与检查

(1)金属板材应边缘整齐,表面应光滑,色泽应均匀,外形应规则,不得有翘曲、脱膜和锈蚀等缺陷。

(2)金属板材应用专用吊具安装,安装和运输过程中不得损伤金属板材。

（3）金属板材应根据要求板型和深化设计的排板图铺设，并应按设计图纸规定的连接方式固定。

（4）金属板固定支架或支座位置应准确，安装应牢固。

（5）金属板屋面铺装的有关尺寸应符合下列规定：

1）金属板檐口挑出墙面的长度不应小于 200mm；

2）金属板伸入檐沟、天沟内的长度不应小于 100mm；

3）金属泛水板与突出屋面墙体的搭接高度不应小于 250mm；

4）金属泛水板、变形缝盖板与金属板的搭接宽度不应小于 200mm；

5）金属屋脊盖板在两坡面金属板上的搭盖宽度不应小于 250mm。

2. 监理验收

（1）验收标准。

1）主控项目检验标准应符合表 13-39 的规定。

表 13-39　　　　　　　　　　　　　　主控项目检验

序号	项　目	合格质量标准	检验方法	检查数量
1	材质要求	金属板材及其辅助材料的质量，应符合设计要求	检查出厂合格证、质量检验报告和进场检验报告	按屋面面积每 500～1000m² 划分为一个检验批，不足 500m² 应按一个检验批；每个检验批的抽检数量，应按屋面面积每 100m² 抽查一处，每处应为 10m²，且不得少于 3 处
2	屋面质量	金属板屋面不得有渗漏现象	雨后观察或淋水试验	

2）一般项目检验标准应符合表 13-40 的规定。

表 13-40　　　　　　　　　　　　　　一般项目检验

序号	项　目	合格质量标准	检验方法	检查数量
1	施工要求	金属板铺装应平整、顺滑；排水坡度应符合设计要求	坡度尺检查	按屋面面积每 500～1000m² 划分为一个检验批，不足 500m² 应按一个检验批；每个检验批的抽检数量，应按屋面面积每 100m² 抽查一处，每处应为 10m²，且不得少于 3 处
2	紧固件及密封处理	压型金属板的紧固件连接应采用带防水垫圈的自攻螺钉，固定点应设在波峰上；所有自攻螺钉外露的部位均应密封处理	观察检查	
3	纵横向搭接	金属面绝热夹芯板的纵向和横向搭接，应符合设计要求		
4	直线段、曲线段要求	金属板的屋脊、檐口、泛水，直线段应顺直，曲线段应顺畅		

序号	项　目	合格质量标准	检验方法	检查数量
5	允许偏差	金属板材铺装的允许偏差和检验方法,应符合表13-41的规定	见表13-41	见表13-41

表 13-41　　　　　　　　　　金属板铺装的允许偏差和检验方法

项目	允许偏差(mm)	检验方法
檐口与屋脊的平行度	15	拉线和尺量检查
金属板对屋脊的垂直度	单坡长度的1/800,且不大于25	
金属板咬缝的平整度	10	
檐口相邻两板的端部错位	6	
金属板铺装的有关尺寸	符合设计要求	尺量检查

(2)验收资料。

1)材料质量证明文件(包括出厂合格证、质量检验报告和试验报告)。

2)材料代用核定文件。

3)隐蔽工程检查验收记录。

4)施工记录(包括施工检验记录、淋水或蓄水记录)。

5)技术交底记录。

6)工程质量验收记录。

四、玻璃采光顶铺装

1. 监理巡视与检查

(1)玻璃采光顶的预埋件应位置准确,安装应牢固。

(2)采光顶玻璃及玻璃组件的制作,应符合现行行业标准《建筑玻璃采光顶》(JG/T 231)的有关规定。

(3)采光顶玻璃表面应平整、洁净,颜色应均匀一致。

(4)玻璃采光顶与周边墙体之间的连接,应符合设计要求。

2. 监理验收

(1)验收标准。

1)主控项目检验标准应符合表13-42的规定。

表 13-42　　　　　　　　　　　　　主控项目检验

序号	项　目	合格质量标准	检验方法	检查数量
1	材质要求	采光顶玻璃及其配套材料的质量,应符合设计要求	检查出厂合格证和质量检验报告	按屋面面积每 500～1000m² 划分为一个检验批,不足 500m² 应按一个检验批;每个检验批的抽检数量,应按屋面面积每 100m² 抽查一处,每处应为 10m²,且不得少于 3 处
2	采光顶质量	玻璃采光顶不得有渗漏现象	雨后观察或淋水试验	
3	密封胶	硅酮耐候密封胶的打注应密实、连续、饱满、粘结应牢固,不得有气泡、开裂、脱落等缺陷	观察检查	

2)一般项目检验标准应符合表 13-43 的规定。

表 13-43　　　　　　　　　　　　　一般项目检验

序号	项　目	合格质量标准	检验方法	检查数量
1	铺装质量	玻璃采光顶铺装应平整、顺直;排水坡度应符合设计要求	观察和坡度尺检查	按屋面面积每 500～1000m² 划分为一个检验批,不足 500m² 应按一个检验批;每个检验批的抽检数量,应按屋面面积每 100m² 抽查一处,每处应为 10m²,且不得少于 3 处
2	冷凝水收集器与排除	玻璃采光顶的冷凝水收集和排除构造,应符合设计要求	观察检查	
3	金属框或压条	明框玻璃采光顶的外露金属框或压条应横平竖直,压条安装应牢固;隐框玻璃采光顶的玻璃分格拼缝应横平竖直,均匀一致	观察和手扳检查	
4	支承装置	点支承玻璃采光顶的支承装置应安装牢固,配合应严密;支承装置不得与玻璃直接接触	观察检查	
5	密封处理	采光顶玻璃的密封胶缝应横平竖直,深浅应一致,宽窄应均匀,应光滑顺直		
6		明框玻璃、隐藏玻璃、点支承玻璃采光顶铺装的允许偏差和检验方法,应分别符合表 13-44、表 13-45、表 13-46 的规定	见表13-44、表 13-45、表 13-46	见表13-44、表 13-45、表 13-46

表 13-44　　　　　　　明框玻璃采光顶铺装的允许偏差和检验方法

项　目		允许偏差(mm)		检验方法
		铝构件	钢构件	
通长构件水平度 (纵向或横向)	构件长度≤30m	10	15	水准仪检查
	构件长度≤60m	15	20	
	构件长度≤90m	20	25	
	构件长度≤150m	25	30	
	构件长度>150m	30	35	
单一构件直线度 (纵向或横向)	构件长度≤2m	2	3	拉线和尺量检查
	构件长度>2m	3	4	
相邻构件平面高低差		1	2	直尺和塞尺检查
通长构件直线度 (纵向或横向)	构件长度≤35m	5	7	经纬仪检查
	构件长度>35m	7	9	
分格框对角线差	对角线长度≤2m	3	4	尺量检查
	对角线长度>2m	3.5	5	

表 13-45　　　　　　　隐框玻璃采光顶铺装的允许偏差和检验方法

项　目		允许偏差(mm)	检验方法
通长接缝水平度 (纵向或横向)	接缝长度≤30m	10	水准仪检查
	接缝长度≤60m	15	
	接缝长度≤90m	20	
	接缝长度≤150m	25	
	接缝长度>150m	30	
相邻板块的平面高低差		1	直尺和塞尺检查
相邻板块的接缝直线度		2.5	拉线和尺量检查
通长接缝直线度 (纵向或横向)	接缝长度≤35m	5	经纬仪检查
	接缝长度>35m	7	
玻璃间接缝宽度(与设计尺寸比)		2	尺量检查

表 13-46 点支承玻璃采光顶铺装的允许偏差和检验方法

项 目		允许偏差(mm)	检验方法
通长接缝水平度 (纵向或横向)	接缝长度≤30m	10	水准仪检查
	接缝长度≤60m	15	
	接缝长度＞60m	20	
相邻板块的平面高低差		1	直尺和塞尺检查
相邻板块的接缝直线度		2.5	拉线和尺量检查
通长接缝直线度 (纵向或横向)	接缝长度≤35m	5	经纬仪检查
	接缝长度＞35m	7	
玻璃间接缝宽度(与设计尺寸比)		2	尺量检查

(2)验收资料。

1)材料质量证明文件(包括出厂合格证、质量检验报告和试验报告)。

2)材料代用核定文件。

3)隐蔽工程检查验收记录。

4)施工记录(包括施工检验记录、淋水或蓄水记录)。

5)技术交底记录。

6)工程质量验收记录。

第五节 细部构造工程

细部构造工程各分项工程每个检验批应全数进行检验。

细部构造所使用卷材、涂料和密封材料的质量应符合设计要求,两种材料之间应具有相容性。

屋面细部构造热桥部位的保温处理,应符合设计要求。

一、檐口

(1)主控项目检验标准应符合表 13-47 的规定。

表 13-47 主控项目检验

序号	项 目	合格质量标准	检验方法	检查数量
1	防水构造	檐口的防水构造应符合设计要求	观察检查	全数检查
2	排水坡度	檐口的排水坡度应符合设计要求;檐口部位不得有渗漏和积水现象	坡度尺检查和雨后观察或淋水试验	

(2)一般项目检验标准应符合表 13-48 的规定。

表 13-48　　　　　　　一般项目检验

序号	项目	合格质量标准	检验方法	检查数量
1	满粘范围	檐口 800mm 范围内的卷材应满粘	观察检查	全数检查
2	卷材收头	卷材收头应在找平层的凹槽内用金属压条钉压固定,并应用密封材料封严		
3	涂膜收头	涂膜收头应用防水涂料多遍涂刷		
4	檐口端部	檐口端部应抹聚合物水泥砂浆,其下端应做成鹰嘴和滴水槽		

二、檐沟和天沟

(1)主控项目检验标准应符合表 13-49 的规定。

表 13-49　　　　　　　主控项目检验

序号	项目	合格质量标准	检验方法	检查数量
1	防水构造	檐沟、天沟的防水构造应符合设计要求	观察检查	全数检查
2	排水坡度	檐沟、天沟的排水坡度应符合设计要求;沟内不得有渗漏和积水现象	坡度尺检查和雨后观察或淋水、蓄水试验	

(2)一般项目检验标准应符合表 13-50 的规定。

表 13-50　　　　　　　一般项目检验

序号	项目	合格质量标准	检验方法	检查数量
1	附加层铺设	天沟附加层铺设应符合设计要求	观察和尺量检查	全数检查
2	施工要求	檐沟防水层应由沟底翻上至外侧顶部,卷材收头应用金属压条钉压固定,并应用密封材料封严;涂膜收头应用防水涂料多遍涂刷	观察检查	
3	檐沟外侧顶部及侧面	檐沟外侧顶部及侧面均应抹聚合物水泥砂浆,其下端做成鹰嘴或滴水槽		

三、女儿墙和山墙

(1)主控项目检验标准应符合表 13-51 的规定。

表 13-51　　　　　主控项目检验

序号	项　目	合格质量标准	检验方法	检查数量
1	防水构造	女儿墙和山墙的防水构造应符合设计要求	观察检查	全数检查
2	排水坡度	女儿墙和山墙的压顶向内排水坡度不应小于 5%,压顶内侧下端应做成鹰嘴或滴水槽	观察和坡度尺检查	
3	女儿墙和山墙	女儿墙和山墙的根部不得有渗漏和积水现象	雨后观察或淋水试验	

(2)一般项目检验标准应符合表 13-52 的规定。

表 13-52　　　　　一般项目检验

序号	项　目	合格质量标准	检验方法	检查数量
1	泛水高度及附加层	女儿墙和山墙的泛水高度及附加层铺设应符合设计要求	观察和尺量检查	全数检查
2	满粘与卷材收头	女儿墙和山墙的卷材应满粘,卷材收头应用金属压条钉压固定,并应用密封材料封严	观察检查	
3	女儿墙与山墙	女儿墙和山墙的涂膜应直接涂刷至压顶下,涂膜收头应用防水涂料多遍涂刷	观察检查	

四、水落口

(1)主控项目检验标准应符合表 13-53 的规定。

表 13-53　　　　　主控项目检验

序号	项　目	合格质量标准	检验方法	检查数量
1	防水构造	水落口的防水构造应符合设计要求	观察检查	全数检查
2	水落口杯口上口设置	水落口杯上口应设在沟底的最低处;水落口处不得有渗漏和积水现象	雨后观察或淋水、蓄水试验	

(2)一般项目检验标准应符合表 13-54 的规定。

表 13-54   一般项目检验

序号	项 目	合格质量标准	检验方法	检查数量
1	数 量 与 位置	水落口的数量和位置应符合设计要求;水落口杯应安装牢固	观察和手扳检查	
2	内坡度与附加层铺设	水落口周围直径 500mm 范围内坡度不应小于 5%,水落口周围的附加层铺设应符合设计要求	观察和尺量检查	全数检查
3	防水层及附加层处理	防水层及附加层伸入水落口杯内不应小于 50mm,并应粘结牢固	观察和尺量检查	

五、变形缝

(1)主控项目检验标准应符合表 13-55 的规定。

表 13-55   主控项目检验

序号	项 目	合格质量标准	检验方法	检查数量
1	防水构造	变形缝的防水构造应符合设计要求	观察检查	全数检查
2	渗漏与积水	变形缝处不得有渗漏和积水现象	雨后观察或淋水试验	

(2)一般项目检验标准应符合表 13-56 的规定。

表 13-56   一般项目检验

序号	项 目	合格质量标准	检验方法	检查数量
1	泛水高度及附加层铺设	变形缝的泛水高度及附加层铺设应符合设计要求	观察和尺量检查	
2	涂刷位置	防水层应铺贴或涂刷至泛水墙的顶部	观察检查	
3	密封及防锈处理	等高变形缝顶部宜加扣混凝土或金属盖板,混凝土盖板的接缝应用密封材料封严;金属盖板应铺钉牢固,搭接缝应顺流水方向,并应做好防锈处理	观察检查	全数检查
4	密封处理	高低跨变形缝在高跨墙面上的防水卷材封盖和金属盖板,应用金属压条钉压固定,并应用密封材料封严		

六、伸出屋面管道

(1)主控项目检验标准应符合表 13-57 的规定。

表 13-57　　　　　　　　　　　主控项目检验

序号	项　目	合格质量标准	检验方法	检查数量
1	防水构造	伸出屋面管道的防水构造应符合设计要求	观察检查	全数检查
2	渗漏与积水	伸出屋面管道根部不得有渗漏和积水现象	雨后观察或淋水试验	

(2)一般项目检验标准应符合表 13-58 的规定。

表 13-58　　　　　　　　　　　一般项目检验

序号	项　目	合格质量标准	检验方法	检查数量
1	泛水高及附加层铺设	伸出屋面管道的泛水高度及附加层铺设,应符合设计要求	观察和尺量检查	全数检查
2	排水坡处理	伸出屋面管道周围的找平层应抹出高度不小于 30mm 的排水坡	观察和尺量检查	
3	密封处理	卷材防水层收头应用金属箍固定,并应用密封材料封严;涂膜防水层收头应用防水涂料多遍涂刷	观察检查	

七、屋面出入口

(1)主控项目检验标准应符合表 13-59 的规定。

表 13-59　　　　　　　　　　　主控项目检验

序号	项　目	合格质量标准	检验方法	检查数量
1	防水构造	屋面出入口的防水构造应符合设计要求	观察检查	全数检查
2	渗漏与积水	屋面出入口处不得有渗漏和积水现象	雨后观察或淋水试验	

(2)一般项目检验标准应符合表 13-60 的规定。

表 13-60　　　　　　　　　　　　　一般项目检验

序号	项　目	合格质量标准	检验方法	检查数量
1	垂直出入口收头处理	屋面垂直出入口防水层收头应压在压顶圈下,附加层铺设应符合设计要求	观察检查	
2	水平出入口收头处理	屋面水平出入口防水层收头应压在混凝土踏步下,附加层铺设和护墙应符合设计要求	观察检查	全数检查
3	泛水高度	屋面出入口的泛水高度不应小于 250mm	观察和尺量检查	

八、反梁过水孔

(1)主控项目检验标准应符合表 13-61 的规定。

表 13-61　　　　　　　　　　　　　主控项目检验

序号	项　目	合格质量标准	检验方法	检查数量
1	防水构造	反梁过水孔的防水构造应符合设计要求	观察检查	全数检查
2	渗漏与积水	反梁过水孔处不得有渗漏和积水现象	雨后观察或淋水试验	

(2)一般项目检验标准应符合表 13-62 的规定。

表 13-62　　　　　　　　　　　　　一般项目检验

序号	项　目	合格质量标准	检验方法	检查数量
1	标高、管径	反梁过水孔的孔底标高、孔洞尺寸或预埋管管径,均应符合设计要求	尺量检查	全数检查
2	密封处理	反梁过水孔的孔洞四周应涂刷防水涂料;预埋管道两端周围与混凝土接触处应留凹槽,并应用密封材料封严	观察检查	

九、设施基座

(1)主控项目检验标准应符合表 13-63 的规定。

表 13-63　　　　　　　　主控项目检验

序号	项　目	合格质量标准	检验方法	检查数量
1	防水构造	设施基座的防水构造应符合设计要求	观察检查	全数检查
2	渗漏与积水	设施基座处不得有渗漏和积水现象	雨后观察或淋水试验	

(2)一般项目检验标准应符合表 13-64 的规定。

表 13-64　　　　　　　　一般项目检验

序号	项　目	合格质量标准	检验方法	检查数量
1	密封处理	设施基座与结构层相连时,防水层应包裹设施基座的上部,并应在地脚螺栓周围做密封处理	观察检查	全数检查
2	混凝土厚度	设施基座直接放置在防水层上时,设施基座下部应增设附加层,必要时应在其上浇筑细石混凝土,其厚度不应小于 50mm	观察检查	
3	铺设要求	需经常维护的设施基座周围和屋面出入口至设施之间的人行道,应铺设块体材料或细石混凝土保护层	观察检查	

十、屋脊

(1)主控项目检验标准应符合表 13-65 的规定。

表 13-65　　　　　　　　主控项目检验

序号	项　目	合格质量标准	检验方法	检查数量
1	防水构造	屋脊的防水构造应符合设计要求	观察检查	全数检查
2	屋脊处	屋脊处不得有渗漏现象	雨后观察或淋水试验	

(2)一般项目检验标准应符合表 13-66 的规定。

表 13-66　　　　　　　　　　　　　　一般项目检验

序号	项 目	合格质量标准	检验方法	检查数量
1	铺设要求	平脊和斜脊铺设应顺直,应无起伏现象	观察检查	全数检查
2	搭盖要求	脊瓦应搭盖正确,间距应均匀,封固应严密	观察和手扳检查	

十一、屋顶窗

(1)主控项目检验标准应符合表 13-67 的规定。

表 13-67　　　　　　　　　　　　　　主控项目检验

序号	项 目	合格质量标准	检验方法	检查数量
1	防水构造	屋顶窗的防水构造应符合设计要求	观察检查	全数检查
2	渗漏现象	屋顶窗及其周围不得有渗漏现象	雨后观察或淋水试验	

(2)一般项目检验标准应符合表 13-68 的规定。

表 13-68　　　　　　　　　　　　　　一般项目检验

序号	项 目	合格质量标准	检验方法	检查数量
1	连接要求	屋顶窗用金属排水板、窗框固定铁脚应与屋面连接牢固	观察检查	全数检查
2	铺贴要求	屋顶窗用窗口防水卷材应铺贴平整,粘结应牢固		

第十四章　建筑装饰装修工程现场监理

第一节　抹　灰　工　程

一、一般抹灰

1. 监视巡视与检查

(1)抹灰前,砖石、混凝土等基体表面的灰尘、污垢和油渍等应清除干净,砌块的空壳层要凿掉,光滑的混凝土表面要进行斩毛处理,并洒水湿润。

(2)不同材料基体交接处表面的抹灰,应先铺钉加强网,加强网与各基体的搭接宽度不应小于 100mm。

(3)抹灰工程应分层进行,当抹灰总厚度≥35mm 时,应采取加强措施。

(4)各种砂浆抹灰层,在凝结前应防止快干、水冲、撞击振动和受冻,在凝结后应采取措施防止玷污和损坏。水泥砂浆抹灰层应在湿润条件下养护。

(5)当要求抹灰层具有防水、防潮功能时,应采用防水砂浆。当混凝土(包括预制和现浇)顶棚基体表面需要抹灰时,必须按设计要求对基体表面进行技术处理。

(6)水泥砂浆不得抹在石灰砂浆层上。

(7)抹灰的面层应在踢脚板、门窗贴脸板和挂镜线等木制品安装前进行涂抹。

(8)外墙和顶棚的抹灰层与基层之间及各抹灰层之间必须粘结牢固。

(9)板条、金属网顶棚和墙面的抹灰,应符合下列规定:

1)底层和中层宜用麻刀石灰砂浆或纸筋石灰砂浆,各层应分遍成活,每遍厚度为 3~6mm。

2)底层砂浆应压入板条缝或网眼内,形成转脚结合牢固。

3)顶棚的高级抹灰,应加钉长 350~450mm 的麻束,间距为 400mm,交错布置,分遍按放射状梳理抹进中层砂浆内,待前一层 7~8 成干后,方可涂抹后一层。

(10)冬期施工中,抹灰砂浆应采取保温措施。抹灰时,砂浆的温度不宜低于5℃。各抹灰层硬化初期不得受冻。做油漆墙面的抹灰砂浆中,不得掺入食盐和氯化钙。

2. 监理验收

(1)验收标准。

1)主控项目检验标准应符合表 14-1 的规定。

表 14-1   主控项目检验

序号	项　目	合格质量标准	检验方法	检查数量
1	基层表面	抹灰前基层表面的尘土、污垢、油渍等应清除干净,并应洒水润湿	检查施工记录	(1)室内每个检验批应至少抽查10%,并不得少于3间;不足3间时应全数检查 (2)室外每个检验批每100m²应至少抽查一处,每处不得小于10m²
2	材料品种和性能	一般抹灰所用材料的品种和性能应符合设计要求。水泥的凝结时间和安定性复验应合格。砂浆的配合比应符合设计要求	检查产品合格证书、进场验收记录、复验报告和施工记录	
3	操作要求	抹灰工程应分层进行。当抹灰总厚度大于或等于35mm时,应采取加强措施。不同材料基体交接处表面的抹灰,应采取防止开裂的加强措施,当采用加强网时,加强网与各基体的搭接宽度应不小于100mm	检查隐蔽工程验收记录和施工记录	
4	层粘结及面层质量	抹灰层与基层之间及各抹灰层之间必须粘结牢固,抹灰层应无脱层、空鼓,面层应无爆灰和裂缝	观察;用小锤轻击检查;检查施工记录	

2)一般项目检验标准应符合表 14-2 的规定。

表 14-2   一般项目检验

序号	项　目	合格质量标准	检验方法	检查数量
1	表面质量	一般抹灰工程的表面质量应符合下列规定: (1)普通抹灰表面应光滑、洁净、接槎平整,分格缝应清晰。 (2)高级抹灰表面应光滑、洁净、颜色均匀、无抹纹,分格缝和灰线应清晰美观	观察;手摸检查	同主控项目
2	细部质量	护角、孔洞、槽、盒周围的抹灰表面应整齐、光滑;管道后面的抹灰表面应平整	观察	
3	层总厚度及层间材料	抹灰层的总厚度应符合设计要求;水泥砂浆不得抹在石灰砂浆层上;罩面石膏灰不得抹在水泥砂浆层上	检查施工记录	

续表

序号	项　目	合格质量标准	检验方法	检查数量
4	分格缝	抹灰分格缝的设置应符合设计要求,宽度和深度应均匀,表面应光滑,棱角应整齐	观察;尺量检查	同主控项目
5	滴水线(槽)	有排水要求的部位应做滴水线(槽)。滴水线(槽)应整齐顺直,滴水线应内高外低,滴水槽的宽度和深度均应不小于10mm	观察;尺量检查	
6	允许偏差	一般抹灰工程质量的允许偏差和检验方法应符合表14-3的规定	见表14-3	

3)允许偏差应符合表14-3的规定。

表14-3　　　　　　　　一般抹灰的允许偏差和检验方法

项次	项　目	允许偏差(mm)		检验方法
		普通抹灰	高级抹灰	
1	立面垂直度	4	3	用2m垂直检测尺检查
2	表面平整度	4	3	用2m靠尺和塞尺检查
3	阴阳角方正	4	3	用直角检测尺检查
4	分格条(缝)直线度	4	3	拉5m线,不足5m拉通线,用钢直尺检查
5	墙裙、勒脚上口直线度	4	3	拉5m线,不足5m拉通线,用钢直尺检查

注:1. 普通抹灰,本表第3项阴角方正可不检查。

2. 顶棚抹灰,本表第2项表面平整度可不检查,但应平顺。

3. 本表摘自《建筑装饰装修工程质量验收规范》(GB 50210—2001)。

(2)验收资料。

1)抹灰工程的施工图、设计说明及其他设计文件。

2)材料的产品合格证书、性能检测报告、进场验收记录和复验报告。

3)隐蔽工程验收记录。

4)施工记录。

二、装饰抹灰工程

1. 监理巡视与检查

(1)当用普通水泥做水刷石、斩假石和干黏石时,在同一操作面上,应使用同厂家、同品种、同强度等级、同批量的水泥。所用的彩色石粒也应是同产地、同品种、同规格、同批量的,并应筛洗干净,要统一配料、干拌均匀。

(2)水刷石、斩假石面层涂抹前,应在已浇水湿润的中层砂浆面上刮水泥浆(水灰比为 0.37~0.40)一遍,以使面层与中层结合牢固。水刷石面层必须分遍拍平压实,石子应分布均匀、紧密。凝结前应用清水自上而下洗刷,并采取措施防止玷污墙面。

(3)干黏石面层的施工,应符合下列规定:

1)中层砂浆表面应先用水湿润,并刷水泥浆(水灰比为 0.40~0.50)一遍,随即涂抹水泥砂浆(可掺入外加剂及少量石灰膏或少量纸筋石灰膏)粘结层。

2)石粒粒径为 4~6mm。

3)水泥砂浆粘结层的厚度一般为 4~6mm 砂浆稠度不应大于 8cm,将石粒黏在粘结层上,随即用滚子或抹子压平压实。石粒嵌入砂浆的深度不小于粒径的二分之一。

4)水泥砂浆粘结层在硬化期间,应保持湿润。

5)房屋底层不宜采用干黏石。

(4)斩假石面层的施工,应符合下列规定:

1)斩假石面层应赶平压实,斩剁前应经试剁,以石子不脱落为准。斩剁的方向要一致,剁纹要均匀。

2)在墙角、柱子等边棱处,宜横剁出边条或留出窄小边条不剁。

2. 监理验收

(1)验收标准。

1)主控项目检验标准应符合表 14-4 的规定。

表 14-4   主控项目检验

序号	项目	合格质量标准	检验方法	检查数量
1	基层表面	抹灰前基层表面的尘土、污垢、油渍等应清除干净,并应洒水润湿	检查施工记录	(1)室内每个检验批应至少抽查10%,并不得少于3间;不足3间时应全数检查
2	材料品种和性能	装饰抹灰工程所用材料的品种和性能应符合设计要求。水泥的凝结时间和安定性复验应合格。砂浆的配合比应符合设计要求	检查产品合格证书、进场验收记录、复验报告和施工记录	(2)室外每个检验批每100m² 应至少抽查1处,每处不得小于10m²

续表

序号	项 目	合格质量标准	检验方法	检查数量
3	操 作要求	抹灰工程应分层进行。当抹灰总厚度大于或等于35mm时,应采取加强措施。不同材料基体交接处表面的抹灰,应采取防止开裂的加强措施,当采用加强网时,加强网与各基体的搭接宽度应不小于100mm	检查隐蔽工程验收记录和施工记录	(1)室内每个检验批至少抽查10%,并不得少于3间;不足3间时应全数检查(2)室外每个检验批每100m² 应至少抽查1处,每处不得小于10m²
4	层粘结及 面 层质量	各抹灰层之间及抹灰层与基体之间必须粘结牢固,抹灰层应无脱层、空鼓和裂缝	观察;用小锤轻击检查;检查施工记录	

2)一般项目检验标准应符合表14-5的规定。

表 14-5　　　　　　　一般项目检验

序号	项 目	合格质量标准	检验方法	检查数量
1	表面质量	装饰抹灰工程的表面质量应符合下列规定: (1)水刷石表面应石粒清晰、分布均匀、紧密平整、色泽一致,应无掉粒和接搓痕迹。 (2)斩假石表面剁纹应均匀顺直、深浅一致,应无漏剁处;阳角处应横剁并留出宽窄一致的不剁边条,棱角应无损坏。 (3)干黏石表面应色泽一致、不露浆、不漏黏,石粒应粘结牢固、分布均匀,阳角处应无明显黑边。 (4)假面砖表面应平整、沟纹清晰、留缝整齐、色泽一致,应无掉角、脱皮、起砂等缺陷	观察;手摸检查	(1)室内每个检验批应至少抽查10%,并不得少于3间;不足3间时应全数检查。(2)室外每个检验批每100m²应至少抽查1处,每处不得小于10m²
2	分格条(缝)	装饰抹灰分格条(缝)的设置应符合设计要求,宽度和深度应均匀,表面应平整光滑,棱角应整齐	观察	
3	滴水线	有排水要求的部位应做滴水线(槽)。滴水线(槽)应整齐顺直,滴水线应内高外低,滴水槽的宽度和深度均应不小于10mm	观察尺量检查	
4	允许偏差	装饰抹灰工程质量的允许偏差和检验方法应符合表14-6的规定	见表14-6	

3)允许偏差应符合表 14-6 的规定。

表 14-6 装饰抹灰的允许偏差和检验方法

项次	项 目	允许偏差(mm)				检验方法
		水刷石	斩假石	干黏石	假面砖	
1	立面垂直度	5	4	5	5	用 2m 垂直检测尺检查
2	表面平整度	3	3	5	4	用 2m 靠尺和塞尺检查
3	阳角方正	3	3	4	4	用直角检测尺检查
4	分格条(缝)直线度	3	3	3	3	拉 5m 线,不足 5m 拉通线,用钢直尺检查
5	墙裙、勒脚上口直线度	3	3	—	—	拉 5m 线,不足 5m 拉通线,用钢直尺检查

注:本表摘自《建筑装饰装修工程质量验收规范》(GB 50210—2001)。

(2)验收资料。

1)抹灰工程的施工图、设计说明及其他设计文件。

2)材料的产品合格证书、性能检测报告、进场验收记录和复验报告。

3)隐蔽工程验收记录。

4)施工记录。

三、清水砌体勾缝工程

1. 监理巡视与检查

(1)勾缝前,将门窗台残缺的砖补砌好,然后用 1∶3 水泥砂浆将门窗框四周与墙之间的缝隙堵严塞实、抹平,应深浅一致。门窗框缝隙填塞材料应符合设计及规范要求。

(2)堵脚手眼时需先将眼内残留砂浆及灰尘等清理干净,后洒水润湿,用同墙颜色一致的原砖补砌堵严。

(3)勾缝砂浆配制应符合设计及相关要求,并且不宜拌制太稀。勾缝顺序应由上而下,先勾水平缝,然后勾立缝。

(4)勾平缝时应使用长溜子,操作时左手拖灰板,右手执溜子,将拖灰板顶在要勾的缝的下口,用右手将灰浆推入缝内,自右向左喂灰,随勾随移动托灰板,勾完一段,用溜子在缝内左右推拉移动,勾缝溜子要保持立面垂直,将缝内砂浆赶平压实、压光,深浅一致。

(5)勾立缝时用短溜子,左手将托灰板端平,右手拿小溜子将灰板上的砂浆用力压下(压在砂浆前沿),然后左手将托灰板扬起,右手将小溜子向前上方用力推起(动作要迅速),将砂浆叼起勾入主缝,这样可避免污染墙面。然后使溜子在缝中上下推动,将砂浆压实在缝中。

（6）勾缝深度应符合设计要求，无设计要求时，一般可控制在 4～5mm 为宜。

（7）每一操作段勾缝完成后，用笤帚顺缝清扫，先扫平缝，后扫立缝，并不断抖弹笤帚上的砂浆，减少墙面污染。

（8）扫缝完成后，要认真检查一遍有无漏勾的墙缝，尤其检查易忽略、挡视线和不易操作的地方，发现漏勾的缝及时补勾。

（9）勾缝工作全部完成后，应将墙面全面清扫，对施工中污染墙面的残留灰痕应用力扫净，如难以扫掉时用毛刷蘸水轻刷，然后仔细将灰痕擦洗掉，使墙面干净整洁。

2. 监理验收

（1）验收标准。

1）主控项目检验标准应符合表 14-7 的规定。

表 14-7　　　　　　　　　　　　　　主控项目检验

序号	项　目	合格质量标准	检验方法	检查数量
1	水泥及配合比	清水砌体勾缝所用水泥的凝结时间和安定性复验应合格。砂浆的配合比应符合设计要求	检查复验报告和施工记录	（1）室内每个检验批应至少抽查 10%，并不得少于 3 间；不足 3 间时应全数检查。
2	勾缝牢固性	清水砌体勾缝应无漏勾。勾缝材料应粘结牢固、无开裂	观察	（2）室外每个检验批每 100m² 应至少抽查 1 处，每处不得小于 10m²

2）一般项目检验标准应符合表 14-8 的规定。

表 14-8　　　　　　　　　　　　　　一般项目检验

序号	项　目	合格质量标准	检验方法	检查数量
1	勾缝外观质量	清水砌体勾缝应横平竖直，交接处应平顺，宽度和深度应均匀，表面应压实抹平	观察；尺量检查	同主控项目
2	灰缝及表面	灰缝应颜色一致，砌体表面应洁净	观察	

（2）验收资料。

1）抹灰工程的施工图、设计说明及其他设计文件。

2）材料的产品合格证书、性能检测报告、进场验收记录和复验报告。

3)隐蔽工程验收记录。

4)施工记录。

第二节　门窗工程

一、木门窗制作与安装工程

1. 监理巡视要点

(1)木门窗制作。

1)制作前必须选择符合设计要求的材料。

2)严格控制木材的含水率。

3)刨削木材应尽量控制一次刨削厚度,顺木纹方向刨削,避免戗茬,制作过程中应始终保持各构件(制品)表面及细部的平整、光洁,减少表面缺陷。

4)门窗框和厚度大于50mm的门窗扇应用双榫连接。榫槽要紧密适宜,以利锤轻击顺利插入,才能达到榫槽嵌合严密;必须避免因过紧而产生榫槽处开裂的现象。榫槽用胶料胶结并用胶楔加紧。

5)成型后的门窗框、扇表面应净光或磨光,其线角细部应整齐,对露出槽外的榫、楔应锯平。

(2)木门窗安装。

1)将修刨好的门窗扇,用木楔临时立于门窗框中,排好缝隙后画出铰链位置。铰链位置距上、下边的距离宜是门扇宽度的1/10,这个位置对铰链受力比较有利,又可避开榫头。然后把扇取下来,用扇铲剔出铰链页槽。铰链页槽应外边浅,里边深,其深度应当是把铰链合上后与框、扇平正为准。剔好铰链槽后,将铰链放入,上下铰链各拧一颗螺丝钉把扇挂上,检查缝隙是否符合要求,扇与框是否齐平,扇能否关住。检查合格后,再把螺丝钉全部上齐。

2)双扇门窗扇安装方法与单扇的安装基本相同,只是多一道工序——错口。双扇门应按开启方向看,右手门是盖口,左手门是等口。

3)门窗扇安装好后要试开,其标准是:以到哪里就能停到哪里为好,不能有自开或自关的现象。如果发现门窗扇在高、宽上有短缺的情况,高度上应将补钉的板条钉在下冒头下面,宽度上,在装铰链一边的梃上补钉板条。

4)为了开关方便,平开扇上、下冒头最好刨成斜面。

门窗扇安装后要试验其启闭情况,以开启后能自然停止为好,不能有自开或自关现象。如果发现门窗在高、宽上有短缺,在高度上可将补钉板条钉于下冒头下面,在宽度上可在安装合页一边的梃上补钉板条。为使门窗开关方便,平开扇的上下冒头可刨成斜面。

2. 监理验收

(1)验收标准。

1)木门窗制作。

①主控项目检验标准应符合表 14-9 的规定。

表 14-9　　　　　　　　　　　　　主控项目检验

序号	项　目	合格质量标准	检验方法	检查数量
1	材料质量	木门窗的木材品种、材质等级、规格、尺寸、框扇的线型及人造木板的甲醛含量应符合设计要求	观察;检查材料进场验收记录和复验报告	每个检验批应至少抽查 5%,并不得少于 3 樘,不足 3 樘时应全数检查;高层建筑外窗,每个检验批应至少抽查 10%,并不得少于 6 樘,不足 6 樘时应全数检查
2	木材含水率	木门窗应采用烘干的木材,含水率应符合《建筑木门、木窗》(JG/T 122)的规定	检查材料进场验收记录	
3	木材防护	木门窗的防火、防腐、防虫处理应符合设计要求	观察;检查材料进场验收记录	
4	木节及虫眼	木门窗的结合处和安装配件处不得有木节或已填补的木节。木门窗如有允许限值以内的死节及直径较大的虫眼时,应用同一材质的木塞加胶填补。对于清漆制品,木塞的木纹和色泽应与制品一致	观察	
5	榫槽连接	门窗框和厚度大于 50mm 的门窗扇应用双榫连接。榫槽应采用胶料严密嵌合,并应用胶楔加紧	观察;手扳检查	
6	胶合板门、纤维板门、压模质量	胶合板门、纤维板门和模压门不得脱胶。胶合板不得刨透表层单板,不得有戗槎。制作胶合板门、纤维板门时,边框和横楞应在同一平面上,面层、边框及横楞应加压胶结。横楞和上、下冒头应各钻两个以上的透气孔,透气孔应通畅	观察	

②一般项目检验标准应符合表 14-10 的规定。

表 14-10　　　　　　　　　　　　　**一般项目检验**

序号	项　目	合格质量标准	检验方法	检查数量
1	木门窗表面质量	木门窗表面应洁净,不得有刨痕、锤印	观察	同主控项目
2	木门窗割角拼缝	木门窗的割角、拼缝应严密平整。门窗框、扇裁口应顺直,刨面应平整	观察	
3	木门窗槽、孔	木门窗上的槽、孔应边缘整齐,无毛刺	观察	
4	制作允许偏差	木门窗制作的允许偏差和检验方法应符合表 14-11 的规定	见表14-11	

③允许偏差应符合表 14-11 的规定。

表 14-11　　　　　　　　　**木门窗制作的允许偏差和检验方法**

项次	项　目	构件名称	允许偏差(mm) 普通	允许偏差(mm) 高级	检验方法
1	翘曲	框	3	2	将框、扇平放在检查平台上,用塞尺检查
		扇	2	2	
2	对角线长度差	框、扇	3	2	用钢尺检查,框量裁口里角,扇量外角
3	表面平整度	扇	2	2	用 1m 靠尺和塞尺检查
4	高度、宽度	框	0;-2	0;-1	用钢尺检查,框量裁口里角,扇量外角
		扇	+2;0	+1;0	
5	裁门、线条结合处高低差	框、扇	1	0.5	用钢直尺和塞尺检查
6	相邻棂子两端间距	扇	2	1	用钢直尺检查

注:表中允许偏差栏中所列数值,凡注明正负号的,表示《建筑装饰装修工程质量验收规范》(GB 50210—2001)对此偏差的不同方向有不同要求,应严格遵守。凡没有注明正负号的,即使其偏差可能具有方向性,但《建筑装饰装修工程质量验收规范》(GB 50210—2001)并未对这类偏差的方向性作出规定,故检查时对这些偏差可以不考虑方向性要求。

2)木门窗安装工程。

①主控项目检验标准应符合表 14-12 的规定。

表 14-12　　　　　　　　　　　　　　　　　主控项目检验

序号	项　目	合格质量标准	检验方法	检查数量
1	木门窗品种、规格、安装方向位置	木门窗的品种、类型、规格、开启方向、安装位置及连接方式应符合设计要求	观察；尺量检查；检查成品门的产品合格证书	每个检验批应至少抽查 5%，并不得少于 3 樘，不足 3 樘时应全数检查；高层建筑外窗，每个检验批应至少抽查 10%，并不得少于 6 樘，不足 6 樘时应全数检查
2	木门窗安装牢固	木门窗框的安装必须牢固。预埋木砖的防腐处理、木门窗框固定点的数量、位置及固定方法应符合设计要求	观察；手扳检查；检查隐蔽工程验收记录和施工记录	
3	木门窗扇安装	木门窗扇必须安装牢固，并应开关灵活，关闭严密，无倒翘	观察；开启和关闭检查；手扳检查	
4	门窗配件安装	木门窗配件的型号、规格、数量应符合设计要求，安装应牢固，位置应正确，功能应满足使用要求	观察；开启和关闭检查；手扳检查	

②一般项目检验标准应符合表 14-13 的规定。

表 14-13　　　　　　　　　　　　　　　　　一般项目检验

序号	项　目	合格质量标准	检验方法	检查数量
1	缝隙嵌填材料	木门窗与墙体间缝隙的填嵌材料应符合设计要求，填嵌应饱满。寒冷地区外门窗（或门窗框）与砌体间的空隙应填充保温材料	轻敲门窗框检查；检查隐蔽工程验收记录和施工记录	同主控项目
2	批水、盖口条等细部	木门窗批水、盖口条、压缝条、密封条的安装应顺直，与门窗结合应牢固、严密	观察；手扳检查	
3	安装留缝限值及允许偏差	木门窗安装的留缝限值、允许偏差和检验方法应符合表 14-14 的规定	见表 14-14	

③允许偏差应符合表 14-14 的规定。

表 14-14　　　　　　　木门窗安装的留缝限值、允许偏差和检验方法

项次	项　目		留缝限值(mm)		允许偏差(mm)		检验方法
			普通	高级	普通	高级	
1	门窗槽口对角线长度差		—	—	3	2	用钢尺检查
2	门窗框的正、侧面垂直度				2	1	用 1m 垂直检测尺检查
3	框与扇、扇与扇接缝高低差				2	1	用钢直尺和塞尺检查
4	门窗扇对口缝		1～2.5	1.5～2	—	—	
5	工业厂房双扇大门对口缝		2～5	—	—	—	
6	门窗扇与上框间留缝		1～2	1～1.5	—	—	
7	门窗扇与侧框间留缝		1～2.5	1～1.5	—	—	用塞尺检查
8	窗扇与下框间留缝		2～3	2～2.5	—	—	
9	门扇与下框间留缝		3～5	3～4	—	—	
10	双层门窗内外框间距				4	3	用钢尺检查
11	无下框时门扇与地面间留缝	外门	4～7	5～6	—	—	
		内门	5～8	6～7	—	—	
		卫生间门	8～12	8～10	—	—	用塞尺检查
		厂房大门	10～20	—	—	—	

注:1. 表中除给出允许偏差外,对留缝尺寸等给出了尺寸限值。考虑到所给尺寸限值是一个范围,故不再给出允许偏差。

　　2. 表中允许偏差栏中所列数值,凡注明正负号的,表示《建筑装饰装修工程质量验收规范》(GB 50210—2001)对此偏差的不同方向有不同要求,应严格遵守。凡没有注明正负号的,即使其偏差可能具有方向性,但《建筑装饰装修工程质量验收规范》(GB 50210—2001)并未对这类偏差的方向性作出规定,故检查时对这些偏差可以不考虑方向性要求。

　　3. 本表摘自《建筑装饰装修工程质量验收规范》(GB 50210—2001)。

(2)验收资料。

1)门窗工程的施工图、设计说明及其他设计文件。

2)材料的产品合格证书、性能检测报告、进场验收记录和复验报告。

3)特种门及其附件的生产许可文件。

4)隐蔽工程验收记录。

5)施工记录。

二、金属门窗安装工程

1. 监理巡视与标准

(1)钢门窗安装。

1)钢门窗就位:

①按图纸中要求的型号、规格及开启方向等,将所需要的钢门窗搬运到安装地点,并垫靠稳当。

②将钢门窗立于图纸要求的安装位置,用木楔临时固定,将其铁脚插入预留孔中,然后根据门窗边线、水平线及距外墙皮的尺寸进行支垫,并用托线板靠吊垂直。

③钢门窗就位时,应保证钢门窗上框距过梁要有 20mm 缝隙,框左右缝宽一致,距外墙皮尺寸符合图纸要求。

2)钢门窗固定:

①钢门窗就位后,校正其水平和正、侧面垂直,然后将上框铁脚与过梁预埋件焊牢,将框两侧铁脚插入预留孔内,用水把预留孔内湿润,用 1:2 较硬的水泥砂浆或 C20 细石混凝土将其填实后抹平。终凝前不得碰动框扇。

②三天后取出四周木楔,用 1:2 水泥砂浆把框与墙之间的缝隙填实,与框同平面抹平。

③若为钢大门时,应将合页焊到墙中的预埋件上。要求每侧预埋件必须在同一垂直线上,两侧对应的预埋件必须在同一水平位置上。

(2)铝合金门窗安装。

1)安装前应逐樘检查、核对其规格、型号、形式、表面颜色等,必须符合设计要求。铝合金门窗安装应采用预留洞口的方法施工,不得采用边安装边砌口或先安装后砌口的方法施工。

2)对在搬运和堆放过程造成的质量问题,应经处理合格后,方可安装。

3)铝合金窗披水安装。按施工图纸要求将披水固定在铝合金窗上,且要保证位置正确、安装牢固。

4)铝合金门窗的安装就位。根据划好的门窗定位线,安装铝合金门窗框,并及时调整好门窗框的水平、垂直及对角线长度等符合质量标准,然后用木楔临时固定。

5)铝合金门窗的固定:

①当墙体上预理有铁杆时,可直接把铝合金门窗的铁脚直接与墙体上的预埋铁件焊牢,焊接处需做防锈处理。

②当墙体上没有预理铁件时,可用金属膨胀螺栓或塑料膨胀螺栓将铝合金门窗的铁脚固定到墙上。

③当墙体上没有预埋铁件时,也可用电钻在墙上打 80mm 深、直径为 6mm 的孔,用 L 型 80mm×50mm 的 6mm 钢筋。在长的一端粘涂 108 胶水泥浆,然后打入孔中。待 108 胶水泥浆终凝后,再将铝合金门窗的铁脚与埋置的 6mm 钢筋焊牢。

2. 监理验收

(1)验收标准。

1)主控项目检验标准应符合表 14-15 的规定。

表 14-15　　　　　　　　　　　　主控项目检验

序号	项　目	合格质量标准	检验方法	检查数量
1	门窗质量	钢门窗的品种、类型、规格、尺寸、性能、开启方向、安装位置、连接方式及铝合金门窗的型材壁厚应符合设计要求。金属门窗的防腐处理及填嵌、密封处理应符合设计要求	观察;尺量检查;检查产品合格证书、性能检测报告、进场验收记录和复验报告;检查隐蔽工程验收记录	每个检验批应至少抽查 5%,并不得少于 3 樘,不足 3 樘时应全数检查;高层建筑的外窗,每个检验批应至少抽查10%,并不得少于 6 樘,不足 6 樘时应全数检查
2	框和副框安装及预埋件	钢门窗框和副框的安装必须牢固。预埋件的数量、位置、埋设方式、与框的连接方式必须符合设计要求	手扳检查;检查隐蔽工程验收记录	
3	门窗扇安装	钢门窗扇必须安装牢固,并应开关灵活、关闭严密,无倒翘。推拉门窗扇必须有防脱落措施	观察;开启和关闭检查;手扳检查	
4	配件质量及安装	钢门窗配件的型号、规格、数量应符合设计要求,安装应牢固,位置应正确,功能应满足使用要求	观察;开启和关闭检查;手扳检查	

2)一般项目检验标准应符合表 14-16 的规定。

表 14-16　　　　　　　　　　　　一般项目检验

序号	项　目	合格质量标准	检验方法	检查数量
1	表面质量	钢门窗表面应洁净、平整、光滑、色泽一致,无锈蚀。大面应无划痕、碰伤。漆膜或保护层应连续	观察	同主控项目
2	框与墙体间缝隙	钢门窗框与墙体之间的缝隙应填嵌饱满,并采用密封胶密封。密封胶表面应光滑、顺直,无裂纹	观察;轻敲门窗框检查;检查隐蔽工程验收记录	

续表

序号	项　目	合格质量标准	检验方法	检查数量
3	扇密封胶条或毛毡密封条	钢门窗扇的橡胶密封条或毛毡密封条应安装完好,不得脱槽	观察;开启和关闭检查	同 主 控 项 目
4	排水孔	有排水孔的钢门窗,排水孔应畅通,位置和数量应符合设计要求	观察	
5	留缝限值和允许偏差	金属门窗安装的留缝限值、允许偏差和检验方法应符合表 14-17、表 14-18 和表 14-19 的规定	见表 14-17、表 14-18 和表 14-19	

3)允许偏差应符合表 14-17 的规定。

表 14-17　　　　钢门窗安装的留缝限值、允许偏差和检验方法

项次	项　目		留缝限值(mm)	允许偏差(mm)	检验方法
1	门窗槽口宽度、高度	≤1500mm	—	2.5	用钢尺检查
		>1500mm	—	3.5	
2	门窗槽口对角线长度差	≤2000mm	—	5	用钢尺检查
		>2000mm	—	6	
3	门窗框的正、侧面垂直度		—	3	用 1m 垂直检测尺检查
4	门窗横框的水平度		—	3	用 1m 水平尺和塞尺检查
5	门窗横框标高		—	5	用钢尺检查
6	门窗竖向偏离中心		—	4	用钢尺检查
7	双层门窗内外框间距		—	5	用钢尺检查
8	门窗框、扇配合间隙		≤2	—	用塞尺检查
9	无下框时门扇与地面间留缝		4~8	—	用塞尺检查

注:1. 表中允许偏差栏中所列数值,凡注明正负号的,表示《建筑装饰装修工程质量验收规范》(GB 50210—2001)对此偏差的不同方向有不同要求,应严格遵守。凡没有注明正负号的,即使其偏差可能具有方向性,但《建筑装饰装修工程质量验收规范》(GB 50210—2001)并未对这类偏差的方向性作出规定,故检查时对这些偏差可以不考虑方向性要求。

　　2. 本表摘自《建筑装饰装修工程质量验收规范》(GB 50210—2001)。

表 14-18　　　　　　　　　铝合金门窗安装的允许偏差和检验方法

项次	项目		允许偏差(mm)	检验方法
1	门窗槽口宽度、高度	≤1500mm	1.5	用钢尺检查
		>1500mm	2	
2	门窗槽口对角线长度差	≤2000mm	3	用钢尺检查
		>2000mm	4	
3	门窗框的正、侧面垂直度		2.5	用垂直检测尺检查
4	门窗横框的水平度		2	用1m水平尺和塞尺检查
5	门窗横框标高		5	用钢尺检查
6	门窗竖向偏离中心		5	用钢尺检查
7	双层门窗内外框间距		4	用钢尺检查
8	推拉门窗扇与框搭接量		1.5	用钢直尺检查

注:1. 表中允许偏差栏中所列数值,凡注明正负号的,表示《建筑装饰装修工程质量验收规范》(GB 50210—2001)对此偏差的不同方向有不同要求,应严格遵守。凡没有注明正负号的,即使其偏差可能具有方向性,但《建筑装饰装修工程质量验收规范》(GB 50210—2001)并未对这类偏差的方向性作出规定,故检查时对这些偏差可以不考虑方向性要求。

2. 本表摘自《建筑装饰装修工程质量验收规范》(GB 50210—2001)。

表 14-19　　　　　　　涂色镀锌钢板门窗安装的允许偏差和检验方法

项次	项目		允许偏差(mm)	检验方法
1	门窗槽口宽度、高度	≤1500mm	2	用钢尺检查
		>1500mm	3	
2	门窗槽口对角线长度差	≤2000mm	4	用钢尺检查
		>2000mm	5	
3	门窗框的正、侧面垂直度		3	用垂直检测尺检查
4	门窗横框的水平度		3	用1m水平尺和塞尺检查
5	门窗横框标高		5	用钢尺检查
6	门窗竖向偏离中心		5	用钢尺检查
7	双层门窗内外框间距		4	用钢尺检查
8	推拉门窗扇与框搭接量		2	用钢直尺检查

注:表中允许偏差栏中所列数值,凡注明正负号的,表示《建筑装饰装修工程质量验收规范》(GB 50210—2001)对此偏差的不同方向有不同要求,应严格遵守。凡没有注明正负号的,即使其偏差可能具有方向性,但《建筑装饰装修工程质量验收规范》(GB 50210—2001)并未对这类偏差的方向性作出规定,故检查时对这些偏差可以不考虑方向性要求。

(2)验收资料。

1)门窗工程的施工图、设计说明及其他设计文件。

2)材料的产品合格证书、性能检测报告、进场验收记录和复验报告。

3)特种门及其附件的生产许可文件。

4)隐蔽工程验收记录。

5)施工记录。

三、塑料门窗安装工程

1. 监理巡视与检查

(1)在门窗的上框及边框上安装固定片,其安装应符合下列要求:

1)检查门窗框上下边的位置及其内外朝向,并确认无误后,再安固定片。安装时应先采用直径为 $\phi3.2$ 的钻头钻孔,然后将十字槽盘端头自攻 M4×20 拧入,严禁直接锤击钉入。

2)固定片的位置应距门窗角、中竖框、中横框 150～200mm,固定片之间的间距应不大于 600mm。不得将固定片直接装在中横框、中竖框的档头上。

(2)根据设计图纸及门窗扇的开启方向,确定门窗框的安装位置,并把门窗框装入洞口,并使其上下框中线与洞口中线对齐。

安装时应采取防止门窗变形的措施。无下框平开门应使两边框的下脚低于地面标高线 30mm。带下框的平开门或推拉门应使下框低于地面标高线 10mm。然后将上框的一个固定片固定在墙体上,并应调整门框的水平度、垂直度和直角度,用木楔临时固定。当下框长度大于 0.9m 时,其中间也用木楔塞紧。然后调整垂直度、水平度及直角度。

(3)当门窗与墙体固定时,应先固定上框,后固定边框。

2. 监理验收

(1)验收标准。

1)主控项目检验标准应符合表 14-20 的规定。

表 14-20　　　　　　　　　主控项目检验

序号	项目	合格质量标准	检验方法	检查数量
1	门窗质量	塑料门窗的品种、类型、规格、尺寸、开启方向、安装位置、连接方式及填嵌密封处理应符合设计要求,内衬增强型钢的壁厚及设置应符合国家现行产品标准的质量要求	观察;尺量检查;检查产品合格证书、性能检测报告、进场验收记录和复验报告;检查隐蔽工程验收记录	每个检验批应至少抽查 5%,并不得少于 3 樘,不足 3 樘时应全数检查;高层建筑的外窗,每个检验批应至少抽查 10%,并不得少于 6 樘,不足 6 樘时应全数检查
2	框、扇安装	塑料门窗框、副框和扇的安装必须牢固。固定片或膨胀螺栓的数量与位置应正确,连接方式应符合设计要求。固定点应距角、中横框、中竖框 150～200mm,固定点间距应不大于 600mm	观察;手扳检查;检查隐蔽工程验收记录	

续表

序号	项 目	合格质量标准	检验方法	检查数量
3	拼樘料与框连接	塑料门窗拼樘料内衬增强型钢的规格、壁厚必须符合设计要求,型钢应与型材内腔紧密吻合,其两端必须与洞口固定牢固。窗框必须与拼樘料连接紧密,固定点间距应不大于600mm	观察;手扳检查;尺量检查;检查进场验收记录	每个检验批应至少抽查5%,并不得少于3樘,不足3樘时应全数检查;高层建筑的外窗,每个检验批应至少抽查10%,并不得少于6樘,不足6樘时应全数检查
4	门窗扇安装	塑料门窗扇应开关灵活、关闭严密,无倒翘。推拉门窗扇必须有防脱落措施	观察;开启和关闭检查;手扳检查	
5	配件质量及安装	塑料门窗配件的型号、规格、数量应符合设计要求,安装应牢固,位置应正确,功能应满足使用要求	观察;手扳检查;尺量检查	
6	框与墙体缝隙填嵌	塑料门窗框与墙体间缝隙应采用闭孔弹性材料填嵌饱满,表面应采用密封胶密封。密封胶应粘结牢固,表面应光滑、顺直、无裂纹	观察;检查隐蔽工程验收记录	

2)一般项目检验标准应符合表 14-21 的规定。

表 14-21　　　　　　　　　　　一般项目检验

序号	项 目	合格质量标准	检验方法	检查数量
1	表面质量	塑料门窗表面应洁净、平整、光滑,大面应无划痕、碰伤	观察	同主控项目
2	密封条及旋转门窗间隙	塑料门窗扇的密封条不得脱槽。旋转窗间隙应基本均匀		
3	门窗扇开关力	塑料门窗扇的开关力应符合下列规定: (1)平开门窗扇平铰链的开关力应不大于80N;滑撑铰链的开关力应不大于80N,并不小于30N。 (2)推拉门窗扇的开关力不大于100N	观察;用弹簧秤检查	
4	玻璃密封条、玻璃槽口	玻璃密封条与玻璃及玻璃槽口的接缝应平整,不得卷边、脱槽	观察	
5	排水孔	排水孔应畅通,位置和数量应符合设计要求		
6	安装允许偏差	塑料门窗安装的允许偏差和检验方法应符合表 14-22 的规定	见表 14-22	

3)允许偏差应符合表 14-22 的规定。

表 14-22　　　　　　　塑料门窗安装的允许偏差和检验方法

项次	项　目		允许偏差（mm）	检验方法
1	门窗槽口宽度、高度	≤1500mm	2	用钢尺检查
		>1500mm	3	
2	门窗槽口对角线长度差	≤2000mm	3	用钢尺检查
		>2000mm	5	
3	门窗框的正、侧面垂直度		3	用 1m 垂直检测尺检查
4	门窗横框的水平度		3	用 1m 水平尺和塞尺检查
5	门窗横框标高		5	用钢尺检查
6	门窗竖向偏离中心		5	用钢直尺检查
7	双层门窗内外框间距		4	用钢尺检查
8	同樘平开门窗相邻扇高度差		2	用钢直尺检查
9	平开门窗铰链部位配合间隙		+2；−1	用塞尺检查
10	推拉门窗扇与框搭接量		+1.5；−2.5	用钢直尺检查
11	推拉门窗扇与竖框平行度		2	用 1m 水平尺和塞尺检查

注：本表摘自《建筑装饰装修工程质量验收规范》(GB 50210—2001)。

(2)验收资料。

1)门窗工程的施工图、设计说明及其他设计文件。

2)材料的产品合格证书、性能检测报告、进场验收记录和复验报告。

3)特种门及其附件的生产许可文件。

4)隐蔽工程验收记录。

5)施工记录。

四、特种门窗安装工程

1.监理巡视与检查

(1)防火、防盗门安装。

1)立门框。先拆掉门框下部的固定板，凡框内高度比门扇的高度大于 30mm者，洞口两侧地面须设留凹槽。门框一般埋入 ±0.00 标高以下 20mm，须保证框口上下尺寸相同，允许误差<1.5mm，对角线允许误差<2mm。

2)安装门扇附件。门框周边缝隙，用 1：2 的水泥砂浆或强度不低于 10MPa

的细石混凝土嵌缝牢固,应保证与墙体结成整体;经养护凝固后,再粉刷洞口及墙体。

3)粉刷完毕后,安装门窗、五金配件及有关防火、防盗装置。门扇关闭后,门缝应均匀平整,开启自由轻便,不得有过紧、过松和反弹现象。

(2)自动门安装。

1)地面轨道安装。铝合金自动门和全玻璃自动门地面上装有导向性下轨道。异形钢管自动门无下轨道。自动门安装时,撬出预埋方木条便可埋设下轨道,下轨道长度为开启门宽的2倍。

2)安装横梁。将18号槽钢放置在已预埋铁的门柱处,校平、吊直,注意与下面轨道的位置关系,然后电焊牢固。

3)固定机箱。将厂方生产的机箱仔细固定在横梁上。

4)安装门扇。安装门窗,使门扇滑动平稳、润滑。

5)调试。接通电源,调整微波传感器和控制箱,使其达到最佳工作状态。一旦调整正常后,不得任意变动各种旋转位置,以免出现故障。

(3)全玻门安装。

1)裁割玻璃。厚玻璃的安装尺寸,应从安装位置的底部、中部和顶部进行测量,选择最小尺寸为玻璃板宽度的切割尺寸。如果在上、中、下测得的尺寸一致,其玻璃宽度的裁割应比实测尺寸小3~5mm。玻璃板的高度方向裁割,应小于实测尺寸的3~5mm。玻璃板裁割后,应将其四周作倒角处理,倒角宽度为2mm,如若在现场自行倒角,应手握细砂轮块作缓慢细磨操作,防止崩边崩角。

2)安装玻璃板。用玻璃吸盘将玻璃板吸紧,然后进行玻璃就位。先把玻璃板上边插入门框地部的限位槽内,然后将其下边安放于木底托上的不锈钢包面对口缝内。

3)门扇固定。进行门扇定位安装。先将门框横梁上的定位销本身的调节螺钉调出横梁平面1~2mm,再将玻璃门扇竖起来,把门扇下横档内的转动销连接件的孔位对准地弹簧的转动销轴,并转动门扇将孔位套入销轴上。然后把门扇转动90°使之与门框横梁成直角,把门扇上横档中的转动连接件的孔对准门框横梁上的定位销,将定位销插入孔内15mm左右(调动定位销上的调节螺钉)。

4)安装拉手。全玻璃门扇上的拉手孔洞,一般是事先订购时就加工好的,拉手连接部分插入孔洞时不能很紧,应有松动。安装前在拉手插入玻璃的部分涂少许玻璃胶;如若插入过松,可在插入部分裹上软质胶带。拉手组装时,其根部与玻璃贴紧后再拧紧固定螺钉。

2. 监理验收

(1)验收标准。

1)主控项目检验标准应符合表14-23的规定。

表 14-23　　　　　　　　　　　　主控项目检验

序号	项　目	合格质量标准	检验方法	检查数量
1	门质量和性能	特种门的质量和各项性能应符合设计要求	检查生产许可证、产品合格证书和性能检测报告	每个检验批应至少抽查 5%，并不得少于 10 樘，不足 10 樘时应全数检查
2	门品种规格、方向位置	特种门的品种、类型、规格、尺寸、开启方向、安装位置及防腐处理应符合设计要求	观察；尺量检查；检查进场验收记录和隐蔽工程验收记录	
3	机械、自动和智能化装置	带有机械装置、自动装置或智能化装置的特种门，其机械装置、自动装置或智能化装置的功能应符合设计要求和有关标准的规定	启动机械装置、自动装置或智能化装置，观察	
4	安装及预埋件	特种门的安装必须牢固。预埋件的数量、位置、埋设方式、与框的连接方式必须符合设计要求	观察；手扳检查；检查隐蔽工程验收记录	
5	配件、安装及功能	特种门的配件应齐全，位置应正确，安装应牢固，功能应满足使用要求和特种门的各项性能要求	观察；手扳检查；检查产品合格证书、性能检测报告和进场验收记录	

　　2)一般项目检验标准应符合表 14-24 的规定。

表 14-24　　　　　　　　　　　　一般项目检验

序号	项　目	合格质量标准	检验方法	检查数量
1	表面装饰	特种门的表面装饰应符合设计要求	观察	每个检验批应至少抽查 5%，并不得少于 10 樘，不足 10 樘时应全数检查
2	表面质量	特种门的表面应洁净，无划痕、碰伤		
3	推拉自动门留缝限值及允许偏差	推拉自动门安装的留缝限值、允许偏差和检验方法应符合表 14-25 的规定	见表 14-25	
4	推拉自动门感应时间限值	推拉自动门的感应时间限值和检验方法应符合表 14-26 的规定	见表 14-26	
5	旋转门安装允许偏差	旋转门安装的允许偏差和检验方法应符合表 14-27 的规定	见表 14-27	

3)允许偏差应符合表 14-25 的规定。

表 14-25 推拉自动门安装的留缝限值、允许偏差和检验方法

项次	项 目		留缝限值 (mm)	允许偏差 (mm)	检验方法
1	门槽口宽度、 高度	≤1500mm	—	1.5	用钢尺检查
		>1500mm	—	2	
2	门槽口对角线 长度差	≤2000mm	—	2	用钢尺检查
		>2000mm	—	2.5	
3	门框的正、侧面垂直度		—	1	用 1m 垂直检测尺检查
4	门构件装配间隙		—	0.3	用塞尺检查
5	门梁导轨水平度		—	1	用 1m 水平尺和塞尺检查
6	下导轨与门梁导轨平行度		—	1.5	用钢尺检查
7	门扇与侧框间留缝		1.2~1.8	—	用塞尺检查
8	门扇对口缝		1.2~1.8	—	用塞尺检查

注:1. 表中允许偏差栏中所列数值,凡注明正负号的,表示《建筑装饰装修工程质量验
收规范》(GB 50210—2001)对此偏差的不同方向有不同要求,应严格遵守。凡没
有注明正负号的,即使其偏差可能具有方向性,但《建筑装饰装修工程质量验收
规范》(GB 50210—2001)并未对这类偏差的方向性作出规定,故检查时对这些偏
差可以不考虑方向性要求。

2. 本表摘自《建筑装饰装修工程质量验收规范》(GB 50210—2001)。

表 14-26 推拉自动门的感应时间限值和检验方法

项次	项 目	感应时间限值(s)	检验方法
1	开门响应时间	≤0.5	用秒表检查
2	堵门保护延时	16~20	用秒表检查
3	门扇全开启后保持时间	13~17	用秒表检查

注:1. 表中允许偏差栏中所列数值,凡注明正负号的,表示《建筑装饰装修工程质量验
收规范》(GB 50210—2001)对此偏差的不同方向有不同要求,应严格遵守。凡没
有注明正负号的,即使其偏差可能具有方向性,但《建筑装饰装修工程质量验收
规范》(GB 50210—2001)并未对这类偏差的方向性作出规定,故检查时对这些偏
差可以不考虑方向性要求。

2. 本表摘自《建筑装饰装修工程质量验收规范》(GB 50210—2001)。

表 14-27　　　　　　　　　旋转门安装的允许偏差和检验方法

项次	项　目	允许偏差(mm)		检验方法
		金属框架玻璃旋转门	木质旋转门	
1	门扇正、侧面垂直度	1.5	1.5	用1m垂直检测尺检查
2	门扇对角线长度差	1.5	1.5	用钢尺检查
3	相邻扇高度差	1	1	用钢尺检查
4	扇与圆弧边留缝	1.5	2	用塞尺检查
5	扇与上顶间留缝	2	2.5	用塞尺检查
6	扇与地面间留缝	2	2.5	用塞尺检查

注：1. 表中允许偏差栏中所列数值，凡注明正负号的，表示《建筑装饰装修工程质量验收规范》(GB 50210—2001)对此偏差的不同方向有不同要求，应严格遵守。凡没有注明正负号的，即使其偏差可能具有方向性，但《建筑装饰装修工程质量验收规范》(GB 50210—2001)并未对这类偏差的方向性作出规定，故检查时对这些偏差可以不考虑方向性要求。

　　2. 本表摘自《建筑装饰装修工程质量验收规范》(GB 50210—2001)。

(2)验收资料。

1)门窗工程的施工图、设计说明及其他设计文件。

2)材料的产品合格证书、性能检测报告、进场验收记录和复验报告。

3)特种门及其附件的生产许可文件。

4)隐蔽工程验收记录。

5)施工记录。

五、门窗玻璃安装工程

1. 监理巡视要点

(1)门窗玻璃安装顺序。一般先安外门窗，后安内门窗，先西北后东南的顺序安装；如果因工期要求或劳动力允许，也可同时进行安装。

(2)玻璃安装前应清理裁口。先在玻璃底面与裁口之间，沿裁口的全长均匀涂抹1~3mm厚的底油灰，接着把玻璃推铺平整、压实，然后收净底油灰。

(3)木门窗固定扇(死扇)玻璃安装，应先用扁铲将木压条撬出，同时退出压条上小钉，并将裁口处抹上底油灰，把玻璃推铺平整，然后嵌好四边木压条将钉子钉牢，底灰修好、刮净。

(4)钢门窗安装玻璃，将玻璃装进框口内轻压使玻璃与底油灰粘住，然后沿裁口玻璃边外侧装上钢丝卡，钢丝卡要卡住玻璃，其集纳局不得大于300mm，且框口每边至少有两个。经检查玻璃无松动时，再沿裁口全长抹油灰，油灰应抹成斜坡，表面抹光平。如框口玻璃采用压条固定时，则不抹底油灰，先将橡胶垫嵌入裁口内，装上玻璃，随即装压条用螺丝钉固定。

(5)安装斜天窗的玻璃，如设计没有要求时，应采用夹丝玻璃，并应从顺留方向盖叠安装。盖叠安装搭接长度应视天窗的坡度而定,当坡度为 1/4 或大于 1/4 时,不小于 30m;坡度小于 1/4 时,不小于 50mm,盖叠处应用钢丝卡固定,并在缝隙中用密封膏嵌填密实;如果用平板或浮法玻璃时,要在玻璃下面加设一层镀锌铅丝网。

(6)安装窗中玻璃,按开启方向确定定位垫块宽度应大于玻璃的厚度,长度不宜小于 25mm,并应按设计要求。

(7)铝合金框扇安装玻璃,安装前,应清除铝合金框的槽口内所有灰渣、杂物等,畅通排水孔。在框口下边槽口放入橡胶垫块,以免玻璃直接与铝合金框接触。

(8)玻璃安装后,应进行清理,将油灰、钉子、钢丝卡及木压条等随即清理干净,关好门窗。

2. 监理验收

(1)验收标准。

1)主控项目检验标准应符合表 14-28 的规定。

表 14-28　　　　　　　　　　　主控项目检验

序号	项　目	合格质量标准	检验方法	检查数量
1	玻璃质量	玻璃的品种、规格、尺寸、色彩、图案和涂膜朝向应符合设计要求。单块玻璃大于 1.5m² 时应使用安全玻璃	观察;检查产品合格证书、性能检测报告和进场验收记录	每个检验批应至少抽查 5%,并不得少于 3 樘,不足 3 樘时应全数检查;高层建筑的外窗,每个检验批应至少抽查 10%,并不得少于 6 樘,不足 6 樘时应全数检查
2	玻璃裁割与安装质量	门窗玻璃裁割尺寸应正确。安装后的玻璃应牢固,不得有裂纹、损伤和松动	观察;轻敲检查	
3	安装方法、钉子或钢丝卡	玻璃的安装方法应符合设计要求。固定玻璃的钉子或钢丝卡的数量、规格应保证玻璃安装牢固	观察;检查施工记录	
4	木压条	镶钉木压条接触玻璃处,应与裁口边缘平齐。木压条应互相紧密连接,并与裁口边缘紧贴,割角应整齐	观察	
5	密封条	密封条与玻璃、玻璃槽口的接触应紧密、平整。密封胶与玻璃、玻璃槽口的边缘应粘结牢固、接缝平齐		
6	带密封条的玻璃压条	带密封条的玻璃压条,其密封条必须与玻璃全部贴紧,压条与型材之间应无明显缝隙,压条接缝应不大于 0.5mm	观察;尺量检查	

2)一般项目检验标准应符合表 14-29 的规定。

表 14-29　　　　　　　　一般项目检验

序号	项　目	合格质量标准	检验方法	检查数量
1	玻璃表面	玻璃表面应洁净,不得有腻子、密封胶、涂料等污渍。中空玻璃内外表面均应洁净,玻璃中空层内不得有灰尘和水蒸气	观察	同主控项目
2	玻璃安装方向	门窗玻璃不应直接接触型材。单面镀膜玻璃的镀膜层及磨砂玻璃的磨砂面应朝向室内。中空玻璃的单面镀膜玻璃应在最外层,镀膜层应朝向室内	观察	
3	腻子	腻子应填抹饱满、粘结牢固;腻子边缘与裁口应平齐。固定玻璃的卡子不应在腻子表面显露	观察	

(2)验收资料。

1)门窗工程的施工图、设计说明及其他设计文件。

2)材料的产品合格证书、性能检测报告、进场验收记录和复验报告。

3)隐蔽工程验收记录。

4)施工记录。

第三节　吊顶工程

一、暗龙骨吊顶工程

1. 监理巡视与检查

(1)施工前应按设计要求对房间的净高、洞口标高和吊顶内的管道、设备及其支架的标高进行交接检验。

(2)吊顶龙骨必须牢固、平整。利用吊杆或吊筋螺栓调整拱度。安装龙骨时应严格按放线的水平标准线和规方线组装周边骨架。受力节点应装订严密、牢固,保证龙骨的整体刚度。龙骨的尺寸应符合设计要求,纵横拱度均匀,互相适应。吊顶龙骨严禁有硬弯,如有必须调直再进行固定。

(3)吊顶面层必须平整。施工前应弹线,中间按平线起拱。长龙骨的接长应采用对接;相邻龙骨接头要错开,避免主龙骨向一边倾斜。

(4)吊顶工程在施工中应做好各项施工记录,收集好各种有关文件。

(5)大于 3kg 重型灯具、电扇及其他重型设备严禁安装在吊顶工程的龙骨上。

2. 监理验收

(1)验收标准。

1)主控项目检验标准应符合表 14-30 的规定。

表 14-30 　　　　　　　　　　　　主控项目检验

序号	项 目	合格质量标准	检验方法	检查数量
1	标高、尺寸、起拱、造型	吊顶标高、尺寸、起拱和造型应符合设计要求	观察；尺量检查	每个检验批应至少抽查10%,并不得少于3间,不足3间时应全数检查
2	饰面材料	饰面材料的材质、品种、规格、图案和颜色应符合设计要求	观察；检查产品合格证书、性能检测报告、进场验收记录和复验报告	
3	吊杆、龙骨、饰面材料安装	暗龙骨吊顶工程的吊杆、龙骨和饰面材料的安装必须牢固	观察；手扳检查；检查隐蔽工程验收记录和施工记录	
4	吊杆、龙骨材质	吊杆、龙骨的材质、规格、安装间距及连接方式应符合设计要求。金属吊杆、龙骨应经过表面防腐处理；木吊杆、龙骨应进行防腐、防火处理	观察；尺量检查；检查产品合格证书、性能检测报告、进场验收记录和隐蔽工程验收记录	
5	石膏板接缝	石膏板的接缝应按其施工工艺标准进行板缝防裂处理。安装双层石膏板时,面层板与基层板的接缝应错开,并不得在同一根龙骨上接缝	观察	

2)一般项目检验标准应符合表 14-31 的规定。

表 14-31 　　　　　　　　　　　　一般项目检验

序号	项 目	合格质量标准	检验方法	检查数量
1	材料表面质量	饰面材料表面应洁净、色泽一致,不得有翘曲、裂缝及缺损。压条应平直、宽窄一致	观察；尺量检查	同主控项目
2	灯具等设备	饰面板上的灯具、烟感器、喷淋头、风口箅子等设备的位置应合理、美观,与饰面板的交接应吻合、严密	观察	
3	龙骨、吊杆接缝	金属吊杆、龙骨的接缝应均匀一致,角缝应吻合,表面应平整,无翘曲、锤印。木质吊杆、龙骨应顺直,无劈裂、变形	检查隐蔽工程验收记录和施工记录	

续表

序号	项　目	合格质量标准	检验方法	检查数量
4	填充材料	吊顶内填充吸声材料的品种和铺设厚度应符合设计要求,并应有防散落措施	检查隐蔽工程验收记录和施工记录	同主控项目
5	允许偏差	暗龙骨吊顶工程安装的允许偏差和检验方法应符合表 14-32 的规定	见表 14-32	

3)允许偏差应符合表 14-32 的规定。

表 14-32　　　　　暗龙骨吊顶工程安装的允许偏差和检验方法

项次	项　目	允许偏差(mm)				检验方法
		纸面石膏板	金属板	矿棉板	木板、塑料板、格栅	
1	表面平整度	3	2	2	2	用 2m 靠尺和塞尺检查
2	接缝直线度	3	1.5	3	3	拉 5m 线,不足 5m 拉通线,用钢直尺检查
3	接缝高低差	1	1	1.5	1	用钢直尺和塞尺检查

注:本表摘自《建筑装饰装修工程质量验收规范》(GB 50210—2001)。

(2)验收资料。

1)吊顶工程的施工图、设计说明及其他设计文件。

2)材料的产品合格证书、性能检测报告、进场验收记录和复验报告。

3)隐蔽工程验收记录。

4)施工记录。

二、明龙骨吊顶工程

1. 监理巡视要点

(1)轻钢骨架及罩面板安装应注意保护顶棚内各种管线。轻钢骨架的吊杆、龙骨不准固定在通风管道及其他设备上。

(2)施工顶棚部位已安装的门窗,已施工完毕的地面、墙面、窗台等应注意保护,防止污损。

(3)接缝应平直。板块装饰前应严格控制其角度和周边的规整性,尺寸要一致。安装时应拉通线找直,并按拼缝中心线,排放饰面板,排列必须保持整齐。安装时应沿中心线和边线进行,并保持接缝均匀一致。压条应沿装订线钉装,并应平顺光滑,线条整齐,接缝密合。

(4)大于 3kg 的重型灯具、电扇及其他重型设备严禁安装在吊顶工程的龙骨上。

2. 监理验收

(1)验收标准。

1)主控项目检验标准应符合表 14-33 的规定。

表 14-33　　　　　　　　　　　　　　主控项目检验

序号	项目	合格质量标准	检验方法	检查数量
1	吊杆标高起拱及造型	吊顶标高、尺寸、起拱和造型应符合设计要求	观察;尺量检查	每个检验批应至少抽查 10%,并不得少于 3 间;不足 3 间时应全数检查
2	饰面材料	饰面材料的材质、品种、规格、图案和颜色应符合设计要求。当饰面材料为玻璃板时,应使用安全玻璃或采取可靠的安全措施	观察;检查产品合格证书、性能检测报告和进场验收记录	
3	饰面材料安装	饰面材料的安装应稳固严密。饰面材料与龙骨的搭接宽度应大于龙骨受力面宽度的 2/3	观察;手扳检查;尺量检查	
4	吊杆、龙骨材质	吊杆、龙骨的材质、规格、安装间距及连接方式应符合设计要求。金属吊杆、龙骨应进行表面防腐处理;木龙骨应进行防腐、防火处理	观察;尺量检查;检查产品合格证书、进场验收记录和隐蔽工程验收记录	
5	吊杆、龙骨安装	明龙骨吊顶工程的吊杆和龙骨安装必须牢固	手扳检查;检查隐蔽工程验收记录和施工记录	

2)一般项目检验标准应符合表 14-34 的规定。

表 14-34　　　　　　　　　　　　　　一般项目检验

序号	项目	合格质量标准	检验方法	检查数量
1	饰面材料表面质量	饰面材料表面应洁净、色泽一致,不得有翘曲、裂缝及缺损。饰面板与明龙骨的搭接应平整、吻合,压条应平直、宽窄一致	观察;尺量检查	同主控项目
2	灯具等设备	饰面板上的灯具、烟感器、喷淋头、风口箅子等设备的位置应合理、美观,与饰面板的交接应吻合、严密	观察	
3	龙骨接缝	金属龙骨的接缝应平整、吻合、颜色一致,不得有划伤、擦伤等表面缺陷。木质龙骨应平整、顺直,无劈裂	观察	

序号	项　目	合格质量标准	检验方法	检查数量
4	填充材料	吊顶内填充吸声材料的品种和铺设厚度应符合设计要求,并应有防散落措施	检查隐蔽工程验收记录和施工记录	同主控项目
5	允许偏差	明龙骨吊顶工程安装的允许偏差和检验方法应符合表14-35的规定	见表14-35	

3)允许偏差应符合表14-35的规定。

表14-35　　　　　明龙骨吊顶工程安装的允许偏差和检验方法

项次	项　目	允许偏差(mm)				检验方法
		石膏板	金属板	矿棉板	塑料板、玻璃板	
1	表面平整度	3	2	3	2	用2m靠尺和塞尺检查
2	接缝直线度	3	2	3	3	拉5m线,不足5m拉通线,用钢直尺检查
3	接缝高低差	1	1	2	1	用钢直尺和塞尺检查

注:本表摘自《建筑装饰装修工程质量验收规范》(GB 50210—2001)。

(2)验收资料。

1)吊顶工程的施工图、设计说明及其他设计文件。

2)材料的产品合格证书、性能检测报告、进场验收记录和复验报告。

3)隐蔽工程验收记录。

4)施工记录。

第四节　轻质隔墙工程

一、板材隔墙工程

1.监理巡视与检查

(1)弹线必须准确,经复验后方可进行下道工序。

(2)墙位楼地面应凿毛,并清扫干净,用水湿润。

(3)安装条板应从门旁用整块板开始,收口处可根据需要随意锯开再拼装粘结,但不应放在门边。

(4)安装前在条板的顶面和侧面涂满108胶水泥砂浆,先推紧侧面,再顶牢顶面,在条板下两侧各1/3处垫两组木楔,并用靠尺检查,然后在下端浇筑硬性细石混凝土。

(5)在安装石膏空心条板时,为防止其板底端吸水,可先涂刷甲基硅醇钠溶液防潮涂料。

(6)用铝合金条板装饰墙面时,可用螺钉直接固定在结构层上,也可用锚固件悬挂或嵌卡的方法,将板固定在墙筋上。

2. 监理验收

(1)验收标准。

1)主控项目检验标准应符合表 14-36 的规定。

表 14-36   主控项目检验

序号	项 目	合格质量标准	检验方法	检查数量
1	板材质量	隔墙板材的品种、规格、性能、颜色应符合设计要求。有隔声、隔热、阻燃、防潮等特殊要求的工程,板材应有相应性能等级的检测报告	观察;检查产品合格证书、进场验收记录和性能检测报告	每个检验批应至少抽查10%,并不得少于3间;不足3间时应全数检查
2	预埋体、连接件	安装隔墙板材所需预埋件、连接件的位置、数量及连接方法应符合设计要求	观察;尺量检查;检查隐蔽工程验收记录	
3	安装质量	隔墙板材安装必须牢固。现制钢丝网水泥隔墙与周边墙体的连接方法应符合设计要求,并应连接牢固	观察;手扳检查	
4	接缝材料、方法	隔墙板材所用接缝材料的品种及接缝方法应符合设计要求	观察;检查产品合格证书和施工记录	

2)一般项目检验标准应符合表 14-37 的规定。

表 14-37   一般项目检验

序号	项 目	合格质量标准	检验方法	检查数量
1	安装位置	隔墙板材安装应垂直、平整、位置正确,板材不应有裂缝或缺损	观察;尺量检查	同主控项目
2	表面质量	板材隔墙表面应平整光滑、色泽一致、洁净;接缝应均匀、顺直	观察;手摸检查	
3	孔洞、槽、盒	隔墙上的孔洞、槽、盒应位置正确、套割方正、边缘整齐	观察	
4	允许偏差	板材隔墙安装的允许偏差和检验方法应符合表 14-38 的规定	见表 14-38	

3)允许偏差应符合表 14-38 的规定。

表 14-38　　　　　板材隔墙安装的允许偏差和检验方法

项次	项　目	允许偏差(mm)				检验方法
		复合轻质墙板		石膏空心板	钢丝网水泥板	
		金属夹芯板	其他复合板			
1	立面垂直度	2	3	3	3	用 2m 垂直检测尺检查
2	表面平整度	2	3	3	3	用 2m 靠尺和塞尺检查
3	阴阳角方正	3	3	3	4	用直角检测尺检查
4	接缝高低差	1	2	2	3	用钢直尺和塞尺检查

注：本表摘自《建筑装饰装修工程质量验收规范》(GB 50210—2001)。

(2)验收资料。

1)轻质隔墙工程的施工图、设计说明及其他设计文件。

2)材料的产品合格证书、性能检测报告、进场验收记录和复验报告。

3)隐蔽工程验收记录。

4)施工记录。

二、骨架隔墙工程

1. 监理巡视与检查

(1)隔断龙骨安装。

1)当选用支撑卡系列龙骨时,应先将支撑卡安装在竖向龙骨的开口上,卡距为 400～600mm,距龙骨两端的为 20～25mm。

2)选用通贯系列龙骨时,高度低于 3m 的隔墙安装一道;3～5m 时安装两道;5m 以上时安装三道。

3)门窗或特殊节点处,应使用附加龙骨,加强其安装应符合设计要求。

4)隔断的下端如用木踢脚板覆盖,隔断的罩面板下端应离地面 20～30mm;如用大理石、水磨石踢脚时,罩面板下端应与踢脚板上口齐平,接缝要严密。

(2)石膏板安装。

1)石膏板应采用自攻螺钉固定。周边螺钉的间距不应大于 200mm,中间部分螺钉的间距不应大于 300mm,螺钉与板边缘的距离应为 10～16mm。

2)安装石膏板时,应从板的中部开始向板的四边固定。钉头略埋入板内,但不得损坏纸面;钉眼应用石膏腻子抹平。

3)石膏板应按框格尺寸裁割准确;就位时应与框格靠紧,但不得强压。

4)隔墙端部的石膏板与周围的墙或柱应留有 3mm 的槽口。施铺罩面板时,应先在槽口处加注嵌缝膏,然后铺板并挤压嵌缝膏使面板与邻近表层接触紧密。

5)在丁字型或十字型相接处,如为阴角应用腻子嵌满,贴上接缝带,如为阳角应做护角。

6)石膏板的接缝,一般应 3~6mm 缝,必须坡口与坡口相接。

(3)铝合金装饰条板安装。用铝合金条板装饰墙面时,可用螺钉直接固定在结构层上,也可用锚固件悬挂或嵌卡的方法,将板固定在轻钢龙骨上,或将板固定在墙筋上。

(4)细部处理。墙面安装胶合板时,阳角处应做护角,以防板边角损坏,阳角的处理应采用刨光起线的木质压条,以增加装饰。

2. 监理验收

(1)验收标准。

1)主控项目检验标准应符合表 14-39 的规定。

表 14-39　　　　　　　　　　　　　　主控项目检验

序号	项目	合格质量标准	检验方法	检查数量
1	材料质量	骨架隔墙所用龙骨、配件、墙面板、填充材料及嵌缝材料的品种、规格、性能和木材的含水率应符合设计要求。有隔声、隔热、阻燃、防潮等特殊要求的工程,材料应有相应性能等级的检测报告	观察;检查产品合格证书、进场验收记录、性能检测报告和复验报告	每个检验批应至少抽查10%,并不得少于3间;不足3间时应全数检查
2	龙骨连接	骨架隔墙工程边框龙骨必须与基体结构连接牢固,并应平整、垂直、位置正确	手扳检查;尺量检查;检查隐蔽工程验收记录	
3	龙骨间距及构造连接	骨架隔墙中龙骨间距和构造连接方法应符合设计要求。骨架内设备管线的安装、门窗洞口等部位加强龙骨应安装牢固、位置正确,填充材料的设置应符合设计要求	检查隐蔽工程验收记录	
4	防火、防腐	木龙骨及木墙面板的防火和防腐处理必须符合设计要求	检查隐蔽工程验收记录	
5	墙面板安装	骨架隔墙的墙面板应安装牢固,无脱层、翘曲、折裂及缺损	观察;手扳检查	
6	墙面板接缝材料及方法	墙面板所用接缝材料的接缝方法应符合设计要求	观察	

2)一般项目检验标准应符合表 14-40 的规定。

表 14-40　　　　　　　　　　一般项目检验

序号	项　目	合格质量标准	检验方法	检查数量
1	表面质量	骨架隔墙表面应平整光滑、色泽一致、洁净、无裂缝,接缝应均匀、顺直	观察;手摸检查	同主控项目
2	孔洞、槽、盒要求	骨架隔墙上的孔洞、槽、盒应位置正确、套割吻合、边缘整齐	观察	
3	填充材料要求	骨架隔墙内的填充材料应干燥,填充应密实、均匀、无下坠	轻敲检查;检查隐蔽工程验收记录	
4	安装允许偏差	骨架隔墙安装的允许偏差和检验方法应符合表 14-41 的规定	见表 14-41	

3)允许偏差应符合表 14-41 的规定。

表 14-41　　　　　　　骨架隔墙安装的允许偏差和检验方法

项次	项目	允许偏差(mm)		检验方法
		纸面石膏板	人造木板、水泥纤维板	
1	立面垂直度	3	4	用 2m 垂直检测尺检查
2	表面平整度	3	3	用 2m 靠尺和塞尺检查
3	阴阳角方正	3	3	用直角检测尺检查
4	接缝直线度	—	3	拉 5m 线,不足 5m 拉通线,用钢直尺检查
5	压条直线度	—	3	拉 5m 线,不足 5m 拉通线,用钢直尺检查
6	接缝高低差	1	1	用钢直尺和塞尺检查

注:本表摘自《建筑装饰装修工程质量验收规范》(GB 50210—2001)。

(2)验收资料。

1)轻质隔墙工程的施工图、设计说明及其他设计文件。

2)材料的产品合格证书、性能检测报告、进场验收记录和复验报告。

3)隐蔽工程验收记录。

4)施工记录。

三、活动隔墙工程

1. 监理巡视与检查

(1)活动隔墙安装后必须能重复及动态使用,同时必须保证使用的安全性和灵活性。

(2)推拉式活动隔墙的轨道必须平直,安装后,应该推拉平稳、灵活、无噪声,不得有弹跳卡阻现象。

(3)施工过程中,应做好成品保护,防止已施工完的地面、隔墙受损。

2. 监理验收

(1)验收标准。

1)主控项目检验标准应符合表 14-42 的规定。

表 14-42　　　　　　　　　　　　主控项目检验

序号	项　目	合格质量标准	检验方法	检查数量
1	材料质量	活动隔墙所用墙板、配件等材料的品种、规格、性能和木材的含水率应符合设计要求。有阻燃、防潮等特性要求的工程,材料应有相应性能等级的检测报告	观察;检查产品合格证书、进场验收记录、性能检测报告和复验报告	每个检验批应至少抽查20%,并不得少于6间;不足 6 间时应全数检查
2	轨道安装	活动隔墙轨道必须与基体结构连接牢固,并应位置正确	尺量检查;手扳检查	
3	构配件安装	活动隔墙用于组装、推拉和制动的构配件必须安装牢固、位置正确,推拉必须安全、平稳、灵活	尺量检查;手扳检查;推拉检查	
4	制作方法、组合方式	活动隔墙制作方法、组合方式应符合设计要求	观察	

2)一般项目检验应符合表 14-43 的规定。

表 14-43　　　　　　　　　　　　一般项目检验

序号	项　目	合格质量标准	检验方法	检查数量
1	表面质量	活动隔墙表面应色泽一致、平整光滑、洁净、线条应顺直、清晰	观察;手摸检查	同 主 控项目
2	孔洞、槽、盒要求	活动隔墙上的孔洞、槽、盒应位置正确、套割吻合、边缘整齐	观察;尺量检查	
3	隔墙推拉	活动隔墙推拉应无噪声	推拉检查	
4	安装允许偏差	活动隔墙安装的允许偏差和检验方法应符合表 14-44 的规定	见表 14-44	

3)允许偏差应符合表 14-44 的规定。

表 14-44　　　　　　　活动隔墙安装的允许偏差和检验方法

项次	项　目	允许偏差(mm)	检验方法
1	立面垂直度	3	用 2m 垂直检测尺检查
2	表面平整度	2	用 2m 靠尺和塞尺检查
3	接缝直线度	3	拉 5m 线,不足 5m 拉通线,用钢直尺检查
4	接缝高低差	2	用钢直尺和塞尺检查
5	接缝宽度	2	用钢直尺检查

注:本表摘自《建筑装饰装修工程质量验收规范》(GB 50210—2001)。

(2)验收资料。

1)轻质隔墙工程的施工图、设计说明及其他设计文件。

2)材料的产品合格证书、性能检测报告、进场验收记录和复验报告。

3)隐蔽工程验收记录。

4)施工记录。

四、玻璃隔墙工程

1. 监理巡视与检查

(1)玻璃隔墙的固定框通常有木框、铝合金框、金属框(如角铁、槽钢等)或木框外包金属装饰板等。固定框的形式四周均有档子组成的封闭框,或只有上下档子的固定框(常用于无框玻璃门的玻璃隔墙中)。

(2)玻璃与固定框的结合不能太紧密,玻璃放入固定框时,应设置橡胶支承垫块和定位块,支承块的长度不得小于 50mm,宽度应等于玻璃厚度加上前部余隙和后部余隙,厚度应等于边缘余隙。

(3)安装好的玻璃应平整、牢固,不得有松动现象;密封条与玻璃、玻璃槽口的接触应紧密、平整,并不得露在玻璃槽口外面。

(4)用橡胶垫镶嵌的玻璃,橡胶垫应与裁口、玻璃及压条紧贴,并不得露在压条外面;密封胶与玻璃、玻璃槽口的边缘应粘结牢固,接缝齐平。

(5)玻璃隔断安装完毕后,应在玻璃单侧或双侧设置护栏或摆放花盆等装饰物,或在玻璃表面,距地面 1500～1700mm 处设置醒目彩条或文字标志,以避免人体直接冲击玻璃。

2. 监理验收

(1)验收标准。

1)主控项目检验标准应符合表 14-45 的规定。

表 14-45　　　　　　　　　　　　　　**主控项目检验**

序号	项 目	合格质量标准	检验方法	检查数量
1	材料质量	玻璃隔墙工程所用材料的品种、规格、性能、图案和颜色应符合设计要求。玻璃板隔墙应使用安全玻璃	观察;检查产品合格证书、进场验收记录和性能检测报告	每个检验批应至少抽查20%,并不得少于6间;不足6间时应全数检查
2	砌筑或安装	玻璃砖隔墙的砌筑或玻璃板隔墙的安装方法应符合设计要求	观察	
3	砖隔墙拉结筋	玻璃砖隔墙砌筑中埋设的拉结筋必须与基体结构连接牢固,并应位置正确	手扳检查;尺量检查;检查隐蔽工程验收记录	
4	板隔墙安装	玻璃板隔墙的安装必须牢固。玻璃板隔墙胶垫的安装应正确	观察;手推检查;检查施工记录	

2)一般项目检验标准应符合表 14-46 的规定。

表 14-46　　　　　　　　　　　　　　**一般项目检验**

序号	项 目	合格质量标准	检验方法	检查数量
1	表面质量	玻璃隔墙表面应色泽一致、平整洁净、清晰美观	观察	同主控项目
2	接缝	玻璃隔墙接缝应横平竖直,玻璃应无裂痕、缺损和划痕	观察	
3	嵌缝及勾缝	玻璃板隔墙嵌缝及玻璃砖隔墙勾缝应密实平整、均匀顺直、深浅一致	观察	
4	安装允许偏差	玻璃隔墙安装的允许偏差和检验方法应符合表 14-47 的规定	见表 14-47	

3)允许偏差应符合表 14-47 的规定。

表 14-47　　　　　　　**玻璃隔墙安装的允许偏差和检验方法**

项次	项 目	允许偏差(mm)		检验方法
		玻璃砖	玻璃板	
1	立面垂直度	3	2	用2m垂直检测尺检查
2	表面平整度	3		用2m靠尺和塞尺检查
3	阴阳角方正	—	2	用直角检测尺检查

续表

项次	项目	允许偏差(mm)		检验方法
		玻璃砖	玻璃板	
4	接缝直线度	—	2	拉5m线,不足5m拉通线,用钢直尺检查
5	接缝高低差	3	2	用钢直尺和塞尺检查
6	接缝宽度	—	1	用钢直尺检查

注:本表摘自《建筑装饰装修工程质量验收规范》(GB 50210—2001)。

(2)验收资料。

1)轻质隔墙工程的施工图、设计说明及其他设计文件。

2)材料的产品合格证书、性能检测报告、进场验收记录和复验报告。

3)隐蔽工程验收记录。

4)施工记录。

第五节 饰面板(砖)工程

一、饰面板安装工程

1. 监理巡视要点

(1)饰面板(砖)在搬运中应轻拿轻放,以防止棱角损坏、板(砖)断裂,堆放时要竖直堆放,避免碰撞。

(2)光面、镜面饰面板在搬运时要光面(镜面)对光面(镜面),并衬好软纸,以避免损伤光面(镜面),大理石、花岗石不宜采用易褪色的材料包装。

(3)饰面板所用锚固件及连接件一般用镀锌铁件或连接件作防腐处理。镜面和光面的大理石、花岗石饰面应用铜或不锈钢制品连接件。

(4)在砖墙墙面上采用干挂法施工时,饰面板应安装在金属骨架上,金属骨架通常用镀锌角钢根据设计要求及饰面板尺寸加工制作,并与砖墙上的预埋铁焊牢。

(5)金属饰面板应自下而上逐排安装。采用单面施工的钩形螺栓准确固定,螺栓的位置应横平竖直。在室外金属饰面板用螺钉拧到型钢或木龙骨上,在室内一般都将板条卡在特制的龙骨上。为了保证安装质量,在施工中应经常吊线检查。板间缝隙为10~20mm,用橡胶条或密封胶弹性材料处理。

(6)金属饰面板安装完毕,要十分注意成品保护,不仅要用塑料薄膜覆盖保护,对易被划、碰的部位,应设安全栏杆保护。

(7)塑料贴面装饰板安装应符合下列要求:

1)宜用细齿木工锯、用刨子加以修边,如需钉钉或螺钉时,应用钻从板正面钻孔。

2)厚度小于 2mm 的塑料贴面装饰板,必须将其胶贴在胶合板、细木工板、纤维板等板材上,以增大幅面刚度、便于使用。

2. 监理验收

(1)验收标准。

1)主控项目检验标准应符合表 14-48 的规定。

表 14-48　　　　　　　　　　　　　主控项目检验

序号	项 目	合格质量标准	检验方法	检查数量
1	材料质量	饰面板的品种、规格、颜色和性能应符合设计要求,木龙骨、木饰面板和塑料饰面板的燃烧性能等级应符合设计要求	观察;检查产品合格证书、进场验收记录和性能检测报告	室内每个检验批应至少抽查 10%,并不得少于 3 间;不足 3 间时应全数检查。
2	饰面板孔、槽	饰面板孔、槽的数量、位置和尺寸应符合设计要求	检查进场验收记录和施工记录	
3	饰面板安装	饰面板安装工程的预埋件(或后置埋件)、连接件的数量、规格、位置、连接方法和防腐处理必须符合设计要求。后置埋件的现场拉拔强度必须符合设计要求。饰面板安装必须牢固	手扳检查;检查进场验收记录、现场拉拔检测报告、隐蔽工程验收记录和施工记录	室外每个检验批 每 100m² 应至少抽查一处,每处不得小于 10m²

2)一般项目检验标准应符合表 14-49 的规定。

表 14-49　　　　　　　　　　　　　一般项目检验

序号	项 目	合格质量标准	检验方法	检查数量
1	饰面板表面质量	饰面板表面应平整、洁净、色泽一致,无裂痕和缺损。石材表面应无泛碱等污染	观察	同主控项目
2	饰面板嵌缝	饰面板嵌缝应密实、平直,宽度和深度应符合设计要求,嵌填材料色泽一致	观察;尺量检查	
3	湿作业施工	采用湿作业法施工的饰面板工程,石材应进行防碱背涂处理。饰面板与基体之间的灌注材料应饱满、密实	用小锤轻击检查;检查施工记录	
4	饰面板孔洞套割	饰面板上的孔洞应套割吻合,边缘应整齐	观察	
5	安装允许偏差	饰面板安装的允许偏差和检验方法应符合表 14-50 的规定	见表 14-50	

3)允许偏差应符合表 14-50 的规定。

表 14-50　　　　　　　　饰面板安装的允许偏差和检验方法

项次	项 目	允许偏差/mm							检验方法
		石材			瓷板	木材	塑料	金属	
		光面	剁斧石	蘑菇石					
1	立面垂直度	2	3	3	2	1.5	2	2	用 2m 垂直检测尺检查
2	表面平整度	2	3	—	1.5	1	3	3	用 2m 靠尺和塞尺检查
3	阴阳角方正	2	4	4	2	1.5	3	3	用直角检测尺检查
4	接缝直线度	2	4	4	2	1	1	1	拉 5m 线,不足5m 拉通线,用钢直尺检查
5	墙裙、勒脚上口直线度	2	3	3	2	2	2	2	拉 5m 线,不足5m 拉通线,用钢直尺检查
6	接缝高低差	0.5	3	—	0.5	0.5	1	1	用钢直尺和塞尺检查
7	接缝宽度	1	2	2	1	1	1	1	用钢直尺检查

注:本表摘自《建筑装饰装修工程质量验收规范》(GB 50210—2001)。

(2)验收资料。

1)饰面板(砖)工程的施工图、设计说明及其他设计文件。

2)材料的产品合格证书、性能检测报告、进场验收记录和复验报告。

3)后置埋件的现场拉拔检测报告。

4)外墙饰面砖样板件的粘结强度检测报告。

5)隐蔽工程验收记录。

6)施工记录。

二、饰面砖粘贴工程

1. 监理巡视与检查

(1)基层应潮湿,并涂抹 1:3 水泥砂浆找平层。如在金属网上涂抹时,砂浆厚度为 15～20mm。

(2)基层表面如有管线、灯具、卫生设备等突出物,周围的砖应用整砖套割吻合,不得用非整砖拼凑镶贴。

(3)粘贴室内面砖时一般由下往上逐层粘贴,从阳角起贴,先贴大面,后贴阴阳角、凹槽等难度较大的部位。每皮砖上口平齐成一线,竖缝应单边接墙上控制线齐直,砖缝应横平竖直。

(4)粘贴室外面砖时,水平缝用嵌缝条控制(应根据设计要求排砖确定的缝宽做嵌缝木条),使用前木条应先捆扎后用水浸泡,以保证缝格均匀。施工中每次重复使用木条前都要及时消除余灰。

(5)饰面板(砖)工程的抗震缝、伸缩缝、沉降缝等部位的处理应保证缝的使用功能和饰面的完整性。

2. 监理验收

(1)验收标准。

1)主控项目检验标准应符合表 14-51 的规定。

表 14-51　　　　　　　　　　　　主控项目检验

序号	项目	合格质量标准	检验方法	检查数量
1	饰面砖质量	饰面砖的品种、规格、图案、颜色和性能应符合设计要求	观察;检查产品合格证书、进场验收记录、性能检测报告和复验报告	室内每个检验批应至少抽查 10%,并不得少于 3 间;不足 3 间时应合数检查　室外每个检验批每 100m² 应至少抽查一处,每处不得小于 10m²
2	饰面砖粘贴材料	饰面砖粘贴工程的找平、防水、粘结和勾缝材料及施工方法应符合设计要求及国家现行产品标准和工程技术标准的规定	检查产品合格证书、复验报告和隐蔽工程验收记录	
3	饰面砖粘贴	饰面砖粘贴必须牢固	检查样板件粘结强度检测报告和施工记录	
4	满黏法施工	满黏法施工的饰面砖工程应无空鼓、裂缝	观察;用小锤轻击检查	

2)一般项目检验标准应符合表 14-52 的规定。

表 14-52 一般项目检验

序号	项 目	合格质量标准	检验方法	检查数量
1	饰面砖表面质量	饰面砖表面应平整、洁净、色泽一致,无裂痕和缺损	观察	同主控项目
2	阴阳角及非整砖	阴阳角处搭接方式、非整砖使用部位应符合设计要求	观察	
3	墙面突出物	墙面突出物周围的饰面砖应整砖套割吻合,边缘应整齐。墙裙、贴脸突出墙面的厚度应一致	观察;尺量检查	
4	饰面砖接缝、填嵌、宽深	饰面砖接缝应平直、光滑,填嵌应连续、密实;宽度和深度应符合设计要求	观察;尺量检查	
5	滴水线	有排水要求的部位应做滴水线(槽)。滴水线(槽)应顺直,流水坡向应正确,坡度应符合设计要求	观察;用水平尺检查	
6	允许偏差	饰面砖粘贴的允许偏差和检验方法应符合表 14-53 的规定	见表 14-53	

3)允许偏差应符合表 14-53 的规定。

表 14-53 饰面砖粘贴的允许偏差和检验方法

项次	项 目	允许偏差(mm)		检验方法
		外墙面砖	内墙面砖	
1	立面垂直度	3	2	用 2m 垂直检测尺检查
2	表面平整度	4	3	用 2m 靠尺和塞尺检查
3	阴阳角方正	3	3	用直角检测尺检查
4	接缝直线度	3	2	拉 5m 线,不足 5m 拉通线,用钢直尺检查
5	接缝高低差	1	0.5	用钢直尺和塞尺检查
6	接缝宽度	1	1	用钢直尺检查

注:本表摘自《建筑装饰装修工程质量验收规范》(GB 50210—2001)。

(2)验收资料。

1)饰面板(砖)工程的施工图、设计说明及其他设计文件。

2)材料的产品合格证书、性能检测报告、进场验收记录和复验报告。

3)后置埋件的现场拉拔检测报告。

4)外墙饰面砖样板件的粘贴强度检测报告。

5)隐蔽工程验收记录。

6)施工记录。

第六节　幕墙工程

一、玻璃幕墙工程

1. 监理巡视与检查

(1)玻璃与构件不得直接接触。每块玻璃下部应设不少于两块弹性定位垫块;垫块宽度同槽口,长度≮100mm;玻璃两边嵌入量及空隙应符合设计要求。

(2)隐框、半隐框幕墙构件中板材与金属框之间硅酮结构密封胶的粘结宽度,应分别计算风荷载标准值和板材自重标准值作用下硅酮结构密封胶的粘结宽度,并取其较大值,且不得小于7.0mm。

(3)耐候硅酮密封胶的施工厚度应>3.5mm,施工宽度不应小于施工厚度的2倍;较深的密封槽口底部应采用聚乙烯发泡材料填塞。

(4)硅酮结构密封胶应打注饱满,并应在温度15~30℃、相对湿度50%以上、洁净的室内进行;不得在现场墙上打注。

(5)玻璃幕墙的构件、玻璃和密封等应制定保护措施,不得发生碰撞变形、变色、污染和排水管堵塞等现象。黏附物应及时消除,清洁剂不得产生腐蚀和污染。

(6)幕墙的抗震缝、伸缩缝、沉降缝等部位的处理应保证缝的使用功能和饰面的完整性。

2. 监理验收

(1)验收标准。

1)主控项目检验标准应符合表14-54的规定。

表 14-54　　　　　　　　　　　　　主控项目检验

序号	项　目	合格质量标准	检验方法	检查数量
1	各种材料、构件、组件	玻璃幕墙工程所使用的各种材料、构件和组件的质量,应符合设计要求及国家现行产品标准和工程技术规范的规定	检查材料、构件、组件的产品合格证书,进场验收记录、性能检测报告和材料的复验报告	(1)每个检验批每100m² 应至少抽查一处,每处不得小于 10m² (2)对于异型或有特殊要求的幕墙工程,应根据幕墙的结构和工艺特点,由监理单位(或建设单位)和施工单位协商确定
2	造型和立面分格	玻璃幕墙的造型和立面分格应符合设计要求	观察;尺量检查	
3	玻璃	玻璃幕墙使用的玻璃应符合下列规定: (1)幕墙应使用安全玻璃,玻璃的品种、规格、颜色、光学性能及安装方向应符合设计要求。 (2)幕墙玻璃的厚度不应小于 6.0mm。全玻幕墙肋玻璃的厚度应不小于12mm。 (3)幕墙的中空玻璃应采用双道密封。明框幕墙的中空玻璃应采用聚硫密封胶及丁基密封胶;隐框和半隐框幕墙的中空玻璃应采用硅酮结构密封胶及丁基密封胶;镀膜面应在中空玻璃的第 2 或第 3 面上。 (4)幕墙的夹层玻璃应采用聚乙烯醇缩丁醛(PVB)胶片干法加工合成的夹层玻璃。点支承玻璃幕墙夹层玻璃的夹层胶片(PVB)厚度应不小于 0.76mm。 (5)钢化玻璃表面不得有损伤;8.0mm 以下的钢化玻璃应进行引爆处理。 (6)所有幕墙玻璃均应进行边缘处理	观察;尺量检查	
4	与主体结构连接件	玻璃幕墙与主体结构连接的各种预埋件、连接件、紧固件必须安装牢固,其数量、规格、位置、连接方法和防腐处理应符合设计要求	观察;检查隐蔽工程验收记录和施工记录	
5	螺栓防松及焊接连接	各种连接件、紧固件的螺栓应有防松动措施;焊接连接应符合设计要求和焊接规范的规定	观察;检查隐蔽工程验收记录和施工记录	
6	玻璃下端托条	隐框或半隐框玻璃幕墙,每块玻璃下端应设置两个铝合金或不锈钢托条,其长度应不小于 100mm,厚度应不小于 2mm,托条外端应低于玻璃外表面2mm	观察;检查施工记录	

序号	项　目	合格质量标准	检验方法	检查数量
7	明框幕墙玻璃安装	明框玻璃幕墙的玻璃安装应符合下列规定： （1）玻璃槽口与玻璃的配合尺寸应符合设计要求和技术标准的规定。 （2）玻璃与构件不得直接接触，玻璃四周与构件凹槽底部应保持一定的空隙，每块玻璃下部应至少放置两块宽度与槽口宽度相同、长度不小于100mm的弹性定位垫块；玻璃两边嵌入量及空隙应符合设计要求。 （3）玻璃四周橡胶条的材质、型号应符合设计要求，镶嵌应平整，橡胶条长度应比边框内槽长1.5%～2.0%，橡胶条在转角处应斜面断开，并应用粘结剂粘结牢固后嵌入槽内	观察；检查施工记录	（1）每个检验批每100m²应至少抽查一处，每处不得小于10m² （2）对于异型或有特殊要求的幕墙工程，应根据幕墙的结构和工艺特点，由监理单位（或建设单位）和施工单位协商确定
8	超过4m高全玻璃幕墙安装	高度超过4m的全玻幕墙应吊挂在主体结构上，吊夹具应符合设计要求，玻璃与玻璃、玻璃与玻璃肋之间的缝隙，应采用硅酮结构密封胶填嵌严密	观察；检查隐蔽工程验收记录和施工记录	
9	点支承幕墙安装	点支承玻璃幕墙应采用带万向头的活动不锈钢爪，其钢爪间的中心距离应大于250mm	观察；尺量检查	
10	细部	玻璃幕墙四周、玻璃幕墙内表面与主体结构之间的连接节点、各种变形缝、墙角的连接节点应符合设计要求和技术标准的规定	观察；检查隐蔽工程验收记录和施工记录	
11	幕墙防水	玻璃幕墙应无渗漏	在易渗漏部位进行淋水检查	
12	结构胶、密封胶打注	玻璃幕墙结构胶和密封胶的打注应饱满、密实、连续、均匀、无气泡，宽度和厚度应符合设计要求和技术标准的规定	观察；尺量检查；检查施工记录	
13	幕墙开启窗	玻璃幕墙开启窗的配件应齐全，安装应牢固，安装位置和开启方向、角度应正确；开启应灵活，关闭应严密	观察；手扳检查；开启和关闭检查	
14	防雷装置	玻璃幕墙的防雷装置必须与主体结构的防雷装置可靠连接	观察；检查隐蔽工程验收记录和施工记录	

2)一般项目检验应符合表 14-55～表 14-57 的规定。

表 14-55　　　　　　　　　　　　一般项目检验

序号	项　目	合格质量标准	检验方法	检查数量
1	表面质量	玻璃幕墙表面应平整、洁净；整幅玻璃的色泽应均匀一致；不得有污染和镀膜损坏	观察	同主控项目
2	玻璃表面质量	每平方米玻璃的表面质量和检验方法应符合表 14-56 的规定	见表 14-56	
3	铝合金型材表面质量	一个分格铝合金型材的表面质量和检验方法应符合表 14-57 的规定	见表 14-57	
4	明框外露框或压条	明框玻璃幕墙的外露框或压条应横平竖直、颜色、规格应符合设计要求，压条安装应牢固。单元玻璃幕墙的单元拼缝或隐框玻璃幕墙的分格玻璃拼缝应横平竖直、均匀一致	观察；手扳检查；检查进场验收记录	
5	密封胶缝	玻璃幕墙的密封胶缝应横平竖直、深浅一致、宽窄均匀、光滑顺直	观察；手摸检查	
6	防火、保温材料	防火、保温材料填充应饱满、均匀，表面应密实、平整	检查隐蔽工程验收记录	
7	隐蔽节点	玻璃幕墙隐蔽节点的遮封装修应牢固、整齐、美观	观察；手扳检查	
8	明框幕墙安装允许偏差	明框玻璃幕墙安装的允许偏差和检验方法应符合表 14-58 的规定	见表 14-58	
9	隐框、半隐框玻璃幕墙安装允许偏差	隐框、半隐框玻璃幕墙安装的允许偏差和检验方法应符合表 14-59 的规定	见表 14-59	

表 14-56　　　　　　每平方米玻璃的表面质量和检验方法

项次	项　目	质量要求	检验方法
1	明显划伤和长度＞100mm 的轻微划伤	不允许	观察
2	长度≤100mm 的轻微划伤	≤8 条	用钢尺检查
3	擦伤总面积	≤500mm²	用钢尺检查

注：本表摘自《建筑装饰装修工程质量验收规范》(GB 50210—2001)。

表 14-57 一个分格铝合金型材的表面质量和检验方法

项次	项 目	质量要求	检验方法
1	明显划伤和长度＞100mm 的轻微划伤	不允许	观察
2	长度≤100mm 的轻微划伤	≤2 条	用钢尺检查
3	擦伤总面积	≤500mm²	用钢尺检查

注:本表摘自《建筑装饰装修工程质量验收规范》(GB 50210—2001)。

3)允许偏差应符合表 14-58 和表 14-59 的规定。

表 14-58 明框玻璃幕墙安装的允许偏差和检验方法

项次	项 目		允许偏差 (mm)	检验方法
1	幕墙垂直度	幕墙高度≤30m	10	用经纬仪检查
		30m＜幕墙高度≤60m	15	
		60m＜幕墙高度≤90m	20	
		幕墙高度＞90m	25	
2	幕墙水平度	幕墙幅宽≤35m	5	用水平仪检查
		幕墙幅宽＞35m	7	
3	构件直线度		2	用 2m 靠尺和塞尺检查
4	构件水平度	构件长度≤2m	2	用水平仪检查
		构件长度＞2m	3	
5	相邻构件错位		1	用钢直尺检查
6	分格框对角线长度差	对角线长度≤2m	3	用钢尺检查
		对角线长度＞2m	4	

注:本表摘自《建筑装饰装修工程质量验收规范》(GB 50210—2001)。

表 14-59 隐框、半隐框玻璃幕墙安装的允许偏差和检验方法

项次	项 目		允许偏差 (mm)	检验方法
1	幕墙垂直度	幕墙高度≤30m	10	用经纬仪检查
		30m＜幕墙高度≤60m	15	
		60m＜幕墙高度≤90m	20	
		幕墙高度＞90m	25	
2	幕墙水平度	层高≤3m	3	用水平仪检查
		层高＞3m	5	
3	幕墙表面平整度		2	用 2m 靠尺和塞尺检查
4	板材立面垂直度		2	用垂直检测尺检查
5	板材上沿水平度		2	用 1m 水平尺和钢直尺检查

项次	项　目	允许偏差（mm）	检验方法
6	相邻板材板角错位	1	用钢直尺检查
7	阳角方正	2	用直角检测尺检查
8	接缝直线度	3	拉5m线，不足5m拉通线，用钢直尺检查
9	接缝高低差	1	用钢直尺和塞尺检查
10	接缝宽度	1	用钢直尺检查

注：本表摘自《建筑装饰装修工程质量验收规范》(GB 50210—2001)。

(2)验收资料。

1)幕墙工程的施工图、结构计算书、设计说明及其他设计文件。

2)建筑设计单位对幕墙工程设计的确认文件。

3)幕墙工程所用各种材料、五金配件、构件及组件的产品合格证书、性能检测报告、进场验收记录和复验报告。

4)幕墙工程所用硅酮结构胶的认定证书和抽查合格证明；进口硅酮结构胶的商检证；国家指定检测机构出具的硅酮结构胶相容性和剥离粘结性试验报告；石材用密封胶的耐污染性试验报告。

5)后置埋件的现场拉拔强度检测报告。

6)幕墙的抗风压性能、空气渗透性能、雨水渗透性能及平面变形性能检测报告。

7)打胶、养护环境的温度、湿度记录；双组分硅酮结构胶的混匀性试验记录及拉断试验记录。

8)防雷装置测试记录。

9)隐蔽工程验收记录。

10)幕墙构件和组件的加工制作记录；幕墙安装施工记录。

二、金属幕墙工程

1. 监理巡视与检查

(1)安装前对构件加工精度进行检验，检验合格后方可进行安装。

(2)预埋件安装必须符合设计要求，安装牢固，严禁歪、斜、倾。安装位置偏差控制在允许范围以内。

(3)幕墙立柱与横梁安装应严格控制水平、垂直度以及对角线长度，在安装过程中应反复检查，达到要求后方可进行玻璃的安装。

(4)金属板安装时，应拉线控制相邻玻璃面的水平度、垂直度及大面平整度；用木模板控制缝隙宽度，如有误差应均分在每一条缝隙中，防止误差积累。

(5)进行密封工作前应对密封面进行清扫，并在胶缝两侧的金属板上粘贴保护胶带，防止注胶时污染周围的板面；注胶应均匀、密实、饱满，胶缝表面应光滑；同时应注意注胶方法，防止气泡产生并避免浪费。

(6)清扫时应选用合适的清洗溶剂,清扫工具禁止使用金属物品,以防止损坏金属板或构件表面。

2. 监理验收

(1)验收标准。

1)主控项目检验标准应符合表 14-60 的规定。

表 14-60   主控项目检验

序号	项　目	合格质量标准	检验方法	检查数量
1	材料、配件质量	金属幕墙工程所使用的各种材料和配件,应符合设计要求及国家现行产品标准和工程技术规范的规定	检查产品合格证书、性能检测报告、材料进场验收记录和复验报告	每个检验批每 100m² 应至少抽查一处,每处不得小于 10m²。对于异型或有特殊要求的幕墙工程,应根据幕墙的结构和工艺特点,由监理单位(或建设单位)和施工单位协商确定
2	造型和立面分格	金属幕墙的造型和立面分格应符合设计要求	观察;尺量检查	
3	金属面板质量	金属面板的品种、规格、颜色、光泽及安装方向应符合设计要求	观察;检查进场验收记录	
4	预埋件、后置件	金属幕墙主体结构上的预埋件、后置埋件的数量、位置及后置埋件的拉拔力必须符合设计要求	检查拉拔力检测报告和隐蔽工程验收记录	
5	连接与安装	金属幕墙的金属框架立柱与主体结构预埋件的连接、立柱与横梁的连接、金属面板的安装必须符合设计要求,安装必须牢固	手扳检查;检查隐蔽工程验收记录	
6	防火、保温、防潮材料	金属幕墙的防火、保温、防潮材料的设置应符合设计要求,并应密实、均匀、厚度一致	检查隐蔽工程验收记录	
7	框架及连接件防腐	金属框架及连接件的防腐处理应符合设计要求	检查隐蔽工程验收记录和施工记录	
8	防雷装置	金属幕墙的防雷装置必须与主体结构的防雷装置可靠连接	检查隐蔽工程验收记录	
9	连接节点	各种变形缝、墙角的连接节点应符合设计要求和技术标准的规定	观察;检查隐蔽工程验收记录	
10	板缝注胶	金属幕墙的板缝注胶应饱满、密实、连续、均匀、无气泡,宽度和厚度应符合设计要求和技术标准的规定	观察;尺量检查;检查施工记录	
11	防水	金属幕墙应无渗漏	在易渗漏部位进行淋水检查	

2)一般项目检验标准应符合表 14-61 的规定。

表 14-61 一般项目检验

序号	项 目	合格质量标准	检验方法	检查数量
1	表面质量	金属板表面应平整、洁净、色泽一致	观察	同主控项目
2	压条安装	金属幕墙的压条应平直、洁净、接口严密、安装牢固	观察;手扳检查	
3	密封胶缝	金属幕墙的密封胶缝应横平竖直、深浅一致、宽窄均匀、光滑顺直	观察	
4	滴水线、流水坡	金属幕墙上的滴水线、流水坡向应正确、顺直	观察;用水平尺检查	
5	表面质量	每平方米金属板的表面质量和检验方法应符合表 14-62 的规定	见表 14-62	
6	安装允许偏差	金属幕墙安装的允许偏差和检验方法应符合表 14-62 的规定	见表 14-62	

表 14-62 每平方米金属板的表面质量和检验方法

项次	项 目	质量要求	检验方法
1	明显划伤和长度>100mm 的轻微划伤	不允许	观察
2	长度≤100mm 的轻微划伤	≤8 条	用钢尺检查
3	擦伤总面积	≤500mm²	用钢尺检查

注:本表摘自《建筑装饰装修工程质量验收规范》(GB 50210—2001)。

3)允许偏差应符合表 14-63 的规定。

金属幕墙安装的允许偏差和检验方法(表 14-63)。

表 14-63 金属幕墙安装的允许偏差和检验方法

项次	项 目		允许偏差 (mm)	检验方法
1	幕墙垂直度	幕墙高度≤30m	10	用经纬仪检查
		30m<幕墙高度≤60m	15	
		60m<幕墙高度≤90m	20	
		幕墙高度>90m	25	
2	幕墙水平度	层高≤3m	3	用水平仪检查
		层高>3m	5	
3	幕墙表面平整度		2	用 2m 靠尺和塞尺检查

项次	项　目	允许偏差 (mm)	检验方法
4	板材立面垂直度	3	用垂直检测尺检查
5	板材上沿水平度	2	用1m水平尺和钢直尺检查
6	相邻板材板角错位	1	用钢直尺检查
7	阳角方正	2	用直角检测尺检查
8	接缝直线度	3	拉5m线,不足5m拉通线,用钢直尺检查
9	接缝高低差	1	用钢直尺和塞尺检查
10	接缝宽度	1	用钢直尺检查

注:本表摘自《建筑装饰装修工程质量验收规范》(GB 50210—2001)。

(2)验收资料。

1)幕墙工程的施工图、结构计算书、设计说明及其他设计文件。

2)建筑设计单位对幕墙工程设计的确认文件。

3)幕墙工程所用各种材料、五金配件、构件及组件的产品合格证书、性能检测报告、进场验收记录和复验报告。

4)幕墙工程所用硅酮结构胶的认定证书和抽查合格证明;进口硅酮结构胶的商检证;国家指定检测机构出具的硅酮结构胶相容性和剥离粘结性试验报告;石材用密封胶的耐污染性试验报告。

5)后置埋件的现场拉拔强度检测报告。

6)幕墙的抗风压性能、空气渗漏性能、雨水渗透性能及平面变形性能检测报告。

7)打胶、养护环境的温度、湿度记录;双组分硅酮结构胶的混匀性试验记录及拉断试验记录。

8)防雷装置测试记录。

9)隐蔽工程验收记录。

10)幕墙构件和组件的加工制作记录;幕墙安装施工记录。

三、石材幕墙工程

1. 监理巡视与检查

(1)安装前对构件加工精度进行检验,达到设计及规范要求后方可进行安装。

(2)预埋件安装必须符合设计要求,安装牢固,不应出现歪、斜、倾。安装位置偏差控制在允许范围以内。

(3)石材板安装时,应拉线控制相邻板材面的水平度、垂直度及大面平整度;用木模板控制缝隙宽度,如有误差应均分在每一条缝隙中,防止误差积累。

（4）进行密封工作前应对密封面进行清扫，并在胶缝两侧的石板上粘贴保护胶带，防止注胶时污染周围的板面；注胶应均匀、密实、饱满，胶缝表面应光滑；同时应注意注胶方法，避免浪费。

（5）清扫时应选用合适的清洗溶剂，清扫工具禁止使用金属物品，以防止磨损石板或构件表面。

2. 监理验收

（1）验收标准。

1）主控项目检验标准应符合表 14-64 的规定。

表 14-64　　　　　　　　　　　　主控项目检验

序号	项目	合格质量标准	检验方法	检查数量
1	材料质量	石材幕墙工程所用材料的品种、规格、性能和等级，应符合设计要求及国家现行产品标准和工程技术规范的规定。石材的弯曲强度应不小于 8.0MPa，吸水率应小于 0.8%。石材幕墙的铝合金挂件厚度应不小于 4.0mm，不锈钢挂件厚度应不小于 3.0mm	观察；尺量检查；检查产品合格证书、性能检测报告、材料进场验收记录和复验报告	每个检验批每 100m² 应至少抽查一处，每处不得小于 10m² 对于异型或有特殊要求的幕墙工程，应根据幕墙的结构和工艺特点，由监理单位（或建设单位）和施工单位协商确定
2	外观质量	石材幕墙的造型、立面分格、颜色、光泽、花纹和图案应符合设计要求	观察	
3	石材孔、槽	石材孔、槽的数量、深度、位置、尺寸应符合设计要求	检查进场验收记录或施工记录	
4	预埋件和后置埋件	石材幕墙主体结构上的预埋件和后置埋件的位置、数量及后置埋件的拉拔力必须符合设计要求	检查拉拔力检测报告和隐蔽工程验收记录	
5	构件连接	石材幕墙的金属框架立柱与主体结构预埋件的连接、立柱与横梁的连接、连接件与金属框架的连接、连接件与石材面板的连接必须符合设计要求，安装必须牢固	手扳检查；检查隐蔽工程验收记录	
6	框架和连接件防腐	金属框架和连接件的防腐处理应符合设计要求	检查隐蔽工程验收记录	

序号	项　目	合格质量标准	检验方法	检查数量
7	防雷装置	石材幕墙的防雷装置必须与主体结构防雷装置可靠连接	观察;检查隐蔽工程验收记录和施工记录	每个检验批每100m² 应至少抽查一处,每处不得小于10m² 对于异型或有特殊要求的幕墙工程,应根据幕墙的结构和工艺特点,由监理单位(或建设单位)和施工单位协商确定
8	防火、保温、防潮材料	石材幕墙的防火、保温、防潮材料的设置应符合设计要求,填充应密实、均匀、厚度一致	检查隐蔽工程验收记录	
9	结构变形缝、墙角连接点	各种结构变形缝、墙角的连接节点应符合设计要求和技术标准的规定	检查隐蔽工程验收记录和施工记录	
10	表面和板缝处理	石材表面和板缝的处理应符合设计要求	观察	
11	板缝注胶	石材幕墙的板缝注胶应饱满、密实、连续、均匀、无气泡,板缝宽度和厚度应符合设计要求和技术标准的规定	观察;尺量检查;检查施工记录	
12	防水	石材幕墙应无渗漏	在易渗漏部位进行淋水检查	

2)一般项目检验标准应符合表 14-65 和表 14-66 的规定。

表 14-65　　　　　　　　　　　　　　一般项目检验

序号	项　目	合格质量标准	检验方法	检查数量
1	表面质量	石材幕墙表面应平整、洁净,无污染、缺损和裂痕。颜色和花纹应协调一致,无明显色差,无明显修痕	观察	同 主 控项目
2	压条	石材幕墙的压条应平直、洁净、接口严密、安装牢固	观察;手扳检查	
3	细部质量	石材接缝应横平竖直、宽窄均匀;阴阳角石板压向应正确,板边合缝应顺直;凸凹线出墙厚度应一致,上下口应平直;石材面板上洞口、槽边应套割吻合,边缘应整齐	观察;尺量检查	
4	密封胶缝	石材幕墙的密封胶缝应横平竖直、深浅一致、宽窄均匀、光滑顺直	观察	

续表

序号	项 目	合格质量标准	检验方法	检查数量
5	滴水线	石材幕墙上的滴水线、流水坡向应正确、顺直	观察;用水平尺检查	同主控项目
6	石材表面质量	每平方米石材的表面质量和检验方法应符合表14-66的规定	见表14-66	
7	安装允许偏差	石材幕墙安装的允许偏差和检验方法应符合表14-67的规定	见表14-67	

表14-66　　　　每平方米石材的表面质量和检验方法

项次	项 目	质量要求	检验方法
1	裂痕、明显划伤和长度>100mm的轻微划伤	不允许	观察
2	长度≤100mm的轻微划伤	≤8条	用钢尺检查
3	擦伤总面积	≤500mm²	用钢尺检查

注:本表摘自《建筑装饰装修工程质量验收规范》(GB 50210—2001)。

3)允许偏差应符合表14-67的规定。

表14-67　　　　石材幕墙安装的允许偏差和检验方法

项次	项 目		允许偏差(mm)		检验方法
			光面	麻面	
1	幕墙垂直度	幕墙高度≤30m	10		用经纬仪检查
		30m<幕墙高度≤60m	15		
		60m<幕墙高度≤90m	20		
		幕墙高度>90m	25		
2	幕墙水平度		3		用水平仪检查
3	板材立面垂直度		3		用水平仪检查
4	板材上沿水平度		2		用1m水平尺和钢直尺检查
5	相邻板材板角错位		1		用钢直尺检查
6	幕墙表面平整度		2	3	用垂直检测尺检查
7	阳角方正		2	4	用直角检测尺检查
8	接缝直线度		3	4	拉5m线,不足5m拉通线,用钢直尺检查
9	接缝高低差		1	—	用钢直尺和塞尺检查
10	接缝宽度		1	2	用钢直尺检查

注:本表摘自《建筑装饰装修工程质量验收规范》(GB 50210—2001)。

(2)验收资料。

1)幕墙工程的施工图、结构计算书、设计说明及其他设计文件。

2)建筑设计单位对幕墙工程设计的确认文件。

3)幕墙工程所用各种材料、五金配件、构件及组件的产品合格证书、性能检测报告、进场验收记录和复验报告。

4)幕墙工程所用硅酮结构胶的认定证书和抽查合格证明;进口硅酮结构胶的商检证;国家指定检测机构出具的硅酮结构胶相容性和剥离粘结性试验报告;石材用密封胶的耐污染性试验报告。

5)后置埋件的现场拉拔强度检测报告。

6)幕墙的抗风压性能、空气渗透性能、雨水渗漏性能及平面变形性能检测报告。

7)打胶、养护环境的温度、湿度记录;双组分硅酮结构胶的混匀性试验记录及拉断试验记录。

8)防雷装置测试记录。

9)隐蔽工程验收记录。

10)幕墙构件和组件的加工制作记录;幕墙安装施工记录。

第七节　涂饰工程

一、水性涂料涂饰工程

1. 监理巡视与检查

(1)水性涂料涂饰工程的施工环境温度应在 5～35℃ 之间。

(2)基层表面必须干净、平整。表面麻面等缺陷应用腻子填平并用砂纸磨平磨光。

(3)室外涂饰,同一墙面应用相同的材料和配合比。涂料在施工时,应经常搅拌,每遍涂层不应过厚,涂刷均匀。若分段施工时,其施工缝应留在分格缝、墙的阴阳角处或水落管后。

(4)室内涂饰,一面墙每遍必须一次完成,涂饰上部时,溅到下部的浆点,要用铲刀及时铲除掉,以免妨碍平整美观。

(5)涂层与其他装修材料和设备衔接处应吻合,界面应清晰。

2. 监理验收

(1)验收标准。

1)主控项目检验标准应符合表 14-68 的规定。

表 14-68　　　　　　　　主控项目检验

序号	项目	合格质量标准	检验方法	检查数量
1	材料质量	水性涂料涂饰工程所用涂料的品种、型号和性能应符合设计要求	检查产品合格证书、性能检测报告和进场验收记录	室外涂饰工程每100m² 应至少抽查一处，每处不得小于 10m²　室内涂饰工程每个检验批应至少抽查 10%，并不得少于 3 间；不足 3 间时应全数检查
2	涂饰颜色和图案	水性涂料涂饰工程的颜色、图案应符合设计要求	观察	
3	涂饰综合质量	水性涂料涂饰工程应涂饰均匀、粘结牢固，不得漏涂、透底、起皮和掉粉	观察；手摸检查	
4	基层处理的要求	水性涂料涂饰工程的基层处理应符合基层处理	观察；手摸检查；检查施工记录	

2)一般项目检验标准应符合表 14-69～表 14-72 的规定。

表 14-69　　　　　　　　一般项目检验

序号	项目	合格质量标准	检验方法	检查数量
1	与其他材料和设备衔接处	涂层与其他装修材料和设备衔接处应吻合，界面应清晰	观察	同主控项目
2	薄涂料涂饰质量允许偏差	薄涂料的涂饰质量和检验方法应符合表 14-70 的规定	见表 14-70	
3	厚涂料涂饰质量允许偏差	厚涂料的涂饰质量和检验方法应符合表 14-71 的规定	见表 14-71	
4	复层涂料涂饰质量允许偏差	复层涂料的涂饰质量和检验方法应符合表 14-72 的规定	见表 14-72	

表 14-70　　　　　　　　薄涂料的涂饰质量和检验方法

项次	项目	普通涂饰	高级涂饰	检验方法
1	颜色	均匀一致	均匀一致	观察
2	泛碱、咬色	允许少量轻微	不允许	
3	流坠、疙瘩	允许少量轻微	不允许	
4	砂眼、刷纹	允许少量轻微砂眼，刷纹通顺	无砂眼，无刷纹	
5	装饰线、分色线直线度允许偏差(mm)	2	1	拉5m线，不足5m拉通线，用钢直尺检查

注：本表摘自《建筑装饰装修工程质量验收规范》(GB 50210—2001)。

表 14-71　　　　　　　　　厚涂料的涂饰质量和检验方法

项次	项　目	普通涂饰	高级涂饰	检验方法
1	颜色	均匀一致	均匀一致	
2	泛碱、咬色	允许少量轻微	不允许	观察
3	点状分布	—	疏密均匀	

注:本表摘自《建筑装饰装修工程质量验收规范》(GB 50210—2001)。

表 14-72　　　　　　　　复层涂料的涂饰质量和检验方法

项次	项　目	质量要求	检验方法
1	颜色	均匀一致	
2	泛碱、咬色	不允许	观察
3	喷点疏密程度	均匀,不允许连片	

注:本表摘自《建筑装饰装修工程质量验收规范》(GB 50210—2001)。

(2)验收资料。

1)涂饰工程的施工图、设计说明及其他设计文件。

2)材料的产品合格证书、性能检测报告和进场验收记录。

3)施工记录。

二、溶剂型涂料涂饰工程

1. 监理巡视与检查

(1)混凝土或抹灰基层涂刷溶剂型涂料时,含水率不得大于 8%;木材基层的含水率不得大于 12%。

(2)基层腻子应平整、坚实、牢固、无粉化、起皮和裂缝;内墙腻子的粘结强度应符合《建筑室内用腻子》(JG/T 298)的规定。

(3)一般溶剂型涂料涂饰工程施工时的环境温度不宜低于 10℃,相对湿度不宜大于 60%。遇有大风、雨、雾等情况时,不宜施工(特别是面层涂饰,更不宜施工)。

(4)采用机械喷涂油漆时,应将不涂漆部位遮盖,以防污染。

(5)涂层与其他装修材料和设备衔接处应吻合,界面应清晰。

2. 监理验收

(1)验收标准。

1)主控项目检验标准应符合表 14-73 的规定。

表 14-73　　　　　　　　　　　主控项目检验

序号	项目	合格质量标准	检验方法	检查数量
1	涂料质量	溶剂型涂料涂饰工程所选用涂料的品种、型号和性能应符合设计要求	检查产品合格证书、性能检测报告和进场验收记录	室外涂饰工程每 100m² 应至少检查一处，每处不得小于 10m² 室内涂饰工程每个检验批应至少抽查 10%，并不得少于 3 间；不足 3 间时应全数检查
2	颜色、光泽、图案	溶剂型涂料涂饰工程的颜色、光泽、图案应符合设计要求	观察	
3	涂饰综合质量	溶剂型涂料涂饰工程应涂饰均匀、粘结牢固，不得漏涂、透底、起皮和反锈	观察；手摸检查	
4	基层处理	溶剂型涂料涂饰工程的基层处理应符合以下要求： (1)新建筑物的混凝土或抹灰基层在涂饰涂料前应涂刷抗碱封闭底漆。 (2)旧墙面在涂饰涂料前应清除疏松的旧装修层，并涂刷界面剂。 (3)混凝土或抹灰基层涂刷溶剂型涂料时，含水率不得大于 8%；涂刷乳液型涂料时，含水率不得大于 10%。木材基层的含水率不得大于 12%。 (4)基层腻子应平整、坚实、牢固，无粉化、起皮和裂缝；内墙腻子的粘结强度应符合《建筑室内用腻子》(JG/T 298)的规定。 (5)厨房、卫生间墙面必须使用耐水腻子	观察；手摸检查；检查施工记录	

2)一般项目检验标准应符合表 14-74～表 14-76 的规定。

表 14-74　　　　　　　　　　　一般项目检验

序号	项目	合格质量标准	检验方法	检查数量
1	与其他材料、设备衔接	涂层与其他装修材料和设备衔接处应吻合，界面应清晰	观察	同主控项目
2	色漆涂饰质量	色漆的涂饰质量和检验方法应符合表 14-75 的规定	见表 14-75	
3	清漆涂饰质量	清漆的涂饰质量和检验方法应符合表 14-76 的规定	见表 14-76	

表 14-75   色漆的涂饰质量和检验方法

项次	项　　目	普通涂饰	高级涂饰	检验方法
1	颜色	均匀一致	均匀一致	观察
2	光泽、光滑	光泽基本均匀光滑无挡手感	光泽均匀一致光滑	观察、手摸检查
3	刷纹	刷纹通顺	无刷纹	观察
4	裹棱、流坠、皱皮	明显处不允许	不允许	观察
5	装饰线、分色线直线度允许偏差(mm)	2	1	拉 5m 线,不足 5m 拉通线,用钢直尺检查

注:1. 无光色漆不检查光泽。
　　2. 本表摘自《建筑装饰装修工程质量验收规范》(GB 50210—2001)。

表 14-76   清漆的涂饰质量和检验方法

项次	项　　目	普通涂饰	高级涂饰	检验方法
1	颜色	基本一致	均匀一致	观察
2	木纹	棕眼刮平、木纹清楚	棕眼刮平、木纹清楚	观察
3	光泽、光滑	光泽基本均匀光滑无挡手感	光泽均匀一致光滑	观察、手摸检查
4	刷纹	无刷纹	无刷纹	观察
5	裹棱、流坠、皱皮	明显处不允许	不允许	观察

注:本表摘自《建筑装饰装修工程质量验收规范》(GB 50210—2001)。

(2)验收资料。

1)涂饰工程的施工图、设计说明及其他设计文件。

2)材料的产品合格证书、性能检测报告和进场验收记录。

3)施工记录。

三、美术涂饰工程

1. 监理巡视与检查

(1)基层腻子应平整、坚实、牢固、无粉化、无起皮和裂缝。

(2)水溶性、溶剂型涂饰应涂刷均匀、粘结牢固,不得漏涂、透底、起皮和反锈。

(3)一般涂料、油漆施工的环境温度不宜低于 10℃,相对湿度不宜大于 60%。

(4)有水房间应采用具有耐水性腻子。

(5)后一遍涂料必须在前一遍涂料干燥后进行。

2. 监理验收

(1)验收标准。

1)主控项目检验标准应符合表 14-77 的规定。

表 14-77　　　　　　　　　　主控项目检验

序号	项　目	合格质量标准	检验方法	检查数量
1	材料质量	美术涂饰所用材料的品种、型号和性能应符合设计要求	观察;检查产品合格证书、性能检测报告和进场验收记录	室外涂饰工程每100m² 应至少检查一处,每处不得小于 10m² 室内涂饰工程每个检验批应至少抽查10%,并不得少于 3 间;不足 3 间时应全数检查
2	涂饰综合质量	美术涂饰工程应涂饰均匀、粘结牢固,不得漏涂、透底、起皮、掉粉和反锈	观察;手摸检查	
3	基层处理	美术涂饰工程的基层处理应符合以下要求: (1)新建筑物的混凝土或抹灰基层在涂饰涂料前应涂刷抗碱封闭底漆。 (2)旧墙面在涂饰涂料前应清除疏松的旧装修层,并涂刷界面剂。 (3)混凝土或抹灰基层涂刷溶剂型涂料时,含水率不得大于 8%;涂刷乳液型涂料时,含水率不得大于 10%。木材基层的含水率不得大于 12%。 (4)基层腻子应平整、坚实、牢固,无粉化、起皮和裂缝;内墙腻子的粘结强度应符合《建筑室内用腻子》(JG/T 298)的规定。 (5)厨房、卫生间墙面必须使用耐水腻子	观察;手摸检查;检查施工记录	
4	套色、花纹、图案	美术涂饰的套色、花纹和图案应符合设计要求	观察	

2)一般项目检验标准应符合表 14-78 的规定。

表 14-78　　　　　　　　　　一般项目检验

序号	项　目	合格质量标准	检验方法	检查数量
1	表面质量	美术涂饰表面应洁净,不得有流坠现象	观察	同主控项目
2	仿花纹理涂饰表面质量	仿花纹涂饰的饰面应具有被模仿材料的纹理		
3	套色涂饰图案	套色涂饰的图案不得移位,纹理和轮廓应清晰		

(2)验收资料。

1)涂饰工程的施工图、设计说明及其他设计文件。

2)材料的产品合格证书、性能检测报告和进场验收记录。

3)施工记录。

第八节　裱糊与软包工程

一、裱糊工程

1. 监理巡视与检查

(1)壁纸、墙布的种类、规格、图案、颜色和燃烧性能等级必须符合设计要求及国家现行标准的有关规定。同一房间的壁纸、墙布应用同一批料,即使同一批料,当有色差时,也不应贴在同一墙面上。

(2)新建筑物的混凝土或抹灰基层墙面在刮腻子前应涂刷抗碱封闭底漆。

(3)旧墙面在裱糊前应清除疏松的旧装修层,并刷涂界面剂。

(4)基层按设计要求木砖或木筋已埋设,水泥砂浆找平层已抹完,经干燥后含水率不大于 8%,木材基层含水率不大于 12%。

(5)裁纸(布)时,长度应有一定余量,剪口应考虑对花并与边线垂直、裁成后卷拢,横向存放。不足幅宽的窄幅,应贴在较暗的阴角处。窄条下料时,应考虑对缝的搭缝关系,手裁的一边只能搭接不能对缝。

(6)壁纸贴平后,3～5h 内,在其微干状态时,用小滚轮(中间微起拱)均匀用力滚压接缝处,这样做比传统的有机玻璃片抹刮能有效地减少对壁纸的损坏。

(7)胶粘剂、嵌缝腻子等应根据设计和基层的实际需要提前备齐。其质量要满足设计和质量标准的规定,并满足建筑物的防火要求,避免在高温下因胶粘剂失去粘结力使壁纸脱落而引起火灾。

(8)胶粘剂应集中调制,并通过 400 孔/cm² 箩子过滤,调制好的胶粘剂应当天用完。

（9）裱糊工程完成后，应有可靠的产品保护措施。

2. 监理验收

（1）验收标准。

1）主控项目检验标准应符合表14-79的规定。

表 14-79　　　　　　　　　　　主控项目检验

序号	项　目	合格质量标准	检验方法	检查数量
1	材料质量	壁纸、墙布的种类、规格、图案、颜色和燃烧性能等级必须符合设计要求及国家现行标准的有关规定	观察；检查产品合格证书、进场验收记录和性能检测报告	每个检验批应至少抽查10%，并不得少于3间，不足3间时应全数检查
2	基层处理	裱糊工程基层处理质量应符合以下要求： （1）新建筑物的混凝土或抹灰基层墙面在刮腻子前应涂刷抗碱封闭底漆。 （2）旧墙面在裱糊前应清除疏松的旧装修层，并涂刷界面剂。 （3）混凝土或抹灰基层含水率不得大于8%；木材基层的含水率不得大于12%。 （4）基层腻子应平整、坚实、牢固，无粉化、起皮和裂缝；腻子的粘结强度应符合《建筑室内用腻子》（JG/T 298）N型的规定。 （5）基层表面平整度、立面垂直度及阴阳角方正应达到允许偏差不大于3mm的高级抹灰的要求。 （6）基层表面颜色应一致。 （7）裱糊前应用封闭底胶涂刷基层	观察；手摸检查；检查施工记录	
3	各幅拼接	裱糊后各幅拼接应横平竖直，拼接处花纹、图案应吻合，不离缝，不搭接，不显拼缝	观察；拼缝检查距离墙面1.5m处正视	
4	壁纸、墙布粘贴	壁纸、墙布应粘贴牢固，不得有漏贴、补贴、脱层、空鼓和翘边	观察；手摸检查	

2)一般项目检验标准应符合表 14-80 的规定。

表 14-80　　　　　　　　　　　　　　　一般项目检验

序号	项　目	合格质量标准	检验方法	检查数量
1	裱糊表面质量	裱糊后的壁纸、墙布表面应平整,色泽应一致,不得有波纹起伏、气泡、裂缝、皱折及斑污,斜视时应无胶痕	观察;手摸检查	同主控项目
2	壁纸压痕及发泡层	复合压花壁纸的压痕及发泡壁纸的发泡层应无损坏		
3	与装饰线、设备线盒交接	壁纸、墙布与各种装饰线、设备线盒应交接严密	观察	
4	壁纸、墙布边缘	壁纸、墙布边缘应平直整齐,不得有纸毛、飞刺		
5	壁纸、墙布阴、阳角	壁纸、墙布阴角处搭接应顺光,阳角处应无接缝		

(2)验收资料。

1)裱糊与软包工程的施工图、设计说明及其他设计文件。

2)饰面材料的样板及确认文件。

3)材料的产品合格证书、性能检测报告、进场验收记录和复验报告。

二、软包工程

1. 监理巡视与检查

(1)基层或底板处理。在结构墙上预埋木砖抹水泥砂浆找平层。如果是直接铺贴,则应先将底板拼缝用油腻子嵌平密实,满刮腻子 1~2 遍,待腻子干燥后,用砂纸磨平,粘贴前基层表面满刷清油一道。

(2)吊直、套方、找规矩、弹线。根据设计图纸要求,把该房间需要软包墙面的装饰尺寸、造型等通过吊直、套方、找规矩、弹线等工序,把实际尺寸与造型落实到墙面上。

(3)粘贴面料。如采取直接铺贴法施工时,应待墙面细木装修基本完成时,边框油漆达到交活条件,方可粘贴面料。

(4)安装贴脸或装饰边线。根据设计选定和加工好的贴脸或装饰边线,按设计要求把油漆刷好(达到交活条件),便可进行装饰板安装工作。首先经过试拼,达到设计要求的效果后,便可与基层固定和安装贴脸或装饰边线,最后涂刷镶边油漆成活。

(5)修整软包墙面。除尘清理,钉粘保护膜和处理胶痕。

2. 监理验收

(1)验收标准。

1)主控项目检验标准应符合表 14-81 的规定。

表 14-81　　　　　　　　　　主控项目检验

序号	项　目	合格质量标准	检验方法	检查数量
1	材料质量	软包面料、内衬材料及边框的材质、颜色、图案、燃烧性能等级和木材的含水率应符合设计要求及国家现行标准的有关规定	观察;检查产品合格证书、进场验收记录和性能检测报告	每个检验批应至少抽查20%,并不得少于6间,不足6间时应全数检查
2	安装位置、构造做法	软包工程的安装位置及构造做法应符合设计要求	观察;尺量检查;检查施工记录	
3	龙骨、衬板、边框安装	软包工程的龙骨、衬板、边框应安装牢固,无翘曲,拼缝应平直	观察;手扳检查	
4	单块面料	单块软包面料不应有接缝,四周应绷压严密	观察;手摸检查	

2)一般项目检验标准应符合表 14-82 的规定。

表 14-82　　　　　　　　　　一般项目检验

序号	项　目	合格质量标准	检验方法	检查数量
1	软包表面质量	软包工程表面应平整、洁净,无凹凸不平及皱折;图案应清晰、无色差,整体应协调美观	观察	同主控项目
2	边框安装质量	软包边框应平整、顺直、接缝吻合。其表面涂饰质量应符合本节的有关规定	观察;手摸检查	
3	清漆涂饰	清漆涂饰木制边框的颜色、木纹应协调一致	观察	
4	安装允许偏差	软包工程安装的允许偏差和检验方法应符合表 14-83 的规定	见表 14-83	

3)允许偏差应符合表 14-83 的规定。

表 14-83　　　　　　　　软包工程安装的允许偏差和检验方法

项次	项　目	允许偏差(mm)	检验方法
1	垂直度	3	用1m垂直检测尺检查
2	边框宽度、高度	0;-2	用钢尺检查
3	对角线长度差	3	用钢尺检查
4	裁口、线条接缝高低差	1	用钢直尺和塞尺检查

注:本表摘自《建筑装饰装修工程质量验收规范》(GB 50210—2001)。

(2)验收资料。

1)裱糊与软包工程的施工图、设计说明及其他设计文件。

2)饰面材料的样板及确认文件。

3)材料的产品合格证书、性能检测报告、进场验收记录和复验报告。

4)施工记录。

第十五章 建筑地面工程现场监理

第一节 基 层 铺 设

一、基土

1. 监理巡视与检查

(1)地面应铺设在均匀密实的基土上。土层结构被扰动的基土应进行换填,并予以压实。压实系数应符合设计要求。

(2)对软弱土层应按设计要求进行处理。

(3)填土前,其下一层表面应干净、无积水。填土用土料,可采用砂土或黏性土,除去草皮等杂质。土的粒径不大于 50mm。

(4)填土时应为最优含水量。重要工程或大面积的地面填土前,应取土样,按击实试验确定最优含水量与相应的最大干密度。

(5)土方回填前应清除基底的垃圾、树根等杂物,抽除坑穴积水、淤泥,验收基底标高。如在耕植土或松土上填方,应在基底压实后再进行。

(6)对填方土料应按设计要求验收后方可填入。

(7)当墙柱基础处的填土时,应重叠夯填密实。在填土与墙柱相连处,亦可采取设缝进行技术处理。

(8)基层(各构造层)和各类面层的分项工程的施工质量验收应按每一层次或每层施工段(或变形缝)划分检验批,高层建筑的标准层可按每三层(不足三层按三层计)划分检验批。

(9)建筑地面工程的分项工程施工质量检验的主控项目,应达到规范规定的质量标准,认定为合格;一般项目 80% 以上的检查点(处)符合规范规定的质量要求,其他检查点(处)不得有明显影响使用,且最大偏差值不超过允许偏差值的 50% 为合格。凡达不到质量标准时,应按现行国家标准《建筑工程施工质量验收统一标准》(GB 50300)的规定处理。

2. 监理验收

(1)验收标准。

1)主控项目检验标准应符合表 15-1 的规定。

表 15-1　　　　　　　　　　　　主控项目检验

序号	项　目	合格质量标准	检验方法	检查数量
1	基土土料	基土不应用淤泥、腐殖土、冻土、耕植土、膨胀土和建筑杂物作为填土,填土土块的粒径不应大于 50mm	观察检查和检查土质记录	每检验批应以各子分部工程的基层(各构造层)和各类面层所划分项工程按自然间(或标准间)检验,抽查数量应随机检验不应少于 3 间,不足 3 间应全数检查;其中走廊(过道)应以 10 延长米为 1 间,工业厂房(按单跨计)、礼堂、门厅应以两个轴线为 1 间计算。有防水要求的按其房间总数随机检验不应少于 4 间,不足 4 间,应全数检查
2	基土压实	基土应均匀密实,压实系数应符合设计要求,设计无要求时,不应小于 0.9	观察检查和检查试验记录	
3	氡浓度	I 类建筑基土的氡浓度应符合现行国家标准《民用建筑工程室内环境污染控制规范》(GB 50325)的规定	检查检测报告	同一工程、同一土源地点检查一组

2)一般项目检验标准应符合表 15-2 的规定。

表 15-2　　　　　　　　　　　　一般项目检验

序号	项　目	合格质量标准	检验方法	检查数量
1	基土表面允许偏差	基土表面的允许偏差应符合以下规定:表面平整度不大于 15mm 标高:0,−50mm 坡度:不大于房间相应尺寸的 2/1000,且不大于 30mm 厚度:在个别地方不大于设计厚度的 1/10	表面平整度:用 2m 靠尺和楔形塞尺检查 标高:用水准仪检查 坡度:用坡度尺检查 厚度:有钢尺检查	(1)同主控项目第 1、2 项;(2)同上述"1.监理巡视与检查"中第(9)项

(2)验收资料。

1)建筑基土工程设计和变更等文件。

2)基土工程施工质量控制文件。

3)隐蔽工程验收记录。

4)填土夯实质量检验报告。主要检查：

①该单位工程的填土取样是否按抽样检验范围的规定(室内填土每层 100～500m² 一组)。

②填土取样编号是否在平面示意图上表示其位置。

③重点鉴定填土的干密度测试结果是否符合质量标准的规定。

二、灰土垫层

1. 监理巡视与检查

(1)灰土垫层应采用熟化石灰与黏土(或粉质黏土、粉土)的拌和料铺设,其厚度不应小于 100mm。

(2)熟化石灰可采用磨细生石灰,亦可用粉煤灰代替。

(3)灰土垫层应铺设在不受地下水浸泡的基土上。施工后应有防止水浸泡的措施。

(4)灰土垫层应分层夯实,经湿润养护、晾干后方可进行下一道工序施工。

2. 监理验收

(1)验收标准。

1)主控项目检验标准应符合表 15-3 的规定。

表 15-3　　　　　　　　　　主控项目检验

序号	项　目	合格质量标准	检验方法	检查数量
1	灰土体积比	灰土体积比应符合设计要求	观察检查和检查配合比试验报告	同一工程、同一体积比检查一次

2)一般项目检验标准应符合表 15-4 的规定。

表 15-4　　　　　　　　　　一般项目检验

序号	项　目	合格质量标准	检验方法	检查数量
1	灰土材料质量	熟化石灰颗粒粒径不应大于 5mm;黏土(或粉质黏土、粉土)内不得含有有机物质,颗粒粒径不应大于 16mm	观察检查和检查质量合格证明文件	(1)随机检验不应少于 3 间,不足 3 间,应全数检查;走廊(过道)应以 10 延长米为 1 间,工业厂房(按单跨计)、礼堂、门厅应以两轴线为 1 间计算;
2	灰土垫层表面允许偏差	灰土垫层表面的允许偏差应符合以下的规定: 表面平整度:10mm 标高:±10mm 坡度:不大于房间相应尺寸的 2/1000,且不大于 30mm 厚度:在个别地方不大于设计厚度的 1/10,且不大于 20mm	表面平整度:用 2m 靠尺和楔形塞尺检查 标高:用水准仪检查 坡度:用坡度尺检查 厚度:用钢尺检查	有防水要求的按其房间总数随机检验不应少于 4 间,不足 4 间,应全数检查 (2)同表 15-2 中第(2)项

(2)验收资料。

1)建筑灰土垫层工程设计和变更等文件。

2)所用材料的出厂检验报告和质量保证书,材料进场验收记录(含现场抽样检验报告)。

3)干密度的现场试验记录。

4)灰土垫层施工质量控制文件。

5)隐蔽验收及其他有关验收文件。

6)灰土垫层分项工程施工质量检验批验收记录。

7)施工配合比单及施工记录。

三、砂垫层和砂石垫层

1. 监理巡视与检查

(1)砂垫层厚度不应小于 60mm;砂石垫层厚度不应小于 100mm。

(2)砂石应选用天然级配材料,铺设时不应有粗细颗粒分离现象,压(夯)至不松动为止。

2. 监理验收

(1)验收标准。

1)主控项目检验标准应符合表 15-5 的规定。

表 15-5　　　　　　　　　　　　　主控项目检验

序号	项　目	合格质量标准	检验方法	检查数量
1	砂和砂石质量	砂和砂石不应含有草根等有机杂质;砂应采用中砂;石子最大粒径不得大于垫层厚度的 2/3	观察检查和检查质量合格证明文件	(1)每检验批应以各子分部工程的基层(各构造层)所划分的分项工程按自然间(或标准间)检验,抽查数量随机检验不应少于 3 间;不足 3 间,应全数检查;其中走廊(过道)应以 10 延长米为 1 间,工业厂房(按单跨计)、礼堂、门厅应以两个轴线为 1 间计算。
2	垫层干密度	砂垫层和砂石垫层的干密度(或贯入度)应符合设计要求	观察检查和检查试验记录	(2)有防水要求的建筑地面子分部工程的分项工程施工质量每检验批抽查数量应按其房间总数随机检验不应少于 4 间,不足 4 间,应全数检查

2)一般项目检验应符合表 15-6 的规定。

表 15-6 一般项目检验

序号	项　目	合格质量标准	检验方法	检查数量
1	垫层表面质量	表面不应有砂窝、石堆等现象	观察检查	（1）每检验批应以各子分部工程的基层（各构造层）所划分的分项工程按自然间（或标准间）检验，抽查数量随机检验不应少于 3 间，不足 3 间，应全数检查；其中走廊（过道）应以 10 延长米为 1 间，工业厂房（按单跨计）、礼堂、门厅应以两个轴线为 1 间计算。
2	砂和砂石垫层表面允许偏差	砂垫层和砂石垫层表面的允许偏差应符合以下规定：表面平整度：15mm 标高：±20mm 坡度：不大于房间相应尺寸的2/1000；且不大于 30mm 厚度：在个别地方不大于设计厚度的 1/10；且不大于20mm	表面平整度：用 2m 靠尺和楔形塞尺检查 标高：用水准仪检查 坡度：用坡度尺检查 厚度：用钢尺检查	（2）有防水要求的建筑地面子分部工程的分项工程施工质量每检验批抽查数量应按其房间总数随机检验不应少于 4 间，不足 4 间，应全数检查

（2）验收资料。

1）砂垫层和砂石垫层工程设计和变更等文件。

2）所用材料的出厂检验报告和质量保证书，材料进场验收记录（含现场抽样检验报告）。

3）砂垫层环刀试验记录。

4）砂垫层和砂石垫层施工质量控制文件。

5）隐蔽验收及其他有关验收文件。

四、碎石垫层和碎砖垫层

1. 监理巡视与检查

（1）碎石垫层和碎砖垫层厚度不应小于 100mm。

（2）垫层应分层压（夯）实，达到表面坚实、平整。

（3）碎（卵）石垫层必须摊铺均匀，表面空隙用粒径为 5～25mm 的细石子填缝。

（4）用碾压机碾压时，应适当洒水使其表面保持湿润，一般碾压不少于 3 遍，并压到不松动为止，达到表面坚实、平整。

（5）碎砖垫层每层虚铺厚度应控制不大于 200mm，适当洒水后进行夯实，夯实均匀，表面平整密实；夯实后的厚度一般为虚铺厚度的3/4。不得在已铺好的垫层上用锤击方法进行碎砖加工。

2. 监理验收

（1）验收标准。

1）主控项目检验标准应符合表 15-7 的规定。

表 15-7　　　　　　　　　　　　　　　　主控项目检验

序号	项目	合格质量标准	检验方法	检查数量
1	材料质量	碎石的强度应均匀,最大粒径不应大于垫层厚度的 2/3;碎砖不应采用风化、酥松、夹有有机杂质的砖料,颗粒粒径不应大于 60mm	观察检查和检查质量合格证明文件	(1)随机检验不应少于 3间;不足 3 间,应全数检查;其中走廊(过道)应以 10 延长米为 1 间,工业厂房(按单跨计)、礼堂、门厅应以两个轴线为 1 间计算。
2	垫层密实度	碎石、碎砖垫层的密实度应符合设计要求	观察检查和检查试验记录	(2)有防水要求的建筑地面子分部工程的分项工程施工质量每检验批抽查数量应按其房间总数随机检验不应少于 4 间,不足 4 间,应全数检查

2)一般项目检验标准应符合表 15-8 的规定。

表 15-8　　　　　　　　　　　　　　　　一般项目检验

序号	项目	合格质量标准	检验方法	检查数量
1	碎石、碎砖垫层表面允许偏差	碎石、碎砖垫层的表面允许偏差应符合以下规定: 表面平整度:15mm 标高:±20mm 坡度:不大于房间相应尺寸的 2/1000,且不大于 30mm 厚度:在个别地方不大于设计厚度的 1/10,且不大于 20mm	表面平整度:用 2m 靠尺和楔形塞尺检查 标高:用水准仪检查 坡度:用坡度尺检查 厚度:用钢尺检查	(1)同主控项目 (2)同表 15-2 中第(2)项

(2)验收资料。

1)碎石垫层和碎砖垫层工程设计和变更等文件。

2)所用材料的出厂检验报告和质量保证书,材料进场验收记录(含现场抽样检验报告)。

3)碎石垫层和碎砖垫层施工质量控制文件。

4)隐蔽验收及其他有关验收文件。

五、三合土垫层和四合土垫层

1. 监理巡视与检查

(1)三合土垫层应采用石灰、砂(可掺入少量黏土)与碎砖的拌和料铺设,其厚度不应小于 100mm;四合土垫层应采用水泥、石灰、砂(可掺少量黏土)与碎砖的拌和料铺设,其厚度不应小于 80mm。

(2)三合土垫层和四合土垫层均应分层夯实。

2. 监理验收

(1)验收标准。

1)主控项目检验标准应符合表 15-9 的规定。

表 15-9　　　　　　　　　　　　　　　主控项目检验

序号	项　目	合格质量标准	检验方法	检查数量
1	材料质量	水泥宜采用硅酸盐水泥、普通砖酸盐水泥;熟化石灰颗粒径不应大于 5mm;砂应用中砂,并不得含有草根等有机物质;碎砖不应采用风化、酥松和有机杂质的砖料,颗粒粒径不应大于 60mm	观察检查和检查质量合格证明文件	(1)随机检验不应少于 3 间;不足 3 间,应全数检查;其中走廊(过道)应以 10 延长米为 1 间,工业厂房(按单跨计)、礼堂、门厅应以两个轴线为 1 间计算。(2)有防水要求的建筑地面子分部工程的分项工程施工质量每检验批抽查数量应按其房间总数随机检验不应少于 4 间,不足 4 间,应全数检查
2	体积比	三合土、四合土的体积比应符合设计要求	观察检查和检查配合比试验报告	

2)一般项目检验标准应符合表 15-10 的规定。

表 15-10　　　　　　　　　　　　　　　一般项目检验

序号	项　目	合格质量标准	检验方法	检查数量
1	三合土垫层表面允许偏差	三合土垫层表面的允许偏差应符合以下规定:表面平整度:10mm标高:±10mm坡度:不大于房间相应尺寸的 2/1000,且不大于 30mm厚度:在个别地方不大于设计厚度的 1/10,且不大于 20mm	表面平整度:用 2m 靠尺和楔形塞尺检查标高:用水准仪检查坡度:用坡度尺检查厚度:用钢尺检查	(1)同主控项目(2)同表 15-2 中第(2)项

(2)验收资料。

1)三合土垫层或四合土垫层工程设计和变更等文件。

2)所用材料的出厂检验报告和质量保证书,材料进场验收记录(含现场抽样检验报告)。

3)三合土垫层或四合土垫层施工质量控制文件。

4)隐蔽验收及其他有关验收文件。

六、炉渣垫层

1. 监理巡视与检查

(1)炉渣垫层应采用炉渣或水泥与炉渣或水泥、石灰与炉渣的拌和料铺设,其厚度不应小于 80mm。

(2)炉渣或水泥炉渣垫层的炉渣,使用前应浇水闷透;水泥石灰炉渣垫层的炉渣,使用前应用石灰浆或用熟化石灰浇水拌和闷透;闷透时间均不得少于 5d。

(3)在垫层铺设前,其下一层应湿润;铺设时应分层压实,表面不得有泌水现象。铺设后应养护,待其凝结后方可进行下一道工序施工。

(4)炉渣垫层施工过程中不宜留施工缝。当必须留缝时,应留直槎,并保证间隙处密实,接槎处应先刷水泥浆,再铺炉渣拌和料。

2. 监理验收

(1)验收标准。

1)主控项目检验标准应符合表 15-11 的规定。

表 15-11   主控项目检验

序号	项 目	合格质量标准	检验方法	检查数量
1	材料质量	炉渣内不应含有有机杂质和未燃尽的煤块,颗粒粒径不应大于 40mm,且颗粒粒径在 5mm 及其以下的颗粒,不得超过总体积的 40%;熟化石灰颗粒粒径不应大于 5mm	观察检查和检查质量合格证明文件	(1)随机检验不应少于 3 间;不足 3 间,应全数检查;其中走廊(过道)应以 10 延长米为 1 间,工业厂房(按单跨计)、礼堂、门厅应以两个轴线为 1 间计算。(2)有防水要求的建筑地面子分部工程的分项工程施工质量每检验批抽查数量按其房间总数随机检验不应少于 4 间,不足 4 间,应全数检查
2	体积比	炉渣垫层的体积比应符合设计要求	观察检查和检查配合比试验报告	同一工程、同一体积比检查一次

2)一般项目检验标准应符合表 15-12 的规定。

(2)验收资料。

1)炉渣垫层工程设计和变更等文件。

2)所用材料的出厂检验报告和质量保证书,材料进场验收记录(含现场抽样检验报告)。

表 15-12   一般项目检验

序号	项 目	合格质量标准	检验方法	检查数量
1	垫层与下一层粘结	炉渣垫层与其下一层结合应牢固,不得有空鼓和松散炉渣颗粒	观察检查和用小锤轻击检查	(1)同主控项目 (2)同表15-2中第(2)项
2	炉渣垫层表面允许偏差	炉渣垫层表面的允许偏差应符合以下规定:表面平整度:10mm。标高:±10mm。坡度:不大于房间相应尺寸的 2/1000,且不大于 30mm。厚度:在个别地方不大于设计厚度的 1/10,且不大于 20mm	表面平整度:用 2m 靠尺和楔形塞尺检查 标高:用水准仪检查 坡度:用坡度尺检查 厚度:用钢尺检查	

3)水泥的抗压强度及安定性的复试报告。

4)炉渣垫层施工质量控制文件。

5)隐蔽验收及其他有关验收文件。

七、水泥混凝土垫层和陶粒混凝土垫层

1. 监理巡视与检查

(1)水泥混凝土垫层和陶粒混凝土垫层应铺设在基土上,当气温长期处于0℃以下,设计无要求时,垫层应设置伸缩缝,缝的位置、嵌缝做法等应与面层伸、缩缝相一致,并应符合相关规范规定。

(2)水泥混凝土垫层的厚度不应小于 60mm,陶粒混凝土垫层的厚度不应小于 80mm。

(3)垫层铺设前,当为水泥类基层时,其下一层表面应湿润。

(4)室内地面的水泥混凝土垫层和陶粒混凝土垫层,应设置纵向缩缝和横向缩缝;纵向缩缝和横向缩缝间距均不得大于 12m。

(5)垫层的纵向缩缝应做平头缝或加肋板平头缝。当垫层厚度大于 150mm时,可做企口缝。横向缩缝应做假缝。

平头缝和企口缝的缝间不得放置隔离材料,浇筑时应互相紧贴。企口缝的尺寸应符合设计要求,假缝宽度为 5～20mm,深度为垫层厚度的 1/3,缝内填水泥砂浆。

(6)工业厂房、礼堂、门厅等大面积水泥混凝土垫层应分区段浇筑。分区段应结合变形缝位置、不同类型的建筑地面连接处和设备基础的位置进行划分,并应与设置的纵向、横向缩缝的间距相一致。

(7)水泥混凝土、陶粒混凝土施工质量检验尚应符合现行国家标准《混凝土结构工程施工质量验收规范》(GB 50204—2002,2011 年版)和《轻集料混凝土技术规程》(JGJ 51—2002)的有关规定。

2. 监理验收

(1)验收标准。

1)主控项目检验标准应符合表 15-13 的规定。

表 15-13　　　　　　　　　　　主控项目检验

序号	项　目	合格质量标准	检验方法	检查数量
1	材料质量	水泥混凝土垫层和陶粒混凝土垫层采用的粗骨料,其最大粒径不应大于垫层厚度的 2/3,含泥量不应大于 3%;砂为中粗砂,其含泥量不应大于 3%。陶粒中粒径小于 5mm 的颗粒含量应小于 10%,粉煤灰陶粒中大于 15mm 的颗粒含量不应大于 5%;陶粒中不得混夹杂物或黏土块。陶粒宜选用粉煤灰陶粒、页岩陶粒等	观察检查和检查质量合格证明文件	同一工程、同一强度等级、同一配合比检查一次

序号	项　目	合格质量标准	检验方法	检查数量
2	强度等级	水泥混凝土和陶粒混凝土的强度等级应符合设计要求。陶粒混凝土的密度应在 800～1400kg/m³ 之间	检查配合比试验报告和强度等级检测报告	检验同一施工批次、同一配合比水泥混凝土和水泥砂浆强度的试块,应按每一层(或检验批)建筑地面工程不少于 1 组。当每一层(或检验批)建筑地面工程面积大于 1000m² 时,每增加 1000m² 应增做 1 组试块;小于 1000m² 按 1000m² 计算,取样 1 组;检验同一施工批次、同一配合比的散水、明沟、踏步、台阶、坡道的水泥混凝土、水泥砂浆强度的试块,应按每 150 延长米不少于 1 组

2)一般项目检验标准应符合表 15-14 的规定。

(2)验收资料。

1)水泥混凝土垫层或陶粒混凝土垫层工程设计的变更等文件。

2)水泥复验报告。

3)所用材料的出厂检验报告和质量保证书,材料进场验收记录(含现场抽样检验报告)。

4)水泥混凝土垫层或陶粒混凝土垫层施工质量控制文件。

5)隐蔽验收及其他有关验收文件。

表 15-14　　　　　　　　　　　　　　　一般项目检验

序号	项　目	合格质量标准	检验方法	检查数量
1	水泥混凝土垫层和陶粒混凝土垫层表面允许偏差	水泥混凝土垫层和陶粒混凝土垫层表面的允许偏差应符合以下规定:表面平整度:10mm。标高:±10mm。坡度:不大于房间相应尺寸的 2/1000,且不大于 30mm。厚度:在个别地方不大于设计厚度的 1/10	表面平整度:用 2m 靠尺和楔形塞尺检查标高:用水准仪检查坡度:用坡度尺检查厚度:用钢尺检查	(1)每检验批应以各子分部工程的基层(各构造层)所划分的分项工程按自然间(或标准间)检验,抽查数量随机检验不应少于 3 间;不足 3 间,应全数检查;其中走廊(过道)应以 10 延长米为 1 间,工业厂房(按单跨计)、礼堂、门厅应以两个轴线为 1 间计算。(2)有防水要求的建筑地面子分部工程的分项工程施工质量每检验批抽查数量应按其房间总数随机检验不应少于 4 间,不足 4 间,应全数检查

八、找平层

1. 监理巡视与检查

(1)找平层应采用水泥砂浆或水泥混凝土铺设,当找平层厚度小于30mm时,宜用水泥砂浆做找平层;当找平层厚度不小于30mm时,宜用细石混凝土做找平层。

(2)铺设找平层前,当其下一层有松散填充料时,应予铺平振实。

(3)有防水要求的建筑地面工程,铺设前必须对立管、套管和地漏与楼板节点之间进行密封处理,并应进行隐蔽验收;排水坡度应符合设计要求。

(4)在预制钢筋混凝土板上铺设找平层前,板缝填嵌的施工应符合下列要求:

1)预制钢筋混凝土板相邻缝底宽不应小于20mm;

2)填嵌时,板缝内应清理干净,保持湿润;

3)填缝采用细石混凝土,其强度等级不得小于C20。填缝高度应低于板面10～20mm,且振捣密实,填缝后应养护。当填缝混凝土的强度等级达到C15后方可继续施工;

4)当板缝底宽大于40mm时,应按设计要求配置钢筋。

(5)在预制钢筋混凝土板上铺设找平层时,其板端应按设计要求做防裂的构造措施。

2. 监理验收

(1)验收标准。

1)主控项目检验标准应符合表15-15的规定。

表 15-15 主控项目检验

序号	项 目	合格质量标准	检验方法	检查数量
1	材料质量	找平层采用碎石或卵石的粒径不应大于其厚度的2/3,含泥量不应大于2%;砂为中粗砂,其含泥量不应大于3%	观察检查和检查质量合格证明文件	同一工程、同一强度等级、同一配合比检查一次
2	配合比或强度等级	水泥砂浆体积比或水泥混凝土强度等级应符合设计要求,且水泥砂浆体积比不应小于1:3(或相应的强度等级);水泥混凝土强度等级不应小于C15	观察检查和检查配合比试验报告、强度等级检测报告	检验同一施工批次、同一配合比水泥混凝土和水泥砂浆强度的试块,应按每一层(或检验批)建筑地面工程不少于1组。当每一层(或检验批)建筑地面工程面积大于1000m²时,每增加1000m²应增做1组试块;小于1000m²按1000m²计算,取样1组;检验同一施工批次、同一配合比的散水、明沟、踏步、台阶、坡道的水泥混凝土、水泥砂浆强度的试块,应按每150延长米不少于1组

序号	项 目	合格质量标准	检验方法	检查数量
3	有防水要求套管地漏	有防水要求的建筑地面工程的立管、套管、地漏处不应渗漏,坡向应正确、无积水	观察检查和蓄水、泼水检验及坡度尺检查	(1)每检验批应以各子分部工程的基层(各构造层)所划分的分项工程按自然间(或标准间)检验,抽查数量随机检验不应少于3间;不足3间,应全数检查;其中走廊(过道)应以10延长米为1间,工业厂房(按单跨计)、礼堂、门厅应以两个轴线为1间计算。(2)有防水要求的建筑地面子分部工程的分项工程施工质量每检验批抽查数量应按其房间总数随机检验不应少于4间,不足4间,应全数检查

2)一般项目检验标准应符合表15-16的规定。

(2)验收资料。

1)找平层工程设计和变更等文件。

2)水泥复验报告。

表 15-16　　　　　　　　一般项目检验

序号	项 目	合格质量标准	检验方法	检查数量
1	找平层与下层结合	找平层与其下一层结合牢固,不应有空鼓	用小锤轻击检查	(1)随机检验不应少于3间;不足3间,应全数检查;其中走廊(过道)应以10延长米为1间,工业厂房(按单跨计)、礼堂、门厅应以两个轴线为1间计算。(2)有防水要求的建筑地面子分部工程的分项工程施工质量每检验批抽查数量应按其房间总数随机检验不应少于4间,不足4间,应全数检查
2	找平层表面质量	找平层表面应密实,不得有起砂、蜂窝和裂缝等缺陷	观察检查	
3	找平层表面允许偏差	找平层的表面允许偏差应符合《建筑地面工程施工质量验收规范》(GB 50209—2010)表4.1.7的规定	见《建筑地面工程施工质量验收规范》(GB 50209—2010)表4.1.7	

3)所用材料的出厂检验报告和质量保证书、材料进场验收记录(含现场抽样检验报告)。

4)找平层施工质量控制文件。

5)隐蔽验收及其他有关验收文件。

九、隔离层

1. 监理巡视与检查

(1)隔离层材料的防水、防油渗性能应符合设计要求。

(2)隔离层的铺设层数(或道数)、上翻高度应符合设计要求。有种植要求的地面隔离层的防根穿刺等应符合现行行业标准《种植屋面工程技术规程》(JGJ 155)的有关规定。

(3)在水泥类找平层上铺设卷材类、涂料类防水、防油渗隔离层时,其表面应坚固、洁净、干燥。铺设前,应涂刷基层处理剂。基层处理剂应采用与卷材性能相容的配套材料或采用与涂料性能相容的同类涂料的底子油。

(4)当采用掺有防渗外加剂的水泥类隔离层时,其配合比、强度等级、外加剂的复合掺量等应符合设计要求。

(5)铺设隔离层时,在管道穿过楼板面四周,防水、防油渗材料应向上铺涂,并超过套管的上口;在靠近柱、墙处,应高出面层 200～300mm 或按设计要求的高度铺涂。阴阳角和管道穿过楼板面的根部应增加铺涂附加防水、防油渗隔离层。

(6)隔离层兼作面层时,其材料不得对人体及环境产生不利影响,并应符合现行国家标准《食品安全性毒理学评价程序》(GB 15193.1)和《生活饮用水卫生标准》(GB 5749)的有关规定。

(7)防水隔离层铺设后,应按规定进行蓄水检验,并做记录。

(8)隔离层施工质量检验还应符合现行国家标准《屋面工程质量验收规范》(GB 50207)的有关规定。

2. 监理验收

(1)验收标准。

1)主控项目检验标准应符合表 15-17 的规定。

2)一般项目检验标准应符合表 15-18 的规定。

(2)验收资料。

1)隔离层工程设计和变更等文件。

2)所用材料的出厂检验报告和质量保证书、材料进场验收记录。

3)隔离层施工质量控制文件。

4)防油渗隔离层材料的现场取样复试报告。

5)泼水、蓄水检验记录。

6)隐蔽验收及其他有关验收文件。

表 15-17　　　　　　　　　　　　　主控项目检验

序号	项 目	合格质量标准	检验方法	检查数量
1	材料质量	隔离层材质应符合设计要求和国家现行有关标准的规定	观察检查和检查型式检验报告、出厂检验报告、出厂合格证	同一工程、同一材料、同一生产厂家、同一型号、同一规格、同一批号检查一次
2	性能指标复验	卷材类、涂料类隔离层材料进入施工现场,应对材料的主要物理性能指标进行复验	检查复试报告	执行现行国家标准《屋面工程质量验收规范》(GB 50207)的有关规定
3	隔离层设置要求	厕浴间和有防水要求的建筑地面必须设置防水隔离层。楼层结构必须采用现浇混凝土或整块预制混凝土板,混凝土强度等级不应小于C20;房间的楼板四周除门洞外,应做混凝土翻边,其高度不应小于200mm,宽同墙厚,混凝土强度等级不应小于C20。施工时结构层标高和预留孔洞位置应准确,严禁乱凿洞	观察和钢尺检查	(1)随机检验不应少于3间;不足3间,应全数检查;其中走廊(过道)应以10延长米为1间,工业厂房(按单跨计)、礼堂、门厅应以两个轴线为1间计算; (2)有防水要求的应按房间总数随机检验不应少于4间,不足4间,应全数检查
4	防水隔离层防水要求	防水隔离层严禁渗漏,排水坡向应正确、排水通畅	观察检查和蓄水、泼水检验或坡度尺检查及检查验收记录	
5	水泥类隔离层防水性能	水泥类防水隔离层的防水等级和强度等级必须符合设计要求	观察检查和检查防水等级检测报告、强度等级检测报告	检验同一施工批次、同一配合比水泥混凝土和水泥砂浆强度的试块,应按每一层(或检验批)建筑地面工程不少于1组。当每一层(或检验批)建筑地面工程面积大于1000m² 时,每增加 1000m² 应增做1组试块;小于1000m² 计算,取样1组;检验同一施工批次、同一配合比的散水、明沟、踏步、台阶、坡道的水泥混凝土、水泥砂浆强度的试块,应按每150延长米不少于1组

表 15-18　　　　　　　　　　　　　一般项目检验

序号	项　目	合格质量标准	检验方法	检查数量
1	隔离层厚度	隔离层厚度应符合设计要求	观察检查和用钢尺、卡尺检查	随机检验不应少于 3 间;不足 3 间,应全数检查;其中走廊(过道)应以 10 延长米为 1 间,工业厂房(按单跨计)、礼堂、门厅应以两个轴线为 1 间计算; 有防水要求的应按房间总数随机检验不应少于 4 间,不足 4 间,应全数检查
2	隔离层与下一层粘结	隔离层与其下一层应粘结牢固,不得有空鼓;防水涂层应平整、均匀,无脱皮、起壳、裂缝、鼓泡等缺陷	用小锤轻击检查和观察检查	
3	隔离层表面允许偏差	隔离层表面的允许偏差应符合以下规定: 表面平整度:3mm 标高:±4mm 坡度:不大于房间相应尺寸的 2/1000,且不大于 30mm 厚度:在个别地方不大于设计厚度的 1/10,且不大于 20mm	表面平整度:用 2m 靠尺和楔形塞尺检查 标高:用水准仪检查 坡度:用坡度尺检查 厚度:用钢尺检查	

十、填充层

1. 监理巡视与检查

(1)填充层材料的密度应符合设计要求。

(2)填充层的下一层表面应平整。当为水泥类时,尚应洁净、干燥,并不得有空鼓、裂缝和起砂等缺陷。

(3)采用松散材料铺充填层时,应分层铺平拍实;实用板、块状材料铺设填充层时,应分层错缝铺贴。

(4)有隔声要求的楼面,隔声垫在柱、墙面的上翻高度应超出楼面 20mm,且应收口于踢脚线内。地面上有竖向管道时,隔声垫应包裹管道四周,高度同卷向柱、墙面的高度。隔声垫保护膜之间应错缝搭接,搭接长度应大于 100mm,并用胶带等封। 。

(5)隔声垫上部应设置保护层,其构造做法应符合设计要求。当设计无要求时,混凝土保护层厚度不应小于 30mm,内配间距不大于 200mm×200mm 的 $\phi 6$ 钢筋网片。

(6)有隔声要求的建筑地面工程尚应符合现行国家标准《建筑隔声评价标准》(GB/T 50121)和《民用建筑隔声设计规范》(GB 50118)的有关要求。

2. 监理验收

(1)验收标准。

1)主控项目检验与检查标准应符合表 15-19 的规定。

2)一般项目检验应符合表 15-20 的规定。

(2)验收资料。

1)填充层工程设计和变更等文件。

表 15-19　　　　　　　　　　　　　主控项目检验

序号	项　目	合格质量标准	检验方法	检查数量
1	材料质量	填充层的材料质量应符合设计要求和国家现行有关标准的规定	观察检查和检查质量合格证明文件	同一工程、同一材料、同一生产厂家、同一型号、同一规格、同一批号检查一次
2	厚度及配合比	填充层的厚度、配合比应符合设计要求	用钢尺检查和检查配合比试验报告	(1)随机检验不应少于3间;不足3间,应全数检查;其中走廊(过道)应以10延长米为1间,工业厂房(按单跨计)、礼堂、门厅应以两个轴线为1间计算。
3	接缝密封性	对填充材料接缝有密闭要求的应当密封良好	观察检查	(2)有防水要求的建筑地面子分部工程的分项工程施工质量每检验批抽查数量应按其房间总数随机检验不应少于4间,不足4间,应全数检查

表 15-20　　　　　　　　　　　　　一般项目检验

序号	项　目	合格质量标准	检验方法	检查数量
1	填充层铺设	松散材料填充层铺设应密实;板块状材料填充层应压实、无翘曲	观察检查	同主控项目序号2、3项
2	坡度要求	填充层的坡度应符合设计要求,不应有倒泛水和积水现象	观察和采用泼水或用坡度尺检查	(1)随机检验不应少于3间;不足3间,应全数检查;其中走廊(过道)应以10延长米为1间,工厂房(按单跨计)、礼堂、门厅应以多个轴线为1间计算;有防水要求的应按房间总数随机检验不应少于4间,不足4间,应全数检查;(2)同表15-2中第(2)项
3	填充层表面允许偏差	填充层表面的允许偏差应符合以下规定:表面平整度:松散材料:7mm板、块材料:5mm标高:±4mm坡度:不大于房间相应尺寸的2/1000,且不大于30mm厚度:在个别地方不大于设计厚度的1/10,且不大于20mm	表面平整度:用2m靠尺和楔形塞尺检查标高:用水准仪检查坡度:用坡度尺检查厚度:用钢尺检查	
4	用作隔声的填充层表面允许偏差	用作隔声的填充层,其表面允许偏差应符合表15-18中隔离层表面允许偏差的相关要求		

2)所用材料的出厂检验报告和质量保证书、材料进场验收记录。

3)填充层施工质量控制文件。

4)填充层材料的现场取样复试报告。

5)隐蔽验收及其他有关文件。

十一、绝热层

1. 监理巡视与检查

(1)绝热层材料的性能、品种、厚度、构造做法应符合设计要求和国家现行有关标准的规定。

(2)建筑物室内接触基土的首层地面应增设水泥混凝土垫层后方可铺设绝热层,垫层的厚度及强度等级应符合设计要求,首层地面及楼层楼板铺设绝热层前,表面平整度宜控制在 3mm 以内。

(3)有防水、防潮要求的地面,宜在防水、防潮隔离层施工完毕并验收合格后再铺设绝热层。

(4)穿越地面进入非采暖保温区域的金属管道应采取隔断热桥的措施。

(5)绝热层与地面面层之间应设有水泥混凝土结合层,构造做法及强度等级应符合设计要求。设计无要求时,水泥混凝土结合层的厚度不应小于 30mm,层内应设置间距不大于 200mm×200mm 的 $\phi6$ 钢筋网片。

(6)有地下室的建筑,地上、地下交界部位楼板的绝热层应采用外保温做法,绝热层表面应设有外保护层。外保护层应安全,耐候,表面应平整、无裂纹。

(7)建筑物勒脚处绝热层的铺设应符合设计要求。设计无要求时,应符合下列规定:

1)当地区冻土深度不大于 500mm 时,应采用外保温做法;

2)当地区冻土深度大于 500mm 且不大于 1000mm 时,宜采用内保温做法;

3)当地区冻土深度大于 1000mm 时,应采用内保温做法;

4)当建筑物的基础有防水要求时,宜采用内保温做法;

5)采用外保温做法的绝热层,宜在建筑物主体结构完成后再施工。

(8)绝热层的材料不应采用松散型材料或抹灰浆料。

(9)绝热层施工质量检验尚应符合现行国家标准《建筑节能工程施工质量验收规范》(GB 50411)的有关规定。

2. 监理验收

(1)验收标准。

1)主控项目检验标准应符合表 15-21 的规定。

表 15-21 　　　　　　　　　　　　**主控项目检验**

序号	项　目	合格质量标准	检验方法	检查数量
1	材料质量	绝热层材料应符合设计要求和国家现行有关标准的规定	观察检查和检查型式检验报告、出厂检验报告、出厂合格证	同一工程、同一材料、同一生产厂家、同一型号、同一规格、同一批号检查一次

序号	项　目	合格质量标准	检验方法	检查数量
2	复验	绝热层材料进入施工现场时,应对材料的导热系数、表观密度、抗压强度或压缩强度、阻燃性进行复验	检查复验报告	同一工程、同一材料、同一生产厂家、同一型号、同一规格、同一批号复验一组
3	铺设方法	绝热层的板块材料应采用无缝铺贴法铺设,表面应平整	观察检查、楔形塞尺检查	(1)每检验批应以各子分部工程的基层(各构造层)所划分的分项工程按自然间(或标准间)检验,抽查数量随机检验不应少于3间;不足3间,应全数检查;其中走廊(过道)应以10延长米为1间,工业厂房(按单跨计)、礼堂、门厅应以两个轴线为1间计算。(2)有防水要求的建筑地面子分部工程的分项工程施工质量,每检验批抽查数量应按其房间总数随机检验不应少于4间,不足4间,应全数检查

2)一般项目检验标准应符合表 15-22 的规定。

表 15-22　　　　　　　　　　　一般项目检验

序号	项　目	合格质量标准	检验方法	检查数量
1	绝热层厚度	绝热层的厚度应符合设计要求,不应出现负偏差,表面应平整	直尺或钢尺检查	(1)随机检验不应少于3间;不足3间,应全数检查;其中走廊(过道)应以10延长米为1间,工业厂房(按单跨计)、礼堂、门厅应以两个轴线为1间计算。(2)有防水要求的建筑地面子分部工程的分项工程施工质量每检验批抽查数量应按其房间总数随机检验不应少于4间,不足4间,应全数检查
2	绝热层表面	绝热层表面应无开裂	观察检查	
3	允许偏差	表面平整度:板块材料、浇筑材料、喷涂材料:4mm标高:±4mm坡度:不大于房间相应尺寸的2/1000,且不大于30mm厚度:在个别地方不大于设计厚度的1/10,且不大于20mm	表面平整度:用2m靠尺和楔形塞尺检查标高:用水准仪检查坡度:用坡度尺检查厚度:用钢尺检查	

(2)验收资料。

1)绝热层工程设计和变更等文件。

2)所用材料的出厂检验报告和质量保证书、材料进场验收记录。

3)绝热层施工质量控制文件。

4)绝热层材料现场取样复试报告。

5)隐蔽验收及其他有关文件。

第二节　整体面层铺设

一、水泥混凝土面层

1. 监理巡视与检查

(1)水泥混凝土面层厚度应符合设计要求。

(2)水泥混凝土面层铺设不得留施工缝。当施工间隙超过允许时间规定时，应对接槎处进行处理。

(3)厕浴间、厨房和有排水(或其他液体)要求的建筑地面面层与相连接各类面层的标高差应符合设计要求。

(4)铺设整体面层时，其水泥类基层的抗压强度不得小于1.2MPa；表面应粗糙、洁净、湿润并不得有积水。铺设前宜涂刷界面处理剂。

(5)建筑地面的变形缝应按设计要求设置，并应符合下列规定：

1)建筑地面的沉降缝、伸缩缝和防震缝，应与结构相应缝的位置一致，且应贯通建筑地面的各构造层；

2)沉降缝和防震缝的宽度应符合设计要求，缝内清理干净，以柔性密封材料填嵌后用板封盖，并应与面层齐平。

2. 监理验收

(1)验收标准。

1)主控项目检验标准应符合表15-23的规定。

2)一般项目检验标准应符合表15-24的规定。

(2)验收资料。

1)水泥混凝土面层工程设计和变更等文件。

2)所用材料的出厂检验报告和质量保证书、材料进场验收记录(含现场抽样检验报告)。

3)水泥混凝土面层质量控制文件。

4)水泥复试报告。

5)隐蔽验收及其他有关文件。

表 15-23　　　　　　　　　　　　　主控项目检验

序号	项　目	合格质量标准	检验方法	检查数量
1	粗骨料粒径	水泥混凝土采用的粗骨料,其最大粒径不应大于面层厚度的2/3,细石混凝土面层采用的石子粒径不应大于16mm	观察检查和检查质量合格证明文件	同一工程、同一强度等级、同一配合比检查一次
2	外加剂品种和掺量	防水混凝土中掺入的外加剂的技术性能应符合国家现行有关标准的规定,外加剂的品种和掺量应经试验确定	检查外加剂合格证明文件和配合比试验报告	同一工程、同一品种、同一掺量检查一次
3	面层强度等级	面层的强度等级应符合设计要求,且水泥混凝土面层强度等级不应小于 C20	检查配合比试验报告和强度等级检测报告	检验同一施工批次、同一配合比水泥混凝土和水泥砂浆强度的试块,应按每一层(或检验批)建筑地面工程不少于 1 组。当每一层(或检验批)建筑地面工程面积大于 1000m² 时,每增加 1000m² 应增做 1 组试块;小于 1000m² 按 1000m² 计算,取样 1 组;检验同一施工批次、同一配合比的散水、明沟、踏步、台阶、坡道的水泥混凝土、水泥砂浆强度的试块,应按每 150 延长米不少于 1 组
4	面层与下一层结合	面层与下一层应结合牢固,且无空鼓和开裂。当出现空鼓时,空鼓面积不应大于 400cm²,且每自然间或标准间不应多于 2 处	观察和用小锤轻击检查	(1)每检验批应以各子分部工程的基层(各构造层)所划分的分项工程按自然间(或标准间)检验,抽查数量随机检验应不少于 3 间;不足 3 间,应全数检查;其中走廊(过道)应以 10 延长米为 1 间,工业厂房(按单跨计)、礼堂、门厅应以两个轴线为 1 间计算。(2)有防水要求的建筑地面分部工程的分项工程施工质量,每检验批抽查数量应按其房间总数随机检验不应少于 4 间,不足 4 间,应全数检查

表 15-24　　　　　　　　　　　　一般项目检验

序号	项　目	合格质量标准	检验方法	检查数量
1	表面质量	面层表面应洁净,不应有裂纹、脱皮、麻面、起砂等缺陷	观察检查	
2	表面坡度	面层表面的坡度应符合设计要求,不应有倒泛水和积水现象	观察和采用泼水或用坡度尺检查	（1）随机检验不应少于 3 间;不足 3 间,应全数检查;其中走廊(过道)应以 10 延长米为 1 间,工业厂房(按单跨计)、礼堂、门厅应以两个轴线为 1 间计算 （2）有防水要求的检验批抽查数量应按其房间总数随机检验不应少于 4 间,不足 4 间,应全数检查
3	踢脚线与墙面结合	踢脚线与柱、墙面应紧密结合,踢脚线高度和出柱、墙厚度应符合设计要求且均匀一致。当出现空鼓时,局部空鼓长度不应大于 300mm,且每自然间或标准间不多于 2 处	用小锤轻击、钢尺和观察检查	
4	楼梯踏步	楼梯、台阶踏步的宽度、高度应符合设计要求。楼层梯段相邻踏步高度差不应大于 10mm,每踏步两端宽度差不应大于 10mm;旋转楼梯梯段的每踏步两端宽度的允许偏差不应大于 5mm。踏步面层应做防滑处理,齿角应整齐,防滑条应顺直、牢固	观察和用钢尺检查	
5	水泥混凝土面层表面允许偏差	水泥混凝土面层的允许偏差应符合以下规定: 表面平整度:5mm 踢脚线上口平直:4mm 缝格平直:3mm	表面平整度:用 2m靠尺和楔形塞尺检查踢脚线和缝格:拉 5m 线和用钢尺检查	

二、水泥砂浆面层

1. 监理巡视与检查

(1)水泥砂浆面层的厚度应符合设计要求,且不应小于 20mm。

(2)水泥砂浆面层的体积比(强度等级)必须符合设计要求;且体积比应为 1∶2(水泥∶砂),其稠度不应大于 35mm,强度等级不应小于 M15。

(3)地面和楼面的标高与找平、控制线应统一弹到房间的墙上,高度一般比设计地面高 500mm。有地漏等带有坡度的面层,表面坡度应符合设计要求,且不得有倒泛水和积水现象。

(4)水泥砂浆面层的抹平工作应在初凝前完成,压光工作应在终凝前完成。且养护不得少于 7d;抗压强度达到 5MPa 后,方准上人行走;抗压强度应达到设计要求后,方可正常使用。

2. 监理验收

(1)验收标准。

1)主控项目检验标准应符合表 15-25 的规定。

2)一般项目检验标准应符合表 15-26 的规定。

(2)验收资料。

1)水泥砂浆面层工程设计和变更文件。

2)所用材料出厂检验报告和质量保证书、材料进场验收记录(含现场抽样检验报告)。

3)水泥复试报告。

4)水泥砂浆面层质量控制文件。

5)隐蔽验收及其他有关文件。

表 15-25   **主控项目检验**

序号	项 目	合格质量标准	检验方法	检查数量
1	材料质量	水泥宜采用硅酸盐水泥、普通硅酸盐水泥,不同品种、不同强度等级的水泥不应混用;砂应为中粗砂,当采用石屑时,其粒径应为 1~5mm,且含泥量不应大于 3%;防水水泥砂浆采用的砂或石屑,其含泥量不应大于 1%	观察检查和检查质量合格证明文件	同一工程、同一强度等级、同一配合比检查一次
2	外加剂品种和掺量	防水水泥砂浆中掺入的外加剂的技术性能应符合国家现行有关标准的规定,外加剂的品种和掺量应经试验确定	观察检查和检查质量合格证明文件、配合比试验报告	同一工程、同一强度等级、同一配合比、同一外加剂品种、同一掺量检查一次

序号	项　目	合格质量标准	检验方法	检查数量
3	体积比及强度等级	水泥砂浆的体积比(强度等级)应符合设计要求;且体积比应为1:2,强度等级不应小于 M15	检查强度等级检测报告	检验同一施工批次、同一配合比水泥混凝土和水泥砂浆强度的试块,应按每一层(或检验批)建筑地面工程不少于1组。当每一层(或检验批)建筑地面工程面积大于1000m² 时,每增加1000m² 应增做1组试块;小于 1000m² 按1000m² 计算,取样1组;检验同一施工批次、同一配合比的散水、明沟、踏步、台阶、坡道的水泥混凝土、水泥砂浆强度的试块,应按每150延长米不少于1组
4	排水要求	有排水要求的水泥砂浆地面,坡向应正确、排水通畅;防水水泥砂浆面层不应渗漏	观察检查和蓄水、泼水检验或坡度尺检查及检查检验记录	(1)随机检验不应少于3间;不足3间,应全数检查;其中走廊(过道)应以10延长米为1间,工业厂房(按单跨计)、礼堂、门厅应以两个轴线为1间计算。 (2)有防水要求的检验批抽查数量应按其房间总数随机检验不应少于4间,不足4间,应全数检查
5	面层与下一层结合	面层与下一层应结合牢固,且应无空鼓和开裂。当出现空鼓时,空鼓面积不应大于 400cm²,且每自然间或标准间不多于2处	观察和用小锤轻击检查	

表 15-26　　　　　　　　　　　　一般项目检验

序号	项　目	合格质量标准	检验方法	检查数量
1	面层坡度	面层表面的坡度应符合设计要求,不得有倒泛水和积水现象	观察和采用泼水或坡度尺检查	同主控项目第4、5项
2	表面质量	面层表面应洁净,不应有裂纹、脱皮、麻面、起砂等缺陷	观察检查	
3	踢脚线质量	踢脚线与柱、墙面应紧密结合,踢脚线高度及出柱、墙厚度应符合设计要求且均匀一致。当出现空鼓时,局部空鼓长度不应大于300mm,且每自然间或标准间不应多于2处	用小锤轻击、钢尺和观察检查	
4	楼梯、台阶踏步	楼梯、台阶踏步的宽度、高度应符合设计要求。楼层楼段相邻踏步高度差不应大于10mm,每踏步两端宽度差不应大于10mm;旋转楼梯梯段的每踏步两端宽度的允许偏差不应大于5mm。踏步面层应做防滑处理,齿角应整齐,防滑条应顺直、牢固	观察和用钢尺检查	
5	水泥砂浆面层允许偏差	水泥砂浆面层的允许偏差应符合以下规定: 表面平整度:4mm 踢脚线上口平直:4mm 缝格平直:3mm	表面平整度:用2m靠尺和楔形塞尺检查; 踢脚线和缝格:拉5m线和用钢尺检查	

三、水磨石面层

1. 监理巡视与检查

(1)水磨石面层应采用水泥与石粒的拌和料铺设,有防静电要求时,拌和料内应按设计要求掺入导电材料。面层厚度除有特殊要求外,宜为 12~18mm,且宜按石粒粒径确定。水磨石面层的颜色和图案应符合设计要求。

(2)白色或浅色的水磨石面层应采用白水泥;深色的水磨石面层宜采用硅酸盐水泥、普通硅酸盐水泥或矿渣硅酸盐水泥;同颜色的面层应使用同一批水泥。同一彩色面层应使用同厂、同批的颜料;其掺入量宜为水泥重量的 3%~6%或由试验确定。

(3)水磨石面层的结合层采用水泥砂浆时,强度等级应符合设计要求且不应小于 M10,水泥砂浆稠度(以标准圆锥体沉入度计)宜为30~35mm。

(4)防静电水磨石面层中采用导电金属分格条时,分格条应经绝缘处理,且十字交叉处不得碰接。

（5）普通水磨石面层磨光遍数不应少于3遍。高级水磨石面层的厚度和磨光遍数由设计确定。

（6）在水磨石面层磨光后，涂草酸和上蜡前，其表面不得污染。

（7）防静电水磨石面层应在表面经清净、干燥后，在表面均匀涂抹一层防静电剂和地板蜡，并应做抛光处理。

2. 监理验收

（1）验收标准。

1）主控项目检验标准应符合表15-27的规定。

表 15-27　　　　　　　　　　　　　　　主控项目检验

序号	项　目	合格质量标准	检验方法	检查数量
1	材料质量	水磨石面层的石粒，应采用白云石、大理石等岩石加工而成，石粒应洁净无杂物，其粒径除特殊要求外应为6～16mm；颜料应采用耐光、耐碱的矿物原料，不得使用酸性颜料	观察检查和检查质量合格证明文件	同一工程、同一体积比检查一次
2	拌和料体积比（水泥：石粒）	水磨石面层拌和料的体积比应符合设计要求，且水泥与石粒的比例应为1：1.5～1：2.5	检查配合比试验报告	
3	防静电面层	防静电水磨石面层应在施工前及施工完成表面干燥后进行接地电阻和表面电阻检测，并应做好记录	检查施工记录和检测报告	（1）每检验批应以各子分部工程的基层（各构造层）所划分的分项工程按自然间（或标准间）检验，抽查数量随机检验不应少于3间；不足3间，应全数检查；其中走廊（过道）应以10延长米为1间，工业厂房（按单跨计）、礼堂、门厅应以两个轴线为1间计算。（2）有防水要求的建筑地面子分部工程的分项工程施工质量每检验批抽查数量应按其房间总数随机检验不应少于4间，不足4间，应全数检查
4	面层与下一层结合	面层与下一层结合应牢固，且应无空鼓、裂纹。当出现空鼓时，空鼓面积不应大于400cm²，且每自然间或标准间不应多于2处	观察和用小锤轻击检查	

2)一般项目检验标准应符合表 15-28 的规定。

表 15-28　　　　　　　　　　一般项目检验

序号	项　目	合格质量标准	检验方法	检查数量
1	面层表面质量	面层表面应光滑;且应无裂纹、砂眼和磨纹;颜色图案一致,不混色;分格条应牢固、顺直和清晰	观察检查	(1)每检验批应以各子分部工程的基层(各构造层)所划分的分项工程按自然间(或标准间)检验,抽查数量随机检验不应少于 3 间;不足 3 间,应全数检查;其中走廊(过道)应以 10 延长米为 1 间,工业厂房(按单跨计)、礼堂、门厅应以两个轴线为 1 间计算。 (2)有防水要求的建筑地面子分部工程的分项工程施工质量,每检验批抽查数量应按其房间总数随机检验不应少于 4 间,不足 4 间,应全数检查
2	踢脚线	踢脚线与柱、墙面应紧密结合,踢脚线高度及出柱、墙厚度应符合设计要求且均匀一致。当出现空鼓时,局部空鼓长度不应大于 300mm,且每自然间或标准间不应多于 2 处	用小锤轻击、钢尺和观察检查	
3	楼梯、台阶踏步	楼梯、台阶踏步的宽度、高度应符合设计要求。楼层梯段相邻踏步高度差不应大于 10mm,每踏步两端宽度差不应大于 10mm,旋转楼梯梯段的每踏步两端宽度的允许偏差不应大于 5mm。踏步面层应做防滑处理,齿角应整齐,防滑条应顺直、牢固	观察和用钢尺检查	
4	水磨石面层表面允许偏差	水磨石面层的允许偏差应符合以下规定: 表面平整度: 　高级水磨石:2mm 　普通水磨石:3mm 踢脚线上口平直:3mm 缝格平直 　高级水磨石:2mm 　普通水磨石:3mm	表面平整度:用 2m 靠尺和楔形塞尺检查 踢脚线和缝格:拉 5m 线和用钢尺检查	

2. 验收资料。

(1)水磨石面层工程设计和变更等文件。

(2)所用材料出厂检验报告和质量保证书、材料进场验收记录(含现场抽样检验报告)。

(3)水泥复试报告。

(4)水磨石面层施工质量控制文件。

四、硬化耐磨面层

1. 监理巡视与检查

(1)硬化耐磨面层应采用金属渣、屑、纤维或石英砂、金刚砂等,并应与水泥类胶凝材料拌和铺设或在水泥类基层上撒布铺设。

(2)硬化耐磨面层采用拌和料铺设时,拌和料的配合比应通过试验确定;采用撒布铺设时,耐磨材料的散布量应符合设计要求,且应在水泥类基层初凝前完成撒布。

(3)硬化耐磨面层采用拌和料铺设时,宜先铺设一层强度等级不小于 M15、厚度不小于 20mm 的水泥砂浆,或水灰比宜为 0.4 的素水泥浆结合层。

(4)硬化耐磨面层采用拌和料铺设时,铺设厚度和拌和料强度应符合设计要求,当设计无要求时,水泥钢(铁)屑面层铺设厚度不应小于 30mm,抗压强度不应小于 40MPa;水泥石英砂浆面层铺设厚度不应小于 20mm,抗压强度不应小于 30MPa;钢纤维混凝土面层铺设厚度不应小于 40mm,抗压强度不应小于 40MPa。

(5)硬化耐磨面层采用撒布铺设时,耐磨材料应撒布均匀,厚度应符合设计要求;混凝土基层或砂浆基层的厚度及强度应符合设计要求。当设计无要求时,混凝土基层的厚度不应小于 50mm,强度等级不应小于 C25;砂浆基层的厚度不应小于 20mm,强度等级不应小于 M15。

(6)硬化耐磨面层分格缝的间距及缝深、缝宽、填缝材料应符合设计要求。

(7)硬化耐磨面层铺设后应在湿润条件下静置养护,养护期限应符合材料的技术要求。

(8)硬化耐磨面层应在强度达到设计强度后方可投入使用。

2. 监理验收

(1)验收标准。

1)主控项目检验标准应符合表 15-29 的规定。

2)一般项目检验标准应符合表 15-30 的规定。

表 15-29　　　　　　　　　　主控项目检验

序号	项　目	合格质量标准	检验方法	检查数量
1	面层材料	硬化耐磨面层采用的材料应符合设计要求和国家现行有关标准的决定	观察检查和检查质量合格证明文件	采用拌和料铺设的,按同一工程、同一强度等级检查一次;采用撒布铺设的,按同一工程、同一材料、同一生产厂家、同一型号、同一规格、同一批号检查一次
2	拌和料	硬化耐磨面层采用拌和料铺设时,水泥的强度不应小于 42.5MPa。金属渣、屑、纤维不应有其他杂质,使用前应去油除锈、冲洗干净并干燥;石英砂应用中粗砂,含泥量不应大于 2%	观察检查和检查质量合格证明文件	同一工程、同一强度等级检查一次

序号	项目	合格质量标准	检验方法	检查数量
3	面层厚度、强度等级、耐磨性能	硬化耐磨面层的厚度、强度等级、耐磨性能应符合设计要求	用钢尺检查和检查配合比试验报告、强度等级检测报告、耐磨性能检测报告	厚度检查同表15-28;配合比试验报告按同一工程、同一强度等级、同一配合比检查一次;强度等级检测报告按表15-25中第3栏的相关规定检查;耐磨性能检测报告按同一工程抽样检查一次
4	面层与基层结合	面层与基层(或下一层)结合应牢固,且应无空鼓、裂缝。当出现空鼓时,空鼓面积不应大于400cm²,且每自然间或标准间不应多于2处	观察和用小锤轻击检查	(1)每检验批应以各子分部工程的基层(各构造层)所划分的分项工程按自然间(或标准间)检验,抽查数量随机检验不应少于3间;不足3间,全数检查;其中走廊(过道)应以10延长米为1间,工业厂房(按单跨计)、礼堂、门厅应以两个轴线为1间计算。(2)有防水要求的建筑地面子分部工程的分项工程施工质量每检验批抽查数量应按其房间总数随机检验不应少于4间,不足4间,应全数检查

表 15-30   一般项目检验

序号	项目	合格质量标准	检验方法	检查数量
1	面层表面坡度	面层表面坡度应符合设计要求,不应有倒泛水和积水现象	观察和采用泼水或用坡度尺检查	(1)随机检验不应少于3间;不足3间,应全数检查;其中走廊(过道)应以10延长米为1间,工业厂房(按单跨计)、礼堂、门厅应以两个轴线为1间计算。(2)有防水要求的建筑地面子分部工程的分项工程施工质量每检验批抽查数量应按其房间总数随机检验应不应少于4间,不足4间,应全数检查
2	面层缺陷	面层表面应色泽一致,切缝应顺直,不应有裂纹、脱皮、麻面、起砂等缺陷	观察检查	

续表

序号	项　目	合格质量标准	检验方法	检查数量
3	踢脚线	踢脚线与柱、墙面应紧密结合,踢脚线高度及出柱、墙厚度应符合设计要求且均匀一致。当出现空鼓时,局部空鼓长度不应大于300mm,且每自然间或标准间不应多于2处	用小锤轻击、钢尺和观察检查	(1)随机检验不应少于3间;不足3间,应全数检查;其中走廊(过道)应以10延长米为1间,工业厂房(按单跨计)、礼堂、门厅应以两个轴线为1间计算。
4	硬化耐磨面层表面允许偏差	硬化耐磨面层的允许偏差应符合以下规定:表面平整度:4mm踢脚线上口平直:4mm缝格顺直:3mm	表面平整度:用2m靠尺和楔形塞尺检查。踢脚线和缝格:拉5m线和用钢尺检查	(2)有防水要求的建筑地面子分部工程的分项工程施工质量每检验批抽查数量应按此房间总数随机检验不应少于4间,不足4间,应全数检查

(2)验收资料。

1)硬化耐磨面层工程设计和变更等文件。

2)所用材料出厂检验报告和质量保证书、材料进场验收记录(含抽样检验报告)。

3)硬化耐磨面层施工质量控制文件。

五、防油渗面层

1.监理巡视与检查

(1)防油渗面层应采用防油渗混凝土铺设或采用防油渗涂料涂刷。

(2)防油渗隔离层及防油渗面层与墙、柱连接处的构造应符合设计要求。

(3)防油渗混凝土面层厚度应符合设计要求,防油渗混凝土的配合比应按设计要求的强度等级和抗渗性能通过试验确定。

(4)防油渗混凝土面层应按厂房柱网分区段浇筑,区段划分及分区段缝应符合设计要求。

(5)防油渗混凝土面层内不得敷设管线。凡露出面层的电线管、接线盒、预埋套管和地脚螺栓等的处理,以及与墙、柱、变形缝、孔洞等连接处泛水均应采取防油渗措施并符合设计要求。

(6)防油渗面层采用防油渗涂料时,材料应按设计要求选用,涂层厚度宜为5~7mm。

2.监理验收

(1)验收标准。

1)主控项目检验标准应符合表15-31的规定。

表 15-31　　　　　　　　　　　主控项目检验

序号	项　目	合格质量标准	检验方法	检查数量
1	材料质量	防油渗混凝土所用的水泥应采用普通硅酸盐水泥;碎石应采用花岗石或石英石,不应使用松散、多孔和吸水率大的石子,粒径为5~16mm,最大粒径不应大于20mm,含泥量不应大于1%;砂应为中砂,且应洁净无杂物;掺入的外加剂和防油渗剂应符合有关标准的规定。防油渗涂料应具有耐油、耐磨、耐火和粘结性能	观察检查和检查质量合格证明文件	同一工程、同一强度等级、同一配合比、同一粘结强度检查一次
2	强度等级和抗渗性能	防油渗混凝土的强度等级和抗渗性能应符合设计要求,且强度等级不应小于C30;防油渗涂料粘结强度不应小于 0.3MPa	检查配合比试验报告、强度等级检测报告、粘结强度检测报告	配合比试验报告按同一工程、同一强度等级、同一配合比检查一次;强度等级检测报告按表15-25中第3栏的相关规定检查;抗拉粘结强度检测报告按同一工程、同一涂料品种、同一生产厂家、同一型号、同一规格、同一批号检查一次
3	面层与下一层结合	防油渗混凝土面层与下一层应结合牢固,无空鼓	用小锤轻击检查	同表 15-30
4	面层与基层粘结	防油渗涂料面层与基层应粘结牢固,不应有起皮、开裂、漏涂等缺陷	观察检查	同表 15-30

2)一般项目检验标准应符合表 15-32 的规定。

(2)验收资料。

1)防油渗面层工程设计和变更文件。

2)所用材料的出厂检验报告和质量保证书、材料进场验收记录(含现场抽样检验报告)。

表 15-32　　　　　　　　　　一般项目检验

序号	项　目	合格质量标准	检验方法	检查数量
1	表面坡度	防油渗面层表面坡度应符合设计要求,不得有倒泛水和积水现象	观察和采用泼水或用坡度尺检查	同表 15-30
2	表面质量	防油渗混凝土面层表面应洁净,不应有裂纹、脱皮、麻面和起砂现象	观察检查	
3	踢脚线与墙面结合	踢脚线与柱、墙面应紧密结合,踢脚线高度及出柱、墙厚度应符合设计要求且均匀一致	用小锤轻击、钢尺和观察检查	
4	面层表面允许偏差	防油渗面层的允许偏差应符合以下规定: 表面平整度:5mm 踢脚线上口平直:4mm 缝格平直:3mm	表面平整度:用 2m 靠尺和楔形塞尺检查踢脚线和缝格:拉 5m 线和用钢尺检查	

3)水泥复试报告。

4)防油渗面层施工质量控制文件。

5)防油渗混凝土强度试块报告。

6)面层内配置钢筋的隐蔽验收记录。

六、不发火(防爆)面层

1. 监理巡视与检查

(1)不发火(防爆)面层应采用水泥类拌和料及其他不发火材料铺设,其材料和厚度应符合设计要求。

(2)不发火(防爆)各类面层的铺设,应符合《建筑地面施工质量验收规范》(GB 50209)相应面层的规定。

(3)不发火(防爆)面层采用材料和硬化后的试件,应做不发火试验。

2. 监理验收

(1)验收标准。

1)主控项目检验标准应符合表 15-33 的规定。

2)一般项目检验标准应符合表 15-34 的规定。

(2)验收资料。

1)不发火(防爆)面层工程设计和变更等文件。

2)所用材料的出厂检验报告和质量保证书、材料进场验收记录(含现场抽样检验报告)。

3)水泥复试报告。

4)不发火(防爆)面层施工质量控制文件。

5)不发火(防爆)面层采用的石料和硬化后的试件摩擦试验资料。

表 15-33　　　　　　　　　　　　　　主控项目检验

序号	项 目	合格质量标准	检验方法	检查数量
1	材料质量	不发火(防爆)面层中碎石的不发火性必须合格;砂应质地坚硬、表面粗糙,其粒径应为 0.15～5mm,含泥量不应大于 3%,有机物含量不应大于 0.5%;水泥应采用硅酸盐水泥、普通硅酸盐水泥,面层分格的嵌条应采用不发生火花的材料配制。配制时应随时检查,不得混入金属或其他易发生火花的杂质	观察检查和检查质量合格证明文件	检验同一施工批次、同一配合比水泥混凝土和水泥砂浆强度的试块,应按每一层(或检验批)建筑地面工程不少于 1 组。当每一层(或检验批)建筑地面工程面积大于 1000m² 时,每增加 1000m² 应增做 1 组试块;小于 1000m² 按 1000m² 计算,取样 1 组;检验同一施工批次、同一配合比的散水、明沟、踏步、台阶,坡道的水泥混凝土、水泥砂浆强度的试块,应按每150延长米不少于1组
2	面层强度等级	不发火(防爆)面层的强度等级应符合设计要求	检查配合比试验报告和强度等级检测报告	配合比试验报告按同一工程、同一强度等级、同一配合比检查一次;强度等级检测报告按"表中序号 1"进行检查
3	面层与下一层结合	面层与下一层应结合牢固,且应无空鼓和开裂。当出现空鼓时,空鼓面积不应大于 400cm²,且每自然间或标准间不应多于 2 处	观察和用小锤轻击检查	同表 15-30
4	面层试件检验	不发火(防爆)面层的试件,必须检验合格	检查检测报告	同一工程、同一强度等级、同一配合比检验一次

表 15-34　　　　　　　　　　　一般项目检验

序号	项　目	合格质量标准	检验方法	检查数量
1	面层表面质量	面层表面应密实,无裂缝、蜂窝、麻面等缺陷	观察检查	同表 15-30
2	踢脚线与墙面结合	踢脚线与柱、墙面应紧密结合,踢脚线高度及出柱、墙厚度应符合设计要求且均匀一致。当出现空鼓时,局部空鼓长度不应大于300mm,且每自然间或标准间不应多于 2 处	用小锤轻击,钢尺和观察检查	
3	面层表面允许偏差	不发火(防爆)面层的允许偏差应符合以下规定:表面平整度:5mm踢脚线上口平直:4mm缝格平直:3mm	表面平整度:用2m 靠尺和楔形塞尺检查踢脚线和缝格:拉 5m 线和用钢尺检查	

七、自流平面层

1. 监理巡视与检查

(1)自流平面层可采用水泥基、石膏基、合成树脂基等拌和物铺设。

(2)自流平面层与墙、柱等连接处的构造做法应符合设计要求,铺设时应分层施工。

(3)自流平面层的基层应平整、洁净,基层的含水率应与面层材料的技术要求相一致。

(4)自流平面层的构造做法、厚度、颜色等应符合设计要求。

(5)有防水、防潮、防油渗、防尘要求的自流平面层应达到设计要求。

2. 监理验收

(1)验收标准。

1)主控项目检验标准应符合表 15-35 的规定。

表 15-35　　　　　　　　　　　主控项目检验

序号	项　目	合格质量标准	检验方法	检查数量
1	材料要求	自流平面层的铺涂材料应符合设计要求和国家现行有关标准的规定	观察检查和检查型式检验报告、出厂检验报告、出厂合格证	同一工程、同一材料、同一生产厂家、同一型号、同一规格、同一批号检查一次

序号	项 目	合格质量标准	检验方法	检查数量
2	涂料检测	自流平面层的涂料进入施工现场时,应有以下有害物质限量合格的检测报告: (1)水性涂料中的挥发性有机化合物(VOC)和游离甲醛; (2)溶剂型涂料中的苯、甲苯+二甲苯、挥发性有机化合物(VOC)和游离苯二异氰醛酯(TDI)	检查测量报告	同一工程、同一材料、同一生产厂家、同一型号、同一规格、同一批号检查一次
3	基层强度等级	自流平面层的基层的强度等级不应小于 C20	检查强度等级检测报告	检验同一施工批次、同一配合比水泥混凝土和水泥砂浆强度的试块,应按每一层(或检验批)建筑地面工程不少于 1 组。当每一层(或检验批)建筑地面工程面积大于 1000m² 时,每增加 1000m² 应增做 1 组试块;小于 1000m² 按 1000m² 计算,取样 1 组;检验同一施工批次、同一配合比的散水、明沟、踏步、台阶、坡道的水泥混凝土、水泥砂浆强度的试块,应按每 150 延长米不少于 1 组
4	各构造层之间粘结	自流平面层的各构造层之间应粘结牢固,层与层之间不应出现分离、空鼓现象	用小锤轻击检查	(1)随机检验不应少于 3 间;不足 3 间,应全数检查;其中走廊(过道)应以 10 延长米为 1 间,工业厂房(按单跨计)、礼堂、门厅应以两个轴线为 1 间计算。
5	表面质量	自流平面层的表面不应有开裂、漏涂和倒泛水、积水等现象	观察和泼水检查	(2)有防水要求的建筑地面子分部工程的分项工程施工质量,每检验批抽查数量应按其房间总数随机检验不应少于 4 间,不足 4 间,应全数检查

2)一般项目检验标准应符合表 15-36 的规定。

表 15-36　　　　　　　一般项目检验

序号	项　目	合格质量标准	检验方法	检查数量
1	面层分层施工	自流平面层应分层施工,面层找平施工时不应留有抹痕	观察检查和检查施工记录	(1)随机检验不应少于3间;不足3间,应全数检查;其中走廊(过道)应以10延长米为1间,工业厂房(按单跨计)、礼堂、门厅应以两个轴线为1间计算。 (2)有防水要求的建筑地面子分部工程的分项工程施工质量,每检验批抽查数量应按其房间总数随机检验不应少于4间,不足4间,应全数检查
2	面层观感质量	自流平面层表面应光洁,色泽应均匀、一致,不应有起泡、泛砂等现象	观察检查	
3	自流平面层表面允许偏差	自流平面层的允许偏差应符合以下规定: 表面平整度:2mm 踢脚线上口平直:3mm 缝格顺直:2mm	表面平整度:用2m 靠尺和楔形塞尺检查。 踢脚线和缝格:拉 5m 线和用钢尺检查	

(2)验收资料。

1)自流平面层工程设计和变更等文件。

2)所用材料的出厂检验报告和质量保证书、材料进场验收记录(含现场抽样检验报告)。

3)自流平面层施工质量控制文件。

八、涂料面层

1. 监理巡视与检查

(1)涂料面层应采用丙烯酸、环氧、聚氨酯等树脂型涂料涂刷。

(2)涂料面层的基层应符合下列规定:

1)应平整、洁净;

2)强度等级不应小于 C20;

3)含水率应与涂料的技术要求相一致。

(3)涂料面层的厚度、颜色应符合设计要求,铺设时应分层施工。

2. 监理验收

(1)验收标准。

1)主控项目检验标准应符合表 15-37 的规定。

2)一般项目检验标准应符合表 15-38 的规定。

(2)验收资料。

1)涂料面层工程设计院和变更等文件。

2)所用材料的出厂检验报告和质量保证书、材料进场验收记录(含现场抽样检验报告)。

3)涂料面层施工质量控制文件。

表 15-37   主控项目检验

序号	项　目	合格质量标准	检验方法	检查数量
1	材料要求	涂料应符合设计要求和国家现行有关标准的规定	观察检查和检查型式检验报告、出厂检验报告、出厂合格证	同一工程、同一材料、同一生产厂家、同一型号、同一规格、同一批号检查一次
2	涂料检测	涂料进入施工现场时,应有苯、甲苯＋二甲苯、挥发性有机化合物(VOC)和游离甲苯二异氰酸酯(TDI)限量合格的检测报告	检查检测报告	同一材料、同一生产厂家、同一型号、同一规格、同一批号检查一次
3	表面质量	涂料面层的表面不应有开裂、空鼓、漏涂和倒泛水、积水等现象	观察和泼水检查	(1)每检验批应以各子分部工程的基层(各构造层)所划分的分项工程按自然间(或标准间)检验,抽查数量随机检验不应少于 3 间;不足 3 间,应全数检查;其中走廊(过道)应以 10 延长米为 1 间,工业厂房(按单跨计)、礼堂、门厅应以两个轴线为 1 间计算。 (2)有防水要求的建筑地面子分部工程的分项工程施工质量,每检验批抽查数量应按其房间总数随机检验不应少于 4 间,不足 4 间,应全数检查

表 15-38　　　　　　　　　　　一般项目检验

序号	项目	合格质量标准	检验方法	检查数量
1	涂料找平层	涂料找平层应平整,不应有刮痕	观察检查	(1)随机检验不应少于 3 间;不足 3 间,应全数检查;其中走廊(过道)应以 10 延长米为 1 间,工业厂房(按单跨计)、礼堂、门厅应以两个轴线为 1 间计算。 (2)有防水要求的建筑地面子分部工程的分项工程施工质量,每检验批抽查数量应按其房间总数随机检验不应少于 4 间,不足 4 间,应全数检查
2	涂料面层要求	涂料面层应光洁,色泽应均匀、一致,不应有起泡、起皮、泛砂等现象	观察检查	
3	楼梯、台阶踏步	楼梯、台阶踏步的宽度、高度应符合设计要求。楼层梯段相邻踏步高度差不应大于 10mm;每踏步两端宽度差不应大于 10mm,旋转楼梯梯段的每踏步两端宽度的允许偏差不应大于 5mm。踏步面层应做防滑处理,齿角应整齐,防滑条应顺直、牢固	观察和用钢尺检查	
4	涂料面层的允许偏差	涂料面层的允许偏差应符合下列规定: 表面平整度:2mm 踢脚线上口平直:3mm 缝格顺直:2mm	表面平整度:用 2m 靠尺和楔形塞尺检查。 踢脚线和缝格:接 5m 线和用钢尺检查	

九、塑胶面层

1. 监理巡视与检查

(1)塑胶面层应采用现浇型塑胶材料或塑胶卷材,宜在沥青混凝土或水泥类基层上铺设。

(2)基层的强度和厚度应符合设计要求,表面应平整、干燥、洁净,无油脂及其他杂质。

(3)塑胶面层铺设时的环境温度宜为 10~30℃。

2. 监理验收

(1)验收标准。

1)主控项目检验标准应符合表 15-39 的规定。

2)一般项目检验标准应符合表 15-40 的规定。

(2)验收资料。

1)塑料面层工程设计和变更等文件。

2)所用材料的出厂检验报告和质量保证书,材料进场验收记录(含现场抽样检验报告)。

3)塑料面层施工质量控制文件。

表 15-39　　　　　　　　　　　　　　　　**主控项目检验**

序号	项　目	合格质量标准	检验方法	检查数量
1	材料要求	塑胶面层采用的材料应符合设计要求和国家现行有关标准的规定	观察检查和检查型式检验报告、出厂检验报告、出厂合格证	现浇型塑胶材料按同一工程、同一配合比检查一次;塑胶卷材按同一工程、同一材料、同一生产厂家、同一型号、同一规格、同一批号检查一次
2	面层配合比	现浇型塑胶面层的配合比应符合设计要求,成品试件应检测合格	检查配合比试验报告、试件检测报告	同一工程、同一配合比检查一次
3	面层与基层粘结	现浇型塑胶面层与基层应粘结牢固,面层厚度应一致,表面颗粒应均匀,不应有裂痕、分层、气泡、脱(秃)粒等现象;塑胶卷材面层的卷材与基层应粘结牢固,面层不应有断裂、起泡、起鼓、空鼓、脱胶、翘边、溢液等现象	观察和用敲击法检查	(1)每检验批应以各子分部工程的基层(各构造层)所划分的分项工程按自然间(或标准间)检验,抽查数量随机检验不应少于 3 间;不足 3 间,应全数检查;其中走廊(过道)应以 10 延长米为 1 间,工业厂房(按单跨计)、礼堂、门厅应以两个轴线为 1 间计算。(2)有防水要求的建筑地面子分部工程的分项工程施工质量,每检验批抽查数量应按其房间总数随机检验不应少于 4 间,不足 4 间,应全数检查

表 15-40　　　　　　　　　　　一般项目检验

序号	项　目	合格质量标准	检验方法	检查数量
1	各组合层要求	塑胶面层的各组合层厚度、坡度、表面平整度应符合设计要求	采用钢尺、坡度尺、2m 或 3m 水平尺检查	（1）随机检验不应少于 3 间；不足 3 间，应全数检查；其中走廊（过道）应以 10 延长米为 1 间，工业厂房（按单跨计）、礼堂、门厅应以两个轴线为 1 间计算。 （2）有防水要求的建筑地面子分部工程的分项工程施工质量每检验批抽查数量应按其房间总数随机检验不应少于 4 间，不足 4 间，应全数检查
2	面层观感	塑胶面层应表面洁净，图案清晰，色泽一致，拼缝处的图案、花纹应吻合，无明显高低差及缝隙，无胶痕；与周边接缝应严密，阴阳角应方正、收边整齐	观察检查	
3	面层焊接质量	塑胶卷材面层的焊缝应平整、光洁，无焦化变色、斑点、焊瘤、起鳞等缺陷，焊缝凹凸允许偏差不应大于 0.6mm	观察检查	
4	塑胶面层的允许偏差	塑胶面层的允许偏差应符合下列规定： 表面平整度：2m 踢脚线上口平直：3mm 缝格顺直：2mm	表面平整度：用 2m 靠尺和楔形式塞尺检查。 踢脚线和缝格：拉 5m 线和用钢尺检查	

十、地面辐射供暖的整体面层

1. 监理巡视与检查

（1）地面辐射供暖的整体面层宜采用水泥混凝土、水泥砂浆等，应在填充层上铺设。

（2）地面辐射供暖的整体面层铺设时不得扰动填充层，不得向填充层内楔入任何物件。面层铺设尚应符合上述"一、水泥混凝土面层"、"二、水泥砂浆面层"的有关规定。

2. 监理验收

（1）验收标准。

1）主控项目检验标准应符合表 15-41 的规定。

2）一般项目检验标准应符合表 15-24、表 15-26 的规定。

（2）验收资料。

1）水泥砂浆面层工程设计和变更文件。

2）所用材料出厂检验报告和质量保证书、材料进场验收记录（含现场抽样检验报告）。

3)水泥复试报告。

4)水泥砂浆面层质量控制文件。

5)隐蔽验收及其他有关文件。

表 15-41　　　　　　　　　　　　　　主控项目检验

序号	项　目	合格质量标准	检验方法	检查数量
1	材料要求	地面辐射供暖的整体面层采用的材料或产品除应符合设计要求和相应面层的规定外,还应具有耐热性、热稳定性、防水、防潮、防霉变等特点	观察检查和检查质量合格证明文件	同一工程、同一材料、同一生产厂家、同一型号、同一规格、同一批号检查一次
2	分格缝	地面辐射供暖的整体面层的分格缝应符合设计要求,面层与柱、墙之间应留不小于 10mm 的空隙	观察和用钢尺检查	同表 15-39 序号 3
3	其他项	同表 15-23、表 15-25	同表 15-23、表 15-25	同表 15-23、表 15-25

第三节　　板块面层铺设

一、砖面层

1. 监理巡视与检查

(1)砖面层可采用陶瓷锦砖、缸砖、陶瓷地砖和水泥花砖,应在结合层上铺设。

(2)在水泥砂浆结合层上铺贴缸砖、陶瓷地砖和水泥花砖面层时,应符合下列规定:

1)在铺贴前,应对砖的规格尺寸、外观质量、色泽等进行预选;需要时,浸水湿润晾干待用;

2)勾缝和压缝应采用同品种、同强度等级、同颜色的水泥,并做养护和保护。

(3)在水泥砂浆结合层上铺贴陶瓷锦砖面层时,砖底面应洁净,每联陶瓷锦砖之间、与结合层之间以及在墙角、镶边和靠柱墙处应紧密贴合。在靠柱、墙处不得采用砂浆填补。

(4)在胶结料结合层上铺贴缸砖面层时,缸砖应干净,铺贴应在胶结料凝结前完成。

(5)基层(各构造层)和各类面层的分项工程的施工质量验收应按每一层次或每层施工段(或变形缝)划分检验批,高层建筑的标准层可按每三层(不足三层按三层计)划分检验批。

(6)建筑地面工程的分项工程施工质量检验的主控项目,应达到《建筑地面工程施工质量验收规范》(GB 50209)规定的质量标准,认定为合格;一般项目80%以上的检查点(处)符合《建筑地面工程施工质量验收规范》(GB 50209)规定的质量要求,其他检查点(处)不得有明显影响使用,且最大偏差值不超过允许偏差值的50%为合格。凡达不到质量标准时,应按现行国家标准《建筑工程施工质量验收统一标准》(GB 50300)的规定处理。

2. 监理验收

(1)验收标准。

1)主控项目检验标准应符合表15-42的规定。

2)一般项目检验标准应符合表15-43的规定。

(2)验收资料。

1)砖面层工程设计和变更等文件。

表 15-42　　　　　　　　　　　　　　主控项目检验

序号	项　目	合格质量标准	检验方法	检查数量
1	板材质量	砖面层所用的板块产品符合设计要求和国家现行有关标准的规定	观察检查和检查型式检验报告、出厂检验报告、出厂合格证	同一工程、同一材料、同一生产厂家、同一型号、同一规格、同一批号检查一次
2	放射性含量	砖面层所用板块产品进入施工现场时,应有放射性限量合格的检测报告	检查检测报告	
3	面层与下一层结合	砖面层与下一层的结合(粘结)应牢固,无空鼓(单块砖边角允许有局部空鼓,但每自然间或标准间的空鼓砖不应超过总数的5%)	用小锤轻击检查	(1)每检验批应以各子分部工程的基层(各构造层)所划分的分项工程按自然间(或标准间)检验,抽查数量随机检验不应少于3间;不足3间,应全数检查;其中走廊(过道)应以10延长米为1间,工业厂房(按单跨计)、礼堂、门厅应以两个轴线为1间计算。(2)有防水要求的建筑地面子分部工程的分项工程施工质量,每检验批抽查数量应按其房间总数随机检验不应少于4间,不足4间,应全数检查

表 15-43　　　　　　　　　　　　一般项目检测

序号	项　目	合格质量标准	检验方法	检查数量
1	面层表面质量	砖面层的表面应洁净、图案清晰、色泽一致，接缝应平整，深浅一致，周边应顺直。板块无裂纹、掉角和缺楞等缺陷	观察检查	（1）每检验批应以各子分部工程的基层（各构造层）所划分的分项工程按自然间（或标准间）检验，抽查数量随机检验不应少于3间；不足3间，应全数检查；其中走廊（过道）应以10延长米为1间，工业厂房（按单跨计）、礼堂、门厅应以两个轴线为1间计算。有防水要求的建筑地面子分部工程的分项工程施工质量每检验批抽查数量应按其房间总数随机检验不应少于4间，不足4间，应全数检查（2）同"1. 监理巡视与检查中第(4)、(5)项"
2	面层邻接处镶边	面层邻接处的镶边用料及尺寸应符合设计要求，边角应整齐、光滑	观察和用钢尺检查	
3	踢脚线质量	踢脚线表面应洁净，与柱、墙面的结合应牢固。踢脚线高度及出柱、墙厚度应符合设计要求，且均匀一致	观察和用小锤轻击及钢尺检查	
4	楼梯踏步	楼梯、台阶踏步的宽度、高度应符合设计要求。踏步板块的缝隙宽度应一致；楼层梯段相邻踏步高度差不应大于10mm；每踏步两端宽度差不应大于10mm，旋转楼梯梯段的每踏步两端宽度的允许偏差不应大于5mm。踏步面层应做防滑处理，齿角应整齐，防滑条应顺直、牢固	观察和用钢尺检查	
5	面层表面坡度	面层表面的坡度应符合设计要求，不倒泛水，无积水；与地漏、管道结合处应严密牢固，无渗漏	观察、泼水或用坡度尺及蓄水检查	
6	面层表面允许偏差	砖面层的允许偏差见表15-44	表面平整度：用2m靠尺和楔形塞尺检查缝格平直：拉5m线和用钢尺检查接缝高低差：用钢尺和楔形塞尺检查踢脚线上口平直：拉5m线和用钢尺检查板块间隙宽度：用钢尺检查	

表 15-44　　　　　　　　　　板、块面层的允许偏差和检验方法

项次	项目	允许偏差(mm)											检验方法
		陶瓷锦砖面层、高级水磨石板、陶瓷地砖面层	缸砖面层	水泥花砖面层	水磨石板面层	大理石面层、花岗石面层、人造石面层、金属板面层	塑料板面层	水泥混凝土块面层	碎拼大理石、碎拼花岗石面层	活动地板面层	条石面层	块石面层	
1	表面平整度	2.0	4.0	3.0	3.0	1.0	2.0	4.0	3.0	2.0	10	10	用2m靠尺和楔形塞尺检查
2	缝格平直	3.0	3.0	3.0	3.0	2.0	3.0	3.0	—	2.5	8.0	8.0	拉5m线和用钢尺检查
3	接缝高低差	0.5	1.5	0.5	1.0	0.5	0.5	1.5	—	0.4	2.0	—	用钢尺和楔形塞尺检查
4	踢脚线上口平直	3.0	4.0	—	4.0	1.0	2.0	4.0	1.0	—	—	—	拉5m线和用钢尺检查
5	板块间隙宽度	2.0	2.0	2.0	2.0	1.0	—	6.0	—	0.3	5.0	—	用钢尺检查

2)水泥、地砖、胶粘剂等材料的产品合格证书、性能检测报告、进场验收记录和复验报告。

3)砂子含泥量试验记录。

4)隐蔽工程验收记录。

5)施工记录。

6)寒冷地区陶瓷面砖的抗冻性和吸水性试验。

7)砖面层施工质量控制文件。

二、大理石和花岗石面层

1. 监理巡视与检查

(1)大理石、花岗石面层采用天然大理石、花岗石(或碎拼大理石、碎拼花岗石)板材,应在结合层上铺设。

(2)板材有裂缝、掉角、翘曲和表面有缺陷时应予剔除,品种不同的板材不得混杂使用;在铺设前,应根据石材的颜色、花纹、图案、纹理等按设计要求,试拼编号。

(3)铺设大理石、花岗石面层前,板材应浸湿、晾干;结合层与板材应分段同时铺设。

2. 监理验收

(1)验收标准。

1)主控项目检验标准应符合表 15-45 的规定。

2)一般项目检验标准应符合表 15-46 的规定。

(2)验收资料。

1)大理石面层和花岗石面层工程设计和变更等文件。

2)大理石、花岗石板材产品质量证明书(包括放射性指标检测报告)。

3)胶粘剂产品质量证明书(包括挥发性有机物等含量检测报告)。

4)水泥出厂检测报告和现场抽样检测报告。

5)砂、石现场抽样检测报告。

表 15-45　　　　　　　　　　　　　主控项目检验

序号	项　目	合格质量标准	检验方法	检查数量
1	板块品种、质量	大理石、花岗石面层所用板块产品应符合设计要求和国家现行有关标准的规定	观察检查和检查质量合格证明文件	同一工程、同一材料、同一生产厂家、同一型号、同一规格、同一批号检查一次
2	板块产品检测	大理石、花岗石面层所用板块产品进入施工现场时,应有放射性限量合格的检测报告	检查检测报告	
3	面层与下一层结合	面层与下一层应结合牢固,无空鼓(单块板块边角允许有局部空鼓,但每自然间标准间的确空鼓板块不应超过总数的 5%)	用小锤轻击检查	(1)随机检验不应少于 3 间;不足 3 间,应全数检查;其中走廊(过道)应以 10 延长米为 1 间,工业厂房(按单跨计)、礼堂、门厅应以两个轴线为 1 间计算。(2)有防水要求的检验批抽查数量应按其房间总数随机检验不应少于 4 间,不足 4 间,应全数检查

表 15-46　　　　　　　　　　　　　一般项目检验

序号	项 目	合格质量标准	检验方法	检查数量
1	板块背面和侧面防碱处理	大理石、花岗石面层铺设前，板块的背面和侧面应进行防碱处理	观察检查和检查施工记录	同主控项目第 3 项
2	面层表面质量	大理石、花岗石面层的表面应洁净、平整、无磨痕，且应图案清晰、色泽一致、接缝均匀、周边顺直、镶嵌正确，板块无裂纹、掉角、缺棱等缺陷	观察检查	
3	踢脚线质量	踢脚线表面应洁净，与柱、墙面的结合应牢固。踢脚线高度及出柱、墙厚度应符合设计要求，且均匀一致	观察和用小锤轻击及钢尺检查	
4	楼梯踏步	楼梯、台阶踏步的宽度、高度应符合设计要求。踏步板块的缝隙宽度应一致；楼层梯段相邻踏步高度差不应大于 10mm；每踏步两端宽度差不应大于 10mm，旋转楼梯梯段的每踏步两端宽度的允许偏差不应大于 5mm。踏步面层应做防滑处理，齿角应整齐，防滑条应顺直、牢固	观察和用钢尺检查	
5	面层坡度及其他要求	面层表面的坡度应符合设计要求，不倒泛水、无积水；与地漏、管道结合处应严密牢固，无渗漏	观察、泼水或用坡度尺及蓄水检查	
6	面层表面允许偏差	大理石和花岗石面层（或碎拼大理石、碎拼花岗石）的允许偏差应符合表 15-44 的规定	见表 15-44	同 表 15-43

6) 各种材料进场验收记录。

7) 大理石面层和花岗石面层施工质量控制文件。

三、预制板块面层

1. 监理巡视与检查

(1) 预制板块面层采用水泥混凝土板块、人造石板块、水磨石板块，应在结合层上铺设。

(2)水泥混凝土板块面层的缝隙,应采用水泥浆(或砂浆)填缝;彩色混凝土板块、人造石板块、水磨石板块应用同色水泥浆(或砂浆)擦缝。

(3)强度和品种不同的预制板块不宜混杂使用。

(4)板块间的缝隙宽度应符合设计要求。当设计无要求时,混凝土板块面层缝宽不宜大于 6mm,水磨石板块、人造石板块间的缝宽不应大于 2mm,预制板块面层铺完 24h 后,应用水泥砂浆灌缝至 2/3 高度,再用同色水泥浆擦(勾)缝。

2. 监理验收

(1)验收标准。

1)主控项目检验标准应符合表 15-47 的规定。

表 15-47　　　　　　　　　　　主控项目检验

序号	项　目	合格质量标准	检验方法	检查数量
1	材料要求	预制板块面层所用板块产品应符合设计要求和国家现行有关标准的规定	观察检查和检查型式检验报告、出厂检验报告、出厂合格证	同一工程、同一材料、同一生产厂家、同一型号、同一规格、同一批号检查一次
2	板材产品检测报告	预制板块面层所用板块产品进入施工现场时,应有放射性限量合格的检测报告	检查检测报告	
3	面层与下一层结合	面层与下一层应结合牢固、无空鼓(单块板块料边角允许有局部空鼓,但每自然间或标准间的空鼓板块不应超过总数的5%)	用小锤轻击检查	(1)随机检验不应少于3间;不足 3 间,应全数检查;其中走廊(过道)应以10 延长米为 1 间,工业厂房(按单跨计)、礼堂、门厅应以两个轴线为 1 间计算。 (2)有防水要求的检验批抽查数量应按其房间总数随机检验不应少于 4 间,不足 4 间,应全数检查

2)一般项目检验标准应符合表 15-48 的规定。

表 15-48　　　　　　　　　　　　一般项目检验

序号	项　目	合格质量标准	检验方法	检查数量
1	板块质量	预制板块表面应无裂缝、掉角、翘曲等明显缺陷	观察检查	
2	板块面层质量	预制板块面层应平整洁净,图案清晰,色泽一致,接缝均匀,周边顺直,镶嵌正确	观察检查	
3	面层邻接处镶边	面层邻接处的镶边用料尺寸应符合设计要求,边角整齐、光滑	观察和用钢尺检查	
4	踢脚线质量	踢脚线表面应洁净,与墙、柱面的结合应牢固。踢脚线高度及出柱、墙厚度应符合设计要求,且均匀一致	观察和用小锤轻击及钢尺检查	同主控项目第3项
5	楼梯踏步	楼梯、台阶踏步的宽度、高度应符合设计要求。踏步板块的缝隙宽度应一致;楼层梯段相邻踏步高度差不应大于 10mm;每踏步两端宽度差不应大于 10mm,旋转楼梯梯段的每踏步两端宽度的允许偏差不应大于 5mm。踏步面层应做防滑处理,齿角应整齐,防滑条应顺直、牢固	观察和用钢尺检查	
6	面层表面允许偏差	水泥混凝土板块水磨石板块面层、人造石板块面层的允许偏差应符合规表 15-44 的规定	见表 15-44	

（2）验收资料。

1）预制板块面层工程设计和变更等文件。

2）水泥出厂证明及复试报告。

3）砂子试验报告。

4）预制板块面层施工质量控制文件。

5）采用无机非金属材料时的放射性指标检测报告。

四、料石面层

1. 监理巡视与检查

(1)料石面层采用天然条石和块石,应在结合层上铺设。

(2)条石和块石面层所用的石材的规格、技术等级和厚度应符合设计要求。条石的质量应均匀,形状为矩形六面体,厚度为 80～120mm;块石形状为直棱柱体,顶面粗琢平整,底面面积不宜小于顶面面积的 60%,厚度为 100～150mm。

(3)不导电的料石面层的石料应采用辉绿岩石加工制成。填缝材料亦采用辉绿岩石加工的砂嵌实。耐高温的料石面层的石料,应按设计要求选用。

(4)条石面层的结合层宜采用水泥砂浆,其厚度应符合设计要求;块石面层的结合层宜采用砂垫层,其厚度不应小于 60mm;基土层应为均匀密实的基土或夯实的基土。

2. 监理验收

(1)验收标准。

1)主控项目检验标准应符合表 15-49 的规定。

表 15-49　　　　　　　　　　　　　主控项目检验

序号	项　目	合格质量标准	检验方法	检查数量
1	石材质量	石材应符合设计要求和国家现行有关标准的规定;条石的强度等级应大于 MU60,块石的强度等级应大于 MU30	观察检查和检查质量合格证明文件	同一工程、同一材料、同一生产厂家、同一型号、同一规格、同一批号检查一次
2	石材检测报告	石材进入施工现场时,应有放射性限量合格的检测报告	检查检测报告	
3	面层与下一层结合	面层与下一层应结合牢固、无松动	观察检查和用锤击检查	(1)随机检验不应少于 3 间;不足 3 间,应全数检查;其中走廊(过道)应以 10 延长米为 1 间,工业厂房(按单跨计)、礼堂、门厅应以两个轴线为 1 间计算 (2)有防水要求的检验批抽查数量应按其房间总数随机检验不应少于 4 间,不足 4 间,应全数检查

2)一般项目检验标准应符合表 15-50 的规定。

表 15-50 一般项目检验

序号	项　目	合格质量标准	检验方法	检查数量
1	组砌方法	条石面层应组砌合理,无十字缝,铺砌方向和坡度应符合设计要求;块石面层料缝隙应相互错开,通缝不超过两块石料	观察和用坡度尺检查	同主控项目第 3 项
2	面层允许偏差	条石面层和块石面层的允许偏差应符合表 15-44 的规定	见表 15-44	

(2)验收资料。

1)料石面层工程设计和变更等文件。

2)料石出厂质量证明书(包括放射性指标)。

3)水泥出厂质量证明书,复试报告。

4)砂检验报告。

5)水泥砂浆配合比通知单和强度试验报告。

6)沥青胶结料配合比、出厂合格证和复试报告。

7)料石面层施工质量控制文件。

五、塑料板面层

1. 监理巡视与检查

(1)塑料板面层应采用塑料板块材、塑料板焊接、塑料卷材以胶粘剂在水泥类基层上采用满粘或点粘法铺设。

(2)水泥类基层表面应平整、坚硬、干燥、密实、洁净、无油脂及其他杂质,不应有麻面、起砂、裂缝等缺陷。

2. 监理验收

(1)验收标准。

1)主控项目检验标准应符合表 15-51 的规定。

表 15-51 主控项目检验

序号	项　目	合格质量标准	检验方法	检查数量
1	塑料板质量	塑料板面层所用的塑料板块、塑料卷材、胶粘剂应符合设计要求和现行国家标准的规定	观察检查和检查型式试验报告、出厂检验报告、出厂合格证	同一工程、同一材料、同一生产厂家、同一型号、同一规格、同一批号检查一次

续表

序号	项　目	合格质量标准	检验方法	检查数量
2	胶粘剂检测报告	塑料板面层采用的胶粘剂进入施工现场时,应有以下有害物质限量合格的检测报告: (1)溶剂型胶粘剂中的挥发性有机化合物(VOC)、苯、甲苯＋二甲苯; (2)水性胶粘剂中的挥发性有机化合物(VOC)和游离甲醛	检查检测报告	同一工程、同一材料、同一生产厂家、同一型号、同一规格、同一批号检查一次
3	面层与下一层粘结	面层与下一层的粘结应牢固,不翘边、不脱胶、无溢胶(单块板块边角允许有局部脱胶,但每自然间或标准间的脱胶板块不应超过总数5％;卷材局部脱胶处面积不应大于20cm²,且相隔间距应大于或等于50cm)	观察、敲击及用钢尺检查	(1)随机检验不应少于3间;不足3间,应全数检查;其中走廊(过道)应以10延长米为1间,工业厂房(按单跨计)、礼堂、门厅应以两个轴线为1间计算 (2)有防水要求的检验批抽查数量应按其房间总数随机检验不应少于4间,不足4间,应全数检查

2)一般项目检验标准应符合表15-52的规定。

表 15-52　　　　　　　　　　一般项目检验

序号	项　目	合格质量标准	检验方法	检查数量
1	面层质量	塑料板面层应表面洁净,图案清晰,色泽一致,接缝严密,美观。拼缝处的图案、花纹吻合,无胶痕;与柱、墙边交接严密,阴阳角收边方正	观察检查	
2	焊接质量	板块的焊接,焊缝应平整、光洁,无焦化变色、斑点、焊瘤和起鳞等缺陷,其凹凸允许偏差不应大于0.6mm。焊缝的抗拉强度不小于塑料板强度的75％	观察检查和检查检测报告	同表15-43
3	镶边用料	镶边用料应尺寸准确、边角整齐、拼缝严密、接缝顺直	观察和用钢尺检查	
4	面层允许偏差	塑料板面层的允许偏差应符合表15-44的规定	见表15-44	

(2)验收资料。

1)塑料板面层工程设计和变更等文件。

2)塑料板块或卷材的出厂质量证明书和检测报告。

3)胶粘剂出厂质量证明文件和试验记录。

4)焊条出厂证明书、焊缝强度检测报告。

5)塑料板面层施工质量控制文件。

六、活动地板面层

1. 监理巡视与标准

(1)活动地板面层宜用于有防尘和防静电要求的专业用房的建筑地面。应采用特制的平压刨花板为基材,表面可饰以装饰板,底层应用镀锌板经粘结胶合形成活动地板块,配以横梁、橡胶垫条和可供调节高度的金属支架组装成架空板,应在水泥类面层(或基层)上铺设。

(2)活动地板所有的支座柱和横梁应构成框架一体,并与基层连接牢固;支架抄平后高度应符合设计要求。

(3)活动地板面层应包括标准地板、异形地板和地板附件(即支架和横梁组件)。采用的活动地板块应平整、坚实,面层承载力不应小于 7.5MPa,A 级板的系统电阻应为 $1.0 \times 10^5 \sim 1.0 \times 10^8 \, \Omega$,B 级板的系统电阻应为 $1.0 \times 10^5 \sim 1.0 \times 10^{10} \, \Omega$。

(4)活动地板面层的金属支架应支承在现浇水泥混凝土基层(或面层)上,基本层表面应平整、光洁、不起灰。

(5)当房间的防静电要求较高,需要接地时,应将活动地板面层的金属支架、金属横梁连通跨接,并与接地体相连,接地方法应符合设计要求。

(6)活动板块与横梁接触搁置处应达到四角平整、严密。

(7)当活动地板不符合模数时,其不足部分可在现场根据实际尺寸将板块切割后镶补,并应配装相应的可调支撑和横梁。切割边不经处理不得镶补安装,并不得有局部膨胀变形情况。

(8)活动地板在门口处或预留洞口处应符合设置构造要求,四周侧边应用耐磨硬质板材封ън或用镀锌钢板包裹,胶条封边应符合耐磨要求。

(9)活动地板与柱、墙面接缝处的处理应符合设计要求,设计无要求时应做木踢脚线;通风口处,应选用异形活动地板铺贴。

(10)用于电子信息系统机房的活动地板面层,其施工质量检验尚应符合现行国家标准《电子信息系统机房施工及验收规范》(GB 50462)的有关规定。

2. 监理验收

(1)验收标准。

1)主控项目检验标准应符合表 15-53 的规定。

表 15-53　　　　　　　　　　　　主控项目检验

序号	项　目	合格质量标准	检验方法	检查数量
1	材料质量	活动地板应符合设计要求和国家现行有关标准的规定,且应具有耐磨、防潮、阻燃、耐污染、耐老化和导静电等性能	观察检查和检查型式检验报告、出厂检验报告、出厂合格证	同一工程、同一材料、同一生产厂家、同一型号、同一规格、同一批号检查一次
2	面层质量要求	活动地板面层应安装牢固,无裂纹、掉角和缺棱等缺陷	观察和行走检查	(1)随机检查不应少于3间;不足3间,应全数检查;其中走廊(过道)应以10延长米为1间,工业厂房(按单跨计)、礼堂、门厅应以两个轴线为1间计算。 (2)有防水要求的检验批抽查数量应按其房间总数随机检验不应少于4间,不足4间,应全数检查

2)一般项目检验标准应符合表 15-54 的规定。

表 15-54　　　　　　　　　　　一般项目检验

序号	项　目	合格质量标准	检验方法	检查数量
1	面层表面质量	活动地板面层应排列整齐、表面洁净、色泽一致、接缝均匀、周边顺直	观察检查	同表 15-43
2	面层允许偏差	活动地板面层的允许偏差应符合表 15-44 的规定	见表 15-44	

(2)验收资料。

1)活动地板面层工程设计和变更等文件。

2)原材料的出厂检验报告和质量合格保证文件、材料进场检(试)验报告(含抽样报告)。

3)活动地板面层施工质量控制文件。

4)构造层的隐蔽验收及其他有关验收文件。

七、金属板面层

1.监理巡视与检查

(1)金属板面层采用镀锌板、镀锡板、复合钢板、彩色涂层钢板、铸铁板、不锈钢板、铜板及其他合成金属板铺设。

(2)金属板面层及其配件宜使用不锈蚀或经过防锈处理的金属制品。

(3)用于通道(走道)和公共建筑的金属板面层,应按设计要求进行防腐、防滑处理。

(4)金属板面层的接地做法应符合设计要求。

(5)具有磁吸性的金属板面层不得用于有磁场所。

2. 监理验收

(1)验收标准。

1)主控项目检验标准应符合表 15-55 的规定。

2)一般项目检验标准应符合表 15-56 的规定。

(2)验收资料。

1)金属板面层工程设计和变更等文件。

表 15-55　　　　　　　　　　主控项目检验

序号	项　目	合格质量标准	检验方法	检查数量
1	材料要求	金属板应符合设计要求和国家现行有关标准的规定	观察检查和检查型式检验报告、出厂检验报告、出厂合格证	同一工程、同一材料、同一生产厂家、同一型号、同一规格、同一批号检查一次
2	固定方法与接缝处理	面层与基层的固定方法、面层的接缝处理应符合设计要求	观察检查	(1)随机检验不应少于3间;不足3间,应全数检查;其中走廊(过道)应以10延长米为1间,工业厂房(按单跨计)、礼堂、门厅应以两个轴线为1间计算。
3	焊缝质量	面层及其附件如需焊接,焊缝质量应符合设计要求和现行国家标准《钢结构工程施工质量验收规范》(GB 50205)的有关规定	观察检查和按现行国家标准《钢结构工程施工质量验收规范》(GB 50205)规定的方法检验	(2)有防水要求的建筑地面子分部工程的分项工程施工质量,每检验批抽查数量应按其房间总数随机检验不应少于4间,不足4间,应全数检查
4	面层与基层的结合	面层与基层的结合应牢固,无翘边、松动、空鼓等	观察和用小锤轻击检查	

表 15-56　　　　　　　　　　　一般项目检验

序号	项目	合格质量标准	检验方法	检查数量
1	外观缺陷	金属板表面应无裂痕、刮伤、刮痕、翘曲等外观质量缺陷	观察检查	同表 15-43
2	面层质量	面层应平整、洁净、色泽一致、接缝应均匀，周边应顺直	观察和用钢尺检查	
3	镶边用料及尺寸	镶边用料及尺寸应符合设计要求，边角应整齐	观察检查和用钢尺检查	
4	踢脚线	踢脚线表面应洁净，与柱、墙面的结合应牢固。踢脚线高度及出柱、墙厚度应符合设计要求，且均匀一致	观察和用小锤轻击及钢尺检查	
5	面层允许偏差	金属板面层的允许偏差应符合表 15-44 的规定	见表 15-44	

2）原材料出厂检验报告和质量合格保证文件、材料进场检（试）验报告（含抽样报告）。

3）金属板面层施工质量控制文件。

4）隐蔽工程验收及其他有关验收文件。

八、地毯面层

1. 监理巡视与检查

（1）地毯面层应采用地毯块材料或卷材，以空铺法或实铺法铺设。

（2）铺设地毯的地面面层（或基层）应坚实、平整、洁净、干燥，无凹坑、麻面、起砂、裂缝，并不得有油污、钉头及其他凸出物。

（3）地毯衬垫应满铺平整，地毯拼缝处不得露底衬。

（4）空铺地毯面层应符合下列要求：

1）块材地毯宜先拼成整块，然后按设计要求铺设；

2）块材地毯的铺设，块与块之间应挤紧服帖；

3）卷材地毯宜先长向缝合，然后按设计要求铺设；

4）地毯面层的周边应压入踢脚线下；

5）地毯面层与不同类型的建筑地面面层的连接处，其收口做法应符合设计要求。

（5）实铺地毯面层应符合下列要求：

1）实铺地毯面层采用的金属卡条（倒刺板）、金属压条、专用双面胶带、胶粘剂等应符合设计要求；

2）铺设时，地毯的表面层宜张拉适度，四周应采用卡条固定；门口处宜用金属压条或双面胶带等固定；

3)地毯周边应塞入卡条和踢脚线下;

4)地毯面层采用胶粘剂或双面胶带粘结时,应与基层粘贴牢固。

(6)楼梯地毯面层铺设时,梯段顶级(头)地毯应固定于平台上,其宽限度应不小于标准楼梯、台阶踏步尺寸;阴角处应固定牢固;梯段末级(头)地毯与水平段地毯的连接处应顺畅、牢固。

2. 监理验收

(1)验收标准。

1)主控项目检验标准应符合表 15-57 的规定。

2)一般项目检验标准应符合表 15-58 的规定。

(2)验收资料。

1)地毯面层工程设计和变更等文件。

2)地毯、胶料和辅料合格证及进场检查报告。

表 15-57　　　　　　　　　　　主控项目检验

序号	项　目	合格质量标准	检验方法	检查数量
1	地毯质量	地毯面层采用的材料应符合设计要求和国家现行地毯产品标准的规定	观察检查和检查型式检验报告、出厂检验报告、出厂合格证	同一工程、同一材料、同一生产厂家、同一型号、同一规格、同一批号检查一次
2	材料检测报告	地毯面层采用的材料进入施工现场时,应有地毯、衬垫、胶粘剂中的挥发性有机化合物（VOC）和甲醛限量合格的检测报告	检查检测报告	
3	地毯铺设质量	地毯表面应平服,拼缝处粘贴牢固、严密平整、图案吻合	观察检查	(1)随机检验不应少于 3 间;不足 3 间,应全数检查;其中走廊(过道)应以 10 延长米为 1 间,工业厂房(按单跨计)、礼堂、门厅应以两个轴线为 1 间计算。 (2)有防水要求的检验批抽查数量应按其房间总数随机检验不应少于 4 间,不足 4 间,应全数检查

表 15-58　　　　　　　　　　　　一般项目检验

序号	项　目	合格质量标准	检验方法	检查数量
1	地毯表面质量	地毯表面不应起鼓、起皱、翘边、卷边、显拼缝、露线和毛边、绒面毛应顺光一致、毯面应干净，无污染和损伤	观察检查	同主控项目第 3 项
2	地毯细部连接	地毯同其他面层连接处、收口处和墙边、柱子周围应顺直、压紧	观察检查	

九、地面辐射供暖的板块面层

1. 监理巡视与检查

(1)地面辐射供暖的板块面层宜采用缸砖、陶瓷地砖、花岗石、水磨石板块、人造石板块、塑料板等，应在填充层上铺设。

(2)地面辐射供暖的板块面层采用胶结材料粘贴铺设时，填充层的含水率应符合胶结材料的技术要求。

(3)地面辐射供暖的板块面层铺设时不得扰动填充层，不得向填充层内楔入任何物件。面层铺设尚应符合上述"砖面层、大理石面层和花岗石面层、预制板块面层、塑料板面层"的有关规定。

2. 监理验收

(1)验收标准。

1)主控项目检验标准应符合表 15-59 的规定。

2)一般项目检验标准应符合表 15-43、表 15-46、表 15-48、表 15-52 的规定。

(2)验收资料。

1)板面层工程设计和变更等文件。

2)板块出厂质量证明书和检测报告。

3)胶粘剂出厂质量证明文件和试验记录。

4)板面层施工质量控制文件。

5)隐蔽验收及其他有关文件。

表 15-59　　　　　　　　　　　　主控项目检验

序号	项　目	合格质量标准	检验方法	检查数量
1	材料要求	地面辐射供暖的板块面层采用的材料或产品除应符合设计要求和《建筑地面工程施工质量验收规范》(GB 50209)相应面层的规定外，还应具有耐热性、热稳定性、防水、防潮、防霉变等特点	观察检查和检查质量合格证明文件	同一工程、同一材料、同一生产厂家、同一型号、同一规格、同一批号检查一次

序号	项　目	合格质量标准	检验方法	检查数量
2	伸缩缝、分格缝	地面辐射供暖的板块面层的伸缩缝及分格缝应符合设计要求；面层与柱、墙之间应留不小于 10mm 的空隙	观察和用钢尺检查	同表 15-57 序号 3
3	其他项目	同表 15-42、表 15-45、表 15-47、表 15-51	同左	同左

第四节　木、竹面层铺设

一、实木地板、实木集成地板、竹地板面层

1. 监理巡视与检查

(1)实木地板、实木集成地板、竹地板面层应采用条材或块材或拼花，以空铺或实铺方式在基层上铺设。

(2)实木地板、实木集成地板、竹地板面层可采用双层面层和单层面层铺设，其厚度应符合设计要求；其选材应符合国家现行有关标准的规定。

(3)铺设实木地板、实木集成地板、竹地板面层时，其木搁栅的截面尺寸、间距和稳固方法等均应符合设计要求。木搁栅固定时，不得损坏基层和预埋管线。木搁栅应垫实钉牢，与柱、墙之间留出 20mm 的缝隙，表面应平直，其间距不宜大于 300mm。

(4)当面层下铺设垫层地板时，垫层地板的髓心应向上，板间缝隙不应大于 3mm，与柱、墙之间应留 8～12mm 的空隙，表面应刨平。

(5)实木地板、实木集成地板、竹地板面层铺设时，相邻板材接头位置应错开不小于 300mm 的距离；与柱、墙之间应留 8～12mm 的空隙。

(6)采用实木制作的踢脚线，背面应抽槽并做防腐处理。

(7)席纹实木地板面层、拼花实木地板面层的铺设应符合有关要求。

2. 监理验收

(1)验收标准。

1)主控项目检验标准应符合表 15-60 的规定。

表 15-60　　　　　　　　　　　　主控项目检验

序号	项　目	合格质量标准	检验方法	检查数量
1	材料要求	实木地板、实木集成地板、竹地板面层采用的地板、铺设时的木(竹)材含水率、胶粘剂等应符合设计要求和国家现行有关标准的规定	观察检查和检查型式检验报告、出厂检验报告、出厂合格证	同一工程、同一材料、同一生产厂家、同一型号、同一规格、同一批号检查一次
2	材料检测报告	实木地板、实木集成地板、竹地板面层采用的材料进入施工现场时,应有以下有害物质限量合格的检测报告: (1)地板中的游离甲醛(释放量或含量); (2)溶剂型胶粘剂中的挥发性有机化合物(VOC)、苯、甲苯+二甲苯; (3)水性胶粘剂中的挥发性有机化合物(VOC)和游离甲醛	检查检测报告	
3	防腐、防蛀处理	木搁栅、垫木和垫层地板等应做防腐、防蛀处理	观察检查和检查验收记录	(1)随机检验不应少于3间;不足3间,应全数检查;其中走廊(过道)应以10延长米为1间,工业厂房(按单跨计)、礼堂、门厅应以两个轴线为1间计算。 (2)有防水要求的建筑地面子分部工程的分项工程施工质量每检验批抽查数量应按其房间总数随机检验不应少于4间,不足4间,应全数检查
4	木搁栅安装	木搁栅安装应牢固、平直	观察、行走、钢尺测量等检查和检查验收记录	
5	面层铺设	面层铺设应牢固;粘结应无空鼓、松动	观察、行走或用小锤轻击检查	

2)一般项目检验标准应符合表 15-61 的规定。

表 15-61　　　　　　　　　　　　　　一般项目检验

序号	项　目	合格质量标准	检验方法	检查数量
1	面层观感质量	实木地板、实木集成地板面层应刨平、磨光,无明显刨痕和毛刺等现象;图案应清晰、颜色应均匀一致	观察、手摸和行走检查	同主控项目第 3、4、5 项
2	面层品种与规格	竹地板面层的品种与规格应符合设计要求,板面应无翘曲	观察、用 2m 靠尺和楔形塞尺检查	
3	面层质量	面层缝隙应严密;接头位置应错开,表面应平整、洁净	观察检查	
4	面层接缝	面层采用粘、钉工艺时,接缝应对齐,粘、钉应严密;缝隙宽度应均匀一致;表面应洁净,无溢胶现象	观察检查	
5	踢脚线	踢脚线应表面光滑,接缝严密,高度一致	观察和用钢尺检查	
6	面层允许偏差	实木地板、实木集成地板、竹地板面层的允许偏差应符合表 15-62 的规定	见表 15-62	

表 15-62　　　　　　　木、竹面层的允许偏差和检验方法

项次	项　目	允许偏差/mm				检查方法
		实木地板、实木集成地板、竹地板面层			浸渍纸层压木质地板、实木复台地板、软木类地板面层	
		松木地板	硬木地板、竹地板	拼花地板		
1	板面缝隙宽度	1.0	0.5	0.2	0.5	用钢尺检查
2	表面平整度	3.0	2.0	2.0	2.0	用 2m 靠尺和楔形塞尺检查
3	踢脚线上口平齐	3.0	3.0	3.0	3.0	拉 5m 线和用钢尺检查
4	板面拼缝平直	3.0	3.0	3.0	3.0	
5	相邻板材高度	0.5	0.5	0.5	0.5	用钢尺和楔形塞尺检查
6	踢脚线与面层的接缝	1.0				楔形塞尺检查

(2)验收资料。

1)实木地板、实木集成地板、竹地板面层工程设计和变更等文件。

2)木搁栅、毛地板含水率检测报告。

3)木搁栅、毛地板铺设隐蔽验收记录。

4)胶粘剂、人造板等有害物质含量检测记录和复试报告。

5)实木地板、实木集成地板、竹地板面层工程施工质量控制文件。

二、实木复合地板面层

1. 监理巡视与检查

(1)实木复合地板面层采用的材料、铺设方式、铺设方法、厚度以及垫层地板铺设等,均应符合前述实木地板、实木集成地板、竹地板面层监理巡视与检查中第(1)条至第(4)条的规定。

(2)实木复合地板面层应采用空铺法或粘贴法(满粘或点粘)铺设。采用粘贴法铺设时,粘贴材料应按设计要求选用,并应具有耐老化、防水、防菌、无毒等性能。

(3)实木复合地板面层下衬垫的材料和厚度应符合设计要求。

(4)实木复合地板面层铺设时,相邻板材接头位置应错开不小于 300mm 的距离;与柱、墙之间应留不小于 10mm 的空隙。当面层采用无龙骨的空铺法铺设时,应在面层与柱、墙之间的空隙内加设金属弹簧卡或木楔子,其间距宜为 200~300mm。

(5)大面积铺设实木复合地板面层时,应分段铺设,分段缝的处理应符合设计要求。

2. 监理验收

(1)验收标准。

1)主控项目检验标准应符合表 15-63 的规定。

表 15-63　　　　　　　　　　　　　　主控项目检验

序号	项　目	合格质量标准	检验方法	检查数量
1	材料要求	实木复合地板面层采用的地板、胶粘剂等应符合设计要求和国家现行有关标准的规定	观察检查和检查型式检验报告、出厂检验报告、出厂合格证	同一工程、同一材料、同一生产厂家、同一型号、同一规格、同一批号检查一次
2	材料检测报告	实木复合地板面层采用的材料进入施工现场时,应有以下有害物质限量合格的检测报告: (1)地板中的游离甲醛(释放量或含量); (2)溶剂型胶粘剂中的挥发性有机化合物(VOC)、苯、甲苯+二甲苯; (3)水性胶粘剂中的挥发性有机化合物(VOC)和游离甲醛	检查检测报告	

续表

序号	项　目	合格质量标准	检验方法	检查数量
3	防腐、防蛀处理	木搁栅、垫木和垫层地板等应做防腐、防蛀处理	观察检查和检查验收记录	（1）随机检验不应少于3间；不足3间，应全数检查；其中走廊（过道）应以10延长米为1间，工业厂房（按单跨计）、礼堂、门厅应以两个轴线为1间计算。（2）有防水要求的建筑地面子分部工程的分项工程施工质量，每检验批抽查数量应按其房间总数随机检验不应少于4间，不足4间，应全数检查
4	木搁栅安装	木搁栅安装应牢固、平直	观察、行走、钢尺测量等检查和检查验收记录	
5	面层铺设	面层铺设应牢固；粘贴应无空鼓、松动	观察、行走或用小锤轻击检查	

2)一般项目检验标准应符合表 15-64 的规定。

表 15-64　　　　　　　一般项目检验

序号	项　目	合格质量标准	检验方法	检查数量
1	面层图案与颜色	实木复合地板面层图案和颜色应符合设计要求，图案应清晰，颜色应一致，板面应无翘曲	观察、用 2m 靠尺和楔形塞尺检查	同主控项目第 3、4、5 项
2	面层缝隙	面层缝隙应严密；接头位置应错开，表面应平整、洁净	观察检查	
3	面层粘、钉工艺	面层采用粘、钉工艺时，接缝应对齐，粘、钉应严密；缝隙宽度应均匀一致；表面应洁净，无溢胶现象	观察检查	
4	踢脚线	踢脚线应表面光滑，接缝严密，高度一致	观察和用钢尺检查	
5	面层允许偏差	实木复合地板面层的允许偏差应符合表 15-62 的规定	表 15-62	

（2）验收资料。

1)实木复合地板面层工程设计和变更等文件。

2)所用材料的出厂检验报告和质量保证书、材料进场验收记录(含现场抽样检验报告)。

3)粘结材料防污染检测资料。

4)实木复合地板面层工程施工质量控制文件。

5)隐蔽验收及其他有关验收文件。

三、浸渍纸层压木质地板面层

1. 监理巡视与检查

(1)浸渍纸层压木质地板面层应采用条材或块材,以空铺或粘贴方式在基层上铺设。

(2)浸渍纸层压木质地板面层可采用有垫层地板和无垫层地板的方式铺设。有垫层地板时,垫层地板的材料和厚度应符合设计要求。

(3)浸渍纸层压木质地板面层铺设时,相邻板材接头位置应错开不小于300mm的距离;衬垫层、垫层地板及面层与柱、墙之间均应留出不小于10mm的空隙。

(4)浸渍纸层压木质地板面层采用无龙骨的空铺法铺设时,宜在面层与基层之间设置衬垫层,衬垫层的材料和厚度应符合设计要求;并应在面层与柱、墙之间的空隙内加设金属弹簧卡或木楔子,其间距宜为200~300mm。

2. 监理验收

(1)检验标准。

1)主控项目检验标准应符合表15-65的规定。

表 15-65　　　　　　　　　　　　主控项目检验

序号	项　目	合格质量标准	检验方法	检查数量
1	材料要求	浸渍纸层压木质地板面层采用的地板、胶粘剂等应符合设计要求和国家现行有关标准的规定	观察检查和检查型式检验报告、出厂检验报告、出厂合格证	
2	材料检测报告	浸渍纸层压木质地板面层采用的材料进入施工现场时,应有以下有害物质限量合格的检测报告: (1)地板中的游离甲醛(释放量或含量); (2)溶剂型胶粘剂中的挥发性有机化合物(VOC)、苯、甲苯+二甲苯; (3)水性胶粘剂中的挥发性有机化合物(VOC)和游离甲醛	检查检测报告	同一工程、同一材料、同一生产厂家、同一型号、同一规格、同一批号检查一次

序号	项　目	合格质量标准	检验方法	检查数量
3	防腐、防蛀处理	木搁栅、垫木和垫层地板等应做防腐、防蛀处理；其安装应牢固、平直，表面应洁净	观察、行走、钢尺测量等检查和检查验收记录	（1）随机检验不应少于3间；不足3间，应全数检查；其中走廊（过道）应以10延长米为1间，工业厂房（按单跨计）、礼堂、门厅应以两个轴线为1间计算。
4	面层铺设	面层铺设应牢固、平整；粘贴应无空鼓、松动	观察、行走、钢尺测量、用小锤轻击检查	（2）有防水要求的建筑地面子分部工程的分项工程施工质量每检验批抽查数量应按其房间总数随机检验不应少于4间，不足4间，应全数检查

2）一般项目检验标准应符合表 15-66 的规定。

表 15-66　　　　　　　　　　　一般项目检验

序号	项　目	合格质量标准	检验方法	检查数量
1	面层图案与颜色	浸渍纸层压木质地板面层的图案和颜色应符合设计要求，图案应清晰，颜色应一致，板面应无翘曲	观察、用 2m 靠尺和楔形塞尺检查	同主控项目第3、4项
2	面层接头	面层的接头应错开，缝隙应严密，表面应洁净	观察检查	
3	踢脚线	踢脚线应表面光滑，接缝严密，高度一致	观察和用钢尺检查	
4	面层允许偏差	浸渍纸层压木质地板面层的允许偏差应符合表 15-62 的规定	见表 15-62	

（2）验收资料。

1）浸渍纸层压木质地板面层工程设计和变更等文件。

2）木搁栅、毛地板含水率检测报告。

3）木搁栅、毛地板铺设隐蔽验收记录。

4）浸渍纸层压木质地板面层工程施工质量控制文件。

四、软木类地板面层

1. 监理巡视与检查

（1）软木类地板面层应采用软木地板或软木复合地板的条材或块材，在水泥类基层或垫层地板上铺设。软木地板面层应采用粘贴方式铺设，软木复合地板面层应采用空铺方式铺设。

(2)软木类地板面层的厚度应符合设计要求。

(3)软木类地板面层的垫层地板在铺设时,与柱、墙之间应留不大于20mm的空隙,表面应刨平。

(4)软木类地板面层铺设时,相邻板材接头位置应错开不小于1/3板长且不小于200mm的距离;面层与柱、墙之间应留出8~12mm的空隙;软木复合地板面层铺设时,应在面层与柱、墙之间的空隙内加设金属弹簧卡或木楔子,其间距宜为200~300mm。

2. 监理验收

(1)验收标准

1)主控项目检验标准应符合表15-67的规定。

表15-67　　　　　　　　　　　　主控项目检验

序号	项　目	合格质量标准	检验方法	检查数量
1	材料要求	软木类地板面层采用的地板、胶粘剂等应符合设计要求和国家现行有关标准的规定	观察检查和检查型式检验报告、出厂检验报告、出厂合格证	同一工程、同一材料、同一生产厂家、同一型号、同一规格、同一批号检查一次
2	材料检测报告	软木类地板面层采用的材料进入施工现场时,应有以下有害物质限量合格的检测报告: (1)地板中的游离甲醛(释放量或含量); (2)溶剂型胶粘剂中的挥发性有机化合物(VOC)、苯、甲苯+二甲苯; (3)水性胶粘剂中的挥发性有机化合物(VOC)的游离甲醛	检查检测报告	
3	防腐、防蛀处理	木搁栅、垫木和垫层地板等应做防腐、防蛀处理;其安装应牢固、平直,表面应洁净	观察、行走、钢尺测量等检查和检查验收记录	(1)随机检验不应少于3间;不足3间,应全数检查;其中走廊(过道)应以10延长米为1间,工业厂房(按单跨计)、礼堂、门厅应以两个轴线为1间计算。 (2)有防水要求的建筑地面子分部工程的分项工程施工质量,每检验批抽查数量应按其房间总数随机检验不应少于4间,不足4间,应全数检查
4	面层铺设	软木类地板面层铺设应牢固;粘贴应无空鼓、松动	观察、行走检查	

2)一般项目检验标准应符合表 15-68 的规定。

表 15-68　　　　　　　　　　　　一般项目检验

序号	项　目	合格质量标准	检验方法	检查数量
1	地板拼图与颜色	软木类地板面层的拼图、颜色等应符合设计要求,板面应无翘曲	观察,2m 靠尺和楔形塞尺检查	同主控项目第 3、4 项
2	面层接头	软木类地板面层缝隙应均匀,接头位置应错开,表面应洁净	观察检查	
3	踢脚线	踢脚线应表面光滑,接缝严密,高度一致	观察和用钢尺检查	
4	面层允许偏差	软木类地板面层的允许偏差应符合表 15-62 的规定	见表 15-62	

(2)验收资料。

1)软木类地板面层工程设计和变更等文件。

2)木搁栅、毛地板含水率检测报告。

3)木搁栅、毛地板铺设隐蔽验收记录。

4)软木类地板面层工程施工质量控制文件。

五、地面辐射供暖的木板面层

1. 监理巡视与检查

(1)地面辐射供暖的木板面层宜采用实木复合地板、浸渍纸层压木质地板等,应在填充层上铺设。

(2)地面辐射供暖的木板面层可采用空铺法或胶粘法(满粘或点粘)铺设。当面层设置垫层地板时,垫层地板的材料和厚度应符合设计要求。

(3)与填充层接触的龙骨、垫层地板、面层地板等应采用胶粘法铺设。铺设时填充层的含水率应符合胶粘剂的技术要求。

(4)地面辐射供暖的木板面层铺设时不得扰动填充层,不得向填充层内楔入任何物件。面层铺设尚应符合上述"实木复合地板面层、浸渍纸层压木质地板面层"的有关规定。

2. 监理验收

(1)验收标准。

1)主控项目检验标准应符合表 15-69 的规定。

2)一般项目检验标准应符合表 15-64、表 15-66 的规定。

(2)验收资料。

1)板面层工程设计和变更文件。

2)材料出厂检验报告和质量保证书、材料进场验收记录。

3)防污染检测资料。

4)隐蔽验收记录。

5)工程施工质量控制文件。

6)其他有关验收文件。

表 15-69　　　　　　　　　　　　　　主控项目检验

序号	项　目	合格质量标准	检验方法	检查数量
1	材料要求	地面辐射供暖的木板面层采用的材料或产品除应符合设计要求和相应面层的规定外,还应具有耐热性、热稳定性、防水、防潮、防霉变等特点	观察检查和检查质量合格证明文件	同一工程、同一材料、同一生产厂家、同一型号、同一规格、同一批号检查一次
2	铺设要求	地面辐射供暖的木板面层与柱、墙之间应留不小于10mm 的空隙。当采用无龙骨的空铺法铺设时,应在空隙内加设金属弹簧卡或木楔子,其间距宜为200~300mm	观察和用钢尺检查	同表 15-67 序号 3、4 项
3	其他项目	同表 15-63、表 15-65	同表 15-63、表 15-65	同表 15-63、表 15-65

第十六章　建筑给水排水及采暖工程监理

第一节　室内给水系统安装

一、给水管道及配件安装

1. 监理巡视与检查

(1)干管安装。

1)地下干管在上管前,应将各分支口堵好,防止泥沙进入管内;在上主管时,要将各管口清理干净,保证管路的畅通。

2)预制好的管子要小心保护好螺纹,上管时不得碰撞。可用加装临时管件方法加以保护。

3)安装完的干管,不得有塌腰、拱起的波浪现象及左右扭曲的蛇弯现象。管道安装应横平竖直。水平管道纵横方向弯曲的允许偏差当管径小于100mm时为5mm,当管径大于100mm时为10mm,横向弯曲全长25m以上为25mm。

4)在高空上管时,要注意防止管钳打滑而发生安全事故。

5)支架应根据图纸要求或管径正确选用,其承重能力必须达到设计要求。

(2)立管安装。

1)在立管安装前,应根据立管位置及支架结构,裁好立管的固定卡。

2)调直后的管道上的零件如有松动,必须重新上紧。

3)立管上的阀门要考虑便于开启和检修。下供式立管上的阀门,当设计未标明高度时,应安装在地坪面上300mm处,且阀柄应朝向操作者的右侧并与墙面形成45°夹角处,阀门后侧必须安装可拆装的连接件(活接头)。

4)当使用膨胀螺栓时,应先在安装支架的位置用冲击电钻钻孔,孔的直径与套管外径相等,深度与螺栓长度相等。然后将套管套在螺栓上,带上螺母一起打入孔内,到螺母接触孔口时,用扳手拧紧螺母,使螺栓的锥形尾部将开口的套管尾部张开,螺栓便和套管一起固定在孔内。这样就可在螺栓上固定支架或管卡。

5)上管要注意安全,且应保护好末端的螺纹,不得碰坏。

6)多层及高层建筑,每隔一层在立管上要安装一个活接头。

(3)支管安装。

1)安装支管前,先按立管上预留的管口在墙面上画出(或弹出)水平支管安装位置的横线,并在横线上按图纸要求画出各分支线或给水配件的位置中心线,再根据横线中心线测出各支管的实际尺寸进行编号记录,根据记录尺寸进行预制和组装(组装长度以方便上管为宜),检查调直后进行安装。

2)支管支架宜采用管卡作支架。为保证美观,其支架宜设置于管段中间位置(即管件之间的中间位置)。

3)给水立管和装有 3 个或 3 个以上配水点的支管始端,以及给水闸阀后面按水流方向均应设置可装拆的连接件。

(4)支(吊)架安装。

1)支架型式、尺寸、规格应符合设计要求,支架孔、眼应一律采用电钻或冲床加工,其孔径应比管卡或吊杆直径大 1~2mm。管卡的尺寸与管子的配合应能达到接触紧密的要求。

2)管道支架的设置位置应符合设计要求,设计未规定时,钢管水平安装的支架不应超过所规定的最大间距,且支架应均匀布置,直线管道上的支架应采用拉线检查的方法使支架保持同一直线,以便使管道排列整齐,管道与支架之间紧密接触。

3)立管管卡安装,层高小于或等于 5m,每层须安装一个;层高大于 5m,每层不得少于 2 个。

4)支架和管座必须设在牢固的结构物上。

(5)阀门安装。

1)截止阀。截止阀的阀体内腔左右两侧不对称,安装时必须注意流体的流动方向,应使管道中流体由下向上流经阀盘。

2)闸阀。闸阀不宜倒装,倒装时,使介质长期存于阀体提升空间,检修也不方便。闸门吊装时,绳索应拴在法兰上,切勿拴在手轮或阀件上,以防折断阀杆。明杆阀门不能装在地下,以防阀杆锈蚀。

3)止回阀。止回阀有严格的方向性,安装时除注意阀体所标介质流动方向外,还须注意下列几点:

①安装升降式止回阀时应水平安装,以保证阀盘升降灵活与工作可靠。

②摇板式止回阀安装时,应注意介质的流向(箭头方向),只要保证摇板的旋转枢轴呈水平,可装在水平或垂直的管道上。

2. 监理验收

(1)验收标准。

1)主控项目检验标准应符合表 16-1 的规定。

表 16-1 主控项目检验

序号	项 目	合格质量标准	检验方法	检查数量
1	给水管道水压试验	室内给水管道的水压试验必须符合设计要求。当设计未注明时,各种材质的给水管道系统试验压力均为工作压力的 1.5 倍,但不得小于 0.6MPa	金属及复合管给水管道系统在试验压力下观测 10min,压力降应不大于 0.02MPa,然后降到工作压力进行检查,应不渗不漏;塑料管给水系统应在试验压力下稳压 1h,压力降不得超过0.05MPa,然后在工作压力的 1.15 倍状态下稳压 2h,压力降不得超过 0.03MPa,同时检查各连接处不得渗漏	全数检查
2	给水系统通水试验	给水系统交付使用前必须进行通水试验并做好记录	观察和开启阀门、水嘴等放水	
3	生活给水系统管道冲洗和消毒	生活给水系统管道在交付使用前必须冲洗和消毒,并经有关部门取样检验,符合国家《生活饮用水卫生标准》方可使用	检查有关部门提供的检测报告	
4	直埋金属给水管道防腐	室内直埋给水管道(塑料管道和复合管道除外)应做防腐处理。埋地管道防腐层材质和结构应符合设计要求	观察或局部解剖检查	

2)一般项目检验标准应符合表 16-2 的规定。

表 16-2   一般项目检验

序号	项 目	合格质量标准	检验方法	检查数量
1	给排水管道敷设净距	给水引入管与排水排出管的水平净距不得小于1m。室内给水与排水管道平行敷设时,两管间的最小水平净距不得小于0.5m;交叉铺设时,垂直净距不得小于0.15m。给水管应铺在排水管上面,若给水管必须铺在排水管的下面时,给水管应加套管,其长度不得小于排水管管径的3倍	尺量检查	全数检查
2	金属给水管道及管件焊接质量	管道及管件焊接的焊缝表面质量应符合下列要求: (1)焊缝外形尺寸应符合图纸和工艺文件的规定,焊缝高度不得低于母材表面,焊缝与母材应圆滑过渡。 (2)焊缝及热影响区表面应无裂纹、未熔合、未焊透、夹渣、弧坑和气孔等缺陷	观察检查	
3	给水水平管道坡度坡向	给水水平管道应有2‰~5‰的坡度坡向泄水装置	水平尺和尺量检验	
4	管道与吊架	管道的支、吊架安装应平整牢固	观察、尺量及手扳检查	
5	水表安装	水表应安装在便于检修、不受曝晒、污染和冻结的地方。安装螺翼式水表,表前与阀门应有不小于8倍水表接口直径的直线管段。表外壳距墙表面净距为10~30mm;水表进水口中心标高按设计要求,允许偏差为±10mm	观察和尺量检查	

续表

序号	项目	合格质量标准	检验方法	检查数量
6	给水管道和阀门安装允许偏差	给水管道和阀门安装的允许偏差应符合表16-3的规定	见表16-3	（1）水平管道纵、横向弯曲按系统直线管段长度每50m抽查2段,不足50m不少于1段,有分隔墙建筑,以隔墙为段数,抽查5%,但不少于5段。（2）立管垂直度。一根立管为1段,两层及其以上按楼层分段,各抽查5%,但均不少于10段。（3）隔热层。水平管和立管,凡能按隔墙、楼层分段的,均以每一楼层分隔墙内的管段为一个抽查点,抽查数为5%,但不少于5处;不能按隔墙、楼层分段的,每20m抽查一处,但不少于5处

3)允许偏差应符合表16-3的规定。

表16-3　　　　管道和阀门安装的允许偏差和检验方法

项次	项目			允许偏差（mm）	检验方法
1	水平管道纵横方向弯曲	钢管	每米(全长25m以上)	1≤25	用水平尺、直尺、拉线和尺量检查
		塑料管复合管	每米(全长25m以上)	1.5≤25	
		铸铁管	每米(全长25m以上)	2≤25	

续表

项次	项目			允许偏差 （mm）	检验方法
2	立管垂直度	钢管	每米(5m 以上)	3≤8	吊线和尺量检查
		塑料管复合管	每米(5m 以上)	2≤8	
		铸铁管	每米(5m 以上)	3≤10	
3	成排管段和成排阀门		在同一平面上间距	3	尺量检查

注：本表摘自《建筑给水排水及采暖工程施工质量验收规范》(GB 50242—2002)。

(2)验收资料。

1)材料出厂合格证。

2)设备合格证。

3)阀门试压记录。

4)管道系统水压试验记录。

5)给水管道通水试验记录及消毒检测报告。

6)水箱的满水记录和水压试验记录。

7)水泵基础复测记录。

8)管道吹洗记录。

9)设备试运转记录。

10)隐蔽工程记录。

二、室内消火栓系统安装

1. 监理巡视与检查

(1)消火栓安装。

1)消火栓安装,首先要从栓阀位置和标高定出消火栓支管甩口位置,经核定消火栓栓口(注意不是栓阀中心)距地面高度约为 1.1m,然后稳固消火栓箱。

2)消火栓箱体安装在轻体隔墙上应有加固措施。

3)箱体内的配件安装,应在交工前进行。

4)建筑物顶层或水箱间内设置的检查阀的试验消火栓处应装设压力表。

5)若采用暗装或半暗时,需在土建砌砖墙时,预留好消火栓箱洞,当消火箱就位安装时,应根据高度和位置尺寸找正找平,使箱边沿与抹灰墙保持水平,再用水泥砂浆塞满箱四周空间,将箱稳固。若采用明装,需事先在砖墙上栽好螺丝,然后按螺丝的位置在箱背面钻孔,将箱子就位,再加垫带螺帽拧紧固定。

(2)消防管道安装。自动喷洒和水幕消防系统的管道应有坡度,充水系统不小于2‰,充气系统和分支管应不小于 4‰;管道的连接,充水系统可采用螺纹连接或焊接,充气或气水交替系统应采用焊接。

(3)自动喷洒消防装置安装。吊架与喷头的距离应不小于300mm,距末端喷头的距离不大于750mm;吊架应设在相邻喷头间的管段上,当相邻喷头间距不大于3.6m,可设一个,小于1.8m,允许隔段设置;在自动喷洒消防系统的控制信号阀前应设阀门,其后不应安装其他用水设备。

2. 监理验收

(1)验收标准。

1)主控项目检验标准应符合表16-4的规定。

表16-4　　　　　　　　　　　主控项目检验

序号	项　目	合格质量标准	检验方法	检查数量
1	室内消火栓试射试验	室内消火栓系统安装完成后应取屋顶层(或水箱间内)试验消火栓和首层取两处消火栓做试射试验,达到设计要求为合格	实地试射检查	选取有代表性的三处:屋顶(北方一般在屋顶水箱间等室内)试验消火栓和首层取两处消火栓

2)一般项目检验标准应符合表16-5的规定。

表16-5　　　　　　　　　　　一般项目检验

序号	项　目	合格质量标准	检验方法	检查数量
1	消火栓水龙带安放	安装消火栓水龙带,水龙带与水枪和快速接头绑扎好后,应根据箱内构造将水龙带挂放在箱内的挂钉、托盘或支架上	观察、检查	全数检查
2	箱式消火栓安装	箱式消火栓的安装应符合下列规定: (1)栓口应朝外,并不应安装在门轴侧。 (2)栓口中心距地面为1.1m,允许偏差±20mm。 (3)阀门中心距侧面为140mm,距箱后内表面为100mm,允许偏差±5mm。 (4)消火栓箱体安装的垂直度允许偏差为3mm	观察和尺量检查	

(2)验收资料。

1)材料出厂合格证。

2）设备合格证。

3）阀门试压记录。

4）管道系统水压试验记录。

5）给水管道通水试验记录及消毒检测报告。

6）水箱的满水记录和水压试验记录。

7）水泵基础复测记录。

8）管道吹洗记录。

9）设备试运转记录。

10）隐蔽工程记录。

三、给水设备安装

1. 监理巡视与检查

（1）水箱安装。水箱的安装高度与建筑物高度、配水管道长度、管径及设计流量有关。水箱的安装高度应满足建筑物内最不利配水点所需的流出水头，并经管道的水力计算确定。根据构造上要求，水箱底距顶层板面的高度最小不得小于 0.4m。

1）安装水箱的支座已按设计图纸要求制作完成，支座的尺寸、位置和标高经检查符合要求。当采用混凝土支座时，应检查其强度是否达到安装要求的 60%以上，支座表面应平整、清洁；当采用型钢支座和方垫木时，按要求已做好刷漆和防腐处理。

2）水箱安装时，应用水平尺和垂线随时检查水箱的水平和垂直程度。水箱组装完毕，其允许偏差：坐标为 15mm；标高为 ±5mm；垂直度为 5mm/m。

（2）水泵安装。

1）泵就位前应复查基础的尺寸、位置、标高及螺栓孔位置，是否符合设计要求，并按图纸位置要求在基础上放出安装基准线。安装应在混凝土强度达到设计要求后才能进行。

2）设备就位及找正、找平：

①地脚螺栓安放时，底端不应碰孔底，地脚螺栓离孔边应大于 15mm，螺栓应保持垂直，其垂直度偏差不应超过 1/100。

②泵的找平应以水平中开面、轴的外伸部分，底座的水平加工面等处为基准，用水平仪进行测量，泵体的水平度偏差每米不得超过 0.1mm。

③离心水泵联轴器同心度的找正，用水准仪，百分表或测微螺钉或塞尺进行测量和校正，使水泵轴心与电动机轴心保持同轴度，其轴向倾斜每米不得超过 0.8mm，径向位移不得超过 0.1mm。

④找正找平时应采用垫铁调整安装精度。

3）二次灌浆和地脚螺栓紧固：

①灌浆处应清洗清洁、灌浆宜用细石混凝土（或水泥砂浆），其标号应比基础

混凝土高一级,灌浆时应捣固密实,并不应使地脚螺栓歪斜和影响设备安装精度。

②拧紧地脚螺栓应在灌注的混凝土达到规定强度的 75% 后进行,拧紧螺栓后,螺母与垫圈间和垫圈与设备底座间的接触均应良好,螺栓必须露出螺母1.5～5 牙。

4)水泵进出水管连接必须达到如下要求:

①管道与水泵法兰之间的连接应是无应力连接,即法兰平行度良好,管道重量不支承在泵体上。

②水泵吸水管的连接应有上平下斜的异径管,从吸水喇叭口接向泵的水平管应有上升坡度,使吸水管内不积存空气,利于吸水。

③泵的出水管上应安装异径管、止回阀和闸阀,并安装压力表。

2. 监理验收

(1)验收标准。

1)主控项目检验标准应符合表 16-6 的规定。

表 16-6　　　　　　　　　　主控项目检验

序号	项　目	合格质量标准	检验方法	检查数量
1	水泵基础	水泵就位前的基础混凝土强度、坐标、标高、尺寸和螺栓孔位置必须符合设计规定	对照图纸用仪器和尺量检查	全数检查
2	水泵试运转轴承温升	水泵试运转的轴承温升必须符合设备说明书的规定	温度计实测检查	
3	水箱满水试验或水压试验	敞口水箱的满水试验和密闭水箱(罐)的水压试验必须符合设计与《建筑给水排水及采暖工程施工质量验收规范》(GB 50242)的规定	满水试验静置 24h 观察,不渗不漏;水压试验在试验压力下 10min 压力不降,不渗不漏	

2)一般项目检验标准应符合表 16-7 的规定。

表 16-7　　　　　　　　　　一般项目检验

序号	项　目	合格质量标准	检验方法	检查数量
1	水箱支架或底座安装	水箱支架或底座安装,其尺寸及位置应符合设计规定,埋设平整、牢固	对照图纸,尺量检查	全数检查

续表

序号	项　目	合格质量标准	检验方法	检查数量
2	水箱溢流管和泄放管安装	水箱溢流管和泄放管应设置在排水地点附近但不得与排水管直接连接	观察检查	全数检查
3	立式水泵减振装置	立式水泵的减振装置不应采用弹簧减振器	观察检查	
4	安装允许偏差	室内给水设备安装的允许偏差应符合表16-8的规定	见表16-8	
5	保温层允许偏差	管道及设备保温层的厚度和平整度的允许偏差应符合表16-9的规定	见表16-9	水箱保温,每台不少于5点

3)允许偏差应符合表 16-8 的规定。

表 16-8　　　　　　　室内给水设备安装的允许偏差和检验方法

项次	项　目			允许偏差(mm)	检验方法
1	静置设备	坐　标		15	经纬仪或拉线、尺量
		标　高		±5	用水准仪、拉线和尺量检查
		垂直度(每米)		5	吊线和尺量检查
2	离心式水泵	立式泵体垂直度(每米)		0.1	水平尺和塞尺检查
		卧式泵体水平度(每米)		0.1	水平尺和塞尺检查
		联轴器同心度	轴向倾斜(每米)	0.8	在联轴器互相垂直的四个位置上用水准仪、百分表或测微螺钉和塞尺检查
			径向位移	0.1	

注:本表摘自《建筑给水排水及采暖工程施工质量验收规范》(GB 50242—2002)。

表 16-9　　　　　　　管道及设备保温的允许偏差和检验方法

项次	项　目	允许偏差(mm)	检验方法
1	厚度	$+0.1\delta$ -0.05δ	用钢针刺入

续表

项次	项　目		允许偏差 （mm）	检验方法
2	表　面 平整度	卷材	5	用2m靠尺和楔形塞尺检查
		涂抹	10	

注：1. δ为保温层厚度。

　　2. 本表摘自《建筑给水排水及采暖工程施工质量验收规范》（GB 50242—2002）。

（2）验收资料。

1）材料出厂合格证。

2）设备合格证。

3）阀门试压记录。

4）管道系统水压试验记录。

5）给水管道通水试验记录及消毒检测报告。

6）水箱的满水记录和水压试验记录。

7）水泵基础复测记录。

8）管道吹洗记录。

9）设备试运转记录。

10）隐蔽工程记录。

第二节　室内排水系统安装

一、排水管道及配件安装

1. 监理巡视与检查

（1）室内立管安装。立管安装必须考虑与支管连接的可能性和排水的畅通、连接的牢固，所有用于立管连接的零件都必须是45°的斜三通，弯头一律采用45°的，所有立管与排出管连接时，要用两个45°弯头，底部应做混凝土支座。为了防止在多工种交叉施工中有碎砖木块、灰浆等杂物掉入管道内，在安装立管时，不应从±0.000开始，使±0.000到1m处的管段暂不连接，等抹灰工程完成后，再将该段连接好。

（2）排水支管安装。安装支管时，必须符合排水设备的位置、标高的具体要求。支管安装需要有一定的坡度，为的是使污水能够畅通地流入立管。支管的连接件，不得使用直角三通、四通和弯头，承口应逆水流向。对地下埋设和楼板下部明装的，要事先按照图纸要求多做预制，尽量减少死口。接管前，应将承口清扫干净，并打掉表面上的毛刺，插口向承口内安装时，要观察周边的间隙均匀；在一般情况下，其间隙不能小于8～10mm。打完口后再用塞刀将其表面压平压光。支管安装的吊钩,可安在墙上或楼板上,其间距不能大于 1.5m。

(3)排水短管安装。短管安装首先应准确定出长度,短管与横支管连接时均有坡度要求,因此,即使卫生器具相同,其短管长度也各不相同,它的尺寸都需要实际量出。大便器的短管要求承口露出楼板 30~50mm;测量时应从伸出长度加上楼板厚度及到横管三通承口内总长计算;对拖布槽、小便斗及洗脸盆等短管长度,也应采用这个方法量出,在地面上切断便可安装。

2. 监理验收

(1)验收标准。

1)主控项目检验标准应符合表 16-10 的规定。

表 16-10　　　　　　　　　　　　主控项目检验

序号	项　目	合格质量标准	检验方法	检查数量
1	排水管道灌水试验	隐蔽或埋地的排水管道在隐蔽前必须做灌水试验,其灌水高度应不低于底层卫生器具的上边缘或底层地面高度	满水 15min 水面下降后,再灌满观察 5min,液面不降,管道及接口无渗漏为合格	
2	生活污水铸铁管及塑料管坡度	生活污水铸铁管道的坡度必须符合设计或表《建筑给水排水及采暖工程施工质量验收规范》(GB 50242—2002)表 5.2.2 的规定	水平尺、拉线尺量检查	全数检查
		生活污水塑料管道的坡度必须符合设计或表《建筑给水排水及采暖工程施工质量验收规范》(GB 50242—2002)表 5.2.3 的规定	水平尺、拉线尺量检查	
3	排水塑料管安装伸缩节	排水塑料管必须按设计要求及位置装设伸缩节。如设计无要求时,伸缩节间距不得大于 4m	观察检查	
		高层建筑中明设排水塑料管道应按设计要求设置阻火圈或防火套管		

序号	项　目	合格质量标准	检验方法	检查数量
4	排水主管及水平干管通球试验	排水主立管及水平干管管道均应做通球试验,通球球径不小于排水管道管径的 2/3,通球率必须达到 100%	通球检查	全数检查

2)一般项目检验标准应符合表 16-11 的规定。

表 16-11　　　　　　　　　　一般项目检验

序号	项　目	合格质量标准	检验方法	检查数量
1	生活污水管道上检查口或清扫口设置	在生活污水管道上设置的检查口或清扫口,当设计无要求时应符合下列规定: (1)在立管上应每隔一层设置一个检查口,但在最底层和有卫生器具的最高层必须设置。如为两层建筑时,可仅在底层设置立管检查口;如有乙字弯管时,则在该层乙字弯管的上部设置检查口。检查口中心高度距操作地面一般为 1m,允许偏差±20mm;检查口的朝向应便于检修。暗装立管,在检查口处应安装检修门 (2)在连接 2 个及 2 个以上大便器或 3 个及 3 个以上卫生器具的污水横管上应设置清扫口。当污水管在楼板下悬吊敷设时,可将清扫口设在上一层楼地面上,污水管起点的清扫口与管道相垂直的墙面距离不得小于 200mm;若污水管起点设置堵头代替清扫口时,与墙面距离不得小于 400mm。 (3)在转角小于 135°的污水横管上,应设置检查口或清扫口。 (4)污水横管的直线管段,应按设计要求的距离设置检查口或清扫口。 埋在地下或地板下的排水管道的检查口,应设在检查井内。井底表面标高与检查口的法兰相平,并底表面应有 5%坡度,坡向检查口	观察和尺量检查	全数检查

序号	项　目	合格质量标准	检验方法	检查数量
2	金属和塑料管支、吊架安装	金属排水管道上的吊钩或卡箍应固定在承重结构上。固定件间距:横管不大于2m;立管不大于3m。楼层高度小于或等于4m,立管可安装1个固定件。立管底部的弯管处应设支墩或采取固定措施 　　排水塑料管道支、吊架间距应符合表16-12的规定	观察和尺量检查	全数检查
3	排水通气管安装	排水通气管不得与风道或烟道连接,且应符合下列规定: 　　(1)通气管应高出屋面300mm,但必须大于最大积雪厚度。 　　(2)在通气管出口4m以内有门、窗时,通气管应高出门、窗顶600mm或引向无门、窗一侧。 　　(3)在经常有人停留的平屋顶上,通气管应高出屋面2m,并应根据防雷要求设置防雷装置。 　　(4)屋顶有隔热层,应从隔热层板面算起	观察和尺量检查	
4	医院污水处理和饮食业工艺排水	安装未经消毒处理的医院含菌污水管道,不得与其他排水管道直接连接 　　饮食业工艺设备引出的排水管及饮用水水箱的溢流管,不得与污水管道直接连接,并应留出不小于100mm的隔断空间	观察和尺量检查	
5	室内排水管道安装	通向室外的排水管,穿过墙壁或基础必须下返时,应采用45°三通和45°弯头连接,并应在垂直管段顶部设置清扫口。 　　由室内通向室外排水检查井的排水管,井内引入管应高于排出管或两管顶相平,并有不小于90°的水流转角,如跌落差大于300mm可不受角度限制。 　　用于室内排水的水平管道与水平管道、水平管道与立管的连接,应采用45°三通或45°四通和90°斜三通或90°斜四通。立管与排出管端部的连接,应采用两个45°弯头或曲率半径不小于4倍管径的90°弯头	观察和尺量检查	
6	安装允许偏差	室内排水管道安装的允许偏差应符合表16-13的相关规定	见表16-13	

表 16-12　　　　　　　　排水塑料管道支吊架最大间距　　　　　　　　（m）

管径(mm)	50	75	110	125	160
立　管	1.2	1.5	2.0	2.0	2.0
横　管	0.5	0.75	1.10	1.30	1.6

注:本表摘自《建筑给水排水及采暖工程施工质量验收规范》(GB 50242—2002)。

表 16-13　　　　室内排水和雨水管道安装的允许偏差和检验方法

项次	项　　目			允许偏差 (mm)	检验方法
1	坐　　标			15	
2	标　　高			±15	
3	横管纵横方向弯曲	铸铁管	每米	≤1	用水准仪（水平尺）、直尺、拉线和尺量检查
			全长(25m 以上)	≤25	
		钢管	每米　管径小于或等于100mm	1	
			每米　管径大于100mm	1.5	
			全长(25m 以上)　管径小于或等于100mm	≤25	
			全长(25m 以上)　管径大于100mm	≤38	
		塑料管	每米	1.5	
			全长(25m 以上)	≤38	
		钢筋混凝土管、混凝土管	每米	3	
			全长(25m 以上)	≤75	
4	立管垂直度	铸铁管	每米	3	吊线和尺量检查
			全长(5m 以上)	≤15	
		钢　管	每米	3	
			全长(5m 以上)	≤10	
		塑料管	每米	3	
			全长(5m 以上)	≤15	

注:本表摘自《建筑给水排水及采暖工程施工质量验收规范》(GB 50242—2002)。

(2)验收资料。

1)材料出厂合格证。

2)排水管灌水试验记录。

3)隐蔽工程检查记录。

4)排水管道通球试验记录。

二、雨水管道及配件安装

1. 监理巡视与检查

(1)管道在焊接前应清除接口处的浮锈、污垢及油脂。

(2)当壁厚≤4mm,直径≤50mm时应采用气焊;壁厚≥4.5mm,直径≥70mm时应采用电焊。

(3)不同管径的管道焊接,连接时如两管径相差不超过管径的15%,可将大管端部缩口与小管对焊。如果两管相差超过小管径15%,应加工异径短管焊接。

(4)管材壁厚在5mm以上者应对管端焊口部位铲坡口,如用气焊加工管道坡口,必须除去坡口表面的氧化皮,并将影响焊接质量的凹凸不平处打磨平整。

(5)不得开口焊接支管,焊口不得安装在支吊架位置上。

(6)管道穿墙处不得有接口(丝接或焊接),管道穿过伸缩缝处应有防冻措施。

(7)碳素钢管开口焊接时要错开焊缝,并使焊缝朝向易观察和维修的方向上。

(8)焊接时先点焊三点以上,然后检查预留口位置、方向、变径等无误后,找直、找正,再焊接,坚固卡件,拆掉临时固定件。

2. 监理验收

(1)验收标准。

1)主控项目检验标准应符合表16-14的规定。

表 16-14　　　　　　　　　　主控项目检验

序号	项　目	合格质量标准	检验方法	检查数量
1	室内雨水管道灌水试验	安装在室内的雨水管道安装后应做灌水试验,灌水高度必须到每根立管上部的雨水斗	灌水试验持续1h,不渗不漏	全部系统或区段
2	塑料雨水管安装伸缩节	雨水管道如采用塑料管,其伸缩节安装应符合设计要求	对照图纸检查	—
3	埋地雨水管道最小坡度	悬吊式雨水管道的敷设坡度不得小于5‰	水平尺、拉线尺量检查	—

2)一般项目检验标准应符合表16-15~表16-17的规定。

表 16-15 一般项目检验

序号	项 目	合格质量标准	检验方法	检查数量
1	雨水管道不得与生活污水管道相连接	雨水管道不得与生活污水管道相连接	观察检查	全数检查
2	雨水斗安装	雨水斗管的连接应固定在屋面承重结构上。雨水斗边缘与屋面相连处应严密不漏。连接管管径当设计无要求时,不得小于 100mm	观察和尺量检查	
3	三通间距	悬吊式雨水管道的检查口或带法兰堵口的三通的间距不得大于表 16-16 的规定	拉线、尺量检查	
4	焊缝允许偏差	雨水管道安装的允许偏差应符合表 16-13 的规定	见表16-13	
5	雨水管道安装允许偏差	雨水钢管管道焊接的焊口允许偏差应符合表16-17的规定	见表16-17	

表 16-16 悬吊管检查口间距

项 次	悬吊管直径(mm)	检查口间距(m)
1	≤150	≤15
2	≥200	≤20

注:本表摘自《建筑给水排水及采暖工程施工质量验收规范》(GB 50242—2002)。

表 16-17 钢管管道焊口允许偏差和检验方法

项次	项 目			允许偏差	检验方法
1	焊口平直度	管壁厚10mm 以内		管壁厚 1/4	焊接检验尺和游标深度尺检查
2	焊缝加强面	高 度		+1mm	
		宽 度			
3	咬边	深 度		小于 0.5mm	直尺检查
		长度	连续长度	25mm	
			总长度(两侧)	小于焊缝长度的10%	

注:本表摘自《建筑给水排水及采暖工程施工质量验收规范》(GB 50242—2002)。

(2)验收资料。

1)材料出厂合格证。

2)排水管灌水试验记录。

3)隐蔽工程检查记录。

4)排水管道通球试验记录。

第三节　室内热水供应系统安装

一、管道及配件安装

1. 监理巡视与检查

(1)支架安装。安装支架时,首先应根据设计要求,定出各支架的轴线位置,再按管道的标高(起点或末端标高)用水准仪测出各支架轴线位置上的等高线,然后根据两支架间的距离和设计坡度,算出两支架间的高度差。

采暖及热水供应立管管卡安装,层高小于或等于5m,每层须安装一个;层高大于5m,每层不得小于两个。

管卡安装高度,距地面为1.5~1.8m,两个以上管卡可匀称安装。

(2)热水管道安装。伸缩器安装时,要进行预拉(或预压),同时设置好固定支架和滑动支架。

热水横管应有不小于0.003的坡度,为了便于排气和泄水,坡向与水流方向相反。在上分式系统配水干管的最高点应设排气装置,如自动排气阀、集气罐或膨胀水箱。在系统的最低点应设泄水装置或利用最低配水龙头泄水,泄水装置可为泄水阀或丝堵,其口径为1/10~1/5管道直径。

为避免干管伸缩时对立管的影响,热水立管与水平干管连接时,立管应加弯管。

热水管穿过基础、墙壁和楼板时均应设置套管,套管直径应大于穿越管道直径1~2号,穿楼板用的套管要高出地面5~10cm,套管和管道之间用柔性材料填满,以防楼板集水时由楼板孔流到下一层。穿基础的套管应密封,防止地下水渗入室内。

2. 监理验收

(1)验收标准。

1)主控项目检验标准应符合表16-18的规定。

表 16-18　　　　　　　　　　　　　主控项目检验

序号	项目	合格质量标准	检验方法	检查数量
1	热水供应系统管道水压试验	热水供应系统安装完毕,管道保温之前应进行水压试验。试验压力应符合设计要求。当设计未注明时,热水供应系统水压试验压力应为系统顶点的工作压力加 0.1MPa,同时在系统顶点的试验压力不小于 0.3MPa	钢管或复合管道系统试验压力下 10min 内压力降不大于 0.02MPa,然后降至工作压力检查,压力应不降,且不渗不漏;塑料管道系统在试验压力下稳压 1h,压力降不得超过 0.05MPa,然后在工作压力 1.15 倍状态下稳压 2h,压力降不得超过 0.03MPa,连接处不得渗漏	全部系统或分区(段)
2	热水供应系统管道补偿器安装	热水供应管道应尽量利用自然弯补偿热伸缩,直线段过长则应设置补偿器。补偿器型式、规格、位置应符合设计要求,并按有关规定进行预拉伸	对照设计图纸检查	全数检查
3	热水供应系统管道冲洗	热水供应系统竣工后必须进行冲洗	现场观察检查	全系统检查

2)一般项目检验标准应符合表 16-19 的规定。

表 16-19　　　　　　　　　　　　　一般项目检验

序号	项目	合格质量标准	检验方法	检查数量
1	管道安装坡度	管道安装坡度应符合设计规定	水平尺、拉线尺量检查	全系统或分区段检查
2	温度控制器和阀门安装	温度控制器及阀门应安装在便于观察和维护的位置	观察检查	全数检查

序号	项　目	合格质量标准	检验方法	检查数量
3	管道安装允许偏差	热水供应管道和阀门安装的允许偏差应符合表16-3的规定	测量点长度与方法:在50m长水平管段上测量时,每测点长不少于5m;管段长小于50m,测点长不小于2m;管段长小于2m,可不检查;分隔墙间的管段长度小于5m,按全长测量。测量方法是在管子顶部,把两个等高承点分别放在抽查管段的两端位置,测量两端之间的最大高度和最小高度,其差被测量管段长度相除,即得每1m的实际安装偏差。垂直立管测量时,管长小于500mm,不检查;管长超过500mm时,按500mm长度算;管长超过700mm以上时,可按1000mm计算;立管中有分支阀门等,仍按直管长度计算。立管垂直度测量方法是:靠墙、柱等围炉结构表面的立管,应测两点,即正面测一点,侧面测一点;沿墙角敷设的立管,应测两墙角间的正面点	(1)水平管道纵、横向弯曲按系统直线管段长度每50m抽查2段,不足50m不少于1段,有分隔墙建筑,以隔墙为段数,抽查5%,但不少于5段 (2)立管垂直度。一根立管为1段,两层及其以上按楼层分段,各抽查5%,但均不少于10段 (3)隔热层。水平管和立管,凡能按隔墙、楼层分段的,均以每一楼层分隔墙内的管段为一个抽查点,抽查数为5%,但不少于5处;不能按隔墙、楼层分段的,每20m抽查一处,但不少于5处
4	保温层允许偏差	热水供应系统管道应保温(浴室内明装管道除外),保温材料、厚度、保护壳等应符合设计规定。保温层厚度和平整度的允许偏差应符合表16-9的规定	见表16-9	全数检查

(2)验收资料。

1)材料、设备出厂合格证。

2)管道水压试验记录。

3)伸缩器预拉伸记录。

4)系统吹洗记录。

5)隐蔽验收记录。

6)水泵试运转记录。

二、辅助设备安装

1. 监理巡视与检查

(1)热水箱安装。

1)由集热器上、下集管接往热水箱的循环管道,应有不小于 5‰ 的坡度。

2)自然循环的热水箱底部与集热器上集管之间的距离为 0.3~1.0m。

3)热水应从水箱上部留出,接管高度一般比上循环管进口低 50~100mm,为保证水箱内的水能全部使用,应将水箱底部接出管与上部热水管并联。

4)上循环管接至水箱上部,一般比水箱顶低 200mm 左右,但要保证正常循环时淹没在水面以下,并使浮球阀安装后工作正常。

5)下循环管接至水箱下部,为防止水箱沉积物进入集热器,出水口宜高出水箱底 50mm 以上。

6)水箱应设有泄水管、透气管、溢流管和需要的仪表装置。

(2)自然循环配水管路安装。

1)为减少循环水头损失,应尽量缩短上、下循环管道的长度和减少弯头数量,应采用大于 4 倍曲率半径、内壁光滑的弯头和顺流三通。

2)管路上不宜设置阀门。

3)在设置几台集热器时,为保证循环流量均匀分布,防止短路和滞留,循环管路要对称安装。

4)循环管路最高点应设通气管或自动排气阀。最低点应加泄水阀。

5)每台集热器出口应加温度计。

(3)机械循环配水管路安装。

机械循环系统管道安装要求与自然循环基本相同,还应在间接加热系统高点加膨胀管或膨胀水箱。

2. 监理验收

(1)验收标准。

1)主控项目检验标准应符合表 16-20 的规定。

表 16-20   主控项目检验

序号	项　目	合格质量标准	检验方法	检查数量
1	太阳能热水器、热交换器和水箱等水压和灌水试验	在安装太阳能集热器玻璃前,应对集热排管和上、下集管作水压试验,试验压力为工作压力的 1.5 倍。 热交换器应以工作压力的 1.5 倍作水压试验。蒸汽部分应不低于蒸汽供汽压力加 0.3MPa;热水部分应不低于 0.4MPa。 敞口水箱的满水试验和密闭水箱(罐)的水压试验必须符合设计的规定	试验压力下 10min 内压力不降,不渗不漏 试验压力下 10min 内压力不降,不渗不漏 满水试验静置 24h,观察不渗不漏;水压试验在试验压力下 10min 内压力不降,不渗不漏	全系统检查、全数检查
2	水泵基础	水泵就位前的基础混凝土强度、坐标、标高、尺寸和螺栓孔位置必须符合设计要求	对照图纸用仪器和尺量检查	全数检查
3	水泵试运转轴承温升	水泵试运转的轴承温升必须符合设备说明书的规定	温度计实测检查	

2)一般项目检验标准应符合表 16-21 的规定。

表 16-21   一般项目检验

序号	项　目	合格质量标准	检验方法	检查数量
1	太阳能热水器安装	安装固定式太阳能热水器,朝向应正南。如受条件限制时,其偏移角不得大于 15°。集热器的倾角,在春、夏、秋三个季节使用的,应采用当地纬度为倾角;若以夏季为主,可比当地纬度减少 10°	观察和分度仪检查	逐台检查
2	循环管道坡度	由集热器上、下集管接往热水箱的循环管道,应有不小于 5‰的坡度	尺量检查	全数检查

续表

序号	项　目	合格质量标准	检验方法	检查数量
3	水箱底部与上集水管间距	自然循环的热水箱底部与集热器上集管之间的距离为 0.3~1.0m	尺量检查	逐台检查
4	集热排管安装紧固	制作吸热钢板凹槽时,其圆度应准确,间距应一致。安装集热排管时,应用卡箍和钢丝紧固在钢板凹槽内	手扳和尺量检查	
5	热水器最低处安装泄水装置	太阳能热水器的最低处应安装泄水装置	观察检查	抽查5处
6	管道保温、防冻	热水箱及上、下集管等循环管道均应保温 凡以水作介质的太阳能热水器,在0℃以下地区使用,应采取防冻措施	观察检查	
7	设备安装允许偏差	热水供应辅助设备安装的允许偏差应符合表16-8的规定	见表16-8	逐台检查
8	太阳能热水器安装允许偏差	太阳能热水器安装的允许偏差应符合表16-22的规定	尺量和分度仪检查	

3)允许偏差应符合表16-22的规定。

表16-22　　　太阳能热水器安装的允许偏差和检验方法

项　目			允许偏差	检验方法
板式直管太阳能热水器	标　高	中心线距地面(mm)	±20	尺　量
	固定安装朝向	最大偏移角	不大于15°	分度仪检查

注:本表摘自《建筑给水排水及采暖工程施工质量验收规范》(GB 50242—2002)。

(2)验收资料。

1)材料、设备出厂合格证。

2)管道水压试验记录。

3)伸缩器预拉伸记录。

4)系统吹洗记录。

5)隐蔽验收记录。

6)水泵试运转记录。

第四节　卫生器具安装

一、卫生器具及给水配件安装

1. 监理巡视与检查

(1)卫生器具安装。

1)小便器安装。

①小便器上水管一般要求暗装,用角阀与小便器连接。

②角阀出水口中心应对准小便器进出口中心。

③配管前应在墙面上划出小便器安装中心线,根据设计高度确定位置,划出十字线,按小便器中心线打眼、楔入木针或塑料膨胀螺栓。

④用木螺钉加尼龙热圈轻轻将小便器拧靠在木砖上,不得偏斜、离斜。

⑤小便器排水接口为承插口时,应用油腻子封闭。

2)洗脸盆(洗涤盆)安装。

①根据洗脸盆中心及洗脸盆安装高度划出十字线,将支架用带有钢垫圈的木螺钉固定在预埋的木砖上。

②安装多组洗脸盆时,所有洗脸盆应在同一水平线上。

③洗脸盆与排水栓连接处应用浸油石棉橡胶板密封。

④洗涤盆下有地漏时,排水短管的下端,应距地漏不小于 100mm。

3)地漏安装。

①核对地面标高,按地面水平线采用 0.02 的坡度,再低 5～10mm 为地漏表面标高。

②地漏安装后,用 1：2 水泥砂浆将其固定。

(2)给水配件安装。

1)管道或附件与卫生器具的陶瓷件连接处,应垫以胶皮、油灰等填料和垫料。

2)固定洗脸盆、洗手盆、洗涤盆、浴盆等排水口接头等,应通过旋紧螺母来实现,不得强行旋转落水口,落水口与盆底相平或略低于盆底。

3)需装设冷水和热水龙头的卫生器具,应将冷水龙头装在右手侧,热水龙头装在左手侧。

4)安装镀铬的卫生器具给水配件应使用扳手,不得使用管子钳,以保护镀铬表面完好无损。接口应严密、牢固、不漏水。

5)镶接卫生器具的铜管,弯管时弯曲应均匀,弯管椭圆度应小于 8%,并不得有凹凸现象。

6)给水配件应安装端正,表面洁净并清除外露油麻。

7)浴盆软管淋浴器挂钩的高度,如设计无要求,应距地面1.8m。

8)给水配件的启闭部分应灵活,必要时应调整阀杆压盖螺母及填料。

9)安装完毕,监理人员应检查安装得是否符合卫生器具安装的共同要求:平、稳、准、牢、不漏、使用方便、性能良好。

2. 监理验收

(1)验收标准。

1)主控项目检验标准应符合表16-23的规定。

表16-23　　　　　　　　　主控项目检验

序号	项目	合格质量标准	检验方法	检查数量
1	卫生器具满水试验和通水试验	卫生器具交工前应做满水和通水试验	满水后各连接件不渗不漏;通水试验给、排水畅通	全数检查
2	排水栓与地漏安装	排水栓和地漏的安装应平正、牢固,低于排水表面,周边无渗漏。地漏水封高度不得小于50mm	试水观察检查	
3	卫生器具给水配件	卫生器具给水配件应完好无损伤,接口严密,启闭部分灵活	观察及手扳检查	

2)一般项目检验标准应符合表16-24的规定。

表16-24　　　　　　　　　一般项目检验

序号	项目	合格质量标准	检验方法	检查数量
1	卫生器具安装允许偏差	卫生器具安装的允许偏差应符合表16-25的规定	见表16-25	全数检查
2	给水配件安装允许偏差	卫生器具给水配件安装标高的允许偏差应符合表16-26的规定	尺量检查	
3	浴盆检修门、小便槽冲洗管安装	有饰面的浴盆,应留有通向浴盆排水口的检修门 小便槽冲洗管,应采用镀锌钢管或硬质塑料管。冲洗孔应斜向下方安装,冲洗水流向墙面成45°角。镀锌钢管钻孔后应进行二次镀锌	观察、检查	—

序号	项　目	合格质量标准	检验方法	检查数量
4	卫生器具的支、托架	卫生器具的支、托架必须防腐良好,安装平整、牢固,与器具接触紧密、平稳	观察和手扳检查	—
5	浴盆淋浴器挂钩高度	浴盆软管淋浴器挂钩的高度,如设计无要求,应距地面1.8m	尺量检查	—

3)允许偏差应符合表16-25和表16-26的规定。

表 16-25　　　　　　卫生器具安装的允许偏差和检验方法

项次	项　　目		允许偏差(mm)	检验方法
1	坐标	单独器具	10	拉线、吊线和尺量检查
		成排器具	5	
2	标高	单独器具	±15	
		成排器具	±10	
3	器具水平度		2	用水平尺和尺量检查
4	器具垂直度		3	吊线和尺量检查

注:本表摘自《建筑给水排水及采暖工程施工质量验收规范》(GB 50242—2002)。

表 16-26　　　　卫生器具给水配件安装标高的允许偏差和检验方法

项次	项　　目	允许偏差(mm)	检验方法
1	大便器高、低水箱角阀及截止阀	±10	尺量检查
2	水嘴	±10	
3	淋浴器喷头下沿	±15	
4	浴盆软管淋浴器挂钩	±20	

注:本表摘自《建筑给水排水及采暖工程施工质量验收规范》(GB 50242—2002)。

(2)验收资料。

1)卫生器具出厂合格证。

2)卫生器具通水检查记录。

3)卫生器具配件出厂合格证。

二、卫生器具排水管道安装

1. 监理巡视与检查

连接卫生器具的铜管应保持平直,尽可能避免弯曲,如需弯曲,应采用冷弯法,并注意其椭圆度不大于10%;卫生器具安装完毕后,应进行通水试验,以无漏水现象为合格。

大便器、小便器的排水出口承插接头应用油灰填充,不得用水泥砂浆填充。

2. 监理验收

(1)验收标准。

1)主控项目检查标准应符合表16-27的规定。

表 16-27　　　　　　　　　　　主控项目检验

序号	项　目	合格质量标准	检验方法	检查数量
1	器具受水口与主管;管道与楼板接合	与排水横管连接的各卫生器具的受水口和立管均应采取妥善可靠的固定措施;管道与楼板的接合部位采取牢固可靠的防渗、防漏措施	观察和手扳检查	全数检查
2	排水管接口,其支托架安装	连接卫生器具的排水管道接口应紧密不漏,其固定支架、管卡等支撑位置应正确、牢固,与管道的接触应平整	观察及通水检查	

2)一般项目检验标准应符合表16-28的规定。

表 16-28　　　　　　　　　　　一般项目检验

序号	项　目	合格质量标准	检验方法	检查数量
1	安装允许偏差	卫生器具排水管道安装的允许偏差应符合表16-29的规定	见表16-29	全数检查
2	排水管最小坡度	连接卫生器具的排水管管径和最小坡度,如设计无要求时,应符合《建筑给水排水及采暖工程施工质量验收规范》(GB 50242—2002)表7.4.4的规定	用水平尺和尺量检查	

3)允许偏差标准应符合表16-29的规定。

表 16-29　　　　　卫生器具排水管道安装的允许偏差及检验方法

项次	检查项目		允许偏差(mm)	检验方法
1	横管弯曲度	每 1m 长	2	用水平尺量检查
		横管长度≤10m,全长	<8	
		横管长度>10m,全长	10	
2	卫生器具的排水管口及横支管的纵横坐标	单独器具	10	用尺量检查
		成排器具	5	
3	卫生器具的接口标高	单独器具	±10	用水平尺和尺量检查
		成排器具	±5	

注:本表摘自《建筑给水排水及采暖工程施工质量验收规范》(GB 50242—2002)。

(2)验收资料。

1)卫生器具出厂合格证。

2)卫生器具通水检查记录。

3)卫生器具配件出厂合格证。

第五节　室内采暖系统安装

一、监理巡视与检查

1. 管道及配件

(1)室内采暖系统的饱和蒸汽压力不大于 0.7MPa,热水温度不超过 130℃,常用管材及管件有焊接钢管、镀锌钢管、铜管、塑料管和复合管,其规格、型号应符合设计要求,并应有出厂合格证,外观检查合格。

(2)补偿器规格、型号应符合设计要求,应有出厂合格证,外观检查合格。

(3)平衡阀、调节阀、蒸汽减压阀、安全阀、截止阀、热量表、压力表、疏水器、除污器和过滤器等的型号、规格、公称压力应符合设计要求,应有产品合格证和安装使用说明书。实行生产许可证和安全认证制度的产品,应有许可证编号和安全认证标志,并且外观检查合格。

(4)制作支架的型钢、焊条、油漆、保温材料、接口填料等,应符合设计要求,有产品合格证。

2. 辅助设备及散热器

(1)水泵、水箱、热交换器等辅助设备,应具有产品合格证,其规格、型号、技术性能应符合设计要求及国家技术标准,应有完整的安装使用说明书;开箱检查,其附件、备件齐全,外观要求合格。

(2)散热器的型号、规格、使用压力必须符合设计要求,应有出厂合格证、安装使用说明书;散热器外观完整,无缺陷,无损坏,涂层良好;组对散热器垫片应为成品,其材质应符合设计要求,当设计无要求时应采用耐热橡胶。支托架及其他材料应符合设计要求,应具有产品合格证。

3. 金属辐射板

金属辐射板的材质应符合设计要求,并有出厂合格证。

4. 低温热水地板辐射采暖系统材料

(1)低温热水地板辐射采暖系统盘管的材质应符合设计要求,并有产品合格证。如设计无要求时,可根据工作压力和热媒温度选用塑料管及复合管。

(2)钢管和铜管的要求与室内给水部分相关内容相同。

(3)分、集水器型号、规格、公称压力应符合设计要求,并有产品说明书及合格证。

(4)其他材料应符合设计要求,具有产品合格证。

二、监理验收

1. 验收标准

(1)管道及配件安装。

1)主控项目检验标准应符合表 16-30 的规定。

表 16-30　　　　　　　　　　　主控项目检验

序号	项　目	合格质量标准	检验方法	检查数量
1	管道安装坡度	管道安装坡度,当设计未注明时,应符合下列规定: (1)气、水同向流动的热水采暖管道和气、水同向流动的蒸汽管道及凝结水管道,坡度应为 3‰,不得小于 2‰。 (2)气、水逆向流动的热水采暖管道和气、水逆向流动的蒸汽管道,坡度应不小于 5‰。 (3)散热器支管的坡度应为 1%,坡向应利于排气和泄水	观察,水平尺、拉线、尺量检查	全数检查

序号	项　目	合格质量标准	检验方法	检查数量
2	采暖系统水压试验	采暖系统安装完毕,管道保温之前应进行水压试验。试验压力应符合设计要求。当设计未注明时,应符合下列规定: (1)蒸汽、热水采暖系统,应以系统顶点工作压力加 0.1MPa 作水压试验,同时在系统顶点的试验压力不小于 0.3MPa。 (2)高温热水采暖系统,试验压力应为系统顶点工作压力加 0.4MPa。 (3)使用塑料管及复合管的热水采暖系统,应以系统顶点工作压力加 0.2MPa 作水压试验,同时在系统顶点的试验压力不小于 0.4MPa	使用钢管及复合管的采暖系统应在试验压力下 10min 内压力降不大于 0.02MPa,降至工作压力后检查,不渗、不漏 使用塑料管的采暖系统应在试验压力下 1h 内压力降不大于 0.05MPa,然后降压至工作压力的 1.15 倍,稳压 2h,压力降不大于 0.03MPa,同时各连接处不渗、不漏	全数检查
3	采暖系统冲洗、试运行和调试	系统试压合格后,应对系统进行冲洗并清扫过滤器及除污器	现场观察、直至排出水不含泥沙、铁屑等杂质,且水色不浑浊为合格	
		系统冲洗完毕应充水、加热,进行试运行和调试	观察、测量室温应满足设计要求	
4	补偿器的制作、安装及预拉伸	补偿器的型号、安装位置及预拉伸和固定支架的构造及安装位置应符合设计要求。	对照图纸,现场观察,并查验预拉伸记录	
		根据设计图纸的要求进行检查,核对: (1)L 形伸缩器的长臂 L 的长度应在 20～50m 左右,否则会使短臂移动量过大而失去作用。 (2)Z 形补偿器的长度,应控制在 40～50m 的范围内	观察检查	

续表

序号	项　目	合格质量标准	检验方法	检查数量
4	补偿器的制作、安装及预拉伸	(3)S型伸缩器安装应进行隐蔽验收,记录伸缩器在拉伸前及拉伸后的长度值。监理(建设)单位现场专业人员应签认。 方形补偿器制作时,应用整根无缝钢管煨制,如需要接口,其接口应设在垂直臂的中间位置,且接口必须焊接。 方形补偿器应水平安装,并与管道的坡度一致;如其臂长方向垂直安装必须设排气及泄水装置	对照图纸,现场观察,并查验预拉伸记录 观察检查	全数检查
5	平衡阀、调节阀、减压阀安装	平衡阀及调节阀型号、规格、公称压力及安装位置应符合设计要求。安装完后应根据系统平衡要求进行调试并作出标志。 蒸汽减压阀和管道及设备上安全阀的型号、规格、公称压力及安装位置应符合设计要求。安装完毕后应根据系统工作压力进行调试,并做出标志	对照图纸查验产品合格证,并现场查看 对照图纸查验产品合格证及调试结果证明书	

2)一般项目检验标准应符合表16-31的规定。

表16-31　　　　　　　　　　一般项目检验

序号	项　目	合格质量标准	检验方法	检查数量
1	热量表、疏水器、除污器、过滤器及阀门	热量表、疏水器、除污器、过滤器及阀门的型号、规格、公称压力及安装位置应符合设计要求	对照图纸查验产品合格证	全数检查
2	钢管焊接	钢管管道焊口尺寸的允许偏差应符合表16-17的规定	见表16-17	
3	采暖系统入口及分户计量入户装置安装	采暖系统入口装置及分户热计量系统入户装置,应符合设计要求。安装位置应便于检修、维护和观察	现场观察	

续表

序号	项 目	合格质量标准	检验方法	检查数量
4	散热器支管及管道连接	散热器支管长度超过1.5m时,应在支管上安装管卡。 上供下回式系统的热水干管变径应顶平偏心连接,蒸汽干管变径应底平偏心连接。 在管道干管上焊接垂直或水平分支管道时,干管开孔所产生的钢渣及管壁等废弃物不得残留管内,且分支管道在焊接时不得插入干管内。 膨胀水箱的膨胀管及循环管上不得安装阀门。 当采暖热媒为110~130℃的高温水时,管道可拆卸件应使用法兰,不得使用长丝和活接头。法兰垫料应使用耐热橡胶板。 焊接钢管管径大于32mm的管道转弯,在作为自然补偿时应使用煨弯。塑料管及复合管除必须使用直角弯头的场合外应使用管道直接弯曲转弯	尺量和观察检查 观察检查 观察和查验进料单 观察检查	全数检查
5	管道及金属支架的防腐	管道、金属支架和设备的防腐和涂漆应附着良好,无脱皮、起泡、流淌和漏涂缺陷	现场观察检查	
6	管道安装允许偏差	采暖管道安装的允许偏差应符合表16-32的规定	见表16-32	(1)按系统内直线管段长度为50m抽查工段,不足50m,不少于2段 (2)有分隔墙建筑,以隔墙分为段数,抽查5%,但不少于10段 (3)一根主管为一段,二层以上按楼层分段,抽查5%,但不少于10段
7	管道保温允许偏差	管道和设备保温的允许偏差应符合表16-9的规定	见表16-9	

3) 允许偏差应符合表 16-32 的规定。

表 16-32　　　　　　　采暖管道安装的允许偏差和检验方法

项次	项　目			允许偏差	检验方法
1	横管道纵、横方向弯曲（mm）	每米	管径≤100mm	1	用水平尺、直尺、拉线和尺量检查
			管径≥100mm	1.5	
		全长（25m 以上）	管径≤100mm	≤13	
			管径＞100mm	≤25	
2	立管垂直度（mm）	每米		2	吊线和尺量检查
		全长（5m 以上）		≤10	
3	弯管	椭圆率 $\dfrac{D_{max}-D_{min}}{D_{max}}$	管径≤100mm	10%	用外卡钳和尺量检查
			管径＞100mm	8%	
		褶皱不平度/mm	管径≤100mm	4	
			管径＞100mm	5	

注：1. D_{max}，D_{min} 分别为管子最大外径及最小外径。

2. 本表摘自《建筑给水排水及采暖工程施工质量验收规范》(GB 50242—2002)。

(2) 辅助设备、散热器和金属辐射板。

1) 主控项目检验标准应符合表 16-33 的规定。

表 16-33　　　　　　　　　主控项目检验

序号	项　目	合格质量标准	检验方法	检查数量
1	散热器水压试验	散热器组对后，以及整组出厂的散热器在安装之前应作水压试验。试验压力如设计无要求时应为工作压力的 1.5 倍，但不小于 0.6MPa	试验时间为 2～3min，压力不降且不渗不漏	全数检查
2	金属辐射板水压试验	辐射板在安装前应作水压试验，如设计无要求时试验压力应为工作压力 1.5 倍，但不得小于 0.6MPa	试验压力下 2～3min 压力不降且不渗不漏	
3	金属辐射板安装	水平安装的辐射板应有不小于 5‰ 的坡度坡向回水管 辐射板管道及带状辐射板之间的连接，应使用法兰连接	水平尺、拉线和尺量检查 观察检查	
4	水泵、水箱安装	水泵、水箱、热交换器等辅助设备安装的质量检验与验收应按本章有关规定执行	—	

2)一般项目检验标准应符合表 16-34 的规定。

表 16-34　　　　　　　　　　一般项目检验

序号	项　目	合格质量标准	检验方法	检查数量
1	散热器组对	散热器组对应平直紧密,组对后的平直度应符合表 16-35 规定。 组对散热器的垫片应符合下列规定: (1)组对散热器垫片应使用成品,组对后垫片外露应不大于 1mm。 (2)散热器垫片材质当设计无要求时,应采用耐热橡胶	拉线和尺量 观察和尺量检查	全数检查
2	散热器安装	散热器支架、托架安装,位置应准确,埋设牢固。散热器支架、托架数量,应符合设计或产品说明书要求。	现场清点检查	
		散热器背面与装饰后的墙内表面安装距离,应符合设计或产品说明书要求。如设计未注明,应为 30mm	尺量检查	
3	散热器表面防腐涂漆质量	铸铁或钢制散热器表面的防腐及面漆应附着良好,色泽均匀,无脱落、起泡、流淌和漏涂缺陷	现场观察	
4	散热器允许偏差	散热器安装允许偏差应符合表 16-36 的规定	见表16-36	

3)允许偏差应符合表 16-35 的规定。

表 16-35　　　　　　　　组对后的散热器平直度允许偏差

项　次	散热器类型	片　数	允许偏差(mm)
1	长翼型	2～4	4
		5～7	6
2	铸铁片式 钢制片式	3～15	4
		16～25	6

注:本表摘自《建筑给水排水及采暖工程施工质量验收规定》(GB 50242—2002)。

表 16-36　　　　　　　　　散热器安装允许偏差和检验方法

项　次	项　　目	允许偏差（mm）	检验方法
1	散热器背面与墙内表面距离	3	尺　量
2	与窗中心线或设计定位尺寸	20	
3	散热器垂直度	3	吊线和尺量

注：本表摘自《建筑给水排水及采暖工程施工质量验收规范》(GB 50242—2002)。

（3）低温热水地板辐射采暖系统安装。

1）主控项目检验标准应符合表 16-37 的规定。

表 16-37　　　　　　　　　　主控项目检验

序号	项　目	合格质量标准	检验方法	检查数量
1	加热盘管埋地	地面下敷设的盘管埋地部分不应有接头	隐蔽前现场查看	全数检查
2	加热盘管水压试验	盘管隐蔽前必须进行水压试验，试验压力为工作压力的 1.5 倍，但不小于 0.6MPa	稳压 1h 内压力降不大于 0.05MPa 且不渗不漏	
3	加热盘管曲率半径	加热盘管弯曲部分不得出现硬折弯现象，曲率半径应符合下列规定： (1)塑料管：应不小于管道外径的 8 倍。 (2)复合管：应不小于管道外径的 5 倍	尺量检查	

2）一般项目检验标准应符合表 16-38 的规定。

表 16-38　　　　　　　　　　一般项目检验

序号	项　目	合格质量标准	检验方法	检查数量
1	分、集水器规格及安装	分、集水器型号、规格、公称压力及安装位置、高度等应符合设计要求	对照图纸及产品说明书，尺量检查	全数检查
2	加热盘管安装	加热盘管管径、间距和长度应符合设计要求。间距偏差不大于±10mm	拉线和尺量检查	

续表

序号	项　目	合格质量标准	检验方法	检查数量
3	防潮层、防水层、隔热层、伸缩缝	防潮层、防水层、隔热层及伸缩缝应符合设计要求	填充层浇灌前观察检查	全数检查
4	填充层混凝土强度	填充层强度应符合设计要求	作试块抗压试验	

2. 验收资料

(1)材料出厂合格证。

(2)设备出厂合格证。

(3)阀门试压记录。

(4)散热设备安装前水压试验记录。

(5)管道系统水压试验记录。

(6)管道吹洗记录。

(7)隐蔽工程记录。

第六节　室外给水管网安装

一、给水管道安装

1. 监理巡视与检查

(1)管道安装下管前应先检查管节的内外防腐层,合格后方可下管。

(2)管节焊接前应先修口、清根,管端端面的坡口角度、钝边、间隙应符合规定,不得在对口间隙夹焊帮条或用加热法缩小间隙施焊。

(3)在热天或昼夜温差较大地区施工时,宜在气温较低时施工,冬期宜在午间气温较高时施工,并应采取保温措施。刚性接口填打后,管道不得碰撞及扭转。

(4)采用柔性接口在橡胶圈安装就位后不得扭曲。当用探尺检查时,沿周围各点应与承口端面等距,其允许偏差应为±3mm。

(5)当特殊需要采用铅接口施工时,管口表面必须干燥、清洁,严禁水滴落入铅锅内;灌铅时铅液必须沿注孔一侧灌入,一次灌满,不得断流;脱膜后将铅打实,表面应平整,凹入承口宜为1~2mm。

(6)铸铁、球墨铸铁压力管安装在高程上的允许偏差为±20mm,轴线位置的允许偏差为30mm。

2. 监理验收

(1)验收标准。

1)主控项目检验标准应符合表 16-39 的规定。

表 16-39　　　　　　　　　　　　主控项目检验

序号	项　目	合格质量标准	检验方法	检查数量
1	埋地管道覆土深度	给水管道在埋地敷设时,应在当地的冰冻线以下,如必须在冰冻线以上铺设时,应做可靠的保温防潮措施。在无冰冻地区,埋地敷设时,管顶的覆土埋深不得小于 500mm,穿越道路部位的埋深不得小于 700mm	现场观察检查	全数检查
2	给水管道不得直接穿越污染源	给水管道不得直接穿越污水井、化粪池、公共厕所等污染源	观察检查	
3	管道上可拆和易腐件不埋在土中	管道接口法兰、卡扣、卡箍等应安装在检查井或地沟内,不应埋在土壤中	观察检查	
4	井内管道安装	给水系统各种井室内的管道安装,如设计无要求,井壁距法兰或承口的距离:管径小于或等于 450mm 时,不得小于 250mm;管径大于 450mm 时,不得小于 350mm	尺量检查	
5	管网水压试验	管网必须进行水压试验,试验压力为工作压力的 1.5 倍,但不得小于 0.6MPa	管材为钢管、铸铁管时,试验压力下 10min 内压力降应不大于 0.05 MPa,然后降至工作压力进行检查,压力应保持不变,不渗不漏;管材为塑料管时,试验压力下,稳压 1h 压力降不大于 0.05 MPa,然后降至工作压力进行检查,压力应保持不变,不渗不漏	

序号	项　目	合格质量标准	检验方法	检查数量
6	埋 地 管 道 防腐	镀锌钢管、钢管的埋地防腐必须符合设计要求,卷材与管材间应粘贴牢固,无空鼓、滑移、接口不严等	观察和切开防腐层检查	每 50m 抽查一处, 不 少 于 5处
7	管道冲洗和 消毒	给水管道在竣工后,必须对管道进行冲洗,饮用水管道还要在冲洗后进行消毒,满足饮用水卫生要求	观察冲洗水的浊度,查看有关部门提供的检验报告	

2)一般项目检验标准应符合表 16-40 的规定。

表 16-40　　　　　　　　　　　一般项目检验

序号	项　目	合格质量标准	检验方法	检查数量
1	管道和支架涂漆	管道和金属支架的涂漆应附着良好,无脱皮、起泡、流淌和漏涂等缺陷	现场观察检查	
2	阀门、水表安装位置	管道连接应符合工艺要求,阀门、水表等安装位置应正确。塑料给水管道上的水表、阀门等设施其重量或启闭装置的扭矩不得作用于管道上,当管径≥50mm 时必须设独立的支承装置	现场观察检查	每 50m 抽查一处, 不 少 于 5处
3	给水与污水管敷设间距	给水管道与污水管道在不同标高平行敷设,其垂直间距在 500mm 以内时,给水管管径小于或等于 200mm 的,管壁水平间距不得小于 1.5m;管径大于 200mm 的,不得小于 3m	观察和尺量检查	

续表

序号	项　目	合格质量标准	检验方法	检查数量
4	管道连接	铸铁管沿曲线敷设,每个接口允许有2°转角	尺量检查	全　数检查
		捻口用的油麻填料必须清洁,填塞后应捻实,其深度应占整个环型间隙深度的1/3。	观察和尺量检查	
		捻口用水泥强度应不低于32.5,接口水泥应密实饱满,其接口水泥面凹入承口边缘的深度不得大于2mm。	观察和尺量检查	
		采用水泥捻口的给水铸铁管,在安装地点有侵蚀性的地下水时,应在接口处涂抹沥青防腐层	观察检查	
5	管道安装允许偏差	管道的坐标、标高、坡度应符合设计要求,管道安装的允许偏差应符合表16-41的规定		

表 16-41　　　　　　　　室外给水管道安装的允许偏差和检验方法

项次	项　目		允许偏差(mm)	检验方法
1	坐标	铸铁管　埋地	100	拉线和尺量检查
		铸铁管　敷设在沟槽内	50	
		钢管、塑料管、复合管　埋地	100	
		钢管、塑料管、复合管　敷设在沟槽内或架空	40	
2	标高	铸铁管　埋地	±50	
		铸铁管　敷设在地沟内	±30	
		钢管、塑料管、复合管　埋地	±50	
		钢管、塑料管、复合管　敷设在地沟内或架空	±30	
3	水平管纵横向弯曲	铸铁管　直段(25m以上)起点～终点	40	
		钢管、塑料管、复合管　直段(25m以上)起点～终点	30	

注:本表摘自《建筑给水排水及采暖工程施工质量验收规范》(GB 50242—2002)。

(2)验收资料。

1)管材合格证。

2)管道回土前,做好试压工作后,应做好试压记录。

3)应及时做好各类管道的隐蔽验收记录。

4)给水管道应做好吹洗记录。

5)收集好管道及各类阀门合格证。

6)应做好管道试压及阀门试压记录,施工各方签证应及时。

7)应做好管沟的坐标,标高等隐蔽验收。

二、消防水泵接合器及室外消火栓安装

1. 监理巡视与检查

(1)严格检查消火栓的各处开关是否灵活、严密、吻合,所配带的附属设备配件是否齐全。

(2)室外地下消火栓应砌筑消火栓井,室外地上消火栓应砌筑消火栓闸门井。在高级和一般路面上,井盖上表面同路面相平,允许偏差±5mm,无正规路时,井盖高出室外设计标高50mm,并应在井口周围以0.02的坡度向外做护坡。

(3)室外地下消火栓与主管连接的三通或弯头下部带座和无座的,均应先稳固在混凝土支墩上,管下皮距井底不应小于0.2m,消火栓顶部距井盖底面,不应大于0.4m,如果超过0.4m应增加短管。

(4)进行法兰闸阀、双法兰短管及水龙带接扣安装,接出的直管高于1m时,应加固定卡子一道,井盖上铸有明显的"消火栓"字样。

(5)室外消火栓地上安装时,一般距地面高度为640mm,首先应将消火栓下部的弯头带底座安装在混凝土支墩上,安装应稳固。

(6)安装消火栓开闭闸门,两者距离不应超过2.5m。

(7)地下消火栓安装时,如设置闸门井,必须将消火栓自身的放水口堵死,在井内另设放水门。

(8)使用的闸门井井盖上应有消火栓字样。

(9)管道穿过井壁处,应严密不漏水。

2. 监理验收

(1)验收标准。

1)主控项目检验标准应符合表16-42的规定。

表 16-42　　　　　　　　　　　　　主控项目检验

序号	项　目	合格质量标准	检验方法	检查数量
1	系统水压试验	系统必须进行水压试验,试验压力为工作压力的 1.5 倍,但不得小于 0.6MPa	试验压力下,10min内压力降不大于0.05MPa,然后降至工作压力进行检查,压力保持不变,不渗不漏	
2	管道冲洗	消防管道在竣工前,必须对管道进行冲洗	观察冲洗出水的浊度	全数检查
3	消防水泵接合器和消火栓位置标识及栓口安装高度	消防水泵接合器和消火栓的位置标志应明显,栓口的位置应方便操作。消防水泵接合器和室外消火栓当采用墙壁式时,如设计未要求,进、出水栓口的中心安装高度距地面应为 1.10m,其上方应设有防坠落物打击的措施	观察和尺量检查	

2)一般项目检验标准应符合表 16-43 的规定。

表 16-43　　　　　　　　　　　　　一般项目检验

序号	项　目	合格质量标准	检验方法	检查数量
1	地下式消防水泵接合器、消火栓安装	地下式消防水泵接合器顶部进水口或地下式消火栓的顶部出水口与消防井盖底面的距离不得大于 400mm,井内应有足够的操作空间,并设爬梯。寒冷地区井内应做防冻保护	观察和尺量检查	
2	阀门安装	消防水泵接合器的安全阀及止回阀安装位置和方向应正确,阀门启闭应灵活	现场观察和手扳检查	全数检查
3	室外消火栓和消防泵结合器栓口安装高度允许偏差	室外消火栓和消防水泵接合器的各项安装尺寸应符合设计要求,栓口安装高度允许偏差为±20mm	尺量检查	

(2)验收资料。

1)管材合格证。

2)管道回土前,做好试压工作后,应做好试压记录。

3)应及时做好各类管道的隐蔽验收记录。

4)给水管道应做好吹洗记录。

5)收集好管道及各类阀门合格证。

6)应做好管道试压及阀门试压记录,施工各方签证应及时。

7)应做好管沟的坐标、标高等隐蔽验收。

三、管沟及井室

1. 监理巡视与检查

(1)管沟(井室)的坐标、位置、沟底标高应符合设计要求。管沟(井室)土方开挖前应做好定位放线工作,以保证管沟(井室)的位置、尺寸和走向正确。

(2)管沟的基层处理和井室的地基必须符合设计要求:

1)管沟(井室)土方开挖完成后应认真做好验底工作,并做好隐蔽验收记录。

2)管沟的沟底层应是原土层,或是夯实的回填土,沟底应平整,坡度应顺畅,不得有尖硬的物体、块石等。

3)如沟基为岩石、不易清除的块石或为砾石层时,沟底应下挖100～200mm,填铺细砂或粒径不大于5mm的细土,夯实到沟底标高后,方可进行管道敷设。

(3)井室的砌筑应按设计或给定的标准图施工:

1)井室的底标高在地下水位以上时,基层应为素土夯实;在地下水位以下时,基层应浇100mm厚的混凝土底板。

2)井室砌筑应采用水泥砂浆,砌筑方法和要求应符合砌体工程的规定;井室内表面抹灰后应严密不透水。

3)管道穿过井壁处,应用水泥砂浆分两次填塞严密、抹平,不得渗漏。

(4)井室的井盖应符合设计要求,应有明显的文字标识,各种井盖不得混用。

(5)管沟回填土:在管顶上部200mm以内应用沙子或无块石及冻土块的土,并不得用机械回填;管顶上部500mm以内不得回填直径大于100mm的块石和冻土块;500mm以上部分回填土中的块石或冻土块不得集中,上部采用机械回填时,机械不得在管沟上行走。

2. 监理验收

(1)验收标准。

1)主控项目检验标准应符合表16-44的规定。

表 16-44　　　　　　　　　　　　　　　　主控项目检验

序号	项 目	合格质量标准	检验方法	检查数量
1	管沟的基层处理和井室的地基	管沟的基层处理和井室的地基必须符合设计要求	现场观察检查	
2	井盖标识及其使用	各类井室的井盖应符合设计要求,应有明显的文字标识,各种井盖不得混用	现场观察检查	
3	各类井盖安装	设在通车路面下或小区道路下的各种井室,必须使用重型井圈和井盖,井盖上表面应与路面相平,允许偏差为±5mm。绿化带上和不通车的地方可采用轻型井圈和井盖,井盖的上表面应高出地坪50mm,并在井口周围以 2% 的坡度向外做水泥砂浆护坡	观察和尺量检查	全数检查
4	重型井圈与墙体结合部处理	重型铸铁或混凝土井圈,不得直接放在井室的砖墙上,砖墙上应做不少于 80mm 厚的细石混凝土垫层	观察和尺量检查	

2)一般项目检验标准应符合表 16-45 的规定。

表 16-45　　　　　　　　　　　　　　　　一般项目检验

序号	项 目	合格质量标准	检验方法	检查数量
1	管沟坐标、位置和沟底标高	管沟的坐标、位置、沟底标高应符合设计要求	观察、尺量检查	
2	管沟沟底要求	管沟的沟底层应是原土层,或是夯实的回填土,沟底应平整,坡度应顺畅,不得有尖硬的物体、块石等	观察检查	全数检查
3	特殊管沟基底处理	如沟基为岩石,不易清除的块石或为砾石层时,沟底应下挖 100～200mm,填铺细砂或粒径不大于 5mm 的细土,夯实到沟底标高后,方可进行管道敷设	观察和尺量检查	

序号	项　目	合格质量标准	检验方法	检查数量
4	管沟回填土要求	管沟回填土,管顶上部 200mm 以内应用砂子或无块石及冻土块的土,并不得用机械回填;管顶上部 500mm 以内不得回填直径大于 100mm 的块石和冻土块;500mm 以上部分回填土中的块石或冻土块不得集中。上部用机械回填时,机械不得在管沟上行走	观察和尺量检查	每 50m 抽查 2 处,每处不得少于 10m
5	井室内施工要求	井室的砌筑应按设计或给定的标准图施工。井室的底标高在地下水位以上时,基层应为素土夯实;在地下水位以下时,基层应打 100mm 厚的混凝土底板。砌筑应采用水泥砂浆,内表面抹灰后应严密不透水	观察和尺量检查	
6	管道穿越井壁	管道穿过井壁处,应用水泥砂浆分两次填塞严密、抹平,不得渗漏	观察检查	

(2)验收资料。

1)管材合格证。

2)管道回土前,做好试压工作后,应做好试压记录。

3)应及时做好各类管道的隐蔽验收记录。

4)给水管道应做好吹洗记录。

5)收集好管道及各类阀门合格证。

6)应做好管道试压及阀门试压记录,施工各方签证应及时。

7)应做好管沟的坐标、标高等隐蔽验收。

第七节　室外排水管网安装

一、排水管道安装

1. 监理巡视与检查

(1)排水铸铁管外壁在安装前应除锈,涂两遍石油沥青漆。承插接口的排水管道安装时,管道和管件的承口应与水流方向相反。

排水管道安装的要求与给水管道安装要求相似,只是在材质、通过介质和压力上有所不同,故可参照给水管道安装的相关要求执行。

(2)管道埋没前必须做灌水试验和通水试验,排水应畅通、无堵塞,管接口无渗漏。按排水检查井分段试验,试验水头应以试验段上游管顶加 1m,时间不少于 30min,逐段从上游向下游观察。

2. 监理验收

(1)验收标准。

1)主控项目检验标准应符合表 16-46 的规定。

表 16-46 主控项目检验

序号	项 目	合格质量标准	检验方法	检查数量
1	管道坡度	排水管道的坡度必须符合设计要求,严禁无坡或倒坡	用水准仪、拉线和尺量检查	全数检查
2	灌水试验和通水试验	管道埋设前必须做灌水试验和通水试验,排水应畅通,无堵塞,管接口无渗漏	按排水检查井分段试验,试验水头应以试验段上游管顶加 1m,时间不少于 30min,逐段观察	

2)一般项目检验标准应符合表 16-47 的规定。

表 16-47 一般项目检验

序号	项 目	合格质量标准	检验方法	检查数量
1	排水铸铁管的水泥捻口	排水铸铁管采用水泥捻口时,油麻填塞应密实,接口水泥应密实饱满,其接口面凹入承口边缘且深度不得大于 2mm	观察和尺量检查	全数检查
2	排水铸铁管除锈、涂漆	排水铸铁管外壁在安装前应除锈,涂两遍石油沥青漆	观察检查	
3	承插接口安装方向	承插接口的排水管道安装时,管道和管件的承口应与水流方向相反	观察检查	

序号	项目	合格质量标准	检验方法	检查数量
4	抹带接口要求	混凝土管或钢筋混凝土管采用抹带接口时,应符合下列规定: (1)抹带前应将管口的外壁凿毛,扫净,当管径小于或等于500mm时,抹带可一次完成;当管径大于500mm时,应分两次抹成,抹带不得有裂纹。 (2)钢丝网应在管道就位前放入下方,抹压砂浆时应将钢丝网抹压牢固,钢丝网不得外露。 (3)抹带厚度不得小于管壁的厚度,宽度宜为80~100mm	观察和尺量检查	全数检查
5	安装允许偏差	管道的坐标和标高应符合设计要求,安装的允许偏差应符合表16-48的规定		

3)允许偏差应符合表16-48的规定。

表 16-48　　　　　　　　室外排水管道安装的允许偏差和检验方法

项次	项　目		允许偏差(mm)	检验方法
1	坐标	埋地	100	拉线尺量
		敷设在沟槽内	50	
2	标高	埋地	±20	用水平仪、拉线和尺量
		敷设在沟槽内	±20	
3	水平管道纵横向弯曲	每5m长	10	拉线尺量
		全长(两井间)	30	

注:本表摘自《建筑给水排水及采暖工程施工质量验收规范》(GB 50242—2002)。

(2)验收资料。

1)使用材料合格证。

2)各类管道出厂合格证。

3)管道坡度测量记录。

4)管道施工等各类隐蔽验收记录。

5)混凝土管、钢筋混凝土管的渗水量记录。

二、排水管沟与井池

1. 监理巡视与检查

(1)各种排水井池应按设计给定的标准图施工,各种排水井和化粪池应用混凝土做底板(雨水井除外),厚度不小于 100mm。

施工时应保证井池的规格、尺寸和位置正确,砌筑和抹灰符合要求,不得渗漏。

(2)沟基的处理和井池底板强度必须符合设计要求。如沟基夯实和支墩大小、尺寸、距离、强度等应符合设计要求;井池底板混凝土强度等级、配筋情况等应符合设计要求。

(3)排水检查井、化粪池的底板及进出水管的标高,必须符合设计,其允许偏差为±15mm。

(4)检查井、雨水口及其他井室周围的回填,应与管道沟槽的回填同时进行,井室周围回填夯实应对称进行,不得漏夯。

2. 监理验收

(1)验收标准。

1)主控项目检验标准应符合表 16-49 的规定。

表 16-49　　　　　　　　　　主控项目检验

序号	项　　目	合格质量标准	检验方法	检查数量
1	沟基处理和井池底板强度	沟基的处理和井池的底板强度必须符合设计要求	现场观察和尺量检验,检查混凝土强度报告	全数检查
2	检查井、化粪池的底板及进出口水管安装	排水检查井、化粪池的底板及进、出水管的标高,必须符合设计,其允许偏差为±15mm	用水准仪及尺量检查	

2)一般项目检验标准应符合表 16-50 的规定。

表 16-50　　　　　　　　　　一般项目检验

序号	项　　目	合格质量标准	检验方法	检查数量
1	井、池要求	井、池的规格、尺寸和位置应正确,砌筑和抹灰符合要求	观察、尺量检查	按总数20%抽检,且不得少于3处
2	井盖标识、标高及选用	井盖选用应正确,标志应明显,标高应符合设计要求	观察、尺量检查	

(2)验收资料。

1)使用材料合格证。

2)各类管道出厂合格证。

3)管道坡度测量记录。

4)管道施工等各类隐蔽验收记录。

5)混凝土管、钢筋混凝土管的渗水量记录。

第八节　室外供热管网安装

一、监理巡视与检查

1. 疏水器安装

疏水器安装应在管道和设备的排水线以下；如凝结水管高于蒸汽管道和设备排水线，应安装止回阀；或在垂直升高的管段之前，或在能积集凝结水的蒸汽管道的闭塞端，以及每隔 50m 左右长的直管段上。蒸汽管道安装时，要高于凝结水管道，其高差应大于或等于安装疏水装置时所需要的尺寸。因为蒸汽管道内所产生的凝结水，需要通过疏水装置排入凝结水管中去。

2. 排气阀安装

热水管网中，也要设置排气和放水装置。排气点应放置在管网中的高位点。一般排气阀门直径值选用 15~25mm。在管网的低位点设置放水装置，放水阀门的直径一般选用热水管直径的 1/10 左右，但最小不应小于 20mm。

3. 伸缩器(胀力弯)安装

方形伸缩器(胀力弯)水平安装，应与管道坡度一致；垂直安装，应有排气装置。

伸缩器安装前应作预拉。方形伸缩器预拉伸长度等于 $1/2\Delta x$，预拉伸长的允许差为 +10mm。

管道预拉伸长度应按下列公式计算：

$$\Delta x = 0.012(t_1 - t_2)L \tag{16-1}$$

式中　Δx——管道热伸长(mm)；

t_1——热媒温度(℃)

t_2——安装时环境温度(℃)；

L——管道长度(m)。

4. 减压阀安装

(1)减压阀的阀体应垂直安装在水平管道上，前后应装法兰截止阀。一般未经减压前的管径与减压阀的公称直径相同。而安装在减压阀后的管径比减压阀的公称直径大两个号码，减压阀安装应注意方向，不得装反；薄膜式减压阀的均压管应安装在管道的低压侧。检修更换减压阀应打开旁通管。

(2)减压器安装完后，应根据使用压力进行调试，并作出调试后的标志。

二、监理验收

1. 验收标准

(1)主控项目检验标准应符合表 16-51 的规定。

表 16-51 主控项目检验

序号	项目	合格质量标准	检验方法	检查数量
1	平衡阀、调节阀选用、安装及调试	平衡阀及调节阀型号、规格及公称压力应符合设计要求。安装后应根据系统要求进行调试,并作出标志	对照设计图纸及产品合格证,并现场观察调试结果	全数检查
2	直埋无补偿供热管道敷设	直埋无补偿供热管道预热伸长及三通加固应符合设计要求。回填前应注意检查预制保温层外壳及接口的完好性。回填应按设计要求进行	回填前现场验核和观察	
3	补偿器位置和预拉伸,支架位置和构造	补偿器的位置必须符合设计要求,并应按设计要求或产品说明书进行预拉伸。管道固定支架的位置和构造必须符合设计要求	对照图纸,并查验预拉伸记录	
4	检查井、入口管道布置	检查井室、用户入口处管道布置应便于操作及维修,支、吊、托架稳固,并满足设计要求	对照图纸,观察检查	
5	直埋管道及接口现场发泡保温处理	直埋管道的保温应符合设计要求,接口在现场发泡时,接头处厚度应与管道保温层厚度一致,接头处保护层必须与管道保护层成一体,符合防潮防水要求	对照图纸,观察检查	
6	管道水压试验	供热管道的水压试验压力应为工作压力的 1.5 倍,但不得小于 0.6MPa 供热管道作水压试验时,试验管道上的阀门应开启,试验管道与非试验管道应隔断	在试验压力下 10min 内压力降不大于 0.05 MPa,然后降至工作压力下检查,不渗不漏开启和关闭阀门检查	

序号	项　目	合格质量标准	检验方法	检查数量
7	管道冲洗	管道试压合格后,应进行冲洗	现场观察,以水色不浑浊为合格	全数检查
8	通热试运行及调试	管道冲洗完毕应通水、加热,进行试运行和调试。当不具备加热条件时,应延期进行	测量各建筑物热力入口处供回水温度及压力	

(2)一般项目检验标准应符合表 16-52 的规定。

表 16-52　　　　　　　　　　　　一般项目检验

序号	项　目	合格质量标准	检验方法	检查数量
1	管道坡度	管道水平敷设的坡度应符合设计要求	对照图纸,用水准仪(水平尺)、拉线和尺量检查	
2	除污器构造、安装位置	除污器构造应符合设计要求,安装位置和方向应正确。管网冲洗后应清除内部污物	打开清扫口检查	
3	管道焊接	管道及管件焊接的焊缝表面质量应符合下列规定: (1)焊缝外形尺寸应符合图纸和工艺文件的规定,焊缝高度不得低于母材表面,焊缝与母材应圆滑过渡。 (2)焊缝及热影响区表面应无裂纹、未熔合、未焊透、夹渣、弧坑和气孔等缺陷	见表 16-17	全数检查
4	管道安装要求	供热管道的供水管或蒸汽管,如设计无规定时,应敷设在载热介质前进方向的右侧或上方	对照图纸,观察检查	
		地沟内的管道安装位置,其净距(保温层外表面)应符合下列规定: 与沟壁　　　　　　　100～150mm 与沟底　　　　　　　100～200mm 与沟顶(不通行地沟)50～100mm (半通行和通行地沟)200～300mm	尺量检查	

序号	项目	合格质量标准	检验方法	检查数量
4	管道安装要求	架空敷设的供热管道安装高度,如设计无规定时,应符合下列规定(以保温层外表面计算): (1)人行地区,不小于2.5m。 (2)通行车辆地区,不小于4.5m。 (3)跨越铁路,距轨顶不小于6m	尺量检查	全数检查
5	管道防锈漆质量要求	防锈漆的厚度应均匀,不得有脱皮、起泡、流淌和漏涂等缺陷	保温前观察检查	
6	安装允许偏差	室外供热管道安装的允许偏差应符合表16-53的规定	见表16-53	
7	管道保温允许偏差	管道保温层的厚度和平整度的允许偏差应符合表16-9的规定	见表16-9	

(3)允许偏差应符合表16-53的规定。

表16-53   室外供热管道安装的允许偏差和检验方法

项次	项目			允许偏差	检验方法
1	坐标(mm)		敷设在沟槽内及架空	20	用水准仪(水平尺)、直尺、拉线检查
			埋 地	50	
2	标高 (mm)		敷设在沟槽内及架空	±10	尺量检查
			埋 地	±15	
3	水平管道纵、横方向弯曲 (mm)	每米	管径≤100mm	1	用水准仪(水平尺)、直尺、拉线和尺量检查
			管径>100mm	1.5	
		全长 (25m以上)	管径≤100mm	≤13	
			管径>100mm	≤25	
4	弯管	椭圆率 $\dfrac{D_{max}-D_{min}}{D_{max}}$	管径≤100mm	8%	用外卡钳和尺量检查
			管径>100mm	5%	
		褶皱不平度 /mm	管径≤100mm	4	
			管径125~200mm	5	
			管径250~400mm	7	

注:本表摘自《建筑给水排水及采暖工程施工质量验收规范》(GB 50242—2002)。

2. 验收资料

(1)管材、配件、保温材料出厂合格证。

(2)管道试压记录。

(3)减压器调压记录。

(4)伸缩器预拉伸记录。

(5)系统吹洗记录。

第九节　建筑中水系统及游泳池水系统安装

一、中水系统管道及辅助设备安装

1. 监理巡视与检查

(1)中水管道、设备及受水器具应按规定着色,以免误引误用。

(2)管道和设备若不能用耐腐蚀材料,应做好防腐处理,使其表面光滑,易于清洗。

(3)中水管道不宜暗装于墙体和楼板内。如必须暗装于墙槽内时,必须在管道上有明显且不会脱落的标志。

(4)中水管道与生活饮用水管道、排水管道平行埋设时,其水平净距离不得小于 0.5m;交叉埋设时,中水管道应位于生活饮用水管道下面,排水管道的上面,其净距不应小于 0.15m。

(5)中水给水管道不得装设取水水嘴。便器冲洗宜采用密闭型设备和器具。绿化、浇洒、汽车冲洗宜采用壁式或地下式的给水栓。

(6)中水高位水箱应与生活高位水箱分设在不同的房间内,如条件不允许只能设在同一房间时,与生活高位水箱的净距离应大于 2m。

2. 监理验收

(1)验收标准。

1)主控项目检验标准应符合表 16-54 的规定。

表 16-54　　　　　　　　　　　　　主控项目检验

序号	项　目	合格质量标准	检验方法	检查数量
1	中水水箱设置	中水高位水箱应与生活高位水箱分设在不同的房间内,如条件不允许只能设在同一房间时,与生活高位水箱的净距离应大于 2m	观察和尺量检查	全数检查
2	中水管道上用水器装设	中水给水管道不得装设取水水嘴。便器冲洗宜采用密闭型设备和器具。绿化、浇洒、汽车冲洗宜采用壁式或地下式的给水栓	观察检查	

续表

序号	项　目	合格质量标准	检验方法	检查数量
3	中水管道标志	中水供水管道严禁与生活饮用水给水管道连接，并应采取下列措施： (1)中水管道外壁应涂浅绿色标志。 (2)中水池(箱)、阀门、水表及给水栓均应有"中水"标志	观察检查	全数检查
4	中水管道暗装要求	中水管道不宜暗装于墙体和楼板内。如必须暗装于墙槽内时，必须在管道上有明显且不会脱落的标志	观察检查	

　　2)一般项目检验标准应符合表 16-55 的规定。

表 16-55　　　　　　　　　　　　一般项目检验

序号	项　目	合格质量标准	检验方法	检查数量
1	中水管道及配件材质	中水给水管道管材及配件应采用耐腐蚀的给水管管材及附件	观察检查	全数检查
2	中水管道与其他管道敷设净距	中水管道与生活饮用水管道、排水管道平行埋设时，其水平净距离不得小于0.5m；交叉埋设时，中水管道应位于生活饮用水管道下面，排水管道的上面，其净距离应不小于 0.15m	观察和尺量检查	

　　(2)验收资料。

　　1)材料出厂合格证。

　　2)给水管道试验记录。

　　3)排水管道通水试验记录。

　　4)隐蔽工程验收记录。

　　二、游泳池水系统安装

　　1. 监理巡视与检查

　　(1)对室内游泳池，宜在游泳池周围设置管廊内，管廊高度不应小于 1.8m。

　　(2)游泳池的饮用水给水系统宜单独设置。

　　(3)在用市政自来水补给游泳池用水时，不得与游泳池和循环水系统直接连接，而应采取有效的防止倒流污染措施。

(4)接受游泳池排水的排水井内的水位,有可能淹没游泳池的排水口时,应采取有效防倒流措施。有困难时,应采用水泵抽升排水,并使排水口距排水最高水位有一定的空气间隙。

2. 监理验收

(1)验收标准。

1)主控项目检验标准应符合表 16-56 的规定。

表 16-56　　　　　　　　　　　主控项目检验

序号	项　目	合格质量标准	检验方法	检查数量
1	游泳池给水配件材质	游泳池的给水口、回水口、泄水口应采用耐腐蚀的铜、不锈钢、塑料等材料制造。溢流槽、格栅应为耐腐蚀材料制造,并为组装型。安装时其外表面应与池壁或池底面相平	观察检查	全数检查
2	游泳池毛发聚集器过滤筒(网)	游泳池的毛发聚集器应采用铜或不锈钢等耐腐蚀材料制造,过滤筒(网)的孔径应不大于 3mm,其面积应为连接管截面积的 1.5~2 倍	观察和尺量计算方法	
3	游泳池防冲洗排水措施	游泳池地面,应采取有效措施防止冲洗排水流入池内	观察检查	

2)一般项目检验标准应符合表 16-57 的规定。

表 16-57　　　　　　　　　　　一般项目检验

序号	项　目	合格质量标准	检验方法	检查数量
1	游泳池加药	游泳池循环水系统加药(混凝剂)的药品溶解池、溶液池及定量投加设备应采用耐腐蚀材料制作。输送溶液的管道应采用塑料管、胶管或铜管	观察检查	全数检查
2	消毒设备及管材要求	游泳池的浸脚、浸腰消毒池的给水管、投药管、溢流管、循环管和泄空管应采用耐腐蚀材料制成	观察检查	

(2)验收资料。

1)材料出厂合格证。

2)给水管道试验记录。

3)排水管道通水试验记录。

4)隐蔽工程验收记录。

第十节　供热锅炉及辅助设备安装

一、监理巡视与检查

1. 锅炉本体安装

(1)锅炉就位后进行找正,找正和测量工具可使用千斤顶、撬棒和线锤、水平尺、液体连通器及卷尺等。

(2)锅炉横向水平可在总汽阀法兰座上(除去毛刺不洁物,保持平滑)用水平尺测量,也可用软管水平仪(液体连通器)测量两侧水位表。

(3)锅炉本体的找正与找平应达到下列要求:

1)锅炉的纵向中心线与基础的纵向中心线相吻合,误差不大于 10mm。

2)锅炉炉排前轴中心线与基础上划出的前轴中心线相吻合,误差不大于 2mm。

3)锅炉的横向水平偏差不大于 5mm。

4)锅炉纵向水平的找正,如制造时已有排污坡度的锅炉,找正时应水平。制造时无排污坡度的锅炉,找正时应将锅炉前端较后端高出25～35mm,以利排污。但此时应校核炉排前轴和后轴的组对标高,其误差应不大于 5mm。

2. 风机安装

(1)风管安装要求:

1)砖砌地下风道,风道内壁用水泥砂浆抹平,表面光滑、严密;风机出口与风管之间、风管与地下风道之间连接要严密,防止漏风。

2)安装烟道时应使之自然吻合,不得强行连接,更不允许将烟道重量压在风机上。当采用钢板风道时,风道法兰连接要严密。应设置安装防护装置。

3)安装调节风门时应注意不要装反,应标明开、关方向。

4)安装调节风门后试拨转动,检查是否灵活,定位是否可靠。

(2)安装冷却水管:冷却水管应干净畅通。排水管应安装漏斗以便于直观出水的大小,出水大小可用阀门调整。安装后应按要求进行水压试验,如无规定时,试验压力不低于 0.4MPa。其他要求可参考给水管安装要求。

(3)轴承箱清洗加油。

(4)安装安全罩,安全罩的螺栓应拧紧。

(5)风机试运行:试运行前用手转动风机,检查是否灵活。试运转时关闭调节阀门,接通电源,进行点试,检查风机转向是否正确,有无摩擦和振动现象。起动后再稍开调节门,调节门的开度应使电动机的电流不超过额定电流。运转时检查电动机和轴承升温是否正常。风机试运行不小于 2h,并作好运行记录。

3. 锅炉烘炉

(1)炉墙表面温度均匀,在取样点处温度达到 50℃后,继续烘烤 48h 即为合格。在 48h 内可以同时进行煮炉。

(2)从取样点取灰浆样品分析其含水率,若灰浆含水率在 10% 以下,烘炉即为合格。

4. 锅炉煮炉

(1)加药时炉水应在低水位,炉内无压力。

(2)先将药品溶成浓度为 20% 的溶液,用临时加药泵和软管将药液送入锅筒内。禁止将固体药剂加入。

(3)煮炉时间一般为 2~3d,在煮炉第一天应使蒸汽压力保持在锅炉工作压力 15%~30% 之间,煮炉后期升到工作压力 75%,煮炉期间锅炉水位应控制在高水位。

(4)煮炉期间要取样分析炉水碱度和磷酸根含量。当碱度小于 50 毫克当量/升时,应向炉内补充加药;当磷酸三钠含量趋于稳定时,表示炉内化学药品与锅炉内表面锈垢化学反应基本结束,煮炉便可结束。

(5)煮炉结束后,停炉冷却到 70℃以下,放掉炉水,清除锅筒和集箱内的积存物。用清水冲洗锅炉内部,要洗刷干净,尤其要认真检查排污阀和水位表,防止沉淀物堵塞通道。

5. 安全阀安装

(1)安全阀应在锅炉水压试验合格后再安装。水压试验时,安全阀管座可用盲板法兰封闭,试完压后应立即将其拆除。

(2)蒸汽锅炉安全阀应安装排汽管直通室外安全处,排汽管的截面积不应小于安全阀出口的截面积。排汽管应坡向室外并在最低点的底部装泄水管,并接到安全处。热水锅炉安全阀泄水管应接到安全地点。排汽管和排水管上不得装阀门。

二、监理验收

(1)验收标准。

1)锅炉安装。

①主控项目检验标准应符合表 16-58 的规定。

表 16-58　　　　　　　　　　　　　　主控项目检验

序号	项　目	合格质量标准	检验方法	检查数量
1	锅炉基础验收	锅炉设备基础的混凝土强度必须达到设计要求,基础的坐标、标高、几何尺寸和螺栓孔位置应符合相关规定	相关规定	
2	非承压锅炉安装	非承压锅炉,应严格按设计或产品说明书的要求施工。锅筒顶部必须敞口或装设大气连通管,连通管上不得安装阀门。 以天然气为燃料的锅炉的天然气释放管或大气排放管不得直接通向大气,应通向贮存或处理装置。 两台或两台以上燃油锅炉共用一个烟囱时,每一台锅炉的烟道上均应配备风阀或挡板装置,并应具有操作调节和闭锁功能	对照设计图纸或产品说明书检查 对照设计图纸检查 观察和手扳检查	全数检查
3	锅炉烘炉和试运行	锅炉火焰烘炉应符合下列规定: (1)火焰应在炉膛中央燃烧,不应直接烧烤炉墙及炉拱。 (2)烘炉时间一般不少于 4d,升温应缓慢,后期烟温不应高于 160℃,且持续时间应不少于 24h。 (3)链条炉排在烘炉过程中应定期转动。 (4)烘炉的中、后期应根据锅炉水水质情况排污。 烘炉结束后应符合下列规定: (1)炉墙经烘烤后没有变形、裂纹及塌落现象。 (2)炉墙砌筑砂浆含水率达到 7%以下。 锅炉在烘炉、煮炉合格后,应进行 48h的带负荷连续试运行,同时应进行安全阀的热状态定压检验和调整	计时测温、操作观察检查 测试及观察检查 检查烘炉、煮炉及试运行全过程	
4	排污管和排污阀安装	锅炉的锅筒和水冷壁的下集箱及后棚管的后集箱的最低处排污阀及排污道不得采用螺纹连接	观察检查	

序号	项　目	合格质量标准	检验方法	检查数量
5	锅炉气、水系统水压试验	锅炉的气、水系统安装完毕后,必须进行水压试验	(1)在试验压力下10min内压力降不超过0.02 MPa;然后降至工作压力进行检查,压力不降、不渗、不漏 (2)观察检查,不得有残余变形,受压元件金属壁和焊缝上不得有水珠和水雾	全数检查
6	机械炉排冷态试运行	机械炉排安装完毕后应做冷态运转试验,连续运转时间应不少于8h	观察运转试验全过程	
7	本体管道及管件焊接	锅炉本体管道及管件焊接的焊缝质量应符合下列规定: (1)焊缝表面质量应符合表16-52表项3的规定。 (2)管道焊口尺寸的允许偏差应符合表16-17的规定。 (3)无损探伤的检测结果应符合锅炉本体设计的相关要求	观察和检验无损探伤检测报告	

②一般项目检验标准应符合表16-59的规定。

表16-59　　　　　　　　　　　　　　　　　一般项目检验

序号	项　目	合格质量标准	检验方法	检查数量
1	锅炉煮炉	煮炉时间一般应为2~3d,如蒸汽压力较低,可适当延长煮炉时间。非砌筑或浇筑保温材料保温的锅炉,安装后可直接进行煮炉。煮炉结束后,锅筒和集箱内壁应无油垢,擦去附着物后金属表面应无锈斑	打开锅筒和集箱检查孔检查	逐台检查

序号	项 目	合格质量标准	检验方法	检查数量
2	铸铁省煤器肋片破损限值	铸铁省煤器破损的肋片数应不大于总肋片数的 5%，有破损肋片的根数应不大于总根数的 10%	观察	
3	锅炉本体安装坡度要求	锅炉本体安装应按设计或产品说明书要求布置坡度并坡向排污阀	用水平尺或水准仪检查	
4	锅炉炉底风室密封	锅炉由炉底送风的风室及锅炉底座与基础之间必须封、堵严密	观察检查	逐台检查
5	省煤器出入口管道及阀门	省煤器的出口处(或入口处)应按设计或锅炉图纸要求安装阀门和管道	对照设计图纸检查	
6	电动调节阀安装	电动调节阀门的调节机构与电动执行机构的转臂应在同一平面内动作，传动部分应灵活、无空行程和卡阻现象，其行程及伺服时间应满足使用要求	操作时观察检查	
7	锅炉安装允许偏差	锅炉安装的坐标、标高、中心线和垂直度的允许偏差应符合表 16-60 的规定	见表 16-60	

③允许偏差应符合表 16-60 的规定。

表 16-60　　　　　　锅炉安装的允许偏差和检验方法

项次	项 目		允许偏差(mm)	检验方法
1	坐 标		10	经纬仪、拉线和尺量
2	标 高		±5	水准仪、拉线和尺量
3	中心线垂直度	卧式锅炉炉体全高	3	吊线和尺量
		立式锅炉炉体全高	4	吊线和尺量

注:本表摘自《建筑给水排水及采暖工程施工质量验收规范》(GB 50242—2002)。

2)辅助设备安装。

①主控项目检验标准应符合表 16-61 的规定。

表 16-61　　　　　　　　　　　　　　　主控项目检验

序号	项　目	合格质量标准	检验方法	检查数量
1	辅助设备基础验收	辅助设备基础的混凝土强度必须达到设计要求,基础的坐标、标高、几何尺寸和螺栓孔位置必须符合《建筑给水排水及采暖工程施工质量验收规范》(GB 50242—2002)中表 13.2.1 的规定	见《建筑给水排水及采暖工程施工质量验收规范》(GB 50242—2002)中表 13.2.1	全数检查
2	风机试运转	风机试运转,轴承温升应符合下列规定: (1)滑动轴承温度最高不得超过 60℃。 (2)滚动轴承温度最高不得超过 80℃。 轴承径向单振幅应符合下列规定: (1)风机转速小于 1000r/min 时,不应超过 0.10mm。 (2)风机转速为 1000～1450r/min 时,不应超过 0.08mm	用温度计检查 用测振仪表检查	逐台检查
3	分汽缸(分水器、集水器)水压试验	分汽缸(分水器、集水器)安装前应进行水压试验,试验压力为工作压力的 1.5 倍,但不得小于 0.6MPa	试验压力下 10min 内无压降、无渗漏	全数检查
4	箱、罐水压试验	敞口箱、罐安装前应做满水试验;密闭箱、罐应以工作压力的 1.5 倍做水压试验,但不得小于 0.4MPa	满水试验满水后静置 24h 不渗不漏;水压试验在试验压力下 10min 内无压降,不渗不漏	
5	地下直埋油罐气密性试验	地下直埋油罐在埋地前应做气密性试验,试验压力降应不小于 0.03MPa	试验压力下观察 30min 不渗、不漏,无压降	
6	操作通道	各种设备的主要操作通道的净距如设计不明确时应不小于 1.5m,辅助的操作通道净距应不小于 0.8m	尺量检查	

②一般项目检验标准应符合表 16-62 的规定。

表 16-62　　　　　　　　　　　　　一般项目检验

序号	项　目	合格质量标准	检验方法	检查数量
1	斗式提升机安装	单斗式提升机安装应符合下列规定： (1)导轨的间距偏差不大于2mm。 (2)垂直式导轨的垂直度偏差不大于1‰；倾斜式导轨的倾斜度偏差不大于2‰。 (3)料斗的吊点与料斗垂心在同一垂线上，重合度偏差不大于10mm。 (4)行程开关位置应准确，料斗运行平稳，翻转灵活	吊线坠、拉线及尺量检查	逐台检查
2	风机传动部位安全防护装置	安装锅炉送、引风机，转动应灵活无卡碰等现象；送、引风机的传动部位，应设置安全防护装置	观察和启动检查	
3	手摇泵、注水器安装高度	手摇泵应垂直安装。安装高度如设计无要求时，泵中心距地面为800mm 注水器安装高度，如设计无要求时，中心距地面为1.0~1.2m	吊线和尺量检查 尺量检查	
4	水泵安装及试运转	水泵安装的外观质量检查，泵壳不应有裂纹、砂眼或凹凸不平等缺陷；多级泵的平衡管路应无损伤或折陷现象；蒸汽往复泵的主要部件、活塞及活动轴必须灵活 水泵试运转、叶轮与泵壳不应相碰，进、出口部位的阀门应灵活。轴承温升应符合产品说明书的要求	观察和启动检查 通电、操作和测温检查	
5	除尘器安装	除尘器安装应平稳牢固，位置和进、出口方向应正确。烟管与引风机连接时应采用软接头，不得将烟管重量压在风机上	观察检查	
6	除氧器排汽管	热力除氧器和真空除氧器的排汽管应通向室外，直接排入大气	观察检查	
7	软化水设备安装	软化水设备罐体的视镜应布置在便于观察的方向。树脂装填的高度应按设备说明书要求进行	对照说明书，观察检查	
8	安装允许偏差	锅炉辅助设备安装的允许偏差应符合表16-63的规定	见表16-63	

表 16-63　　　　　　　锅炉辅助设备安装的允许偏差和检验方法

项次	项　目		允许偏差(mm)	检验方法
1	送、引风机	坐　标	10	经纬仪、拉线和尺量
		标　高	±5	水准仪、拉线和尺量
2	各种静置设备 (各种容器、 箱、罐等)	坐　标	15	经纬仪、拉线和尺量
		标　高	±5	水准仪、拉线和尺量
		垂直度(每米)	2	吊线和尺量
3	离心式水泵	泵体水平度(每米)	0.1	水平尺和塞尺检查
		联轴器 同心度　轴向倾斜 (每米)	0.8	水准仪、百分表(测微 螺钉)和塞尺检查
		径向位移	0.1	

注:本表摘自《建筑给水排水及采暖工程施工质量验收规范》(GB 50242—2002)。

3)管道安装。

①主控项目检验标准应符合表 16-64 的规定。

表 16-64　　　　　　　　　　主控项目检验

序号	项　目	合格质量标准	检验方法	检查数量
1	工艺管道 水压试验	连接锅炉及辅助设备的工艺管道安装完毕后,必须进行系统的水压试验,试验压力为系统中最大工作压力的 1.5 倍	在试验压力10min 内压力降不超过 0.05MPa,然后降至工作压力进行检查,不渗不漏	全数检查
2	仪表、阀门安装	管道连接的法兰、焊缝和连接管件以及管道上的仪表、阀门的安装位置应便于检修,并不得紧贴墙壁、楼板或管架	观察检查	
3	管道焊接	(1)焊缝外形尺寸应符合图纸和工艺文件的规定,焊缝高度不得低于母材表面,焊缝与母材应圆滑过渡。 (2)焊缝及热影响区表面应无裂纹、未熔合、未焊透、夹渣、弧坑和气孔等缺陷	见表16-17	

②一般项目检验标准应符合表 16-65 的规定。

表 16-65　　　　　　　　　**一般项目检验**

序号	项　　目	合格质量标准	检验方法	检查数量
1	管道及设备表面涂漆	在涂刷油漆前,必须清除管道及设备表面的灰尘、污垢、锈斑、焊渣等物。涂漆的厚度应均匀,不得有脱皮、起泡、流淌和漏涂等缺陷	现场观察检查	全数检查
2	安装允许偏差	连接锅炉及辅助设备的工艺管道安装的允许偏差应符合表 16-66 的规定	见表16-66	
3	管道及设备保温	管道及设备保温层的厚度和平整度的允许偏差应符合表 16-9 的规定	见表16-9	

③允许偏差应符合表 16-66 的规定。

表 16-66　　　　　　**工艺管道安装的允许偏差和检验方法**

项次	项　　目		允许偏差(mm)	检验方法
1	坐标	架空	15	水准仪、拉线和尺量
		地沟	10	
2	标高	架空	±15	水准仪、拉线和尺量
		地沟	±10	
3	水平管道纵、横方向弯曲	$DN \leqslant 100mm$	2‰,最大 50	直尺和拉线检查
		$DN > 100mm$	3‰,最大 70	
4	立管垂直		2‰,最大 15	吊线和尺量
5	成排管道间距		3	直尺尺量
6	交叉管的外壁或绝热层间距		10	

注:本表摘自《建筑给水排水及采暖工程施工质量验收规范》(GB 50242—2002)。

4)安全附件安装。

①主控项目检验标准应符合表 16-67 的规定。

表 16-67　　　　　　　　　　　　　　主控项目检验

序号	项　目	合格质量标准	检验方法	检查数量
1	锅炉和省煤器安全阀定压	锅炉上装有两个安全阀时,其中的一个按表中较高值定压,另一个按较低值定压。装有一个安全阀时,应按较低值定压	检查定压合格证书	全数检查
2	压力表刻度极限、表盘直径	压力表的刻度极限值,应大于或等于工作压力的 1.5 倍,表盘直径不得小于 100mm	现场观察和尺量检查	
3	水 位 表安装	安装水位表应符合下列规定: (1)水位表应有指示最高、最低安全水位的明显标志,玻璃板(管)的最低可见边缘应比最低安全水位低 25mm;最高可见边缘应比最高安全水位高 25mm。 (2)玻璃管式水位表应有防护装置。 (3)电接点式水位表的零点应与锅筒正常水位重合。 (4)采用双色水位表时,每台锅炉只能装设一个,另一个装设普通水位表。 (5)水位表应有放水旋塞(或阀门)和接到安全地点的放水管	现场观察和尺量检查	
4	报警器及联锁保护装置安装	锅炉的高、低水位报警器和超温、超压报警器及联锁保护装置必须按设计要求安装齐全和有效	启动、联动试验并作好试验记录	
5	安全阀排汽阀、泄水管安装	蒸汽锅炉安全阀应安装通向室外的排汽管。热水锅炉安全阀泄水管应接到安全地点。在排汽管和泄水管上不得装设阀门	观察检查	

②一般项目检验标准应符合表 16-68 的规定。

表 16-68　　　　　　　　　　　　一般项目检验

序号	项　目	合格质量标准	检验方法	检查数量
1	压力表安装	安装压力表必须符合下列规定： (1)压力表必须安装在便于观察和吹洗的位置，并防止受高温、冰冻和振动的影响，同时要有足够的照明。 (2)压力表必须设有存水弯管。存水弯管采用钢管煨制时，内径应不小于 10mm；采用铜管煨制时，内径应不小于 6mm。 (3)压力表与存水弯管之间应安装三通旋塞	观察和尺量检查	
2	测压仪表取源部件安装	测压仪表取源部件在水平工艺管道上安装时，取压口的方位应符合下列规定： (1)测量液体压力的，在工艺管道的下半部与管道的水平中心线成 0°～45°夹角范围内。 (2)测量蒸汽压力的，在工艺管道的上半部或下半部与管道水平中心线成 0°～45°夹角范围内。 (3)测量气体压力的，在工艺管道的上半部	观察和尺量检查	全数检查
3	温度计安装	安装温度计应符合下列规定： (1)安装在管道和设备上的套管温度计，底部应插入流动介质内，不得装在引出的管段上或死角处。 (2)压力式温度计的毛细管应固定好并有保护措施，其转弯处的弯曲半径应不小于 50mm，温包必须全部浸入介质内。 (3)热电偶温度计的保护套管应保证规定的插入深度	观察和尺量检查	
4	温度计与压力表在管道上相对位置	温度计与压力表在同一管道上安装时，按介质流动方向温度计应在压力表下游处安装，如温度计需在压力表的上游安装时，其间距应不小于 300mm	观察和尺量检查	

5)换热站安装。

①主控项目检验标准应符合表 16-69。

表 16-69　　　　　　　　　　　　主控项目检验

序号	项　目	合格质量标准	检验方法	检查数量
1	热交换器水压试验	热交换器应以最大工作压力的 1.5 倍作水压试验,蒸汽部分应不低于蒸汽供汽压力加 0.3MPa;热水部分应不低于 0.4MPa	在试验压力下,保持 10min 压力不降	全数检查
2	高温循环泵与换热器核对位置	高温水系统中,循环水泵和换热器的相对安装位置应按设计文件施工	对照设计图纸检查	
3	壳管式热交换器的安装	壳管式热交换器的安装,如设计无要求时,其封头与墙壁或屋顶的距离不得小于换热管的长度	观察和尺量检查	

②一般项目检验标准应符合表 16-70 的规定。

表 16-70　　　　　　　　　　　　一般项目检验

序号	项　目	合格质量标准	检验方法	检查数量
1	设备、阀门及仪表安装	换热站内的循环泵、调节阀、减压器、疏水器、除污器、流量计等安装应符合《建筑给水排水及采暖工程施工质量验收规范》(GB 50242)的相关规定	观察检查	全数检查
2	换热站内设备安装允许偏差	换热站内设备安装的允许偏差应符合表 16-63 的规定	见表16-63	
3	换热站内管道安装允许偏差	换热站内管道安装的允许偏差应符合表 16-66 的规定	见表16-66	
4	管道设备保温允许偏差	管道及设备保温层的厚度和平整度的允许偏差应符合表 16-9 的规定	见表16-9	

（2）验收资料。

1）设备、材料出厂合格证。

2）土建移交的基础交接记录。

3）锅炉、省煤器承压试验记录。

4）机械炉排冷态试运转记录。

5）省煤器安装检验记录。

6）泵、风机试运转，轴承温度测试记录。

7）敞口水箱罐的满水试验和密闭箱、罐水压试验记录。

8）安全阀、减压阀检查调试记录。

9）管道试压记录。

10）锅炉烘炉记录。

11）锅炉煮炉记录。

12）锅炉试运行记录。

第十七章　通风与空调工程现场监理

第一节　风　管　制　作

一、金属风管制作

(1)主控项目检验标准应符合 17-1 的规定。

表 17-1　　　　　　　　　　　主控项目检验

序号	项　目	合格质量标准	检验方法	检查数量
1	材质种类、性能及厚度	金属风管的材料品种、规格、性能与厚度等应符合设计和现行国家产品标准的规定。当设计无规定时，应按 GB 50243—2002 执行。钢板或镀锌钢板的厚度不得小于《通风与空调工程施工质量验收规范》(GB 50243—2002)表 4.2.1-1 的规定	查验材料质量合格证明文件、性能检测报告，尺量、观察检查	按材料与风管加工批数量抽查 10%，应不少于 5 件
2	防火风管材料及密封垫材料	防火风管的本体、框架与固定材料、密封垫料必须为不燃材料，其耐火等级应符合设计的规定	查验材料质量合格证明文件、性能检测报告，观察检查与点燃试验	
3	风管强度及严密性、工艺性检测	风管必须通过工艺性的检测或验证，其强度和严密性要求应符合设计或下列规定： (1)风管的强度应能满足在 1.5 倍工作压力下接缝处无开裂。 (2)矩形风管的允许漏风量应符合以下规定： 低压系统风管　　$Q_{\mathrm{L}} \leqslant 0.1056 p^{0.65}$ 中压系统风管　　$Q_{\mathrm{M}} \leqslant 0.0352 p^{0.65}$ 高压系统风管　　$Q_{\mathrm{H}} \leqslant 0.0117 p^{0.65}$	检查产品合格证明文件和测试报告，或进行风管强度和漏风量测试	按风管系统的类别和材质分别抽查，不得少于 3 件及 15m²

序号	项　目	合格质量标准	检验方法	检查数量
3	风管强度及严密性、工艺性检测	式中　Q_L、Q_M、Q_H——系统风管在相应工作压力下，单位面积风管单位时间内的允许漏风量[m³/(h·m²)] 　　　　p——指风管系统的工作压力(Pa) (3)低压、中压圆形金属风管、复合材料风管以及采用非法兰形式的非金属风管的允许漏风量，应为矩形风管规定值的50%。 (4)砖、混凝土风道的允许漏风量应不大于矩形低压系统风管规定值的1.5倍。 (5)排烟、除尘、低温送风系统按中压系统风管的规定，1~5级净化空调系统按高压系统风管的规定	检查产品合格证明文件和测试报告，或进行风管强度和漏风量测试	按风管系统的类别和材质分别抽查，不得少于3件及15m²
4	风管连接	金属风管的连接应符合下列规定： (1)风管板材拼接的咬口缝应错开，不得有十字型拼接缝。 (2)中、低压系统风管法兰的螺栓及铆钉孔的孔距不得大于150mm；高压系统风管不得大于100mm。矩形风管法兰的四角部位应设有螺孔。 当采用加固方法提高了风管法兰部位的强度时，其法兰材料规格相应的使用条件可适当放宽。 无法兰连接风管的薄钢板法兰高度应参照金属法兰风管的规定执行	尺量、观察检查	按加工批抽查5%，不得少于5件

续表

序号	项　目	合格质量标准	检验方法	检查数量
5	风管的加固	金属风管的加固应符合下列规定： 　(1)圆形风管(不包括螺旋风管)直径大于等于 800mm，且其管段长度大于1250mm 或总表面积大于 4m² 均应采取加固措施。 　(2)矩形风管边长大于 630mm、保温风管边长大于 800mm，管段长度大于1250mm 或低压风管单边平面积大于 l.2m²，中、高压风管大于 1.0m²，均应采取加固措施。 　(3)非规则椭圆风管的加固，应参照矩形风管执行	尺量、观察检查	按加工批抽查 5%，不得少于 5 件
6	矩形弯管制作及导流片设置	矩形风管弯管的制作，一般应采用曲率半径为一个平面边长的内外同心弧形弯管。当采用其他形式的弯管，平面边长大于 500mm 时，必须设置弯管导流片	观察检查	其他形式的弯管抽查20%，不得少于 2 件
7	净化空调风管	净化空调系统风管还应符合下列规定： 　(1)矩形风管边长小于或等于 900mm时，底面板不应有拼接缝；大于 900mm时，不应有横向拼接缝。 　(2)风管所用的螺栓、螺母、垫圈和铆钉均应采用与管材性能相匹配、不会产生电化学腐蚀的材料，或采取镀锌或其他防腐措施，并不得采用抽芯铆钉	查阅材料质量合格证明文件和观察检查白绸布擦拭	按风管数抽查20%，每个系统不得少于 5 个

序号	项　目	合格质量标准	检验方法	检查数量
7	净化空调风管	(3)不应在风管内设加固框及加固筋，风管无法兰连接不得使用S形插条、直角形插条及立联合角形插条等形式。 (4)空气洁净度等级为1～5级的净化空调系统风管不得采用按扣式咬口。 (5)风管的清洗不得用对人体和材质有危害的清洁剂。 (6)镀锌钢板风管不得有镀锌层严重损坏的现象，如表层大面积白花、锌层粉化等	查阅材料质量合格证明文件和观察检查，白绸布擦拭	按风管数抽查20%，每个系统不得少于5个

(2)一般项目检验标准应符合表17-2的规定。

表 17-2　　　　　　　　　　　　　一般项目检验

序号	项　目	合格质量标准	检验方法	检查数量
1	圆形弯管制作	圆形弯管的曲率半径(以中心线计)和最少分节数量应符合《通风与空调工程施工质量验收规范》(GB 50243—2002)表4.3.1-1的规定。圆形弯管的弯曲角度及圆形三通、四通支管与总管夹角的制作偏差应不大于3°	尺量检查	
2	风管外观质量和外形尺寸	风管与配件的咬口缝应紧密、宽度应一致；折角应平直，圆弧应均匀；两端面平行。风管无明显扭曲与翘角；表面应平整，凹凸不大于10mm。 风管外径或外边长的允许偏差：当小于或等于300mm时，为2mm；当大于300mm时，为3mm。管口平面度的允许偏差为2mm，矩形风管两条对角线长度之差应不大于3mm；圆形法兰任意正交两直径之差应不大于2mm	观察和尺量检查	

续表

序号	项　目	合格质量标准	检验方法	检查数量
3	焊接风管	焊接风管的焊缝应平整,不应有裂缝、凸瘤、穿透的夹渣、气孔及其他缺陷等,焊接后板材的变形应矫正,并将焊渣及飞溅物消除干净	观察	通风与空调工程按制作数量10%抽查,不得少于5件;净化空调工程按制作数量抽查20%,不得少于5件
4	法兰风管制作	(1)风管法兰的焊缝应熔合良好、饱满,无假焊和孔洞;法兰平面度的允许偏差为2mm,同一批量加工的相同规格法兰的螺孔排列应一致,并具有互换性。 (2)风管与法兰采用铆接连接时,铆接应牢固,不应有脱铆和漏铆现象;翻边应平整、紧贴法兰,其宽度应一致,且应不小于6mm;咬缝与四角处不应有开裂与孔洞。 (3)风管与法兰采用焊接连接时,风管端面不得高于法兰接口平面。除尘系统的风管,宜采用内侧满焊、外侧间断焊形式,风管端面距法兰接口平面应不小于5mm。 当风管与法兰采用点焊固定连接时,焊点应融合良好,间距不应大于100mm;法兰与风管应紧贴,不应有穿透的缝隙或孔洞	查验测试记录,进行装配试验、尺量、观察检查	
5	铝板或不锈钢板风管	当不锈钢板或铝板风管的法兰采用碳素钢时应根据设计要求做防腐处理;铆钉应采用与风管材质相同或不产生电化学腐蚀的材料		
6	无法兰连接风管制作	无法兰连接风管的制作还应符合下列规定: (1)薄钢板法兰矩形风管的接口及附件,其尺寸应准确,形状应规则,接口处应严密。薄钢板法兰的折边(或法兰条)应平直,弯曲度应不大于5/1000;弹性插条或弹簧夹应与薄钢板法兰相匹配;角件与风管薄钢板法兰四角接口的固定应稳固、紧贴,端面应平整,相连处不应有缝隙大于2mm的连续穿透缝。 (2)采用C、S形插条连接的矩形风管,其边长应不大于630mm;插条与风管加工插口的宽度应匹配一致,其允许偏差为2mm;连接应平整、严密,插条两端压倒长度应不小于20mm		按制作数量抽查10%,净化空调系统抽查20%,均不得少于5件

序号	项　目	合格质量标准	检验方法	检查数量
6	无法兰连接风管制作	(3)采用立咬口、包边立咬口连接的矩形风管，其立筋的高度应大于或等于同规格风管的角钢法兰宽度。同一规格风管的立咬口、包边立咬口的高度应一致，折角应倾角、直线度允许偏差为5/1000；咬口连接铆钉的间距应不大于150mm，间隔应均匀；立咬口四角连接处的铆固，应紧密、无孔洞	查验测试记录，进行装配试验、尺量、观察检查	
7	风管加固	(1)风管的加固可采用楞筋、立筋、角钢(内、外加固)、扁钢、加固筋和管内支撑等形式。 (2)楞筋或楞线的加固，排列应规则，间距应均匀，板面不应有明显的变形。 (3)角钢、加固筋的加固，应排列整齐、均匀对称，其高度应小于或等于风管的法兰宽度。角钢、加固筋与风管的铆接应牢固、间隔应均匀，应不大于220mm；两相交处应连接成一体。 (4)管内支撑与风管的固定应牢固，各支撑点之间或与风管的边沿或法兰的间距应均匀，应不大于950mm。 (5)中压和高压系统风管的管段，其长度大于1250mm时，还应有加固框补强。高压系统金属风管的单咬口缝，还应有防止咬口缝胀裂的加固或补强措施	查验测试记录，进行装配试验、观察和尺量检查	按制作数量抽查10%，净化空调系统抽查20%，均不得少于5件
8	净化空调风管	(1)现场应保持清洁，存放时应避免积尘和受潮。风管的咬口缝、折边和铆接等处有损坏时，应做防腐处理。 (2)风管法兰铆钉孔的间距，当系统洁净度的等级为1～5级时，应不大于65mm；为6～9级时，应不大于100mm。 (3)静压箱本体、箱内固定高效过滤器的框架及固定件应做镀锌、镀镍等防腐处理。 (4)制作完成的风管，应进行第二次清洗，经检查达到清洁要求后应及时封口	观察检查，查阅风管清洗记录，用白绸布擦拭	按风管总数抽查20%，法兰数抽查10%，不得少于5件

二、非金属复合材料风管制作

(1)主控项目检验标准应符合表 17-3 的规定。

表 17-3   主控项目检验

序号	项 目	合格质量标准	检验方法	检查数量
1	风管材料种类、性能及厚度	非金属风管的材料品种、规格、性能与厚度等应符合设计和现行国家产品标准的规定。当设计无规定时,应按《通风与空调工程施工质量验收规范》(GB 50243)执行。其表面不得出现返卤或严重泛霜,用于高压风管系统的非金属风管厚度应按设计规定	查验材料质量合格证明文件、性能检测报告,尺量、观察检查	按材料与风管加工批数量抽查10%,应不少于5件
2	复合材料风管材料要求	复合材料风管的覆面材料必须为不燃材料,内部的绝热材料应为不燃或难燃 B_1 级,且对人体无害的材料	查验材料质量合格证明文件、性能检测报告,观察检查与点燃试验	
3	风管强度、严密性及工艺性检测	同表 17-1 表项 3	检查产品合格证明文件和测试报告,或进行风管强度和漏风量测试	按风管系统的类别和材质分别抽查,不得少于3件及 15m^2
4	风管连接	非金属(硬聚氯乙烯、有机玻璃钢)风管的连接还应符合下列规定: (1)法兰的规格应分别符合《通风与空调工程施工质量验收规范》(GB 50243—2002)表 4.2.7-1～表 4.2.7-3 的规定,其螺栓孔的间距不得大于 120mm;矩形风管法兰的四角处,应设有螺孔。 (2)采用套管连接时,套管厚度不得小于风管板材厚度	尺量、观察检查	按加工批数量抽查5%,不得少于5件
5	复合材料风管法兰连接	复合材料风管采用法兰连接时,法兰与风管板材的连接应可靠,其绝热层不得外露,不得采用降低板材强度和绝热性能的连接方法	尺量、观察检查	

序号	项　目	合格质量标准	检验方法	检查数量
6	砖、混凝土风道的变形缝	砖、混凝土风道的变形缝,应符合设计要求,不应渗水和漏风	观察检查	全数检查
7	风管加固	非金属风管的加固,除应符合表 17-1 表项 5 的规定外还符合下列规定: (1)硬聚氯乙烯风管的直径或边长大于 500mm 时,其风管与法兰的连接处应设加强板,且间距不得大于 450mm。 (2)有机及无机玻璃钢风管的加固,应为本体材料或防腐性能相同的材料,并与风管成一整体	尺量、观察检查	按加工批抽查 5%,不得少于 5 件
8	矩形弯管制作及导流片设置	同表 17-1 表项 6	观察检查	其他形式的弯管抽查 20%,不得少于 2 件
9	净化空调风管	同表 17-1 表项 7	查阅材料质量合格证明文件和观察检查,白绸布擦拭	按风管数抽查 20%,每个系统不得少于 5 个

(2)一般项目检验标准应符合表 17-4 的规定。

表 17-4　　　　　　　　　　　　一般项目检验

序号	项　目	合格质量标准	检验方法	检查数量
1	风管制作	《通风与空调工程施工质量验收规范》(GB 50243—2002)表 4.3.1-1 的规定	查验测试记录,进行装配试验,尺量、观察检查	通风与空调工程按制作数量 10%抽查,不得少于 5 件;净化空调工程按制作数量抽查 20%,不得少于 5 件

序号	项　目	合格质量标准	检验方法	检查数量
2	硬聚氯乙烯风管	硬聚氯乙烯风管除应执行本表表项 1 的规定外,还应符合以下规定: (1)风管法兰的焊缝应熔合良好、饱满,无假焊和孔洞;法兰平面度的允许偏差为 2mm,同一批量加工的相同规格法兰的螺孔排列应一致,并具有互换性。 (2)风管的两端面平行,无明显扭曲,外径或外边长的允许偏差为 2mm;表面平整、圆弧均匀,凹凸应不大于 5mm。 (3)焊缝应饱满,焊条排列应整齐,无焦黄、断裂现象 (4)用于洁净室时,还应按有关规定执行	尺量、观察检查	按风管总数抽查 10%,法兰数抽查 5%,不得少于 5 件
3	有机玻璃钢风管	有机玻璃钢风管除应执行本表表项 1 和本表表项 2 第 1 款外,还应符合下列规定: (1)风管不应有明显扭曲,内表面应平整光滑,外表面应整齐美观,厚度应均匀,且边缘无毛刺,并无气泡及分层现象。 (2)风管的外径或外边长尺寸的允许偏差为 3mm,圆形风管的任意正交两直径之差应不大于 5mm;矩形风管的两对角线之差应不大于 5mm。 (3)法兰应与风管成一整体,并应有过渡圆弧,并与风管轴线成直角,管口平面度的允许偏差为 3mm;螺孔的排列应均匀;至管壁的距离应一致,允许偏差为 2mm。 (4)矩形风管的边长大于 900mm,且管段长度大于 1250mm 时,应加固。加固筋的分布应均匀、整齐		

续表

序号	项 目	合格质量标准	检验方法	检查数量
4	无机玻璃钢风管	无机玻璃钢风管除应执行本表表项 1 和本表表项 2 第 1 款外,还应符合下列规定: (1)风管的表面应光洁、无裂纹、无明显泛霜和分层现象。 (2)风管法兰的规定与有机玻璃法兰相同	尺量、观察检查	按风管总数抽查10%,法兰数抽查5%,不得少于5件
5	砖、混凝土风道内表面	砖、混凝土风道内表面水泥砂浆应抹平整、无裂缝,不渗水	观察检查	按风道总数抽查10%,不得少于一段
6	双面铝箔绝热板风管	双面铝箔绝热板风管除应执行本表表项 1 外,还应符合下列规定: (1)风管与法兰采用铆接连接时,铆接应牢固,不应有脱铆和漏铆现象;翻边应平整、紧贴法兰,其宽度应一致,且应不小于6mm;咬缝与四角处不应有开裂与孔洞。 (2)板材拼接宜采用专用的连接构件,连接后板面平面度的允许偏差为5mm。 (3)风管的折角应平直,拼缝粘结应牢固、平整,风管的粘结材料宜为难燃材料。 (4)风管采用法兰连接时,其连接应牢固,法兰平面度的允许偏差为2mm。 (5)风管的加固,应根据系统工作压力及产品技术标准的规定执行	尺量、观察检查	按风管总数抽查10%,法兰数抽查5%,不得少于5件
7	铝箔玻璃纤维板风管	铝箔玻璃纤维板风管除应执行本表表项 1 外,还应符合下列规定: (1)风管与法兰采用铆接连接时,铆接应牢固,不应有脱铆和漏铆现象;翻边应平整、紧贴法兰,其宽度应一致,且应不小于6mm;咬缝与四角处不应有开裂与孔洞。	尺量、观察检查	按风管总数抽查10%,法兰数抽查5%,不得少于5件

续表

序号	项　目	合格质量标准	检验方法	检查数量
7	铝箔玻璃纤维板风管	(2)风管的离心玻璃纤维板材应干燥、平整;板外表面的铝箔隔气保护层应与内芯玻璃纤维材料粘合牢固;内表面应有防纤维脱落的保护层,并应对人体无危害。 (3)当风管连接采用插入接口形式时,接缝处的粘结应严密、牢固,外表面铝箔胶带密封的每一边粘贴宽度应不小于25mm,并应有辅助的连接固定措施。 当风管的连接采用法兰形式时,法兰与风管的连接应牢固,并应能防止板材纤维逸出和冷桥。 (4)风管表面应平整,两端面平行,无明显凹穴、变形、起泡,铝箔无破损等。 (5)风管的加固,应根据系统工作压力及产品技术标准的规定执行	尺量、观察检查	按风管总数抽查10%,不得少于5件

第二节　风管系统安装

一、监理巡视与检查

1. 风管安装

(1)风管安装的位置、标高、走向应符合设计要求。现场风管接口的配置,不得缩小其有效截面。

(2)风管安装前,先对安装好的支、吊(托)架进一步检查其位置是否正确,是否牢固可靠。

(3)水平安装的风管,可以用吊架的调节螺栓或在支架上用调整垫块的方法来调整水平。风管安装就位后,可以用拉线、水平尺和吊线的方法来检查风管是否横平竖直。

(4)对于不便悬挂滑车或固定地势限制,不能进行整体(即组合一定长度)吊装时,可将风管分节用麻绳拉到脚手架上,然后再抬到支架上对正法兰逐节进行安装。

(5)非金属风管的安装应符合下列规定:

1)风管连接法兰两侧必须加镀锌垫圈,安装时适当增加支、吊架与水平风管的接触面积。

2)硬聚氯乙烯风管的直段连续长度大于20m时,应按设计要求设置伸缩节。支管的重量不得由干管来承受,必须自行设置支、吊架。

(6)复合材料风管安装还应符合下列规定：

1)复合材料风管的连接处，接缝应牢固，无孔洞和开裂。采用插接连接时，接口应匹配、无松动，端口缝隙不应大于 5mm。

2)采用法兰连接时，应有防冷桥的措施。

2. 风口安装

(1)对于矩形风口要控制两对角线之差不应大于 3mm，以保证四角方正；对于圆形风口则控制其直径，一般取其中任意两互相垂直的直径，使两者的偏差不应大于 2mm，就基本上不会出现椭圆形状。

(2)风口安装表面应平整、美观，与设计尺寸的允许偏差不应大于 2mm。在整个空调系统中，风口是惟一外露于室内的部件，故对它的外形要求要高一些。

(3)多数风口是可调节的，有的甚至是可旋转的，凡是有调节、旋转部分的风口都要保证活动件应轻便灵活，叶片应平直，同边框不应有碰擦。

(4)在安装风口时，应注意风口与所在房间内线条的协调一致。尤其当风管暗装时，风口应服从房间的线条。吸顶的散流器与平顶平齐。散流器的扩散圈应保持等距。散流器与总管的接口应牢固可靠。

(5)明装无吊顶的风口，安装位置和标高偏差不应大于 10mm；风口水平安装，水平度的偏差不应大于 3‰；风口垂直安装，垂直度的偏差不应大于 2‰。

二、监理验收

1. 验收标准

(1)送、排风，防排烟，除尘系统风管安装。

1)主控项目检验标准应符合表 17-5 的规定。

表 17-5　　　　　　　　　　　　主控项目检验

序号	项目	合格质量标准	检验方法	检查数量
1	风管穿越防火、防爆墙	在风管穿过需要封闭的防火、防爆的墙体或楼板时，应预埋管或防护套管，其钢板厚度应不小于 1.6mm。风管与防护套管之间，应用不燃且对人体无危害的柔性材料封堵	尺量、观察检查	按数量抽查 20%，不得少于 1 个系统
2	风管安装安全要求	风管安装必须符合下列规定： (1)风管内严禁其他管线穿越。 (2)输送含有易燃、易爆气体或安装在易燃、易爆环境的风管系统应有良好的接地，通过生活区或其他辅助生产房间时必须严密，并不得设置接口。 (3)室外立管的固定拉索严禁拉在避雷针或避雷网上	手扳、尺量、观察检查	

续表

序号	项 目	合格质量标准	检验方法	检查数量
3	高于80℃风管系统防护	输送空气温度高于80℃的风管,应按设计规定采取防护措施	观察检查	按数量抽查20%,不得少于1个系统
4	风管部件安装	风管部件安装必须符合下列规定: (1)各类风管部件及操作机构的安装,应能保证其正常的使用功能,并便于操作。 (2)斜插板风阀的安装,阀板必须为向上拉启;水平安装时,阀板还应为顺气流方向插入。 (3)止回风阀、自动排气活门的安装方向应正确	尺量、观察检查,动作试验	按数量抽查20%,不得少于5件
5	手动密封阀安装	手动密闭阀安装,阀门上标志的箭头方向必须与受冲击波方向一致	观察、核对检查	全数检查
6	风管严密性试验	风管系统安装完毕后,应按系统类别进行严密性检验,漏风量应符合设计与表17-1表项3的规定。风管系统的严密性检验,应符合下列规定: (1)低压系统风管的严密性检验应采用抽检,抽检率为5%,且不得少于1个系统。在加工工艺得到保证的前提下,采用漏光法检测。检测不合格时,应按规定的抽检率做漏风量测试。 中压系统风管的严密性检验,应在漏光法检测合格后,对系统漏风量测试进行抽检,抽检率为20%,且不得少于1个系统。 高压系统风管的严密性检验,为全数进行漏风量测试。 系统风管严密性检验的被抽检系统,应全数合格,则视为通过;如有不合格时,则应再加倍抽检,直至全数合格。 (2)净化空调系统风管的严密性检验,1~5级的系统按高压系统风管的规定执行;6~9级的系统按表17-3表项3的规定执行	按《通风与空调工程施工质量验收规范》(GB 50243)附录A的规定进行严密性测试	抽检率为20%,且不得少于1个系统

2)一般项目检验标准应符合表 17-6 的规定。

表 17-6　　　　　　　　　　　　　一般项目检验

序号	项　目	合格质量标准	检验方法	检查数量
1	风管系统安装	风管的安装应符合下列规定： (1)风管安装前,应清除内、外杂物,并做好清洁和保护工作。 (2)风管安装的位置、标高、走向,应符合设计要求。现场风管接口的配置,不得缩小其有效截面。 (3)连接法兰的螺栓应均匀拧紧,其螺母宜在同一侧。 (4)风管接口的连接应严密、牢固。风管法兰的垫片材质应符合系统功能的要求,厚度应不小于 3mm。垫片不应凸入管内,亦不宜突出法兰外。 (5)柔性短管的安装,应松紧适度,无明显扭曲。 (6)可伸缩性金属或非金属软风管的长度不宜超过 2m,并不应有死弯或塌凹。 (7)风管与砖、混凝土风道的连接接口,应顺着气流方向插入,并应采取密封措施。风管穿出屋面处应设有防雨装置	尺量、观察检查	按数量抽查 10%,不得少于 1 个系统
2	无法兰风管系统安装	无法兰连接风管的安装还应符合下列规定： (1)风管的连接处,应完整无缺损、表面应平整,无明显扭曲。 (2)承插式风管的四周缝隙应一致,无明显的弯曲或褶皱;内涂的密封胶应完整,外黏的密封胶带,应粘贴牢固、完整无缺损。 (3)薄钢板法兰形式风管的连接,弹性插条、弹簧夹或紧固螺栓的间隔应不大于 150mm,且分布均匀,无松动现象。 (4)插条连接的矩形风管,连接后的板面应平整、无明显弯曲	尺量、观察检查	

序号	项　目	合格质量标准	检验方法	检查数量
3	风管连接质量	风管的连接应平直、不扭曲。明装风管水平安装,水平度的允许偏差为 3/1000,总偏差应不大于20mm。明装风管垂直安装,垂直度的允许偏差为 2/1000,总偏差应不大于20mm。暗装风管的位置,应正确、无明显偏差。 　　除尘系统的风管,宜垂直或倾斜敷设,与水平夹角宜大于或等于 45°,小坡度和水平管应尽量短。 　　对含有凝结水或其他液体的风管,坡度应符合设计要求,并在最低处设排液装置	尺量、观察检查	
4	风管支、吊架安装	风管支、吊架的安装应符合下列规定: 　　(1)风管水平安装,直径或长边尺寸小于等于400mm,间距应不大于 4m;大于400mm,应不大于 3m。螺旋风管的支、吊架间距可分别延长至 5m 和 3.75m;对于薄钢板法兰的风管,其支、吊架间距应不大于 3m。 　　(2)风管垂直安装,间距应不大于 4m,单根直管至少应有 2 个固定点。 　　(3)风管支、吊架宜按国标图集与规范选用强度和刚度相适应的形式和规格。对于直径或边长大于 2500mm 的超宽、超重等特殊风管的支、吊架应按设计规定。 　　(4)支、吊架不宜设置在风口、阀门、检查门及自控机构处,离风口或插接管的距离不宜小于 200mm。 　　(5)当水平悬吊的主、干风管长度超过20m 时,应设置防止摆动的固定点,每个系统应不少于 1 个。 　　(6)吊架的螺孔应采用机械加工。吊杆应平直,螺纹完整、光洁。安装后各副支、吊架的受力应均匀,无明显变形	尺量、观察检查	按数量抽查 10%,不得少于 1 个系统

续表

序号	项　目	合格质量标准	检验方法	检查数量
4	风管支、吊架安装	风管或空调设备使用的可调隔振支、吊架的拉伸或压缩量应按设计的要求进行调整。 (7)抱箍支架,折角应平直,抱箍应紧贴并箍紧风管。安装在支架上的圆形风管应设托座和抱箍,其圆弧应均匀,且与风管外径相一致	尺量、观察检查	按数量抽查10%,不得少于1个系统
5	铝板、不锈钢风管防护	不锈钢板、铝板风管与碳素钢支架的接触处,应有隔绝或防腐绝缘措施	尺量、观察检查	
6	非金属风管安装	非金属风管的安装还应符合下列的规定: (1)风管连接两法兰端面应平行、严密,法兰螺栓两侧应加镀锌垫圈。 (2)应适当增加支、吊架与水平风管的接触面积。 (3)硬聚氯乙烯风管的直段连续长度大于20m,应按设计要求设置伸缩节;支管的重量不得由干管来承受,必须自行设置支、吊架。 (4)风管垂直安装,支架间距应不大于3m	尺量、观察检查	
7	风阀安装	各类风阀应安装在便于操作及检修的部位,安装后的手动或电动操作装置应灵活、可靠,阀板关闭应保持严密。 防火阀直径或长边尺寸大于等于630mm时,宜设独立支、吊架。 排烟阀(排烟口)及手控装置(包括预埋套管)的位置应符合设计要求。预埋套管不得有死弯及瘪陷。 除尘系统吸入管段的调节阀,宜安装在垂直管段上	尺量、观察检查	按数量抽查10%,不得少于5件

序号	项　目	合格质量标准	检验方法	检查数量
8	风帽安装	风帽安装必须牢固,连接风管与屋面或墙面的交接处不应渗水	尺量、观察检查	按数量抽查10%,不得少于5件
9	吸、排风罩安装	排、吸风罩的安装位置应正确,排列整齐,牢固可靠	尺量、观察检查	
10	风口安装允许偏差	风口与风管的连接应严密、牢固,与装饰面相紧贴;表面平整、不变形,调节灵活、可靠。条形风口的安装,接缝处应衔接自然,无明显缝隙。同一厅室、房间内的相同风口的安装高度应一致,排列应整齐。 明装无吊顶的风口,安装位置和标高偏差应不大于10mm。 风口水平安装,水平度的偏差应不大于3/1000。 风口垂直安装,垂直度的偏差应不大于2/1000	尺量、观察检查	按数量抽查10%,不得少于1个系统或不少于5件和2个房间的风口

(2)空调系统风管安装。

1)主控项目检验标准应符合表17-7的规定。

表 17-7　　　　　　　　　　　　　　主控项目检验

序号	项　目	合格质量标准	检验方法	检查数量
1	风管穿越防火、防爆墙(楼板)	在风管穿过需要封闭的防火、防爆的墙体或楼板时,应设预埋管或防护套管,其钢板厚度应不小于1.6mm。风管与防护套管之间,应用不燃且对人体无危害的柔性材料封堵	尺量、观察检查	按数量抽查20%,不得少于1个系统
2	风管安装安全要求	同表17-5表项2	手扳、尺量、观察检查	
3	高于80℃风管系统防护	输送空气温度高于80℃的风管,应按设计规定采取防护措施	观察检查	

续表

序号	项　目	合格质量标准	检验方法	检查数量
4	风管部件安装	同表17-5表项4	尺量、观察检查,动作试验	按数量抽查20%,不得少于5件
5	手动密封闭阀安装	同表17-5表项5	观察、核对检查	全数检查
6	风管严密性试验	同表17-5表项6	按《通风与空调工程施工质量验收规范》(GB 50243)附录A的规定进行严密性测试	抽检20%,且不得少于1个系统

2)一般项目检验标准应符合表17-8的规定。

表17-8　　　　　　　　　一般项目检验

序号	项　目	合格质量标准	检验方法	检查数量
1	风管系统安装	同表17-6表项1	尺量、观察检查	按数量抽查10%,但不得少于1个系统
2	无法兰风管系统安装	同表17-6表项2		
3	风管连接质量	同表17-6表项3		
4	风管支、吊架安装	同表17-6表项4		
5	铝板、不锈钢风管防护	不锈钢板、铝板风管与碳素钢支架的接触处,应有隔绝或防腐绝缘措施		
6	非金属风管安装	非金属风管的安装还应符合下列的规定: (1)风管连接两法兰端面应平行、严密,法兰螺栓两侧应加镀锌垫圈		

序号	项 目	合格质量标准	检验方法	检查数量
6	非金属风管安装	(2)应适当增加支、吊架与水平风管的接触面积。 (3)硬聚氯乙烯风管的直段连续长度大于20m,应按设计要求设置伸缩节;支管的重量不得由干管来承受,必须自行设置支、吊架。 (4)风管垂直安装,支架间距应不大于3m		按数量抽查10%,但不得少于1个系统
7	复合材料风管安装	复合材料风管的安装还应符合下列规定: (1)复合材料风管的连接处,接缝应牢固,无孔洞和开裂。当采用插接连接时,接口应匹配、无松动,端口缝隙应不大于5mm。 (2)采用法兰连接时,应有防冷桥的措施。 (3)支、吊架的安装宜按产品标准的规定执行	尺量、观察检查	
8	风阀安装	各类风阀应安装在便于操作及检修的部位,安装后的手动或电动操作装置应灵活、可靠,阀板关闭应保持严密。 防火阀直径或长边尺寸大于等于630mm时,宜设独立支、吊架。 排烟阀(排烟口)及手控装置(包括预埋套管)的位置应符合设计要求。预埋套管不得有死弯及瘪陷。 除尘系统吸入管段的调节阀,宜安装在垂直管段上		按数量抽查10%,不得少于5件

序号	项目	合格质量标准	检验方法	检查数量
9	风口安装外观质量与允许偏差	风口与风管的连接应严密、牢固,与装饰面相紧贴;表面平整、不变形,调节灵活、可靠。条形风口的安装,接缝处应衔接自然,无明显缝隙。同一厅室、房间内的相同风口的安装高度应一致,排列应整齐。 明装无吊顶的风口,安装位置和标高偏差应不大于 10mm。 风口水平安装,水平度的偏差应不大于3/1000。 风口垂直安装,垂直度的偏差应不大于2/1000	尺量、观察检查	按数量抽查10%,不得少于 1 个系统或不少于 5 件和 2 个房间的风口
10	变风量末端装置安装	变风量末端装置的安装,应设单独支、吊架,与风管连接前宜做动作试验	观察检查、查阅检查试验记录	按总数抽查10%,且不得少于1台

(3)净化空调系统风管安装。

1)主控项目检验标准应符合表 17-9 的规定。

表 17-9　　　　　　　　　主控项目检验

序号	项目	合格质量标准	检验方法	检查数量
1	风管穿越防火、防爆墙(楼板)	同表 17-5 表项 1	尺量、观察检查	按数量抽查20%,不得少于 1 个系统
2	风管安装安全要求	同表 17-5 表项 2	手扳、尺量、观察检查	
3	高于 80℃ 风管系统防护	输送空气温度高于 80℃ 的风管,应按设计规定采取防护措施	观察检查	
4	风管部件安装	同表 17-5 表项 4	尺量、观察检查,动作试验	按数量抽查20%,不得少于5件
5	手动密闭阀安装	同表 17-5 表项 5	观察、核对检查	全数检查

序号	项　目	合格质量标准	检验方法	检查数量
6	净化风管安装	净化空调系统风管的安装还应符合下列规定： （1）风管、静压箱及其他部件，必须擦拭干净，做到无油污和浮尘，当施工停顿或完毕时，端口应封好。 （2）法兰垫料应为不产尘、不易老化和具有一定强度和弹性的材料，厚度为5～8mm，不得采用乳胶海绵；法兰垫片应尽量减少拼接，并不允许直缝对接连接，严禁在垫料表面涂涂料。 （3）风管与洁净室吊顶、隔墙等围护结构的接缝处应严密	观察、用白绸布擦拭	按数量抽查20%，不得少于1个系统
7	集中式真空吸尘系统安装	集中式真空吸尘系统的安装应符合下列规定： （1）真空吸尘系统弯管的曲率半径应不小于4倍管径，弯管的内壁面应光滑，不得采用褶皱弯管。 （2）真空吸尘系统三通的夹角不得大于45°；四通制作应采用两个斜三通的做法	尺量、观察检查	按数量抽查20%，不得少于2件
8	风管严密性检验	同表17-5表项6	按《通风与空调工程施工质量验收规范》(GB 50243)附录 A 的规定进行严密性测试	抽检率为20%，且不得少于1个系统

2）一般项目检验标准应符合表 17-10 的规定。

表 17-10　　　　　　　　　　　　一般项目检验

序号	项　目	合格质量标准	检验方法	检查数量
1	风管系统安装	同表17-6表项1	尺量、观察检查	按数量抽查10%，但不得少于1个系统
2	无法兰风管系统安装	同表17-6表项1	尺量、观察检查	
3	风管连接质量	同表17-6表项3	尺量、观察检查	

序号	项 目	合格质量标准	检验方法	检查数量
4	风管支、吊架安装	同表17-6 表项4	尺量、观察检查	按数量抽查10%，但不得少于1个系统
5	非金属风管安装	同表17-6 表项6	尺量、观察检查	
6	复合材料风管安装	同表17-8 表项7	尺量、观察检查	
7	风阀安装	同表17-6 表项7	尺量、观察检查	按数量抽查10%，不得少于5件
8	净化空调风口安装	净化空调系统风口安装还应符合下列规定： (1)风口安装前应清扫干净，其边框与建筑顶棚或墙面间的接缝处应加设密封垫料或密封胶，不应漏风。 (2)带高效过滤器的送风口，应采用可分别调节高度的吊杆	尺量、观察检查	按数量抽查20%，不得少于1个系统或不少于5件和2个房间的风口
9	真空吸尘系统安装	集中式真空吸尘系统的安装应符合下列规定： (1)吸尘管道的坡度宜为5/1000，并坡向立管或吸尘点。 (2)吸尘嘴与管道的连接，应牢固、严密	尺量、观察检查	按数量抽查20%，不得少于5件
10	风口安装允许偏差	同表17-6 表项10	尺量、观察检查	按数量抽查10%，不得少于1个系统或不少于5件和2个房间的风口

第三节　通风与空调设备安装

一、监理巡视与检查

1. 通风机安装

(1)固定风机的地脚螺栓应拧紧,并应有防松动措施。

(2)通风机叶轮旋转应平稳,停转后不应每次停留在同一位置上。

(3)通风机直接放在基础上时,应用成对斜垫铁找平,垫铁应放在地脚螺栓的两侧,并进行固定。

(4)通风机的机轴应保持水平,通风机与电动机若采用联轴器连接时,两轴中心线应在同一直线上。

2. 空调器安装

(1)分体单元式空调器的室外机和风冷整体单元式空调器的安装,固定应牢固可靠,应无明显振动。遮阳、防雨措施不得影响冷凝器排风。

(2)分体单元式空调器的室内机的位置应正确,并保持水平,冷凝水排放应畅通,管道穿墙处必须密封,不得有雨水渗入。

(3)整体单元式空调器管道的连接应严密、无渗漏,四周应留有相应的检修空间。

3. 空气处理室及洁净室安装

(1)消声器、消声弯管应单独设支、吊架,不得由风管来支撑,其支、吊架的设置应位置正确、牢固可靠。

(2)消声器支、吊架的横托板穿吊杆的螺孔距离,应比消声器宽40～50mm。为了便于调节标高,可在吊杆端部套 50～80mm 的丝扣,以便找平、找正,加双螺母固定。

(3)消声器的安装方向必须正确,与风管或管件的法兰连接应保证严密、牢固。

(4)当通风、空调系统有恒温、恒湿要求时,消声设备外壳应做保温处理。

(5)消声器等安装就位后,可用拉线或吊线尺量的方法进行检查,对位置不正、扭曲、接口不齐等不符合要求部位进行修整,达到设计和使用的要求。

二、监理验收

1. 验收标准

(1)通风机安装。

1)主控项目检验标准应符合表 17-11 的规定。

表 17-11　　　　　　　　　　　　主控项目检验

序号	项　目	合格质量标准	检验方法	检查数量
1	通风机安装	通风机的安装应符合下列规定： (1)型号、规格应符合设计规定，其出口方向应正确。 (2)叶轮旋转应平稳，停转后不应每次停留在同一位置上。 (3)固定通风机的地脚螺栓应拧紧，并有防松动措施	依据设计图核对、观察检查	全数检查
2	通风机安全措施	通风机传动装置的外露部位以及直通大气的进、出口，必须装设防护罩(网)或采取其他安全设施		

2)一般项目检验标准应符合表 17-12 的规定。

表 17-12　　　　　　　　　　　　一般项目检验

序号	项　目	合格质量标准	检验方法	检查数量
1	叶轮与机壳安装	通风机叶轮转子与机壳的组装位置应正确；叶轮进风口插入风机机壳进风口或密封圈的深度，应符合设备技术文件的规定，或为叶轮外径值的 1/100	尺量、观察或检查施工记录	按总数抽查 20%，不得少于 1 台
2	轴流风机叶片安装	现场组装的轴流风机叶片安装角度应一致，达到在同一平面内运转，叶轮与筒体之间的间隙应均匀，水平度允许偏差为 1/1000		
3	隔振器安装	安装隔振器的地面应平整，各组隔振器承受荷载的压缩量应均匀，高度误差应小于 2mm		
4	隔振器支、吊架	安装风机的隔振钢支、吊架，其结构形式和外形尺寸应符合设计或设备技术文件的规定；焊接应牢固，焊缝应饱满、均匀		

序号	项目	合格质量标准	检验方法	检查数量
5	通风机安装允许偏差	通风机安装允许偏差应符合《通风与空调工程施工质量验收规范》(GB 50243—2002)表 7.3.1 的规定	见《通风与空调工程施工质量验收规范》(GB 50243—2002)表 7.3.1	全数检查

(2)通风系统设备安装。

1)主控项目检验标准应符合表 17-13 的规定。

表 17-13　　　　　　　　　主控项目检验

序号	项目	合格质量标准	检验方法	检查数量
1	除尘器安装	除尘器的安装应符合下列规定： (1)型号、规格、进出口方向必须符合设计要求。 (2)现场组装的除尘器壳体应做漏风量检测，在设计工作压力下允许漏风率为5%，其中离心式除尘器为3%	按图核对、检查测试记录和观察检查	按总数抽查20%，不得少于1台；接地全数检查
2	布袋除尘器、静电除尘器接地	布袋除尘器、静电除尘器的壳体及辅助设备接地应可靠		
3	静电空气过滤器接地	静电空气过滤器金属外壳接地必须良好		
4	电加热器安装	电加热器的安装必须符合下列规定： (1)电加热器与钢构架间的绝热层必须为不燃材料；接线柱外露的应加设安全防护罩。 (2)电加热器的金属外壳接地必须良好。 (3)连接电加热器的风管的法兰垫片，应采用耐热不燃材料	核对材料、观察检查或电阻测定	按总数抽查20%，不得少于1台
5	过滤吸收器安装	过滤吸收器的安装方向必须正确，并应设独立支架，与室外的连接管段不得泄漏	观察或检测	全数检查

2)一般项目检验标准应符合 17-14 的规定。

表 17-14 一般项目检验

序号	项 目	合格质量标准	检验方法	检查数量
1	除尘器部件及阀安装	(1)除尘器的活动或转动部件的动作应灵活、可靠,并应符合设计要求。 (2)除尘器的排灰阀、卸料阀、排泥阀的安装应严密,并便于操作与维护修理	尺量、观察检查及检查施工记录	按总数抽查 20%,不得少于 1 台
2	除尘设备安装允许偏差	除尘器的安装位置应正确、牢固平稳,允许误差应符合《通风与空调工程施工质量验收规范》(GB50243－2002)表 7.3.5	见《通风与空调工程施工质量验收规范》(GB 50243－2002)表 7.3.5	全 数检查
3	现场组装静电除尘器安装	现场组装的静电除尘器的安装,还应符合设备技术文件及下列规定: (1)阳极板组合后的阳极排平面度允许偏差为 5mm,其对角线允许偏差为 10mm。 (2)阴极小框架组合后主平面的平面度允许偏差为 5mm,其对角线允许偏差为 10mm。 (3)阴极大框架的整体平面度允许偏差为 15mm,整体对角线允许偏差为 10mm。 (4)阳极板高度小于或等于 7m 的电除尘器,阴、阳极间距允许偏差为 5mm。阳极板高度大于 7m 的电除尘器,阴、阳极间距允许偏差为 10mm。 (5)振打锤装置的固定,应可靠;振打锤的转动,应灵活。锤头方向应正确;振打锤与振打砧之间应保持良好的线接触状态,接触长度应大于锤头厚度的 0.7 倍	尺量、观察检查及检查施工记录	按总数抽查 20%,不得少于 1 组

序号	项 目	合格质量标准	检验方法	检查数量
4	现场组装布袋除尘器安装	现场组装布袋除尘器的安装,还应符合下列规定: (1)外壳应严密、不漏,布袋接口应牢固。 (2)分室反吹袋式除尘器的滤袋安装,必须平直。每条滤袋的拉紧力应保持在25～35N/m;与滤袋连接接触的短管和袋帽,应无毛刺。 (3)机械回转扁袋袋式除尘器的旋臂,转动应灵活可靠,净气室上部的顶盖,应密封不漏气,旋转应灵活,无卡阻现象。 (4)脉冲袋式除尘器的喷吹孔,应对准文氏管的中心,同心度允许偏差为2mm	尺量、观察检查及检查施工记录	按总数抽查20%,不得少于1台
5	消声器安装	消声器的安装应符合下列规定: (1)消声器安装前应保持干净,做到无油污和浮尘。 (2)消声器安装的位置、方向应正确,与风管的连接应严密,不得有损坏与受潮。两组同类型消声器不宜直接串联。 (3)现场安装的组合式消声器,消声组件的排列、方向和位置应符合设计要求。单个消声器组件的固定应牢固。 (4)消声器、消声弯管应设独立支、吊架	手扳和观察检查、核对安装记录	整体安装的消声器,按总数抽查10%,且不得少于5台。现场组装的消声器全数检查
6	空气过滤器安装	空气过滤器的安装应符合下列规定: (1)安装平整、牢固,方向正确。过滤器与框架、框架与围护结构之间应严密无穿透缝。 (2)框架式或粗效、中效袋式空气过滤器的安装,过滤器四周与框架均应匀压紧,无可见缝隙,并应便于拆卸和更换滤料。 (3)卷绕式过滤器的安装,框架应平整,展开的滤料,应松紧适度、上下筒体应平行	观察检查	按总数抽查10%,且不得少于1台

续表

序号	项　目	合格质量标准	检验方法	检查数量
7	蒸汽加湿器安装	蒸汽加湿器的安装应设置独立支架,并固定牢固;接管尺寸正确、无渗漏	观察检查	全　数检查
8	空气风幕机安装	空气风幕机的安装,位置方向应正确、牢固可靠,纵向垂直度与横向水平度的偏差均应不大于2/1000	观察检查	按总数10%的比例抽查,且不得少于1台

(3)空调系统设备安装。

1)主控项目检验标准应符合表17-15的规定。

表 17-15　　　　　　　　　**主控项目检验**

序号	项　目	合格质量标准	检验方法	检查数量
1	空调机组安装	空调机组的安装应符合下列规定: (1)型号、规格、方向和技术参数应符合设计要求。 (2)现场组装的组合式空气调节机组应做漏风量的检测,其漏风量必须符合现行国家标准《组合式空调机组》(GB/T 14294)的规定	依据设计图核对,检查测试记录	按总数抽检20%,不得少于1台。净化空调系统的机组,1～5级全数检查,6～9级抽查50%
2	静电空气过滤器安装	静电空气过滤器金属外壳接地必须良好	核对材料、观察检查或电阻测定	按总数抽查20%,不得少于1台
3	电加热器安装	同表17-13表项4		
4	干蒸汽加湿器安装	干蒸汽加湿器的安装,蒸汽喷管不应朝下	观察检查	全数检查

2)一般项目检验标准应符合表17-16的规定。

表 17-16   一般项目检验

序号	项 目	合格质量标准	检验方法	检查数量
1	组合式空调机组安装	组合式空调机组及柜式空调机组的安装应符合下列规定: (1)组合式空调机组各功能段的组装,应符合设计规定的顺序和要求;各功能段之间的连接应严密,整体应平直。 (2)机组与供回水管的连接应正确,机组下部冷凝水排放管的水封高度应符合设计要求。 (3)机组应清扫干净,箱体内应无杂物、垃圾和积尘。 (4)机组内空气过滤器(网)和空气热交换器翅片应清洁、完好	观 察检查	按总数抽查20%,不得少于1台
2	现场组装空气处理室安装	空气处理室的安装应符合下列规定: (1)金属空气处理室壁板及各段的组装位置应正确,表面平整,连接严密、牢固。 (2)喷水段的本体及其检查门不得漏水,喷水管和喷嘴的排列、规格应符合设计的规定。 (3)表面式换热器的散热面应保持清洁、完好。当用于冷却空气时,在下部应设有排水装置,冷凝水的引流管或槽应畅通,冷凝水不外溢。 (4)表面式换热器与围护结构间的缝隙,以及表面式热交换器之间的缝隙,应封堵严密。 (5)换热器与系统供回水管的连接应正确,且严密不漏	观 察检查	按总数抽查20%,不得少于1台
3	单元式空调机组安装	单元式空调机组的安装应符合下列规定: (1)分体式空调机组的室外机和风冷整体式空调机组的安装,固定应牢固、可靠;除应满足冷却风循环空间的要求外,还应符合环境卫生保护有关法规的规定	观 察检查	

续表

序号	项 目	合格质量标准	检验方法	检查数量
3	单元式空调机组安装	(2)分体式空调机组的室内机的位置应正确,并保持水平,冷凝水排放应畅通。管道穿墙处必须密封,不得有雨水渗入。 (3)整体式空调机组管道的连接应严密、无渗漏,四周应留有相应的维修空间	观察检查	按总数抽查20%,不得少于1台
4	空气过滤器安装	同表 17-14 表项 6	观察检查	按总数10%的比例抽查,且不得少于1台
5	空气风幕机安装	同表 17-14 表项 8	观察检查	
6	转轮式换热器安装	转轮式换热器安装的位置、转轮旋转方向及接管应正确,运转应平稳	观察检查	按总数抽查20%,且不得少于1台
7	转轮式去湿器安装	转轮去湿机安装应牢固,转轮及传动部件应灵活、可靠,方向正确;处理空气与再生空气接管应正确;排风水平管须保持一定的坡度,并坡向排出方向	观察检查	
8	蒸汽加湿器安装	蒸汽加湿器的安装应设置独立支架,并固定牢固;接管尺寸正确、无渗漏	观察检查	全数检查

(4)净化空调系统设备安装

1)主控项目检验标准应符合表 17-17 的规定。

表 17-17　　　　　　　　　　　主控项目检验

序号	项 目	合格质量标准	检验方法	检查数量
1	空调机组安装	空调机组的安装应符合下列规定: (1)型号、规格、方向和技术参数应符合设计要求。 (2)现场组装的组合式空气调节机组应做漏风量的检测,其漏风量必须符合现行国家标准《组合式空调机组》(GB/T 14294)的规定	依据设计图核对,检查测试记录	按总数抽检20%,不得少于1台。净化空调系统的机组,1～5级全数检查,6～9级抽查50%

序号	项　目	合格质量标准	检验方法	检查数量
2	净化空调设备安装	净化空调设备的安装还应符合下列规定： (1)净化空调设备与洁净室围护结构相连的接缝必须密封。 (2)风机过滤器单元(FFU与FMU空气净化装置)应在清洁的现场进行外观检查，目测不得有变形、锈蚀、漆膜脱落、拼接板破损等现象；在系统试运转时，必须在进风口处加装临时中效过滤器作为保护	按设计图核对、观察检查	全数检查
3	高效过滤器安装	高效过滤器应在洁净室及净化空调系统进行全面清扫和系统连续试车12h以上后，在现场拆开包装并进行安装。 安装前需进行外观检查和仪器检漏。目测不得有变形、脱落、断裂等破损现象；仪器抽检检漏应符合产品质量文件的规定。 合格后立即安装，其方向必须正确，安装后的高效过滤器四周及接口，应严密不漏；在调试前应进行扫描检漏	观察检查、按《通风与空调工程施工质量验收规范》(GB50243)附录B规定扫描检测或查看检测记录	高效过滤器的仪器抽检检漏按批抽5%，不得少于1台
4	静电空气过滤器安装	静电空气过滤器金属外壳接地必须良好	核对材料、观察检查或电阻测定	按总数抽查20%，不得少于1台
5	电加热器安装	同表17-13表项4	核对材料、观察检查或电阻测定	
6	干蒸汽加湿器安装	干蒸汽加湿器的安装，蒸汽喷管不应朝下	观察检查	全数检查

2)一般项目检验标准应符合表17-18的规定。

表 17-18　　　　　　　　　　　　一般项目检验

序号	项　目	合格质量标准	检验方法	检查数量
1	组合式净化空调机组安装	同表 17-16 表项 1	观察检查	
2	净化室设备安装	洁净室空气净化设备的安装,应符合下列规定: (1)带有通风机的气闸室、吹淋室与地面间应有隔振垫。 (2)机械式余压阀的安装,阀体、阀板的转轴均应水平,允许偏差为 2/1000。余压阀的安装位置应在室内气流的下风侧,并不应在工作面高度范围内。 (3)传递窗的安装,应牢固、垂直,与墙体的连接处应密封	尺量、观察检查	按总数抽查 20%,不得少于 1 件
3	装配式洁净室安装	装配式洁净室的安装应符合下列规定: (1)洁净室的顶板和壁板(包括夹芯材料)应为不燃材料。 (2)洁净室的地面应干燥、平整,平整度允许偏差为 1/1000。 (3)壁板的构配件和辅助材料的开箱,应在清洁的室内进行,安装前应严格检查其规格和质量。壁板应垂直安装,底部宜采用圆弧或钝角交接;安装后的壁板之间、壁板与顶板间的拼缝,应平整严密,墙板的垂直允许偏差为 2/1000,顶板水平度的允许偏差与每个单间的几何尺寸的允许偏差均为 2/1000。 (4)洁净室吊顶在受荷载后应保持平直,压条全部紧贴。洁净室壁板若为上、下槽形板时,其接头应平整、严密;组装完毕的洁净室所有拼接缝,包括与建筑的接缝,均应采取密封措施,做到不脱落,密封良好	尺量、观察检查及检查施工记录	按总数抽查 20%,且不得少于 5 件

序号	项　目	合格质量标准	检验方法	检查数量
4	洁净层流罩	洁净层流罩的安装应符合下列规定： (1)应设独立的吊杆，并有防晃动的固定措施。 (2)层流罩安装的水平度允许偏差为1/1000，高度的允许偏差为±1mm。 (3)层流罩安装在吊顶上，其四周与顶板之间应设有密封及隔振措施	尺量、观察检查及检查施工记录	按总数抽查20％，且不得少于5件
5	风机过滤单元安装	风机过滤器单元(FFU、FMU)的安装应符合下列规定： (1)风机过滤器单元的高效过滤器安装前应按《通风与空调工程施工质量验收规范》(GB 50243)第7.2.5条的规定检漏，合格后进行安装，方向必须正确；安装后的FFU或FMU机组应便于检修。 (2)安装后的FFU风机过滤器单元，应保持整体平整，与吊顶衔接良好。风机箱与过滤器之间的连接，过滤器单元与吊顶框架间应有可靠的密封措施	尺量、观察检查及检查施工记录	按总数抽查20％，且不得少于2个
6	空气过滤器安装	同表17-14表项6	观察检查	按总数抽查10％，且不得少于1台
7	高效过滤器安装	高效过滤器的安装应符合下列规定： (1)高效过滤器采用机械密封时，须采用密封垫料，其厚度为6～8mm，并定位贴在过滤器边框上，安装后垫料的压缩应均匀，压缩率为25％～50％。 (2)采用液槽密封时，槽架安装应水平，不得有渗漏现象，槽内无污物和水分，槽内密封液高度宜为2/3槽深。密封液的熔点宜高于50℃	尺量、观察检查	按总数抽查20％，且不得少于5个

续表

序号	项 目	合格质量标准	检验方法	检查数量
8	消声器安装	同表17-14表项5	手扳和观察检查,核对安装记录	整体安装的消声器,按总数抽查10%,且不得少于5台。现场组装的消声器全数检查
9	蒸汽加湿器安装	同表17-14表项7	观察检查	全数检查

2. 验收资料

(1)通风机的出厂合格证或质量保证书。

(2)开箱检查记录。

(3)土建基础复测记录。

(4)通风机的单机试运转记录。

(5)表面式热交换器的试压记录。

(6)净化空调设备的擦拭记录。

(7)必要的水压试验、漏风量的检测应做好记录。

(8)检验批质量验收记录。

(9)分项工程质量验收记录。

(10)必要的水压试验、漏风量的检测应做好记录,符合要求。

第四节　空调制冷系统安装

一、监理巡视与检查

1. 制冷机组安装

(1)活塞式压缩机安装。

1)整体安装的活塞式制冷机,其机身纵、横向水平度允许偏差为0.2/1000。

2)用油封的活塞式制冷机,如在技术文件规定期限内,外观完整,机体无损伤和锈蚀等现象,可仅拆卸缸盖、活塞、汽缸内壁、吸排气阀、曲轴箱等并应清洗干净,油系统应畅通,检查紧固件是否牢固,并更换曲轴箱的润滑油;如在技术文件规定期限外,或机体有损伤和锈蚀等现象,则必须全面检查,并按设备技术文件的规定拆洗装配。

3)充入保护气体的机组在设备技术文件规定期限内,外观完整和氮封压力无变化的情况下,不作内部清洗,仅作外表擦洗,如需清洗时,严禁混入水汽。

4)制冷机的辅助设备,单体安装前必须吹污,并保持内壁清洁,安装位置应正确,各管口必须畅通。

5)贮液器及洗涤式油氨分离器的进液口均应低于冷凝器的出液口。

(2)离心式压缩机安装。

1)安装前,机组的内压应符合设备技术文件规定的出厂压力。

2)制冷机组应在与压缩机底面平行的其他加工平面上找正水平,其纵、横向不水平度均不应超过 0.1/1000。

3)离心式制冷压缩机应在主轴上找正纵向水平,其不水平度不应超过 0.03/1000;在机壳中分面上找正横向水平,其不水平度不应超过 0.1/1000。

4)基础底板应平整,底座安装应设置隔振器,隔振器压缩量应均匀一致。

(3)溴化锂吸收式制冷设备安装。

1)制冷系统安装后,应对设备内部进行清洗。清洗时,将清洁水加入设备内,开动发生器泵、吸收器泵和蒸发器泵,使水在系统内循环,反复多次,观察水的颜色直至设备内部清洁为止。

2)热交换器安装时,应使装有放液阀的一端比另一端低约 20～30mm,以保证排放溶液时易于排尽。

3)蒸汽管和冷媒水管应隔热保温,保温层厚度和材料应符合设计规定。

2. 附属设备安装

(1)冷凝器安装。

1)就位前,检查设备基础的平面位置、标高、表面平整度、预埋地脚螺栓孔的尺寸是否符合设备和设计要求,并填写"基础验收记录"。

2)垂直安装,不铅垂度允许偏差不大于 1/1000。但梯子、平台应水平安装,无集油器的不水平度不应超过 1/1000;集油器在一端的以 1/1000 坡度坡向集油器;集油器如在中间时,同水平安装的要求。

3)冷凝器在安装以前应作严密性试验,合格后才能安装。

4)基础孔中的杂物应清理干净,在基础上放好纵、横中心线,但应检查冷凝器与贮液器基础的相对标高要符合工艺流程的要求。

5)吊装时,不允许将索具绑扎在连接管上,应绑扎在壳体上,按已放好的中心线进行找平找正。

6)设备如在两台以上时,应统一同时放好纵、横中心线,确保排列整齐、标高一致。

3. 立式蒸发器

立式蒸发器安装前应对水箱进行了渗漏试验。盛满水保持 8~12h,以不渗漏为合格。安装时先将水箱吊装到预先作好的上部垫有绝热层的基础上,再将蒸发器管组放入箱内。蒸发器管组成应垂直,并略倾斜于放油端,各管组的间距应相等。基础绝缘层中应放置与保温材料厚度相同、宽 200mm,经防腐处理的木梁。保温材料与基础间应做防水层。蒸发器管组组装后,且在气密性试验合格后,即可对水箱保温。

立式搅拌器安装时,应将刚性联轴器分开,清除内孔中的铁锈及污物,使孔与轴能正确地配合,再进行连接。

二、监理验收

1. 验收标准

(1)主控项目检验标准应符合表 17-19 的规定。

表 17-19 主控项目检验

序号	项 目	合格质量标准	检验方法	检查数量
1	制冷设备与附属设备安装	制冷设备与制冷附属设备的安装应符合下列规定: (1)制冷设备、制冷附属设备的型号、规格和技术参数必须符合设计要求,并具有产品合格证书、产品性能检验报告。 (2)设备安装的位置、标高和管口方向必须符合设计要求。用地脚螺栓固定的制冷设备或制冷附属设备,其垫铁的放置位置应正确、接触紧密;螺栓必须拧紧,并有防松动措施	查阅图纸核对设备型号、规格;产品质量合格证书和性能检验报告	全 数 检查
2	设备混凝土基础验收	设备的混凝土基础必须进行质量交接验收,合格后方可安装	查阅交接记录	
3	表冷器安装	直接膨胀表面式冷却器的外表应保持清洁、完整,空气与制冷剂应呈逆向流动;表面式冷却器与外壳四周的缝隙应堵严,冷凝水排放应畅通	观察检查	

序号	项 目	合格质量标准	检验方法	检查数量
4	燃油、燃气系统设备安装	燃油系统的设备与管道,以及储油罐及日用油箱的安装,位置和连接方法应符合设计与消防要求。 燃气系统设备的安装应符合设计和消防要求。调压装置、过滤器的安装和调节应符合设备技术文件的规定,且应可靠接地	按图纸核对、观察、查阅接地测试记录	全 数检查
5	制冷设备严密性试验及试运行	制冷设备的各项严密性试验和试运行的技术数据,均应符合设备技术文件的规定。对组装式的制冷机组和现场充注制冷剂的机组,必须进行吹污、气密性试验、真空试验和充注制冷剂检漏试验,其相应的技术数据必须符合产品技术文件和有关现行国家标准、规范的规定	旁站观察、检查和查阅试运行记录	
6	制冷管道及配件安装	制冷系统管道、管件和阀门的安装应符合下列规定: (1)制冷系统的管道、管件和阀门的型号、材质及工作压力等必须符合设计要求,并应具有出厂合格证、质量证明书。 (2)法兰、螺纹等处的密封材料应与管内的介质性能相适应。 (3)制冷剂液体管不得向上装成"Ω"形。气体管道不得向下装成"ᠸ"形(特殊回油管除外);液体支管引出时,必须从干管底部或侧面接出;气体支管引出时,必须从干管顶部或侧面接出;有两根以上的支管从干管引出时,连接部位应错开,间距应不小于2倍支管直径,且不小于200mm。 (4)制冷机与附属设备之间制冷剂管道的连接,其坡度与坡向应符合设计及设备技术文件要求。 (5)制冷系统投入运行前,应对安全阀进行调试校核,其开启和回座压力应符合设备技术文件的要求	核查合格证明文件、观察、水平仪测量、查阅调校记录	按总数抽检20%,且不得少于 5 件。第 5 款全数检查

序号	项　目	合格质量标准	检验方法	检查数量
7	燃油管道系统接地	燃油管道系统必须设置可靠的防静电接地装置，其管道法兰应采用镀锌螺栓连接或在法兰处用铜导线进行跨接，且接合良好	观察检查、查阅试验记录	
8	燃气系统安装	燃气系统管道与机组的连接不得使用非金属软管。燃气管道的吹扫和压力试验应为压缩空气或氮气，严禁用水。当燃气供气管道压力大于 0.005MPa 时，焊缝的无损检测的执行标准应按设计规定。当设计无规定，且采用超声波探伤时，应全数检测，以质量不低于Ⅱ级为合格	观察检查、查阅探伤报告和试验记录	系统全数检查
9	氨管道焊缝无损检测	氨制冷剂系统管道、附件、阀门及填料不得采用铜或铜合金材料(磷青铜除外)，管内不得镀锌。氨系统的管道焊缝进行射线照相检验，抽检率为 10%，以质量不低于Ⅲ级为合格。在不易进行射线照相检验操作的场合，可用超声波检验代替，以不低于Ⅱ级为合格	观察检查、查阅探伤报告和试验记录	
10	乙二醇管道系统不得使用内镀锌管道及配件	输送乙二醇溶液的管道系统，不得使用内镀锌管道及配件	观察检查、查阅安装记录	按系统的管段抽查 20%，且不得少于 5 件
11	制冷剂管道试验	制冷管道系统应进行强度、气密性试验及真空试验，且必须合格	旁站、观察检查和查阅试验记录	系统全数检查

(2)一般项目检验标准应符合表 17-20 的规定。

表 17-20　　　　　　　　　　　　一般项目检验

序号	项 目	合格质量标准	检验方法	检查数量
1	制冷机组及附属设备安装	制冷机组与制冷附属设备的安装应符合下列规定： (1)制冷设备及制冷附属设备安装位置、标高的允许偏差，应符合表 17-21 的规定。 (2)整体安装的制冷机组，其机身纵、横向水平度的允许偏差为 1/1000，并应符合设备技术文件的规定。 (3)制冷附属设备安装的水平度或垂直度允许偏差为 1/1000，并应符合设备技术文件的规定。 (4)采用隔振措施的制冷设备或制冷附属设备，其隔振器安装位置应正确；各个隔振器的压缩量，应均匀一致，偏差应不大于 2mm。 (5)设置弹簧隔振的制冷机组，应设有防止机组运行时水平位移的定位装置	在机座或指定的基准面上用水平仪、水准仪等检测，尺量与观察检查	全数检查
2	模块式冷水机组安装	模块式冷水机组单元多台并联组合时，接口应牢固，且严密不漏。连接后机组的外表，应平整、完好，无明显的扭曲	尺量、观察检查	
3	泵安装	燃油系统油泵和蓄冷系统载冷剂泵的安装，纵、横向水平度允许偏差为 1/1000，联轴器两轴芯轴向倾斜允许偏差为 0.2/1000，径向位移为 0.05mm	在机座或指定的基准面上，用水平仪、水准仪等检测，尺量、观察检查	

序号	项 目	合格质量标准	检验方法	检查数量
4	制冷剂管道安装	制冷系统管道、管件的安装应符合下列规定： (1)管道、管件的内外壁应清洁、干燥；铜管管道支吊架的型式、位置、间距及管道安装标高应符合设计要求，连接制冷机的吸、排气管道应设单独支架；管径小于等于20mm的铜管道，在阀门处应设置支架；管道上下平行敷设时，吸气管应在下方。 (2)制冷剂管道弯管的弯曲半径应不小于3.5D(管道直径)，其最大外径与最小外径之差应不大于0.08D，且不应使用焊接弯管及皱褶弯管。 (3)制冷剂管道分支管应按介质流向弯成90°弧度与主管连接，不宜使用弯曲半径小于1.5D的压制弯管。 (4)铜管切口应平整，不得有毛刺、凹凸等缺陷，切口允许倾斜偏差为管径的1%，管口翻边后应保持同心，不得有开裂及皱褶，并应有良好的密封面	尺量、观察检查	按系统抽查20%，且不得少于5件
5	管道焊接	(1)采用承插钎焊焊接连接的铜管，其插接深度应符合《通风与空调工程施工质量验收规范》(GB 50243—2002)表8.3.4的规定，承插的扩口方向应迎介质流向。当采用套接钎焊焊接连接时，其插接深度应不小于承插连接的规定。 采用对接焊缝组对管道的内壁应齐平，错边量不大于0.1倍壁厚，且不大于1mm。 (2)管道穿越墙体或楼板时，管道的支吊架和钢管的焊接应按本章第五节的有关规定执行	尺量、观察检查	

序号	项　目	合格质量标准	检验方法	检查数量
6	阀门安装	制冷系统阀门的安装应符合下列规定： (1)位置、方向和高度应符合设计要求。 (2)水平管道上的阀门的手柄不应朝下；垂直管道上的阀门手柄应朝向便于操作的地方。 (3)自控阀门安装的位置应符合设计要求。电磁阀、调节阀、热力膨胀阀、升降式止回阀等的阀头均应向上；热力膨胀阀的安装位置应高于感温包，感温包应装在蒸发器末端的回气管上，与管道接触良好，绑扎紧密。 (4)安全阀应垂直安装在便于检修的位置，其排气管的出口应朝向安全地带；排液管应装在泄水管上	尺量、观察检查、旁站或查阅试验记录	按系统抽查20%，且不得少于5件
7	阀门试压	制冷剂阀门安装前应进行强度和严密性试验。强度试验压力为阀门公称压力的1.5倍，时间不得少于5min；严密性试验压力为阀门公称压力的1.1倍，持续时间30s不漏为合格。合格后应保持阀体内干燥。如阀门进、出口封闭破损或阀体锈蚀的还应进行解体清洗	尺量、观察检查、旁站或查阅试验记录	
8	制冷系统吹扫	制冷系统的吹扫排污应采用压力为0.6MPa的干燥压缩空气或氮气，以浅色布检查5min，无污物为合格。系统吹扫干净后，应将系统中阀门的阀芯拆下清洗干净	观察、旁站或查阅试验记录	全数检查

(3)允许偏差应符合表17-21的规定。

表 17-21　　　　制冷设备与制冷附属设备安装允许偏差和检验方法

项次	项　目	允许偏差（mm）	检验方法
1	平面位移	10	经纬仪或拉线和尺量检查
2	标　高	±10	水准仪或经纬仪、拉线和尺量检查

注：本表摘自《通风与空调工程施工质量验收规范》（GB 50243—2002）。

2. 验收资料

(1)材料及阀门出厂合格证或质量保证书。

(2)管材及阀门的清洗检查记录。

(3)系统试验记录。

(4)检验批质量验收记录。

(5)分项工程质量验收记录。

第五节　空调水系统管道与设备安装

一、金属管道及部件安装

1. 监理巡视与检查

(1)法兰、焊缝及其他连接件的设置应便于检修，并不得紧贴墙壁、楼板或管架。

(2)埋地管道试压、防腐后，应办理隐蔽工程验收，有监理签字确认，形成相应的质量记录后，及时回填土，并分层夯实。

(3)应对法兰密封面及密封垫片进行外观检查。法兰连接时应保持平行，不得用强紧螺栓的方法消除歪斜，并保持同轴，保证螺栓自由穿入。

(4)法兰连接应使用同一规格的螺栓，安装方向一致。紧固螺栓应对称均匀，松紧适度。紧固后外露长度不大于 2 倍螺距。螺栓紧固后，应与法兰紧贴，不得有楔缝。需加垫圈时，每个螺栓不应超过一个。

(5)工作温度低于 200℃的管道，其螺纹接头密封材料宜用聚四氟乙烯生胶带或密封膏。

(6)穿墙及楼板的管道，一般应加套管，但管道焊缝不得置于套管内，管道与套管之间的缝隙应用不燃材料填塞。

(7)对不允许承受附加外力的传动设备，在管道与法兰连接前，应在自由状态下，检查法兰的平行度和同轴度。

2. 监理验收

(1)验收标准。

1)主控项目检验标准应符合表 17-22 的规定。

表 17-22　　　　　　　　　主控项目检验

序号	项目	合格质量标准	检验方法	检查数量
1	系统设备、管材及配件验收	空调工程水系统的设备与附属设备、管道、管配件及阀门的型号、规格、材质及连接形式应符合设计规定	观察检查外观质量并检查产品质量证明文件、材料进场验收记录	按总数抽查10%,且不得少于5件
2	管道柔性接管安装	管道与设备的连接,应在设备安装完毕后进行,与水泵、制冷机组的接管必须为柔性接口。柔性短管不得强行对口连接,与其连接的管道应设置独立支架	尺量、观察检查,旁站或查阅试验记录、隐蔽工程记录	系统全数检查。每个系统管道、部件数量抽查10%,且不得少于5件
3	管道套管	固定在建筑结构上的管道支、吊架,不得影响结构的安全。管道穿越墙体或楼板处应设钢制套管,管道接口不得置于套管内,钢制套管应与墙体饰面或楼板底部平齐,上部应高出楼层地面20～50mm,并不得将套管作为管道支撑。 保温管道与套管四周间隙应使用不燃绝热材料填塞紧密	尺量、观察检查,旁站或查阅试验记录、隐蔽工程记录	系统全数检查。每个系统管道、部件数量抽查10%,且不得少于5件
4	管道补偿器安装	补偿器的补偿量和安装位置必须符合设计及产品技术文件的要求,并应根据设计计算的补偿量进行预拉伸或预压缩。 设有补偿器(膨胀节)的管道应设置固定支架,其结构形式和固定位置应符合设计要求,并应在补偿器的预拉伸(或预压缩)前固定;导向支架的设置应符合所安装产品技术文件的要求	观察检查,旁站或查阅补偿器的预拉伸或预压缩记录	抽查20%,且不得少于1个

续表

序号	项　目	合格质量标准	检验方法	检查数量
5	系统冲洗、排污	冷热水及冷却水系统应在系统冲洗、排污合格(目测：以排出口的水色和透明度与入水口对比相近，无可见杂物)，再循环试运行 2h 以上，且水质正常后才能与制冷机组、空调设备相贯通	观察	系统全数检查
6	阀门安装	(1)阀门的安装位置、高度、进出口方向必须符合设计要求，连接应牢固紧密。 (2)安装在保温管道上的各类手动阀门，手柄均不得向下	观察检查	抽查5%，且不得少于1个
7	阀门试压	阀门安装前必须进行外观检查，阀门的铭牌应符合现行国家标准《通用阀门 标志》(GB 12220)的规定。对于工作压力大于 1.0MPa 及在主干管上起到切断作用的阀门，应进行强度和严密性试验，合格后方准使用。其他阀门可不单独进行试验，待在系统试压中检验。 强度试验时，试验压力为公称压力的 1.5倍，持续时间不少于 5min，阀门的壳体、填料应无渗漏。 严密性试验时，试验压力为公称压力的 1.1倍，试验压力在试验持续的时间内应保持不变，时间应符合《通风与空调工程施工质量验收规范》(GB 50243—2002)表 9.2.4 的规定，以阀瓣密封面无渗漏为合格	按设计图核对、观察检查；旁站或查阅试验记录	水压试验以每批(同牌号、同规格、同型号)数量中抽查20%，且不得少于1个。对于安装在主干管上起切断作用的闭路阀门，全数检查
8	系统试压	管道系统安装完毕，外观检查合格后，应按设计要求进行水压试验。当设计无规定时，应符合下列规定： (1)冷热水、冷却水系统的试验压力，当工作压力小于等于 1.0MPa 时，为 1.5 倍工作压力，但最低不小于 0.6MPa；当工作压力大于 1.0MPa 时，为工作压力加 0.5MPa。 (2)对于大型或高层建筑垂直位差较大的冷(热)媒水、冷却水管道系统宜采用分区、分层试压和系统试压相结合的方法。 一般建筑可采用系统试压方法	旁站观察或查阅试验记录	系统全数检查

续表

序号	项　目	合格质量标准	检验方法	检查数量
8	系　统试压	分区、分层试压:对相对独立的局部区域的管道进行试压。在试验压力下,稳压10min,压力不得下降,再将系统压力降至工作压力,在60min内压力不得下降、外观检查无渗漏为合格。 系统试压:在各分区管道与系统主、干管全部连通后,对整个系统的管道进行系统的试压。试验压力以最低点的压力为准,但最低点的压力不得超过管道与组成件的承受压力。压力试验升至试验压力后,稳压10min,压力下降不得大于0.02MPa,再将系统压力降至工作压力,外观检查无渗漏为合格。 (3)各类耐压塑料管的强度试验压力为1.5倍工作压力,严密性工作压力为1.15倍的设计工作压力。 (4)凝结水系统采用充水试验,应以不渗漏为合格	旁站观察或查阅试验记录	系统全数检查
9	隐蔽管道验收	通风与空调工程中的隐蔽工程,在隐蔽前必须经监理人员验收及认可签证	查阅施工记录或旁站	
10	焊接钢管、镀锌钢管不得采用热揻弯	焊接钢管、镀锌钢管不得采用热揻弯	查阅施工记录或旁站	全数检查

2)一般项目检验标准应符合表17-23的情况。

表 17-23　　　　　　　　　　　　一般项目检验

序号	项　目	合格质量标准	检验方法	检查数量
1	管道焊接连接	(1)管道焊接材料的品种、规格、性能应符合设计要求。管道对接焊口的组对和坡口形式等应符合《通风与空调工程施工质量验收规范》(GB 50243—2002)表9.2.3的规定;对口的平直度为1/100,全长不大于10mm。管道的固定焊口应远离设备,且不宜与设备接口中心线相重合。管道对接焊缝与支、吊架的距离应大于50mm	尺量、观察检查	按总数抽查20%,宜不得少于1处

序号	项　目	合格质量标准	检验方法	检查数量
1	管道焊接连接	（2）管道焊缝表面应清理干净，并进行外观质量的检查。焊缝外观质量不得低于现行国家标准《工业金属管道工程施工质量验收规范》（GB 50184）中的Ⅳ级规定（氨管为Ⅲ级）	尺量、观察检查	按总数抽查20%，宜不得少于1处
2	管道螺纹连接	螺纹连接的管道，螺纹应清洁、规整，断丝或缺丝不大于螺纹全螺距数的10%；连接牢固；接口处根部外露螺纹为2～3螺距，无外露填料；镀锌管道的镀锌层应注意保护，对局部的破损处，应做防腐处理	尺量、观察检查	按总数抽查5%，且不得少于5处
3	管道法兰连接	法兰连接的管道，法兰面应与管道中心线垂直，并同心。法兰对接应平行，其偏差应不大于其外径的1.5/1000，且不得大于2mm；连接螺栓长度应一致，螺母在同侧，均匀拧紧。螺栓紧固后不应低于螺母平面。法兰的衬垫规格、品种与厚度应符合设计的要求	尺量、观察检查	按总数抽查5%，且不得少于5处
4	钢制管道安装允许偏差	钢制管道的安装应符合下列规定： （1）管道和管件在安装前，应将其内、外壁的污物和锈蚀清除干净。当管道安装间断时，应及时封闭敞开的管口。 （2）管道弯制弯管的弯曲半径，热弯应不小于管道外径的3.5倍，冷弯应不小于4倍；焊接弯管应不小于1.5倍；冲压弯管不应小于1倍。弯管的最大外径与最小外径的差应不大于管道外径的8/100，管壁减薄率应不大于15%。 （3）冷凝水排水管坡度，应符合设计文件的规定。当设计无规定时，其坡度宜大于或等于0.8%；软管连接的长度，不宜大于150mm	尺量、观察检查	按总数抽查10%，且不得少于5处

序号	项　目	合格质量标准	检验方法	检查数量
4	钢制管道安装允许偏差	(4)冷热水管道与支、吊架之间,应有绝热衬垫(承压强度能满足管道重量的不燃、难燃硬质绝热材料或经防腐处理的木衬垫),其厚度应不小于绝热层厚度,宽度应大于支、吊架支承面的宽度。衬垫的表面应平整,衬垫接合面的空隙应填实。 (5)管道安装的坐标、标高和纵、横向的弯曲度应符合《通风与空调工程施工质量验收规范》(GB 50243—2002)表 9.2.5 的规定。在吊顶内等暗装管道的位置应正确,无明显偏差	尺量、观察检查	按总数抽查10%,且不得少于5处
5	钢塑复合管道安装	钢塑复合管道的安装,当系统工作压力不大于 1.0MPa 时,可采用涂(衬)塑焊接钢管螺纹连接;当系统工作压力为 1.0～2.5MPa 时,可采用涂(衬)塑无缝钢管法兰连接或沟槽式连接,管道配件均为无缝钢管涂(衬)塑管件	尺量、观察检查、查阅产品合格证明文件	
6	管道沟槽式连接	沟槽式连接的管道,其沟槽与橡胶密封圈和卡箍套必须为配套合格产品	尺量、观察检查、查阅产品合格证明文件	
7	管道支、吊架	金属管道的支、吊架的型式、位置、间距、标高应符合设计或有关技术标准的要求。设计无规定时,应符合下列规定: (1)支、吊架的安装应平整牢固,与管道接触紧密。管道与设备连接处,应设独立支、吊架。 (2)冷(热)媒水、冷却水系统管道机房内总、干管的支、吊架,应采用承重防晃管架;与设备连接的管道管架宜有减振措施。当水平支管的管架采用单杆吊架时,应在管道起始点、阀门、三通、弯头及长度每隔15m设置承重防晃支、吊架。 (3)无热位移的管道吊架,其吊杆应垂直安装;有热位移的,其吊杆应向热膨胀(或冷收缩)的反方向偏移安装,偏移量按计算确定	尺量、观察检查	按系统支架数量抽查5%,且不得少于5个

序号	项　目	合格质量标准	检验方法	检查数量
7	管道支、吊架	(4)滑动支架的滑动面应清洁、平整,其安装位置应从支承面中心向位移反方向偏移1/2位移值或符合设计文件规定。 (5)竖井内的立管,每隔2～3层应设导向支架。 (6)管道支、吊架的焊接应由合格持证焊工施焊,并不得有漏焊、欠焊或焊接裂纹等缺陷。支架与管道焊接时,管道侧的咬边量,应小于0.1管壁厚	尺量、观察检查	按系统支架数量抽查5%,且不得少于5个
8	阀门及其他部件安装	阀门、集气罐、自动排气装置、除污器(水过滤器)等管道部件的安装应符合设计要求,并应符合下列规定: (1)阀门安装的位置、进出口方向应正确,并便于操作;连接应牢固紧密,启闭灵活;成排阀门的排列应整齐美观,在同一平面上的允许偏差为3mm。 (2)电动、气动等自控阀门在安装前应进行单体的调试,包括开启、关闭等动作试验。 (3)冷冻水和冷却水的除污器(水过滤器)应安装在进机组前的管道上,方向正确且便于清污;与管道连接牢固、严密,其安装位置应便于滤网的拆装和清洗。过滤器滤网的材质、规格和包扎方法应符合设计要求	对照设计文件尺量、观察和操作检查	按规格、型号抽查10%,且不得少于2个
9	系统放气阀与排水阀	闭式系统管路应在系统最高处及所有可能积聚空气的高点设置排气阀,在管路最低点应设置排水管及排水阀	对照设计文件尺量、观察和操作检查	

表 17-24　　　　　　　　　管道焊接坡口形式和尺寸

项目	厚度 T(mm)	坡口名称	坡口形式	坡口尺寸			备 注
				间隙 C(mm)	钝边 P(mm)	坡口角度 α(°)	
1	1～3	I 型坡口		0～1.5	—	—	内壁错边量≤0.1T,且≤2mm;外壁≤3mm
	3～6 双面焊			1～2.5			
2	6～9	V 型坡口		0～2.0	0～2	65～75	内壁错边量≤0.1T,且≤2mm;外壁≤3mm
	9～26			0～3.0	0～3	55～65	
3	2～30	T 型坡口		0～2.0	—	—	—

注:本表摘自《通风与空调工程施工质量验收规范》(GB 50243—2002)。

(2)验收资料。

1)材料出厂合格证。

2)管道的水压试验记录。

3)凝结水管的充水试验记录。

4)隐蔽工程记录。

5)管道的吹洗记录。

6)阀门及附件的出厂合格证。

7)阀门强度、严密性试验记录。

8)冷却塔的出厂合格证。

9)冷却塔的运行记录。

10)设备的出厂合格证书。

11)水箱等的满水试验和水压试验。

12)水泵的运行记录。

二、非金属管道安装

1. 监理巡视与检查

(1)塑料风管安装。

1)安装时一般以吊架为主,也可用托架,具体可参照金属风管的支架制作;但风管与支架之间,应垫入厚度为 3～5mm 软的或硬的塑料垫片,并用胶粘剂进行胶合。

2)塑料风管的支架间距应比金属风管要小,一般间距为 1.5～3m,并且支架所用的钢材比金属风管要小一号。

3)由于硬聚氯乙烯塑料的线膨胀系数大,所以支架的抱箍不能固定得太紧,风管和抱筋之间应有一定的空隙,以便于风管的伸缩。

4)法兰连接时,可用厚度为 3～6mm 的软聚氯乙烯塑料板做垫片,法兰螺栓处应加硬聚氯乙烯塑料制成的垫圈。拧紧螺丝时,要注意塑料的脆性,应十字交叉均匀地上紧螺栓。

(2)有机玻璃钢风管的安装。

有机玻璃钢风管的安装可参照塑料风管安装。对于采用套管连接的风管,其套管厚度不能小于风管的壁厚。

(3)无机玻璃钢风管的安装。

1)在吊装或运输过程中应特别注意,不能强烈碰撞。不能在露天堆放,避免雨淋日晒,如发生损坏或变形不易修复,必须重新加工制作,避免造成不应有的损失。

2)无机玻璃钢风管的自身重量与薄钢板风管相比重得多,在选用支、吊架时不能套用现行的标准,应根据风管的重量等因素详细计算确定型钢的尺寸。

(4)复合风管的安装。

1)风管和风口连接一般在风口内侧壁用自攻螺丝连接。风管管端或风管开口端应镶上口形连接条,然后用自攻螺钉将其连接。

2)风管连接插入插条后,应注意风管连接的四个角所留下的孔洞,应用密封胶将其封堵死。

3)明装风管水平安装时,水平度每米不应大于 3mm,总偏差不应超过 20mm;垂直安装时,不垂直度每米不应大于 2mm,总偏差不应超过 10mm。暗装风管位置应准确,无明显偏差。

4)风管的三通、四通一般采用分隔式或分叉式;若采用垂直连接时,其迎风面应设置挡风板,挡风板应和支风管连接口等长。

2. 监理验收

(1)验收标准。

1)主控项目检验标准应符合表 17-25 的规定。

表 17-25　　　　　　　　　　主控项目检验

序号	项　目	合格质量标准	检验方法	检查数量
1	系统设备、管材及配件安装	同表 17-22 表项 1	观察检查外观质量并检查产品质量证明文件、材料进场验收记录	按总数抽查 10%,且不得少于 5 件

序号	项　目	合格质量标准	检验方法	检查数量
2	管道柔性接管安装	同表 17-22 表项 2	尺量、观察检查,旁站或查阅试验记录、隐蔽工程记录	系统全数检查。每个系统管道、部件数量抽查 10%,且不得少于 5 件
3	管道套管	同表 17-22 表项 3	尺量、观察检查,旁站或查阅试验记录、隐蔽工程记录	
4	管道补偿器安装	同表 17-22 表项 4	观察检查,旁站或查阅补偿器的预拉伸或预压缩记录	抽查 20%,且不得少于 1 个
5	系统冲洗、排污	同表 17-22 表项 5	观察检查	全数检查
6	阀门安装	同表 17-22 表项 6	按设计图核对、观察检查;旁站或查阅试验记录	抽查 5%,且不得少于 1 个
7	阀门试压	同表 17-22 表项 7	按设计图核对、观察检查;旁站或查阅试验记录	水压试验以每批(同牌号、同规格、同型号)数量中抽查 20%,且不得少于 1 个。对于安装在主干管上起切断作用的闭路阀门,全数检查
8	系统试压	同表 17-22 表项 8	旁站观察或查阅试验记录	全数检查
9	隐蔽管道验收	同表 17-22 表项 9	查阅施工记录或旁站	

2)一般项目检验标准应符合表 17-26 的规定。

表 17-26　　　　　　　　　　　　一般项目检验

序号	项　目	合格质量标准	检验方法	检查数量
1	有机材料管道安装	当空调水系统的管道,采用建筑用硬聚氯乙烯(PVC－U)、聚丙烯(PP－R)、聚丁烯(PB)与交联聚乙烯(PEX)等有机材料管道时,其连接方法应符合设计和产品技术要求的规定	尺量、观察检查,验证产品合格证书和试验记录	按总数抽查20%,且不得少于2处
2	管道与金属吊架间隔绝	采用建筑用硬聚氯乙烯(PVC－U)、聚丙烯(PP－R)与交联聚乙烯(PEX)等管道时,管道与金属支、吊架之间应有隔绝措施,不可直接接触。当为热水管道时,还应加宽其接触的面积。支、吊架的间距应符合设计和产品技术要求的规定	观察检查	按系统支架数量抽查5%,且不得少于5个
3	管道支、吊架安装	同表17-23表项7	尺量、观察检查	
4	管道部件安装	除应符合表17-23表项8外,还应在闭式系统管路,在系统最高处及所有可能积聚空气的高点设置排气阀,在管路最低点应设置排水管及排水阀	对照设计文件尺量、观察和操作检查	按规格、型号抽查10%,且不得少于2个

(2)验收资料。

1)材料出厂合格证。

2)管道的水压试验记录。

3)凝结水管的充水试验记录。

4)隐蔽工程记录。

5)管道的吹洗记录。

6)阀门及附件的出厂合格证。

7)阀门强度、严密性试验记录。

8)冷却塔的出厂合格证。

9)冷却塔的运行记录。

10)设备的出厂合格证书。

11)水箱等的满水试验和水压试验。

12)水泵的运行记录。

三、空调水系统设备安装

1. 监理巡视与检查

冷却塔的安装应遵循以下规则。

(1)混凝土基础表面要平整,各立柱支腿基础标高在同一水平标高度上,高度允差±20mm,分角中心距误差±2mm。

(2)冷却塔的各连接部位的连接件均应采用热镀锌或是不锈钢螺栓。相同部位连接件的紧固程度要一致。

(3)收水器安装后片体不得有变形,集水盘拼缝处要加密封条或糊同质材料以确保严密无渗漏。

(4)冷却塔应设置在通风良好的地方,与高温排风口、烟囱等热源处保持一定的距离。

(5)冷却塔的出水管口及喷嘴的方向、位置要正确。布水系统的水平管路安装应保持水平,连接喷嘴的支管要求垂直向下,喷嘴底盘应保持在同一水平面内。

(6)检查各部件的连接件、密封件有无松动,如有则应处理。风机安装应严格按风机安装标准进行,对于可调整角度的片叶,角度应一致。叶片顶端与风筒壁圆周的径向间隙应均匀。

(7)风机试运转正常以后,应该将电动机的接线盒用环氧树脂或其他防潮材料密封,以防止电机受潮。

(8)在冷却水系统管道上应装滤网装置。

(9)冷却塔本体及附件安装过程中的焊接,要有防火安全措施;尤其是装入填料后,一般禁止再焊接。

(10)冷却塔安装后,单台冷却塔的水平度、铅垂度允许为 2/1000 的偏差。多台冷却塔水面高度应一致,其高差应不大于 30mm。

(11)对玻璃钢冷却塔或用塑料制品作填料的冷却塔安装时,应严格按防火规定进行,一般应采用阻燃材料予以隔离保护。

2. 监理验收

(1)验收标准。

1)主控项目检验标准应符合表 17-27 的规定。

表 17-27　　　　　　　　　　　　　　　主控项目检验

序号	项　目	合格质量标准	检验方法	检查数量
1	系统设备与附属设备验收	同表 17-22 表项 1	观察检查外观质量并检查产品质量证明文件、材料进场验收记录	按总数抽查 10%,且不得少于 5 件

序号	项　目	合格质量标准	检验方法	检查数量
2	冷却塔安装	冷却塔的型号、规格、技术参数必须符合设计要求。对含有易燃材料冷却塔的安装,必须严格执行施工防火安全的规定	按图纸核对,监督执行防火规定	
3	水泵安装	水泵的规格、型号、技术参数应符合设计要求和产品性能指标。水泵正常连续试运行的时间,应不少于2h	按图纸核对,实测或查阅水泵试运行记录	全数检查
4	系统附属设备安装	水箱、集水缸、分水缸、储冷罐的满水试验或水压试验必须符合设计要求。储冷罐内壁防腐涂层的材质、涂抹质量、厚度必须符合设计或产品技术文件要求,储冷罐与底座必须进行绝热处理	尺量、观察检查,查阅试验记录	

2)一般项目检验标准应符合表 17-28 的规定。

表 17-28　　　　　　　　　　　一般项目检验

序号	项　目	合格质量标准	检验方法	检查数量
1	系统设备与管道连接	风机盘管机组及其他空调设备与管道的连接,宜采用弹性接管或软接管(金属或非金属软管),其耐压值应大于等于1.5倍的工作压力。软管的连接应牢固,不应有强扭和瘪管	观察、查阅产品合格证明文件	按总数抽查10%,且不得少于5处
2	冷却塔安装	冷却塔安装应符合下列规定: (1)基础标高应符合设计的规定,允许误差为±20mm。冷却塔地脚螺栓与预埋件的连接或固定应牢固,各连接部件应采用热镀锌或不锈钢螺栓,其紧固力应一致、均匀。 (2)冷却塔安装应水平,单台冷却塔安装水平度和垂直度允许偏差均为2/1000。同一冷却水系统的多台冷却塔安装时,各台冷却塔的水面高度应一致,高差应不大于30mm	尺量、观察检查,积水盘做充水试验或查阅试验记录	全数检查

序号	项　目	合格质量标准	检验方法	检查数量
2	冷却塔安装	(3)冷却塔的出水口及喷嘴的方向和位置应正确,积水盘应严密无渗漏;分水器布水均匀。带转动布水器的冷却塔,其转动部分应灵活,喷水出口按设计或产品要求,方向应一致。 (4)冷却塔风机叶片端部与塔体四周的径向间隙应均匀。对于可调整角度的叶片,角度应一致	尺量、观察检查,积水盘做充水试验或查阅试验记录	
3	水泵及附属设备安装	水泵及附属设备的安装应符合下列规定: (1)水泵的平面位置和标高允许偏差为±10mm,安装的地脚螺栓应垂直、拧紧,且与设备底座接触紧密。 (2)垫铁组放置位置正确、平稳,接触紧密,每组不超过3块。 (3)整体安装的泵,纵向水平偏差应不大于0.1/1000,横向水平偏差应不大于0.20/1000;解体安装的泵纵、横向安装水平偏差均应不大于0.05/1000。 水泵与电机采用联轴器连接时,联轴器两轴芯的允许偏差,轴向倾斜应不大于0.2/1000,径向位移应不大于0.05mm。 小型整体安装的管道水泵不应有明显偏斜。 (4)减震器与水泵及水泵基础连接牢固、平稳、接触紧密	扳手试拧、观察检查,用水平仪和塞尺测量或查阅设备安装记录	全数检查
4	系统设备支架与底座安装	水箱、集水器、分水器、储冷罐等设备的安装,支架或底座的尺寸、位置符合设计要求。设备与支架或底座接触紧密,安装平正、牢固。平面位置允许偏差为15mm,标高允许偏差为±5mm,垂直度允许偏差为1/1000。 膨胀水箱安装的位置及接管的连接,应符合设计文件的要求	尺量、观察检查,旁站或查阅试验记录	

序号	项　目	合格质量标准	检验方法	检查数量
5	除污器(水过滤器)安装	冷冻水和冷却水的除污器(水过滤器)应安装在进机组前的管道上,方向正确且便于清污;与管道连接牢固、严密,其安装位置应便于滤网的拆装和清洗。过滤器滤网的材质、规格和包扎方法应符合设计要求	对照设计文件尺量、观察和操作检查	按规格、型号抽查10%,且不得少于2个

(2)验收资料。

1)材料出厂合格证。

2)管道的水压试验记录。

3)凝结水管的充水试验记录。

4)隐蔽工程记录。

5)管道的吹洗记录。

6)阀门及附件的出厂合格证。

7)阀门强度、严密性试验记录。

8)冷却塔的出厂合格证。

9)冷却塔的运行记录。

10)设备的出厂合格证书。

11)水箱等的满水试验和水压试验。

12)水泵的运行记录。

第六节　系　统　调　试

一、监理巡视与检查

(1)系统调试所使用的测试仪器和仪表,性能应稳定可靠,其精度等级及最小分度值应能满足测定的要求,并应符合国家有关计量法规及检定规程的规定。

(2)通风与空调工程的系统调试,应由施工单位负责、监理单位监督,设计单位与建设单位参与和配合。系统调试的实施可以是施工企业本身或委托给具有调试能力的其他单位。

通风与空调工程完工后的系统调试,应以施工企业为主,监理单位监督,设计单位、建设单位参与配合。设计单位的参与,除应提供工程设计的参数外,还应对调试过程中出现的问题提出明确的修改意见;监理、建设单位参加调试,既可起到工程的协调作用,又有助于工程的管理和质量的验收。

(3)对有的施工企业,本身不具备工程系统调试的能力,则可以采用委托给具

　　有相应调试能力的其他单位或施工企业。

　　系统调试前,承包单位应编制调试方案,报送专业监理工程师审核批准;调试结束后,必须提供完整的调试资料和报告。

　　通风与空调工程的系统调试是一项技术性很强的工作,调试的质量会直接影响到工程系统功能的实现。因此,调试前必须编制调试方案,方案可指导调试人员按规定的程序、正确方法与进度实施调试,同时,也利于监理对调试过程的监督。

　　(4)通风与空调工程系统无生产负荷的联合试运转及调试,应在制冷设备和通风与空调设备单机试运转合格后进行。空调系统带冷(热)源的正常联合试运转应不少于 8h,当竣工季节与设计条件相差较大时,仅做不带冷(热)源试运转。通风、除尘系统的连续试运转应不少于 2h。

　　(5)净化空调系统运行前应在回风、新风的吸入口处和粗、中效过滤器前设置临时用过滤器(如无纺布等),实行对系统的保护。净化空调系统的检测和调整,应在系统进行全面清扫,且已运行 24h 及以上达到稳定后进行。

　　(6)洁净室洁净度的检测,应在空态或静态下进行或按合约规定。室内洁净度检测时,人员不宜多于 3 人,均必须穿与洁净室洁净度等级相适应的洁净工作服。

二、监理验收

1. 验收标准

(1)主控项目检验标准应符合表 17-29 的规定。

表 17-29　　　　　　　　　　主控项目检验

序号	项　目	合格质量标准	检验方法	检查数量
1	通风机、空调机组单机试运转及调试	通风机、空调机组中的风机,叶轮旋转方向正确、运转平稳、无异常振动与声响,其电机运行功率应符合设备技术文件的规定。在额定转速下连续运转 2h 后,滑动轴承外壳最高温度不得超过 70℃;滚动轴承不得超过 80℃	观察、旁站、用声级计测定、查阅试运转记录及有关文件	按风机数量抽查 10%,且不得少于 1 台
2	水泵单机试运转及调试	水泵叶轮旋转方向正确,无异常振动和声响,紧固连接部位无松动,其电机运行功率值符合设备技术文件的规定。水泵连续运转 2h 后,滑动轴承外壳最高温度不得超过 70℃;滚动轴承不得超过 75℃	观察、旁站、用声级计测定、查阅试运转记录及有关文件	全数检查

序号	项　目	合格质量标准	检验方法	检查数量
3	冷却塔单机试运转及调试	冷却塔本体应稳固、无异常振动，其噪声应符合设备技术文件的规定。风机试运转按表项 1 的规定。冷却塔风机与冷却水系统循环试运行不少于 2h，运行应无异常情况	观察、旁站、用声级计测定、查阅试运转记录及有关文件	全数检查
4	制冷机组试运转及调试	制冷机组、单元式空调机组的试运转，应符合设备技术文件和现行国家标准《制冷设备、空气分离设备安装工程施工及验收规范》(GB 50274) 的有关规定，正常运转应不少于 8h	观察、旁站、用声级计测定、查阅试运转记录及有关文件	
5	电控防火、防排烟阀动作试验	电控防火、防排烟风阀（口）的手动、电动操作应灵活、可靠，信号输出正确	观察、旁站、用声级计测定、查阅试运转记录及有关文件	按系统中风阀的数量抽查 20%，且不得少于 5 件
6	系统风量调试	系统总风量调试结果与设计风量的偏差应不大于 10%	观察、旁站、查阅调试记录	按风管系统数量抽查 10%，且不得少于 1 个系统
7	空调水系统调试	空调冷热水、冷却水总流量测试结果与设计流量的偏差应不大于 10%	观察、旁站、查阅调试记录	
8	恒温、恒湿空调	舒适空调的温度、相对湿度应符合设计的要求。恒温、恒湿房间室内空气温度、相对湿度及波动范围应符合设计规定	观察、旁站、查阅调试记录	
9	防、排烟系统调试	防排烟系统联合试运行与调试的结果（风量及正压），必须符合设计与消防的规定	观察、旁站、查阅调试记录	按总数抽查 10%，且不得少于 2 个楼层

续表

序号	项 目	合格质量标准	检验方法	检查数量
10	净化空调系统调试	净化空调系统还应符合下列规定： 　(1)单向流洁净室系统的系统总风量调试结果与设计风量的允许偏差为 0～20%，室内各风口风量与设计风量的允许偏差为 15%。 　新风量与设计新风量的允许偏差为 10%。 　(2)单向流洁净室系统的室内截面平均风速的允许偏差为 0～20%，且截面风速不均匀度应不大于 0.25。 　新风量和设计新风量的允许偏差为 10% 　(3)相邻不同级别洁净室之间和洁净室与非洁净室之间的静压差应不小于 5Pa，洁净室与室外的静压差应不小于 10Pa。 　(4)室内空气洁净度等级必须符合设计规定的等级或在商定验收状态下的等级要求。 　高于等于 5 级的单向流洁净室，在门开启的状态下，测定距离门 0.6m 室内侧工作高度处空气的含尘浓度，亦不应超过室内洁净度等级上限的规定	检查、验证调试记录，按《通风与空调工程施工质量验收规范》(GB 50243)附录 B 进行测试校核	调试记录全数检查，测点抽查 5%，且不得少于 1 点

(2)一般项目检验标准应符合表 17-30 的规定。

表 17-30   一般项目检验

序号	项 目	合格质量标准	检验方法	检查数量
1	风机、空调机组等设备调试	风机、空调机组、风冷热泵等设备运行时，产生的噪声不宜超过产品性能说明书的规定值	观察、旁站、查阅试运转记录	抽查 20%，且不得少于 1 台
		风机盘管机组的三速、温控开关的动作应正确，并与机组运行状态一一对应		抽查 10%，且不得少于 5 台

序号	项　目	合格质量标准	检验方法	检查数量
2	水泵调试	水泵运行时不应有异常振动和声响,壳体密封处不得渗漏,紧固连接部位不应松动,轴封的温升应正常;在无特殊要求的情况下,普通填料泄漏量应不大于 60mL/h,机械密封的应不大于 5mL/h	观察、旁站、查阅试运转记录	抽查 20%,且不得少于 1 台
3	风口风量平衡调整	系统经过平衡调整,各风口或吸风罩的风量与设计风量的允许偏差应不大于 15%	用仪表测量	抽查 10%,且不得少于 1 个
4	水系统试运行	(1)空调工程水系统应冲洗干净、不含杂物,并排除管道系统中的空气;系统连续运行应达到正常、平稳;水泵的压力和水泵电机的电流不应出现大幅波动。系统平衡调整后,各空调机组的水流量应符合设计要求,允许偏差为 20%。 (2)多台冷却塔并联运行时,各冷却塔的进、出水量应达到均衡一致	用仪表测量	
5	水系统检测元件及执行机构	各种自动计量检测元件和执行机构的工作应正常,满足建筑设备自动化(BA、FA 等)系统对被测定参数进行检测和控制的要求	观察、用仪表测量或查阅调试记录	
6	空调房间参数	(1)空调室内噪声应符合设计规定要求; (2)有压差要求的房间、厅堂与其他相邻房间之间的压差,舒适性空调正压为 0~25Pa;工艺性的空调应符合设计的规定。 (3)有环境噪声要求的场所,制冷、空调机组应按现行国家标准《采暖通风与空气调节设备噪声声功率级的测定——工程法》(GB 9068)的规定进行测定。洁净室内的噪声应符合设计的规定	观察、用仪表测量检查及查阅调试记录	按系统数量抽查 10%,且不得少于 1 个系统或 1 间

序号	项　目	合格质量标准	检验方法	检查数量
7	工程控制和监测元件及执行机构配合	通风与空调工程的控制和监测设备,应能与系统的检测元件和执行机构正常沟通,系统的状态参数应能正确显示,设备联锁、自动调节、自动保护应能正确动作	旁站观察,查阅调试记录	按系统或监测系统总数抽查30%,且不得少于1个系统

2. 验收资料。

(1)仪器、仪表经校验合格的证明文件。

(2)调试单位资格证书和调试人员的上岗证。

(3)依据设计图纸和有关技术文件编制的完整的调试方案。

(4)单机和无生产负荷联合试运转记录。

(5)检验批质量验收记录。

(6)分项工程质量验收记录。

第十八章　建筑电气工程现场监理

第一节　架空线路及杆上电气设备安装

一、监理巡视与检查

1. 架空线路安装

(1)电杆组立。

1)电杆坐标位置应正确;电杆埋设深度应符合表 18-1 的要求;电杆坑、拉线坑的深度允许偏差,应不深于设计坑深 100mm,不浅于设计坑深 50mm。

2)钢筋混凝土电杆钢圈的焊接,应由经考试合格的焊工进行,并在焊缝处打上钢印代号;焊口缝隙应为 2～5mm,钢圈厚度大于 6mm 时应采用 V 形剖口,焊缝中严禁用焊条或其他金属堵塞;多层焊缝接口应错开,收口处熔池应填满;焊缝表面应无缺陷,咬边深度不应大于 0.5mm,当钢圈厚度超过 10mm 时,咬边深度不应大于 110mm。

表 18-1　　　　　　　　　　　　电杆埋设深度　　　　　　　　　　　(m)

杆长	7	8	9	10	11	12	13	15
埋深	1.4	1.5	1.6	1.7	1.8	1.9	2.0	2.3

3)电杆组立应正直,直线杆的横向位移不应大于 50mm,杆梢偏移不应大于梢径的 1/2,直线杆顺线路方向位移不得超过设计的电杆挡距的 5%;转角杆应向外角预偏移,待紧线后回正,且不向内角倾斜,向外角倾斜不应大于 1 个梢径;双杆竖立后应平直,双杆中心线与中心桩之间横向位移小于 50mm,两杆高低差小于 20mm。

4)电杆坑底要铲平夯实,一般在 9m 以上的电杆应采用底盘;杆坑回填土时应分层夯实,并应有防沉台,台高应超过地面 300mm。

(2)电杆埋设。架空线路的杆型、拉线设置及两者的埋设深度,在施工设计时是依据所在地的气象条件、土壤特性、地形情况等因素加以考虑决定的。埋设深度是否足够,涉及线路的抗风能力和稳固性,太深会浪费材料。

单回路的配电线路,电杆埋深不应小于表 18-1 所列数值。一般电杆的埋深基本上(除 15m 杆以外),可为电杆高度的 1/10 加 0.7m;拉线坑的深度不宜小于 1.2m。

（3）横担安装。导线为水平排列时，上层横担距杆顶距离应大于200mm。直线杆单横担应装于受电侧，90度转角杆及终端杆单横担应装于拉线侧。同杆架设的双回路或多回路线路。

（4）导线架设。导线架设时，线路的相序排列应统一，对设计、施工、安全运行都是有利的，高压线路面向负荷，从左侧起，导线排列相序为 L_1、L_2、L_3 相；低压线路面向负荷，从左侧起，导线排列相序为 L_1、N、L_2、L_3 相。电杆上的中性线(N)应靠近电杆，如线路沿建筑物架设时，应靠近建筑物。

1)导线无断股、扭绞和死弯，与绝缘子固定可靠，金具齐全且应与导线规格适配。

2)导线连接，同一挡距内，同一根导线的接头不得超过一个，不同金属、不同规格、不同绞向的导线严禁在挡距内连接。

铜芯线连接时必须采用搪锡法处理，小截面铜芯线应采用绞线接法连接，大截面铜芯线应采用压接、绞结、复卷、统卷法进行连接，其搭接长度不应小于导线直径的25倍。

导线采用压接连接时，压接后的接续管弯曲度，不应大于管长的2%，若大于2%时应给予校直。压接或校直后的接续管不应有裂纹。导线端头绑扣线钳压后不应拆除，露出长度不应小于20mm。

3)架空导线的弧垂值，允许偏差为设计弧垂值的±5%。水平排列的同挡导线间弧垂值偏差为±50mm。

2. 杆上电气设备安装

（1）变压器导管表面应光洁，不应有裂纹、破损等现象，一、二次引线应排列整齐，绑扎牢固。变压器外壳应可靠接地。

（2）跌落式熔断器的瓷件、铸件不应有裂纹、砂眼，排列应整齐、高低一致，熔管轴线与地面的垂线夹角为15°～30°，上下引线与导线的连接应紧密可靠。

（3）不得用线材代替保险丝(片)，安装时接触应紧密，不应出现弯折、压扁、伤痕等现象。

（4）杆上油断器安装时，水平倾斜度不应大于托架长度的1%，引线的绑扎连接处应留有防水弯，绑扎长度不应小于150mm，绑扎应紧密，外壳应可靠接地，并调好三相同期。

（5）杆上避雷器安装要排列整齐、高低一致，相间距离不小于350mm。引下线应短而直，电源侧引线铜线截面积不小于16mm²，铝线截面积不小于25mm²；接地侧引线铜线截面积不小于25mm²，铝线截面积不小于35mm²。与接地装置引出线连接可靠。

二、监理验收

1. 验收标准

(1)主控项目检验标准应符合表 18-2 的规定。

表 18-2   主控项目检验

序号	项　目	合格质量标准	检验方法	检查数量
1	变压器中性点的接地及接地电阻值测试	变压器中性点应与接地装置引出干线直接连接,接地装置的接地电阻值必须符合设计要求	查阅测试记录或测试时旁站	全数检查
2	杆上高压电气设备的交接试验	杆上变压器和高压绝缘子、高压隔离开关、跌落式熔断器、避雷器等必须交接试验合格	查阅试验记录或试验时旁站	全数检查
3	杆上低压配电装置和馈电线路的交接实验	杆上低压配电箱的电气装置和馈电线路交接试验应符合下列规定: (1)每路配电开关及保护装置的规格、型号,应符合设计要求。 (2)相间和相对地间的绝缘电阻值应大于 0.5MΩ。 (3)电气装置的交流工频耐压试验电压为 1kV,当绝缘电阻值大于 10MΩ 时,可采用 2500V 兆欧表摇测替代,试验持续时间 1min,无击穿闪络现象	查阅试验记录或试验时旁站	全数检查
4	电杆坑、拉线坑深度允许偏差	电杆坑、拉线坑的深度允许偏差,应不深于设计坑深 100mm,不浅于设计坑深 50mm	用钢尺测量	抽查 10%,少于 5 档,全数检查
5	架空导线的弧垂值允许偏差及水平排列的同档导线间弧垂值偏差	架空导线的弧垂值,允许偏差为设计弧垂值的 ±5%,水平排列的同档导线间弧垂值偏差为 ±50mm	用塔尺测量	抽查 10%,少于 5 档,全数检查

(2)一般项目检验标准应符合表 18-3 的规定。

表 18-3   一般项目检验

序号	项 目	合格质量标准	检验方法	检查数量
1	拉线及其绝缘子、金具安装	拉线的绝缘子及金具应齐全,位置正确,承力拉线应与线路中心线方向一致,转角拉线应与线路分角线方向一致。拉线应收紧,收紧程度与杆上导线数量规格及弧垂值相适配	目测或用适配仪表测量	抽查10%,少于 5 付,全数检查
2	电杆组立	电杆组立应正直,直线杆横向位移应不大于 50mm,杆梢偏移应不大于梢径的 1/2,转角杆紧线后不向内角倾斜,向外角倾斜应不大于 1 个梢径	钢尺或用适配仪表测量	抽查10%,少于 5 组,全数检查,其中转角杆应全数检查
3	横担安装及防腐处理	直线杆单横担应装于受电侧,终端杆、转角杆的单横担应装于拉线侧。横担的上下歪斜和左右扭斜,从横担端部测量应不大于 20mm。横担等镀锌制品应热浸镀锌	用钢尺测量	抽查10%,少于 5 付,全数检查
4	导线架设	导线无断股、扭绞和死弯,与绝缘子固定可靠,金具规格应与导线规格适配	目测检查	抽查10%,少于 5 付,全数检查
5	线路安全距离	线路的跳线、过引线、接户线的线间和线对地间的安全距离,电压等级为 6~10kV 的,应大于 300mm;电压等级为 1kV 及以下的,应大于 150mm。用绝缘导线架设的线路,绝缘破口处应修补完整	钢尺测量和目测	全数检查
6	杆上电气设备安装	杆上电气设备安装应符合下列规定: (1)固定电气设备的支架、紧固件为热浸镀锌制品,紧固件及防松零件齐全。 (2)变压器油位正常、附件齐全、无渗油现象、外壳涂层完整。 (3)跌落式熔断器安装的相间距离不小于 500mm;熔管试操动能自然打开旋下	钢尺测量和目测	全数检查

续表

序号	项 目	合格质量标准	检验方法	检查数量
6	杆上电气设备安装	(4)杆上隔离开关分、合操动灵活,操动机构机械锁定可靠,分合时三相同期性好,分闸后,刀片与静触头间空气间隙距离不小于200mm;地面操作杆的接地(PE)可靠,且有标识。 (5)杆上避雷器排列整齐,相间距离不小于350mm,电源侧引线铜线截面积不小于16mm²、铝线截面积不小于25mm²;接地侧引线铜线截面积不小于25mm²,铝线截面积不小于35mm²。与接地装置引出线连接可靠	钢尺测量和目测	全数检查

2. 验收资料

(1)材料出厂合格证或实验报告。

(2)变压器出厂试验记录。

(3)绝缘子耐压试验记录。

(4)电气设备试验调整记录。

(5)绝缘电阻测试记录。

(6)交叉跨越距离记录及有关文件。

第二节 变压器、箱式变电所安装

一、监理巡视与检查

1. 变压器安装

(1)变压器本体及附体安装。变压器安装位置应正确,变压器基础的轨道应水平,轮距与轨距应配合;装有气体继电器的变压器、电抗器,应使其顶盖沿气体继电器气流方向有1%～1.5%的升高坡度(制造厂规定不需安装坡度者除外)。当须与封闭母线连接时,其套管中心线应与封闭母线安装中心线相符。

(2)变压器与线路连接。

1)变压器一、二次引线施工,不应使变压器的套管直接承受应力。

2)变压器工作零线与中性接地线,应分别敷设,工作零线宜用绝缘导线。

3)所有螺栓应紧固,连接螺栓的锁紧装置应齐全,固定牢固。变压器零线沿器身向下接至接地装置的线段,应固定牢靠。

　　4)器身各附件间连接的导线,连接牢固,并应有保护措施。

　　5)与变压器连接的母线、支架、保护管、接零线均应便于拆卸,便于变压器检修,各连接螺栓的螺纹应露出螺母2~3扣。

　　6)所有支架防腐应齐全、完整。

　　7)油浸变压器附件的控制线,宜用具有耐油性能的绝缘导线,靠近箱壁的导线,应加金属软管保护。

　　2.箱式变电所安装

　　(1)箱式变电所及落地式配电箱的基础应高于室外地坪,周围排水通畅。箱式变电所的固定形式有两种,用地脚螺栓固定的螺帽齐全,拧紧牢固;自由安放的应垫平放正。

　　(2)箱式变电所内外涂层完整、无损伤,有通风口的风口防护网完好。

　　(3)箱式变电所的高低压柜内部接线完整,低压每个输出回路标记清晰,回路名称准确。

　　(4)金属箱式变电所及落地式配电箱,箱体应与 PE 线或 PEN 线连接可靠,且有标识。

二、监理验收

1.验收标准

(1)主控项目检验标准就符合表18-4的规定。

表18-4　　　　　　　　　　　主控项目检验

序号	项　目	合格质量标准	检验方法	检查数量
1	变压器安装及外观检查	变压器安装应位置正确,附件齐全,油浸变压器油位正常,无渗油现象	目测检查	全数检查
2	变压器中性点、箱式变电所 N 和 PE 母线的接地连接及支架或外壳接地	接地装置引出的接地干线与变压器的低压侧中性点直接连接;接地干线与箱式变电所的 N 母线和 PE 母线直接连接;变压器箱体、干式变压器的支架或外壳应接地(PE)。所有连接应可靠,紧固件及防松零件齐全	目测和用适配仪表测量	全数检查
3	变压器交接试验	变压器必须交接试验合格	查阅试验记录或试验时旁站	全数检查

序号	项　目	合格质量标准	检验方法	检查数量
4	箱式变电所及落地配电箱的固定及箱体接地或接零	箱式变电所及落地式配电箱的基础应高于室外地坪,周围排水通畅。用地脚螺栓固定的螺母齐全,拧紧牢固;自由安放的应垫平放正。金属箱式变电所及落地式配电箱,箱体应接地(PE)或接零(PEN)可靠,且有标识	用铁水平尺测量或目测	全数检查
5	箱式变电所的交接试验	箱式变电所的交接试验,必须符合下列规定: (1)由高压成套开关柜、低压成套开关柜和变压器三个独立单元组合成的箱式变电所高压电气设备部分,按交接试验合格。 (2)高压开关、熔断器等与变压器组合在同一个密闭油箱内的箱式变电所,交接试验按产品提供的技术文件要求执行 (3)低压成套配电柜交接试验必须合格	查阅试验记录或试验时旁站	全数检查

(2)一般项目检验标准应符合表 18-5 的规定。

表 18-5　　　　　　　　　　一般项目检验

序号	项　目	合格质量标准	检验方法	检查数量
1	有载调压开关检查	有载调压开关的传动部分润滑应良好,动作灵活,点动给定位置与开关实际位置一致,自动调节符合产品的技术文件要求	查阅实验记录或试验时旁站	全数检查
2	绝缘件和测温仪表检查	绝缘件应无裂纹、缺损和瓷件瓷釉损坏等缺陷,外表清洁,测温仪表指示准确	目测检查	全数检查
3	装有转件的变压器固定	装有滚轮的变压器就位后,应将滚轮用能拆卸的制动部件固定	目测检查或查阅施工记录	全数检查

続表

序号	項 目	合格質量標准	檢驗方法	檢查数量
4	変圧器的器身檢查	変圧器応按産品技術文件要求进行器身檢查,当満足下列条件之一时,可不檢查器身: (1)制造厂規定不檢查器身者。 (2)就地生産仅做短途运输的変圧器,且在运输过程中有效监督,无紧急制動、剧烈振動、沖撞或严重顛簸等异常情况者	目測檢查	全数檢查
5	箱式変電所内外涂層和通風口檢查	箱式変電所内外涂層完整、无損傷,有通風口的風口防护网完好	目測檢查	全数檢查
6	箱式変電所柜内接线和线路标記	箱式変電所的高低圧柜内部接线完整、低圧每个输出回路标記清晰,回路名称准确	目測檢查	全数檢查
7	装有气体继電器的変圧器頂盖坡度	装有气体继電器的変圧器頂盖,沿气体继電器的气流方向有 $1.0\%\sim1.5\%$ 的升高坡度	用铁水平尺測量	全数檢查

2. 验收资料

(1)设备出厂合格证、相关试验报告和技術条件。

(2)器具、材料出厂合格证。

(3)電力変圧器试验调整記录和绝缘油化验报告。

第三节　成套配電柜、控制柜(屏、台)和动力、照明配電箱(盘)安装

一、監理巡视与檢查

1. 盘柜安装

盘柜安装最好在土建室内装饰完工后开始进行。

(1)柜(盘)在室内的位置按图施工。

（2）在距离配电柜顶和底各 200mm 高处,按一定的位置绷两根尼龙线作为基准线,将柜(盘)按规定的顺序比照基准线安装就位,其四角或采用开口钢垫板找平找正[钢垫板尺寸一般为 40mm×40mm×1(2,5)mm]。

（3）找平找正完成后,即可将柜体与基础槽钢、柜体与柜体、柜体与两侧挡板固定牢固。柜体与柜体,柜体与两侧挡板采用螺栓连接。柜体与基础槽钢最好采用螺栓连接,如果图纸说明是采用点焊时,按图纸制作。

（4）配电柜(盘)上的电器安装:

1）规格、型号应符合设计要求,外观应完整,且附件完全、排列整齐,固定可靠,密封良好。

2）各电器应能单独拆装更换而不影响其他电器及导线束的固定。

3）发热元件宜安装于柜顶。

4）熔断器的熔体规格应符合设计要求。

5）电流试验柱及切换压板装置应接触良好;相邻压板间应有足够距离,切换时不应碰及相邻的压板。

6）信号装置回路应显示准确,工作可靠。

7）柜(盘)上的小母线应采用直径不小于 6mm 的铜棒或铜管,小母线两侧应有标明其代号或名称的标志牌,字迹应清晰且不易脱色。

2. 照明配电箱盘安装

（1）弹线定位:根据设计要求找出配电箱(盘)位置,并按照箱(盘)外形尺寸进行弹线定位。配电箱安装底口距地一般为 1.5m,明装电度表板底口距地不小于1.8m。在同一建筑物内,同类箱盘高度应一致,允许偏差 10mm。

（2）安装配电箱(盘)的木砖及铁件等均应预埋,挂式配电箱(盘)应采用膨胀螺栓固定。

（3）铁制配电箱(盘)均需先刷一遍防锈漆,再刷灰油漆两道。

（4）配电箱(盘)带有器具的铁制盘面和装有器具的门均应有明显可靠的裸软铜线 PE 线接地。

（5）配电箱(盘)安装应牢固、平正,其允许偏差不应大于 3mm,配电箱体高50cm 以下,允许偏差 1.5mm。

（6）配电箱(盘)上配线需排列整齐,并绑扎成束,在活动部位应用长钉固定。盘面引出及引进导线应留有适当余度,以便于检修。

（7）导线剥削处不应损伤线芯和芯线过长,导线接头应牢固可靠,多股导线应挂锡后再压接,不得减少导线股数。

（8）配电箱(盘)的盘面上安装的各种刀闸及自动开关等,当处于断路状态时刀片可动部分和动触头均不应带电。

（9）垂直装设的刀闸及熔断器等电器上端接电源,下端接负荷。横装时左侧(面对盘面)接电源,右侧接负荷。

(10)配电箱(盘)上的电源指示灯,其电源应接至总开关外侧,并应装单独熔断器。盘面闸具位置应与支路相对应,其下面应装设卡片标明线路及容量。

(11)TN—C 中的零线应在箱体(盘面上)进户线处做好重复接地。

(12)零母线在配电箱(盘)上应用零线端子板分路,零线端子板分支路排列位置应与熔断器对应。

(13)配电箱内母线相序排列一致,母线色标正确,均匀完整,二次结线排列整齐,回路编号清晰齐全。

(14)采用钢板盘面或木制盘面的出线孔应装绝缘嘴,一般情况一孔只穿一线。

(15)明装配电箱(盘)的固定:在混凝土墙上固定时,有暗配管及暗分线盒和明配管两种方式。如有分线盒,先将分线盒内杂物清理干净,然后将导线理顺,分清支路和相序,按支路绑扎成束。待箱(盘)找准位置后,将导线端头引至箱内或盘上,逐个剥削导线端头,再逐个压接在器具上。同时将保护地线压在明显的地方,并将箱(盘)调整平直后用钢架或金属膨胀螺栓固定。在电器、仪表较多的盘面板安装完毕后,应先用仪表核对有无差错,调整无误后试送电,并将卡片框内的卡片填写好部位,编上号。

(16)暗装配电箱的固定。在预留孔洞中将箱体找好标高及水平尺寸。稳住箱体后用水泥砂浆填实周边并抹平齐,待水泥砂浆凝固后再安装盘面和贴脸。如箱底与外墙平齐时,应在外墙固定金属网后再做墙面抹灰,不得在箱底板上直接抹灰。安装盘面要求平整,周边间隙均匀对称,贴脸(门)平正,不歪斜,螺丝垂直受力均匀。

(17)绝缘摇测:配电箱(盘)全部电器安装完毕后,用 500V 兆欧表对线路进行绝缘摇测。摇测项目包括相线与相线之间,相线与零线之间,相线与地线之间,零线与地线之间,两人进行摇测,同时做好记录,做技术资料存档。

二、监理验收

1. 验收标准

(1)主控项目检验标准应符合表 18-6 的规定。

表 18-6   主控项目检验

序号	项 目	合格质量标准	检验方法	检查数量
1	金属框架及基础型钢的接地或接零	柜、屏、台、箱、盘的金属框架及基础型钢必须接地(PE)或接零(PEN)可靠;装有电器的可开启门,门和框架的接地端子间应用裸编织铜线连接,且有标识	查阅测试记录或测试时旁站或用适配仪表进行抽测	全数检查

序号	项 目	合格质量标准	检验方法	检查数量
2	手车式柜的推拉和动、静触头检查	手车、抽出式成套配电柜推拉应灵活,无卡阻碰撞现象。动触头与静触头的中心线应一致,且触头接触紧密,投入时,接地触头先于主触头接触;退出时,接地触头后于主触头脱开	查阅测试记录或测试时旁站	抽查10%,少于5台,全数检查
3	成套配电柜的交接试验	高压成套配电柜必须交接试验合格,且应符合下列规定: (1)继电保护元器件、逻辑元件、变送器和控制用计算机等单体校验合格,整组试验动作正确,整定参数符合设计要求。 (2)凡经法定程序批准,进入市场投入使用的新高压电气设备和继电保护装置,按产品技术文件要求交接试验	查阅试验记录或试验时旁站	全数检查
4	柜间线路绝缘电阻测试	柜、屏、台、箱、盘间线路的线间和线对地间绝缘电阻值,馈电线路必须大于 0.5MΩ;二次回路必须大于1MΩ	查阅测试记录或测试时旁站或用适配仪表进行抽测	抽查10%,少于5台,全数检查
5	柜间二次回路耐压试验	柜、屏、台、箱、盘间二次回路交流工频耐压试验,当绝缘电阻值大于10MΩ 时,用 2500V 兆欧表摇测1min,应无闪络击穿现象;当绝缘电阻值在 1～10MΩ 时,做 1000V 交流工频耐压试验,时间 1min,应无闪络击穿现象	查阅试验记录或试验时旁站	抽查10%,少于5台,全数检查

(2)一般项目检验标准应符合表 18-7 的规定。

表 18-7   一般项目检验

序号	项　目	合格质量标准	检验方法	检查数量
1	柜间或基础型钢的连接	柜、屏、台、箱、盘相互间或与基础型钢应用镀锌螺栓连接且防松零件齐全	目测检查	抽查10%，少于5处，全数检查
2	柜间安装接缝、成列安装盘面偏差	柜、屏、台、箱、盘相互间接缝应不大于2mm，成列盘面偏差应不大于5mm	用塞尺、钢尺并结合拉线检查	抽查10%，少于5处（台），全数检查
3	柜内部检查试验	柜、屏、台、箱、盘内检查试验应符合下列规定： (1)控制开关及保护装置的规格、型号符合设计要求。 (2)闭锁装置动作准确、可靠。 (3)主开关的辅助开关切换动作与主开关动作一致。 (4)柜、屏、台、箱、盘上的标识器件标明被控设备编号及名称，或操作位置，接线端子有编号，且清晰、工整、不易脱色。 (5)回路中的电子元件不应参加交流工频耐压试验；48V及以下回路可不做交流工频耐压试验	目测检查，并查阅试验记录或试验时旁站	抽查10%，少于5台，全数检查
4	低压电器组合	低压电器组合应符合下列规定： (1)发热元件安装在散热良好的位置。 (2)熔断器的熔体规格、自动开关的整定值符合设计要求。 (3)切换压板接触良好，相邻压板间有安全距离，切换时，不触及相邻的压板。 (4)信号回路的信号灯、按钮、光字牌、电铃、电笛、事故电钟等动作和信号显示准确	目测检查，并查阅设计图纸或文件	抽查10%，少于5组（台），全数检查

序号	项 目	合格质量标准	检验方法	检查数量
4	低压电器组合	(5)外壳需接地(PE)或接零(PEN)的,连接可靠。 (6)端子排安装牢固,端子有序号,强电、弱电端子隔离布置,端子规格与芯线截面积大小适配	目测检查,并查阅设计图纸或文件	抽查10%,少于5组(台),全数检查
5	柜、屏等面板上电器及控制台、板等可动部位配线	连接柜、屏、台、箱、盘面板上的电器及控制台、板等可动部位的电线应符合下列规定: (1)采用多股铜芯软电线,敷设长度留有适当裕量。 (2)线束有外套塑料管等加强绝缘保护层。 (3)与电器连接时,端部绞紧,且有不开口的终端端子或搪锡,不松散、断股。 (4)可转动部位的两端用卡子固定	目测检查	抽查10%,少于5台,全数检查
6	基础型钢安装允许偏差	基础型钢安装应符合表18-8的规定	用线锤吊线尺和铁水平尺量测	全数检查
7	盘、柜等安装垂直度允许偏差	柜、屏、台、箱、盘安装垂直度允许偏差为1.5‰	用钢尺和线锤吊线尺量	抽查10%,少于5台,全数检查

(3)允许偏差应符合表18-8的规定。

表 18-8　　　　　　　　　　　　　基础型钢安装允许偏差

项 目	允许偏差	
	mm/m	mm/全长
不直度	1	5
水平度	1	5
不平行度	/	5

注:本表摘自《建筑电气工程施工质量验收规范》(GB 50303—2002)。

2. 验收资料

(1)产品合格证,试验记录。

(2)柜(盘)内设备的主控项目测试记录。

(3)柜(屏、台、箱、盘)安装数据记录。

第四节　低压电动机、电加热器及电动执行机构检查接线

一、监理巡视与检查

1. 电动机安装

(1)电动机安装、接线完毕后,在试车前,还应检查电动机的电源进线和接地线是否符合要求。一般在接近电动机一端的电源线,要采用金属软管连接(要有专用接头)。同时,电动机必须有效接地(或接零),接地线应固定在电动机的接地螺钉上,不得接在电动机的机座上。接地线的截面只作为干线时,一般为电动机进行截面积的 30%,铝芯线截面最大不超过 $35mm^2$,铜芯线最大不超过 $25mm^2$。如果采用橡皮绝缘导线时,铝芯线最小为 $4mm^2$,铜芯线为 $2.5mm^2$。

(2)设备安装用的紧固件,除地脚螺栓外,应用镀锌制品。电机性能应符合电机周围工作环境的要求。

(3)注意电动机在接线盒内的接线不能接错。如果发生错误,或因绕组首末端弄错,都会给电动机的使用带来不良后果,轻则不能正常启动,长时间通电造成启动电流过大,电动机发热严重,影响寿命;重则烧毁电动机绕组,或造成电路短路。

2. 电动机安装试运行

电动机试运行前的检查:

(1)土建工程全部结束,并符合建筑工程施工及验收规范中的规定。

(2)电机本体安装检查结束,现场清扫整理完毕。

(3)冷却、调速、润滑等附属系统安装完毕,验收合格,分部试运行情况良好。

(4)电机的保护、控制、测量、信号励磁等回路的调试完毕,运行正常。

(5)测定电机定子线圈、转子线圈及励磁回路的绝缘电阻,应符合要求;对有绝缘的轴承座,其绝缘板、轴承座及台板的接触面应清洁干燥,用 $1000V$ 兆欧表测量,绝缘电阻值不小于 $0.5M\Omega$。

(6)电刷与换向器或集电环的接触应良好。

(7)盘动电机转子时应转动灵活,无碰卡现象。

(8)电机引出线应相位正确,固定牢固,连接紧密。

(9)电机外壳油漆完整,接地良好。

（10）照明、通讯、消防装置应齐全。

电动机试运行中的检查，应符合下列要求：

（1）电动机的旋转方向符合要求，无异声。

（2）电动机的换向器、集电环及电刷的工作情况正常。

（3）检查电动机各部温度，不应超过产品技术条件的规定。

（4）滑动轴承温度不应超过 80℃，滚动轴承温度不应超过 95℃。

二、监理验收

1. 验收标准

（1）主控项目检验标准应符合表 18-9 的规定。

表 18-9　　　　　　　　　　　　　　　主控项目检验

序号	项　目	合格质量标准	检验方法	检查数量
1	可接近的裸露导体接地或接零	电动机、电加热器及电动执行机构的可接近裸露导体必须接地（PE）或接零（PEN）。 建筑电气的低压动力工程采用何种供电系统，由设计选定，但可接近的裸露导体（即原规范中的非带电金属部分）必须接地或接零，以确保使用安全。 本条为强制性标准，应严格执行	目测检查	全数检查
2	绝缘电阻值测试	电动机、电加热器及电动执行机构绝缘电阻值应大于 0.5MΩ。 建筑电气工程中电动机容量一般不大，其启动控制也不甚复杂，所以交接试验内容也不多，主要是绝缘电阻检测	用适配仪表抽测	抽查 30%，少于 5 台，全数检查
3	100kW 以上的电动机直流电阻测试	100kW 以上的电动机，应测量各相直流电阻值，相互差应不大于最小值的 2%；无中性点引出的电动机，测量线间直流电阻值，相互差应不大于最小值的 1%。 本条是交接试验的主要内容，用来测定电动机直流电阻，以保障电动机能够安全稳定运行	查阅测试记录或测试时旁站或用适配仪表抽测	全数检查

（2）一般项目检验标准应符合表 18-10 的规定。

表 18-10   一般项目检验

序号	项 目	合格质量标准	检验方法	检查数量
1	设备安装和防水防潮处理	电气设备安装应牢固,螺栓及防松零件齐全,不松动。防水防潮电气设备的接线入口及接线盒盖等应做密封处理	目测检查或用适配工具做拧动试验	抽查 30%,少于 5 处,全数检查
2	电动机抽芯检查前的条件确认	除电动机随带技术文件说明不允许在施工现场抽芯检查外,有下列情况之一的电动机,应抽芯检查: (1)出厂时间已超过制造厂保证期限,无保证期限的已超过出厂时间一年以上。 (2)外观检查、电气试验、手动盘转和试运转,有异常情况	查阅试验记录和电动机出厂合格证	全数检查
3	电动机的抽芯检查	电动机抽芯检查应符合下列规定: (1)线圈绝缘层完好、无伤痕,端部绑线不松动,槽楔固定、无断裂,引线焊接饱满,内部清洁,通风孔道无堵塞。 (2)轴承无锈斑,注油(脂)的型号、规格和数量正确,转子平衡块紧固,平衡螺钉锁紧,风扇叶片无裂纹。 (3)连接用紧固件的防松零件齐全完整。 (4)其他指标符合产品技术文件的特有要求	抽芯旁站或查阅抽芯检查记录	抽查 30%,少于 5 台(处),全数检查
4	接线盒内裸露导线的距离,防护措施	在设备接线盒内裸露的不同相导线间和导线对地间最小距离应大于8mm,否则应采取绝缘防护措施	尺量检查	全数检查

2. 验收资料

(1)设备的产品合格证、试验记录、产品安装使用说明书。

（2）电机抽芯检查、安装记录。

（3）设备试验记录。

第五节　柴油发电机组安装

一、监理巡视与检查

1. 机组检查

（1）设备开箱点件应有安装单位、供货单位、建设单位、工程监理共同进行，并做好记录。

（2）依据装箱单，核对主机、附件、专用工具、备品备件和随带技术文件，查验合格证和出厂试运行记录，发电机及其控制柜有出厂试验记录。

（3）外观检查，有铭牌，机身无缺件，涂层完整。

（4）柴油发电机组及其附属设备均应符合设计要求。

（5）发电机组随带的控制柜接线应正确，紧固件紧固状态良好，无遗漏脱落。开关、保护装置的型号、规格正确，验证出厂试验的锁定标记应无位移，有位移应重新按制造厂要求试验标定。

2. 机组主体安装

（1）如果安装现场允许吊车作业时，用吊车将机组整体吊起，把随机配的减震器装在机组的底下。

（2）在柴油发电机组施工完成的基础上，放置好机组。一般情况下，减震器无须固定，只需在减震器下垫一层薄薄的橡胶板。如果需要固定，应确定减震器的地脚孔的位置，吊起机组，埋好螺栓后，放好机组，最后拧紧螺栓。

（3）现场不允许吊车作业，可将机组放在滚杠上，滚至选定位置。

（4）用千斤顶（千斤顶规格根据机组重量选定）将机组一端抬高，注意机组两边的升高一致，直至底座下的间隙能安装抬高一端的减震器。

（5）释放千斤顶，再抬机组另一端，装好剩余的减震器，撤出滚杠，释放千斤顶。

3. 柴油发电机组的接线

核对相序是两个电源向同一供电系统供电的必经手续，虽然不出现并列运行，但相序一致才能确保用电设备的性能和安全。

（1）柴油发电机馈电线路连接后，两端的相序必须与原供电系统的相序一致。

（2）发电机中性线（N 线）应与接地干线直接连接，螺栓防松零件齐全，且有标识。

（3）发电机本体和机构部分的可接近裸露导体应与 PE 线或 PEN 线连接可靠，且有标识。

（4）根据厂家提供的随机资料，检查和校验随机控制屏的接线是否与图纸一致。

二、监理验收

1. 验收标准

(1)主控项目检验表标准应符合表 18-11 的规定。

表 18-11　　　　　　　　　　　　　　主控项目检验

序号	项目	合格质量标准	检验方法	检查数量
1	电气交接试验	发电机的试验必须符合《建筑电气工程施工质量验收规范》(GB 50303)附录 A 的规定	查阅试验记录或试验时旁站	全数检查
2	馈电线路的绝缘电阻测试和耐压试验	发电机组至低压配电柜馈电线路的相间、相对地间的绝缘电阻值应大于 0.5MΩ;塑料绝缘电缆馈电线路直流耐压试验为 2.4kV,时间 15min,泄漏电流稳定,无击穿现象	查阅试验记录或试验时旁站	全数检查
3	相序检查	柴油发电机馈电线路连接后,两端的相序必须与原供电系统的相序一致	目测检查	全数检查
4	中性线与接地干线的连接	发电机中性线(工作零线)应与接地干线直接连接,螺栓防松零件齐全,且有标识	目测检查	全数检查

(2)一般项目检验标准符合表 18-12 的规定。

表 18-12　　　　　　　　　　　　　　一般项目检验

序号	项目	合格质量标准	检验方法	检查数量
1	随带控制柜的检查	发电机组随带的控制柜接线应正确,紧固件紧固状态良好,无遗漏脱落。开关、保护装置的型号、规格正确,验证出厂试验的锁定标记应无位移,有位移应重新按制造厂要求试验标定	目测检查	全数检查
2	可接近裸露导体的接地或接零	发电机本体和机械部分的可接近裸露导体应接地(PE)或接零(PEN)可靠,且有标识	目测或查阅测试记录	全数检查

序号	项　目	合格质量标准	检验方法	检查数量
3	受电侧低压配电柜的试验和机组整体负荷试验	受电侧低压配电柜的开关设备、自动或手动切换装置和保护装置等试验合格，应按设计的自备电源使用分配预案进行负荷试验，机组连续运行12h无故障	查阅试验记录或试验时旁站	全数检查

2. 验收资料

(1)设备的出厂合格证和出厂试验记录。

(2)设备交接试验记录。

(3)馈电线路的绝缘电阻值测试和直流耐压试验。

(4)设备安装记录。

(5)控制柜、配电柜试验记录。

第六节　不间断电源安装

一、监理巡视与检查

1. 母线、电缆及台架安装

(1)台架安装，应符合以下要求：

1)台架、基架的型号、规格和材质应符合设计要求。其数量间距应符合设计要求。

2)台架防腐处理。安装之前应涂刷耐酸碱的涂料或焦油沥青。

3)高压蓄电池架，应用绝缘子或绝缘垫与地面绝缘。

4)台架安装必须平整、不得歪斜。并应做好接地线的连接。

(2)母线、电缆安装，应符合设计要求：

1)配电室内的母线支架安装应符合设计要求。支架(吊架)以及绝缘子铁脚均应做防腐处理涂刷耐酸涂料。

2)引出电缆敷设应符合设计要求。宜采用塑料护套电缆带标明正、负极性。正极为赭色、负极为蓝色。

3)所采用的套管和预留洞孔处，均应用耐酸、碱材料密封。

4)母线安装除应符合相关规定外，尚应在连接处涂电力复合脂和防腐处理。

2. 蓄电池组安装

(1)蓄电池组安装应按设计图纸及相关技术文件进行施工。

(2)电池组安装应平稳，间距应符合设计要求，保持间距均匀。同一排列的池组应高度一致，排列整齐、洁净。

(3)应有防震技术措施，并应牢固可靠。

(4)温度计、液面线应放在易于检查的一侧。

二、监理验收

1. 验收标准

(1)主控项目检验标准应符合表 18-13 的规定。

表 18-13　　　　　　　　　　　　主控项目检验

序号	项　目	合格质量标准	检验方法	检查数量
1	核对电源及附件规格、型号和接线检查	不间断电源的整流装置、逆变装置和静态开关装置的规格、型号必须符合设计要求。内部结线连接正确,紧固件齐全,可靠不松动,焊接连接无脱落现象	目测检查和查阅出厂合格证、装箱单及设计文件	全数检查
2	电气交接试验及调整	不间断电源的输入、输出各级保护系统和输出的电压稳定性、波形畸变系数、频率、相位、静态开关的动作等各项技术性能指标试验调整必须符合产品技术文件要求,且符合设计文件要求	查阅试验记录或试验时旁站	全数检查
3	电源装置间连线的绝缘电阻值测试	不间断电源装置间连线的线间、线对地间绝缘电阻值应大于 0.5MΩ	查阅试验记录或试验时旁站或用适配仪表抽测	全数检查
4	输出端中性线的重复接地	不间断电源输出端的中性线(N极),必须与由接地装置直接引来的接地干线相连接,做重复接地	目测或查阅导通性测试记录	全数检查

(2)一般项目检验标准应符合表 18-14 的规定。

表 18-14　　　　　　　　　　　　一般项目检验

序号	项　目	合格质量标准	检验方法	检查数量
1	主回路和控制电线、电缆敷设及连接	引入或引出不间断电源装置的主回路电线、电缆和控制电线、电缆应分别穿保护管敷设,在电缆支架上平行敷设应保持 150mm 的距离;电线、电缆的屏蔽护套接地连接可靠,与接地干线就近连接,紧固件齐全	目测或用钢尺测量或用适配工具做拧动试验	抽查10%,少于5 条回路,全数检查

序号	项　目	合格质量标准	检验方法	检查数量
2	可接近裸露导体的接地或接零	不间断电源装置的可接近裸露导体应接地(PE)或接零(PEN)可靠,且有标识	目测或查阅测试记录	全　数检查
3	运行时噪声的检查	不间断电源正常运行时产生的A声级噪声,应不大于45dB;输出额定电流为5A及以下的小型不间断电源噪声,应不大于30dB	查阅测试记录或用适配仪表测量	全　数检查
4	机架组装要求及水平度、垂直度偏差	安放不间断电源的机架组装应横平竖直,水平度、垂直度允许偏差应不大于0.15%,紧固件安全	用铁水平尺和线锤拉线检查	全　数检查

2. 验收资料

(1)设备出厂合格证、产品技术文件、出厂测试报告。

(2)不间断电源试验记录、绝缘电阻测试记录及噪声测试记录。

第七节　低压电气动力设备试验和试运行

一、监理巡视与检查

1. 低压电气动力设备试验

(1)线路校对时应注意以下几点:

1)二次接线在端子上的压接应紧固,在同一螺钉上一般不压接三个及三个以上的线头。

2)所有二次接线端子上应有设计编号,盘内盘外线应在端子板上分开。

3)二次接线不得有不经过端子板的中间接头。

4)盘上配线应有绝缘物与接地金属部分隔开。

5)所有螺丝上的平垫圈和弹簧垫圈应齐全,线头的绕向及其垫圈的大小应符合要求。

(2)调整时所用的仪器仪表应当良好,其误差应在规定范围内。至少使用在满刻度的20%以上部分。

(3)属于容易受外部磁场影响的仪表(如电动式与电磁式仪表),应注意放置在离大电流导线一米以外进行测量。

(4)作绝缘试验时应选择良好的天气。

(5)校表所用电源应是稳定的,而且要满足如下要求:在读取数字的时间内,调定的电压或电流的变化值,不得大于标准表级别的一半。如果遇到电源的稳定性较差,便应采取稳压措施,直到满足时为止。

(6)电气设备和元件除按规定的项目进行试验外,在出厂资料中提出了特殊要求的应按厂家规定进行试验。

(7)如产品质量不好,经调整后仍达不到制造厂的规定标准(例如继电器),不得采用。

(8)凡反映一次电流的继电保护,均应做一次最大电流系统试验。

(9)回路中的电子元件不应参加交流工频耐压试验;48V 及以下回路可不做交流工频耐压试验。

(10)对所有继电保护用的继电器,在整定好以后应加铅封。

(11)调整试验后复查所有的端子连接处应保证接触良好。

2. 低压电气动力设备试运行

(1)成套配电(控制)柜、台、箱、盘的运行电压、电流应正常,各种仪表指示正常。

(2)电动机应试通电,检查转向和机械转动有无异常情况;可空载试运行的电动机,时间一般为 2h 记录空载电流,且检查机身和轴承的温升。

(3)交流电动机在空载状态下(不投料)可启动次数及间隔时间应符合产品技术条件的要求;无要求时,连续启动 2 次的时间间隔不应小于 5min,再次启动应在电动机冷却至常温下。空载状态(不投料)运行,应记录电流、电压、温度、运行时间等有关数据,且应符合建筑设备或工艺装置的空载状态运行(不投料)要求。

(4)大容量(630A 及以上)导线或母线连接处,在设计计算负荷运行情况下应做温度抽测记录,温升值稳定且不大于设计值。

(5)电动执行机构的动作方向及指示,应与工艺装置的设计要求保持一致。

二、监理验收

1. 验收标准。

(1)主控项目检验标准应符合表 18-15 的规定。

表 18-15　　　　　　　　　　　　　主控项目检验

序号	项 目	合格质量标准	检验方法	检查数量
1	试运行电气设备和线路的试验	试运行前,相关电气设备和线路应按本章的规定试验合格	查阅试验记录或试验时旁站	功率 40kW 及以上全数检查　功率小于 40kW,抽查 20%,少于 5 台(件),全数检查

序号	项　目	合格质量标准	检验方法	检查数量
2	现场单独安装的低压电器交接试验	现场单独安装的低压电器交接试验项目应符合《建筑电气工程施工质量验收规范》(GB 50303—2002)附录B的规定	查阅试验记录或试验时旁站	功率40kW及以上全数检查　功率小于40kW,抽查20%,少于5台(件),全数检查

(2)一般项目检验标准应符合表18-16的规定。

表 18-16　　　　　　　　　　　　一般项目检验

序号	项　目	合格质量标准	检验方法	检查数量
1	运行电压、电流及其指示仪表检查	成套配电(控制)柜、台、箱、盘的运行电压、电流应正常,各种仪表指示正常	目测检查或查阅巡检记录	功率为40kW及以上全数检查;功率小于40kW,抽查20%,少于5台(件),全数检查
2	电动机试通电检查	电动机应试通电,检查转向和机械转动有无异常情况;可空载试运行的电动机,时间一般为2h,记录空载电流,且检查机身和轴承的温升	查阅试运转巡检记录,或用适配仪表抽测	
3	交流电动机空载启动及运行状态记录	交流电动机在空载状态下(不投料)可启动次数及间隔时间应符合产品技术条件的要求;无要求时,连续启动2次的时间间隔应不小于5min,再次启动应在电动机冷却至常温下。空载状态(不投料)运行,应记录电流、电压、温度、运行时间等有关数据,且应符合建筑设备或工艺装置的空载状态运行(不投料)要求	查阅试验记录或试验时旁站	
4	大容量(630A及以上)导线或母线连接处的温升检查	大容量(630A及以上)导线或母线连接处,在设计计算负荷运行情况下应做温度抽测记录,温升值稳定且不大于设计值	查阅检查记录或用适配仪表抽测	
5	电动机执行机构的动作方向及指示检查	电动执行机构的动作方向及指示,应与工艺装置的设计要求保持一致	目测检查	

2. 验收资料

(1)电气仪表指示记录。

(2)试通电、空载试运行记录。

(3)负荷运行温度抽测记录。

(4)联动运行记录。

第八节　裸母线、封闭母线、插接式母线安装

一、监理巡视与检查

1. 绝缘子安装

母线固定金具与支持绝缘子的固定应平整牢固,不应使其所支持的母线受到额外应力。安装在同一平面或垂直面上的支柱绝缘子或穿墙套管的顶面,应位于同一平面上,中心线位置应符合设计要求,母线直线段的支柱绝缘子安装中心线应在同一直线上;电压 10kV 及以上时,母线穿墙时应装有穿墙套管,套管孔径应比嵌入部分至少大 5mm;套管垂直安装时,法兰应在上,从上向下安装;套管水平安装时,法兰应在外,从外向内安装;在同一室内,套管应从供电侧向受电侧方向安装。支柱绝缘子和穿墙套管的底座或法兰盘均不得埋入混凝土或抹灰层内,支柱绝缘子的底座、套管的法兰及保护罩(网)等不带电的金属构件,均应接地。母线在支柱绝缘子上的固定点应位于母线全长或两个母线补偿器的中心处。

2. 母线安装

(1)母线敷设应按设计要求装设补偿器(伸缩节),设计未规定时,宜每隔下列长度设一个:铝母线—20~30m;铜母线—30~50m;钢母线—35~60m。

(2)硬母线跨柱、梁或跨屋架敷设时,母线在终端及中间分段处应分别采用终端及中间拉紧装置。终端或中间拉紧固定支架宜装有调节螺栓的拉线,拉线的固定点应能承受拉线张力。且同一挡距内,母线的各相弛度最大偏差应小于 10%。母线长度超过 300~400m 而需换位时,换位不应小于一个循环。槽形母线换位段处可用矩形母线连接,换位段内各相母线的弯曲程度应对称一致。

(3)母线与母线或母线与电器接线端子的螺栓搭接面的安装,应符合下列要求:

1)母线接触面加工后必须保持清洁,并涂以电力复合脂。

2)母线平置时,贯穿螺栓应由下往上穿,其余情况下,螺母应置于维护侧,螺栓长度宜露出螺母 2~3 扣。

3)贯穿螺栓连接的母线两外侧均应有平垫圈,相邻螺栓垫圈间应有 3mm 以上的净距,螺母侧应装有弹簧垫圈或锁紧螺母。

4)螺栓受力应均匀,不应使电器的接线端子受到额外应力。

(4)插接线母线槽的安装,还须符合下列要求:

1)悬挂式母线槽的吊钩应有调整螺栓,固定点间距离不得大于 3m。

2)母线槽的端头应装封闭罩,引出线孔的盖子应完整。

3)各段母线槽的外壳的连接应是可拆的,外壳之间应有跨接线,并应接地可靠。

(5)母线的相序排列,当设计无规定时应符合下列规定:

母线相序排列,如设计无规定时,应遵守下列规定,以设备正视方向为准,对上下布置的母线,交流 A、B、C 相或直流正、负极应由上而下;对水平布置的母线,交流 A、B、C 相或直流正、负极应由内向外;引下线的母线,交流 A、B、C 相或直流正、负极应由左向右。

二、监理验收

1. 验收标准

(1)主控项目检验标准应符合表 18-17 的规定。

表 18-17　　　　　　　　　　　　主控项目检验

序号	项 目	合格质量标准	检验方法	检查数量
1	可接近裸露导体的接地或接零	绝缘子的底座、套管的法兰、保护网(罩)及母线支架等可接近裸露导体应接地(PE)或接零(PEN)可靠。不应作为接地(PE)或接零(PEN)的接续导体	目测检查	抽查 10 处,少于 10 处,全数检查
2	母线与母线、母线与电器接线端子的螺栓搭接	母线与母线或母线与电器接线端子,当采用螺栓搭接连接时,应符合下列规定: (1)母线的各类搭接连接的钻孔直径和搭接长度符合《建筑电气工程施工质量验收规范》(GB 50303—2002)附录 C 的规定,用力矩扳手拧紧钢制连接螺栓的力矩值符合《建筑电气工程施工质量验收规范》(GB 50303—2002)附录 D 的规定。 (2)母线接触面保持清洁,涂电力复合脂,螺栓孔周边无毛刺。 (3)连接螺栓两侧有平垫圈,相邻垫圈间有大于 3mm 的间隙,螺母侧装有弹簧垫圈或锁紧螺母。 (4)螺栓受力均匀,不使电器的接线端子受额外应力	目测检查或用适配工具做拧动试验	抽查 10 处,少于 10 处,全数检查

序号	项　目	合格质量标准	检验方法	检查数量
3	封闭、插接式母线的组对连接	封闭、插接式母线安装应符合下列规定： (1)当段与段连接时，两相邻段母线及外壳对准，连接后不使母线及外壳受额外应力。 (2)母线的连接方法符合产品技术文件要求	目测检查或查阅施工记录	抽查10处，少于10处，全数检查
4	室内裸母线的最小安全净距	室内裸母线的最小安全净距应符合《建筑电气工程施工质量验收规范》(GB 50303)附录E的规定	拉线尺量	
5	高压母线交流工频耐压试验	高压母线交流工频耐压试验必须按交接试验合格	查阅试验记录或试验时旁站	全数检查
6	低压母线交接试验	低压母线交接试验应合格	查阅试验记录或试验时旁站	全数检查
7	封闭、插接式母线与外壳同心允许偏差	封闭、插接式母线与外壳同心，允许偏差为±5mm	用适配仪表检查或做同心试验	全数检查

(2)一般项目检验标准应符合表 18-18 的规定。

表 18-18　　　　　　　　　　一般项目检验

序号	项　目	合格质量标准	检验方法	检查数量
1	母线支架的固定	母线的支架与预埋铁件采用焊接固定时，焊缝应饱满；采用膨胀螺栓固定时，选用的螺栓应适配，连接应牢固	目测或用适配工具做拧动试验	抽查10%，少于5处，全数检查

序号	项　目	合格质量标准	检验方法	检查数量
2	母线与母线、母线与电器接线端子搭接面处理	母线与母线、母线与电器接线端子搭接，搭接面的处理应符合下列规定： (1)铜与铜：室外、高温且潮湿的室内，搭接面搪锡；干燥的室内，不搪锡。 (2)铝与铝：搭接面不做涂层处理。 (3)钢与钢：搭接面搪锡或镀锌。 (4)铜与铝：在干燥的室内，铜导体搭接面搪锡；在潮湿场所，铜导体搭接面搪锡，且采用铜铝过渡板与铝导体连接。 (5)钢与铜或铝：钢搭接面搪锡	目测检查	抽查10%，少于5处，全数检查
3	母线的相序排列及涂色	母线的相序排列及涂色，当设计无要求时应符合下列规定： (1)上、下布置的交流母线，由上至下排列为A、B、C相；直流母线正极在上，负极在下。 (2)水平布置的交流母线，由盘后向盘前排列为A、B、C相；直流母线正极在后，负极在前。 (3)面对引下线的交流母线，由左至右排列为A、B、C相；直流母线正极在左，负极在右。 (4)母线的涂色：交流，A相为黄色、B相为绿色、C相为红色；直流，正极为赭色、负极为蓝色；在连接处或支持件边缘两侧10mm以内不涂色	目测检查	抽查5处，少于5处，全数检查
4	母线在绝缘子上的固定	母线在绝缘子上安装应符合下列规定： (1)金具与绝缘子间的固定平整牢固，不使母线受额外应力。 (2)交流母线的固定金具或其他支持金具不形成闭合铁磁回路。 (3)除固定点外，当母线平置时，母线支持夹板的上部压板与母线间有1～1.5mm的间隙；当母线立置时，上部压板与母线间有1.5～2mm的间隙	目测或用适配工具抽检	抽查10%，少于5处，全数检查

序号	项 目	合格质量标准	检验方法	检查数量
4	母线在绝缘子上的固定	(4)母线的固定点,每段设置1个,设置于全长或两母线伸缩节的中点。 (5)母线采用螺栓搭接时,连接处距绝缘子的支持夹板边缘不小于50mm	目测或用适配工具抽检	抽查10%,少于5处,全数检查
5	封闭、插接式母线的组装和固定	封闭、插接式母线组装和固定位置应正确,外壳与底座间、外壳各连接部位和母线的连接螺栓应按产品技术文件要求选择正确,连接紧固	目测或查阅施工记录或用适配工具做拧动试验	抽查10%,少于5处,全数检查

2. 验收资料

(1)产品合格证,出厂试验记录和技术文件。

(2)高压绝缘子、高压穿墙套管和母线交流工频耐压试验记录。

(3)母线安装技术记录。

(4)绝缘电阻测试记录。

(5)接地(接零)测试记录。

第九节　电缆桥架安装和桥架内电缆敷设

一、监理巡视与检查

1. 电缆桥架安装

(1)电缆桥架水平敷设时,跨距一般为 1.5～3.0m;垂直敷设时其固定点间距不宜大于 2.0m。当支撑跨距≤6m 时,需要选用大跨距电缆桥架;当跨距>6m 时,必须进行特殊加工订货。

(2)电缆桥架在竖井中穿越楼板外,在孔洞周边抹 5cm 高的水泥防水台,待桥架布线安装完后,洞口用难燃物件封堵死。电缆桥架穿墙或楼板孔洞时,不应将孔洞抹死,桥架进出口孔洞收口平整,并留有桥架活动的余量。如孔洞需封堵时,可采用难燃的材料封堵好墙面抹平。电缆桥架在穿过防火隔墙及防火楼板时,应采取隔离措施。

(3)电缆桥架、托盘水平敷设时距地面高度不宜低于 2.5m,垂直敷设时不低于 1.8m,低于上述高度时应加装金属盖板保护,但敷设在电气专用房间(如配电室、电气竖井、电缆隧道、设备层)内除外。

(4)电缆梯架、托盘多层敷设时其层间距离一般为控制电缆间不小于 0.20m,

电力电缆间应不小于 0.30m,弱电电缆与电力电缆间应不小于 0.5m,如有屏蔽盖板(防护罩)可减少到 0.3m,桥架上部距顶棚或其他障碍物应不小于 0.3m。

(5)电缆梯架、托盘上的电缆可无间距敷设。电缆在梯架、托盘内横断面的填充率,电力电缆应不大于 40%,控制电缆不应大于 50%。电缆桥架经过伸缩沉降缝时应断开,断开距离以 100mm 左右为宜。其桥架两端用活动插铁板连接不宜固定。电缆桥架内的电缆应在首端、尾端、转弯及每隔 50m 处设有注明电缆编号、型号、规格及起止点等标记牌。

(6)下列不同电压、不同用途的电缆如:1kV 以上和 1kV 以下电缆;向一级负荷供电的双路电源电缆;应急照明和其他照明的电缆;强电和弱电电缆等不宜敷设在同一层桥架上,如受条件限制,必须安装在同一层桥架上时,应用隔板隔开。

(7)强腐蚀或特别潮湿等环境中的梯架及托盘布线应采取可靠而有效的防护措施。同时,敷设在腐蚀气体管道和压力管道的上方及腐蚀性液体管道的下方的电缆桥架应采用防腐隔离措施。

2. 桥架内电缆敷设

(1)在桥架内电力电缆的总截面(包括外护层)不应大于桥架有效横断面的 40%,控制电缆不应大于 50%。

(2)电缆桥架内敷设的电缆,在拐弯处电缆的弯曲半径应以最大截面电缆允许弯曲半径为准。

(3)室内电缆桥架布线时,为了防止发生火灾时火焰蔓延,电缆不应有黄麻或其他易燃材料外护层。

(4)电缆桥架内敷设的电缆,应在电缆的首端、尾端、转弯及每隔 50m 处,设有编号、型号及起止点等标记,标记应清晰齐全,挂装整齐无遗漏。

(5)桥架内电缆敷设完毕后,应及时清理杂物,有盖的可盖好盖板,并进行最后调整。

二、监理验收

1. 验收标准。

(1)主控项目检验标准应符合表 18-19 的规定。

表 18-19　　　　　　　　　　　　　　　主控项目检验

序号	项　目	合格质量标准	检验方法	检查数量
1	金属电缆桥架、支架和引入或引出的金属导管的接地或接零	金属电缆桥架及其支架和引入或引出的金属电缆导管必须接地(PE)或接零(PEN)可靠,且必须符合下列规定: (1)金属电缆桥架及其支架全程应不少于 2 处,与接地(PE)或接零(PEN)干线相连接	目测检查或查阅测试记录	与接地干线连接处,全数检查,其余抽查 20%,少于 5 处,全数检查

序号	项 目	合格质量标准	检验方法	检查数量
1	金属电缆桥架、支架和引入或引出的金属导管的接地或接零	(2)非镀锌电缆桥架间连接板的两端跨接铜芯接地线,接地线最小允许截面积不小于4mm²。 (3)镀锌电缆桥架间连接板的两端不跨接接地线,但连接板两端不少于2个有防松螺母或防松垫圈的连接固定螺栓	目测检查或查阅测试记录	与接地干线连接处,全数检查,其余抽查20%,少于5处,全数检查
2	电缆敷设检查	电缆敷设严禁有绞拧、铠装压扁、护层断裂和表面严重划伤等缺陷	目测检查	抽查全长的10%

(2)一般项目检验标准应符合表18-20的规定。

表 18-20　　　　　　　　　　　　　　　　　一般项目检验

序号	项 目	合格质量标准	检验方法	检查数量
1	电缆桥架检查	电缆桥架安装应符合下列规定: (1)直线段钢制电缆桥架长度超过30m,铝合金或玻璃钢制电缆桥架长度超过15m设有伸缩节;电缆桥架跨越建筑物变形缝处设置补偿装置。 (2)电缆桥架转弯处的弯曲半径,不小于桥架内电缆最小允许弯曲半径。 (3)当设计无要求时,电缆桥架水平安装的支架间距为1.5~3m;垂直安装的支架间距不大于2m。 (4)桥架与支架间螺栓、桥架连接板螺栓固定紧固无遗漏,螺母位于桥架外侧;当铝合金桥架与钢支架固定时,有相互间绝缘的防电化腐蚀措施。 (5)电缆桥架敷设在易燃易爆气体管道和热力管道的下方	目测检查和拉线尺量或用适配工具做拧动试验	抽查10%,少于5处,全数检查

续表

序号	项　目	合格质量标准	检验方法	检查数量
1	电缆桥架检查	(6)敷设在竖井内和穿越不同防火区的桥架,按设计要求位置,有防火隔堵措施。 (7)支架与预埋件焊接固定时,焊缝饱满;膨胀螺栓固定时,选用螺栓适配,连接紧固防松零件齐全	目测检查和拉线尺量或用适配工具做拧动试验	抽查10%,少于5处,全数检查
2	桥架内电缆敷设和固定	桥架内电缆敷设应符合下列规定: (1)大于45°倾斜敷设的电缆每隔2m处设固定点。 (2)电缆出入电缆沟、竖井、建筑物、柜(盘)、台处以及管子管口处等做密封处理。 (3)电缆敷设排列整齐,水平敷设的电缆,首尾两端、转弯两侧及每隔5～10m处设固定点	目测检查或查阅施工记录	抽查10%,少于5处,全数检查
3	标志牌设立	电缆的首端、末端和分支处应设标志牌	目测检查	抽查10%,少于5处,全数检查

2. 验收资料

(1)产品合格证和出厂试验报告。

(2)电缆绝缘电阻测量:直流耐压试验、泄漏电流测量、相位检查等记录。

第十节　电缆沟内和电缆竖井内电缆敷设

一、监理巡视与检查

电缆敷设应符合以下规则:

(1)在三相四线制系统中使用的电力电缆,不应采用三芯电缆另加一根单芯电缆或导线,以电缆金属护套等作中性线等方式。在三相系统中,不得将三芯电缆中的一芯接地运行。

(2)三相系统中使用的单芯电缆,应组成紧贴的正三角形排列(充油电缆及水底电缆可除外),并且每隔 1m 应用绑带扎牢。并联运行的电力电缆,其长度应相等。

(3)电缆敷设时,电缆应从盘的上端引出,应避免电缆在支架上及地面摩擦拖拉。电缆上不得有未消除的机械损伤(如铠装压扁、电缆绞拧、护层折裂等)。

(4)油浸纸绝缘电力电缆在切断后,应将端头立即铅封;塑料绝缘电力电缆,也应有可靠的防潮封端。充油电缆在切断后还应符合下列要求:

1)在任何情况下,充油电缆的任一段都应设有压力油箱,以保持油压。

2)连接油管路时,应排除管内空气,并采用喷油连接;

3)充油电缆的切断处必须高于邻近两侧的电缆,避免电缆内进气;

4)切断电源时应防止金属屑及污物侵入电缆。

(5)电力电缆接头盒的布置应符合下列要求:

1)并列敷设电缆,其接头盒的位置应相互错开;

2)电缆明敷时的接头盒,须用托板(如石棉板等)托置,并用耐电弧隔板与其他电缆隔开,托板及隔板应伸出接头两端的长度各不小于 0.6m;

3)直埋电缆接头盒外面应有防止机械损伤的保护盒(环氧树脂接头盒除外)。位于冻土层的保护盒,盒内宜注以沥青,以防水分进入盒内因冻胀而损坏电缆接头。

(6)电缆敷设时,不宜交叉,电缆应排列整齐,加以固定,并及时装设标志牌。标志牌的装设应符合下列要求:

1)在下列部位,电缆上应装设标志牌:电缆终端头、电缆中间接头处;隧道及竖井的两端;人井内。

2)标志牌上应注明线路编号(当设计无编号时,则应写明电缆型号、规格及起讫地点);并联使用的电缆应有顺序号;字迹应清晰,不易脱落。

3)标志牌的规格宜统一;标志牌应能防腐,且挂装应牢固。

(7)电缆固定时,应符合下列要求:

1)在下列地方应将电缆加以固定:

①垂直敷设或超过 45°倾斜敷设的电缆,在每一个支架上;

②水平敷设的电缆,在电缆首末两端及转弯、电缆接头两端处;

③充油电缆的固定应符合设计要求。

2)电缆夹具的形式宜统一。

3)使用于交流的单芯电缆或分相铅套电缆在分相后的固定,其夹具的所有铁件不应构成闭合磁路。

4)裸铅(铝)套电缆的固定处,应加软垫保护。

二、监理验收

1. 验收标准。

(1)主控项目检验标准应符合表 18-21 的规定。

表 18-21　　　　　　　　　　主控项目检验

序号	项　目	合格质量标准	检验方法	检查数量
1	金属支架、导管的接地或接零	金属电缆支架、电缆导管必须接地(PE)或接零(PEN)可靠	目测检查或查阅导通测试记录	抽查20%,少于 10 处,全数检查
2	电缆敷设检查	电缆敷设严禁有绞拧、铠装压扁、护层断裂和表面严重划伤等缺陷	目测检查	抽查20%,少于 10 处,全数检查

(2)一般项目检验标准应符合表 18-22 的规定。

表 18-22　　　　　　　　　　一般项目检验

序号	项　目	合格质量标准	检验方法	检查数量
1	电缆支架安装	电缆支架安装应符合下列规定: (1)当设计无要求时,电缆支架最上层至竖井顶部或楼板的距离不小于150～200mm;电缆支架最下层至沟底或地面的距离不小于 50～100mm。 (2)支架与预埋件焊接固定时,焊缝饱满;用膨胀螺栓固定时,选用螺栓适配,连接紧固,防松零件齐全	拉线尺量或用适配工具做拧动试验	抽查10%,少于 5 处,全数检查
2	电缆的弯曲半径	电缆在支架上敷设,转弯处的最小允许弯曲半径应符合相关规定	拉线尺量或用适配工具抽测	抽查10%,少于 5 处,全数检查
3	电缆敷设固定和防火措施	电缆敷设固定应符合下列规定: (1)垂直敷设或大于 45°倾斜敷设的电缆在每个支架上固定。 (2)交流单芯电缆或分相后的每相电缆固定用的夹具和支架,不形成闭合铁磁回路。 (3)电缆排列整齐,少交叉	目测及尺量检查	抽查10%,少于 5 处,全数检查

序号	项　目	合格质量标准	检验方法	检查数量
3	电缆敷设固定和防火措施	(4)当设计无要求时,电缆与管道的最小净距,符合本章的规定,且敷设在易燃易爆气体管道和热力管道的下方。 (5)敷设电缆的电缆沟和竖井,按设计要求位置,有防火隔堵措施	目测及尺量检查	抽查10%,少于5处,全数检查
4	标志牌设立	电缆的首端、末端和分支处应设标志牌	目测检查	抽查10%,少于5处,全数检查

2. 验收资料

(1)产品合格证和出厂试验报告。

(2)电缆绝缘电阻测量、直流耐压试验,泄漏电流测试和相位检查报告。

(3)隐蔽工程验收记录。

(4)直埋电缆输电线路敷设位置图,电缆实际敷设长度清单。

第十一节　电线导管、电缆导管和线槽敷设

一、监理巡视与检查

(1)暗配管要沿最近线路敷设,尽量减少弯曲,埋地管路不宜穿过设备基础,如要穿过建筑物基础时,应加保护管保护,埋入墙或混凝土内的导管,离表面的净距不应小于15mm;暗配管管口出地坪不应低于200mm;应尽量减少交叉,如交叉时,大口径管应放在小口径管下面,成排暗配管间距应大于或等于25mm;进入落地式配电箱柜的管路排列应整齐,管口应高出基础面50～80mm。

(2)明配管不得在锅炉、烟道及其他发热表面上敷设;水平或垂直敷设的管路允许偏差值,在2m以内均为3mm,全长配管偏差不超过管内径的1/2;在多尘和潮湿场所的管口、管子连接处及不进入盒箱的垂直敷设的上口,穿线后都应密封处理;进入盒箱的管子应顺直,并用锁紧螺母或护口帽固定,露出锁紧螺母的丝扣为2～4扣;与设备连接时,应将管子接到设备内,如不能接入时,应在管口处加接保护软管引入设备内,并须采用软管接头连接;在室外或潮湿房屋内,应在管口处加防水弯头。

明配管应排列整齐,固定间距均匀。管卡与管终端、转弯处中点、电气设备或接线盒边缘的距离,应按管径大小确定,一般为 150~500mm。不同规格的成排管,固定间距应按小口径管距规定安装。金属软管固定间距不应大于 1m。

(3)明配管弯曲半径一般不小于管外径的 6 倍;如只有 1 个弯时,则可不小于管外径的 4 倍;暗配管弯曲半径一般不小于管外径的 6 倍;埋设于地下或混凝土楼板内时,则不应小于管外径的 10 倍;半硬塑料管弯曲半径也不应小于管外径的6 倍。

管路弯曲处不应有折皱、凹穴等缺陷,弯扁程度不应大于管外径的 10%。配管接头不宜设在弯曲处,埋地管不宜把弯曲部分表露地面,镀锌钢管不准用热煨弯使镀锌层脱落。

(4)敷设塑料管时的环境温度不应低于−15℃,并应采用配套塑料接线盒等配件。无论明配管、暗配管,管口都应整齐、光滑,严禁用气割及电焊切割。硬塑料管沿建筑表面和支架上敷设时,在直线段每 30m 处应装设温度补偿装置。

(5)防爆导管敷设,导管间及与灯具、开关、线盒等的螺纹连接应紧密牢固,除设计有特殊要求时,连接处不跨接接地线;螺纹连接处应涂电力复合脂或导电性防锈酯。

(6)金属、非金属柔性导管敷设,在刚性导管经柔性导管与电气设备、器具连接时,柔性导管的长度在动力工程中不大于 0.8m,在照明工程中不大于 1.2m。可挠金属管或其他柔性导管与刚性导管或电气设备、器具间的连接应采用专用接头;复合型可挠金属管或其他柔性导管的连接应密封良好,防液覆盖层完整无损。

(7)线槽应安装牢固,无扭曲变形,紧固件的螺母应在线槽外侧。

(8)导管和线槽,在建筑物伸缩缝及沉降缝处,应设补偿装置,补偿装置应大于建筑物沉降量。

(9)室外埋地敷设的电缆导管,埋深不应小于 0.7m。壁厚小于等于 2mm 的钢电线导管不应埋设于室外土壤内。

室外导管的管口应设置在盒、箱内。在落地式配电箱内的管口,箱底无封板的,管口应高出基础面 50~80mm。所有管口在穿入电线、电缆后应做密封处理。由箱式变电所或落地式配电箱引向建筑物的导管,建筑物一侧的导管管口应设在建筑物内。

二、监理验收

1. 验收标准

(1)主控项目检验标准应符合表 18-23 的规定。

表 18-23　　　　　　　　　　　　　　主控项目检验

序号	项　目	合格质量标准	检验方法	检查数量
1	金属导管、金属线槽的接地或接零	金属的导管和线槽必须接地(PE)或接零(PEN)可靠,并符合下列规定: (1)镀锌的钢导管、可挠性导管和金属线槽不得熔焊跨接接地线,以专用接地卡跨接的两卡间连线为铜芯软导线,截面积不小于4mm²。 (2)当非镀锌钢导管采用螺纹连接时,连接处的两端焊跨接接地线;当镀锌钢导管采用螺纹连接时,连接处的两端用专用接地卡固定跨接接地线。 (3)金属线槽不作设备的接地导体,当设计无要求时,金属线槽全长不少于 2 处与接地(PE)或接零(PEN)干线连接。 (4)非镀锌金属线槽间连接板的两端跨接铜芯接地线,镀锌线槽间连接板的两端不跨接接地线,但连接板两端不少于 2 个有防松螺母或防松垫圈的连接固定螺栓	目测检查或查阅导通测试记录	抽查10%,少 于 10 处,全数检查
2	金属导管的连接	金属导管严禁对口熔焊连接;镀锌和壁厚小于等于2mm的钢导管不得套管熔焊连接	目测检查或查阅施工记录	抽查10%,少 于 10 处,全数检查
3	防爆导管的连接	防爆导管不应采用倒扣连接;当连接有困难时,应采用防爆活接头,其接合面应严密	目测检查或者查阅施工记录	抽查10%,少 于 10 处,全数检查
4	绝缘导管在砌体上剔槽埋设	当绝缘导管在砌体上剔槽埋设时,应采用强度等级不小于 M10 的水泥砂浆抹面保护,保护层厚度大于 15mm	查阅施工记录或用适配工具抽测	抽查10%,少 于 10 处,全数检查

(2)一般项目检验标准应符合表 18-24 的规定。

表 18-24　　　　　　　　　　　一般项目检验

序号	项　目	合格质量标准	检验方法	检查数量
1	电缆导管的弯曲半径	电缆导管的弯曲半径应不小于电缆最小允许弯曲半径	查阅施工记录或用适配仪表抽测	按导管类型、敷设方式各抽查10%,少于5处,全数检查
2	金属导管的防腐	金属导管内外壁应防腐处理;埋设于混凝土内的导管内壁应防腐处理,外壁可不防腐处理	目测检查或查阅施工记录	按导管类型、敷设方式各抽查10%,少于5处,全数检查
3	柜、台、箱、盘内导管管口高度	室内进入落地式柜、台、箱、盘内的导管管口,应高出柜、台、箱、盘的基础面50～80mm	拉线尺量	抽查10%,少于5处,全数检查
4	暗配管的埋设深度、明配管的固定	暗配的导管,埋设深度与建筑物、构筑物表面的距离应不小于15mm;明配的导管应排列整齐,固定间距均匀,安装牢固;在终端、弯头中点或柜、台、箱、盘等边缘的距离150～500mm 范围内设有管卡	目测检查或查阅施工记录	按导管类型、敷设方式各抽查10%,少于5处,全数检查
5	线槽固定及外观检查	线槽应安装牢固,无扭曲变形,紧固件的螺母应在线槽外侧	目测检查	抽查10%,少于5处,全数检查
6	防爆导管的连接、接地、固定和防腐	防爆导管敷设应符合下列规定: (1)导管间及与灯具、开关、线盒等的螺纹连接处紧密牢固,除设计有特殊要求外,连接处不跨接接地线,在螺纹上涂以电力复合酯或导电性防锈酯。 (2)安装牢固顺直,镀锌层锈蚀或剥落处做防腐处理	目测检查或查阅施工记录	按导管类型、敷设方式各抽查10%,少于5处,全数检查

序号	项　目	合格质量标准	检验方法	检查数量
7	绝缘导管的连接和保护	绝缘导管敷设应符合下列规定： (1)管口平整光滑；管与管、管与盒(箱)等器件采用插入法连接时，连接处结合面涂专用胶合剂，接口牢固密封。 (2)直埋于地下或楼板内的刚性绝缘导管，在穿出地面或楼板易受机械损伤的一段，采取保护措施。 (3)当设计无要求时，埋设在墙内或混凝土内的绝缘导管，采用中型以上的导管。 (4)沿建筑物、构筑物表面和在支架上敷设的刚性绝缘导管，按设计要求装设温度补偿装置	目测检查或查阅施工记录	按导管类型、敷设方式各抽查10%，少于5处，全数检查
8	柔性导管的长度、连接和接地	金属、非金属柔性导管敷设应符合下列规定： (1)刚性导管经柔性导管与电气设备、器具连接，柔性导管的长度在动力工程中不大于0.8m，在照明工程中不大于1.2m。 (2)可挠金属管或其他柔性导管与刚性导管或电气设备、器具间的连接采用专用接头；复合型可挠金属管或其他柔性导管的连接处密封良好，防液覆盖层完整无损。 (3)可挠性金属导管和金属柔性导管不能做接地(PE)或接零(PEN)的接续导体	尺量和目测检查	按导管类型、敷设方式各抽查10%，少于5处，全数检查
9	导管和线槽在建筑物变形缝处的处理	导管和线槽，在建筑物变形缝处，应设补偿装置	目测检查	全数检查

2. 验收资料

(1)各类材料的出厂合格证。

(2)导管安装的隐蔽工程验收记录。

第十二节 电线、电缆穿管和线槽敷线

一、监理巡视与检查

1. 管道穿线

(1)对穿管敷设的绝缘导线,其额定电压不应低于500V。

(2)管内穿线宜在建筑物抹灰、粉刷及地面工程结束后进行;穿线前,应将电线保护管内的积水及杂物清除干净。

(3)不同回路、不同电压等级和交流与直流的导线,不得穿在同一根管内,但下列几种情况或设计有特殊规定的除外:

1)电压为50V及以下的回路;

2)同一台设备的电机回路和无抗干扰要求的控制回路;

3)照明花灯的所有回路;

4)同类照明的几个回路,可穿入同一根管内,但管内导线总数不应多于8根。

(4)同一交流回路的导线应穿于同一钢管内。导线在管内不应有接头和扭接,接头应设在接线盒(箱)内。管内导线包括绝缘层在内的总截面积不应大于管子内空截面积的40%。

(5)导线穿入钢管时,管口处应装设护线套保护导线;在不进入接线盒(箱)和垂直管口,穿入导线后应将管口密封。

2. 线槽敷线

(1)金属线槽内电线或电缆的总截面(含保护层)不应超过线槽内截面的40%;塑料线槽内电线或电缆的总截面(含保护层)不应超过线槽内截面的20%,载流导线不宜超过30根(控制、信号等线路可视为非载流导线)。

(2)同一回路的所有导线应敷设在同一线槽内,意在消除交流电路的涡流效应。同一路径无防干扰的线路可敷设于同一线槽内。但同一线槽内的绝缘导线和电缆都应具有与最高标称电压回路绝缘相同的绝缘等级。

(3)强、弱电线路应分槽敷设,两种线路交叉处分线盒内应设置屏蔽分线板。

二、监理验收

1. 验收标准

(1)主控项目检验标准应符合表18-25的规定。

表 18-25 主控项目检验

序号	项 目	合格质量标准	检验方法	检查数量
1	交流单芯电缆不得单独穿于钢导管内	三相或单相的交流单芯电缆,不得单独穿于钢导管内	目测检查	抽查10%,少于 10 处,全数检查
2	电线穿管要求	不同回路、不同电压等级和交流与直流的电线,不应穿于同一导管内;同一交流回路的电线应穿于同一金属导管内,且管内电线不得有接头	目测检查或查阅施工记录,对照工程设计图纸及其变更文件检查	抽查10%,少于 10 处,全数检查
3	爆炸危险环境照明线路的电线、电缆选用和穿管	爆炸危险环境照明线路的电线和电缆额定电压不得低于750V,且电线必须穿于钢导管内	目测检查或查阅施工记录	抽查10%,少于 10 处,全数检查

(2)一般项目检验标准应符合表 18-26 的规定。

表 18-26 一般项目检验

序号	项 目	合格质量标准	检验方法	检查数量
1	电线、电缆管内清扫和管口清理	电线、电缆穿管前,应清除管内杂物和积水。管口应有保护措施,不进入接线盒(箱)的垂直管口穿入电线、电缆后,管口应密封	目测检查	抽查10%,少于 5 处(回路),全数检查
2	同一建筑物、构筑物内电线绝缘层颜色的选择	当采用多相供电时,同一建筑物、构筑物的电线绝缘层颜色选择应一致,即保护地线(PE 线)应是黄绿相间色,零线用淡蓝色;相线用:A相——黄色、B 相——绿色、C相——红色	目测检查	抽查10%,少于 5 处(回路),全数检查

续表

序号	项 目	合格质量标准	检验方法	检查数量
3	线槽敷线	线槽敷线应符合下列规定： (1)电线在线槽内有一定余量,不得有接头。电线按回路编号分段绑扎,绑扎点间距应不大于2m。 (2)同一回路的相线和零线,敷设于同一金属线槽内。 (3)同一电源的不同回路无抗干扰要求的线路可敷设于同一线槽内;敷设于同一线槽内有抗干扰要求的线路用隔板隔离,或采用屏蔽电线且屏蔽护套一端接地	目测检查	抽查10%,少于5处(回路),全数检查

2. 验收资料

(1)电线、电缆的产品合格证和出厂试验报告。

(2)回路绝缘电阻测试记录。

(3)电缆绝缘电阻、直流耐压试验、泄漏电流和相位测试记录。

(4)安装隐蔽工程验收记录。

第十三节 槽 板 配 线

一、监理巡视与检查

1. 槽板敷设

(1)槽板敷设应紧贴建筑物表面,且横平竖直、固定可靠,严禁用木楔固定。

(2)槽板底板固定点间距应小于500mm;槽板盖板固定点间距应小于300mm;底板距终端50mm和盖板距终端30mm处应固定。

(3)槽板的底板接口与盖板接口应错开20mm,盖板在直线段和90°转角处应成45°斜口对接,T形分支应成三角叉接,盖板应无翘角,接口应严密整齐。

(4)槽板穿过梁、墙和楼板处应有保护套管,跨越建筑物变形缝处槽板应设补偿装置,且与槽板结合严密。

2. 槽板敷线

(1)槽板内电线无接头,电线连接设在器具处;器具盖内不应挤伤导线的绝缘层。

(2)槽板与各种器具连接时,电线应留有余量,器具底座应压住槽板端部。

(3)槽板内敷设导线应一槽一线,同一条槽板内不得敷入不同回路的导线;导线不得在槽板内接头，接头应在接线盒、木台或灯具内；导线出槽板与器具连接，电线应留有余量；导线的连接应采用搪锡或压接的方法；接头处应用绝缘带包缠均匀、严密。导线间和导线对地的绝缘电阻值必须大于 0.5MΩ。

二、监理验收

1. 验收标准

(1)主控项目检验标准应符合表 18-27 的规定。

表 18-27　　　　　　　　　　　主控项目检验

序号	项　目	合格质量标准	检验方法	检查数量
1	槽板配线的电线连接	槽板内电线无接头，电线连接设在器具处；槽板与各种器具连接时，电线应留有余量，器具底座应压住槽板端部	目测检查	抽查 10 处，少于 10 处，全数检查
2	槽板盖板、底板的接口设置和连接	槽板敷设应紧贴建筑物表面，且横平竖直、固定可靠，严禁用木楔固定；木槽板应经阻燃处理，塑料槽板表面应有阻燃标识	目测检查	抽查 10 处，少于 10 处，全数检查

(2)一般项目检验标准应符合表 18-28 的规定。

表 18-28　　　　　　　　　　　一般项目检验

序号	项　目	合格质量标准	检验方法	检查数量
1	槽板的盖板和底板固定	木槽板无劈裂，塑料槽板无扭曲变形。槽板底板固定点间距应小于 500mm；槽板盖板固定点间距小于 300mm；底板距终端 50mm 和盖板距终端 30mm 处应固定	目测检查和拉线尺量	抽查 10 处，少于 10 处，全数检查
2	槽板盖板、底板的接口设置和连接	槽板的底板接口与盖板接口应错开 20mm，盖板在直线段和 90°转角处应成 45°斜口对接，T 形分支处应成三角叉接，盖板应无翘角，接口应严密整齐	目测检查和拉线尺量	抽查 10 处，少于 10 处，全数检查
3	槽板的保护套管和补偿装置设置	槽板穿过梁、墙和楼板处应有保护套管，跨越建筑物变形缝处槽板应设补偿装置，且与槽板结合严密	目测检查	抽查 10 处，少于 10 处，全数检查

2. 验收资料

(1)槽板、导线等材料的产品合格证。

(2)安装记录及隐蔽工程验收记录。

第十四节　钢索配线

一、监理巡视与检查

(1)为抗锈蚀而延长使用寿命,应采用镀锌钢索,不应采用含油芯的钢索,以便于清扫。

(2)钢索的钢丝直径应小于 0.5mm,钢索不应有扭曲和断股等缺陷。

(3)钢索配线有一个弧垂问题,弧垂的大小应按设计要求调整,装设花篮螺栓的目的是便于调整弧垂值。弧垂值的大小在某些场所是个敏感问题,太小会使钢索超过允许受力值;太大钢索摆动幅度大,不利于在其上固定的线路和灯具等正常运行,还要考虑其自由振荡率与同一场所的其他建筑设备的运转频率的关系,不要产生共振现象,所以要将弧垂值调整适当。

(4)必须注意,钢索是电气装置的可接近的裸露导体,为了防止由于配线而造成钢索漏电,防止触电危险,钢索端头必须与 PE 或 PEN 线连接可靠。

(5)钢索配线,一般需在钢索的一端装有明显的保护线,在花篮螺栓处做跨接线连接。

二、监理验收

1. 验收标准

(1)主控项目检验标准应符合表 18-29 的规定。

表 18-29　　　　　　　　　　　　主控项目检验

序号	项 目	合格质量标准	检验方法	检查数量
1	钢索的选用	应采用镀锌钢索,不应采用含油芯的钢索。钢索的钢丝直径应小于 0.5mm,钢索不应有扭曲和断股等缺陷。 采用镀锌钢索是为抗锈蚀而延长使用寿命;规定钢索直径是为使钢索柔性好,且在使用中不因经常摆动而发生钢丝过早断裂;不采用含油芯的钢索可避免积尘,便于清扫	目测检查	抽查 5 条(终端),少于 5 条(终端),全数检查

序号	项　目	合格质量标准	检验方法	检查数量
2	钢索端固定及其接地或接零	钢索的终端拉环埋件应牢固可靠,钢索与终端拉环套接处应采用心形环,固定钢索的线卡应不少于2个,钢索头应用镀锌铁线绑扎紧密,且应接地(PE)或接零(PEN)可靠	目测检查	抽查5条(终端),少于5条(终端),全数检查
3	张紧钢索用的花篮螺栓设置	当钢索长度在50m及以下时,应在钢索一端装设花篮螺栓紧固;当钢索长度大于50m时,应在钢索两端装设花篮螺栓紧固	目测检查	抽查5条(终端),少于5条(终端),全数检查

(2)一般项目检验标准应符合表18-30的规定。

表18-30　　　　　　　　　　一般项目检验

序号	项　目	合格质量标准	检验方法	检查数量
1	中间吊架及防跳锁定零件	钢索中间吊架间距应不大于12m,吊架与钢索连接处的吊钩深度应不小于20mm,并应有防止钢索跳出的锁定零件	拉线尺量	抽查5条,全数检查
2	钢索的承载和表面检查	电线和灯具在钢索上安装后,钢索应承受全部荷载,且钢索表面应整洁、无锈蚀	目测检查	抽查5条,全数检查
3	钢索配线零件间和线间距离	钢索配线的零件间和线间距离应符合表18-31的规定	拉线尺量	按不同配线规格各抽查10处,少于10处,全数检查

表18-31　　　　　　钢索配线的零件间和线间距离　　　　　　(mm)

配线类别	支持件之间最大距离	支持件与灯头盒之间最大距离
钢　管	1500	200

续表

配线类别	支持件之间最大距离	支持件与灯头盒之间最大距离
刚性绝缘导管	1000	150
塑料护套线	200	100

注:本表摘自《建筑电气工程施工质量验收规范》(GB 50303—2002)。

2. 验收资料

(1)钢索、导线及钢管等材料的产品合格证。

(2)绝缘电阻测试记录。

(3)钢索配线安装记录。

第十五节 电缆头制作、接线和线路绝缘测试

一、监理巡视与检查

1. 电缆头制作

(1)制作电缆头和电缆中间接头的电工按有关要求持证上岗。

(2)制作电缆终端头和接头前应检查电缆受潮及相位连接情况。所使用的绝缘材料应符合要求,辅助材料齐全,电缆头和中间接头制作过程须一次完成,不得受潮。

(3)用绝缘带包扎时,包扎高度为 30~50mm。应使同一排的控制电缆头高度一致,一般电缆头位于最低一端子排接线板下 150~300mm 处。

(4)6~10kV 的动力电缆头应包绕成应力锥形状。锥高度对截面积为 35mm² 的油浸纸绝缘电缆,为电缆直径与 35mm 相加之和的 2 倍;对截面积为 50mm² 的油浸纸绝缘电缆,锥高度为电缆直径与 50mm 相加之和的 2 倍。对 100mm 的全塑电缆,应力锥的最大直径为电缆外径的 1.5 倍;一般动力电缆应力锥中间最大直径为芯线直径加上 16mm。在室外的防雨帽及电缆封装应严密。与设备连接的相序与极性标志应明显、正确;多根电缆并列敷设时,中间接头位置应错开,净距不小于 0.5m。

(5)电缆头固定应牢固,卡子尺寸应与固定的电缆相适配,单芯电缆、交流电缆不应使用磁性卡子固定,塑料护套电缆卡子固定时要加垫片,卡子固定后要进行防腐处理。

2. 接线

(1)电线、电缆接线必须准确,并联运行电线或电缆的型号、规格、长度和相位应一致;芯线连接金具(连接管和端子)的规格应与芯线的规格适配,且不得采用开口端子。

(2)电线进行连接时,割剥绝缘层不得损伤线芯;电线的接头应在接线盒内连

接。不同材料电线不准直接连接;分支线接头处,干线不应受到来自支线的横向拉力。

(3)单股铜芯线截面积在 10mm^2 及以下时,可直接与设备或器具的端子连接;多股铜芯线截面积在 2.5mm^2 及以下时,应将芯线拧紧搪锡或接续端子后与设备或器具的端子连接;多股铜芯线截面积大于 2.5mm^2 时,除设备自带插接式端子外,接续端子后与设备或器具的端子连接;多股铜芯线与插接式端子连接前,端部拧紧搪锡。搪锡应饱满,焊后要清除残余焊药和焊渣,并不得使用酸性焊剂。若采用压接法连接,压模规格应与线芯截面适配。每个设备和器具的端子接线不多于 2 根电线。

3. 线路绝缘测试

(1)线路绝缘电阻测试。该试验是指电缆芯线对外皮或多芯电缆中的一个芯对其他芯线和外皮间的绝缘电阻。

绝缘电阻值不作规定,可与以前的测试结果比较,但不能有明显的降低。

(2)电缆泄漏电流与耐压试验。泄漏电流对黏性油浸纸绝缘电缆,其三相不平衡系数不大于 2。但对 10kV 及其以上电缆的泄漏电流小于 $20\mu A$ 及 6kV 及其以下电缆泄漏电流小于 $10\mu A$ 时,其不平衡系数可不作规定。橡胶、塑料绝缘电缆的不平衡系数也可不作要求。

二、监理验收

1. 验收标准

(1)主控项目检验标准应符合表 18-32 的规定。

表 18-32　　　　　　　　　　　　　　主控项目检验

序号	项 目	合格质量标准	检验方法	检查数量
1	高压电力电缆直流耐压试验	高压电力电缆直流耐压试验必须符合现行国家标准《电气装置安装工程 电气设备交接试验标准》(GB 50150)的规定	查阅试验记录或试验时旁站	全数检查
2	低压电线和电缆绝缘电阻测试	低压电线和电缆,线间和线对地间的绝缘电阻值必须大于 0.5MΩ	查阅试验记录或试验时旁站	抽查10%,少于 5 个回路,全数检查
3	铠装电力电缆头的接地线及其截面积	铠装电力电缆头的接地线应采用铜绞线或镀锡铜编织线,截面积应不小于表 18-33 的规定	目测检查或查阅施工记录	抽查10%,少于 5 个回路,全数检查

续表

序号	项 目	合格质量标准	检验方法	检查数量
4	电线、电缆接线	电线、电缆接线必须准确,并联运行电线或电缆的型号、规格、长度、相位应一致	目测检查	抽查 10 个回路

表 18-33　　　　　　　　电缆芯线和接地线截面积　　　　　　　(mm^2)

电缆芯线截面积	接地线截面积
120 及以下	16
150 及以上	25

注:1. 电缆芯线截面积在 16mm^2 及以下时,接地线截面积与电缆芯线截面积相等。

　　2. 本表摘自《建筑电气工程施工质量验收规范》(GB 50303—2002)。

(2)一般项目检验标准应符合表 18-34 的规定。

表 18-34　　　　　　　　　　　一般项目检验

序号	项 目	合格质量标准	检验方法	检查数量
1	芯线与电器设备连接	芯线与电器设备的连接应符合下列规定: (1)截面积在 10mm^2 及以下的单股铜芯线和单股铝芯线直接与设备、器具的端子连接。 (2)截面积在 2.5mm^2 及以下的多股铜芯线拧紧搪锡或接续端子后与设备、器具的端子连接。 (3)截面积大于 2.5mm^2 的多股铜芯线,除设备自带插接式端子外,接续端子后与设备或器具的端子连接;多股铜芯线与插接式端子连接前,端部拧紧搪锡。 (4)多股铝芯线接续端子后与设备、器具的端子连接。 (5)每个设备和器具的端子接线不多于 2 根电线	目测检查并核对设计文件及其变更文件或查阅施工记录	抽查10%,少于 10 处,全数检查

序号	项　目	合格质量标准	检验方法	检查数量
2	电线、电缆的芯线连接金具	电线、电缆的芯线连接金具(连接管和端子),规格应与芯线的规格适配,且不得采用开口端子	目测检查	抽查10%,少于10处,全数检查
3	电线、电缆回路标记和编号	电线、电缆的回路标记应清晰,编号准确	目测检查	抽查5个回路

2. 验收资料

(1)材料的出厂合格证、出厂试验记录。

(2)直埋电缆中间接头的敷设位置图。

(3)安装隐蔽工程记录。

(4)电缆直流耐压试验、泄漏电流、绝缘电阻值及相位测试记录。

(5)电线线间和线对地间的绝缘电阻值测量记录。

(6)电缆头制作记录。

第十六节　普通灯具安装

一、监理巡视与检查

1. 灯具安装

(1)嵌入顶棚的装饰灯具应固定在专设的框架上,电源线不应贴近灯具外壳,灯线应留有余量,固定灯罩的边框、边缘应紧贴在顶棚面上;矩形灯具的边缘应与顶棚的装饰直线平行,如灯具对称安装时,其纵横中心轴线应在同一条直线上,偏斜不应大于5mm;日光灯管组合的开启式灯具,灯管排列要整齐,金属隔片不应有弯曲扭斜等缺陷。

(2)一般灯具的安装高度应高于2.5m;灯具安装应牢固,灯具通过元木木台与墙面楼面固定,用木螺丝固定时,螺丝进木榫长度不应少于20~25mm,固定灯具用螺栓不得少于2个,木台直径在75mm及以下时,可用一个螺钉或螺栓固定,现浇混凝土楼板,应采用尼龙膨胀栓,灯具应装在木台中心,偏差不超过1.5mm;灯具重量超过3kg时,应固定在预埋的吊钩或螺栓上,吸顶灯具与木台过近时应有隔热措施。

(3)每一接线盒应供应一具灯具,门口第一个开关应开门口的第一只灯具,灯具与开关应相对应,事故照明灯具应有特殊标志,并有专用供电电源,每个照明回路均应通电校正,做到灯亮,开启自如。

(4)采用钢管灯具的吊杆,钢管内径一般不小于 10mm;吊链灯具用于小于 1kg 的灯具,灯线不应受到拉力,灯线应与吊链编叉在一起;软线吊灯软线的两端应作保险扣;日光灯与高压水银灯及其附件应配套使用,安装位置便于检查;成排室内安装灯具,中心偏差不应大于 5mm;弯管灯杆长度超过 350mm 时,应加装拉攀固定;变配电所高低压盘及母线上方不得安装灯具。

2. 花灯及组合式灯具安装

(1)花饰灯具的金属构件,应做好保护接地(PE)或保护接零(PEN)。

(2)花灯的吊钩应采用镀锌件,并要作 5 倍以上灯具重量的试验。一般情况下采用型钢做吊钩时,圆钢最小规格不小于 12mm;扁钢不小于 50×5mm。

(3)在吊顶夹板上开孔装灯时,应先钻成小孔,小孔对准灯头盒,待吊顶夹板钉上后,再根据花灯法兰盘大小,扩大吊顶夹板眼孔,使法兰盘能盖住夹板孔洞,保证法兰、吊杆在分格中心位置。

(4)凡是在木结构上安装吸顶组合灯、面包灯、半圆球灯和日光灯具时,应在灯爪子与吊顶直接接触的部位,垫上 3mm 厚的石棉布(纸)隔热,防止火灾事故发生。

二、监理验收

1. 验收标准

(1)主控项目检验标准应符合表 18-35 的规定。

表 18-35　　　　　　　　　　主控项目检验

序号	项　目	合格质量标准	检验方法	检查数量
1	灯具固定	灯具的固定应符合下列规定: (1)灯具重量大于 3kg 时,固定在螺栓或预埋吊钩上。 (2)软线吊灯,灯具重量在 0.5kg 及以下时,采用软电线自身吊装;大于 0.5kg 的灯具采用吊链,且软电线编叉在吊链内,使电线不受力。 (3)灯具固定牢固可靠,不使用木楔。每个灯具固定用螺钉或螺栓不少于 2 个;当绝缘台直径在 75mm 及以下时,采用 1 个螺钉或螺栓固定	目测检查或查阅施工记录	抽查 10%,少于 10 套,全数检查

序号	项　目	合格质量标准	检验方法	检查数量
2	花灯吊钩选用、固定及悬吊装置的过载试验	花灯吊钩圆钢直径应不小于灯具挂销直径,且应不小于 6mm。大型花灯的固定及悬吊装置,应按灯具重量的 2 倍做过载试验	目测和尺量检查或查阅过载试验记录	全数检查
3	钢管吊灯灯杆检查	当钢管做灯杆时,钢管内径应不小于 10mm,钢管厚度应不小于 1.5mm	尺量检查	抽查10%,少于 10 套,全数检查
4	灯具的绝缘材料耐火检查	固定灯具带电部件的绝缘材料以及提供防触电保护的绝缘材料,应耐燃烧和防明火	查阅材料和施工记录	抽查10%,少于 10 套,全数检查
5	灯具的安装高度和使用电压等级	当设计无要求时,灯具的安装高度和使用电压等级应符合下列规定: (1)一般敞开式灯具,灯头对地面距离不小于下列数值(采用安全电压时除外)。 1)室外:2.5m(室外墙上安装)。 2)厂房:2.5m。 3)室内:2m。 4)软吊线带升降器的灯具在吊线展开后:0.8m。 (2)危险性较大及特殊危险场所,当灯具距地面高度小于 2.4m 时,使用额定电压为 36V 及以下的照明灯具,或有专用保护措施	拉线尺量	全数检查
6	灯具金属外壳的接地或接零	当灯具距地面高度小于 2.4m 时,灯具的可接近裸露导体必须接地(PE)或接零(PEN)可靠,并应有专用接地螺栓,且有标识	目测检查	全数检查

（2）一般项目检验标准应符合表 18-36 的规定。

表 18-36　　　　　　　　　　　　　　一般项目检验

序号	项　目	合格质量标准	检验方法	检查数量
1	电线线芯最小截面积	引向每个灯具的导线线芯最小截面积应符合《建筑电气工程施工质量验收规范》（GB 50303—2002）表 19.2.1 的规定	查阅施工记录	抽查10%,少于 10 套,全数检查
2	灯具的外形、灯头及其接线检查	灯具的外形、灯头及其接线应符合下列规定： （1）灯具及其配件齐全,无机械损伤、变形、涂层剥落和灯罩破裂等缺陷。 （2）软线吊灯的软线两端做保护扣,两端芯线搪锡;当装升降器时,套塑料软管,采用安全灯头。 （3）除敞开式灯具外,其他各类灯具灯泡容量在 100W 及以上者采用瓷质灯头。 （4）连接灯具的软线盘扣、搪锡压线,当采用螺口灯头时,相线接于螺口灯头中间的端子上。 （5）灯头的绝缘外壳不破损和漏电;带有开关的灯头,开关手柄无裸露的金属部分	目测检查	抽查10%,少于 10 套,全数检查
3	变电所内灯具的安装位置要求	变电所内,高低压配电设备及裸母线的正上方不应安装灯具	目测	全数检查
4	装有白炽灯泡的吸顶灯具隔热检查	装有白炽灯泡的吸顶灯具,灯泡不应紧贴灯罩;当灯泡与绝缘台间距离小于 5mm 时,灯泡与绝缘台间应采取隔热措施	目测及尺量	抽查10%,少于 10 套,全数检查
5	大型灯具的玻璃罩安全措施	安装在重要场所的大型灯具的玻璃罩,应采取防止玻璃罩碎裂后向下溅落的措施	目测并查阅施工记录	全数检查

序号	项 目	合格质量标准	检验方法	检查数量
6	投光灯的固定检查	投光灯的底座及支架应固定牢固,枢轴应沿需要的光轴方向拧紧固定	用适配工具做拧动试验	全数检查
7	室外壁灯的防水检查	安装在室外的壁灯应有泄水孔,绝缘台与墙面之间应有防水措施	目测检查	抽查10%,少于10套,全数检查

2. 验收资料

(1)材料、器具及设备的产品合格证、安装使用说明书。

(2)安装自检记录。

(3)工序交接确认记录。

(4)电气绝缘电阻测试记录。

(5)电气器具通电安全检查记录。

(6)隐蔽工程验收记录。

第十七节　专用灯具安装

一、监理巡视与检查

1. 低压照明灯安装

电源必须用专用的照明变压器供给,并且必须是双绕组变压器,不能使用自耦变压器进行降压。变压器的高压侧必须接近变压器的额定电流。低压侧也应有熔丝保护,并且低压一端需接地或接零。手提式低压安全灯必须符合下列要求:

(1)灯体与手柄必须用坚固的耐热及耐湿绝缘材料制成。

(2)灯座应牢固地装在灯体上,不能让灯座转动。灯泡的金属部分不应外露。

(3)为防止机械损伤,灯泡应有可靠的机械保护。当采用保护网时,其上端应固定在灯具的绝缘部分上,保护网不应有小门或开口,保护网应只能使用专用工具方可取下。

(4)不许使用带开关灯头。

(5)安装灯体引入线时,不应过于拉紧,同时应避免导线在引出处被磨伤。

(6)金属保护网、反光罩及悬吊用的挂钩应固定于灯具的绝缘部分。

(7)电源导线应采用软线,并应使用插销控制。

2. 疏散照明

疏散照明要求沿走道提供足够的照明,能看见所有的障碍物,清晰无误地沿指明的疏散路线,迅速找到应急出口,并能容易地找到沿疏散路线设的消防报警按钮、消防设备和配电箱。疏散照明宜设在安全出口的顶部、疏散走道及其转角处距地 1m 以下的墙面上,当交叉口处墙面下侧安装难以明确表示疏散方向时也可将疏散标志灯安装在顶部。疏散走道上的标志灯应有指示疏散方向的箭头标志。疏散走道上的标志灯间距不宜大于 20m(人防工程不宜大于 10m)。楼梯间内的疏散标志灯宜安装在休息平台板上方的墙角处或壁装,并应用箭头及阿拉伯数字清楚标明上、下层层号。

3. 安全照明

安全出口标志灯宜安装在疏散门口的上方,在首层的疏散楼梯应安装于楼梯口的里侧上方。安全出口标志灯距地高度宜不低于 2m。疏散走道上的安全出口标志灯可明装,而厅室内宜采用暗装。安全出口标志灯应有图形和文字符号,左右无障碍设计要求时,宜同时设有音响指示信号。

4. 危险场所照明设备接地

危险性场所内安装照明设备等金属外壳,必须有可靠的接地装置,除按电力设备有关要求安装外,尚应符合下列要求:

(1)该接地可与电力设备专用接地装置共用。

(2)采用电力设备的接地装置时,严禁与电力设备串联,应直接与专用接地干线连接。灯具安装于电气设备上且同时使用同一电源者除外。

(3)不得采用单相二线式中的零线作为保护接地线。

(4)如以上要求达不到,应另设专用接地装置。

5. 危险场所照明灯具安全防护

(1)灯具安装前,检查和试验布线的连接和绝缘状况。当确认接线正确和绝缘良好时,方可安装灯具等设备,并做书面记录,作为移交资料。

(2)管盒的缩口盖板,应只留通过绝缘导线孔和固定盖板的螺孔,其他无用孔均应用铁、铅或铅铆钉铆固严密。

(3)为保持管盒密封,缩口盖或接线盒与管盒间,应加石棉垫。

(4)绝缘导线穿过盖板时,应套软绝缘管保护,该绝缘管进入盒内 10～15mm,露出盒外至照明设备或灯具光源口内为止。

(5)直接安装于顶棚或墙、柱上的灯具设备等,应在建筑物与照明设备之间,加垫厚度不小于 2mm 的石棉垫或橡皮板垫。

(6)灯具组装完后应作通电亮灯试验。

二、监理验收

1. 验收标准

(1)主控项目检验标准应符合表 18-37 的规定。

表 18-37　　　　　　　　　　　　　主控项目检验

序号	项　目	合格质量标准	检验方法	检查数量
1	36V 及以下行灯变压器和行灯安装	36V 及以下行灯变压器和行灯安装必须符合下列规定： (1)行灯电压不大于 36V,在特殊潮湿场所或导电良好的地面上以及工作地点狭窄、行动不便的场所行灯电压不大于 12V。 (2)变压器外壳、铁芯和低压侧的任意一端或中性点,接地(PE)或接零(PEN)可靠。 (3)行灯变压器为双圈变压器,其电源侧和负荷侧有熔断器保护,熔丝额定电流分别应不大于变压器一次、二次的额定电流。 (4)行灯灯体及手柄绝缘良好,坚固耐热耐潮湿;灯头与灯体结合紧固,灯头无开关,灯泡外部有金属保护网、反光罩及悬吊挂钩,挂钩固定在灯具的绝缘手柄上	目测和查阅施工记录并用互感式电流表量测	全数检查
2	特殊场所灯具等电位联结以及其电源专用漏电保护装置	游泳池和类似场所灯具(水下灯及防水灯具)的等电位联结应可靠,且有明显标识,其电源的专用漏电保护装置应全部检测合格。自电源引入灯具的导管必须采用绝缘导管,严禁采用金属或有金属护层的导管	目测并进行漏电动作实验旁站或查阅试验记录	全数检查
3	手术台无影灯的固定、供电电源和电线选用	手术台无影灯安装应符合下列规定： (1)固定灯座的螺栓数量不少于灯具法兰底座上的固定孔数,且螺栓直径与底座孔径相适配;螺栓采用双螺母锁固。 (2)在混凝土结构上螺栓与主筋相焊接或将螺栓末端弯曲与主筋绑扎锚固	目测或检查施工记录	全数检查

序号	项　目	合格质量标准	检验方法	检查数量
3	手术台无影灯的固定、供电电源和电线选用	(3)配电箱内装有专用的总开关及分路开关,电源分别接在两条专用的回路上,开关至灯具的电线采用额定电压不低于 750V 的铜芯多股绝缘电线	目测或检查施工记录	全数检查
4	应急灯具安装	应急照明灯具安装应符合下列规定: (1)应急照明灯的电源除正常电源外,另有一路电源供电;或者是独立于正常电源的柴油发电机组供电;或由蓄电池柜供电或选用自带电源型应急灯具。 (2)应急照明在正常电源断电后,电源转换时间为:疏散照明≤15s;备用照明≤15s(金融商店交易所≤1.5s);安全照明≤0.5s。 (3)疏散照明由安全出口标志灯和疏散标志灯组成。安全出口标志灯距地高度不低于 2m,且安装在疏散出口和楼梯口里侧的上方。 (4)疏散标志灯安在安全出口的顶部,楼梯间、疏散走道及其转角处应安装在 1m 以下的墙面上。不易安装的部位可安装在上部。疏散通道上的标志灯间距不大于 20m(人防工程不大于 10m)。 (5)疏散标志灯的设置,不影响正常通行,且不在其周围设置容易混同疏散标志灯的其他标志牌等。 (6)应急照明灯具,运行中温度大于 60℃的灯具,当靠近可燃物时,采取隔热、散热等防火措施。当采用白炽灯,卤钨灯等光源时,不直接安装在可燃装修材料或可燃物件上	目测检查并查阅施工记录	电源、持续供电时间、电源切换时间全数检查,其余抽查 10%

序号	项 目	合格质量标准	检验方法	检查数量
4	应急灯具安装	(7)应急照明线路在每个防火分区有独立的应急照明回路,穿越不同防火分区的线路有防火隔堵措施。 (8)疏散照明线路采用耐火电线、电缆,穿管明敷或在非燃烧体内穿刚性导管暗敷,暗敷保护层厚度不小于30mm。电线采用额定电压不低于750V的铜芯绝缘电线	目测检查并查阅施工记录	电源、持续供电时间、电源切换时间全数检查,其余抽查10%
5	防爆灯具的安装	防爆灯具安装应符合下列规定: (1)灯具的防爆标志、外壳防护等级和温度组别与爆炸危险环境相适配。 (2)灯具配套齐全,不用非防爆零件替代灯具配件(金属护网、灯罩、接线盒等)。 (3)灯具的安装位置离开释放源,且不在各种管道的泄压口及排放口上下方安装灯具。 (4)灯具及开关安装牢固可靠,灯具吊管及开关与接线盒螺纹啮合扣数不少于5扣,螺纹加工光滑、完整、无锈蚀,并在螺纹上涂以电力复合酯或导电性防锈酯。 (5)开关安装位置便于操作,安装高度1.3m	目测并检查施工记录	抽查10套,少于10套,全数检查

(2)一般项目检验标准应符合表18-38的规定。

表18-38 　　　　　　　　　　　　一般项目检验

序号	项 目	合格质量标准	检验方法	检查数量
1	36V及以下行灯变压器固定及电缆选择	36V及以下行灯变压器和行灯安装应符合下列规定: (1)行灯变压器的固定支架牢固,油漆完整。 (2)携带式局部照明灯电线采用橡套软线	目测检查	全数检查

序号	项　目	合格质量标准	检验方法	检查数量
2	手术台无影灯安装	手术台无影灯安装应符合下列规定： （1）底座紧贴顶板，四周无缝隙。 （2）表面保持整洁、无污染，灯具镀、涂层完整无划伤	目测检查	全数检查
3	应急照明灯具安装检查	应急照明灯具安装应符合下列规定： （1）疏散照明采用荧光灯或白炽灯；安全照明采用卤钨灯，或采用瞬时可靠点燃的荧光灯。 （2）安全出口标志灯和疏散标志灯装有玻璃或非燃材料的保护罩，面板亮度均匀度为 1∶10（最低∶最高），保护罩应完整、无裂纹	目测检查	抽查10%，小于 10 套，全数检查
4	防爆灯具安装检查	防爆灯具安装应符合下列规定： （1）灯具及开关的外壳完整，无损伤、无凹陷或沟槽，灯罩无裂纹，金属护网无扭曲变形，防爆标志清晰。 （2）灯具及开关的紧固螺栓无松动、锈蚀，密封垫圈完好	目测检查	抽查10%，小于 10 套，全数检查

2. 验收资料

（1）材料、器具及设备的产品合格证、安装使用说明书。

（2）安装自检记录。

（3）工序交接确认记录。

（4）电气绝缘电阻测试记录。

（5）大型照明灯具承载试验记录。

（6）电气器具通电安全检查记录。

（7）隐蔽工程验收记录。

第十八节　建筑物景观照明灯、航空障碍标志灯和庭院灯安装

一、监理巡视与检查

1. 建筑物彩灯的安装

(1)建筑物顶部彩灯管路按明管敷设,具有防雨功能。管路间、管路与灯头盒间螺纹连接,金属导管及彩灯的构架、钢索等可接近裸露导体接地(PE)或接零(PEN)可靠。

(2)垂直彩灯若为管线暗埋墙上固定应根据情况利用脚手架或外墙悬挂吊篮施工。

(3)墙上固定灯具可采用打膨胀栓塞螺钉固定方式,不得采用木楔。

(4)利用悬挂钢丝绳固定彩灯时可将整条彩灯螺旋缠绕在钢丝绳上以减少因风吹而导致的导线与钢丝绳的摩擦。

(5)灯具内留线的长度应适宜,多股软线线头应搪锡,接线端子压接牢固可靠。

(6)应注意统一配线颜色以区分相线与零线,对于螺口灯座中心簧片应接相线,不得混淆。

(7)安装的彩灯灯泡颜色应符合设计要求。

2. 建筑物外墙射灯、泛光灯的安装

(1)将灯具用镀锌螺栓固定在安装支架上,螺栓应加平垫及弹簧垫圈紧固。

(2)从电源接线盒中引电源线至灯具接线盒,电源线应穿金属软管保护。

(3)进行灯内接线,灯具内留线的长度应适宜,多股软线线头应搪锡,接线端子压接牢固可靠。

(4)检查灯具防水情况。

(5)灯泡、灯具变压器等发热部件应避开易燃物品。

3. 霓虹灯安装

(1)灯管采用专用绝缘支架固定,且牢固可靠,灯管不能和建筑物接触。

(2)霓虹灯变压器的安装位置宜在紧靠灯管的金属支架上固定,有密封的防水箱保护,与建筑物间距不小于50mm,与易燃物的距离不得小于300mm。

(3)霓虹灯管路、变压器的中性点及金属外壳要可靠地与专用保护线 PE 联结。

(4)霓虹灯一次线路可以用氯丁橡胶绝缘线(BLXF 型)穿钢管沿墙明设或暗设,二次线路应用裸铜线穿玻璃管或瓷管保护。

(5)安装在橱窗内的霓虹灯变压器一侧应安装有与橱窗门连锁的开关,确保开门不接通霓虹灯变压器的电源。

4. 航空障碍标志灯安装

(1)在外墙施工阶段就应考虑是否设置有便于维修和更换光源的措施如爬梯等。

(2)预埋管线在穿线后应做好防水措施,避免管内积水。

(3)灯具固定可采用打膨胀栓塞螺钉固定或用镀锌螺栓固定在专用金属构架上。

(4)当灯具在烟囱顶上装设时,安装在低于烟囱口 1.5～3m 的部位且呈正三角形水平排列。

(5)航空障碍标志灯应具有防雨功能。安装灯具的金属构架接地(PE)或接零(PEN)应可靠。

(6)灯具内留线的长度应适宜,多股软线线头应搪锡,接线端子压接牢固可靠。

(7)检查灯具的防水情况。

5. 庭院灯安装

(1)落地式灯具底座与基础应吻合,预埋地脚螺栓位置准确,螺纹完整无损伤。

(2)落地式灯具预埋电源接线盒宜位于灯具底座基础内。

(3)灯具地脚螺栓连接牢固,平垫圈及弹簧垫圈齐全。

(4)灯具内留线的长度应适宜,多股软线线头应搪锡,接线端子压接牢固可靠。

(5)灯具金属立柱及其他可接近裸露导体接地或接零应可靠。

(6)灯具的接线盒盖防水密封垫完整,上紧紧固螺钉时应注意对角上紧,保证盖板受力均匀。

二、监理验收

1. 验收标准

(1)主控项目检验标准应符合表 18-39 的规定。

表 18-39　　　　　　　　　　　　主控项目检验

序号	项　目	合格质量标准	检验方法	检查数量
1	建筑物彩灯灯具、配管及固定	建筑物彩灯安装应符合下列规定: (1)建筑物顶部彩灯采用有防雨性能的专用灯具,灯罩要拧紧。 (2)彩灯配线管路按明配管敷设,且有防雨功能。管路间、管路与灯头盒间螺纹连接,金属导管及彩灯的构架、钢索等可接近裸露导体接地(PE)或接零(PEN)可靠	目测和查阅施工记录并拉线尺量	钢索等悬挂结构及接地全数检查;灯具和线路抽查 10%,少于 10 套,全数检查

续表

序号	项 目	合格质量标准	检验方法	检查数量
1	建筑物彩灯灯具、配管及固定	(3)垂直彩灯悬挂挑臂采用不小于匚10的槽钢。端部吊挂钢索用的吊钩螺栓直径不小于10mm,螺栓在槽钢上固定,两侧有螺母,且加平垫及弹簧垫圈紧固。 (4)悬挂钢丝绳直径不小于4.5mm,底把圆钢直径不小于16mm,地锚采用架空外线用拉线盘,埋设深度大于1.5m。 (5)垂直彩灯采用防水吊线灯头,下端灯头距离地面高于3m	目测和查阅施工记录并拉线尺量	钢索等悬挂结构及接地全数检查;灯具和线路抽查10%,少于10套,全数检查
2	霓虹灯安装检查及固定	霓虹灯安装应符合下列规定: (1)霓虹灯管完好,无破裂。 (2)灯管采用专用的绝缘支架固定,且牢固可靠。灯管固定后,与建筑物、构筑物表面的距离不小于20mm。 (3)霓虹灯专用变压器采用双圈式,所供灯管长度不大于允许荷载长度,露天安装的有防雨措施。 (4)霓虹灯专用变压器的二次电线和灯管间的连接线采用额定电压大于15kV的高压绝缘电线。二次电线与建筑物、构筑物表面的距离不小于20mm	目测检查和查阅施工记录并拉线尺量	全数检查
3	建筑物景观照明灯安装	建筑物景观照明灯具安装应符合下列规定: (1)每套灯具的导电部分对地绝缘电阻值大于2MΩ。 (2)在人行道等人员来往密集场所安装的落地式灯具,无围栏防护,安装高度距地面2.5m以上。 (3)金属构架和灯具的可接近裸露导体及金属软管的接地(PE)或接零(PEN)可靠,且有标识	摇表测量并拉线尺量	全数检查

续表

序号	项 目	合格质量标准	检验方法	检查数量
4	航空障碍标志灯安装	航空障碍标志灯安装应符合下列规定： (1)灯具装设在建筑物或构筑物的最高部位。当最高部位平面面积较大或为建筑群时，除在最高端装设外，还在其外侧转角的顶端分别装设灯具。 (2)当灯具在烟囱顶上装设时，安装在低于烟囱口1.5～3m的部位且呈正三角形水平排列。 (3)灯具的选型根据安装高度决定；低光强的(距地面60m以下装设时采用)为红色光，其有效光强大于1600cd。高光强的(距地面150m以上装设时采用)为白色光，有效光强随背景亮度而定。 (4)灯具的电源按主体建筑中最高负荷等级要求供电。 (5)灯具安装牢固可靠，且设置维修和更换光源的措施	目测、拉线尺量	全数检查
5	庭院灯安装	庭院灯安装应符合下列规定： (1)每套灯具的导电部分对地绝缘电阻值大于2MΩ。 (2)立柱式路灯、落地式路灯、特种园艺灯等灯具与基础固定可靠，地脚螺栓备帽齐全。灯具的接线盒或熔断器盒，盒盖的防水密封垫完整。 (3)金属立柱及灯具可接近裸露导体接地(PE)或接零(PEN)可靠。接地线单设干线，干线沿庭院灯布置位置形成环网状，且不少于2处与接地装置引出线连接。由干线引出支线与金属灯柱及灯具的接地端子连接，且有标识	摇表测量和目测或查阅施工记录	抽查10%，少于5套，全数检查

(2)一般项目检验标准应符合表18-40的规定。

表 18-40　　　　　　　　　　　　一般项目检验

序号	项目	合格质量标准	检验方法	检查数量
1	建筑物彩灯安装检查	建筑物彩灯安装应符合下列规定： (1)建筑物顶部彩灯灯罩完整，无碎裂。 (2)彩灯电线导管防腐完好，敷设平整、顺直	目测	抽查10%，少于5套，全数检查
2	霓虹灯安装	霓虹灯安装应符合下列规定： (1)当霓虹灯变压器明装时，高度不小于3m；低于3m采取防护措施。 (2)霓虹灯变压器的安装位置方便检修，且隐蔽在不易被非检修人触及的场所，不装在吊平顶内。 (3)当橱窗内装有霓虹灯时，橱窗门与霓虹灯变压器一次侧开关有连锁装置，确保开门不接通霓虹灯变压器的电源。 (4)霓虹灯变压器二次侧的电线采用玻璃制品绝缘支持物固定，支持点距离不大于下列数值 水平线段：0.5m。 垂直线段：0.75m	拉线尺量和目测	全数检查
3	建筑物景观照明灯具的构架固定和外露电线电缆保护	建筑物景观照明灯具构架应固定可靠，地脚螺栓拧紧，备帽齐全；灯具的螺栓紧固、无遗漏。灯具外露的电线或电缆应有柔性金属导管保护	目测或用适配工具做拧动试验	全数检查
4	航空障碍标志灯安装距离及动作检查	航空障碍标志灯安装应符合下列规定： (1)同一建筑物或建筑群灯具间的水平、垂直距离不大于15m。 (2)灯具的自动通、断电源控制装置动作准确	查阅试验记录或试验时旁站及查阅施工记录	全数检查

续表

序号	项 目	合格质量标准	检验方法	检查数量
5	庭院灯控制装置动作及牢固检查	庭院灯安装应符合下列规定： （1）灯具的自动通、断电源控制装置动作准确，每套灯具熔断器盒内熔丝齐全、规格与灯具适配。 （2）架空线路电杆上的路灯，固定可靠，紧固件齐全、拧紧，灯位正确；每套灯具配有熔断器保护	查阅试验记录或试验时旁站	抽查10％，少于5套，全数检查

2. 验收资料

（1）材料、器具及设备的产品合格证，安装使用说明书。

（2）绝缘测试及各项试验数据记录。

（3）安装记录及隐蔽工程验收记录。

第十九节　开关、插座、风扇安装

一、监理巡视与检查

1. 开关安装

（1）巡视时注意进开关的导线是否是相线，先从颜色上判定，通电后可用电笔验证，以保证维修人员操作安全。

（2）注意开关通断位置是否一致，以保证使用方便及维修人员的安全。

（3）巡视时注意开关边缘距门框边缘的距离及开关距地面的高度是否符合设计及规范要求。若发现误差较大者，应立即通知承包单位及时整改，以免墙面粉刷造成损失加大。

2. 插座安装

（1）注意检查同一场所，装有交、直流或不同电压等级的插座，是否按规范要求选择了不同结构、不同规格和不能互换的插座，以便用电时不会插错，保证人身安全与设备不受损坏。

（2）巡视时用试电笔或其他专用工具、仪表，抽查插座的接线位置是否符合规范要求。也可根据接地（PE）或接零（PEN）线、零线（N）、相线的色标要求查验插座接线位置是否正确。通电时再用工具、仪表确认，以保证人身与设备的安全。

（3）注意插座间的接地（PE）或接零（PEN）线有无不按规范要求进行串联连接的现象，若发现应及时提出并督促整改。

（4）巡视时注意电源插座与弱电信号插座（如电视、电脑等）的配合，要求二者尽量靠近，而且标高一致，以便使用方便、美观、整齐。

3. 风扇安装

(1)吊扇安装。

1)吊扇为转动的电气器具,运转时有轻微的振动。为保证安全,巡视时应重点注意吊钩安装是否牢固,吊钩直径及吊扇安装高度、防松零件是否符合要求。

2)吊扇试运转时,应检查有无明显颤动和异常声响。

3)吊扇吊钩挂上吊扇后,一定要使吊扇的重心和吊钩的直线部分处在同一条直线上。

4)吊钩杆伸出建筑物的长度,应以盖上风扇吊杆护罩后能将整个吊钩全部遮蔽为宜。

5)吊扇的各种零配件必须齐全。叶片应完好,无损坏和变形等现象。

6)吊扇安装时,应将吊扇托起,把预埋的吊钩将吊扇的耳环挂牢,再接好电源接头并包扎紧密,向上推起吊杆上的扣碗,将接头扣于其内,使扣碗边缘紧贴建筑物的表面,然后拧紧固定螺丝。

7)吊扇安装后,涂膜应完整,表面无划痕,无污染,吊杆上、下扣碗安装牢固到位。同一室内并列安装的吊扇开关高度一致,控制有序不错位。

(2)壁扇安装。

1)巡视时应重点注意壁扇固定是否可靠,底座采用尼龙塞或膨胀螺栓固定时,应检查数量与直径是否符合要求。

2)巡视时应注意壁扇防护罩是否扣紧,运转时扇叶和防护罩有无明显颤动和异常声响。若发现异常情况,应督促承包单位停机整改。

二、监理验收

1. 验收标准

(1)主控项目检验标准应符合表 18-41 的规定。

表 18-41   主控项目检验

序号	项　目	合格质量标准	检验方法	检查数量
1	插座及其插头的区别使用	当交流、直流或不同电压等级的插座安装在同一场所时,应有明显的区别,且必须选择不同结构、不同规格和不能互换的插座;配套的插头应按交流、直流或不同电压等级区别使用	目测或查阅施工记录	按不同用途的插座抽查 10 个,少于 5 个,全数检查
2	插座接线	插座接线应符合下列规定: (1)单相两孔插座,面对插座的右孔或上孔与相线连接,左孔或下孔与零线连接;单相三孔插座,面对插座的右孔与相线连接,左孔与零线连接	用测电笔测试或查阅施工记录	抽查 10%,少于 5 个,全数检查

序号	项　目	合格质量标准	检验方法	检查数量
2	插座接线	(2)单相三孔、三相四孔及三相五孔插座的接地(PE)或接零(PEN)线接在上孔。插座的接地端子不与零线端子连接。同一场所的三相插座，接线的相序一致。 (3)接地(PE)或接零(PEN)线在插座间不串联连接	用测电笔测试或查阅施工记录	抽查10%，少于5个，全数检查
3	特殊情况下插座的安装	特殊情况下插座安装应符合下列规定： (1)当接插有触电危险家用电器的电源时，采用能断开电源的带开关插座，开关断开相线。 (2)潮湿场所采用密封型并带保护地线触头的保护型插座，安装高度不低于1.5m	用测电笔测试或拉线尺量	抽查10%，少于5个，全数检查
4	照明开关的安装要求	照明开关安装应符合下列规定： (1)同一建筑物、构筑物的开关采用同一系列的产品，开关的通断位置一致，操作灵活、接触可靠。 (2)相线经开关控制；民用住宅无软线引至床边的床头开关	目测检查	抽查10%，少于5个，全数检查
5	吊扇的安装规定	吊扇安装应符合下列规定： (1)吊扇挂钩安装牢固，吊扇挂钩的直径不小于吊扇挂销直径，且不小于8mm；有防振橡胶垫；挂销的防松零件齐全、可靠。 (2)吊扇扇叶距地高度不小于2.5m。 (3)吊扇组装不改变扇叶角度，扇叶固定螺栓防松零件齐全。 (4)吊杆间、吊杆与电机间螺纹连接，啮合长度不小于20mm，且防松零件齐全紧固。 (5)吊扇接线正确，当运转时扇叶无明显颤动和异常声响	目测或拉线尺量或试运转观察	抽查10%，少于5个，全数检查

序号	项　目	合格质量标准	检验方法	检查数量
6	壁扇安装	壁扇安装应符合下列规定： (1)壁扇底座采用尼龙塞或膨胀螺栓固定；尼龙塞或膨胀螺栓的数量不少于2个，且直径不小于8mm。固定牢固可靠。 (2)壁扇防护罩扣紧，固定可靠，当运转时扇叶和防护罩无明显颤动和异常声响	目测检查	抽查10%，少于5个，全数检查

(2)一般项目检验标准应符合表18-42的规定。

表 18-42　　　　　　　　　　　　**一般项目检验**

序号	项　目	合格质量标准	检验方法	检查数量
1	插座安装和外观检查	插座安装应符合下列规定： (1)当不采用安全型插座时，托儿所、幼儿园及小学等儿童活动场所安装高度不小于1.8m。 (2)暗装的插座面板紧贴墙面，四周无缝隙，安装牢固，表面光滑整洁、无碎裂、划伤，装饰帽齐全。 (3)车间及试(实)验室的插座安装高度距地面不小于0.3m；特殊场所暗装的插座不小于0.15m；同一室内插座安装高度一致。 (4)地插座面板与地面齐平或紧贴地面，盖板固定牢固，密封良好	拉线尺量	抽查10%
2	照明开关的安装	照明开关安装应符合下列规定： (1)开关安装位置便于操作，开关边缘距门框边缘的距离0.15～0.2m，开关距地面高度1.3m；拉线开关距地面高度2～3m，层高小于3m时，拉线开关距顶板不小于100mm，拉线出口垂直向下	拉线尺量	抽查10%

序号	项　目	合格质量标准	检验方法	检查数量
2	照明开关的安装	（2）相同型号并列安装及同一室内开关安装高度一致，且控制有序不错位。并列安装的拉线开关的相邻间距不小于 20mm。 （3）暗装的开关面板应紧贴墙面，四周无缝隙，安装牢固，表面光滑整洁，无碎裂、划伤，装饰帽齐全	拉线尺量	抽查 10%
3	吊扇的吊杆开关和表面检查	吊扇安装应符合下列规定： （1）涂层完整，表面无划痕、无污染，吊杆上下扣碗安装牢固到位。 （2）同一室内并列安装的吊扇开关高度一致，且控制有序不错位	目测检查	抽查 10%
4	壁扇的高度和表面检查	壁扇安装应符合下列规定： （1）壁扇下侧边缘距地面高度不小于 1.8m。 （2）涂层完整，表面无划痕、无污染，防护罩无变形	目测检查和拉线尺量	抽查 10%

2. 验收资料

（1）材料、器具及设备的出厂合格证，产品安装使用说明书。

（2）试验数据和安装数据记录。

（3）隐蔽工程验收记录。

第二十节　建筑物照明通电试运行

一、监理巡视与检查

建筑照明通电试运行开始阶段，监理人员应到现场参加。通电试运行前，应检查照明配电箱、灯具、开关、插座及电线等绝缘电阻是否符合要求，若因天雨或其他因素引起受潮导致绝缘电阻低于规定值，则应采取措施解决后方能通电。通电试运行后，应携带仪器、仪表测量回路电流值是否在设计范围内，与所选择开关等电器器件是否匹配。对手感温度较高的电器器件、灯具应用红外线测温仪等进行温度测量。测量重点为装潢吊顶内装设的灯具，配电箱内的空气开关、接触器等。

当试运行 2h 以上后,监理人员可改旁站为巡视,巡视时,作好运行记录,发现问题及时通知承包单位整改。

二、监理验收

建筑物照明通电试运行检验批主控项目检验标准见表 18-43 的规定。

表 18-43　　　　　　　　　　　　　主控项目检验

序号	项　　目	合格质量标准	检验方法	检查数量
1	灯具回路控制与照明箱以及回路的标识一致,开关与灯具控制顺序相对应	照明系统通电,灯具回路控制应与照明配电箱及回路的标识一致;开关与灯具控制顺序相对应,风扇的转向及调速开关应正常	观察	全数检查
2	照明系统全负荷通电连续试运行时间	公用建筑照明系统通电连续试运行时间应为 24h,民用住宅照明系统通电连续试运行时间应为 8h。所有照明灯具均应开启,且每 2h 记录运行状态 1 次,连续试运行时间内无故障	检阅试运行记录	

第二十一节　接地装置安装

一、监理巡视与检查

1. 接地体安装

(1)接地体、埋地接地线必须采用镀锌件,一般采用 50mm×50mm×5mm 的镀锌角钢或大于 φ40mm 壁厚大于 3.5mm 的镀锌钢管。

(2)接地体顶面埋设深度不应小于 0.6m,角钢或钢管接地体应垂直配置,为减少相邻接地体的屏蔽作用,垂直接地体的间距不宜小于其长度的两倍,水平接地体的间距应根据设计规定,不宜小于 5m,局部深度应在 1m 以上,接地体与建筑物的距离不宜小于 1.5m。

(3)利用各种金属构件、金属管道等作接地线时,应保证其全长为完好的电气通路;利用串联的金属构件、管道作接地线时,应在其串联部位焊接金属跨接线;接至电气设备、器具和可拆卸的其他非带电金属部件接地(接零)的分支线,必须直接与接地干线相连,严禁串联连接。

(4)接地体(线)的连接通常应采用焊接,对扁钢的搭接焊长度应为扁钢宽度的二倍(至少三边焊接),对圆钢的搭接焊长度应为圆钢直径的 6 倍,圆钢与扁钢连接时,搭接焊长度为圆钢直径的 6 倍,扁钢与钢管或角铁焊接时,为了连接可靠,除应在其接触部位两侧进行焊接外,并应焊以由钢带弯成的弧形(或直角形)卡子,或由钢带本身直接弯成弧形(或直角形)与钢管(或角钢)焊接。焊接处应进行防腐处理。

(5)螺栓连接的接触面应同母线装置一样作表面处理,连接应紧密、牢固。

2. 接地线安装

(1)接地干线至少应在不同的两点处与接地网相连接,自然接地体至少应在不同的两点与接地干线相连接;电气装置的每个接地部分应以单独的接地线与接地干线相连接,不得在一个接地线中串接几个需要接地部分;接零保护回路中不得串装熔断器、开关等设备,并应有重复(至少二点)的接地,车间周长超过 400m 时,每 200m 处应有一点接地,架空线终端,分支线长度超过 200m 的分支线处以及沿线每 1000m 处应加设重复接地装置;接地线明敷时,应按水平或垂直敷设,但亦与建筑物倾斜结构平行,在直线段不应有高低起伏及弯曲等情况,在直线段水平距离支持件间距一般为 1~1.5m,垂直部分支持件间距一般为 1.5~2m,转弯之处支持件间距一般为 0.5m。同一供电系统中,不允许一部分电气设备保护接零,另一部分电气设备保护接地。

(2)接地线应防止发生机械损伤和化学腐蚀,在公路、铁路或管道等交叉及其他可能使接地线遭受机械损伤之处,均应用管子或角钢等加以保护;接地线在穿过墙壁时应通过明孔、钢管或其他坚固的保护管进行保护;明敷接地线敷设位置不应妨碍设备的拆卸与检修;接地线沿建筑物墙壁水平敷设时,离地面宜保持 250~300mm 的距离,接地线与建筑物墙壁间应有 10~15mm 的间隙;在接地线跨越建筑物伸缩缝、沉降缝处时,应加设补偿器,补偿器可用接地线本身弯成弧状代替;接至电气设备上的接地线应用螺栓连接,有色金属接地线不能采用焊接时,也可用螺栓连接。

(3)明敷的接地线表面应涂黑漆;如因建筑物的设计要求,需涂其他颜色时,则应在连接处及分支处涂以各宽为 15mm 的两条黑带,其间距为 150mm;中性点接于接地网的明敷接地线,应涂以紫色带黑色条纹;在三相四线网络中,如接有单相分支线并用其零线作接地线时,零线在分支点应涂黑色带以便识别。

二、监理验收

1. 验收标准

(1)主控项目检验标准应符合表 18-44 的规定。

表 18-44　　　　　　　　　　　　主控项目检验

序号	项　目	合格质量标准	检验方法	检查数量
1	接地装置测试点的设置	人工接地装置或利用建筑物基础钢筋的接地装置必须在地面以上按设计要求位置设测试点	目测检查	全数检查
2	接地电阻测试	测试接地装置的接地电阻值必须符合设计要求	用摇表测量检查	
3	防雷接地的人工接地装置的接地干线埋设	防雷接地的人工接地装置的接地干线埋设,经人行通道处埋地深度应不少于1m,且应采用均压措施或在其上方铺设卵石或沥青地面	查阅施工记录	
4	接地模块的埋设深度、间距和基坑尺寸	接地模块顶面埋深应不小于0.6m,接地模块间距应不小于模块长度的3~5倍。接地模块埋设基坑,一般为模块外形尺寸的1.2~1.4倍,且在开挖深度内详细记录地层情况	查阅施工记录	
5	接地模块应垂直或水平就位	接地模块应垂直或水平就位,不应倾斜设置,保持与原土层接触良好	查阅施工记录	

(2)一般项目检验标准应符合表 18-45 的规定。

表 18-45　　　　　　　　　　　　一般项目检验

序号	项　目	合格质量标准	检验方法	检查数量
1	接地装置埋设深度、间距和搭接长度	当设计无要求时,接地装置顶面埋设深度应不小于0.6m。圆钢、角钢及钢管接地极应垂直入地下,间距应不小于5m。接地装置的焊接应采用搭接焊,搭接长度应符合下列规定: (1)扁钢与扁钢搭接为扁钢宽度的2倍,不小于三面施焊	查阅施工记录	抽查 10处,少于 10处,全数检查

续表

序号	项　目	合格质量标准	检验方法	检查数量
1	接地装置埋设深度、间距和搭接长度	（2）圆钢与圆钢搭接为圆钢直径的6倍，双面施焊。 （3）圆钢与扁钢搭接为圆钢直径的6倍，双面施焊。 （4）扁钢与钢管，扁钢与角钢焊接，紧贴角钢外侧两面，或紧贴3/4钢管表面，上下两侧施焊。 （5）除埋设在混凝土中的焊接接头外，有防腐措施	查阅施工记录	抽查10处，少于10处，全数检查
2	接地装置的材质和最小允许规格、尺寸	当设计无要求时，接地装置的材料采用为钢材，热浸镀锌处理，最小允许规格、尺寸应符合表18-46的规定	查阅施工记录	
3	接地模块与干线的连接和干线材质选用	接地模块应集中引线，用干线把接地模块并联焊接成一个环路，干线的材质与接地模块焊接点的材质应相同，钢制的采用热浸镀锌扁钢，引出线不少于2处	查阅施工记录	全数检查

表 18-46　　　　　　　　最小允许规格、尺寸

种类、规格及单位		敷设位置及使用类别			
		地上		地下	
		室内	室外	交流电流回路	直流电流回路
圆钢直径(mm)		6	8	10	12
扁钢	截面(mm²)	60	100	100	100
	厚度(mm)	3	4	4	6
角钢厚度(mm)		2	2.5	4	6
钢管管壁厚度(mm)		2.5	2.5	3.5	4.5

注：本表摘自《建筑电气工程施工质量验收规范》(GB 50303—2002)。

2. 验收资料

(1)材料、器具及设备的出厂合格证，产品安装使用说明书。

(2)试验数据和安装数据记录。

(3)隐蔽工程验收记录。

第二十二节　避雷引下线和变配电室接地干线敷设

一、监理巡视与检查

1. 避雷引下线敷设

(1)避雷引下线暗敷设。

1)首先将所用扁钢(或圆钢)用手锤等进行调直或抻直。

2)将调直的引下线运到安装地点,按设计要求随建筑物引上,挂好。

3)及时将引下线的下端与接地体焊接好,或与接地卡子连接好。随着建筑物的逐步增高,将引下线埋设于建筑物内至屋顶为止。如需接头则需进行焊接,焊接后应敲掉药皮并刷防锈漆(现浇混凝土除外),并请有关人员进行隐检验收,做好记录。

4)利用主筋(直径不小于 16mm)作引下线时,应按设计要求找出全部主筋位置,用油漆做好标记,设计无要求时应于距室外地面 0.5m 处焊好测试点,随钢筋逐层串联焊接至顶层,焊接出一定长度的引下线,搭接长度不小于 100mm,做完后请有关人员进行隐检,做好隐检记录。

(2)避雷引下线明敷设。

1)引下线如为扁钢,可放在平板上用手锤调直;如为圆钢最好选用直条,如为盘条则需将圆钢放开,用倒链等进行冷拉直。

2)将调直的引下线搬运到安装地点。

3)自建筑物上方向下逐点固定,直至安装断接卡子处,如需接头或焊接断接卡子,则应进行焊接,焊好后清除药皮,局部调直并刷防锈漆。

4)将引下线地面上 2m 段套上保护管,卡接固定并刷红白油漆。

5)用镀锌螺栓将断接卡子与接地体连接牢固。

2. 断接卡子制作安装

断接卡子有明装和暗装两种。断接卡子可利用不小于-40×4 -25×4 的镀锌扁钢制作,断接卡子应用两根镀锌螺栓拧紧,引下线的圆钢与断接卡子的扁钢应采用搭接焊,搭接长度不应小于圆钢直径的 6 倍,且应在两面焊接。

3. 变配电室接地干线敷设

(1)如果为砖墙(或加气混凝土墙、空心砖墙),则应根据设计要求,确定坐标轴线位置,然后随砌墙将事先预制好的 50mm×50mm 方木样板放入墙内,待墙砌好后将方木样板剔出,将支持架放入孔中,同时洒水淋湿孔洞,再用水泥砂浆将支持件埋牢,待凝固后使用。如果在现浇混凝土上固定支架,先根据图纸要求弹线定位,钻孔,支持架做燕尾埋入孔中,找平找正,用水泥砂浆进行固定。

(2)支持件埋设完毕后,可敷设接地干线。将接地干线沿墙吊起,在支持件一端用卡子将扁钢固定,经过隔墙时穿跨预留孔,接地干线连接处应焊接牢固。末端预留或连接应符合设计要求。

(3)于接地干线外表面刷黄绿相间油漆标识。

二、监理验收

1. 验收标准

(1)主控项目检验标准应符合表18-47的规定。

表 18-47 主控项目检验

序号	项 目	合格质量标准	检验方法	检查数量
1	引下线的敷设,明敷引下线外观质量及防腐	暗敷在建筑物抹灰层内的引下线应有卡钉分段固定;明敷的引下线应平直、无急弯,与支架焊接处,油漆防腐,且无遗漏	目测检查	抽查10%,少于5处,全数检查
2	金属跨接线	当利用金属构件、金属管道做接地线时,应在构件或管道与接地干线间焊接金属跨接线	目测检查	全数检查

(2)一般项目检验标准应符合表18-48的规定。

表 18-48 一般项目检验

序号	项 目	合格质量标准	检验方法	检查数量
1	钢制接地线焊接和材料规格、尺寸	钢制接地线的焊接连接应符合表18-45中项1的规定,材料采用及最小允许规格、尺寸应符合表18-46的规定	目测检查	抽查10%,少于5处,全数检查
2	明敷接地引下线支持件设置	明敷接地引下线及室内接地干线的支持件间距应均匀,水平直线部分0.5～1.5m;垂直直线部分1.5～3m;弯曲部分0.3～0.5m	拉线尺量	
3	接地线穿越及其保护	接地线在穿越墙壁、楼板和地坪处应加套钢管或其他坚固的保护套管,钢套管应与接地线做电气连通	目测检查	

序号	项　目	合格质量标准	检验方法	检查数量
4	幕墙金属框架和建筑物金属门窗与接地干线的连接及其防腐	设计要求接地的幕墙金属框架和建筑物的金属门窗,应就近与接地干线连接可靠,连接处不同金属间应有防电化腐蚀措施	目测检查	抽查10%,少于5处,全数检查

2. 验收资料

(1)材料、器具及设备的出厂合格证,产品安装使用说明书。

(2)试验数据和安装数据记录。

(3)隐蔽工程验收记录。

第二十三节　接闪器安装

一、监理巡视与检查

(1)避雷针安装位置应正确,针体安装垂直度偏差不大于顶端针杆直径;独立避雷针及接地装置与道路或建筑物的出入口等的距离应大于3m;独立避雷针应设立独立的接地装置,土壤电阻率不大于100Ω·m的地区,其接地电阻不宜超过10Ω;接地线与避雷针的接地线距离不应小于3m。

(2)避雷带安装位置应正确,平正顺直,固定点支持件间距均匀,固定可靠,每个支持件应能承受大于49N的垂直拉力。当设计无要求时,支持件间距为:水平直线部分0.5~1.5m,垂直直线部分1.5~3m,弯曲部分0.3~0.5m。

建筑物高于30m以上的部位,每隔3层沿建筑物四周敷设一道避雷带并与各根引下线相焊接。

(3)建筑物顶部的避雷针、避雷带等必须与顶部外露的其他金属物体连成一个整体的电气通路,且与避雷引下线连接可靠。焊接固定的焊缝饱满无遗漏,螺栓固定的应备帽等防松零件齐全,焊接部分补刷的防腐油漆完整。

(4)避雷针与接地网的连接点至变压器或35kV及以下设备与接地网的地下连接点,沿接地体的长度不得小于15m;变电所的避雷针不应有接头,还不得在避雷针构架上架设低压线或通讯线。

二、监理验收

1. 验收标准

(1)主控项目检验标准应符合表18-49的规定。

表 18-49　　　　　　　　　　　主控项目检验

序号	项　目	合格质量标准	检验方法	检查数量
1	避雷针、带与顶部外露的其他金属物体的连接	建筑物顶部的避雷针、避雷带等必须与顶部外露的其他金属物体连成一个整体的电气通路,且与避雷引下线连接可靠	目测检查或做连通性测试	全数检查

（2）一般项目检验标准应符合表 18-50 的规定。

表 18-50　　　　　　　　　　　一般项目检验

序号	项　目	合格质量标准	检验方法	检查数量
1	避雷针、带的位置及固定	避雷针、避雷带应位置正确,焊接固定的焊缝饱满无遗漏,螺栓固定的应备帽等防松零件齐全,焊接部分补刷的防腐油漆完整	目测检查	抽查10%,少于 10m 或10 个支持件,全数检查
2	避雷带的支持件间距、固定及承力检查	避雷带应平正顺直,固定点支持件间距均匀、固定可靠,每个支持件应能承受大于 49N(5kg)的垂直拉力。当设计无要求时,支持件间距符合以下规定:明敷接地引下线及室内接地干线的支持件间距应均匀,水平直线部分0.5～1.5m;垂直直线部分 1.5～3m;弯曲部分 0.3～0.5m	目测检查及拉线尺量	

2. 验收资料

(1)材料、器具及设备的出厂合格证,产品安装使用说明书。

(2)试验数据和安装数据记录。

(3)隐蔽工程验收记录。

第二十四节　建筑物等电位联结

一、监理巡视与检查

(1)所有进出建筑物的金属装置、外来导电物、电力线路、通信线路及其他电缆均应与总汇流排做好等电位金属连接。计算机机房应敷设等电位均压网,并应和大楼的接地系统相连接。

(2)穿过各防雷区交界处的金属物和系统,以及一防雷区内部的金属物和系统都应在防雷区交界处做等电位联结。

(3)等电位网宜采用 M 形网络,各设备的直流地以最短的距离与等电位网相连接。

(4)实行等电位联结的主体应为:设备所在建筑物的主要金属构件和进入建筑物的金属管道;供电线路含外露可导电部分;防雷装置;由电子设备构成的信息系统。

(5)架空电力线由终端杆引下后应更换为屏蔽电缆,进入大楼前应水平直埋 50m 以上,埋地深度应大于 0.6m,屏蔽层两端接地,非屏蔽电缆应穿镀锌铁管并水平直埋 50m 以上,铁管两端接地。

(6)不论是等电位联结还是局部等电位联结,每一电气装置外的其他系统可只连接一次,并未规定必须作多次连接。

(7)除水表外管道的接头不必做跨接线,因连接处即使缠有麻丝或聚乙烯薄膜,其接头也仍然是导通的。但施工完毕后必须进行上述检测,对导电不良的接头需作跨接处理。

(8)等电位联结只限于大型金属部件,孤立的接触面积小的例如放水按钮就不必联结,因它不足以引起电击事故,而以手持握的金属部件,因电击危险大必须纳入等电位联结内。

(9)门框、窗框如不靠近电器设备或电源插座不一定联结,反之应作联结。离地面 20m 以上的高层建筑的窗框,如果防雷需要也应联结。

(10)离地面 2.5m 的金属部件因位于伸臂范围以外不需作联结。

(11)浴室被列为电击危险大的特殊场所。由于人在沐浴时遍体湿透,人体阻抗大大下降,沿金属管道导入浴室的一二十伏电压即足以使人发生心室纤维性颤动而死亡。因此,在浴室范围内还需要用铜线和铜板作一次局部等电位联结。

(12)等电位联结内各联结导体间连接可采用焊接,也可采用用螺栓连接或熔接。等电位联结端子板应采取螺栓连接,以便拆卸进行定期检测。

(13)等电位联结线可采用 BV−4mm² 塑料绝缘铜导线穿塑料管暗敷,也可采用−20×4 镀锌扁钢或 φ8 镀锌圆钢暗敷。等电位联结用螺栓、垫圈、螺母等应进行热镀锌处理。等电位联结端子板截面不得小于等电位联结线的截面。

(14)等电位联结安装完毕后,应进行导通性测试,测试用电源可采用空载电压 4~24V 直流或交流电源,测试电流不小于 0.2A,可认为等电位联结是有效的,如发现导通不良的管道连接处,应作跨接线。

二、监理验收

1. 验收标准

(1)主控项目检验标准应符合表 18-51 的规定。

表 18-51　　　　　　　　　　　　　主控项目检验

序号	项　目	合格质量标准	检验方法	检查数量
1	建筑物等电位联结干线的连接及局部等电位箱间的连接	建筑物等电位联结干线应从与接地装置有不少于 2 处直接连接的接地干线或总等电位箱引出，等电位联结干线或局部等电位箱间的连接线形成环形网路，环形网路应就近与等电位联结干线或局部等电位箱连接。支线间不应串联连接	旁站检查	抽查10%，少于10 处，全数检查。等电位箱处全数检查
2	等电位联结的线路最小允许截面积	等电位联结的线路最小允许截面应符合表 18-52 的规定	尺量检查	

表 18-52　　　　　　　　　　　　　线路最小允许截面　　　　　　　　　　mm^2

材　料	截　　面	
	干　　线	支　　线
铜	16	6
钢	50	16

注：本表摘自《建筑电气工程施工质量验收规范》(GB 50303—2002)。

(2)一般项目检验标准应符合表 18-53 的规定。

表 18-53　　　　　　　　　　　　　一般项目检验

序号	项　目	合格质量标准	检验方法	检查数量
1	导体与支线连接可靠、导通正常	等电位联结的可接近裸露导体或其他金属部件、构件与支线连接应可靠，熔焊、钎焊或机械紧固应导通正常	目测检查	抽查10%，少于 10 处，全数检查
2	需等电位联结的高级装修金属部件或零件等电位联结支线的连接	需等电位联结的高级装修金属部件或零件，应有专用接线螺栓与等电位联结支线连接，且有标识；连接处螺母紧固、防松零件齐全	目测检查	抽查10%，少于 10 处，全数检查

2. 验收资料

(1)材料的产品合格证。

(2)隐蔽的验收记录，测试报告。

(3)导通性测试记录。

第十九章　电梯工程现场监理

第一节　电力驱动的曳引式或强制式电梯安装

一、设备进场验收

1. 监理巡视与检查

(1)检查土建布置图是否与井道实物尺寸相符,各相关联的尺寸是否有误差。

(2)检查出厂产品合格证是否齐全,合格证上的型号、层站、速度、载重量等各参数是否相符,是否有产品检验合格章及检验人员盖章。

(3)应对四大安全部件,即限速器、门锁装置、安全钳及缓冲器的型式试验证书复印件进行审查,审查其各安全参数是否符合标准及出具试验证书机构名称。

(4)在设备进场时应随机检查其是否有装箱清单及安装、维护使用说明书、动力电路和安全电路的电气原理图。

(5)设备开箱验收安装单位应会同建设单位或监理单位根据电梯安装清单及有关技术资料清点箱数,并核对箱内所有零部件及安装材料,凡发现缺件、破损及严重锈蚀,应及时与供货方联系,以免影响安装工期及质量。代用的材料与设备必须符合原设计要求,开箱记录表上应有建设方或监理方、供货方、施工方代表签字。

2. 监理验收

(1)验收标准。

1)主控项目检验标准应符合表 19-1 的规定。

表 19-1　　　　　　　　　　　　主控项目检验

序号	项　目	合格质量标准	检　查
1	随机文件必须包括	随机文件必须包括下列资料: (1)土建布置图。 (2)产品出厂合格证。 (3)门锁装置、限速器、安全钳及缓冲器的型式试验证书复印件	检查随机文件清单,应包括: (1)土建布置图。 (2)产品出厂合格证。 (3)门锁装置、限速器、安全钳及缓冲器的型式试验证书复印件;核对上述技术文件是否完整、齐全,并且应与合同要求的产品相符

2)一般项目检验标准应符合表 19-2 的规定。

表 19-2　　　　　　　　　　　　　一般项目检验

序号	项　目	合格质量标准	检　查
1	随机文件还应包括	随机文件还应包括下列资料： (1)装箱单。 (2)安装、使用维护说明书。 (3)动力电路和安全电路的电气原理图	检查随机文件清单，应包括： (1)装箱单。 (2)安装、使用维护说明书。 (3)动力电路和安全电路的电气原理图；核对上述技术文件是否完整、齐全，并且应与合同要求的产品相符
2	设备零部件与装箱单	设备零部件应与装箱单内容相符	依据装箱单对零部件进行清点核对，应单、货相符，不应有缺件、少件
3	设备外观	设备外观不应存在明显的损坏	观察包装箱及设备外观，不应存在明显的损坏

(2)验收资料。

1)电梯绝缘电阻，接地电阻测试记录。

2)电梯限位开关调试记录。

3)电梯曳引装置检查调试记录。

4)电梯安全钳、缓冲器调试记录。

5)安全钳型式实验报告证明书。

6)缓冲器型式试验报告证明书。

7)门锁装置型式试验报告证明书。

8)电梯空、满、超载试运转记录。

9)电梯平衡试验检查报告记录。

10)电梯调整试验报告记录。

11)电梯平层精度调试记录。

12)电梯噪声测试记录。

13)电梯速度测试记录。

二、土建交接检验

1. 监理巡视与检查

(1)机房。

1)机房地板应能承受 6865Pa 的压力。

2)机房地面应采用防滑材料。

3)曳引机承重梁如果埋入承重墙内,由支承长度应超过墙厚中心 20mm,且不应小于 75mm。

4)机房内钢丝绳与楼板孔洞每边间隙应为 20～40mm,通向井道孔洞四周应筑一高 50mm 以上、宽度适当的台阶。

5)当机房地面包括几个不同高度并相差大于 0.5m 时,应设置楼梯或台阶和护栏。

6)当机房地面有任何深度大于 0.5m、宽度小于 0.5m 坑或任何槽坑时,均应盖住。

7)以电梯井道顶端,电梯安装时设立的样板架为基准,将样板架的纵向、横向中心轴线引入机房内,并有基准线来确定曳引机设备的相对位置,用其来检查机房地坪上曳引机、限速器等设备定位线的正确程度。各机械设备离墙距离应大于300mm,限速器离墙应大于 100mm 以上。

8)按照图纸要求来检查预留孔、吊钩的位置尺寸,曳引钢丝绳、限速钢丝绳在穿越楼板孔时,钢丝绳边与孔四边的间距均应有 20～40mm 的间隙,在机内通井道的孔应在四周筑有台阶,台阶的高度应在 50mm 以上,以防止工具、杂物、零部件、油、水等落入井道内。

(2)主电源开关。

1)每台电梯应有独立的能切断主电源的开关,其开关容量应能切断电梯正常使用情况下的最大电源,一般不小于主电机额定电流的两倍。

2)主电源开关安装位置应靠近机房入口处,并能方便、迅速地接近,安装高度宜为 1.3～1.5m 处。

3)机房内应有固定式照明,用照度仪测量机房地表面上的照度,其照度应大于 200lx,在机房内靠近入口(或设有多个入口)的适当高度设有一个开关,以便于进入机房时能控制机房照明,且在机房内应设置一个或多个电源检修插座,这些插座应是 2P＋PE 型 250V。

4)机房内零线与接地线应始终分开,不得串接,接地电阻值不应大于 4Ω。

5)通往机房的通道和楼梯应有充分的照明,需使用楼梯运主机等时,应能承受主机的重量,并能方便地通过,此时楼梯宽度应不小于 1.2m,坡度应不大于 45°。

2. 监理验收

(1)验收标准。

1)主控项目检验标准应符合表 19-3 的规定。

表 19-3　　　　　　　　　　　　　　　　主控项目检验

序号	项　目	合格质量标准	检　查
1	机房内部、井道土建(钢架)结构布置	机房(如果有)内部、井道土建(钢架)结构及布置必须符合电梯土建布置图的要求	测量机房(如果有)、井道结构尺寸应与电梯土建布置图一致;观察机房(如果有)、井道内部表面外观,应平整。应按照土建布置图的要求预留了相关的孔和预埋件等
2	主电源开关要求	主电源开关必须符合下列规定: (1)主电源开关应能够切断电梯正常使用情况下最大电流。 (2)对有机房电梯该开关应能从机房入口处方便地接近。 (3)对无机房电梯该开关应设置在井道外工作人员方便接近的地方,且应具有必要的安全防护	核对主电源开关铭牌上的和土建布置图中要求的最大电流值,主电源开关铭牌上额定电流值和位置应符合土建布置图中的要求;观察每台电梯,都应单独装设一只主电源开关
3	井道安全要求	井道必须符合下列规定: (1)当底坑底面下有人员能到达的空间存在,且对重(或平衡重)上未设有安全钳装置时,对重缓冲器必须安装在(或平衡重运行区域的下边必须)一直延伸到坚固地面上的实心桩墩上。 (2)电梯安装之前,所有层门预留孔必须设有高度不小于1.2m 的安全保护围封,并应保证有足够的强度	(1)在土建交接检验时,不仅要检查与井道底坑相关部分的建筑物土建施工图、施工记录,而且要到建筑物现场检查底坑下方是否存在能够供人员进入的空间。如果此空间存在,则应核查土建施工图是否要求底坑的底面至少能承受5000N/m² 载荷;如果此空间存在且对重(或平衡重)上未设有安全钳装置,则应设有上述的实心桩墩,检查建筑物土建施工图所要求实心桩墩及支撑实心桩墩的地面的强度是否能承受电梯土建布置图所提供的冲击力,还应观察或用线坠、钢卷尺测量实心桩墩位置是否在对重缓冲器(平衡重运行区域)的下边。 (2)在土建交接检验时,检查人员应逐层检验安全保护围封;观察或用钢卷尺测量围封的高度应从该层地面起延伸1.2m 以上。

序号	项　目	合格质量标准	检　　查
3	井道安全要求	(3)当相邻两层门地坎间的距离大于 11m 时,其间必须设置井道安全门,井道安全门严禁向井道内开启,且必须装有安全门处于关闭时电梯才能运行的电气安全装置。当相邻轿厢间有相互救援用轿厢安全门时,可不执行本款	(3)首先应检查土建施工图和施工记录,并逐一观察、测量相邻的两层门地坎间之间的距离,如大于 11m 且需要设井道安全门时,应检查安全门的尺寸、强度、开启方向、钥匙开启的锁、设置的位置是否满足上述要求。开、关安全门观察上述要求的电气安全装置的位置是否正确、是否可靠地动作,这里的动作只是指电气安全装置自身的闭合与断开(注:若电气安全装置由电梯制造商家提供,此项可在安装完毕后检查,检查前须先将电梯停止)

2)一般项目检验标准应符合表 19-4 的规定。

表 19-4　　　　　　　　　　　　一般项目检验

序号	项目	合格质量标准	检　　查
1	机房的补充规定	机房(如果有)还应符合下列规定: (1)机房内应设有固定的电气照明,地板表面上的照度应不小于 200lx。机房内应设置一个或多个电源插座。在机房内靠近入口的适当高度处应设有一个开关或类似装置控制机房照明电源。 (2)机房内应通风,从建筑物其他部分抽出的陈腐空气,不得排入机房内。 (3)应根据产品供应商的要求,提供设备进场所需的通道和搬运空间。 (4)电梯工作人员应能方便地进入机房或滑轮间,而不需要临时借助于其他辅助设施。 (5)机房应采用经久耐用且不易产生灰尘的材料建造,机房内的地板应采用防滑材料。 注:此项可在电梯安装后验收	(1)观察机房内是否设置了固定的电气照明设备,用照度计测量地板表面上的照度,应不小于 200lx;控制照明开关的位置应符合土建布置图要求,操作开关,开关应动作正常;观察机房内是否设置一个或多个电源插座。 (2)观察机房内的通风,应满足土建布置图要求;在机房内观察从建筑物其他部分抽出的陈腐空气,不应排入机房内。 (3)根据供、需双方合同约定,现场测量。 (4)现场进入机房和滑轮间,观察通道是否设置了永久的电气照明,控制开关应设置在出口;观察是否通过私人房间进入机房和滑轮间。

序号	项目	合格质量标准	检　查
1	机房的补充规定	（6）在一个机房内，当有两个以上不同平面的工作平台，且相邻平台高度差大于0.5m时，应设置楼梯或台阶，并应设置高度不于0.9m的安全防护栏杆。当机房地面有深度大于0.5m的凹坑或槽坑时，均应盖住。供人员活动空间和工作台面以上的净高度应不小于1.8m。 （7）供人员进出的检修活板门应有不小于0.8m×0.8m的净通道，开门到位后应能自行保持在开启位置。检修活板门关闭后应能支撑两个人的重量（每个人按在门的任意0.2m×0.2m面积上作用1000N的力计算），不得有永久性变形。 （8）门或检修活板门应装有带钥匙的锁，它应从机房内不用钥匙打开。只供运送器材的活板门，可只在机房内部锁住。 （9）电源零线和接地线应分开。机房内接地装置的接地电阻值应不大于4Ω。 （10）机房应有良好的防渗、防漏水保护	（5）观察。 （6）观察和用尺测量。 （7）用尺测量净通道应不小于0.8m×0.8m；开、关检修活板门，开门到位后应自行保持在开启位置；用砝码做支撑两个人的重量的模拟试验，不应有永久性变形。 （8）在门或检修活板门的门外，应用钥匙将其打开；在门内，应不用钥匙将其打开；只供运送器材的活板门，可以在机房内部锁住。用钢卷尺测量门尺寸应符合土建布置图要求。 （9）观察进入机房的零线和接地线是否分开；用兆欧表或地环仪测量接地装置的接地电阻值。 （10）检查机房的施工记录，应有防渗、防漏水保护
2	井道的补充规定	井道还应符合下列规定： （1）井道尺寸是指垂直于电梯设计运行方向的井道截面沿电梯设计运行方向投影所测定的井道最小净空尺寸，该尺寸应与土建布置图所要求的一致，允许偏差应符合下列规定： 1）当电梯行程高度小于等于30m时为0～+25mm； 2）当电梯行程高度大于30m且小于等于60m时为0～+35mm； 3）当电梯行程高度大于60m且小于等于90m时为0～+50mm； 4）当电梯行程高度大于90m时，允许偏差应符合土建布置图要求	（1）可在井道内用线坠吊线或采用激光测试仪测量井道尺寸；还应注意检查井道尺寸空间内不应有凸出物（如结构梁等）。 （2）检查土建施工图，其上要求承受力的值和位置应与电梯土建布置图相同；检查施工记录，井道应采用非燃烧且应不易产生灰尘的材料建造。 （3）观察底坑，应设有从最底层层门进入底坑的永久性装置，此装置不得凸入电梯运行空间

序号	项目	合格质量标准	检　　查
2	井道的补充规定	(2)全封闭或部分封闭的井道,井道的隔离保护、井道壁、底坑底面和顶板应具有安装电梯部件所需要的足够强度,应采用非燃烧材料建造,且应不易产生灰尘。 (3)当底坑深度大于 2.5m 且建筑物布置允许时,应设置一个符合安全门要求的底坑进口;当没有进入底坑的其他通道时,应设置一个从层门进入底坑的永久性装置,且此装置不得凸入电梯运行空间。 (4)井道应为电梯专用,井道内不得装设与电梯无关的设备、电缆等。井道可装设采暖设备,但不得采用蒸汽和水作为热源,且采暖设备的控制与调节装置应装在井道外面。 (5)井道内应设置永久性电气照明,井道内照度应不得小于 50lx,井道最高点和最低点 0.5m 以内应各装一盏灯,再设中间灯,并分别在机房和底坑设置一控制开关。 (6)装有多台电梯的井道内各电梯的底坑之间应设置最低点离底坑地面不大于 0.3m,且至少延伸到最低层站楼面以上 2.5m 高度的隔障,在隔障宽度方向上隔障与井道壁之间的间隙不应大于 150mm。 当轿顶边缘和相邻电梯运动部件(轿厢、对重或平衡重)之间的水平距离小于 0.5m 时,隔障应延长贯穿整个井道的高度。隔障的宽度不得小于被保护的运动部件(或其部分)的宽度每边再各加 0.1m。 (7)底坑内应有良好的防渗、防漏水保护,底坑内不得有积水。 (8)每层楼面应有水平面基准标识	如果设置进入底坑通道门,观察、测量和实际开、关门,对于电气安全装置,应检查其安装位置是否正确、是否可靠的动作,这里的动作只是指电气安全装置自身的闭合与断开观察通往该门的通道,应设置永久、固定的电气照明装置,并且此通道不需经过私人房间。 (4)现场观察。 (5)观察井道内,应设置永久性照明,操作控制照明开关,应可靠通断。 另外,可在层门安装完成后,将所有的层门关闭,在底坑地面以上 1m 处用照度计测量照度值;轿厢位于井道顶部、中部及底部光线最弱的部位,在轿顶面以上 1m 处用照度计测量照度值(注:在轿顶上的测量可在整机安装验收时进行)。如果是半封闭井道或玻璃井道,应在井道外环境光线最暗时测量。 (6)观察和按土建布置图的要求,用尺测量。 (7)检查井道底坑的施工记录,应有防渗、防漏水保护。 (8)逐层观察

(2)验收资料。

1)电梯绝缘电阻,接地电阻测试记录。

2)电梯限位开关调试记录。

3)电梯曳引装置检查调试记录。

4)电梯安全钳、缓冲器调试记录。

5)安全钳型式实验报告证明书。

6)缓冲器型式试验报告证明书。

7)门锁装置型式试验报告证明书。

8)电梯空、满、超载试运转记录。

9)电梯平衡试验检查报告记录。

10)电梯调整试验报告记录。

11)电梯平层精度调试记录。

12)电梯噪声测试记录。

13)电梯速度测试记录。

三、驱动主机

1. 监理巡视与检查

(1)曳引机安装。

1)若承重梁安装在机房楼板下时,多按曳引机的外轮廓尺寸,先制作一个高250～300mm 的混凝土台座,然后把曳引机稳固在台座上。

2)承重梁在机房楼板上时,当 2～3 根承重梁在楼板上安装妥当后,对于噪声要求不太高的杂物电梯、货梯、低速病梯等,可以通过螺栓把曳引机直接固定在承重梁上。对于噪声要求严格的病梯、乘客电梯,在曳引机底盘下面和承重梁之间还应设置减震装置。老式减震装置主要由上、下两块与曳引机底盘尺寸相等,厚度为 16～20mm 厚的钢板和减震橡皮垫构成。下钢板与承重梁焊成一体,上钢板通过螺栓与曳引机连成一体,中间摆布着减震橡皮垫。为了防止电梯在运行时曳引机产生位移,同样需要在曳引机和上钢板的两端用压板、挡板、橡皮垫等将曳引机定位。新式减震装置是在曳引机和承重梁之间,用 4 只 100mm×50mm 的特制橡胶块,通过螺栓把曳引机稳装在承重梁上,结构简单,安装方便,效果也很好。

(2)制动器安装。

制动器是曳引电梯的重要安全装置之一,要求制动器闸瓦与制动轮保持同心圆,使松开时间隙各处相同和合闸时压力均匀分布。

1)制动器安装施工技术要求:

①闭式制动器的闸瓦应紧密地贴合于制动轮的工作表面上,当松闸时,两侧闸瓦应同时从制动轮表面松开,间隙均匀。

②固定制动带的铆钉不允许与制动轮接触,制动带磨损量超过制动带厚度1/3 时应更换。

③制动器线圈温升不超过 60℃。

2)制动器安装质量控制:

①对制动轮与闸瓦间隙检查时,应将闸瓦松开,用塞尺测量,每片闸瓦两侧各测 4 点。

②制动器力矩的调整主要是调整主弹簧的压缩量,将制动臂内侧的主弹簧压紧螺母松开,外侧螺母拧紧,可压缩弹簧长度,增大弹力,使制动力矩变大,反之制动力矩减小,调好后应拧紧内侧的压紧螺母。调整时使两边主弹簧长度相等,制动力矩大小适当。

③制动器的闸瓦与制动轮间隙的调整,用手动松闸装置,松开制动的闸瓦,反复调整闸瓦上下 2 只螺栓,用塞尺检查上下两侧共 4 处的间隙,直至符合要求为止。间隙初调时尽可能小一些,要调整得当,间隙可调到 0.2～0.4mm,最后须拧紧各部位的压紧螺母。

④制动器调整的最后结果应使电梯在额定负载、空载和超载 150%,特别是在满载下降情况下,都能有足够的制动作用。

⑤如制造厂未调整过或间隙过大,则要重新确定松闸轮的位置。

2. 监理验收

(1)验收标准。

1)主控项目检验标准应符合表 19-5 的规定。

表 19-5　　　　　　　　　　　　　主控项目检验

序号	项　目	合格质量标准	检　查
1	驱动主机安装	紧急操作装置动作必须正常。可拆卸的装置必须置于驱动主机附近易接近处,紧急救援操作说明必须贴于紧急操作时易见处	观察电梯紧急操作装置。 按紧急救援操作说明的方法和要求,现场实际操作,应能移动具有额定载重量的轿厢从底部层站到上一层站。用钢卷尺或钢板尺测量电气安全装置与操作它的装置的安装位置,应符合安装说明书要求。 如果采用紧急电动运行,观察和操作紧急电动运行开关及持续撤压的按钮,标明的轿厢运行方向应于轿厢的实际运行方向相符,观察操纵位置,应易于直接观察电梯驱动主机运行

2)一般项目检验标准应符合表 19-6 的规定。

表 19-6　　　　　　　　　　　　　一般项目检验

序号	项　目	合格质量标准	检　查
1	驱动主机承重梁埋设	当驱动主机承重梁需埋入承重墙时，埋入端长度应超过墙厚中心至少 20mm，且支承长度应不小于 75mm	观察和用尺、线锤测量驱动主机承重梁，应支承在建筑物承重墙上；在驱动主机承重梁埋入承重墙，封堵前，用尺检查埋入端长度是否超过墙厚中心至少 20mm，且支承长度不小于 75mm
2	制动器动作、制动间隙	制动器动作应灵活，制动间隙调整应符合产品设计要求	断开驱动主机电源，用手完全打开制动器，观察打开过程中制动器应无卡阻现象，在制动器打开的最大行程处，将外力取消，制动器应回到调定位置。以检修速度上下运行电梯，在电梯行程的低部、中部、顶部分别停靠电梯，观察电梯在运行过程中制动器应无摩擦现象，制动应灵活。用塞尺测量制动间隙，其值应符合安装说明书要求
3	驱动主机及其底座与承重梁安装	驱动主机、驱动主机底座与承重梁的安装应符合产品设计要求	断开驱动主机电源，观察或测量驱动主机、驱动主机底座与承重梁的安装应符合安装说明书要求
4	驱动主机减速箱内油量	驱动主机减速箱（如果有）内油量应在油标所限定的范围内	停运电梯透过油窗，直接观察驱动主机减速箱内的油量，应在油窗标示的最小、最大刻度线之间；或采用油尺检测油量，用手从减速箱上拉出油尺，观察油尺上的油印应在油尺上标示的最小、最大刻度线之间
5	机房内钢丝绳与楼板孔洞间隙	机房内钢丝绳与楼板孔洞边间隙应为 20～40mm，通向井道的孔洞四周应设置高度不小于 50mm 的台缘	停止电梯运行，在电梯机房或滑轮间（如果有）内，用钢板尺测量钢丝绳与楼板孔洞边间隙应为：20～40mm，通向井道的孔洞四周的台缘高度应不小于 50mm

(2)验收资料。

1)电梯绝缘电阻,接地电阻测试记录。

2)电梯限位开关调试记录。

3)电梯曳引装置检查调试记录。

4)电梯安全钳、缓冲器调试记录。

5)安全钳型式实验报告证明书。

6)缓冲器型式试验报告证明书。

7)门锁装置型式试验报告证明书。

8)电梯空、满、超载试运转记录。

9)电梯平衡试验检查报告记录。

10)电梯调整试验报告记录。

11)电梯平层精度调试记录。

12)电梯噪声测试记录。

13)电梯速度测试记录。

四、导轨

1. 监理巡视与检查

(1)当导轨蹲底或撞顶时,导靴不应越出导轨。

(2)每根导轨至少应有两个支架,其间距不大于 2.5m;导轨支架水平度偏差不大于 5mm;导轨支架或地脚螺栓的埋入深度不应小于 120mm。如采用焊接支架,其焊缝应是连续的,并应双面焊牢。

(3)每根导轨侧工作面对安装基准线的偏差,每 5m 不应超过 0.7mm,相互偏差在整个高度上不应超过 1mm。

(4)导轨接头处允许台阶 a 不大于 0.05mm;如超过 0.05mm 则应予以修平。其导轨接头处的修光长度 b 为 250～300mm,导轨的修平、修光采用手砂轮或油石磨。

(5)导轨工作面接头处不应有连续缝隙,且局部缝隙不大于 0.5mm。

(6)导轨应用压板固定在导轨支架上,不应采用焊接或螺栓连接。

(7)两根轿厢导轨接头不应在同一水平面上,并且两根轿厢导轨下端距底坑地平面应有 60～80mm 悬空。

2. 监理验收

(1)验收标准。

1)主控项目检验标准应符合表 19-7 的规定。

表 19-7　　　　　　　　　　　　　　　　　主控项目检验

序号	项目	合格质量标准	检查
1	导轨安装位置	导轨安装位置必须符合土建布置图要求	在井道底坑检查时,用钢卷尺测量轿厢导轨与对重导轨相对位置尺寸、轿厢导轨与层门位置尺寸、轿厢导轨间距、对重导轨间距等尺寸,应符合土建布置图要求。 在井道顶层检查时,检查人员站在脚手架或安装平台上,用钢卷尺测量井道顶部最后一根导轨的上端部与电梯井道顶之间距离,应满足土建布置图要求;如果土建布置图给出导轨长度,则可放线测量导轨长度,其值应满足土建布置图要求

2)一般项目检验标准应符合表 19-8 的规定。

表 19-8　　　　　　　　　　　　　　　　　一般项目检验

序号	项目	合格质量标准	检查
1	两列导轨顶面间的距离偏差	两列导轨顶面间的距离偏差应为:轿厢导轨 0～+2mm;对重导轨 0～+3mm	用钢卷尺、钢板尺或校轨尺等,分别在导轨支架与导轨联结处及两根导轨联结处测量,或按照安装说明书(或施工工艺)的要求检查
2	导轨支架安装	导轨支架在井道壁上的安装应固定可靠。预埋件应符合土建布置图要求。锚栓(如膨胀螺栓等)固定应在井道壁的混凝土构件上使用,其连接强度与承受振动的能力应满足电梯产品设计要求,混凝土构件的压缩强度应符合土建布置图要求	用尺测量上、下两个导轨支架间距,应符合土建布置图要求,用力矩扳手检查导轨支架与井道壁的连接固定,应符合安装说明书(安装工艺、操作规程)的要求
3	每列导轨工作面与安装基准线每 5m 偏差值	每列导轨工作面(包括侧面与顶面)与安装基准线每 5m 的偏差均应不大于下列数值: 轿厢导轨和设有安全钳的对重(平衡重)导轨为 0.6mm 不设安全钳的对重(平衡重)导轨为 1.0mm	利用安装基准线,用塞尺测量每列导轨工作面(包括侧面与顶面)与安装基准线偏差,每 5m 的偏差均应满足本条规定

序号	项　目	合格质量标准	检　查
4	轿厢导轨和设有安全钳的对重导轨工作面接头	轿厢导轨和设有安全钳的对重(平衡重)导轨工作面接头处不应有连续缝隙,导轨接头处台阶应不大于0.05mm。如超过应修平,修平长度应大于150mm	安装完成时,用塞尺检查轿厢导轨和设有安全钳的对重(平衡重)导轨工作面接头处,不应有连续缝隙;用刀口尺和塞尺测量接头处台阶高度,应小于或等于0.05mm,用钢板尺(钢卷尺)测量接头处台阶修平长度,应大于150mm
5	不设安全钳对重导轨接头	不设安全钳的对重(平衡重)导轨接头处缝隙应不大于1.0mm,导轨工作面接头处台阶应不小于0.15mm	安装完成时,用塞尺检查不设安全钳的对重(平衡重)导轨接头处缝隙,应小于或等于1.0mm;用刀口尺和塞尺测量接头处台阶高度,应小于或等于0.15mm,用钢板尺(钢卷尺)测量接头处台阶修平长度,应小于150mm

(2)验收资料。

1)电梯绝缘电阻,接地电阻测试记录。

2)电梯限位开关调试记录。

3)电梯曳引装置检查调试记录。

4)电梯安全钳、缓冲器调试记录。

5)安全钳型式实验报告证明书。

6)缓冲器型式试验报告证明书。

7)门锁装置型式试验报告证明书。

8)电梯空、满、超载试运转记录。

9)电梯平衡试验检查报告记录。

10)电梯调整试验报告记录。

11)电梯平层精度调试记录。

12)电梯噪声测试记录。

13)电梯速度测试记录。

五、门系统

1. 监理巡视与检查

(1)层门安装。

1)门关闭时,门扇之间或门扇与柱、门楣或地坎之间的缝隙应不超过 6mm,如有凹进部分,缝隙的测量应从凹底算起。

在水平滑动开启方向,以 150N 的人力(不用工具)施加在一个使缝隙最易增大的作用点上,共缝隙可以超过 6mm,但不得超过 30mm。

2)为了避免运行中发生剪切的危险,自动滑动门外表面不应有超过 3mm 的凹进或凸出部分,其边缘应予倒角。

3)层门与门锁的机械强度:当门在锁住位置时,用 300N 的力垂直作用在层门的任何面上,并使该力均匀分布在 5cm² 的面积上时,层门应满足下列要求:

①无永久变形。

②弹性变形不大于 15mm。

③试验后,功能正常,动作良好。

(2)轿厢门安装。

1)将带悬挂架的轿厢门的上梁安装到悬臂式角钢上的轿厢钢架前立柱上,悬挂架则装在导杆上。梁的位置根据放到导杆上的水准器进行检测。导杆的水平度允许偏差为每米长度 1mm 以下,导杆的侧面应保持垂直。此项检测可以利用框形水准仪检查,也可用专用工具检查。

2)轿厢门的上梁安装好并调整导杆的位置后,就开始着手吊装轿厢的门扇。

3)安装轿厢底上的门的传动装置,并安装联锁装置。传动装置安装在橡皮减震器上。拉杆轴线应位于与右悬挂架的横梁插头轴线的同一个垂直平面内。牵引拉杆与横梁插头相连,使其在左端位置时,门则关闭,而拉杆减震器与牵引杆(拉杆穿过牵引杆上的孔)的空隙应符合设计要求。应使此空隙只在触轮与相应的凸轮同时关闭且轿厢门锁打开时,门才开始打开。

4)凸轮的开与闭在安装时应符合下列要求:

①当门全闭时,凸轮切断常闭触点;而当门全开时,打开凸轮则断开常开触点。

②当轿厢门打开时,关门开关的终端触点要比门的对口缝处的常开触点早些闭合。

③调整凸轮,沿着牵引杆的扇形槽按所需方向使其移位,并以止动螺栓固定在需要的位置上。

④每个门扇的关闭控制联锁触点均安装在上梁。其位置应调整到当任何一扇门打开超过 7mm 时,触点动作而切断控制电路。

5)轿厢门与梯井门的动力联系在整定电梯的过程中进行调节。其间的联系是由固定在轿厢和梯井门扇上的断电装置实现的。轿厢门扇上的断电装置须严格成垂直状。

6)断电装置的辊轮(或断电装置的角钢)和断电装置的内表面之间的空隙要对称配置,允差为±1mm。间隙值从轿厢门扇的断电装置两端测量。

7)起重量为 500kg(5kN)的电梯轿厢门具有两扇不同宽度的门扇。在调整这些门的门扇的反衬辊轮位置时,反衬辊轮与导杆间的空隙应遵守下述要求:

①宽门扇的反衬辊轮为 0.1~0.2mm,窄门扇的反衬辊轮为 0.02~0.05mm,间隙以塞规测定。

②宽门扇打开使用的力值不超过 10N,窄门扇则不超过 40N。

③施力点在门扇最高点以下 500mm。

2. 监理验收

(1)验收标准。

1)主控项目检验标准应符合表 19-9 的规定。

表 19-9　　　　　　　　　　　　　　　主控项目检验

序号	项 目	合格质量标准	检 查
1	层门地坎至轿厢地坎间距离偏差	层门地坎至轿厢地坎之间的水平距离偏差为 0~+3mm,且最大距离严禁超过 35mm	以检修速度运行电梯,将轿厢分别在每个楼层停靠并平层,轿门、层门完全打开后,在开门宽度两端位置处用钢板尺测量层门地坎至轿厢地坎之间的水平距离,与安装说明书要求的值比较
2	层门强迫关门装置	层门强迫关门装置必须动作正常	对每层层门的强迫关门装置,检查人员将层门打开到 1/3 行程、1/2 行程、全行程处将外力取消,层门均应自行关闭。在门开关过程中,观察重锤式的重锤是否在导向装置内(上),是否撞击层门其他部件(如门头组件及重锤行程限位件);观察弹簧式的弹簧运动时是否有卡住现象,是否碰撞层门上金属部件;观察和利用扳手、螺钉旋具等工具检验强迫关门装置连接部位是否牢靠
3	水平滑动门关门开始1/3行程之后,阻止关门的力	动力操纵的水平滑动门在关门开始的 1/3 行程之后,阻止关门的力严禁超过 150N	电梯处于检修状态,且停靠在某一层站,操作开门开关使门完全打开,操作关门开关,使门关门,在关门行程 1/2 附近、开门高度中部附近的位置,用压力弹簧计顶住门扇直至门重新打开,弹簧计的最大读数,即为阻止关门力

续表

序号	项 目	合格质量标准	检　查
4	层门锁钩动作要求	层门锁钩必须动作灵活,在证实锁紧的电气安全装置动作之前,锁紧元件的最小啮合长度为 7mm	检验人员站在轿顶或轿内使电梯检修运行,逐层停在容易观察、测量门锁的位置。用手打开门锁钩关将层门扒开后,往打开的方向转动锁钩,观察锁钩回位是否灵活,将扒门的手松开,观察、测量证实锁紧的电气安全装置动作前,锁紧元件是否已达到最小啮合长度 7mm;让门刀带动门锁开、关门,观察锁钩动作是否灵活

2)一般项目检验标准应符合表 19-10 的规定。

表 19-10　　　　　　　　　　　一般项目检验

序号	项 目	合格质量标准	检　查
1	门刀与层门地坎、门锁滚轮与轿厢地坎间隙	门刀与层门地坎、门锁滚轮与轿厢地坎间隙应不小于 5mm	电梯以检修速度运行,站在轿顶,使轿厢停在门刀与层门地坎处在同一平面的位置,打开层门,另一个检查人员在候梯厅用直角尺测量门刀与层门地坎间的水平距离,从第二层至顶层逐层检查测量;站在轿顶的检查人员,使轿厢停在轿厢地坎与门锁滚轮在同一平面上的位置,打开轿门,轿内检查人员用直角尺逐层测量门锁滚轮与轿门地坎间的水平距离
2	层门强迫关门装置	层门地坎水平度不得大于 2/1000,地坎应高出装修地面 2～5mm	电梯处于检修状态,将电梯分别在每一层站停层,使门安全打开,用水平尺测量层门地坎水平度。 在每层站候梯厅用直角尺在开门宽度的两端分别测量地坎高出装修地面的高度
3	层门指示灯、召唤盒等安装	层门指示灯盒、召唤盒和消防开关应安装正确,其面板与墙面贴实,横竖端正	观察或用手轻晃

序号	项 目	合格质量标准	检 查
4	门扇及其与周边间隙	门扇与门扇、门扇与门套、门扇与门楣、门扇与门口处轿壁、门扇下端与地坎的间隙,乘客电梯应不大于 6mm,载货电梯应不大于 8mm	电梯检修关门状态下,在候梯厅和轿厢内分别用钢板尺或直角尺测量门扇与门扇、门扇与门套、门扇与门楣、门扇与门口处轿壁、门扇下端与地坎的间隙 电梯检修开门状态(完全打开)下,在候梯厅和轿厢内分别用钢板尺或直角尺测量门扇与门扇、门扇与门套、门扇与门口处轿壁的间隙

(2)验收资料。

1)电梯绝缘电阻,接地电阻测试记录。

2)电梯限位开关调试记录。

3)电梯曳引装置检查调试记录。

4)电梯安全钳、缓冲器调试记录。

5)安全钳型式实验报告证明书。

6)缓冲器型式试验报告证明书。

7)门锁装置型式试验报告证明书。

8)电梯空、满、超载试运转记录。

9)电梯平衡试验检查报告记录。

10)电梯调整试验报告记录。

11)电梯平层精度调试记录。

12)电梯噪声测试记录。

13)电梯速度测试记录。

六、轿厢对重

1. 监理巡视与检查

(1)轿厢安装。

1)轿厢内部净高度至少为 2m。

2)轿厢应完全封闭,只允许有下列开口:

①使用者正常出入的进口。

②安全门和应急活板门。

③通风孔。

3)轿厢壁、轿厢顶和轿厢底的机械强度应符合以下要求:

①轿厢的每个侧壁应具有这样的机械强度,即当施加一个 300N 的力,从轿

厢内向外垂直作用于轿壁的任何位置,并使该力均匀分布在面积为 5cm² 的圆形或方形截面上时,轿厢壁能够承受住而没有永久变形;且承受住而没有大于 15mm 的弹性变形。

②轿壁、轿厢地板和顶板不得使用易燃材料或可能产生可燃气体的材料制造。

4)轿厢地坎下面应设置护脚板,其宽度应等于相应层站入口整个净宽度,护脚板垂直部分的高度至少为 0.75m,垂直部分以下应成斜面向下延伸,斜面与水平面夹角应大于 60°,该斜面在水平面上的投影不得小于 20mm。对采用对接操作的电梯,护脚板垂直部分的高度应满足在轿厢处于最高的装卸位置时,护脚板垂直部分延伸到层门地坎线以下至少 100mm。

5)轿厢门关闭后,门扇之间或门扇与门柱、门楣、地坎之间的间隙应不超过 6mm,如果有凹处,间隙的测量应从凹底算起。

6)轿厢门的机械强度:当一个 300N 的力,从轿厢内向外垂直作用于门的任何位置,并使该力均匀分布在面积为 5cm² 的圆形或方形面积上时,轿厢门应满足下列要求:

①无永久变形;

②其弹性变形不超过 15mm。

③试验后,功能正常,动作良好。

7)为避免动力操纵的滑动门在运行中发生剪切危险,轿厢一侧的门表面不得有任何 3mm 的凹进和凸出,其边缘应予倒角。

8)轿厢的通风应符合下列规定:

①无孔门轿厢应在其上部或下部设通风孔。

②位于轿厢上部通风孔的有效面积应至少为轿厢有效面积的 1%。对位于轿厢下部通风孔的要求也相同。轿门四周的间隙在计算通风面积时可以考虑进去,但不得超过所要求的有效面积的 50%。

③通风孔应这样制造或布置:用一根直径为 10mm 的坚硬直棒,不可能从轿厢内穿过轿厢壁。

(2)对重安装。

1)对重架用槽钢和钢板焊接组成,槽钢的型号要和对重轮块的规格相匹配。对重砣块用铸铁制成,其规格按电梯载重量、电梯类型和梯井规格不同配备,造型和重量以便于安装和维修人员搬动为宜。对重砣码入对重架后还要用压板压牢,防止电梯运行时的声响和窜动。对重架四角装有滑动导靴,以便与对重导轨接触滑动。对重架底梁上装有一块蹲簧板作为支点,在对重磕底时与坑底缓冲器接触。对重架上梁中间设一块绳头板或反绳轮用钢丝绳连接通过曳引机主绳轮与轿厢再联结。

2)对重设置要求:

①如对重装有对重块,应采取必要的措施防止它们移位,因此应采取下列措施:

a. 对重块固定在一个框架内;

b. 如果对重块是用金属制成的,且电梯速度不超过 1m/s,则最少要用两根拉杆将对重砣紧固住。

②如对重装置上装有滑轮,应设置一种装置以避免:

a. 悬挂绳绳松弛时脱离绳槽;

b. 绳与绳槽之间进入杂物。

这些装置的结构应不妨碍对滑轮的检查和维修;采用链条的情况下,也要有类似的布置。

③对于卷筒式驱动,不应有对重装置。

2. 监理验收

(1)验收标准。

1)主控项目检验标准应符合表 19-11 的规定。

表 19-11　　　　　　　　　　　主控项目检验

序号	项　目	合格质量标准	检　查
1	玻璃轿壁扶手设备高度与方式	当距轿底面在 1.1m 以下使用玻璃轿壁时,必须在距轿底面 0.9～1.1m 的高度安装扶手,且扶手必须独立地固定,不得与玻璃有关	用钢卷尺测量轿厢底面与玻璃下端的距离,确认是否必须安装扶手。如果必须安装扶手,观察其固定方式是否与玻璃无关,用钢卷尺测量扶手中心至轿厢底面的距离,用手检查扶手的固定是否牢固

2)一般项目检验标准应符合表 19-12 的规定。

表 19-12　　　　　　　　　　　一般项目检验

序号	项　目	合格质量标准	检　查
1	反绳轮应设防护装置	当轿厢有反绳轮时,反绳轮应设置防护装置和挡绳装置	对于反绳轮在轿顶,在电梯检修状态下,检查人员站到轿顶,观察是否安装了防护装置和挡绳装置,用钢板尺或塞尺测量挡绳装置与绳之间的间隙,检查挡绳装置的固定是否可靠;对于反绳轮在轿底,在电梯检修状态下,检查人员站到底坑,进行上述检查

序号	项　目	合格质量标准	检　　　查
2	轿顶防护及警示	当轿顶外侧边缘至井道壁水平方向的自由距离大于 0.3m 时,轿顶应装设防护栏及警示性标识	在电梯检修状态下,检查人员站到轿顶,观察轿顶是否装有防护栏,如果没有,在轿厢运行全程范围内,测量轿顶外侧边缘至井道壁水平方向的自由距离,确定是否应设防护栏;如果有,观察和用钢卷尺测量,防护栏应满足上述要求
3	反绳轮应设防护和挡绳装置	当对重(平衡重)架有反绳轮,反绳轮应设置防护装置和挡绳装置	在对重安装完成时,观察对重(平衡重)架是否有反绳轮;如果有反绳轮,观察是否安装了防护装置和挡绳装置;用钢板尺或塞尺测量挡绳装置与绳之间的间隙;检查挡绳装置的固定是否可靠
4	对重(平衡重)块安装	对重(平衡重)块应可靠固定	在电梯检修状态下,检查人员站在轿顶上,操纵电梯使轿厢向提升高度中部附近运行,运行到检查人员容易观察、检查对重(平衡重)块固定装置的位置停止,按安装说明书要求,检查对重(平衡重)块固定方法是否正确、是否可靠

(2)验收资料。

1)电梯绝缘电阻,接地电阻测试记录。

2)电梯限位开关调试记录。

3)电梯曳引装置检查调试记录。

4)电梯安全钳、缓冲器调试记录。

5)安全钳型式实验报告证明书。

6)缓冲器型式试验报告证明书。

7)门锁装置型式试验报告证明书。

8)电梯空、满、超载试运转记录。

9)电梯平衡试验检查报告记录。

10)电梯调整试验报告记录。

11)电梯平层精度调试记录。

12)电梯噪声测试记录。

13)电梯速度测试记录。

七、安全部件安装

1. 监理巡视与检查

(1)限速器。

1)限速器是电梯运行超速和失控保护的安全装置,安装前应检查限速器铭牌及技术说明书所标明的动作速度是否与所安装的电梯速度相符。

2)限速器在出厂前,均进行过严格的检查和试验,由于限速器校验要求较高,所以运到施工现场后的限速器不许自行调节限速器的平衡弹簧,其动作速度整定封记必须完好,且无拆动痕迹。

3)轿厢运行速度是通过限速钢丝绳传递给限速器,限速钢丝绳的公称直径应不小于 6mm,安全系数应不小于 8。

4)在电梯轿厢运行过程中,为防止安全钳动作,在安全钳之前设有限速器张紧装置与断绳限位开关,施工时应控制限速器钢丝绳的长度截取和限位开关安装的位置正确。

(2)安全钳。安全钳是重要的机械安全保护装置,安全钳与导轨的间隙应符合产品设计要求。为防止电梯在没有安全钳保护下行驶,故应对配重轮的下落状态进行巡查。当配重轮下落高度大于 50mm 时,能立即断开限位开关。

1)当限速器工作时,限速器钢丝绳的张紧力应为 150～300N,或是安全钳装置起作用所需力的两倍。

2)安全钳与导轨的间隙应符合产品设计要求。

通常双楔块安全钳钳面到导轨侧面之间的间距为 3～4mm,单楔块式安全钳钳座与导轨侧面的间隙为 0.5mm;安全钳口与导轨顶面间隙应不小于 3mm,间隙差值不大于 0.5mm。

安全钳与导轨之间的间隙是通过调整楔块拉杆的高低来调整,待间隙调整完成后应将锁紧螺母锁紧,使其不能产生移位。

3)安全钳调整后,应加铅封,交付使用时其整定封记应完好,且无拆动痕迹。

4)安全钳的形式应根据电梯额定速度来确定,若电梯额定速度小于或等于0.63m/s,可采用瞬时式安全钳装置;若电梯额定速度大于 0.63m/s,应采用渐进式安全钳装置。

(3)缓冲器。

缓冲器安装应垂直,油压缓冲器活动柱塞铅垂度不应大于 0.5%。缓冲器中心与轿厢架或对重架上相应碰板中心偏移不应超过 20mm。油压缓冲器安装完成后应按要求选用不同油品规格的机械油。

(4)安全开关。

1)按图纸观察检查各种安全保护开关固定是否可靠,严禁采用焊接方法固定安全开关。

2)极限、限位、缓速安装位置是否正确,可用手动盘车和试慢车方式来确定开关位置,以保证在事故状态时不超越极限位置。

3)轿厢安全窗开关保护可在电梯运行中,用力推动轿顶安全窗时,安全窗开启 50mm,电梯应立即停止运行。

4)急停、检修开关分别安装于轿厢操纵盘上、轿厢顶部或井道底坑。可通过电梯运行功能试验来验证。

5)选层器钢带断带保护开关检验,在实际操作中用工具将钢带(绳、链)人为松弛,使带、绳、链的张紧轮下降到 50mm 时,保护开关动作,电梯停止运行为正确。

2. 监理验收

(1)验收标准。

1)主控项目检验标准应符合表 19-13 的规定。

表 19-13　　　　　　　　　　　主控项目检验

序号	项　目	合格质量标准	检　　查
1	限速器动作速度整定封记	限速器动作速度整定封记必须完好,且无拆动痕迹	根据限速器型式试验证书及安装说明书,找到限速器上的每个整定封记(可能多处)部位,观察封记是否完好
2	可调安全钳整定封记	当安全钳可调节时,整定封记应完好,且无拆动痕迹	根据安全钳型式试验证书及安装、维护使用说明书,找到安全钳上的每个整定封记(可能多处)部位,观察封记是否完好。如采用定位销定位,用手检查定位销是否牢靠,不能有脱落的可能

2)一般项目检验标准应符合表 19-14 的规定。

表 19-14   一般项目检验

序号	项　目	合格质量标准	检　　查
1	限速器张紧装置与其限位开关相对位置	限速器张紧装置与其限位开关相对位置安装应正确	检查人员进入底坑,按下底坑急停按钮,根据安装说明书要求位置、尺寸,用尺测量。应注意在离开底坑前,应将底坑急停按钮恢复
2	安全钳与导轨间隙	安全钳与导轨的间隙应符合产品设计要求	检查人员进入底坑,在检修状态,将轿厢停在容易观察、测量安全钳的位置,用钢板尺或塞尺测量安全钳与导轨工作面(侧面、顶面)的间隙
3	缓冲器撞板中心与缓冲器中心相关距离及偏差	轿厢在两端站平层位置时,轿厢、对重的缓冲器撞板与缓冲器顶面间的距离应符合土建布置图要求。轿厢、对重的缓冲器撞板中心与缓冲器中心的偏差应不大于 20mm	检查人员进入底坑蹲下后,另一人员将轿厢开至底层且平层,检查人员用钢卷尺或钢板尺测量轿厢缓冲器撞板与缓冲器顶面的距离,用钢卷尺或钢板尺和线锤测量轿厢缓冲器撞板中心与缓冲器中心的偏差;然后将轿厢开至顶层且平层,用钢卷尺或钢板尺测量对重缓冲器撞板与缓冲器顶面的距离,用钢卷尺或钢板尺和线锤测量对重缓冲器撞板中心与缓冲器中心的偏差
4	液压缓冲器铅垂度及充液量	液压缓冲器柱塞铅垂度应不大于 0.5%,充液量应正确	如果电梯选用液压缓冲器,则检查人员进入底坑,按下底坑急停按钮;用线锤、钢板尺或钢板尺测量柱塞铅垂度;观察油位指示器,油液应在最大和最小刻度之间;观察缓冲器是否漏油,如有漏油现象,应查明原因,及时补救。应注意在离开底坑前,应将底坑急停按钮恢复

(2)验收资料。

1)电梯绝缘电阻,接地电阻测试记录。

2)电梯限位开关调试记录。

3)电梯曳引装置检查调试记录。

4)电梯安全钳、缓冲器调试记录。

5)安全钳型式实验报告证明书。

6)缓冲器型式试验报告证明书。

7)门锁装置型式试验报告证明书。

8)电梯空、满、超载试运转记录。

9)电梯平衡试验检查报告记录。

10)电梯调整试验报告记录。

11)电梯平层精度调试记录。

12)电梯噪声测试记录。

13)电梯速度测试记录。

八、悬挂装置、随行电缆及补偿装置安装

1. 监理巡视与检查

(1)悬挂装置安装。

1)将联结板紧固在上梁的两个支承板上。板的位置是纵向符号必须与曳引轮平行(用来松紧钢丝开关的紧固孔是这样对准的;易于从入口侧面板触及开关)。

2)安装钢绳套结。

3)根据绳的数目,将螺纹螺栓穿过它们在板上相应的孔内(例如,对于 6 根绳;使用 1 号孔至 6 号孔)。用弹簧、螺母和开尾销紧固间隔套(仅对于 $\phi 9$ 和 $\phi 11$ 的钢绳)和松绳套。

4)将整个松绳开关安装在板下面。

5)安装防钢丝绳扭转装置。

6)拆除脚手架。通过手盘车将轿厢降下,致使所有钢丝绳承受到负荷。把曳引轮上的夹绳装置拆除。用手盘车把对重向上提起约 30mm。检查钢绳拉力是否均匀,然后重新将螺母锁紧。

7)将防扭转装置穿过绳套并安装妥当。

(2)随行电缆的安装。

1)全行程随行电缆,井道电缆架应装在高出轿厢顶 1.3~1.5m 的井道壁上。半行程安装的随行电缆,井道电缆架应装在电梯正常升高高度的 1/2 处加 1.5m 的井道壁上。

2)电缆安装前应预先自由悬吊,充分退扭,多根电缆安装后应长短一致。

3)随行电缆的另一端绑扎固定在轿底下梁的电缆架上,称轿底电缆架。轿底

电缆架安装位置应以下述原则确定:8 芯电缆其弯曲半径应不小于 250mm;16~
24 芯电缆的弯曲半径应不小于 400mm;一般弯曲半径不于电缆直径的 10 倍。

　　4)多根电缆组成的随行电缆应从电缆架开始以 1~1.5m 间隔的距离用绑线
进行交叉固定。

　　5)在中间接线盒底面下方 200mm 处安装随缆架。固定随缆架要用不小于
$\phi16$ 的膨胀螺栓两条以上(视随缆重量而定),以保证其牢度。

　　6)随行电缆检查时,采用观察检查。在轿厢上下移动时,随行电缆无论在快、
慢车时,都不可使其与电缆架、线槽等相擦或吊、卡。在轿底的支架处随行电缆应
按要求进行绑扎,绑扎长度在 30~70mm 间,绑扎线应用 $1mm^2$ 或 $0.75mm^2$ 的铜
芯塑料线绑扎。

　　使轿厢处于井道下部极限位置时,可用尺丈量电缆离地坑地面高度,电缆不
应拖地;轿厢处于井道上部极限位置时,电缆不应张线。

　　(3)补偿装置安装。

　　1)当电梯额定速度小于 2.5m/s 时,应采用有消声措施的补偿链,补偿链固
定在轿厢底部及对重底部的两端,且有防补偿链脱链的保险装置。当轿厢将缓
冲器完全压缩后,补偿链不应拖地,且在轿厢运行过程中补偿链不应碰擦轿
厢壁。

　　2)当电梯额定速度大于 2.5m/s 时,应采用有张紧装置的补偿绳,并应设有
防止该装置的防跳装置,当防跳装置动作时,应有一个电气限位开关动作,使电梯
驱动主机停止运转,该开关应动作灵敏、安全可靠。

　　2.监理验收

　　(1)验收标准。

　　1)主控项目检验标准应符合表 19-15 的规定。

表 19-15   主控项目检验

序号	项　目	合格质量标准	检　　查
1	绳头组合	绳头组合必须安全可靠,且每个绳头组合必须安装防螺母松动和脱落的装置	观察绳头组合上的钢丝绳是否有断丝;如采用钢丝绳绳夹,观察绳夹的使用方法是否正确、绳夹间的间距是否满足安装说明书的要求、绳夹的数量是否够、用力矩扳手检查绳夹的拧紧是否符合安装说明书要求;用手不应拧动防松螺母;观察防螺母脱落装置的安装是否正确,或用手活动此装置,不应从绳头组合中拔出

序号	项　目	合格质量标准	检　查
2	钢丝绳严禁有死弯	钢丝绳严禁有死弯	电梯在检修状态下,使轿厢进行全行程运行,检查人员站在轿顶和机房内容易观察钢丝绳的位置,观察钢丝绳
3	轿厢悬挂的两根绳(链)发生异常相对伸长时,电气安全开关动作可靠	当轿厢悬挂在两根钢丝绳或链条上,且其中一根钢丝绳或链条发生异常相对伸长时,为此装设的电气安全开关应动作可靠。对具有两个或多个液压顶升机构的液压电梯,每一组悬挂钢丝绳均应符合上述要求	电梯以检修速度运行,人为使电气安全开关动作,电梯应停止运行;用钢卷尺或钢板尺测量操作开关的打板与开关的位置
4	随行电缆严禁打结和波浪扭曲	随行电缆严禁有打结和波浪扭曲现象	检查人员站在轿顶,电梯以检修速度从随行电缆在井道壁上的悬挂固定部位向下运行至底层,观察随行电缆;检查人员进入底坑,电梯以检修速度从底层上行,观察随行电缆

2)一般项目检验标准应符合表 19-16 的规定。

表 19-16　　　　　　　　　　　　　　　一般项目检验

序号	项　目	合格质量标准	检　查
1	每根钢丝绳张力与平均值偏差应不大于 5%	每根钢丝绳或链条张力与平均值偏差应不大于 5%	检查人员到轿顶,在与电梯运行方向垂直的同一平面上用弹簧拉力计分别拉每根钢丝绳并使位移量相同,计算拉力平均值,根据平均值计算偏差。测量也可使用张力计等其他测量仪器

序号	项　目	合格质量标准	检　　查
2	随行电缆的安装规定	随行电缆的安装应符合下列规定： (1)随行电缆端部应固定可靠。 (2)随行电缆在运行中应避免与井道内其他部件干涉。当轿厢完全压在缓冲器上时，随行电缆不得与底坑地面接触	电梯在检修状态，检查人员站在轿顶，将轿厢停在容易观察、检查随行电缆井道壁固定端的位置，检查随行电缆端部固定是否符合安装说明书的要求；检查人员进入底坑，将轿厢停在容易观察、检查随行电缆轿厢固定端的位置，检查随行电缆端部固定，应符合安装说明书的要求 电梯在底层平层后，检查人员测量随行电缆最低点与底坑地面之间的距离，该距离应大于轿厢缓冲器撞板与缓冲器顶面之间的距离与轿厢缓冲器的行程两者之和的一半
3	补偿绳、链、缆等补偿装置的端部应固定可靠	补偿绳、链、缆等补偿装置的端部应固定可靠	电梯在检修状态，检查人员站在轿顶，将轿厢停在容易观察、检查对重固定端的位置，检查补偿装置的端部固定，应符合安装说明书的要求；检查人员进入底坑，将轿厢停在容易观察、检查补偿装置与轿厢固定端的位置，检查补偿装置端部固定，应符合安装说明书的要求
4	张紧轮、验证补偿绳张紧的电气安全开关动作可靠，张紧轮应安防护装置	对补偿绳的张紧轮，验证补偿绳张紧的电气安全开关应动作可靠。张紧轮应安装防护装置	电梯在检修速度状态，检查人员进入底坑，观察是否安装了防护装置和挡绳装置；用钢板尺或塞尺测量挡绳装置与绳之间的间隙，检查挡绳装置的固定是否可靠；验证补偿绳张紧的电气安全开关和操作打板的相对位置应符合安装说明书要求；人为使开关动作，电梯应停止运行

(2)验收资料。

1)电梯绝缘电阻，接地电阻测试记录。

2)电梯限位开关调试记录。

3)电梯曳引装置检查调试记录。

4)电梯安全钳、缓冲器调试记录。

5)安全钳型式实验报告证明书。

6)缓冲器型式试验报告证明书。

7)门锁装置型式试验报告证明书。

8)电梯空、满、超载试运转记录。

9)电梯平衡试验检查报告记录。

10)电梯调整试验报告记录。

11)电梯平层精度调试记录。

12)电梯噪声测试记录。

13)电梯速度测试记录。

九、电气装置

1. 监理巡视与检查

(1)电梯控制柜(屏)。电梯控制柜(屏)的安装位置应符合土建布置图中的要求。通常情况控制柜(屏)的正面距机房门窗距离不小于 600mm；检修侧面距墙面距离不小于 600mm；封闭侧面距墙面距离不小于 50mm；控制柜(屏)距机械设备距离不小于 500mm。

控制柜安装在型钢基座上，采用镀锌螺栓固定，螺栓应从下向上穿，螺母、垫圈和紧固件应齐全，固定应牢靠。不能采用电焊焊接固定。控制柜(屏)底应高出地面，但不宜超过 100mm。

(2)配管、配线。

1)护套电缆和橡套电缆明敷于井道或机房墙壁上时，应排列整齐、敷设平直、固定牢固，固定间距宜不大于 300~500mm，间距偏差不大于 30mm，距接线盒两侧 100~150mm 各固定一档。

2)导管、线槽安装，在电梯井道内采用明装，在机房内导管一般采用暗敷。导管、线槽安装应平直、美观，固定牢靠。

井道内导管、线槽安装的中心线允许偏差为 5/1000，全长最大偏差不应大于 20mm；在机房内导管、线槽安装的垂直度和水平度允许偏差为 2/1000。

3)电气装置部分的支架、导管、线槽都应进行防腐处理。如采用 PVC 硬塑料管或塑料线槽应是阻燃材料。

4)线槽内导线总面积不应大于线槽净面积 60%；导管内导线总面积不应大于导管内净面积 40%。

5)机房控制屏出线口管口高度应高出地面不小于 100mm。导线和无护套电缆进入导管和线槽后必须有护口保护，以防止导线破损。

6)金属软管安装的中间不应有接头，与设备及器具连接时，应采用三用接头；安装固定应牢固，固定点分布均匀，间距不应大于 1m，端头固定间距不应大于

0.1m;拐弯处两端应固定,弯曲半径不小于外径的 4 倍。

(3)导线敷设。

1)穿线前将钢管或线槽内清扫干净,不得有积水、污物。

2)根据管路的长度留出适当余量进行断线。穿线时不能出现损伤线皮及扭结等现象,并留适当备用线(10 至 20 根备 1 根,20 至 50 根备 2 根,50 至 100 根备 3 根)。

3)导线要按布线图敷设,电梯的供电电源必须单独敷设,并应由建筑物配电间直接送至机房。动力和控制线路宜分别敷设。微信号及电子线路应按产品要求单独敷设或采取抗干扰措施。若在同一线槽中敷设,其间要加隔板。

4)截面 $6mm^2$ 以下铜线连接时,按冷压技术进行操作,也可本身自缠不少于 5 圈,缠绕后刷锡。多股导线($10mm^2$ 及以上)与电气设备连接,使用连接卡或接线鼻子,使用连接卡时,多股铜线应先涮锡。

5)接头先用橡胶布包严,再用黑胶布包好放在盒内。

6)设备及盘柜压线前应将导线沿接线端子方向整理成束,然后用小线或尼龙卡子绑扎,以便故障检查。

(4)主电源开关。主电源开关的规格、型号应符合电梯设计要求,其保护装置齐全,接线正确,并不得切断下列供电电路:

1)轿厢照明和通风。

2)机房和滑轮间照明。

3)机房、轿顶和底坑的电源插座。

4)井道照明。

5)报警装置。

2. 监理验收

(1)验收标准。

1)主控项目检验标准应符合表 19-17 的规定。

表 19-17   主控项目检验

序号	项 目	合格质量标准	检　　查
1	电气设备接地	电气设备接地必须符合下列规定: (1)所有电气设备及导管、线槽的外露可导电部分均必须可靠接地(PE)。 (2)接地支线应分别直接接至接地干线接线柱上,不得互相连接后再接地	按安装说明书或原理图,观察电气设备及导管、线槽的外露可导电部分是否按安装说明书要求的位置接地。将控制系统断电,用手用适当的力拉接地的连接点,观察是否牢固,观察接地支线是否有断裂或绝缘层破损

序号	项　目	合格质量标准	检　　查
2	导体之间,导体对地之间绝缘电阻	导体之间和导体对地之间的绝缘电阻必须大于 1000Ω/V,且其值不得小于: (1)动力电路和电气安全装置电路:0.5MΩ。 (2)其他电路(控制、照明、信号等):0.25MΩ	通常使用兆欧表测量,或按产品设计要求的方法和仪器进行测量

2)一般项目检验标准应符合表 19-18 的规定。

表 19-18　　　　　　　　　　一般项目检验

序号	项　目	合格质量标准	检　　查
1	主电源开关不应切断的电路	主电源开关不应切断下列供电电路: (1)轿厢照明和通风。 (2)机房和滑轮间照明。 (3)机房、轿顶和底坑的电源插座。 (4)井道照明。 (5)报警装置	检查人员断开电梯主电源开关,本条第 1、2、4 款要求的照明应依然保持亮的状态;用万用表测量机房、轿顶和底坑的电源插座,应保持有电;操作报警装置,应正常工作。如果多台电梯共用一个机房,观察每台电梯的主开关的操作机构应有易于识别的标识
2	机房和井道内配线	机房和井道内应按产品要求配线。软线和无护套电缆应在导管、线槽或能确保起到等效防护作用的装置中使用。护套电缆和橡套软电缆可明敷于井道或机房内使用,但不得明敷于地面	在机房内、底坑内观察、配线符合按产品要求(安装说明书、电气原理图);试踏线槽、导管;并用手检查固定部位,应牢固。 电梯在检修状态,检查人员站在轿顶观察,配线符合按产品要求(安装说明书、电气原理图);试推线槽、导管;并用手检查固定部位,应牢固

序号	项　目	合格质量标准	检　　　查
3	导管、线槽敷设	导管、线槽的敷设应整齐牢固。线槽内导线总面积应不大于线槽净面积60%；导管内导线总面积应不大于导管内净面积40%；软管固定间距应不大于1m，端头固定间距应不大于0.1m	在机房内、底坑内观察导管、线槽的敷设；电梯在检修状态，检查人员站在轿顶，观察轿顶、井道壁导管、线槽的敷设。对于导管，可在导管端部目测或用钢卷尺或钢板尺等仪器测量并计算导管的内截面积和其内导线的面积；对于线槽，打开线槽盖后，目测或用钢卷尺或钢板尺等仪器测量线槽内截面积和其内导线的面积；用钢卷尺测量软管固定间距。目测或用钢卷尺测量软管固定间距及端头的固定间距
4	接地支线色标	接地支线应采用黄绿相间的绝缘导线	按电气原理图、安装说明书观察
5	控制柜（屏）的安装位置	控制柜（屏）的安装位置应符合电梯土建布置图中的要求	目测或用钢卷尺测量主要尺寸

（2）验收资料。

1）电梯绝缘电阻、接地电阻测试记录。

2）电梯限位开关调试记录。

3）电梯曳引装置检查调试记录。

4）电梯安全钳、缓冲器调试记录。

5）安全钳型式实验报告证明书。

6）缓冲器型式试验报告证明书。

7）门锁装置型式试验报告证明书。

8）电梯空、满、超载试运转记录。

9）电梯平衡试验检查报告记录。

10）电梯调整试验报告记录。

11）电梯平层精度调试记录。

12)电梯噪声测试记录。

13)电梯速度测试记录。

十、整机安装验收

1. 监理巡视与检查

(1)安全保护验收。

1)断相、错相保护装置或功能:当控制柜三相电源中任何一相断开或任何两相错接时,断相、错相保护装置或功能应使电梯不发生危险故障。当错相不影响电梯正常运行时可没有错相保护装置或功能。

2)短路、过载保护装置:动力电路、控制电路、安全电路必须有与负载匹配的短路保护装置;动力电路必须有过载保护装置。常用的短路、过载保护装置为熔断器,使用时熔断器规格应与负载匹配,与熔丝规格匹配。短路、过载保护装置还常采用热继电器保护,失压、短路、过载保护的空气自动开关。

3)限速器上的轿厢(对重、平衡重)下行标志必须与轿厢(对重、平衡重)的实际下行方向相符。限速器铭牌上的额定速度、动作速度必须与被检电梯相符。限速器必须与其型式试验证书相符。通常限速器的动作与限速器绳轮的运动方向有关,因此应保证限速器的下行标志与轿厢(对重、平衡重)的实际下行方向一致,否则会导致限速器的非正常动作或不起作用。

限速器出厂时设有铭牌,铭牌上标明以下内容:

①限速器制造厂名称;

②动作速度;

③电梯额定速度。

在限速器出厂前动作速度根据电梯额定速度已整定完成,为了避免多个子分部工程时,限速器相互混淆,或出厂时发错,要求检查限速器铭牌上的额定速度、动作速度,应与被检电梯相符合。

如果有对重(平衡重)安全钳,因对重(平衡重)限速器与轿厢限速器动作速度不同,现场安装时,还要注意将两者区分开,以避免错装。

4)安全钳必须与其型式试验证书相符。安全钳作为轿厢坠落及超速的安全保护装置,其性能直接关系到乘客的人身安全。

5)缓冲器——蓄能型缓冲器:轿厢以额定载重量,对轿厢缓冲器进行静压5min,然后轿厢脱离缓冲器,缓冲器应回复到正常位置。耗能型缓冲器:轿厢或对重装置分别以检修速度下降将缓冲器全部压缩,从轿厢或对重开始离开缓冲器瞬间起,缓冲器柱塞复位时间不大于120s。检查缓冲器开关,应是非自动复位的安全触点开关,电气开关动作时电梯不能运行。

6)上、下极限开关必须是安全触点,在端站位置进行动作试验时必须动作正常。在轿厢或对重(如果有)接触缓冲器之前必须动作,且缓冲器完全压缩时,保持动作状态。

(2)整机功能试验。

1)层门与轿门试验:

每层层门必须能够用三角钥匙正常开启。

当一个层门或轿门(在多扇门中任何一扇门)非正常打开时,电梯严禁启动或继续运行。

当电梯在运行而未停止站时,各层层门都被锁住,不被乘客从外面将门扒开;只有电梯停止站时,层门才能被安装在轿门上的开门刀片带动而开启。

2)限速器安全钳联动试验:

限速器与安全钳电气开关在联动试验中必须动作可靠,且应使驱动主机立即制动。

3)载荷运行试验:

轿厢分别以空载、50%额定载荷和额定载荷三个工况,并在通电持续率40%情况下,到达全行程范围,按120次/h,每天不少于8h,往复升降各1000次(电梯完成一个全过程运行为一次,即关门→额定速度运行→停站→开门)。电梯在启动、运行和停止时,轿厢应无剧烈振动和冲击,制动可靠。制动器线圈、减速机油的温升均不应超过60℃且温度不应超过85℃。电动机温升不超过《交流电梯电动机通用技术条件》(GB 12974—1991)的规定。曳引机减速器蜗杆轴伸出端渗漏油面积平均每小时不超过150cm²,其余各处不得有渗漏油。

4)超载试验:

轿厢加入110%额定载荷,断开超载保护电路,通电持续率40%情况下,到达全行程范围。往复运行30次,电梯应能可靠地启动、运行和停止,制动可靠,曳引机工作正常。

5)运行速度和平衡系数试验:

对电梯运行速度,使轿厢载有50%的额定载重量下行或上行至行程中段时,记录电流、电压及转速的数值。

平衡系数的确定,平衡系数用绘制电流—负荷曲线,以向上、向下运行曲线的交点来确定。

6)运行速度检验:

轿厢加入平衡载荷(50%额定载荷),向下运行至行程中部(即轿厢与对重到同一水平位置时)的速度应不超过额定速度的92%~105%。

7)外观质量检验:检查轿厢、轿门、层门及可见部分的表面及装饰是否平整,涂漆是否达到标准要求。信号指示是否正确。焊缝、焊点及紧固件是否牢固。

8)部件试验:

限速器、安全钳、缓冲器应符合《电梯制造与安装安全规范》(GB 7588)的规定。

门和开门机的机械强度试验和门运行试验。

9)整机可靠性试验要求和工况应符合《电梯技术条件》(GB 10058)中的规定,整个可靠性试验60000次应在60日内完成(从电梯每完成一个全过程运行为一次,即启动—运行—停止,包括开、关门)。

2. 监理验收

(1)验收标准。

1)主控项目检验标准应符合表 19-19 的规定。

表 19-19　　　　　　　　　　　主控项目检验

序号	项目	合格质量标准	检 查
1	安全保护验收	安全保护验收必须符合下列规定： (1)必须检查以下安全装置或功能。 1)断相、错相保护装置或功能。 　当控制柜三相电源中任何一相断开或任何两相错接时，断相、错相保护装置或功能应使电梯不发生危险故障。 　注：当错相不影响电梯正常运行时可没有错相保护装置或功能。 2)短路、过载保护装置。 　动力电路、控制电路、安全电路必须有与荷载匹配的短路保护装置；动力电路必须有过载保护装置。 3)限速器。 　限速器上的轿厢（对重、平衡重）下行标志必须与轿厢（对重、平衡重）的实际下行方向相符。限速器铭牌上的额定速度、动作速度必须与被检电梯相符。 4)安全钳。 　安全钳必须与其型式试验证书相符。 5)缓冲器。 　缓冲器必须与其型式试验证书相符。 6)门锁装置。 　门锁装置必须与其型式试验证书相符。 7)上、下极限开关。 　上、下极限开关必须是安全触点，在端站位置进行动作试验时必须动作正常。在轿厢或对重（如果有）接触缓冲器之间必须动作，且缓冲器完全压缩时，保持动作状态。 8)轿顶、机房（如果有）、滑轮间（如果有）、底坑停止装置。 　位于轿顶、机房（如果有）、滑轮间（如果有）、底坑的停止装置的动作必须正常。 (2)下列安全开关，必须动作可靠。 1)限速器绳张紧开关。 2)液压缓冲器复位开关。 3)有补偿张紧轮时，补偿绳张紧开关	按产品说明书或设计文件，逐项试验，逐项验收

序号	项目	合格质量标准	检查
1	安全保护验收	4)当额定速度大于 3.5m/s 时,补偿绳轮防跳开关。 5)轿厢安全窗(如果有)开关。 6)安全门、底坑门、检修活板门(如果有)的开关。 7)对可拆卸式紧急操作装置所需要的安全开关。 8)悬挂钢丝绳(链条)为两根时,防松动安全开关	按产品说明书或设计文件,逐项试验,逐项验收
2	限速器安全钳联动试验	电梯以检修速度运行,人为使限速器下行、上行的电气安全,开关分别动作,电梯应停止运行;轿厢停止在检查人员能够操作安全钳电气开关的位置,人为使其动作,电梯应不能启动	按产品说明书或设计文件,逐项试验,逐项验收
3	层门与轿门试验	层门与轿门的试验必须符合下列规定: (1)每层层门必须能够用三角钥匙正常开启。 (2)当一个层门或轿门(在多扇门中任何一扇门)非正常打开时,电梯严禁启动或继续运行	轿厢在检修状态,逐一检查每一层站。轿厢停在某一层站开锁区内,断开开门机电源,检验人员在井道外用三角钥匙开锁,感觉锁钩是否有卡住及是否有三角钥匙与层门上开锁组件不匹配的现象,应能将层门、轿门扒开并观察电梯是否停止运行或不能启动,检查完毕人为将层门关闭,确认该层层门不能再用手扒开后,进行下一层站的检验。检查三角钥匙附带的提示牌上内容是否完整、是否被损坏

序号	项目	合格质量标准	检　　查
4	曳引式电梯曳引能力试验	曳引式电梯的曳引能力试验必须符合下列规定： (1)轿厢在行程上部范围空载上行及行程下部范围载有125％额定载重量下行，分别停层3次以上，轿厢必须可靠地制停(空载上行工况应平层)。轿厢载有125％额定载重量以正常运行速度下行时，切断电动机与制动器供电，电梯必须可靠制动。 (2)当对重完全压在缓冲器上，且驱动主机按轿厢上行方向连续运转时，空载轿厢严禁向上提升	(1)轿厢在行程上部范围以空载额定速度上行，分别选顶层停靠3次以上，轿厢均应平层。轿厢运行的起点，应能使电梯达到额定速度。 (2)轿厢载有125％额定载重量以额定速度下行，分别选次底层(底层的上一层)停靠3次以上，轿厢均应可靠停止。轿厢运行的起点，应能使电梯达到额定速度。如果有防超载电气安全装置应先将其短接。 (3)轿厢载有125％额定载重量以额定速度下行，到达次底层时，切断电动机与制动器供电，轿厢应可靠停止。轿厢运行的起点，应能使电梯达到额定速度。 (4)电梯在检修状态，短接上极限开关和对重液压缓冲器开关，空载轿厢上行直至对重压在缓冲器上，驱动主机按轿厢上行方向连续运转时，轿厢严禁向上提升

2)一般项目检验标准应符合表 19-20 的规定。

表 19-20   **一般项目检验**

序号	项 目	合格质量标准	检 查
1	曳引式电梯平衡系数	曳引式电梯的平衡系数应为 0.4~0.5	按产品说明书进行
2	试运行试验	电梯安装后应进行运行试验;轿厢分别在空载、额定载荷工况下,按产品设计规定的每小时启动次数和荷载持续率各运行 1000 次(每天不少于 8h),电梯应运行平稳、制动可靠、连续运行无故障	用计数器记录运行次数
3	噪声检验	噪声检验应符合下列规定: (1)机房噪声:对额定速度小于等于 4m/s 的电梯,应不大于 80dB(A);对额定速度大于 4m/s 的电梯,应不大于 85dB(A)。 (2)乘客电梯和病床电梯运行中轿内噪声:对额定速度小于等于 4m/s 的电梯,应不大于 55dB(A);对额定速度大于 4m/s 的电梯,应不大于 60dB(A)。 (3)乘客电梯和病床电梯的开关门过程噪声应不大于 65dB(A)	采用适配仪器测量
4	平层准确度检验	平层准确度检验应符合下列规定: (1)额定速度小于等于 0.63m/s 的交流双速电梯,应在±15mm 的范围内。 (2)额定速度大于 0.63m/s 且小于等于 1.0m/s 的交流双速电梯,应在±30mm 的范围内。 (3)其他调速方式的电梯,应在±15mm 的范围内	在轿厢空载(可包含检验人员两名)和载有额定载重量两个工况下进行平层准确度检验。根据电梯的额定速度可按以下方法用深度游标深度尺或钢板尺进行测量

续表

序号	项　目	合格质量标准	检　　　查
5	运行速度检验	运行速度检验应符合下列规定： 当电源为额定频率和额定电压、轿厢载有50%额定载荷时，向下运行至行程中段（除去加速加减速段）时的速度，应不大于额定速度的105%，且应不小于额定速度的92%	用电压表测量电源输入端的相电压，测得电压值应与电梯土建布置图要求相符，确认电源的额定频率与电梯土建布置图要求相符；使轿厢载有50%的额定载荷；轿厢由顶层（若层站过多或顶层高度过大，可从不影响轿厢达到额定速度的层站）下行，在轿厢运行至行程中部时，测量并记录
6	观感检查	观感检查应符合下列规定： (1)轿厢带动层门开、关运行，门扇与门扇、门扇与门套、门扇与门楣、门扇与门口处轿壁、门扇下端与地坎间应无刮碰现象。 (2)门扇与门扇、门扇与门套、门扇与门楣、门扇与门口处轿壁、门扇下端与地坎之间各自的间隙在整个长度上应基本一致。 (3)对机房（如果有）、导轨支架、底坑、轿顶、轿内、轿门、层门及门地坎等部位应进行清理	逐层观察，也可用塞尺或钢板尺在同一间隙的两端测量

(2)验收资料。

1)电梯绝缘电阻，接地电阻测试记录。

2)电梯限位开关调试记录。

3)电梯曳引装置检查调试记录。

4)电梯安全钳、缓冲器调试记录。

5)安全钳型式实验报告证明书。

6)缓冲器型式试验报告证明书。

7)门锁装置型式试验报告证明书。

8)电梯空、满、超载试运转记录。

9)电梯平衡试验检查报告记录。

10)电梯调整试验报告记录。

11)电梯平层精度调试记录。

12)电梯噪声测试记录。

13)电梯速度测试记录。

第二节　液压电梯安装

一、液压系统安装

1. 监理巡视与检查

(1)液压泵站及液压顶升机构。液压泵站及液压顶升机构的安装必须按土建布置图进行,其安装位置严禁随意更改,如确需更改,必须与电梯制造厂协商,并出变更设计图。

顶升机构必须安装牢固,缸体垂直度严禁大于 0.4‰。顶升机构的支架应安装在混凝土墙上,采用膨胀螺栓固定,如井道采用砖墙结构时,膨胀螺栓不能直接固定在砖墙上,而应采用夹板螺栓固定法固定。

(2)液压管路。

1)液压系统管路中的刚性管道应采用厚壁无缝钢管,用于液化缸与单向阀或下行阀之间的高压管,相对于爆破压力的安全系数不应小于 8;胶管上应打有制造厂名、试验压力和试验日期标记,与液压缸相连的高压胶管使用期限为 8 年。

2)压力管路的油流速度不应大于 5m/s,吸油管路不应大于 1m/s。

3)液压站以外的液压管道的连接应可靠,且无渗漏现象。连接方式应采用焊接、焊接法兰或螺纹连接,不得采用压紧装配或扩口装配。

4)液压管道穿墙应设套管,套管内径应与液压管道直径相配,套管两端管口应密封。

(3)液压油箱。

1)液压油的特性应符合系统元件正常工作的要求;液压系统应设有过滤精度不低于 25μm 的滤油器。

2)液压油箱应安装密闭顶盖,其上部应设有带过滤的注油器;对带过滤器的通气孔,其通气能力应满足流量的要求。

3)液压油箱的容量应能满足液压电梯正常运行的需要;液压油箱应设有显示最高和最低油面的液位计,其油位显示应清晰、准确。

(4)压力表。液压泵站应设有显示系统工作压力的压力表,其量程应不大于额定载荷压力的 150%,并能清晰、准确地显示该系统的工作压力。压力表安装时,表面应对着液压泵站进门入口处,以方便工作人员一目了然地看清楚系统工作压力是否正常。

2. 监理验收

(1)验收标准。

1)主控项目检验标准应符合表 19-21 的规定。

表 19-21　　　　　　　　　　　主控项目检验

序号	项　目	合格质量标准	检　　　查
1	液压泵站和顶升机构安装	液压泵站及液压顶升机构的安装必须按土建布置图进行。顶升机构必须安装牢固,缸体垂直度严禁大于 0.04%	用线坠和钢板尺进行测量计算

2)一般项目检验标准应符合表 19-22 的规定。

表 19-22　　　　　　　　　　　一般项目检验

序号	项　目	合格质量标准	检　　　查
1	液压管路连接	液压管路应可靠连接,且无渗漏现象	查阅施工记录或用扳手检查连接部位的拧紧程度
2	液压泵站油位显示	液压泵站油位显示应清晰、准确	观察油箱的油位显示器,油量应在最大和最小标记之间
3	显示系统工作压力的压力表	显示系统工作压力的压力表应清晰、准确	观察

(2)验收资料。

1)液压泵站及液化顶升机构安装水平记录。

2)液化缸体垂直度安装记录。

二、悬挂装置、随行电缆安装

1. 监理巡视与检查

(1)绳头组合。液压电梯如果有绳头组合,绳头组合必须安全可靠,且每个绳头组合必须安装防螺母松动和脱落的装置。

如采用钢丝绳绳夹,应把夹座扣在钢丝绳的工作段上,U 形螺栓扣在钢丝绳尾段上;钢丝绳夹间的间距应为 6~7 倍的钢丝绳直径;离环套最远的绳夹不得首先单独紧固,离环套最近的绳夹应尽可能靠近套环。

(2)钢丝绳。电梯在检修状态下,使轿厢进行全行程运行,检查人员站在轿顶和机房内容易观察钢丝绳的位置,观察钢丝绳。

液压电梯如果有钢丝绳,严禁有死弯。

安装人员在搬运钢丝绳、量绳、裁绳、放绳,以及吊起轿厢和对重等操作时,应注意按照安装说明书(安装工艺、操作规程)进行,以防止钢丝绳出现死弯现象。

(3)钢丝绳、链条张力。液压电梯如果有钢丝绳或链条,每根张力与平均值偏差不应大于5%。

悬挂钢丝绳每根钢丝绳张力相差较大时,会使钢丝绳与绳轮的磨损不均,振动、噪声增加,对于曳引式电梯还会影响曳引能力,因此要求安装人员注意调整每根钢丝绳张力,使之满足本条要求。

(4)轿厢悬挂。电梯以检修速度运行,人为使此开关动作,电梯应停止运行;用钢卷尺或钢板尺测量操作开关的打板与开关的位置。

当轿厢悬挂在两根钢丝绳或链条上,其中一根钢丝绳或链条发生异常相对伸长时,为此装设的电气安全开关必须动作可靠。对具有两个或多个液压顶升机构的液压电梯,每一组悬挂钢丝绳均应符合上述要求。

(5)随行电缆。电梯在检修状态,检查人员站在轿顶,将轿厢停在容易观察、检查随行电缆井道壁固定端的位置,检查随行电缆端部固定是否符合安装说明书的要求;检查人员进入底坑,将轿厢停在容易观察、检查随行电缆轿厢固定端的位置,检查随行电缆端部固定是否符合安装说明书的要求。

随行电缆应符合以下要求:

1)随行电缆严禁有打结和波浪扭曲现象。

2)随行电缆安装时,若出现打结和波浪扭曲,容易使电缆内芯线折断、损坏绝缘层;电梯运行时,还会引起随行电缆摆动,增大振动,甚至导致其刮碰井道壁或井道内其他部件,引发电梯故障。

3)随行电缆端部应固定可靠。

4)随行电缆在运行中应避免与井道内其他部件干涉。当轿厢完全压在缓冲器上时,随行电缆不得与底坑地面接触。

如果随行电缆与井道内其他部件干涉,会导致随行电缆被挂断或绝缘层损坏。同样,当轿厢完全压在缓冲器上时,随行电缆若与底坑地面接触,会磨损绝缘层,以及容易擦碰、挂在底坑内其他部件上,引发安全事故。

2.监理验收

(1)主控项目检验标准应符合表19-23的规定。

表19-23　　　　　　　　　　主控项目检验

序号	项目	合格质量标准	检查
1	绳头组合	如果有绳头组合,绳头组合必须安全可靠,且每个绳头组合必须安装防螺钉松动和脱落的装置	观察并用力矩扳手检查

序号	项　目	合格质量标准	检　　查
2	钢丝绳严禁有死弯	如果有钢丝绳,严禁有死弯	电梯在检修状态下,使轿厢进行全行程运行,检查人员站在轿顶和机房内容易观察钢丝绳的位置,观察钢丝绳
3	轿厢悬挂要求	当轿厢悬挂在两根钢丝绳或链条上,其中一根钢丝绳或链条发生异常相对伸长时,为此装设的电气安全开关必须动作可靠。对具有两个或多个液压顶升机构的液压电梯,每一组悬挂钢丝绳均应符合上述要求	电梯以检修速度运行,人为使电气安全开关动作,电梯应停止运行;用钢卷尺或钢板尺测量操作开关的打板与开关的位置
4	随行电缆要求	随行电缆严禁有打结和波浪扭曲现象	检查人员站在轿顶,电梯以检修速度从随行电缆在井道壁上的悬挂固定部位向下运行至底层,观察随行电缆;检查人员进入底坑,电梯以检修速度从底层上行,观察随行电缆

(2)一般项目检验标准应符合表19-24的规定。

表19-24　　　　　　　　　一般项目检验

序号	项　目	合格质量标准	检　　查
1	钢丝绳、链条强力	如果有钢丝绳或链条,每根张力与平均值偏差应不大于5%	使用强力计测量
2	随行电缆一般要求	随行电缆的安装还应符合下列规定: (1)随行电缆端部应固定可靠。 (2)随行电缆在运行中应避免与井道内其他部件干涉。当轿厢安全压在缓冲器上时,随行电缆不得与底坑地面接触	电梯在检修状态,检查人员站在轿顶,将轿厢停在容易观察、检查随行电缆井道壁固定端的位置,检查随行电缆端部固定是否符合安装说明书的要求;检查人员进入底坑,将轿厢停在容易观察、检查随行电缆轿厢固定端的位置,检查随行电缆端部固定,应符合安装说明书的要求 电梯在底层平层后,检查人员测量随行电缆最低点与底坑地面之间的距离,该距离应大于轿厢缓冲器撞板与缓冲器顶面之间的距离与轿厢缓冲器的行程两者之和的一半

三、液压电梯整机安装

1. 监理巡视与检查

(1)层门与轿门试验。每层层门必须能够用三角钥匙正常开启。

当一个层门或轿门(在多扇门中任何一扇门)非正常打开,电梯严禁启动或继续运行。

(2)超载试验。当轿厢内载荷达到 110% 的额定载重量,且 10% 的额定载重量的最小值按 75kg 计算时,液压电梯严禁启动。

本规定主要是为了防止液压电梯在超载的状态下运行,引发安全事故。超载状态是指轿厢内载荷达到 110% 额定载重量,且 10% 的额定载重量至少为 75kg 的情况,也就是对于额定载重量大于等于 750kg 的液压电梯,轿厢内载荷达到 110% 额定载重量时为超载状态,对于额定载重量小于 750kg 的液压电梯,当轿厢内载荷达到额定载重量+75kg 时为超载状态。

液压电梯设计时还应注意,当液压电梯处在超载状态时,超载装置应防止轿厢启动,以及在平层运行;自动门应处于全开位置;手动操纵门应保持在开锁状态;轿内应装设听觉信号(如:蜂鸣器、警铃、简单语音等)或视觉信号(如:为此设的警灯闪亮等)提示乘客。

(3)运行试验。液压电梯安装后应进行运行试验:轿厢在额定载重量工况下,按产品设计规定的每小时启动次数运行 1000 次(每天不少于 8h),液压电梯应平稳、制动可靠、连续运行无故障。

液压电梯是在现场组装的产品,安装后的运行试验是检验液压电梯安装调试是否正确的必要手段。

(4)运行速度检验。空载轿厢上行速度与上行额定速度的差值不应大于上行额定速度的 8%;载有额定载重量的轿厢下行速度与下行额定速度的差值不应大于下行额定速度的 8%。

液压电梯的运行速度可在轿顶上使用线速度表直接测得;也可使用电梯专用测试仪在轿内测量,在此种测速装置经有关部门计量认可的情况下,按仪器使用说明书进行检测。

(5)额定载重量沉降量试验。载有额定载重量的轿厢停靠在最高层站时,停梯 10min,沉降量不应大于 10mm,但因油温变化而引起的油体积缩小所造成的沉降不包括在 10mm 内。

本项试验的目的主要是检查液压系统泄漏现象,防止其影响液压电梯性能和造成安全隐患。

由于油温度升高,油黏度会降低,泄漏的可能性会相应的增加,又因为我国不同地区同一季节环境温度可能差别较大,同一地区不同季节环境温度差别也较大,因此建议做此试验时,宜在油温不低于 40℃ 的工况下进行,以尽量模拟不利工况和减少环境温度对此试验的影响。

2. 监理验收

(1)验收标准。

1)主控项目检验标准应符合表 19-25 和表 19-26 的规定。

表 19-25　　　　　　　　　　　　　　主控项目检验

序号	项目	合格质量标准	检　　查
1	液压电梯的安全保护	(1)必须检查以下安全装置或功能。 1)断相、错相保护装置或功能。 　当控制柜三相电源中任何一相断开或任何两相错接时,断相、错相保护装置或功能应使电梯不发生危险故障。 　注:当错相不影响电梯正常运行时可没有错相保护装置或功能。 2)短路、过载保护装置:动力电路、控制电路、完全电路必须有与荷载匹配的短路保护装置;动力电路必须有过载保护装置。 3)防止轿厢坠落、超速下降的装置:液压电梯必须装有防止轿厢坠落、超速下降的装置,且各装置必须与其型式试验证书相符。 4)门锁装置:门锁装置必须与其型式试验证书相符。 5)上极限开关:上极限开关必须是安全触点,在端站位置进行动作试验时必须动作正常。它必须在柱塞接触到其缓冲制停装置之前动作,且柱塞处于缓冲制停区时保持动作状态。 6)机房、滑轮间(如果有)、轿顶、底坑停止装置:位于轿顶、机房、滑轮间(如果有)、底坑的停止装置的动作必须正常。 7)液压油温升保护装置:当液压油达到产品设计温度时,温升保护装置必须动作,使液压电梯停止运行。 8)移动轿厢的装置:在停电或电气系统发生故障时,移动轿厢的装置必须能移动轿厢上行或下行,且下行时还必须装设防止顶升机构与轿厢运动相脱离的装置	按照产品说明书或设计文件,针对每一项规定分别进行

续表

序号	项目	合格质量标准	检　查
1	液压电梯的安全保护	(2)下列安全开关,必须动作可靠。 1)限速器(如果有)张紧开关。 2)液压缓冲器(如果有)复位开关。 3)轿厢安全窗(如果有)开关。 4)安全门、底坑门、检修活板门(如果有)的开关。 5)悬挂钢丝绳(链条)为两根时,防松动安全开关	按照产品说明书或设计文件,针对每一项规定分别进行
2	限速器安全钳联动试验	限速器(安全绳)安全钳联动试验必须符合下列规定: (1)限速器(安全绳)与安全钳电气开关在联动试验中必须动作可靠,且应使电梯停止运行。 (2)联动试验时轿厢载荷及速度应符合下列规定。 1)当液压电梯额定载重量与轿厢最大有效面积符合表 19-26 的规定时,轿厢应载有均匀分布的额定载重量;当液压电梯额定载重量小于表 19-26 规定的轿厢最大有效面积对应的额定载重量时,轿厢应载有均匀分布的 125% 的液压电梯额定载重量,但该载荷不应超过表 19-26 规定的轿厢最大有效面积对应的额定载重量。 2)对瞬时式安全钳,轿厢应以额定速度下行;对渐进式安全钳,轿厢应以检修速度下行。 (3)当装有限速器安全钳时,使下行阀保持开启状态(直到钢丝绳松弛为止)的同时,人为使限速器机械动作,安全钳应可靠动作,轿厢必须可靠制动,且轿底倾斜度应不大于 5%。 (4)当装有安全绳安全钳时,使下行阀保持开启状态(直到钢丝绳松弛为止)的同时,人为使安全绳机械动作,安全钳应可靠动作,轿厢必须可靠制动,且轿底倾斜度应不大于 5%	用钢卷尺测量液压电梯轿厢的最大有效面积,确定试验载荷;根据液压电梯采用的安全钳种类,确定试验速度,用水平尺和塞尺(或垫片)测量轿厢运作后的高度差,进而计算出轿底倾斜度

序号	项目	合格质量标准	检 查
3	层门与轿门试验	同表 19-19 表项 3	轿厢在检修状态,逐一检查每一层站。轿厢停在某一层站开锁区内,断开开门机电源,检验人员在井道外用三角钥匙开锁,感觉锁钩是否有卡住及是否有三角钥匙与层门上开锁组件不匹配的现象,应能将层门、轿门扒开并观察电梯是否停止运行或不能启动,检查完毕人为将层门关闭,确认该层层门不能再用手扒开后,进行下一层站的检验。检查三角钥匙附带的提示牌上内容是否完全、是否被损坏
4	超载试验	超载试验必须符合下列规定: 当轿厢载荷达到 110% 的额定载重量,且 10% 的额定载重量的最小值按 75kg 计算时,液压电梯严禁启动	将载荷逐渐地均匀分布在轿厢内,当达到本条规定的载荷时,超载装置应动作,轿厢应不能启动;自动门应处于全开位置;手动操纵门应保持在开锁状态;提示信号应起作用

表 19-26　　　　　额定载重量与轿厢最大有效面积之间关系

额定载重量 (kg)	轿厢最大有效面积 (m²)	额定载重量 (kg)	轿厢最大有效面积 (m²)	额定载重量 (kg)	轿厢最大有效面积 (m²)	额定载重量 (kg)	轿厢最大有效面积 (m²)
100①	0.37	225	0.70	375	1.10	450	1.30
180②	0.58	300	0.90	400	1.17	525	1.45

续表

额定载重量 (kg)	轿厢最大有效面积 (m²)	额定载重量 (kg)	轿厢最大有效面积 (m²)	额定载重量 (kg)	轿厢最大有效面积 (m²)	额定载重量 (kg)	轿厢最大有效面积 (m²)
600	1.60	825	2.05	1125	2.65	1425	3.25
630	1.66	900	2.20	1200	2.80	1500	3.40
675	1.75	975	2.35	1250	2.90	1600	3.56
750	1.90	1000	2.40	1275	2.95	2000	4.20
800	2.00	1050	2.50	1350	3.10	2500③	5.00

注:①一人电梯的最小值;

②两人电梯的最小值;

③额定载重量超过 2500kg 时,每增加 100kg 面积增加 0.16m²,对中间的载重量其面积由线性插入法确定。

本表摘自《电梯工程施工质量验收规范》(GB 50310—2002)。

2)一般项目检验标准应符合表 19-27 的规定。

表 19-27 　　　　　　　　　　　　　**一般项目检验**

序号	项目	合格质量标准	检　　　查
1	运行试验	液压电梯安装后应进行运行试验;轿厢在额定载重量工况下,按产品设计规定的每小时启动次数运行 1000 次(每天不少于 8h),液压电梯应平稳、制动可靠、连续运行无故障	用计数器记录运行次数
2	噪声检验	噪声检验应符合下列规定: (1)液压电梯的机房噪声应不大于 85dB(A)。 (2)乘客液压电梯和病床液压电梯运行中轿内噪声应不大于 55dB(A)。 (3)乘客液压电梯和病床液压电梯的开关门过程噪声应不大于 65dB(A)	采用适配仪器测量
3	平层准确度检验	平层准确度检验应符合下列规定: 液压电梯平层准确度应在 ±15mm 范围内	根据电梯的额定速度,用深度游标深度尺或钢板尺进行测量

续表

序号	项目	合格质量标准	检　查
4	运行速度检验	运行速度检验应符合下列规定： 空载轿厢上行速度与上行额定速度的差值应不大于上行额定速度的 8%；载有额定载重量的轿厢下行速度与下行额定速度的差值应不大于下行额定速度的 8%	液压电梯的运行速度可在轿顶上使用线速度表直接测得；也可使用电梯专用测试仪在轿内测量，在此种测速装置经有关部门计量认可的情况下，按仪器使用说明书进行检测。 将测得的轿厢上、下行实际运行速度分别与上、下行额定速度按以下公式计算差值： $$速度差 = \frac{实测速度 - 额定速度}{额定速度}$$ $\times 100\%$
5	额定载重沉降量试验	额定载重量沉降量试验应符合下列规定： 载有额定载重量的轿厢停靠在最高层站时，停梯 10min，沉降量应不大于10mm，但因油温变化而引起的油体积缩小所造成的沉降不包括在 10mm 内	按产品说明书测定
6	液压泵站溢流阀压力检查	液压泵站溢流阀压力检查应符合下列规定： 液压泵站上的溢流阀应设定在系统压力为满载压力的 140%～170% 时动作	(1)当液压电梯上行时，逐渐地关闭截止阀，直至溢流阀开启。 (2)读取压力表上的压力值。 (3)此压力值应与产品安装说明书相符，且应为满载压力的 140%～170%
7	压力试验	压力试验符合下列规定： 轿厢停靠在最高层站，在液压顶升机构和截止阀之间施加 200% 的满载压力，持续 5min 后，液压系统应完好无损	关闭截止阀，将 200% 的额定载重均匀分布在轿内并停靠在最高层站，持续 5min，观察液压系统应无明显的泄漏和破损
8	观感检查	同表 19-20 表项 6	逐层观察，也可用塞尺或钢板尺在同一间隙的两端测量

(2)验收资料。

液压电梯整机安装验收时,尚应提供以下质量控制资料与文件:

1)液压电梯电阻、接地电阻测试记录。

2)液压电梯各限位开关调试记录。

3)液压电梯曳引装置检查调试记录。

4)安全钳型式试验报告证明书。

5)缓冲器型式实验报告证明书。

6)门锁装置型式实验报告证明书。

7)液压电梯安全钳、缓冲器调试报告。

8)液压电梯空、满、超、静载试验报告。

9)液压电梯平衡试验报告。

10)液压电梯调整试验报告。

11)液压电梯平层精度调试记录。

12)液压电梯噪声测试记录。

13)液压电梯液压系统调试报告。

14)液压电梯速度测试记录。

第三节　自动扶梯、自动人行道安装

一、监理巡视与检查

1. 驱动系统安装

(1)驱动链及扶手驱动链应保证合理的张紧度,其松弛下垂量为 $10\sim15\text{mm}$。

(2)工作制动器在扶梯运行时,制动闸瓦与制动轮间隙应均匀,间隙不大于 3mm。

(3)梯级链、驱动链与扶手驱动链应保证润滑良好。

(4)链轮、链条及制动器工作表面应保持清洁。

2. 梯级、梳齿与裙板

(1)梯级间的间隙。在使用区域内的任何位置,测量两个连贯梯级的脚踏面,其间隙不应超过 6mm。

(2)梯级与裙板间的间隙。扶梯的裙板设在梯级的两侧,任一侧的水平间隙不大于 4mm 或两侧间隙之总和不大于 7mm。

(3)梳齿与梯级齿槽的啮合。梳齿与梯级脚踏板齿槽的啮合深度应不小于 6mm。

(4)梯级导向及梯级水平段。梯级在进入梳齿前,应有导向,梯级在水平运动段内,连贯梯级之间高度误差应不大于 4mm,梯级水平段至少为 0.8m。

3. 扶手带

(1)扶手带超出梳齿的延伸段,在扶梯出入口,延伸段的水平长度,自梳齿齿根起至少为 0.3m。

(2)扶手带开口侧端缘与扶手导轨或扶手支架间的间距,在任何情况下不应大于 8mm。

(3)扶手带中心线距离所超出裙板之间距离应不大于 0.45m。

(4)扶手带入口保护装置。扶手带在扶手转向处的入口与楼层板的间距应不小于 0.1m,不大于 0.25m。扶手带在扶手转向处端部至扶手带入口处之间的水平距离,应不小于 0.3m。扶手带的导向与张紧,应能使其在正常运行时不会脱离扶手导轨。扶手带距梯级脚踏面的垂直距离,应不小于 0.9m,不大于 1.1m。

4. 扶栏与裙板

(1)朝向梯级一侧的扶栏应是光滑的。压条或镶条的装设方向与运行方向不一致时,其突出部分不应大于 3mm,且应紧固和具有圆角或倒角边缘。此类压条或镶条不应装设在裙板上。

(2)裙板应垂直,上缘或内盖板折线处与梯级脚踏面之间垂直距离应不小于 25mm。

(3)裙板应十分坚固、平整、光滑,相邻裙板应为对接,对接间隙应不大于 1mm。

(4)内盖板和垂直栏板应具有与水平面不小于 25°的倾角。

(5)内外盖板的对接处应平齐与光滑,颜色一致。

5. 安全装置

(1)供电电源错相断相保护装置。将总电源输入线断去一相或交换相序,扶梯应不能工作。

(2)急停按钮。扶梯空载运行,人为动作入口或出口处的急停按钮,扶梯应立即停止运行。

(3)扶手带入口保护装置用手指(或大小相近的物品)插入扶手带入口处,打板连接保护装置应动作,切断安全回路,扶梯应停止运行。

(4)扶手带断裂保护装置。扶梯空载运行时,人为动作扶手带断裂保护装置,扶梯应停止运行。

(5)防逆转保护装置。扶梯空载运行时,人为使防逆转保护装置动作,扶梯应立即停止运行,且制动器可靠地制动。

(6)驱动链断裂保护装置。扶梯空载运行时,人为动作驱动链断裂保护装置,安全回路被切断,制动器立即动作,扶梯停止运行。

(7)梯级链断裂保护装置。扶梯空载运行时,人为动作梯级链断裂保护装置,切断安全回路,扶梯制动器立即制动,扶梯停止运行。

6. 电气装置

(1)按照电气接线图的标号认真连接,线号与图纸要一致,不得随意变更。

(2)电气设备的外壳均需接地。

(3)电气连接有特殊要求的,应按照厂家的要求正确连接。

(4)动力和电气安全装置电路的绝缘电阻值不小于 500kΩ;其他电路(控制、照明、信号)的绝缘电阻值不小于 250kΩ。

二、监理验收

1. 验收标准

(1)设备进场。

1)主控项目检验标准应符合表 19-28 的规定。

表 19-28　　　　　　　　　　　　主控项目检验

序号	项　目	合格质量标准	检　　查
1	必须提供的资料	(1)技术资料。 1)梯级或踏板的型式试验报告复印件,或胶带的断裂强度证明文件复印件。 2)对公共交通型自动扶梯、自动人行道应有扶手带的断裂强度证书复印件。 (2)随机文件。 1)土建布置图。 2)产品出厂合格证	核对上述技术文件是否完整、齐全,并且应与合同要求的产品相符

2)一般项目检验标准应符合表 19-29 的规定。

表 19-29　　　　　　　　　　　　一般项目检验

序号	项　目	合格质量标准	检　　查
1	随机文件还应提供	(1)装箱单。 (2)安装、使用维护说明书。 (3)动力电路和安全电路的电气原理图	核对技术文件是否完整、齐全,并应与合同要求的产品相符
2	设备零部件	设备零部件应与装箱单内容相符	核对点件
3	设备外观	设备外观不应存在明显的损坏	观察

(2)土建交接检验。

1)主控项目检验标准应符合表 19-30 的规定。

表 19-30　　　　　　　　主控项目检验

序号	项　目	合格质量标准	检　查
1	梯级、踏板或胶带上空垂直净高	自动扶梯的梯级或自动人行道的踏板或胶带上空,垂直净高度严禁小于 2.3m	用钢尺测量并注意考虑装修部分的厚度
2	安装前井道周围的栏杆或屏障高度	在安装之前,井道周围必须设有保证安全的栏杆或屏障,其高度严禁小于 1.2m	在土建交接检验时,检验人员应逐层检查井道周围的安全栏杆或屏障;用钢卷尺测量其高度是否从该层地面不大于 0.15m 延伸至 1.2m 以上;不应意外移动安全栏杆或屏障;观察是否采用了黄色或装有提醒人们注意的警示性标语

2)一般项目检验标准应符合表 19-31 的规定。

表 19-31　　　　　　　　一般项目检验

序号	项　目	合格质量标准	检　查
1	土建主要尺寸允许偏差	土建工程应按照土建布置图进行施工,且其主要尺寸允许误差应为:提升高度 -15~+15mm;跨度 0~+15mm	利用钢卷尺和重锤线组合测量
2	设备进场	根据产品供应商的要求应提供设备进场所需的通道和搬运空间	观察
3	水平基准线标识	在安装之前,土建施工单位应提供明显的水平基准线标识	逐层观察
4	电源零线和接地线应分开,接地装置电阻阻值	电源零线和接地线应始终分开。接地装置的接地电阻值应不大于 4Ω	观察并查阅摇测记录或摇测时旁站

(3)整机安装。

1)主控项目检验标准应符合表 19-32 的规定。

表 19-32　　　　　　　　　　　　主控项目检验

序号	项目	合格质量标准	检查
1	自动停止运行规定	在下列情况下,自动扶梯、自动人行道必须自动停止运行,且第4款至第11款情况下的开关断开的动作必须通过安全触点或安全电路来完成。 (1)无控制电压。 (2)电路接地的故障。 (3)过载。 (4)控制装置在超速和运行方向非操纵逆转下动作。 (5)附加制动器(如果有)动作。 (6)直接驱动梯级、踏板或胶带的部件(如链条或齿条)断裂或过分伸长。 (7)驱动装置与转向装置之间的距离(无意性)缩短。 (8)梯级、踏板或胶带进入梳齿板处有异物夹住,且产生损坏梯级、踏板或胶带支撑结构。 (9)无中间出口的连续安装的多台自动扶梯、自动人行道中的一台停止运行。 (10)扶手带入口保护装置动作。 (11)梯级或踏板下陷	(1)空载运行自动扶梯或自动人行道,断开运行中自动扶梯或自动人行道的控制电源,自动扶梯或自动人行道应自动停止运行。 (2)空载运行自动扶梯或自动人行道,人为使电路接地故障的电气安全装置动作,自动扶梯或自动人行道应停止运行,且只有通过专职人员才能恢复运行。 (3)空载运行自动扶梯或自动人行道,人为使过载保护装置的开关动作,自动扶梯或自动人行道应自动停止;如果过载检测取决于电动机绕组温升时,断开检测装置的接线,自动扶梯或自动人行道应自动停止运行。 (4)空载运行自动扶梯或自动人行道,分别人为使超速和运行方向非操纵逆转保护装置的开关动作(超速保护装置如果有),自动扶梯或自动人行道应自动停止运行。 (5)首先判定是否应装设附加制动器;如果有附加制动器应进行如下试验:载有制动载荷的自动扶梯或自动人行道启动向下运行后,人为使工作制动器失去作用,且使防止速度超过1.4倍额定速度的保护装置或非操作逆转保护装置(或附加制动器的开关)动作,附加制动器应起作用,自动扶梯和自动人行道应停止运行。 (6)空载运行自动扶梯或自动人行道,人为使直接驱动梯级、踏板或胶带的部件(如链条或齿条)断裂或过分伸长的保护装置的开关动作,自动扶梯或自动人行道应停止运行。 (7)空载运行自动扶梯或自动人行道,人为使驱动装置与转向装置之间的距离(无意性)缩短或过分伸长的保护装置上的安全开关动作,自动扶梯或自动人行道应停止运行。 (8)空载运行自动扶梯或自动人行道,人为使入口处的梳齿板附近,防止损坏梯级、踏板、胶带或梳齿板支撑结构的保护装置的安全开关动作,自动扶梯或自动人行道应停止运行。 (9)如果连续安装的多台自动扶梯或自动人行道中无中间出口时,使它们空载运行,人为停止运行中的任一台(使其停止开关动作),其他的自动扶梯或自动人行道均应停止运行。 (10)空载运行自动扶梯或自动人行道,人为用一个与手指大小相近的物体(如可选一根木棒)缓慢伸入扶手带入口,扶手带入口保护装置应动作,自动扶梯或自动人行道应停止运行。 (11)空载运行自动扶梯或自动人行道,人为使梯级或踏板下陷的保护装置的开关动作,自动扶梯或自动人行道应停止运行

序号	项目	合格质量标准	检　　查
2	不同回路导线对地绝缘电阻测量	应测量不同回路导线对地的绝缘电阻。测量时,电子元件应断开。导体之间和导体对地之间的绝缘电阻应大于 1000Ω/V,且其值必须大于: (1)动力电路和电气安全装置电路 0.5MΩ。 (2)其他电路(控制、照明、信号等)0.25MΩ	通常使用兆欧表测量,或按产品设计要求的方法和仪器进行测量
3	电气设备接地	电气设备接地必须符合下列规定: (1)所有电气设备及导管、线槽的外露可导电部分均必须可靠接地(PE)。 (2)接地支线应分别直接接至接地干线接线柱上,不得互相连接后再接地	观察检查

2)一般项目检验标准应符合表 19-33 及表 19-34 的规定。

表 19-33　　　　　　　　　　　一般项目检验

序号	项目	合格质量标准	检　　查
1	整机安装检查	整机安装检查应符合下列规定: (1)梯级、踏板、胶带的楞齿及梳齿板应完整、光滑。 (2)在自动扶梯、自动人行道入口处应设置使用须知的标牌	(1)检查人员站在上或下盖板上,用盘车手轮(或点动运行)使自动扶梯或自动人行道分别向两个方向运行一个以上循环,观察梯级、踏板、胶带的楞齿及梳齿板的梳齿,应完整、光滑。

序号	项目	合格质量标准	检查
1	整机安装检查	(3)内盖板、外盖板、围裙板、扶手支架、扶手导轨、护壁板接缝应平整。接缝处的凸台应不大于0.5mm。 (4)梳齿板梳齿与踏板面齿槽的啮合深度应不小于6mm。 (5)梳齿板梳齿与踏板面齿槽的间隙应不大于4mm。 (6)围裙板与梯级、踏板或胶带任何一侧的水平间隙应不大于4mm,两边的间隙之和应不大于7mm。当自动人行道的围裙板设置在踏板或胶带之上时,踏板表面与围裙板下端之间的垂直间隙应不大于4mm。当踏板或胶带有横向摆动时,踏板或胶带的侧边与围裙板垂直投影之间不得产生间隙。 (7)梯级间或踏板间的间隙在工作区段内的任何位置,从踏面测得的两个相邻梯级或两个相邻踏板之间的间隙应不大于6mm。在自动人行道过渡曲线区段,踏板的前缘和相邻踏板的后缘啮合,其间隙应不大于8mm。 (8)护壁板之间的空隙应不大于4mm	(2)观察使用须知的标牌,应在自动扶梯或自动人行道的出入口处,其数量和具体安装位置,应符合安装说明书要求。 (3)观察内盖板、外盖板、围裙板、扶手支架、扶手导轨、护壁板接缝是否平整;用塞尺检查接缝间的凸台,应不大于0.5mm。 (4)用钢板尺测量齿槽深度进而可求出啮合深度。 (5)用斜尺或钢板尺测量梳齿板梳齿与踏板面齿槽的间隙应不大于4mm。 (6)围裙板与梯级、踏板或胶带之间的水平间隙检查可用钢板尺检查。 (7)踏面测得的两个相邻梯级或两个相邻踏板之间的间隙的检查可用钢板尺进行。 (8)在每个护壁板接缝处空隙的上、中、下三点处用钢板尺测量,测得的每一处间隙值应不大于4mm
2	性能试验	性能试验应符合下列规定: (1)在额定频率和额定电压下,梯级、踏板或胶带沿运行方向空载时的速度与额定速度之间的允许偏差为±5%。 (2)扶手带的运行速度相对梯级、踏板或胶带的速度允许偏差为0~+2%	运行空载自动扶梯或自动人行道,直接用转速表测量梯级、踏板或胶带上、下运行速度,以及扶手带上、下行速度,进而计算出偏差

序号	项目	合格质量标准	检　　　查
3	制动试验	自动扶梯、自动人行道制动试验应符合下列规定： （1）自动扶梯、自动人行道应进行空载制动试验，制停距离应符合表 19-34 的规定。 （2）自动扶梯应进行载有制动载荷的下行制停距离试验（除非制停距离可以通过其他方法检验），制停距离应符合表 19-34 的规定	用秒表和米尺进行测量，进而计算出制停范围
4	电气装置	（1）主电源开关不应切断电源插座、检修和维护所必需的照明电源。 （2）配线应符合以下规定。 1）机房和井道内应按产品要求配线。软线和无护套电缆应在导管、线槽或能确保起到等效防护作用的装置中使用。护套电缆和橡套软电缆可明敷于井道或机房内使用，但不得明敷于地面。 2）导管、线槽的敷设应整齐牢固。线槽内导线总面积应不大于线槽净面积 60%；导管内导线总面积不大于导管内净面积 40%；软管固定间距应不大于 1m，端头固定间距应不大于 0.1m。 3）接地支线应采用黄绿相间的绝缘导线	目测或用钢卷尺测量
5	观感检查	观感检查应符合下列规定： （1）上行和下行自动扶梯、自动人行道，梯级、踏板或胶带与围裙板之间应无刮碰现象（梯级、踏板或胶带上的导向部分与围裙板接触除外），扶手带外表面应无刮痕。 （2）对梯级（踏板或胶带）、梳齿板、扶手带、护壁板、围裙板、内外盖板、前沿板及活动盖板等部位的外表面应进行清理	观察检查

表 19-34　　　　　　　　　　　　　　制停距离

额定速度(m/s)	制停距离范围(m)	
	自动扶梯	自动人行道
0.5	0.20～1.00	0.20～1.00
0.65	0.30～1.30	0.30～1.30
0.75	0.35～1.50	0.35～1.50
0.90	—	0.40～1.70

注:1. 若速度在上述数值之间,制停距离用插入法计算。制停距离应从电气制动装置
　　动作开始测量。

　　2. 本表摘自《电梯工程质量验收规范》(GB 50310—2002)。

2. 验收资料

(1)设备进场验收。

1)产品出厂合格证。

2)梯级或踏板的形式试验报告复印件,或胶带的断裂强度证明文件复印件。

3)公共交通型自动扶梯、自动人行道扶手带的断裂强度证书复印件。

4)开箱验收记录。

(2)土建交接检验。

1)接地电阻测量记录。

2)土建复测记录。

(3)整机安装验收。

1)计算资料:

①牵引链条(或齿条)的破断强度计算。

②按规定载荷制动距离的计算资料。

③驱动功率的计算。

2)试验证书:

①梯级或踏步板的静、动态试验证书。

②胶带的断裂强度试验证书。

③紧急制动器的试验证书。

④公共交通型自动扶梯的扶手带断裂强度证书。

⑤超速装置的试验证书。

3)图样及文件:

①土建布置图。

②电气接线图及符号说明。

③产品合格证书。

4)产品使用维修说明书。

5)安装质量自检报告。

6)各安全开关试验记录。

7)绝缘电阻测试记录。

8)外观观察记录。

9)内、外盖板、围裙板、扶手支架及扶手导轨、护壁板的平整度及接缝记录。

10)梳齿板梳齿与梯级、踏板槽的齿合深度记录。

11)围裙板与梯级、踏板或胶带的两边间隙记录。

12)梯级间或踏板间的转向间隙记录。

13)护壁之间的空隙记录。

14)调试记录。

第二十章 智能建筑工程现场监理

第一节 通信网络系统

一、监理巡视与检查

1. 卫星电视系统设备安装

将天线连同支架安装在天线座架上。天线的方位通常有一定的调整范围,应保证在接收方向的左右有足够的调整余地。对于具有方位度盘和俯仰度盘的天线,应使方位度盘的 0°与正北方向、俯仰度盘的 0°与水平面保持一致。

天线馈源安装是否合理,对天线的增益影响极大。对于前馈天线,应使馈源的相位中心与抛物面焦点重合;对于后馈天线,应将馈源固定于抛物面顶部锥体的安装孔上,并调整副反射面的距离,使抛物面能聚焦于馈源相位中心上。天线的极化器安装于馈源之后。对于线极化(水平极化和垂直极化),应使馈源输出口的矩形波导窄边与极化方向平行;对于圆极化波(如左旋圆极化波),应使矩形导波口的两窄边垂直线与移相器内的螺钉或介质片所在平面相交成 45°角的位置。

2. 有线电视系统安装

(1)前端设备安装。设备安装要牢固、整体美观,设备不要随意排列,连接线应有序排列并用扎带固定,线的两端应写好节目来源和去向的编号,作好永久性记号以方便调试与维修。

设备布局在保证系统性能指标合理的前提下,注意操作方便、扩容方便,同时兼顾美观。射频信号的输入、输出电缆避免平行布线,射频电缆采用高屏蔽性、反射损耗小的电缆,以减少干扰,减少泄漏。尽量缩短信号连接电缆的长度。

在信号连线中,适当地留有备份,以便增容和维护。设备、连线设置标识,以方便调试和维修。合理捆扎连线,保证可靠性,增加美观。电源线、信号线做到分开布置。

另外,在接地线处理上,应注意到前端机房的地线直接从接地总汇集线上单独引入,距离不是太远,采用扁钢、铜线。机房内地线结构以一点接地,星型连接。连接到设备机架上的地线选用截面积 $6mm^2$ 以上的多股铜线,并保证接触良好。

(2)光缆敷设。光缆敷设时,要求布放光缆的牵引力应不超过光缆允许张力的 80%,一般为 $150\sim200kg$,瞬时最大牵引力不得大于光缆允许张力,主要牵引力应加在光缆的加强构件上,光纤不应直接承受拉力。

光缆弯曲时不能低于最小曲率半径,施工过程中弯曲半径应不小于光缆外径的 20 倍,在安装敷设完工后,容许的最小曲率半径应不小于光缆外径的 15 倍。

施工前要对光缆的端别予以判定并确定 AB 端,A 端应是朝着网络枢纽的方向,B 端是用户一侧,敷设时端别方向应一致。

架空光缆经过十字形吊线连接或丁字形吊线连接处,光缆的弯曲应圆顺,并符合最小曲率半径的要求,光缆的弯曲部分应穿放聚乙烯管加以保护。其长度约为 30cm。架空光缆在配盘时,应将架空光缆的接头点放在电杆上或邻近电杆 1m 左右处,以利于施工和维护。接头处每侧预留长度 6~10m,如接有设备终端时,在设备侧应预留 10~20m。

(3)电缆线路敷设。架空电视电缆应用钢绳线敷设,采用挂钩时,其挂钩一般不小于 0.5m,挂钩要均匀。架空时中间不应有接头,不能打圈或用力过猛导致电缆受损。沿墙敷设电缆线路应横平竖直,电缆距地面应大于 2.5m,转弯处半径不得小于电缆外径的 6 倍。跨越距离不得大于 35m。沿墙水平走向电缆线卡距离一般为 0.4~0.5m,竖直线的线卡距离一般为 0.5~0.6m。电缆的接头应严格按照步骤和要求进行,放大器与分支器、分配器的安装要有统一性、稳固、美观、便于调试,整个电缆敷设应做到横平竖直、间距均匀、牢固、美观、调试方便等。

(4)放大器、分配器和分支器安装。

在每栋楼房的进线处设有一个放大器箱,箱内用来安装均衡器、衰减器、分配器、放大器等部件。各分支电缆通过暗装的穿线管通向每个用户终端。

3. 公共广播系统安装

(1)分线箱安装。

1)暗装箱体面板应与建筑装饰面配合严密。严禁采用电焊或气焊将箱体与预埋管口焊接。

2)分线箱安装高度设计有要求时以设计要求为准,设计无要求时,底边距地面不低于 1.4m。

3)明装壁挂式分线箱、端子箱或声柱箱时,先将引线与箱内导线用端子做过渡压接,然后将端子放回接线箱。找准标高进行钻孔,埋入胀管螺栓进行固定。要求箱底与墙面平齐。

4)线管不便于直接敷设到位时,线管出线口与设备接线端子之间,必须采用金属软管连接,不得将线缆直接裸露,金属软管长度不大于 1m。

(2)线缆敷设。

1)布放线缆应排列整齐,不拧绞,尽量减少交叉,交叉处粗线在下,细线在上。

2)管内穿线不应有接头,接头必须在盒(箱)处接续。

3)进入机柜后的线缆应分别进入机架内分线槽或分别绑扎固定。

4)所敷设的线缆两端必须做标记。

(3)终端设备安装、配线。

1)扬声器的安装应符合设计要求,固定要安全可靠,水平和俯、仰角应能在设计要求的范围内灵活调整。

2)吊顶内、夹层内利用建筑结构固定扬声器箱支架或吊杆时,必须检查建筑结构的承重能力,征得设计同意后方可施工;在灯杆等其他物体上悬挂大型扬声器时,也必须根据其承重能力,征得设计同意后安装。

3)以建筑装饰为掩体安装的扬声器箱,其正面不得直接接触装饰物。

4)具有不同功率和阻抗的成套扬声器,事先按设计要求将所需接用的线间变压器的端头焊出引线,剥去10~15mm绝缘外皮待用。

5)吸顶式扬声器,将扬声器引线用端子与盒内导线连接好(连接时软线应涮锡),然后将端子放回接线盒,使扬声器与顶棚贴紧,用螺钉将扬声器固定在吊顶支架板上。当采用弹簧固定扬声器时,将扬声器托入吊顶内再拉伸弹簧,将扬声器罩勾住并使其紧贴在顶棚上,并找正位置。

(4)机房设备安装。

1)大型机柜采用槽钢基础时,应先检查槽钢基础的平直度及尺寸是否满足机柜安装要求。

2)根据机柜底座固定孔距,在基础槽钢上钻孔,用镀锌螺栓将柜体与基础槽钢固定牢固。多台机柜并列时,应拉线找直,从一端开始顺序安装,机柜安装应横平、竖直。

3)机柜上设备安装顺序应符合设计要求,设备面板排列整齐,带轨道的设备应推拉灵活。

4)安装控制台要摆放整齐,安装位置应符合设计要求。

二、监理验收

1. 验收标准

(1)程控电话交换系统。程控电话交换系统性能测试应符合表20-1的规定。

表20-1　　　　　　　　　　　　　　**性能测试项目**

测试项目	备注
本局呼叫	每次抽测3~5次
出、入局呼叫	中继100%测试
汇接中继测试(各种方式)	各抽测5次
其他各类呼叫	
计费差错率指标不超过10^{-4}	
特服业务(特别为110、119、120等)	作100%测试
用户线接入调制解调器,传输速率为2400bps,数据误码率不大于1×10^{-5}	
2B+D用户测试	

(2)会议电视系统。会议电视系统信道测试验收标准应符合表 20-2 的规定。

表 20-2　　　　　　　　　　　　　　　信道测试验收标准

项　目	验收标准
国内段电视会议链路	传输信道速率 2048kbps，误比特率（BER）1×10^{-6}；1h 最大误码数 7142；1h 严重误码事件为 0；无误码秒（EFS%）92
国际段电视会议链路	传输信道速率 2048kbps，误比特率（BER）1×10^{-6}；1h 最大误码数 7142；1h 严重误码事件为 2；无误码秒（EFS%）92
国内、国际全程链路	传输信道速率 2048kbps，误比特率（BER）3×10^{-6}；1h 最大误码数 21427；1h 严重误码事件为 2；无误码秒（EFS%）92
国内段电视会议链路	传输信道速率 64kbps，误比特率（BER）1×10^{-6}

(3)有线电视系统。

1)采用主观评测检查有线电视系统的性能，主要技术指标应符合表 20-3 的规定。

表 20-3　　　　　　　　　　　　　　　有线电视主要技术指标

序号	项目名称	测试频道	主观评测标准
1	系统输出电平（$dB_{\mu}V$）	系统内的所有频道	$60\sim80$
2	系统载噪比	系统总频道的 10% 且不少于 5 个，不足 5 个全检，且分布于整个工作频段的高、中、低段	无噪波，即无"雪花干扰"
3	载波互调比	系统总频道的 10% 且不少于 5 个，不足 5 个全检，且分布于整个工作频段的高、中、低段	图像中无垂直、倾斜或水平条纹
4	交扰调制比	系统总频道的 10% 且不少于 5 个，不足 5 个全检，且分布于整个工作频段的高、中、低段	图像中无移动、垂直或斜图案，即无"窜台"
5	回波值	系统总频道的 10% 且不少于 5 个，不足 5 个全检，且分布于整个工作频段的高、中、低段	图像中无沿水平方向分布在右边一条或多条轮廓线，即无"重影"

序号	项目名称	测试频道	主观评测标准
6	色/亮度时延差	系统总频道的10%且不少于5个,不足5个全检,且分布于整个工作频段的高、中、低段	图像中色、亮信息对齐,即无"彩色鬼影"
7	载波交流声	系统总频道的10%且不少于5个,不足5个全检,且分布于整个工作频段的高、中、低段	图像中无上下移动的水平条纹,即无"滚道"现象
8	伴音和调频广播的声音	系统总频道的10%且不少于5个,不足5个全检,且分布于整个工作频段的高、中、低段	无背景噪声,如咝咝声、哼声、蜂鸣声和串音等

注:本表摘自《智能建筑工程质量验收规范》(GB 50339—2003)。

2)电视图像质量的主观评价应不低于4分,具体标准见表20-4。

表20-4　　　　　　　　　　　图像的主观评价标准

等级	图像质量损伤程度
5分	图像上不觉察有损伤或干扰存在
4分	图像上有稍可觉察的损伤或干扰,但不令人讨厌
3分	图像上有明显觉察的损伤或干扰,令人讨厌
2分	图像上损伤或干扰较严重,令人相当讨厌
1分	图像上损伤或干扰极严重,不能观看

注:本表摘自《智能建筑工程质量验收规范》(GB 50339—2003)。

(4)公共广播与紧急广播系统。

声压级:声强弱 dB,常见声音的声压级应符合表20-5的规定。

表20-5　　　　　　　　　　　常见声音的声压级

声压级(dB)	0	30	50	60	100	140
声音	低声可闻	钟滴答声	一般对话	大声讲话	天上飞机声	飞机起飞声

2. 验收资料

(1)过程质量记录。

(2)设备检测记录及系统测试记录。

(3)竣工图纸及文件。

(4)安装设备明细表。

第二节　信息网络系统

一、计算机网络施工

1. 监理巡视与检查

(1)机柜安装。

1)计算网络及布线、跳线设备所需要的机柜空间,配备足够的机柜数量。

2)机柜要求符合相关标准,尺寸准确无误,工艺精良,结构合理、牢固。

3)机柜前面和后面留足够的空间以便进行维护维修。

4)固定牢固,配备足够的机柜附件如螺丝螺母、隔板等。

5)按照国家相关标准安装足够的标准电源插座,并固定在机柜内的合适位置,不影响其他设备的安装,连接电源线方便安全。

6)保持机柜良好的通风、照明及温度环境,便于操作维护。

(2)连通性测试。连接相关的广域网接入线路(如:DDN,Frame－relay,IS-DN,X.25 等),观察接入设备运行状态及 IP 地址,确认正常连接及路由的配置正确。从接在网络集线器端口的站点上 Ping 接在另一端口站点的 IP 地址,检查网络集线器端口的连通性,确认所有的端口均应正常连通。

(3)网管软件测试。

1)软件的版本及对应的操作系统平台与设计(或合同)相符。

2)配置一台网络管理软件所需的计算机,并安装好网络管理软件所需的操作系统。

3)按照网络管理软件的安装手册和随机文档,安装网络管理软件,并符合设计要求。

(4)设备容错测试。容错功能的检测方法应采用人为设置网络故障,检测系统正确判断故障及自动恢复的功能,切换时间应符合设计要求。

2. 监理验收

(1)验收标准。

1)主控项目。

①连通性检测应符合以下要求:

a. 根据网络设备的连通图,网管工作站应能够和任何一台网络设备通信;

b. 各子网(虚拟专网)内用户之间的通信功能检测:根据网络配置方案要求,允许通信的计算机之间可以进行资源共享和信息交换,不允许通信的计算机之间无法通信;并保证网络节点符合设计规定的通讯协议和适用标准;

c. 根据配置方案的要求,检测局域网内的用户与公用网之间的通信能力。

②使用 TCP/IP 协议网络的连通性测试方法:使用 ping 命令进行测试。具体

测试方法为在 dos 命令窗口中输入 ping 命令,格式为"ping x. x. x. x","x. x. x. x"为网络中机器或设备的网络地址。如返回信息为"Reply from x. x. x. x;bytes＝m time＜n TTL＝y",则表明可以连通;同时还应考查返回信息中的响应时间和丢包率等信息。在局域网中,正常情况下响应时间应符合设计要求,丢包率应符合设计要求或为 0。测试 TCP/IP 网络与公共网连通性时,响应时间和丢包率的数值应比在局域网内的测试数值略高,但不应高于设计规定值。如返回信息为"Request time out"或其他信息时,则表明无法连通。专用网络测试仪是指网络协议分析仪和网络流量分析仪等。

③对计算机网络进行路由检测,路由检测方法可采用相关测试命令进行测试,或根据设计要求使用网络测试仪测试网络路由设置的正确性。

④使用 TCP/IP 协议网络的路由测试方法:使用 traceroute 命令进行测试。具体测试方法为在 dos 命令窗口中输入"tracert x. x. x. x",输出为到达"x. x. x. x"节点所经过的路由。如返回信息与定义的路由表相符,则路由设置正确。

2)一般项目。

①容错功能的检测方法应采用人为设置网络故障,检测系统正确判断故障及故障排除后系统自动恢复的功能;切换时间应符合设计要求。检测内容应包括以下两个方面:

a. 对具备容错能力的网络系统,应具有错误恢复和故障隔离功能,主要部件应冗余设置,并在出现故障时可自动切换;

b. 对有链路冗余配置的网络系统,当其中的某条链路断开或有故障发生时,整个系统仍应保持正常工作,并在故障恢复后应能自动切换回主系统运行。

②网络管理功能检测应符合下列要求:

a. 网管系统应能够搜索到整个网络系统的拓扑结构图和网络设备连接图;

b. 网络系统应具备自诊断功能,当某台网络设备或线路发生故障后,网管系统应能够及时报警和定位故障点;

c. 应能够对网络设备进行远程配置和网络性能检测,提供网络节点的流量、广播率和错误率等参数。

(2)验收资料。

1)设备进场验收报告。

2)产品检测报告。

3)设备的配置方案和配置文档。

4)计算机网络系统的检测记录和检测报告。

5)应用软件的检测记录和用户使用报告。

6)安全系统的检测记录和检测报告。

7)系统试运行记录。

二、应用软件检测

1. 监理巡视与检查

(1)上电检查。

1)执行上电开机程序,应正常完成系统自测试和系统初始化(或相应报告)。

2)执行服务器检查程序,包括对 CPU、内存、硬盘、I/O 设备、各类通信接口的测试,并给出正常运行结束的报告。

3)执行主机如服务器、客户机、外设主要性能的测试,给出服务器主要性能(主频、内存、容量、硬盘容量等)指标的报告。

4)外围设备提供的自测试程序,也应输出相应的报告信息,确认各类操作的运行正确性。

(2)软件安装检查。

1)检查主机(服务器或客户机)与所安装的软件如操作系统、数据库是否相匹配,应符合设计或合同要求。

2)测试软件系统(操作系统或数据库软件等)要求:

①常规测试:执行各类系统命令或系统操作(或语句),应完全正确。

②综合测试:执行软件(如操作系统或数据库的模板)与系统支撑软件及各类系统软件产品的连接测试,执行结果应完全正确。

(3)网络接口卡检查。

1)网络接口卡的型号、品牌应符合接入网络的设计要求。

2)应有网络连接线缆测试合格证明。

3)网络接口卡驱动程序及有关资料应完全、完好,符合设计或产品技术说明。

4)网络接口卡与网络设备互联的端口相容(如 RJ45,QC3,QC12 等)。

(4)软件测试。

1)按照"合同"或应用软件说明书进行功能测试,并提供功能测试报告。

2)采用渐增测试方法,测试应用软件各模块间的接口和各子系统之间的接口是否正确,并提供集成测试报告。

3)设置故障点及异常条件,测试应用软件的容错性和可靠性,并提供相应的测试报告。

4)按应用软件设计说明书的规定,逐条执行可维护性和可管理性测试,并提供相应的测试报告。

5)对应用软件的操作界面风格、布局、常用操作、屏幕切换及显示键盘及鼠标的使用等设计抽样,进行可操作性测试,且提供可操作性测试报告。

2. 监理验收

(1)验收标准。

1)主控项目。

①软件产品质量检查应按照以下规定执行。应采用系统的实际数据和实际

应用案例进行测试。

a. 商业化的软件,如操作系统、数据库管理系统、应用系统软件、信息安全软件和网管软件等应做好使用许可证及使用范围的检查;

b. 由系统承包商编制的用户应用软件、用户组态软件及接口软件等应用软件,除进行功能测试和系统测试之外,还应根据需要进行容量、可靠性、安全性、可恢复性、兼容性、自诊断等多项功能测试,并保证软件的可维护性;

c. 所有自编软件均应提供完整的文档(包括软件资料、程序结构说明、安装调试说明、使用和维护说明书等)。

②应用软件检测时,被测软件的功能、性能确认宜采用黑盒法进行,主要测试内容应包括:

a. 功能测试:在规定的时间内运行软件系统的所有功能,以验证系统是否符合功能需求;

b. 性能测试:检查软件是否满足设计文件中规定的性能,应对软件的响应时间、吞吐量、辅助存储区、处理精度进行检测;

c. 文档测试:检测用户文档的清晰性和准确性,用户文档中所列应用案例必须全部测试;

d. 可靠性测试:对比软件测试报告中可靠性的评价与实际试运行中出现的问题,进行可靠性验证;

e. 互连测试:应验证两个或多个不同系统之间的互连性;

f. 回归测试:软件修改后,应经回归测试验证是否因修改引出新的错误,即验证修改后的软件是否仍能满足系统的设计要求。

检测数量:为全部应用软件。

黑盒法:测试不涉及软件的结构及编码等,只要求规定的输入能够获得预定的输出。如果系统说明书中有对可靠性的要求,则需进行可靠性测试;支持标准规格说明或承诺支持与其他系统互联的软件系统需进行互连测试。

2)一般项目。

①应用软件的操作命令界面应为标准图形交互界面,要求风格统一、层次简洁,操作命令的命名不得具有二义性。

②应用软件应具有可扩展性,系统应预留可升级空间以供纳入新功能,宜采用能适应最新版本的信息平台,并能适应信息系统管理功能的变动。

(2)验收资料。

1)设备进场验收报告。

2)产品检测报告。

3)设备的配置方案和配置文档。

4)计算机网络系统的检测记录和检测报告。

5)应用软件的检测记录和用户使用报告。

6)安全系统的检测记录和检测报告。

7)系统试运行记录。

三、网络安全系统检测

1. 监理巡视与检查

(1)系统设备要求。

1)防火墙的设置。应阻挡外部网络的非授权访问和窥探,控制内部用户的不合理的流量,同时,它也能进一步屏蔽内部网络的拓扑细节,便于保护内部网络的安全。

2)代理服务器的装置。应保证局域网用户可以安全地访问 Internet 提供的各种服务而局域网无需承担任何风险。

3)网络中要有备份与容错。

4)操作系统必须符合美国国家计算机安全委员会的 C2 级安全性的要求。

5)对网络安全防御的其他手段,如 IDS 入侵检测系统、密罐和防盗铃、E-mail 安全性、弱点扫描器、加密与网络防护等均应一一检查。

(2)实时入侵检测。

1)必须具备丰富的攻击方法库,能够检测到当前主要的黑客攻击。

2)软件厂商必须定期提供更新的攻击方法库,以检测最新出现的黑客攻击方法。

3)必须能够在入侵行为发生之后,即时检测出黑客攻击并进行处理。

4)必须提供包括弹出对话窗口、发送电子邮件、寻呼等在内的多种报警手段。

5)发现入侵行为之后,必须能够及时阻断这种入侵行为,并进行记录。

6)不允许占用过多的网络资源,系统启动后,网络速度和不启动时不应有明显区别。

7)应尽可能与防火墙设备统一管理、统一配置。

(3)应用系统安全。

1)身份认证:严格管理用户账号,要求用户必须使用满足安全要求的口令。

2)访问控制:必须在身份认证的基础上根据用户及资源对象实施访问控制;用户能正确访问其获得授权的对象资源,同时不能访问未获得授权的资源时,判为合格。应用系统安全主要针对应用系统,防止未授权用户的非法访问,保护应用系统数据的安全。

(4)操作系统安全。

1)操作系统版本应使用经过实践检验的具有一定安全强度的操作系统。

2)使用安全性较高的文件系统,对 Windows NT 系列,必须采用 NTFS 格式,严禁使用 FAT 格式。

3)严格管理操作系统的用户账号,要求用户必须使用满足安全要求的口令:最少为 8 位的字母、数字和特殊符号的组合,同时要求用户必须定期(最长三个月)更换口令。

4)服务器应只提供必需的服务,其他无关的服务应关闭,对可能存在漏洞的服务或操作系统,应更换或升级相应的补丁程序;扫描服务器,无漏洞判为合格。

5)认真设置并正确利用审计系统,对一些非法的侵入尝试必须有记录;模拟非法尝试,审计日志中有正确记录者判为合格。

2. 监理验收

(1)验收标准。

1)主控项目。

①计算机信息系统安全专用产品必须具有公安部计算机管理监察部门审批颁发的"计算机信息系统安全专用产品销售许可证";特殊行业有其他规定时,还应遵守行业的相关规定。

如果与因特网连接,智能建筑网络安全系统必须安装防火墙和防病毒系统。

②建议安装入侵检测系统、内容过滤系统,安全性要求较高的还可以配置应用安全平台。

防火墙是在网络中不同网段之间实现边界安全的网络安全设备,主要功能是在网络层控制某一网段对另一网段的访问。一般用在局域网和互联网之间,或局域网内部重要网段和其他网段之间。

a. 非军事化区:简称 DMZ,在网络结构中,处于不安全外网和安全内网之间的一个网段,它可以同时被外网和内网访问到,主要提供一些对内对外公开的服务,如主页(WWW)、文件传输服务(FTP)、电子邮件(E-mail)和代理服务(Proxy)等;

b. 安全内网:在网络结构中的一个受到重点保护的子网,一般是内部办公网络和内部办公服务器或监控系统,此子网禁止来自外网的任何访问,但可以接受来自非军事化区的访问;

c. 所有对外提供服务的服务器只能放在非军事化区,不允许放在内网;数据库服务器和其他不对外服务的服务器应放置在内网;

d. 配置防火墙之后,应满足如下要求:

A. 从外网能够且只能够访问到非军事化区内指定服务器的指定服务;

B. 未经授权,从外网不允许访问到内网的任何主机和服务;

C. 从非军事化区可以根据需要访问外网的指定服务;

D. 从非军事化区可以根据需要访问内网的指定服务器上的指定服务;

E. 从内网可以根据需要访问外网的指定服务;

F. 从内网可以根据需要访问非军事化区的指定服务器上的指定服务;

G. 防火墙的配置必须针对某个主机、网段、某种服务;

H. 防火墙的配置必须能够防范 IP 地址欺骗等行为;

I. 配置防火墙后,必须能够隐藏内部网络结构,包括内部 IP 地址分配;

J. 防火墙的配置必须是可以调整的。

　　e. 网络环境下病毒的防范分以下层次,用户可根据自己的实际情况进行选择配置:

　　A. 配置网关型防病毒服务器的防病毒软件,对进出信息网络系统的数据包进行病毒检测和清除;网关型防病毒服务器应尽可能与防火墙统一管理;

　　B. 配置专门保护邮件服务器的防病毒软件,防止通过邮件正文、邮件附件传播病毒;

　　C. 配置保护重要服务器的防病毒软件,防止病毒通过服务器访问传播;

　　D. 对每台主机进行保护,防止病毒通过单机访问(如使用带毒光盘、软盘等)进行传播。

　　f. 入侵检测系统应该具备以下特性:

　　A. 必须具备丰富的攻击方法库,能够检测到当前主要的黑客攻击;

　　B. 软件厂商必须定期提供更新的攻击方法库,以检测最新出现的黑客攻击方法;

　　C. 必须能够在入侵行为发生之后,及时检测出黑客攻击并进行处理;

　　D. 必须提供包括弹出对话窗口、发送电子邮件、寻呼等在内的多种报警手段;

　　E. 发现入侵行为之后,必须能够及时阻断这种入侵行为,并进行记录;

　　F. 不允许占用过多的网络资源,系统启动后,网络速度和不启动时不应有明显区别;

　　G. 应尽可能与防火墙设备统一管理、统一配置。

　　g. 内容过滤系统应具备以下特征:

　　A. 具有科学、全面和及时升级的因特网网址(URL)分类数据库;

　　B. 具有和防火墙结合进行访问控制的功能;

　　C. 具有全面的访问管理手段。

　　③网络层安全的安全性检测应符合以下要求:

　　a. 防攻击:信息网络应能抵御来自防火墙以外的网络攻击,使用流行的攻击手段进行模拟攻击,不能攻破判为合格;

　　b. 因特网访问控制:信息网络应根据需求控制内部终端机的因特网连接请求和内容,使用终端机用不同身份访问因特网的不同资源,符合设计要求判为合格;

　　c. 信息网络与控制网络的安全隔离:测试方法可采用相关测试命令或根据设计要求使用网络测试仪测试,保证做到未经授权,从信息网络不能进入控制网络;符合此要求者判为合格;

　　d. 防病毒系统的有效性:将含有当前已知流行病毒的文件(病毒样本)通过文件传输、邮件附件、网上邻居等方式向各点传播,各点的防病毒软件应能正确地检测到该含病毒文件,并执行杀毒操作;符合本要求者判为合格;

　　e. 入侵检测系统的有效性:如果安装了入侵检测系统,使用流行的攻击手段进行模拟攻击(如 DoS 拒绝服务攻击),这些攻击应被入侵检测系统发现和阻断;符合此要求者判为合格。

　　f. 内容过滤系统的有效性:如果安装了内容过滤系统,则尝试访问若干受限网址或者访问受限内容,这些尝试应该被阻断;然后,访问若干未受限的网址或者内容,应该可以正常访问;符合此要求者为合格。

　　网络层安全的检测方法:检查网络拓扑图,应该确保所有服务器和办公终端都在相应的防火墙保护之下;扫描防火墙,应保证防火墙本身没有任何对外服务的端口(代理内网或 DMZ 网的服务除外);内网宜使用私有 IP 地址;扫描 DMZ 网的服务器,只能扫描到应该提供服务的端口。

　　④系统层安全应满足以下要求:

　　a. 操作系统应选用经过实践检验的具有一定安全强度的操作系统;

　　b. 使用安全性较高的文件系统;

　　c. 严格管理操作系统的用户账号,要求用户必须使用满足安全要求的口令;

　　d. 服务器应只提供必需的服务,其他无关的服务应关闭,对可能存在漏洞的服务或操作系统,应更换或者升级相应的补丁程序;扫描服务器,无漏洞者为合格;

　　e. 认真设置并正确利用审计系统,对一些非法的侵入尝试必须有记录;模拟非法尝试,审计日志中有正确记录者判为合格。

　　⑤系统层安全检测:

　　a. 检测方法:

　　A. 以系统输入为突破口,利用输入的容错性进行正面攻击;

　　B. 申请和占用过多的资源压垮系统导致破坏安全措施,从而进入系统;

　　C. 故意使系统出错,利用系统恢复的过程,窃取用户口令及其他有用的信息;

　　D. 利用计算机各种资源中的垃圾信息(无用信息),以获取如口令、安全码、解密密钥等重要信息;

　　E. 浏览全局数据,期望从中找到进入系统的关键字;

　　F. 浏览那些逻辑上不存在,但物理上还存在的各种记录和资源,寻找突破口。

　　b. 系统要求:

　　A. 操作系统版本应达到或超过国际通用的《美国可信计算机系统评估准则》(DoD5200. 28—STD)中划分的 C2 级安全;

　　B. 对 Windows NT 系列,必须采用 NTFS 格式,严禁使用 FAT 格式;

　　C. 对用户口令的建议:最少为 6 位(管理员账号至少 8 位)的字母、数字和特殊符号的组合,同时要求用户必须定期(最长三个月)更换口令。

⑥应用层安全应符合下列要求：

a. 身份认证：用户口令应该加密传输，或者禁止在网络上传输；严格管理用户账号，要求用户必须使用满足安全要求的口令；

b. 访问控制：必须在身份认证的基础上根据用户及资源对象实施访问控制；用户能正确访问其获得授权的对象资源，同时不能访问未获得授权的资源，符合此要求者判为合格。

身份认证：确认被认证者是一个合法用户，并且明确该用户所具有的角色的过程。

访问控制：在用户访问信息资源（包括网络资源和应用资源）时，根据事先确定的权限设置、控制用户对资源访问的过程。

2）一般项目。

①物理层安全应符合下列要求：

a. 中心机房的电源与接地及环境要求应符合本章第八节的规定；

b. 对于涉及国家秘密的党政机关、企事业单位的信息网络工程，应按《涉密信息设备使用现场的电磁泄漏发射保护要求》(BMB5)、《涉及国家秘密的计算机信息系统保密技术要求》(BMZ1)和《涉及国家秘密的计算机信息系统安全保密评测指南》(BMZ3)等国家现行标准的相关规定进行检测和验收。

②应用层安全应符合下列要求：

a. 完整性：数据在存储、使用和网络传输过程中，不得被篡改、破坏；

b. 保密性：数据在存储、使用和网络传输过程中，不应被非法用户获得；

c. 安全审计：对应用系统的访问应有必要的审计记录。

应用层的安全检测有以下三种方法：

a. 使用应用开发平台如数据库服务器、WEB 服务器、操作系统等提供的各种安全服务；

b. 使用开发商在开发应用系统时提供的各种安全服务；

c. 使用第三方应用安全平台提供的各种安全服务。应用安全平台是由第三方信息安全厂商提供的软件产品，它可以和应用系统无缝集成，为各种应用系统提供可靠而且强度一致的安全服务（包括身份认证、授权管理、传输加密、安全审计等），并提供集中统一的安全管理。

（2）验收资料。

1）设备进场验收报告。

2）产品检测报告。

3）设备的配置方案和配置文档。

4）计算机网络系统的检测记录和检测报告。

5）应用软件的检测记录和用户使用报告。

6）安全系统的检测记录和检测报告。

7)系统试运行记录。

第三节　建筑设备监控系统

一、监理巡视与检查

1.空调与通风系统工程

(1)风管式温、湿度传感器安装。

1)应安装在风速平稳、能反映风温的地方。

2)应在风管保温层完成后,安装在风管直管段或应避开风管死角的位置和蒸汽放空口位置。

3)应安装在便于调试、维修的地方。

(2)水管温度传感器安装。

1)不宜在焊缝及其边缘上开孔和焊接。

2)感温段大于管道口径的1/2时,可安装在管道的顶部。感温段小于管道口径的1/2时,应安装在管道的侧面或底部。

3)开孔与焊接工作,必须在工艺管道的防腐、衬里、吹扫和压力试验前进行。

4)安装位置应在水流温度变化灵敏和具有代表性的地方,不宜选择在阀门等阻力件附近和水流死角和振动较大的位置。

(3)流量传感器安装。

1)流量传感器需要装在一定长度的直管上,以确保管道内流速平稳。上游应留有 $10d$ 的直管、下游有 $5d$ 长度的直管。

2)若传感器前后的管道中安装有阀门、管道缩径、弯管等影响流量平稳的设备,则直管段的长度还需相应增加。

3)信号的传输线宜采用屏蔽和有绝缘保护层的电缆,宜在 DDC 侧一点接地。

2.变配电系统工程

(1)照明配电箱(盘)安装。

1)箱(盘)内配线整齐,无绞接现象。导线连接紧密,不伤芯线,不断股。垫圈下螺丝两侧压的导线截面积相同,同一端子上导线连接不多于两根,防松垫圈等零件齐全。

2)箱(盘)内开关动作灵活可靠,带有漏电保护的回路,漏电保护装置动作电流不大于 30mA,动作时间不大于 0.1s。

3)照明箱(盘)内,分别设置零线(N)保护地线(PE)汇流排,零线和保护地线经汇流排配出。

(2)线槽敷线。

1)电线在线槽内有一定余量,不得有接头。电线按回路编号分段绑扎,绑扎点间距不大于 2m。

2)同一回路的相线和零线,敷设于同一金属线槽内。

3)同一电源的不同回路无抗干扰要求的线路可敷设于同一线槽内。敷设于同一线槽内有抗干扰要求的线路用隔板隔离,或采用屏蔽电线且屏蔽护套一端接地。

3.照明系统工程

(1)地线。

1)箱内地线排宜用软导线与盘接地端子相连。

2)保护地线的截面应符合设计规定。如设计无规定,应符合以下要求:若相线截面为 S,则 $S \leqslant 16mm^2$ 时,保护地线截面为 S; $16mm^2 < S \leqslant 35mm^2$ 时,保护地线截面为 $16mm^2$; $S > 35mm^2$ 时,保护地线截面为 $S/2$。

3)各保护地线应与接地母线相连,严禁串联。

4)地线汇流排应用一根软铜线(黄绿花线)与壳体接地螺栓相连。

(2)配电箱安装。

1)配电箱体应安装牢固方正,倾斜度小于 1‰,垂直偏差:体高 500mm 以下为 1.5mm;体高 500mm 以上为 3mm。保证箱门能开启自如。盘盖应紧贴墙面四周无缝隙。

2)配电箱应有铭牌,回路编号齐全,正确并清晰,安装位置符合设计要求,箱体内外清洁,无损伤,施工质量员应严格把关,达不到要求的箱盒不许安装。箱盖板紧贴墙面,开闭灵活,箱体开孔合适,做到一管一孔,应利用预敲落孔或用机械开孔,严禁用电焊或气割开孔。施工中,若导线被剪断,应将断线拉掉,重新穿线,总配电箱内应装设接地端子。

4.给排水系统工程

(1)管道要按设计标准坡度进行施工,坡度应均匀,不准倒坡,房屋出口处的管道坡度要适当增大。排水栓、地漏的安装要平整、牢固,并要低于排水表面,没有渗漏现象;排水栓要低于盆、槽的底面 2mm,低于地平面 5mm;地漏必须低于安装处排水表面 5mm。

(2)管道安装完毕,要及时做好室内给水,排水管道的通水试验和通球试验,不可遗漏任何一副管道。

5.热源和热交换系统工程

(1)传感器安装。

1)水管型压力和压差传感器的取压段大于管道口径的 2/3 时,可安装在管道顶部;如取压段小于管道口径的 2/3 时,应安装在管道的侧面或底部。另外,安装位置应选在水流流速稳定的地方,不宜选在阀门等阻力部件的附近和水流束呈死角处以及振动较大的地方。应安装在温、湿度传感器的上游侧。高压水管传感器应装在进水管侧,低压水管应装在回水管侧。

2)蒸汽压力传感器应安装在管道顶部或下半部与工艺管道水平中心线成 45°

夹角的范围内;位置应选在蒸汽压力稳定的地方,不宜选在阀门等阻力部件的附近或蒸汽流动呈死角处以及振动较大的地方,另外,还应安装在温、湿度传感器的上游侧。

(2)计算器安装。

1)计算器的安装应便于读数与操作,可水平(从上面读数)或垂直(从前面读数)安装。注意液晶显示数据应始终保持水平正向。如果字符朝下,不仅影响查看,还会缩短电池寿命。

2)计算器上配用的电源及通讯模块一般都是即插式的,不需内部接线,也不需特别设定。

6. 冷冻和冷却系统工程

(1)检查冷冻和冷却系统的控制柜的全部电气元器件有无损坏,内部与外部接线是否正确无误,或提供生产出厂合格证。严防强电源串入 DDC,直流弱电地与交流强电地应分开。

(2)按监控点表要求,检查冷冻和冷却系统的温、湿度传感器,电动阀,风阀,压差开关等设备的位置,接线是否正确和输入/输出信号类型、量程应和设置相一致。

(3)按设计和产品技术说明规定,模拟冷却水温度的变化,确认冷却水温度旁通控制和冷却塔高、低速控制的功能,并检查旁通阀动作方向是否正确。

7. 电梯和自动扶梯系统工程

(1)限速器安全钳联动试验。对渐进式安全钳和瞬时式安全钳,轿厢内应载有均匀分布 125% 的额定载荷,轿内无人,在机房操作轿厢以检修速度向下运行,人为让限速器动作,限速器上的限位开关应先动作,此时轿厢应立即停止运行,然后短接限速器与安全钳电气开关。轿厢继续向下运行,迫使限速器钢丝绳夹住拉动安全钳,并使安全钳可靠动作,安全钳楔块卡住导轨,使轿厢立即停止运行,此时测量对于原正常位置轿底倾斜度不应大于 5%。

(2)层门试验。

1)门锁是锁住房门不被随便打开的重要保护机构,当电梯在运行而并未停止站时,各层层门都被锁住,不被乘客从外面将门扒开,只有当电梯停止站时,层门才能被安装在轿门上的开门刀片带动而开启。

2)当电梯检修人员需要从外部打开层门时,需用一种符合安全要求的三角钥匙开关才能把门打开。如果是非三角钥匙开关的就不符合规定要求。

3)当电梯层门中的任何一扇门没有关闭,电梯就不能启动和运行,严禁将层门门锁的电气开关短接。

(3)曳引机能力试验。

1)做 125% 超载试验的最重要一点是对曳引机能力的测试,也是对电梯的动态运行的试验,轿厢空载上行及行程下部范围 125% 额定载荷下行。分别停层三次以上,轿厢应被可靠地制动(空载上行工况应平层),当在125%额定载荷以正常运行速度下行时,切断电动机与制动器供电,轿厢应被可靠制动。

2)应特别注意观察曳引钢丝绳无滑移现象,且应观察轿厢在最低层站时的起、制动状态。

3)应检查当对重支承在被其压缩的缓冲器上时,电动机向上运转空载轿厢是否不能再向上提起。

8. 中央管理工作站与操作分站工程

(1)系统软件功能测试。

1)报警、故障的提示和打印。对被监控设备的状态报警和故障,应具有报警画面弹出、音响提示、能打印报警和故障发生的时间、地点、类别、设备类型等功能。

2)报警处理。系统发生故障或异常报警,系统控制软件除了记录、提示、打印警报信息点以外,还将对警报进行处理。

(2)应用软件功能检测。

1)采样和数据处理功能。对模拟量和开关状态按一定的速率进行采样,具有线性化,单位量转换、数字滤波等功能。

2)报警设定。对设备的状态、运行参数、上下限进行设定。

3)控制程序。根据设定参数、自动进行各种控制程序的运行,包括时间/事件的控制,区域控制,PID控制、熔值控制等等。

4)数学功能。提供供热、通风、空调等系统与设备各种不同类型的数学模型与功能软件。

5)通信控制。对现场控制站与其他设备(上位机或其他现场控制站)之间的通信进行管理。

二、监理验收

1. 验收标准

(1)空调与通风系统。

1)检测项目:建筑设备监控系统应对空调系统进行温湿度及新风量自动控制、预定时间表自动启停、节能优化控制等控制功能进行检测。应着重检测系统测控点(温度、相对湿度、压差和压力等)与被控设备(风机、风阀、加湿器及电动阀门等)的控制稳定性、响应时间和控制效果,并检测设备连锁控制和故障报警的正确性。

2)检测数量:每类机组按总数的20%抽检,且不得少于5台,每类机组不足5台时全部检测。

3)合格判定:被检测机组全部符合设计要求为检测合格。

(2)变配电系统。

1)变配电系统功能检测内容:建筑设备监控系统应对变配电系统的电气参数和电气设备工作状态进行监测,检测时应利用工作站数据读取和现场测量的方法对电压、电流、有功(无功)功率、功率因数、用电量等各项参数的测量和记录进行准确性和真实性检查,显示的电力负荷及上述各参数的动态图形能比较准确地反映参数变化情况,并对报警信号进行验证。

2)检测方法:抽检。

3)抽检数量:按每类参数抽20%,且数量不得少于20点,数量少于20点时全部检测。被检参数合格率100%时为检测合格。

4)对高低压配电柜的运行状态、电力变压器的温度、应急发电机组的工作状态、储油罐的液位、蓄电池组及充电设备的工作状态、不间断电源的工作状态等参数进行检测时,应全部检测,合格率100%时为检测合格。

(3)公共照明系统。

1)公共照明系统功能检测内容:建筑设备监控系统应对公共照明设备(公共区域、过道、园区和景观)进行监控,应以光照度、时间表等为控制依据,设置程序控制灯组的开关,检测时应检查控制动作的正确性;并检查其手动开关功能。

2)检测方式为抽检,按照明回路总数的20%抽检,数量不得少于10路,总数少于10路时应全部检测。

3)合格判定:抽检数量合格率100%时为检测合格。

(4)给水排水系统。

1)给排水系统功能检测内容:建筑设备监控系统应对给水系统、排水系统和中水系统进行液位、压力等参数检测及水泵运行状态的监控和报警进行验证。检测时应通过工作站参数设置或人为改变现场测控点状态,监视设备的运行状态,包括自动调节水泵转速、投运水泵切换及故障状态报警和保护等项是否满足设计要求。

2)检测方式为抽检,抽检数量按每类系统的50%,且不得少于5套,总数少于5套时全部检测。

3)合格判定:被检系统合格率100%时为检测合格。

(5)热源和热交换系统。

1)热源和热交换系统功能检测内容:建筑设备监控系统应对热源和热交换系统进行系统负荷调节、预定时间表自动启停和节能优化控制。检测时应通过工作站或现场控制器对热源和热交换系统的设备运行状态、故障等的监视、记录与报警进行检测,并检测对设备的控制功能。

核实热源和热交换系统能耗计量与统计资料。

2)检测方式为全部检测。

3)合格判定:被检系统合格率100%时为检测合格。

(6)冷冻和冷却水系统。

1)冷冻和冷却水系统功能检测内容:建筑设备监控系统应对冷水机组、冷冻冷却水系统进行系统负荷调节、预定时间表自动启停和节能优化控制。检测时应通过工作站对冷水机组、冷冻冷却水系统设备控制和运行参数、状态、故障等的监视、记录与报警情况进行检查,并检查设备运行的联动情况。

核实冷冻水系统能耗计量与统计资料。

2)检测方式为全部检测。

3)合格判定:满足设计要求时为检测合格。

(7)电梯和自动扶梯系统。

1)电梯和自动扶梯系统功能检测内容:建筑设备监控系统应对建筑物内电梯和自动扶梯系统进行监测。检测时应通过工作站对系统的运行状态与故障进行监视,并与电梯和自动扶梯系统的实际工作情况进行核实。

2)检测方式为全部检测。

3)合格判定:合格率100%时为检测合格。

(8)数据通信接口。

1)建筑设备监控系统与子系统(设备)间的数据通信接口功能检测内容:建筑设备监控系统与带有通信接口的各子系统以数据通信的方式相联时,应在工作站监测子系统的运行参数(含工作状态参数和报警信息),并和实际状态核实,确保准确性和响应时间符合设计要求;对可控的子系统,应检测系统对控制命令的响应情况。

2)数据通信接口应按以下规定对接口进行全部检测:

①系统承包商应提交接口规范,接口规范应在合同签订时由合同签订机构负责审定;

②系统承包商应根据接口规范制定接口测试方案,接口测试方案经检测机构批准后实施。系统接口测试应保证接口性能符合设计要求,实现接口规范中规定的各项功能,不发生兼容性及通信瓶颈问题,并保证系统接口的制造和安装质量。

3)合格判定:检测合格率100%时为检测合格。

(9)中央管理工作站及操作分站。

1)中央管理工作站与操作分站功能检测内容:

对建筑设备监控系统中央管理工作站与操作分站功能进行检测时,应主要检测其监控和管理功能,检测时应以中央管理工作站为主,对操作分站主要检测其监控和管理权限以及数据与中央管理工作站的一致性。

应检测中央管理工作站显示和记录的各种测量数据、运行状态、故障报警等信息的实时性和准确性,以及对设备进行控制和管理的功能,并检测中央站控制命令的有效性和参数设定的功能,保证中央管理工作站的控制命令被无冲突地执行。

应检测中央管理工作站数据的存储和统计(包括检测数据、运行数据)、历史数据趋势图显示、报警存储统计(包括各类参数报警、通讯报警和设备报警)情况,中央管理工作站存储的历史数据时间应大于3个月。

应检测中央管理工作站数据报表生成及打印功能,故障报警信息的打印功能。

应检测中央管理工作站操作的方便性,人机界面应符合友好、汉化、图形化要求,图形切换流程清楚易懂,便于操作。对报警信息的显示和处理应直观有效。

应检测操作权限,确保系统操作的安全性。

2)合格判定:以上功能全部满足设计要求时为检测合格。

(10)系统实时性、可维护性、可靠性检测。

1)系统实时性检测:

采样速度、系统响应时间应满足合同技术文件与设备工艺性能指标的要求;抽检 10%且不少于 10 台,少于 10 台时全部检测,合格率 90%及以上时为检测合格。

报警信号响应速度应满足合同技术文件与设备工艺性能指标的要求;抽检 20%且不少于 10 台,少于 10 台时全部检测,合格率 100%时为检测合格。

2)系统可维护功能检测:

应检测应用软件的在线编程(组态)和修改功能,在中央站或现场进行控制器或控制模块应用软件的在线编程(组态)、参数修改及下载,全部功能得到验证为合格,否则为不合格。

设备、网络通讯故障的自检测功能,自检必须指示出相应设备的名称和位置,在现场设置设备故障和网络故障,在中央站观察结果显示和报警,输出结果正确且故障报警准确者为合格,否则为不合格。

3)系统可靠性检测:

系统运行时,启动或停止现场设备,不应出现数据错误或产生干扰,影响系统正常工作。检测时采用远动或现场手动启/停现场设备,观察中央站数据显示和系统工作情况,工作正常的为合格,否则为不合格。

切断系统电网电源,转为 UPS 供电时,系统运行不得中断。电源转换时系统工作正常的为合格,否则为不合格。

中央站冗余主机自动投入时,系统运行不得中断;切换时系统工作正常的为合格,否则为不合格。

(11)现场设备安装及检测。

1)现场设备安装质量检查:

现场设备安装质量应符合《建筑电气工程施工质量验收规范》(GB 50303—2002)第 6 章及第 7 章、设计文件和产品技术文件的要求,检查合格率达到 100%时为合格。

①传感器:每种类型传感器抽检 10%,且不少于 10 台,传感器少于 10 台时全部检查;

②执行器:每种类型执行器抽检 10%,且不少于 10 台,执行器少于 10 台时全部检查;

③控制箱(柜):各类控制箱(柜)抽检 20%且不少于 10 台,少于 10 台时全部检查。

2)现场设备性能检测:

①传感器精度测试,检测传感器采样显示值与现场实际值的一致性;依据设计要求及产品技术条件,按照设计总数的 10%进行抽测,且不得少于 10 个,总数少于 10 个时全部检测,合格率达到 100%时为检测合格;

②控制设备及执行器性能测试,包括控制器、电动风阀、电动水阀和变频器等,主要测定控制设备的有效性、正确性和稳定性;测试核对电动调节阀在零开度、50%和 80%的行程处与控制指令的一致性及响应速度;测试结果应满足合同技术文件及控制工艺对设备性能的要求。

检测为 20%抽测,但不得少于 5 个,设备数量少于 5 个时全部测试,检测合格率达到 100%时为检测合格。

3)根据现场配置和运行情况对以下项目做出评测:

①控制网络和数据库的标准化、开放性;

②系统的冗余配置,主要指控制网络、工作站、服务器、数据库和电源等;

③系统可扩展性,控制器 I/O 口的备用量应符合合同技术文件要求,但不应低于 I/O 口实际使用数的 10%;机柜至少应留有 10%的卡件安装空间和 10%的备用接线端子;

④节能措施评测,包括空调设备的优化控制、冷热源自动调节、照明设备自动控制、风机变频调速、VAV 变风量控制等。根据合同技术文件的要求,通过对系统数据库记录分析、现场控制效果测试和数据计算后做出是否满足设计要求的评测。

结论为符合设计要求或不符合设计要求。

2. 验收资料

(1)工程合同技术文件。

(2)竣工图纸。

(3)系统设备产品说明书。

(4)系统技术、操作与维护手册。

(5)设备测试记录。

(6)系统功能检测及测试记录。

(7)系统联动功能测试记录。

(8)工程实施及质量控制记录。

第四节　火灾自动报警及消防联动系统

一、监理巡视与检查

1. 探测器安装

(1)定位间距要求。

1)探测器宜水平安装,当必须倾斜安装时,倾斜角不大于 45°。

2)探测器周围 0.5m 内,不应有遮挡物。

3)探测器至空调送风口边的水平距离不应小于 1.5m;至多孔送风顶棚孔口的水平距离不应小于 0.5m。

4)探测器至墙壁、梁边的水平距离不应大于 0.5m。

5)在宽度小于 3m 的内走道顶棚上设置探测器时,宜居中布置。感温探测器的安装间距不应超过 10m;感烟探测器的安装间距不应大于 15m。探测器距端墙的距离不应大于探测器安装间距的一半。

(2)特殊空间定位要求。

1)房间被书架、设备或隔断等分隔,其顶部至顶棚或梁的距离小于房间净高的 5% 时,则每个被隔开的部分应至少安装一只探测器。

2)在电梯井、升降机井及管道井设置探测器时,其位置宜在井道上方的机房顶棚上。未按每层封闭的管道井(竖井)安装火灾报警器时应以最上层顶部安装。隔层楼板高度在三层以下且完全处于水平警戒范围内的管道井(竖井)可以不安装。

3)瓦斯探测器分墙壁式和吸顶式安装。墙壁式瓦斯探测器应装在距煤气灶 4m 以内,距地面高度为 0.3m;探测器吸顶安装时,应装在距煤气灶 8m 以内的屋顶板上,当屋内有排气口时,瓦斯探测器允许装在排气口附近,但位置应距煤气灶 8m 以上;如果房间内有梁时,且高度大于 0.6m,探测器应装在有煤气灶的梁的一侧;探测器在梁上安装时距屋顶不应大于 0.3m。

(3)红色光束探测器安装。

1)发射器和接收器应安装在同一条直线上。

2)光线通路上不应有遮挡物。

3)相邻两组红外光束感烟探测器水平距离不应大于 14m,探测器距侧墙的水平距离不应大于 7m,且不应小于 0.5m。

4)探测器光束距顶棚一般为 0.3~0.8m,且不得大于 1m。

5)探测器发出的光束应与顶棚水平,远离强磁场,避免阳光直射,底座应牢固地安装在墙上。

(4)缆式探测器安装。

1)缆式探测器用于监测室内火灾时,可敷设在室内的顶棚下,其线路距顶棚的垂直距离应小于 0.5m。

2)热敏电缆安装在电缆托架或支架上时,应紧贴电力电缆或控制电缆的外护套,呈正弦波方式敷设。

3)热敏电缆敷设在传送带上时,可借助 M 形吊线直接敷设于被保护传送带的上方及侧面。

4)热敏电缆安装于动力配电装置上时,应与被保护物有良好的接触。

5)热敏电缆敷设时应用固定卡具固定牢固,严禁硬性折弯、扭曲,防止护套破损。必须弯曲时,弯曲半径应大于 200mm。

2. 火灾报警控制器安装

(1)火灾报警控制器(以下简称控制器)在墙上安装时,其底边距地(楼)面高度宜为 1.3～1.5m,落地安装时,其底宜高出地坪 0.1～0.2m。

(2)控制器靠近其门轴的侧面距离不应小于 0.5m,正面操作距离不应小于 1.2m。落地式安装时,柜下面有进出线地沟;如果需要从后面检修时,柜后面板距离不应小于 1m,当有一侧靠墙安装时,另一侧距离不应小于 1m。

(3)控制器的正面操作距离,设备单列布置时不应小于 1.5m,双列布置时不应小于 2m,在值班人员经常工作的一面,控制盘前距离不应小于 3m。

(4)控制器应安装牢固,不得倾斜。安装在轻质墙上时应采取加固措施。

(5)配线应整齐,避免交叉,并应固定牢固,电缆芯线和所配导线的端部均应标明编号,并与图纸一致。

(6)端子板的每个接线端,接线不得超过两根。

(7)导线应绑扎成束,其导线、引入线穿线后,在进线管处应封堵。

(8)控制器的主电源引入线应直接与消防电源连接,严禁使用电源插头。主电源应有明显标志。

(9)控制器的接地应牢固,并有明显标志。

(10)消防控制设备外接导线的端部应有明显标志。

(11)消防控制设备盘(柜)内不同电压等级、不同电流的类别的端子应分开,并有明显标志。

(12)控制器(柜)接线牢固、可靠,接触电阻小,而线路绝缘电阻要求保证不小于 20MΩ。

(13)手动火灾报警按钮外接导线应留有 100mm 的余量,且在端部应有明显标志。

3. 消防联动系统

(1)配电线路和控制线路在敷设时应尽量缩短线路长度,避免穿越不同的防火分区。

(2)配电线(或接线)箱内采用端子板汇接各种导线并应按不同用途、不同电压、电流类别等需要分别设置不同端子板,并将交直流不同电压的端子板加保护罩进行隔离,以保护人身和设备安全。

(3)箱内端子板接线时,应使用对线耳机,两人分别在线路两端逐根核对导线编号。将箱内留有余量的导线绑扎成束,分别设置在端子板两侧,左侧为控制中心引来的干线,右侧为火灾探测器及其他设备的控制线路,在连接前应再次摇测绝缘电阻值。每一回路线间的绝缘电阻值应不小于 10MΩ。

(4)单芯铜导线剥去绝缘层后,可以直接接入接线端子板,剥削绝缘层的长度,一般比端子插入孔深度长 1mm 为宜。对于多芯铜线,剥去绝缘层后应挂锡再接入接线端子。

(5)消防控制室专设工作接地装置时,接地电阻值不应大于 4Ω。采用共同接地时,接地电阻值不应大于 1Ω。

(6)当采用共同接地时,应用专用接地干线由消防控制室接地板引至接地体。专用接地干线应选用截面积不小于 25mm² 的塑料绝缘铜芯电线或电缆两根。

(7)由消防控制室接地板引至各消防设备的接地线,应选用铜芯绝缘软线,其线芯截面积不应小于 4mm²。

(8)接地装置施工完毕后,应及时作隐蔽工程验收。

二、监理验收

(1)除《火灾自动报警系统设计规范》(GB 50116)中规定的各种联动外,当火灾自动报警及消防联动系统还与其他系统具备联动关系时,其检测按《智能建筑工程质量验收规范》(GB 50339—2003)第 3.4.2 条规定拟定检测方案,并按检测方案进行,但检测程序不得与《火灾自动报警系统设计规范》(GB 50116)的规定相抵触。

(2)火灾自动报警系统的电磁兼容性防护功能,应符合《消防电子产品 环境试验方法和严酷等级》(GB 16838)的有关规定。

(3)检测火灾报警控制器的汉化图形显示界面及中文屏幕菜单等功能,并进行操作试验。

(4)检测消防控制室向建筑设备监控系统传输、显示火灾报警信息的一致性和可靠性,检测与建筑设备监控系统的接口、建筑设备监控系统对火灾报警的响应及其火灾运行模式,应采用在现场模拟发出火灾报警信号的方式进行。

(5)检测消防控制室与安全防范系统等其他子系统的接口和通信功能。

(6)检测智能型火灾探测器的数量、性能及安装位置,普通型火灾探测器的数量及安装位置。

(7)新型消防设施的设置情况及功能检测应包括:

1)早期烟雾探测火灾报警系统。

2)大空间早期火灾智能检测系统、大空间红外图像矩阵火灾报警及灭火系统。

3)可燃气体泄漏报警及联动控制系统。

(8)公共广播与紧急广播系统共用时,应符合《火灾自动报警系统设计规范》(GB 50116)的要求,并执行《智能建筑工程质量验收规范》(GB 50339—2003)第4.2.10 条的规定。

(9)安全防范系统中相应的视频安防监控(录像、录音)系统、门禁系统、停车场(库)管理系统等对火灾报警的响应及火灾模式操作等功能的检测,应采用在现场模拟发出火灾报警信号的方式进行。

(10)当火灾自动报警及消防联动系统与其他系统合用控制室时,应满足《火灾自动报警系统设计规范》(GB 50116)和《智能建筑设计标准》(GB/T 50314)的相应规定,但消防控制系统应单独设置,其他系统也应合理布置。

(11)火灾自动报警及消防联动系统工程监理验收资料如下:

1)原公安消防监督机构审批的所有的《建筑工程消防设计审核意见书》。

2)由消防监督机构认可的检测单位出具的测试报告。

3)由消防施工单位绘制的竣工图(含编有地址码的各种报警元件,如探测器、手报按钮等)。

4)设计变更记录(设计修改通知单等)。

5)施工记录(含隐蔽工程验收记录)、检验记录(含绝缘电阻、接地电阻测试记录)。

6)自检调试报告以及附表。

7)所有消防设备和产品选用的厂家、类型、数量及消防准销证、合格证(或产品检测报告)。

8)建设单位制定的消防安全制度、消防安全操作规程、消防值班安全责任人等。

第五节　安全防范系统

一、监理巡视与检查

1. 视频安防监控系统设备安装与调试

监控摄像机的安装应符合下列要求:

(1)安装前摄像机应逐一接电进行检测和调整,使摄像机处于正常工作状态。

(2)检查云台的水平、垂直转动角度和定值控制是否正常,并根据设计要求整定云台转动起点和方向。

(3)按施工图的要求牢固地固定在底座或支(吊)架上。

(4)从摄像机引出的电缆应至少留有 1m 的余量,以利于摄像机的转动。不得利用电缆插头和电源插头承受电缆的重量。

(5)摄像机镜头应避免强光直射,应避免逆光安装,若必须逆光安装的场合,应选择将监视区的光对比度控制在最低限度范围内。

2. 入侵报警系统设备安装

(1)探测器安装。

1)探测器安装时,应先将盒内的线缆引出,压接在探测器的接线端子上,将富余线缆盘回盒内,将探测器底座用螺栓固定在盒上,且固定一定要牢固可靠。

2)周界入侵探测器的安装,位置要对准,防区要交叉。室外入侵探测器的安装应符合产品使用要求和防护范围。

3)底座和支架应固定牢靠,其导线连接应采用可靠连接方式。

4)外接导线应留有适当的余量。

(2)报警器安装。

1)为了防止误报警,不应将 PIR 探头对准任何温度会快速改变的物体,诸如电加热器、火炉、暖气、空调器的出风口,白炽灯等强光源以及受到阳光直射的门窗等热源,以免由于热气流的流动而引误报警。

2)警戒区内注意不要有高大的遮挡物遮挡和电风扇叶片的干扰。PIR 一般安装在墙角,安装高度为 2～4m,通常为 2～2.5m。

3. 出入口控制(门禁)系统设备安装

出入口控制(门禁)系统设备安装监理巡视要点见表 20-6。

表 20-6　　　　　出入口控制(门禁)系统设备安装监理巡视要点

项目		监理与巡视要点
出入口设备安装	感应线圈安装方式检测	(1)感应线圈应随管路敷设预埋施工,安装前应检查线圈规格型号、安装位置及埋深是否符合设计要求。 (2)距离感应线圈水平 500mm、垂直 0.1m 内不应有任何金属物或其他的电气线缆。 (3)两组感应线圈的距离应符合设计要求,如设计无要求时,两相线圈的间距宜大于 1m。 (4)感应线圈安装可采用木楔固定,也可采用预留沟槽的方法安装。用木楔固定时,在基础垫层上先固定木楔,然后将感应线圈卡固在木楔上
	红外光电式检测	(1)检测设备的安装应按照厂商提供的产品说明书进行。 (2)两组检测装置的距离及高度应符合设计要求,如设计无要求时,两组检测装置的距离一般为 1.5m±0.1m,安装高度一般为 0.7m±0.02m。 (3)收、发装置应相互对准且光轴上不应有固定的障碍物,接收装置应避免被阳光或强烈灯光直射
	读卡机安装	(1)读卡机应安装在平整、坚固的水泥墩上,并保持水平,不能倾斜。 (2)一般应安装在室内,安装在室外时,应考虑防水措施及防撞装置。 (3)读卡机与闸门机安装的中心距一般为 2.4～2.8m。 在车库入口处可安装满位指示灯,落地式满位指示灯可用地脚螺栓或膨胀螺栓固定于混凝土基座上,壁装式满位指示灯安装高度宜大于 2.2m

收费管理主机安装	(1)在安装前对设备进行检验,设备外形尺寸、设备内主板及接线端口的型号、规格符合设计要求,备品配件齐全。 (2)按施工图压接主机、不间断电源、打印机、出入口读卡设备间的线缆,线缆压接准确、可靠

4. 巡更系统设备安装

(1)有线巡更信息开关或无线巡更信息钮,应安装在各出入口,主要通道、各紧急出入口,主要部门或其他需要巡更的站点上,高度和位置按设计和规定要求设置。

(2)安装应牢固、端正,户外应有防水措施。

(3)前端设备安装:

1)离线式巡更系统现场的信息钮、IC卡安装在每个巡更点,离地面1.4m高处安装一个巡更信号器。详见产品安装技术资料。

2)在线式巡更系统现场的读卡器的安装参见门禁系统。

5. 停车场(库)管理系统设备安装

(1)线缆敷设。

1)感应线圈埋设深度距地表面不小于0.2m,长度不小于1.6m,宽度不小于0.9m,感应线圈至机箱处的线缆应采用金属管保护,并固定牢固;应埋设在车道居中位置,并与读卡机、闸门机的中心间距保持在0.9m左右,且保证环形线圈0.5m平面范围内不可有其他金属物,严防碰触周围金属。

2)管路、线缆敷设应符合设计图纸的要求及有关标准规范的规定,有隐蔽工程的应办隐蔽验收。

(2)信号指示器安装。

1)车位状况信号指示器应安装在车道出入口的明显位置,其底部离地面高度保持2.0～2.4m左右。

2)车位状况信号指示器一般安装在室内,安装在室外时,应考虑防水措施。

3)车位引导显示器应安装在车道中央上方,便于识别引导信号。

二、监理验收

1. 验收标准

(1)综合防范功能。

1)防范范围、重点防范部位和要害部门的设防情况、防范功能,以及安防设备的运行是否达到设计要求,有无防范盲区。

2)各种防范子系统之间的联动是否达到设计要求。

3)监控中心系统记录(包括监控的图像记录和报警记录)的质量和保存时间是否达到设计要求。

4)安全防范系统与其他系统进行系统集成时,应按以下的规定检查系统的接口、通信功能和传输的信息等是否达到设计要求。

①系统承包商应提交接口规范,接口规范应在合同签订时由合同签订机构负责审定;

②系统承包商应根据接口规范制定接口测试方案,接口测试方案经检测机构批准后实施。系统接口测试应保证接口性能符合设计要求,实现接口规范中规定的各项功能,不发生兼容性及通信瓶颈问题,并保证系统接口的制造和安装质量。

(2)视频安防监控系统。

1)视频安防监控系统的检测内容:

①系统功能检测:云台转动,镜头、光圈的调节,调焦、变倍,图像切换,防护罩功能的检测。

②图像质量检测:在摄像机的标准照度下进行图像的清晰度及抗干扰能力的检测。

抗干扰能力按《视频安防监控系统技术要求》(GA/T 367)进行检测。

③系统整体功能检测:

功能检测应包括视频安防监控系统的监控范围、现场设备的接入率及完好率;矩阵监控主机的切换、控制、编程、巡检、记录等功能。

对数字视频录像式监控系统还应检查主机死机记录、图像显示和记录速度、图像质量、对前端设备的控制功能以及通信接口功能、远端联网功能等。

对数字硬盘录像监控系统除检测其记录速度外,还应检测记录的检索、回放等功能。

④系统联动功能检测:

联动功能检测应包括与出入口管理系统、入侵报警系统、巡更管理系统、停车场(库)管理系统等的联动控制功能。

⑤视频安防监控系统的图像记录保存时间应满足管理要求。

2)摄像机抽检的数量应不低于20%且不少于3台,摄像机数量少于3台时应全部检测;被抽检设备的合格率100%时为合格;系统功能和联动功能全部检测,功能符合设计要求时为合格,合格率100%时为系统功能检测合格。

(3)入侵报警系统。

1)入侵报警系统(包括周界入侵报警系统)检测内容:

①探测器的盲区检测,防动物功能检测;

②探测器的防破坏功能检测应包括报警器的防拆报警功能,信号线开路、短路报警功能,电源线被剪的报警功能;

③探测器灵敏度检测;

④系统控制功能检测应包括系统的撤防、布防功能,关机报警功能,系统后备电源自动切换功能等;

⑤系统通信功能检测应包括报警信息传输、报警响应功能;

⑥现场设备的接入率及完好率测试;

⑦系统的联动功能检测应包括报警信号对相关报警现场照明系统的自动触发、对监控摄像机的自动启动、视频安防监视画面的自动调入、相关出入口的自动启闭、录像设备的自动启动等;

⑧报警系统管理软件(含电子地图)功能检测;

⑨报警信号联网上传功能的检测;

⑩报警系统报警事件存储记录的保存时间应满足管理要求。

2)探测器抽检的数量应不低于20%,且不少于3台,探测器数量少于3台时应全部检测;被抽检设备的合格率100%时为合格;系统功能和联动功能全部检测,功能符合设计要求时为合格,合格率100%时为系统功能检测合格。

(4)出入口控制(门禁)系统。

1)出入口控制(门禁)系统检测内容。

①出入口控制(门禁)系统的功能检测:

a. 系统主机在离线的情况下,出入口(门禁)控制器独立工作的准确性、实时性和储存信息的功能;

b. 系统主机对出入口(门禁)控制器在线控制时,出入口(门禁)控制器工作的准确性、实时性和储存信息的功能,以及出入口(门禁)控制器和系统主机之间的信息传输功能;

c. 检测掉电后,系统启用备用电源应急工作的准确性、实时性和信息的存储和恢复能力;

d. 通过系统主机、出入口(门禁)控制器及其他控制终端,实时监控出入控制点的人员状况;

e. 系统对非法强行入侵及时报警的能力;

f. 检测本系统与消防系统报警时的联动功能;

g. 现场设备的接入率及完好率测试;

h. 出入口管理系统的数据存储记录保存时间应满足管理要求。

②系统的软件检测:

a. 演示软件的所有功能,以证明软件功能与任务书或合同书要求一致;

b. 根据需求说明书中规定的性能要求,包括时间、适应性、稳定性等以及图形化界面友好程度,对软件逐项进行测试。对软件的检测按以下的要求执行:

A. 商业化的软件,如操作系统、数据库管理系统、应用系统软件、信息安全软件和网管软件等应做好使用许可证及使用范围的检查;

B. 由系统承包商编制的用户应用软件、用户组态软件及接口软件等应用软件,除进行功能测试和系统测试之外,还应根据需要进行容量、可靠性、安全性、可恢复性、兼容性、自诊断等多项功能测试,并保证软件的可维护性;

C. 所有自编软件均应提供完整的文档(包括软件资料、程序结构说明、安装调试说明、使用和维护说明书等)。

　　c. 对软件系统操作的安全性进行测试,如系统操作人员的分级授权、系统操作人员操作信息的存储记录等;

　　d. 在软件测试的基础上,对被验收的软件进行综合评审,给出综合评审结论,包括:软件设计与需求的一致性,程序与软件设计的一致性,文档(含软件培训、教材和说明书)描述与程序的一致性、完整性、准确性和标准化程度等。

　　2)抽检数量。

　　出/入口控制器抽检的数量应不低于20%,且不少于3台,数量少于3台时应全部检测;被抽检设备的合格率100%时为合格;系统功能和软件全部检测,功能符合设计要求为合格,合格率为100%时为系统功能检测合格。

　　(5)巡更管理系统。

　　1)巡更管理系统检测内容。

　　①按照巡更路线图检查系统的巡更终端、读卡机的响应功能;

　　②现场设备的接入率及完好率测试;

　　③检查巡更管理系统编程、修改功能以及撤防、布防功能;

　　④检查系统的运行状态、信息传输、故障报警和指示故障位置的功能;

　　⑤检查巡更管理系统对巡更人员的监督和记录情况、安全保障措施和对意外情况及时报警的处理手段;

　　⑥对在线联网式巡更管理系统还需要检查电子地图上的显示信息,遇有故障时的报警信号以及和视频安防监控系统等的联动功能;

　　⑦巡更系统的数据存储记录保存时间应满足管理要求。

　　2)抽检数量。巡更终端抽检的数量应不低于20%,且不少于3台,探测器数量少于3台时应全部检测,被抽检设备的合格率为100%时为合格;系统功能全部检测,功能符合设计要求为合格,合格率100%时为系统功能检测合格。

　　(6)停车场(库)管理系统。

　　1)停车场(库)管理系统检测内容。停车场(库)管理系统功能检测应分别对入口管理系统、出口管理系统和管理中心的功能进行检测。

　　①车辆探测器对出入车辆的探测灵敏度检测,抗干扰性能检测;

　　②自动栅栏升降功能检测,防砸车功能检测;

　　③读卡器功能检测,对无效卡的识别功能;对非接触IC卡读卡器还应检测读卡距离和灵敏度;

　　④发卡(票)器功能检测,吐卡功能是否正常,入场日期、时间等记录是否正确;

　　⑤满位显示器功能是否正常;

　　⑥管理中心的计费、显示、收费、统计、信息储存等功能的检测;

　　⑦出/入口管理监控站及与管理中心站的通信是否正常;

⑧管理系统的其他功能,如"防折返"功能检测;

⑨对具有图像对比功能的停车场(库)管理系统应分别检测出/入口车牌和车辆图像记录的清晰度、调用图像信息的符合情况;

⑩检测停车场(库)管理系统与消防系统报警时的联动功能;电视监控系统摄像机对进出车库车辆的监视等;

⑪空车位及收费显示;

⑫管理中心监控站的车辆出入数据记录保存时间应满足管理要求。

2)抽检数量与合格判定。停车场(库)管理系统功能应全部检测,功能符合设计要求为合格,合格率100%时为系统功能检测合格。

其中,车牌识别系统对车牌的识别率98%时为合格。

(7)安全防范综合管理系统。综合管理系统完成安全防范系统中央监控室对各子系统的监控功能,具体内容按工程设计文件要求确定。

1)检测内容。

①各子系统的数据通信接口:各子系统与综合管理系统以数据通信方式连接时,应能在综合管理监控站上观测到子系统的工作状态和报警信息,并和实际状态核实,确保准确性和实时性;对具有控制功能的子系统,应检测从综合管理监控站发送命令时,子系统响应的情况;

②综合管理系统监控站:对综合管理系统监控站的软、硬件功能的检测,包括:

a. 检测子系统监控站与综合管理系统监控站对系统状态和报警信息记录的一致性;

b. 综合管理系统监控站对各类报警信息的显示、记录、统计等功能;

c. 综合管理系统监控站的数据报表打印、报警打印功能;

d. 综合管理系统监控站操作的方便性,人机界面应友好、汉化、图形化。

2)抽检数量与合格判定。综合管理系统功能应全部检测,功能符合设计要求为合格,合格率为100%时为系统功能检测合格。

2. 验收资料

(1)材料、设备出厂合格证、生产许可证、安装技术文件及"CCC"认证及证书复印件。

(2)材料、构配件进场检验记录。

(3)设备开箱检验记录。

(4)设计变更、工程洽商记录。

(5)隐蔽工程检查记录。

(6)预检记录。

(7)工程安装质量及观感质量验收记录。

第六节　综合布线系统

一、监理巡视与检查

1. 线缆敷设

(1)地面线槽和暗管敷设线缆。

1)敷设管道的两端应有标志,并做好带线。

2)敷设暗管宜采用钢管或阻燃硬质(PVC)塑料管,暗管敷设对绞电缆时,管道的截面利用率应为 25%～30%。

3)地面线槽应采用金属线槽,线槽的截面利用率不应超过 40%。

4)采用钢管敷设的管路,应避免出现超过 2 个 90°的弯曲(否则应增加过线盒),且弯曲半径大于管径的 6 倍。

(2)电缆桥架和线槽敷设线缆。

1)桥架顶部距顶棚或其他障碍物不宜小于 300mm,桥架内横断面利用率不应超过 50%。

2)电缆桥架、线槽内线缆垂直敷设时,在线缆的上端和每间隔 1.5m 处,应将线缆固定在桥架内支撑架上;水平敷设时,线缆应顺直,尽量不交叉,进出线槽部位、转弯处的两侧 300mm 处设置固定点。

3)在水平、垂直桥架和垂直线槽中敷设线缆时,应对线缆进行绑扎。4 对对绞电缆以 24 根为束,25 对或以上主干对绞电缆、光缆及其他电缆应根据线缆的类型、缆径、线缆芯数分束绑扎。绑扎间距不宜大于 1.5m,绑扣间距应均匀、松紧适度。

2. 光缆终端

(1)终端设备的机房内,光缆和光缆终端应布置合理有序,安全稳定,应无热源和易燃物质等可能有害它的外界设施。引出的尾巴光缆或单芯光缆的光纤所带的连接器,应按设计要求和规定插入光纤配线架上的连接硬件中。暂时不用的光纤连接器插头端应盖上塑料帽,以保持其清洁干净。

(2)光纤在机架上或设备内(如光纤连接盒),应对光纤接续给予保护。光纤盘绕应有足够的空间,都应大于或符合标准规定的曲率半径,以保证光纤正常运行。

(3)利用室外光缆中的光纤制作连接器时,其制作工艺应严格按照操作规程执行,光纤芯径与连接器接头的中心位置的同心度偏差应达到如下要求:

1)多模光纤同心度偏差应小于或等于 $3\mu m$。

2)单模光纤同心度偏差应小于或等于 $1\mu m$。

3)连接的接续损耗应达到规定标准。

如上述几项用光显微镜或数字显微镜检查,达不到规定指标时不得使用,应重新制作,直到合格为止。

(4)所有的光纤接续处应有切实有效的保护措施,并要妥善固定牢靠。

(5)经检查光缆中的铜导线应分别引入业务盘或远供盘等进行终端连接,应符合规定。金属加强芯、金属屏蔽层(铝护层)以及金属铠装层均应按设计要求,采取接地或终端连接。并进行测试应符合有关规定。

(6)连接器插头和耦合器或适配器内部,应用沾有试剂级的丙醇酒精的棉花签擦拭清洁干净,才能插接。并要求插入耦合器的 ST 连接器两个端面接触紧密。

二、监理验收

1. 验收标准

(1)主控项目。

1)缆线敷设和终接的检测应符合《综合布线系统工程验收规范》(GB 50312)的规定,应对以下项目进行检测:

①缆线的弯曲半径。

②预埋线槽和暗管的敷设。

③电源线与综合布线系统缆线应分隔布放,缆线间的最小净距应符合设计要求。

④建筑物内电、光缆暗管敷设及与其他管线之间的最小净距。

⑤对绞电缆芯线终接。

⑥光纤连接损耗值。

2)建筑群子系统采用架空、管道、直埋敷设电、光缆的检测要求应按照本地网通信线路工程验收的相关规定执行。

3)机柜、机架、配线架安装的检测,除应符合《综合布线系统工程验收规范》(GB 50312)的规定外,还应符合以下要求:

①卡入配线架连接模块内的单根线缆色标应和线缆的色标相一致,大对数电缆按标准色谱的组合规定进行排序。

②端接于 RJ45 口的配线架的线序及排列方式按有关国际标准规定的两种端接标准(T568A 或 T568B)之一进行端接,但必须与信息插座模块的线序排列使用同一种标准。

4)信息插座安装在活动地板或地面上时,接线盒应严密防水、防尘。

(2)一般项目。

1)缆线终接应符合《综合布线系统工程验收规范》(GB 50312)的规定。

2)各类跳线的终接应符合《综合布线系统工程验收规范》(GB 50312)的规定。

3)机柜、机架、配线架安装,除应符合《综合布线系统工程验收规范》(GB 50312)的规定外,还应符合以下要求:

①机柜不应直接安装在活动地板上,应按设备的底平面尺寸制作底座,底座直接与地面固定,机柜固定在底座上,底座高度应与活动地板高度相同,然后铺设活动地板,底座水平误差每平方米不应大于 2mm。

②安装机架面板,架前应预留有 800mm 空间,机架背面离墙距离应大于 600mm。

③背板式跳线架应经配套的金属背板及接线管理架安装在墙壁上,金属背板与墙壁应紧固。

④壁挂式机柜底面距地面不宜小于 300mm。

⑤桥架或线槽应直接进入机架或机柜内。

⑥接线端子各种标志应齐全。

4)信息插座的安装要求应执行《综合布线系统工程验收规范》(GB 50312)的规定。

5)光缆芯线终端的连接盒面板应有标志。

2. 验收资料

(1)安装工程的主要工程量。

(2)安装工程中一些重要的施工说明。

(3)设备和主要布线部件的数量明细表。

(4)在施工中更改原工程设计图或另做竣工图纸的情况。

(5)综合布线系统工程中各项性能和其他要求的测试记录。

(6)随工验收记录和隐蔽工程的签证。

(7)综合布线系统如采用微机设计,应提供程序清单和有关数据文件,如磁盘、光盘操作说明等文件。

(8)在施工过程中变更的设计或相关措施,应提供建设、设计和施工等单位之间的洽商记录,以及工程中的检查记录等基础资料。

(9)综合布线系统图。

(10)综合布线系统信息端口分布图。

(11)综合布线系统各配线区布局图。

(12)信息端口与配线架端口位置的对应关系表。

(13)综合布线系统平面布置图。

(14)综合布线系统性能自检报告。

第七节　智能化系统集成

一、监理巡视与检查

1. 集成网络系统检查

检查综合吊顶图是否由装修设计与智能化系统工程设计一起就设备(如灯位、消防喷淋、消防烟感、广播喇叭,无线通讯放大系统的天线、安保摄像头等)的安装和定位予以协调,并最终反映在装修设计的综合吊顶图纸上。

装修时,若隔墙使用玻璃,一定要考虑弱电中设置在墙面的广播音控器、门禁设置、温控开关的摆放位置和排管途径,否则无法安装而达不到功能要求。吊顶开孔时必须有检修孔。

必须检查弱电接地系统,并注意以下几点:

(1)弱电的接地系统必须与强电的接地系统分开。

(2)接地干线截面要求符合下列要求:

1)各个机房从接地极或联合接地系统的接地排引入的接地干线截面应不小于 35mm² ;

2)电脑机房应不小于 50mm² ;

3)UPS 机房应不小于 70mm² ;

4)弱电井内,一般使用 25×4mm² 的接地铜排。

检查电源和用电量。一般在各个弱电终端附近都应设置电源插座。如无线通信系统的功分器安装在 2m 左右的高度,那么,就应该在此高度设置电源点。所有机房的用电量,办公室或集中的计算机用户终端(如证券交易场地等)都应有一个完整的统一计算并检查强电供给回路是否满足需要。

2. 数据库

现场待安装的数据库软件必须有产品详细说明书,并符合设计要求,确认是否是原版,不允许用盗版版本。

数据库应与网络操作系统相匹配。例如:在 Netware 网络操作系统时,应使用 Sybase 或 Oracle 数据库。在 Windows NT 网络操作系统时,应选用 MS、SQL Server。

应检查网络数据库的一致性、范围性,避免系统集成中出现不兼容等问题。例如一个用户的各个部门之间或各个系统之间若网络数据库不一致,那么要实现系统集成以及网络数据库的分布结构将是非常困难的,若不能在大范围内实现网络数据库的分布结构,就没有充分发挥可选网络数据库的性能,更谈不上资源共享问题。

二、监理验收

1. 验收标准

(1)主控项目。

1)子系统之间的硬线连接、串行通讯连接、专用网关(路由器)接口连接等应符合设计文件、产品标准和产品技术文件或接口规范的要求,检测时应全部检测,100%合格为检测合格。

计算机网卡、通用路由器和交换机的连接测试可按照《智能建筑工程质量验收规范》(GB 50339—2003)第 5.3.2 条有关内容进行。

2)检查系统数据集成功能时,应在服务器和客户端分别进行检查,各系统的数据应在服务器统一界面下显示,界面应汉化和图形化,数据显示应准确,响应时间等性能指标应符合设计要求。对各子系统应全部检测,100%合格为检测合格。

　　3)系统集成的整体指挥协调能力。

　　系统的报警信息及处理、设备连锁控制功能应在服务器和有操作权限的客户端检测。对各子系统应全部检测,每个子系统检测数量为子系统所含设备数量的20%,抽检项目100%合格为检测合格。

　　应急状态的联动逻辑的检测方法为:

　　①在现场模拟火灾信号,在操作员站观察报警和做出判断情况,记录视频安防监控系统、门禁系统、紧急广播系统、空调系统、通风系统和电梯及自动扶梯系统的联动逻辑是否符合设计文件要求;

　　②在现场模拟非法侵入(越界或入户),在操作员站观察报警和做出判断情况,记录视频安防监控系统、门禁系统、紧急广播系统和照明系统的联动逻辑是否符合设计文件要求;

　　③系统集成商与用户商定的其他方法。

　　以上联动情况应做到安全、正确、及时和无冲突。符合设计要求的为检测合格,否则为检测不合格。

　　4)系统集成的综合管理功能、信息管理和服务功能的检测应符合《智能建筑工程质量验收规范》(GB 50339—2003)第5.4节的规定,并根据合同技术文件的有关要求进行。检测的方法,应通过现场实际操作使用,运用案例验证满足功能需求的方法来进行。

　　5)视频图像接入时,显示应清晰,图像切换应正常,网络系统的视频传输应稳定、无拥塞。

　　6)系统集成的冗余和容错功能(包括双机备份及切换、数据库备份、备用电源及切换和通信链路冗余切换)、故障自诊断、事故情况下的安全保障措施的检测应符合设计文件要求。

　　7)系统集成不得影响火灾自动报警及消防联动系统的独立运行,应对其系统相关性进行连带测试。

　　(2)一般项目。

　　1)系统集成商应提供系统可靠性维护说明书,包括可靠性维护重点和预防性维护计划,故障查找及迅速排除故障的措施等内容。可靠性维护检测,应通过设定系统故障,检查系统的故障处理能力和可靠性维护性能。

　　2)系统集成安全性,包括安全隔离身份认证、访问控制、信息加密和解密、抗病毒攻击能力等内容的检测,按《智能建筑工程质量验收规范》(GB 50339—2003)第5.5节有关规定进行。

　　3)对工程实施及质量控制记录进行审查,要求真实、准确、完整。

　　2. 验收资料

　　(1)设计说明文件及图纸。

（2）设备及软件清单。

（3）软件及设备使用手册和维护手册,可靠性维护说明书。

（4）过程质量记录。

（5）系统集成检测记录。

（6）系统集成试运行记录。

第八节　电源与接地

一、监理巡视与检查

1. 电源安装

（1）设备的安装应牢固、整齐、美观;端子编号、用途、标牌及其他标志应完整无缺,书写正确清楚。

（2）固定设备时,应使设备受力均匀。

（3）仪表箱内安装的供电设备,其裸露带电体相互间或其他裸露导体之间的距离应不小于 4mm。当无法满足时,相互间必须可靠绝缘。

（4）供电箱安装在混凝土墙、柱或基础上时,宜采用膨胀螺栓固定,并应符合下列规定:

1）箱体中心距地面的高度宜为 1.3～1.5m。

2）成排安装的供电箱,应排列整齐。

（5）稳压器在使用前应检查其稳压特性,电压波动值应符合产品说明书的规定。

（6）整流器在使用前应检查其输出电压,电压值应符合产品说明书的规定。

（7）供电设备的带电部分与金属外壳间的绝缘电阻,用 500V 的兆欧表测量时,应不小于 5MΩ,有特殊规定时,应符合规定。

（8）供电系统送电前,系统内所有电源设备的开关均应处于"断"的位置,并应检查熔断器容量是否符合设计要求。

2. 等电位联结

（1）建筑物等电位联结干线应从与接地装置有不少于 2 处直接连接的接地干线或总等电位箱引出,等电位联结干线或局部等电位箱间的连接线形成环形网路,环形网路应就近与等电位联结干线或局部等电位箱连接。支线间不应串联连接。

（2）等电位联结的可接近裸露导体或其他金属部件、构件与支线连接应可靠,熔焊、钎焊或机械紧固应导通正常。

（3）须等电位联结的高级装修金属部件或零件,应有专用接线螺栓与等电位联结支线连接,且有标识;连接处螺帽紧固、防松零件齐全。

二、监理验收

1. 验收标准

(1)电源系统检测。

1)主控项目。

①智能化系统应引接依《建筑电气安装工程施工质量验收规范》(GB 50303)验收合格的公用电源。

②智能化系统自主配置的稳流稳压、不间断电源装置的检测,应执行 GB 50303 中第 9.1 节的规定。

③智能化系统自主配置的应急发电机组的检测,应执行 GB 50303 中第 8.1 节的规定。

④智能化系统自主配置的蓄电池组及充电设备的检测,应执行 GB 50303 中第 6.1.8 条的规定。

⑤智能化系统主机房集中供电专用电源设备、各楼层设置用户电源箱的安装质量检测,应执行 GB 50303 中第 10.1.2 条的规定。

⑥智能化系统主机房集中供电专用电源线路的安装质量检测,应执行 GB 50303 中第 12.1、13.1、14.1、15.1 节的规定。

2)一般项目。

①智能化系统自主配置的稳流稳压、不间断电源装置的检测,应执行 GB 50303 中第 9.2 节的规定。

②智能化系统自主配置的应急发电机组的检测,应执行 GB 50303 中第 8.2 节的规定。

③智能化系统主机房集中供电专用电源设备、各楼层设置用户电源箱的安装检测,应执行 GB 50303 中第 10.2 节的规定。

④智能化系统主机房集中供电专用电源线路的安装质量检测,应执行 GB 50303 中第 12.2、13.2、14.2、15.2 节的规定。

(2)防雷及接地系统检测。

1)主控项目。

①智能化系统的防雷及接地系统应引接依 GB 50303 验收合格的建筑物共用接地装置。采用建筑物金属体作为接地装置时,接地电阻不应大于 1Ω。

②智能化系统的单独接地装置的检测,应执行 GB 50303 中第 24.1.1、24.1.2、24.1.4、24.1.5 条的规定,接地电阻应按设备要求的最小值确定。

③智能化系统的防过流、过压元件的接地装置、防电磁干扰屏蔽的接地装置、防静电接地装置的检测,其设置应符合设计要求,连接可靠。

④智能化系统与建筑物等电位联结的检测,应执行 GB 50303 中第 27.1 节的规定。

2)一般项目。

①智能化系统的单独接地装置、防过流和防过压元件的接地装置、防电磁干扰屏蔽的接地装置及防静电接地装置的检测,应执行 GB 50303 中第 24.2 节的规定。

②智能化系统与建筑物等电位联结的检测,应执行 GB 50303 中第 27.2 节的规定。

2. 验收资料

(1)工程实施及质量控制记录。

(2)设备和系统检测记录。

(3)竣工图纸和竣工技术文件。

(4)技术、使用和维护手册。

(5)工程合同及技术文件。

第九节　环　　境

一、监理巡视与检查

1. 室内环境质量监理

(1)空间环境。

1)空间环境。天花板净高不小于 2.5m;楼板满足预埋管路的条件;架空地板、网络地板(静电地板)的铺设应符合设计要求;为网络布线留有足够的配线空间。

2)具体环境。

①室内空气的清洁度要好,这对人身体健康至关重要。通过各种方式,保持正常的室内空气负离子的浓度应为 100~150 个负离子/cm^3。室内甲醛的含量应小于 0.08mg/m^3;室内氨气的含量应小于 30mg/m^3。

②门窗设置符合要求,室内净空高度应以 2.6~3m 为宜,窗台高度不宜超过 1m;居室保证换气 0.5 次/h。

③应有充足的日照,杀灭室内空气中致病微生物,提高人体的免疫能力。为此,外墙面积与窗户面积之比不应小于 5:1,才能保证室内得到充足的日照和光线。同时,每天阳光照在室内的时间至少要在 2h 以上。

(2)室内空调环境。良好的空调环境必须有适当的室内温、湿度,较均匀的气流分布,设备能正常工作和噪声小等基本要求,而且还能根据办公功能或出租的要求,灵活改变空调分区。

(3)电磁环境。电磁环境的好坏影响信息(语音、数据、图像)的传递质量。信号的输入输出装置,包括进线管道及卫星接收天线,自动移动通信接收/发射装置、强弱电管走线方式及接地装置、电器设备安装位置等均可产生电磁干扰,在施工中应特别注意,要严格按照设计要求和有关标准规定进行。

2. 视觉环境质量监理

照明设计时对采用什么样的灯具,什么样的照明方式,灯具如何布置以及如何控制光源等都要综合考虑,质量控制时必须按设计要求,对每道工序严格把关。视觉环境的质量监理要点如表 20-7 所示。

表 20-7　　　　　　　　　　　　视觉环境质量监理

项目	监理要点
照度	水平面照度应维持在 500lx 以上,不小于 300lx
灯具布置	灯具布置以线形为主,并保证桌面及其周围的照度差异不大
灯具	为下口开放型灯具,并且眩光指数大于 Ⅱ 级,要求灯具在办公室用途变动时,其格栅、反射板和灯管等也可变换,最好选用眩光指数大于 Ⅰ 级的灯具。灯具布置以线形为主,消除频闪
照明控制	在办公室间隔变化时,照明控制范围可以随之变动,应操作方便,控制灵活

二、监理验收

1. 验收标准

(1)主控项目。

1)空间环境的检测应符合下列要求:

①主要办公区域顶棚净高不小于 2.7m。

②楼板满足预埋地下线槽(线管)的条件,架空地板、网络地板的铺设应满足设计要求。

③为网络布线留有足够的配线间。

2)室内空调环境检测应符合下列要求:

①实现对室内温度、湿度的自动控制,并符合设计要求。

②室内温度,冬季 18~22℃,夏季 24~28℃。

③室内相对湿度,冬季 40%~60%,夏季 40%~65%。

④舒适性空调的室内风速,冬季应不大于 0.2m/s,夏季应不大于 0.3m/s。

3)视觉照明环境检测应符合下列要求:

①工作面水平照度不小于 500lx。

②灯具满足眩光控制要求。

③灯具布置应模数化,消除频闪。

4)环境电磁辐射的检测应执行《环境电磁波卫生标准》(GB 9175)和《电磁辐射防护规定》(GB 8702)的有关规定。

(2)一般项目。

1)空间环境检测应符合下列要求:

①室内装饰色彩合理组合,建筑装修用材应符合《建筑装修施工质量验收规范》(GB 50305)的有关规定。

②防静电、防尘地毯,静电泄漏电阻在 $1.0×10^5 \sim 1.0×10^8 \, \Omega$ 之间。

③采取的降低噪声和隔声措施应恰当。

2)室内空调环境检测应符合下列要求:

①室内 CO 含量率小于 $10×10^{-6} \, g/m^3$ 。

②室内 CO_2 含量率小于 $1000×10^{-6} \, g/m^3$ 。

3)室内噪声测试推荐值:办公室 $40 \sim 45 dBA$,智能化子系统的监控室 $35 \sim 40 dBA$。

2. 验收资料

(1)空间环境检测报告。

(2)室内空调环境检测报告。

(3)视觉照明环境检测报告。

(4)环境电磁辐射检测报告。

(5)室内噪声测试报告。

(6)室内主要污染物检测报告。

第十节　住宅(小区)智能化

一、系统检测项目

住宅(小区)智能化的系统检测应以系统功能检测为主,结合设备安装质量检查、设备功能和性能检测及相关内容进行。检测验收项目见表 20-8。

表 20-8　　　　　　　　住宅(小区)智能化检测项目表

序号	项目	检测内容
1	火灾自动报警及消防联动系统	报警装置
		灭火装置
		疏散装置
		可燃气体报警
2	安全防范系统	视频安防监控系统
		入侵报警系统
		巡更管理系统
		出入口控制(门禁)系统
		停车场(库)管理系统
		访客对讲系统
3	通信网络系统	卫星接收系统
		有线电视系统
		电话系统

续表

序号	项目	检测内容
4	信息网络系统	计算机信息网络系统
		控制网络系统
5	监控与管理系统	表具数据自动抄收及远传
		建筑设备监控
		公共广播与紧急广播
		住宅(小区)物业管理系统
6	家庭控制器	家庭报警
		家用电器监控
		家用表具数据采集及处理
		家庭紧急求助
		通信网络和信息网络的接口
7	综合布线与系统	综合布线系统
8	电源与接地	电源质量、等级
		系统接地
		系统防雷
9	环境	机房环境指标
10	室外设备及管网	室外设备安装
		室外缆线敷设
		室外缆线选型

二、火灾自动报警及消防联动系统检测

火灾自动报警及消防联动系统功能检测除符合本章第四节相关规定外,还应符合下列要求:

(1)可燃气体泄漏报警系统的可靠性检测。

(2)可燃气体泄漏报警时自动切断气源及打开排气装置的功能检测。

(3)已纳入火灾自动报警及消防联动系统的探测器不得重复接入家庭控制器。

三、安全防范系统检测

视频安防监控系统、入侵报警系统、出入口控制(门禁)系统、巡更管理系统和停车场(库)管理系统的检测应按本章第五节相关规定执行。

（1）访客对讲系统的检测应符合下列要求：

1）室内机门铃提示、访客通话及与管理员通话应清晰，通话保密功能与室内开启单元门的开锁功能应符合设计要求。

2）门口机呼叫住户和管理员机的功能、CCD红外夜视（可视对讲）功能、电控锁密码开锁功能、在火警等紧急情况下电控锁的自动释放功能应符合设计要求。

3）管理员机与门口机的通信及联网管理功能，管理员机与门口机、室内机互相呼叫和通话的功能应符合设计要求。

4）市电掉电后，备用电源应能保证系统正常工作8h以上。

（2）访客对讲系统室内机还应具有自动定时关机功能，可视访客图像应清晰；管理员机对门口机的图像可进行监视。

四、监控与管理系统检测

（1）表具数据自动抄收及远传系的检测：

1）水、电、气、热（冷）能等表具应采用现场计量、数据远传，选用的表具应符合国家产品标准，表具应具有产品合格证书和计量检定证书。

2）水、电、气、热（冷）能等表具远程传输的各种数据，通过系统可进行查询、统计、打印、费用计算等。

3）电源断电时，系统不应出现误读数并有数据保存措施，数据保存至少四个月以上；电源恢复后，保存数据不应丢失。

4）系统应具有时钟、故障报警、防破坏报警功能。

（2）建筑设备监控系统除参照《智能建筑工程质量验收规范》（GB 50339—2003）第6章有关规定外，还应具备饮用水蓄水池过滤设备、消毒设备的故障报警的功能。

（3）公共广播与紧急广播系统的检测应符合《智能建筑工程质量验收规范》（GB 50339—2003）第4.2.10条的要求。

（4）住宅（小区）物业管理系统的检测除执行《智能建筑工程质量验收规范》（GB 50339—2003）第5.4节规定外，还应进行以下内容的检测，使用功能满足设计要求的为合格，否则为不合格。

1）住宅（小区）物业管理系统应包括住户人员管理、住户房产维修、住户物业费等各项费用的查询及收取、住宅（小区）公共设施管理、住宅（小区）工程图纸管理等。

2）信息服务项目可包括家政服务、电子商务、远程教育、远程医疗、电子银行、娱乐等；应按设计要求的内容进行检测。

3）物业管理公司人事管理、企业管理和财务管理等内容的检测应根据设计要求进行。

4）住宅（小区）物业管理系统的信息安全要求应符合《智能建筑工程质量验收规范》（GB 50339—2003）第5.5节的要求。

五、家庭控制器检测

家庭控制器检测应包括家庭报警、家庭紧急求助、家用电器监控、表具数据采集及处理、通信网络和信息网络接口等内容。家庭控制器与表具数据抄收及远传系统、通信网络和信息网络的接口的检测应按《智能建筑工程质量验收规范》(GB 50339—2003)第3.2.7条的规定执行。

(1)家庭报警功能的检测应符合下列要求:

1)感烟探测器、感温探测器、燃气探测器的检测应符合国家现行产品标准的要求。

2)入侵报警探测器的检测应执行《智能建筑工程质量验收规范》(GB 50339—2003)第8.3.7条的规定。

3)家庭报警的撤防、布防转换及控制功能。

(2)家庭紧急求助报警装置的检测应符合下列要求:

1)可靠性:准确、及时的传输紧急求助信号。

2)可操作性:老年人和未成年人在紧急情况下应能方便地发出求助信号。

3)应具有防破坏和故障报警功能。

(3)家用电器的监控功能的检测应符合设计要求。

(4)家庭控制器应对误操作或出现故障报警时具有相应的处理能力。

(5)无线报警的发射频率及功率的检测。

六、室外设备及管网

(1)安装在室外的设备箱应有防水、防潮、防晒、防锈等措施;设备浪涌过电压防护器设置、接地联结应符合国家现行标准及设计要求。

(2)室外电缆导管及线路敷设,应执行《建筑电气安装工程施工质量验收规范》(GB 50303)中有关规定。

七、验收资料

(1)工程实施及质量控制记录。

(2)设备和系统检测记录。

(3)竣工图纸和竣工技术文件。

(4)技术、使用和维护手册。

(5)工程合同及技术文件。

第二十一章 建设工程监理档案与信息管理

第一节 建设工程监理资料管理

一、监理资料

施工阶段的监理资料应包括下列内容：

(1)施工合同文件及委托监理合同；

(2)勘察设计文件；

(3)监理规划；

(4)监理实施细则；

(5)分包单位资格报审表；

(6)设计交底与图纸会审会议纪要；

(7)施工组织设计(方案)报审表；

(8)工程开工/复工报审表及工程暂停令；

(9)测量核验资料；

(10)工程进度计划；

(11)工程材料、构配件、设备的质量证明文件；

(12)检查试验资料；

(13)工程变更资料；

(14)隐蔽工程验收资料；

(15)工程计量单和工程款支付证书；

(16)监理工程师通知单；

(17)监理工作联系单；

(18)报验申请表；

(19)会议纪要；

(20)来往函件；

(21)监理日记；

(22)监理月报；

(23)质量缺陷与事故的处理文件；

(24)分部工程、单位工程等验收资料；

(25)索赔文件资料;

(26)竣工结算审核意见书;

(27)工程项目施工阶段质量评估报告等专题报告;

(28)监理工作总结。

二、监理月报

施工阶段的监理月报应包括以下内容:

(1)本月工程概况;

(2)本月工程形象进度;

(3)工程进度:

1)本月实际完成情况与计划进度比较;

2)对进度完成情况及采取措施效果的分析。

(4)工程质量:

1)本月工程质量情况分析;

2)本月采取的工程质量措施及效果。

(5)工程计量与工程款支付:

1)工程量审核情况;

2)工程款审批情况及月支付情况;

3)工程款支付情况分析;

4)本月采取的措施及效果。

(6)合同其他事项的处理情况:

1)工程变更;

2)工程延期;

3)费用索赔。

(7)本月监理工作小结:

1)对本月进度、质量、工程款支付等方面情况的综合评价;

2)本月监理工作情况;

3)有关本工程的意见和建议;

4)下月监理工作的重点。

监理月报应由总监理工程师组织编制,签认后报建设单位和本监理单位。

三、监理工作总结

监理工作总结应包括以下内容:

(1)工程概况;

(2)监理组织机构、监理人员和投入的监理设施;

(3)监理合同履行情况;

(4)监理工作成效；

(5)施工过程中出现的问题及其处理情况和建议；

(6)工程照片(有必要时)。

施工阶段监理工作结束时，监理单位应向建设单位提交监理工作总结。

四、监理资料的管理

(1)监理资料必须及时整理、真实完整、分类有序。

(2)监理资料的管理应由总监理工程师负责，并指定专人具体实施。

(3)监理资料应在各阶段监理工作结束后及时整理归档。

(4)监理档案的编制及保存应按有关规定执行。

第二节　监理信息管理

一、监理信息的概念及特点

监理信息是在整个工程建设监理过程中发生的、反映着工程建设的状态和规律的信息。具有一般信息的特征，同时也有其本身的特点，如表 21-1 所示。

表 21-1　　　　　　　　　　　　监理信息的特点

序号	特点	说　明
1	信息量大	因为监理的工程项目管理涉及多部门、多专业、多环节、多渠道，而且工程建设中的情况多变化，处理的方式又多样化，因此信息量也特别大
2	信息系统性强	由于工程项目往往是一次性(或单件性)，即使是同类型的项目，也往往因为地点、施工单位或其他情况的变化而变化，因此虽然信息量大，但却都集中于所管理的项目对象上，这就为信息系统的建立和应用创造了条件
3	信息传递中的障碍多	传递中的障碍来自于地区的间隔、部门的分散、专业的隔阂，或传递的手段落后，或对信息的重视与理解能力、经验、知识的限制
4	信息的滞后现象	信息往往是在项目建设和管理过程中产生的，信息反馈一般要经过加工、整理、传递以后才能到达决策者手中，因此是滞后的。倘若信息反馈不及时，容易影响信息作用的发挥而造成失误

二、监理信息的分类

为了有效地管理和应用工程建设监理信息,需将信息进行分类。按照不同的分类标准,可将工程建设监理信息分为不同的类型,具体分类如表 21-2 所示。

表 21-2   监理信息分类

序号	分类标准	类 型	内　　　容
1	按照工程建设监理职能划分	投资控制信息	如各种投资估算指标,类似工程造价,物价指数,概(预)算定额,建设项目投资估算,设计概预算,合同价,工程进度款支付单,竣工结算与决算,原材料价格,机械台班费,人工费,运杂费,投资控制的风险分析等
		质量控制信息	如国家有关的质量政策及质量标准,项目建设标准,质量目标的分解结果,质量控制工作流程,质量控制工作制度,质量控制的风险分析,质量抽样检查结果等
		进度控制信息	如工期定额,项目总进度计划,进度目标分解结果,进度控制工作流程,进度控制工作制度,进度控制的风险分析,某段时间的施工进度记录等
		合同管理信息	如国家有关法律规定,建设工程招标投标管理办法,建设工程施工合同管理办法,工程建设监理合同,建设工程勘察设计合同,建设工程施工承包合同,土木工程施工合同条件,合同变更协议,建设工程中标通知书、投标书和招标文件等
		行政事务管理信息	如上级主管部门、设计单位、承包商、发包人的来函文件,有关技术资料等
2	按照工程建设监理信息来源划分	工程建设内部信息	内部信息取自建设项目本身。如工程概况,可行性研究报告,设计文件,施工组织设计,施工方案,合同文件,信息资料的编码系统,会议制度,监理组织机构,监理工作制度,监理委托合同,监理规划,项目的投资目标,项目的质量目标,项目的进度目标等
		工程建设外部信息	来自建设项目外部环境的信息称为外部信息。如国家有关的政策及法规,国内及国际市场上原材料及设备价格,物价指数,类似工程的造价,类似工程进度,投标单位的实力,投标单位的信誉,毗邻单位的有关情况等

序号	分类标准	类　型	内　　　　容
3	按照工程建设监理信息稳定程度划分	固　定信　息	固定信息是指那些具有相对稳定性的信息,或者在一段时间内可以在各项监理工作中重复使用而不发生质的变化的信息,是工程建设监理工作的重要依据。这类信息有: (1)定额标准信息。这类信息内容很广,主要是指各类定额和标准。如概预算定额,施工定额,原材料消耗定额,投资估算指标,生产作业计划标准,监理工作制度等。 (2)计划合同信息。指计划指标体系,合同文件等。 (3)查询信息。指国家标准,行业标准,部颁标准,设计规范,施工规范,监理工程师的人事卡片等
		流　动信　息	即作业统计信息,是反映工程项目建设实际进程和实际状态的信息,随着工程项目的进展而不断更新。这类信息时间性较强,一般只有一次使用价值。如项目实施阶段的质量、投资及进度统计信息,就是反映在某一时刻项目建设的实际进程及计划完成情况。再如,项目实施阶段的原材料消耗量、机械台班数、人工工日数等。及时收集这类信息,并与计划信息进行对比分析是实施项目目标控制的重要依据,是不失时机地发现、克服薄弱环节的重要手段。在工程建设监理过程中,这类信息的主要表现形式是统计报表
4	按照工程建设监理活动层次划　分	总监理工程师所　需信息	如有关工程建设监理的程序和制度,监理目标和范围,监理组织机构的设置状况,承包商提交的施工组织设计和施工技术方案,建设监理委托合同,施工承包合同等
		各专业监理工程师所需信息	如工程建设的计划信息,实际进展信息,实际进展与计划的对比分析结果等。监理工程师通过掌握这些信息可以及时了解工程建设是否达到预期目标并指导其采取必要措施,以实现预定目标
		监理检查员所需信息	主要是工程建设实际进展信息,如工程项目的日进展情况。这类信息较具体、详细,精度较高,使用频率也高

序号	分类标准	类型	内　　容
5	按照工程建设监理阶段划分	设计阶段	如"可行性研究报告"及"设计任务书",工程地质和水文地质勘察报告,地形测量图,气象和地震烈度等自然条件资料,矿藏资源报告,规定的设计标准,国家或地方有关的技术经济指标和定额,国家和地方的监理法规等
		施工招标阶段	如国家批准的概算,有关施工图纸及技术资料,国家规定的技术经济标准、定额及规范,投标单位的实力,投标单位的信誉,国家和地方颁布的招投标管理办法等
		施工阶段	如施工承包合同,施工组织设计、施工技术方案和施工进度计划,工程技术标准,工程建设实际进展情况报告,工程进度款支付申请,施工图纸及技术资料,工程质量检查验收报告,工程建设监理合同,国家和地方的监理法规等

三、信息管理流程

建设工程是一个由多个单位、多个部门组成的复杂系统,这是建设工程的复杂性决定的。参加建设的各方要能够实现随时沟通,必须规范相互之间的信息流程,组织合理的信息流。

1. 建设工程信息流程的组成

建设工程的信息流由建设各方各自的信息流组成,监理单位的信息系统作为建设工程系统的一个子系统,监理的信息流仅仅是其中的一部分信息流,对于建设工程的信息流程如图 21-1 所示。

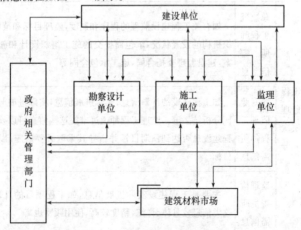

图 21-1　建设工程参建各方信息关系流程图

2. 监理单位及项目监理部信息流程的组成

作为监理单位内部,也有一个信息流程,监理单位的信息系统更偏重于公司内部管理和对所监理的建设工程项目监理部的宏观管理,对具体的某个工程项目监理部,也要组织必要的信息流程,加强项目数据和信息的微观管理,相应的流程图如图 21-2 和图 21-3 所示。

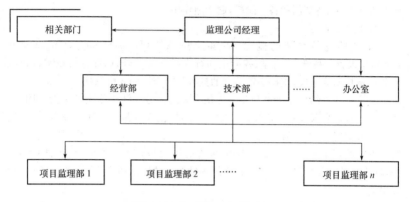

图 21-2　监理单位信息流程图

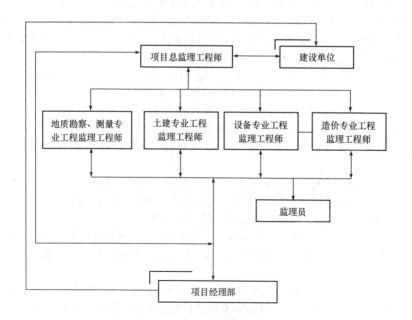

图 21-3　项目监理部信息流程图

四、监理信息系统的构成和功能

监理信息系统一般由两部分构成,一部分是决策支持系统,主要完成借助知识库及模型库的帮助,在数据库大量数据的支持下,运用知识和专家的经验来进行推理,提出监理各层次,特别是高层次决策时所需的决策方案及参考意见。另一部分是管理信息系统,主要完成数据的收集、处理、使用及存储,产生信息提供给监理各层次、各部门和各个阶段,起沟通作用。

1. 决策支持系统

(1)决策支持系统的概念。决策支持系统(Decision supporting system, DSS),是以管理科学、运筹学、控制论和行为科学为基础,以计算机技术、仿真技术和信息技术为手段,支持决策活动的具有智能作用的人机系统。

决策一般有结构化决策和非结构化决策的区分。结构化决策是指采用专门的公式处理信息就能得到准确的答案。非结构化决策是指可能存在若干"正确"的解决方案,但没有精确的公式计算出最正确的方案,也不存在确保得到的最佳解决方案的规则或标准。实际当中,大部分决策是介于结构化和非结构化之间的,称为半结构化决策。决策支持系统是针对半结构化和非结构化的决策问题而提出的。

决策支持系统能为决策者提供决策所需的数据、信息和背景材料,帮助明确决策目标和进行问题的识别,建立或修改决策模型,提供各种备选方案,并且对各种方案进行评价和优选,通过人机交互功能进行分析、比较和判断,提高决策者的决策效率,加强决策者的洞察力,为正确决策提供必要的支持。使决策者能对市场变化作出更快速的响应,能更有效地管理资源。

(2)决策支持系统的基本功能。决策支持系统具有以下一些基本功能:

1)管理并随时提供与决策问题有关的组织内、外部信息;

2)收集、管理并提供各项决策方案执行情况有关的组织外部信息;

3)收集、管理并提供各项决策方案执行情况的反馈信息;

4)以一定方式存储、维护和管理与决策问题有关的各种数学模型、数学方法和算法;

5)能随时方便地对数据、模型和方法进行增加、删除和修改;

6)能运用模型和方法对数据进行各种处理,得到所需要的结果;

7)具有良好的人机对话功能和较快的响应速度。

(3)决策支持系统的组成。决策支持系统由三个子系统组成,这三个子系统是对话子系统、数据子系统和模型子系统。决策支持系统是这三个子系统的有机结合。

1)对话子系统:对话子系统,即人机交互系统,是决策支持系统与用户之间的交互界面。用户可以通过人机交互系统控制实际决策支持系统的运行,同时决策支持系统又可以通过人机交互系统向用户显示运行的情况和最后的结果。

2)数据子系统:包括数据库和数据库管理系统。数据库用来存储大量数据,数据管理系统用来管理和维护数据库。

3)模型子系统:包括模型库和模型库管理系统。模型库用来存放决策模型,决策支持系统的用户就是依靠模型库中的模型进行决策的,模型库管理系统用来管理模型库。

2. 监理管理信息系统

监理工程师的主要工作是控制工程建设的投资、进度和质量,进行工程建设合同管理,协调有关单位间的工作关系。监理管理信息系统的构成应当与这些主要的工作相对应。另外,每个工程项目都有大量的公文信函,作为一个信息系统,也应对这些内容进行辅助管理。因此,监理管理信息系统一般由文档管理子系统、合同管理子系统、组织协调子系统、投资控制子系统、质量控制子系统和进度控制子系统构成。

五、监理信息的作用

监理行业属于信息产业,监理工程师是信息工作者,生产的是信息,使用和处理的都是信息,主要体现监理成果的也是各种信息。建设监理信息对监理工程师开展监理工作,对监理工程师进行决策具有重要的作用。

监理信息对监理工作的作用表现在以下几方面:

(1)信息是监理决策的依据。决策是建设监理的首要职能,它的正确与否,直接影响到工程项目建设总目标的实现及监理单位的信誉。建设监理决策正确与否,又取决于各种因素,其中最重要的因素之一就是信息。没有可靠的、充分的、系统的信息作为依据,就不可能作出正确的决策。

(2)信息是监理工程师实施控制的基础。控制的主要任务是指计划执行情况与计划目标进行比较,找出差异,对比较的结果进行分析,排除和预防产生差异的原因,使总体目标得以实现。

为了进行有效的控制,监理工程师必须得到充分的、可靠的信息。为了进行比较分析及采取措施来控制工程项目投资目标、质量目标及进度目标,监理工程师首先应掌握有关项目三大目标的计划值,它们是控制的依据;再者,监理工程师还应了解三大目标的执行情况。只有这两个方面的信息都充分掌握了,监理工程师才能正确实施控制工作。

(3)信息是监理工程师进行工程项目协调的重要媒介。工程项目的建设过程涉及有关的政府部门和建设、设计、施工、材料设备供应、监理单位等,这些政府部门和企业单位对工程项目目标的实现都会有一定的影响,处理好、协调好它们之间的关系,并对工程项目的目标实现起促进作用,就是依靠信息,把这些单位有机地联系起来。

参 考 文 献

[1]中国建筑工业出版社. 新版建筑工程施工质量验收规范汇编[M]. 修订版. 北京:中国建筑工业出版社,中国计划出版社,2003.

[2] 杜训. 建设监理工程师实用手册[M]. 江苏:东南大学出版社,1994.

[3]《建筑施工手册》编写组. 建筑施工手册[M]. 4版. 北京:中国建筑工业出版社,2003.

[4]《工程建设施工监理便携系列手册》编委会. 建筑工程施工监理便携手册[M]. 北京:中国建材工业出版社,2005.

[5] 欧震修. 建筑工程施工监理手册[M]. 北京:中国建筑工业出版社,1995.

[6] 钱昆润等. 简明监理师手册[M]. 北京:中国建筑工业出版社,1997.

[7] 上海市建筑业联合会,工程建设监督委员会. 建筑工程质量控制与验收[M]. 北京:中国建筑工业出版社,1992.

[8] 俞宗卫. 监理工程师实用指南[M]. 北京:中国建材工业出版社,2004.

[9] 王华生,赵慧如,王江南. 怎样当好现场监理工程师[M]. 北京:中国建筑工业出版社,2002.

[10] 张继庆. 建筑与安装工程施工监理工程师手册[M]. 沈阳:东北大学出版社,2003.

[11] 蔡中辉. 工程建设项目监理实务手册[M]. 北京:中国电力出版社,2006.